제3판

Public Health Management Of Disasters

# 재난과 공중보건 관리

## 실무 가이드

PUBLIC HEALTH MANAGEMENT OF DISASTERS
The Practice Guilde The 3rd Edition
by Linda Young Landesman

제3판

Public Health Management Of Disasters

# 재난과 공중보건 관리

## 실무 가이드


**저자**

Linda Young Landesman

**편역자**

이인숙 서울대학교
공하정 한국수력원자력(주)
김현숙 신한대학교
임은실 대구보건대학교
현혜순 상명대학교
이지우 미네소타대학교 박사과정
강경희 가천대학교
고 영 가천대학교
문현정 극동대학교
진영란 청운대학교
소은선 전북대학교



도서출판 대학서림

# 머리말



지역사회 재난을 경험하면서 전문가로서 중요한 질문은 "대비할 수 있는 것일까?" "지역사회의 초기대응은 무엇이며, 우선적이고 필수적인 사항은 무엇이며, 준비가 가능한가?"이다.

미국보건협회(America Public Health Association)는 "Public health management of disasters: The practice guide" 3판을 내면서 재난에 대한 관리대책을 보다 구체화하고 있다. 반복적인 자연적, 기술적 재난을 겪으면서 경험적 실무가 정련되어 진술된 것이라 볼 수 있다.

재난을 즉각적으로 대응하고, 피해를 최소화하기 위해 재난관리 계획을 세운다. 재난관리 계획이란 응급 시 대처능력을 높이기 위해 인력, 정책, 대처과정, 기구, 장비 등의 세트를 명령, 운용, 물자지원, 계획, 재원조달과 관리의 5가지 기능 차원에서 구조적으로 통합 설계함을 의미한다. 이러한 계획은 실제적이고, 비용이 현실적이어야 하며, 시나리오가 사실적이고 적용 가능해야 한다는 점을 늘 강조하고 있다. 하여 전문가들은 재난계획이 인간의 행위와 요구를 기초로 하고, 조직간 연계성의 관점에서 자원을 상호 연계하여 수용 가능하도록 세워져야 한다는 점, 준비훈련에서 단순히 탁상공론식의 계획(paper plan)이어서는 안된다는 점을 강조한다.

그러나 대부분 관련 조직과 구성원, 지역사회와 주민은 가상적 재난상황 시나리오의 발생가능성에 대해 위협적으로 인지하지 못하기 때문에 기본 원칙에 입각한 현장훈련은 이루어지기 어렵다. 그 결과 현장에서 충분히 검증되지 못한 "탁상공론식 계획"은 반복적 악순환을 거듭하면서, 지역사회 재난준비의 속도는 투입되는 노력에 비해 더딘 발전을 하고 있다.

본 역서는 공중보건학적 관점에서 재난에 대비하는 실무지침이다.

1장에서 4장까지는 재난관리를 위한 기본지식과 조직구조, 운영체계(유형, 역할, 구조와 조직, 감시체계)를 기술하고 있다. 3장과 4장은 미국의 재난관리 체계에 대한 설명이 많으나 국제적인 지역사회 재난대응 조직체계를 조망하는 관점을 갖게 하는데 유용한 정보가 될 것이다.

# 머리말

5장, 6장, 7장, 12장, 13장은 체계적 이론 틀에 입각하여 대상 집단의 요구사정, 계획의 필수요소, 회복기 쟁점, 평가 그리고 이를 운영 · 중재하는데 필수적인 요소와, 전략인 재난 시 의사소통을 다루고 있다.

다음은 위해요소를 포함하고 있는 취약장소와 원인요인인 산업장과 환경재난(8장), 신종감염병과 생물테러(11장), 그리고 재난 시 어려움이 가중되는 취약인구의 재난대응(10장), 정신 건강전략(9장)을 포함하고 있으며, 14장에서는 재난 시 의사결정의 윤리적 고려를 다루고 있다.

원 저자인 Linda Young Landesman은 미국의 CDC지원을 받아 국가 재난관리 교육과정을 구성하였으며, 이는 현재 미국 전역에서 사용되고 있다. 본서에 대하여 저자는 재난준비계획을 구상하는 전문가와 제한된 지역사회 자원을 활용하여 재난관리를 실시해야 할 의사결정자, 정책입안자 그리고 현장관리자에게 핵심적인 문헌이 될 것임을 확신하고 있다.

2014년에도 한국은 여러 기술적, 자연적 재난을 경험하였다. 이 과정에서 공중보건을 담당하는 전문가는 어떠한 대비와 대응이 가능할까를 늘 고민하게 된다. 전문인으로서 지역사회의 재난을 대비하도록 예방적 차원의 준비를 하고, 재난 초기부터 회복기까지 공중보건 전문인의 책임한계 속에서, 재난대응역량이 강화되기를 기대하며 본 역서를 발간하였다.

재난에 관한 전문용어가 통일되지도 않은 상황에서 여러 차례의 모임을 통해 용어를 정의하고, 내용을 검토하며, 색인의 단계까지 노력해준 모든 공동 역자들께 감사하며, 각 단계를 세심한 배려로 도와주신 대학서림에 감사드린다.

2015년 2월

대표역자 이 인 숙

# CONTENT

# CONTENT

## 〈표 차례〉

## 〈 그림 차례 〉

# 1장

# 재난의 종류와 주요영향

**학습목표**

1. 주요 자연재난 및 인적재난의 종류와 재난별 특성을 설명할 수 있다.
2. 주요 재난들이 건강에 미치는 영향을 설명할 수 있다.
3. 주요 재난을 대비한 공중보건중재를 설명할 수 있다.

재난 disaster 은 사망, 손상 injuries, 질병 및 재산 피해라는 결과가 어우러져 일상적인 절차나 자원을 이용해도 효과적으로 관리하지 못할 정도의 강도와 규모로 발생하는 응급사태 emergency 라고 정의할 수 있다. 재난은 자연환경, 장비 오작동, 인적오류, 생물학적 유해 및 질병 등으로 야기될 수 있다. 공중보건당국 Public health agencies 은 재난의 보편적 위험과 미국 전역에서 발생하는 자연재난의 증가, 공중보건에 미치는 재난의 부정적 영향, 인적재난[1]의 실질적이고 잠재적인 영향의 증가 등에 대해 관심을 가져야 한다.

상당한 수의 미국인들이 3종류 3 classes 의 자연재난(홍수, 지진, 허리케인) 위험에 처해있다. 생활 및 업무 환경이 고도로 발달한 홍수 범람지역 floodplains 에 2천 5백만~5천만 명이 살고 있다. 대형 호수 great Lakes[2] 지역을 포함한 미국 해안 지역에는 1억 1천만 명이 산다. 4급 category 4 허리케인이 메인 Maine 에서 텍사스 Texas 에 이르는 연안

1) 국가대응계획 national response framework 에서는 "사고 incident"라는 용어를 사용함. 부록A 참고.
2) 역자 주. 미국과 캐나다 국경의 5대호(동쪽에서부터 차례로 Ontario, Erie, Huron, Michigan, Superior)

지역을 강타할 확률은 80%이다. 미국 내 10대 대도시의 인구는 비도시지역보다 빠르게 증가하고 있어 재난이 도시를 덮치면 더 많은 인구가 위험에 노출되게 된다. "위험에 처한 at risk" 인구에 대해서는 10장에서 더욱 심도 있게 다룰 예정이다. 미국민의 50% 이상이 재난에 취약한 실정이다. 2009년 미 국민 3억 820만 명 중 5,400만 명은 장애인(17.5%), 7,450만 명은 어린이(24%), 3,470만 명은 65세 이상 노인이다.

재난에는 일상적인 응급의료로는 대처하지 못하는 수많은 문제가 있다. 경보 warning 와 대피 evacuation, 광범위한 도시 수색 및 구조, TRIAGE, 다양한 정부부처, 공공기관, 민간조직 간의 조정 등이 그 예이다. 이러한 부분들에 대한 효과적 관리를 위해서는 전문적인 경험이 필요하다. 병원 및 보건의료기관에서는 합동위원회 Joint commission 의 표준과 산업안전보건청 OSHA, U.S. occupational safety and health administration 의 규정에 따라 이러한 상황을 신속하고 효율적으로 대처할 수 있어야 한다.

## 1. 자연재난과 기술재난

자연재난은 개시 속도에 따라 급성재난 acute 과 점진적 재난 gradual 으로 구분한다. 자연적 유해는 특정 지리적 지역에 무리를 지어 발생하는 경향이 있기 때문에 예측할 수 있다. 자연재난은 예방이 불가능하며, 대부분의 경우 통제하기도 힘들다. 신속하게 복구가 이루어지더라도 장기적인 영향을 끼칠 수 있다 지진, 홍수, 허리케인(태풍), 토네이도, 화재, 쓰나미(폭풍해일), 눈사태, 화산폭발, 극한의 추위(눈보라 storm), 폭염 heatwave 등이 급성 자연재난에 속한다. 점진적으로 시작되는 자연적 유해는 가뭄, 기근, 사막화, 삼림 벌채, 해충만연 등이 있다. 주요 자연재난과 환경에 미치는 영향을 표 1-1에 제시하였다.

기술재난 또는 인적재난으로는 원전사고, 폭격, 생물테러 등이 있다. 재난관리기관은 인간과 자연 간의 상호작용이 복잡하며, 이것이 재난을 악화시킬 수도 있다는 것에 더욱 관심을 두고 있다. 재난의 피해정도는 재난 취약지역의 인구밀도, 현지 건축물 규정, 지역사회의 대비, 주민안전 공지시스템, 위험신호가 처음 나타났을 때의 올바른 대처법에 대한 주민교육정도에 따라 달라진다. 대중이 적절한 정보(즉, 정부 및 민간지원)에 접근할 수 있는지에 대한 여부, 취약성(예: 경제적 혹은 생물학적 요인)을 개

표 1-1 자연재난 및 환경영향

| 자연재난 | 환경영향 |
|---|---|
| 눈보라/한파/폭설 | 눈사태, 침식, 해빙(홍수), 동식물의 파괴, 하천 유빙ice jam(홍수) |
| 사이클론 | 홍수, 산사태, 침식, 동식물의 죽음 |
| 가뭄 | 화재, 물자원의 고갈, 토양악화, 동식물의 죽음 |
| 지진 | 산사태, 낙석 |
| 홍수/뇌우thunderstorm | 집중호우, 화재, 산사태, 침식, 식물 파괴 |
| 폭염heatwave | 화재, 동식물 파괴, 물자원 고갈, 토양악화, 해빙(홍수) |
| 토네이도 | 동식물 죽음, 침식, 물 소요사태 |
| 쓰나미 | 홍수, 침식, 동식물의 죽음 |
| 화산폭발 | 동식물의 죽음, 토양악화, 대기오염 및 수질오염 |
| 산불 | 지표식물의 파괴, 침식, 홍수, 이류, 장기 스모그, 토양오염 |

선 또는 악화시키는 기존의 상태, 스트레스 상황의 경험 여부, 저축 및 보험의 이용가능성 등에 따라 재난 후 복구 속도가 달라진다.

## 가. 눈보라/한파/폭설

심각한 겨울폭풍은 치명적일 수도 있다. 미국 북부에서 겨울폭풍은 얼음, 눈, 저온 등을 동반하며, 도로상태 악화로 운전이 위험하다. 폭풍이 자주 발생하지 않는 남부에서는 적은 양의 눈과 얼음으로도 심각한 문제를 초래할 가능성이 있다. 대중에게 겨울폭풍경보메시지(체감온도, 겨울폭풍주의보, 겨울폭풍경보, 눈보라경보 등)를 숙지시키면 신속하게 조치할 수 있다. '체감온도 windchill'는 온도와 풍속의 영향을 모두 고려해서 밖에 나갔을 때에 추위를 얼마나 느끼는가를 계산한 값이다. 기상청 NWS 은 겨울바람과 얼음점의 잠재적 위험도를 계산하기 위하여 체감온도지수 WCT, Windchill temperature 를 이용한다. 체감온도지수 예측을 위해 기상학, 생물기상학, 컴퓨터 모델링이 이용된다.

겨울폭풍주의보 winter storm watch 는 해당 지역이 극심한 겨울날씨의 영향을 받을 가능성이 있음을 뜻한다. 겨울폭풍경보 winter storm warning 는 날씨가 확실히 악화되고 있는 상태이며 비상대비계획을 가동시켜야 함을 의미한다. 눈보라경보 blizzard warning 는 몇 시간 동안 상당한 양의 눈이 내리고 시간당 최소 56 km(35 mile)의 바람이 계속될 것임을 예측하는 의미이다.

#### 1) 사망 및 질병 위험

겨울폭풍이 발생했을 때 주요 사망원인은 교통사고이다. 겨울철에 안전하게 운전하려면 겨울철을 대비해 차량을 점검하고, 길에서 좌초되거나 길을 잃었을 때의 대처요령을 숙지하는 것이 중요하다. 동상과 저체온증, 일산화탄소 중독, 떨어지는 물체에 맞아 생기는 둔상, 제설기기로 인한 관통상, 눈을 치울 때 흔히 발생하는 심혈관계 질환 등이 겨울폭풍으로 인한 사망 및 질병 원인이다. 동상은 추위에 노출되었을 때 발생하는 심각한 영향으로 영구적인 손상을 남길 수 있다. 동상에 걸리면 손가락, 발가락, 코, 귓불에 감각이 없어지고 창백해진다. 체온이 약 섭씨 32도 이하로 떨어지면 저체온증이 생긴다. 저체온증으로 인해 심한 오한, 어눌한 말투, 기억력 장애, 어지럼증, 탈진 등이 발현될 수 있다.

물은 얼면서 부피가 커지는 고유의 성질이 있다. 부피가 커지면서 금속관이나 플라스틱 관처럼 물이 들어있는 곳에 상당한 압력이 가해진다. 용기의 '내구력'과는 상관없이, 물의 부피가 커지면서 파이프가 파손되어 물이 넘칠 가능성이 있으며, 이는 익사 및 감전사의 원인이 될 수 있다. 추위에 노출되어 있는 실외 호스연결용 수전 outdoor hose bibs, 수영장 공급배관, 살수장치 배관, 지하실이나 바닥 밑 공간, 다락방, 차고, 주방 찬장 등 열이 닿지 않는 실내 공간에 있는 급수관 등이 가장 잘 언다. 또한, 단열이 거의 되지 않는 외벽에 있는 배관도 동파될 가능성이 있다. 단열이 거의 되지 않는 다락이나 바닥 밑 공간에 수도관이 있는 온난한 지역에서 특히 수도관 동파가 문제된다. 2차적인 위험은 동파된 파이프로 인한 열손실이다.

노인이나 장애인처럼 영하의 기온에 특히 취약한 사람은 야외 활동 계획을 세워서 따뜻할 때에 밖에 나가도록 한다(보통 정오~오후 2시). 가슴 또는 허리 아래 마비가 있거나 사지에 열을 느끼거나 유지하기 힘든 사람은 동상에 걸릴 위험이 크므로, 혈액순환이 잘되도록 다리와 골반, 손을 감싸줘야 한다. 추운 날씨에는 여러 겹의 옷을 겹쳐 입고, 머리와 목, 가슴에 목도리를 두르고, 부츠 안에는 두꺼운 양말을 두 개씩 신는 것이 중요하다. 휠체어를 탄 사람은 골반 부위를 담요로 감싸주고 실외에 있는 시간을 제한해야 한다.

운전 장비는 문제가 없어야 하며, 타기 전 충분히 예열하도록 한다. 보조동물에게는 벨트아래 망토나 코트를 입히고, 차량에 태울 때에는 담요 위에 있게 한다. 또한 보조견의 발에도 신발을 신겨서 발을 보호한다.

휠체어에 공기 타이어 pneumatic tires 를 끼우면 얼어있는 곳을 지날 때 도움이 된다. 비 포장 도로용 오토바이에 쓰는 타이어(자전거 매장에서 판매)를 써도 된다. 암염 ramps 은 보조 견에게 유독하므로 가정에서 쓰는 소금이나 고양이 깔짚용 점토로 경사로에 얼음을 제거한다. 특정 이동기기를 사용할 때에 암염으로 인해 미끄러질 가능성도 있다. 비가 얼면서 내리면 지팡이, 워커, 소매, 휠체어에 달라붙어 금속부위가 미끄럽고 차가워진다. 운전대를 잡을 때에는 장갑을 끼면 도움이 된다. 휠체어를 차량으로 옮겨 실을 때에는 우선 타이어를 분리해서 잔해와 얼음을 털어내는 것이 중요하다. 소금이나 기타 제빙제가 붙어있을 타이어 링 tire ring 과 그 외 금속부품은 녹이 슬지 않도록 깨끗이 닦아야 한다.

### 2) 공중보건

겨울철을 앞둔 시기와 겨울폭풍이 시작되었을 때 취할 수 있는 예방조치에 관해 지역사회에 교육을 함으로써 그 피해를 줄일 수 있다. 겨울폭풍에 대비하는 방법은 다음과 같다:

- 가정에서의 월동준비(수도관 단열, 방풍창 설치)
- 여분의 담요, 따뜻한 코트와 의복, 방한 부츠, 모자, 벙어리장갑 등 겨울철 의복과 물품 준비
- 응급처치도구, 날씨 예보를 듣기 위한 건전지를 사용하는 라디오, 손전등, 여분의 건전지 등이 들어있는 재난용품키트 마련
- 통조림 식품, 비전기식 깡통따개, 병에 든 물 등을 준비
- 차량 월동준비를 하고, 가스탱크를 가득 채우며, 차량에 재난용품키트 마련
- 폭설무게로 처진 전기선 근처에 가지 않음

## 나. 사이클론, 허리케인, 태풍

사이클론 cyclone 은 거대한 폭풍으로, 바람이 원형으로 불면서(북반구에서는 시계반대

방향, 남반구에서는 시계방향) 그 중심부에는 저기압이 되는 특징이 있다. 허리케인은 대서양에서 발생하며, 태풍은 태평양과 중국해에서 시작한다. 풍력(보퍼트 풍력 Beaufort scale 등급)과 풍속, 발생방식에 따라 정확하게 분류된다(예: 열대성 저기압, 열대폭풍, 허리케인).

허리케인은 시간당 풍속이 약 120 km 이상으로 바다에서 형성된 강력한 폭풍이다. 형성되기 시작한 순간부터 위성으로 탐지되므로 폭풍이 강타하기 2~3일 전에 경보를 발령할 수 있다. 허리케인의 영향권은 직경 320~770 km이다. 그 중심에 직경 약 25 km의 고요한 '폭풍의 눈'을 둘러싸고 강력한 바람이 불고 비가 내린다. 허리케인 풍속은 시간당 320 km가 되기도 한다. 그러나 바람이 아니라 해일과 돌발 홍수로 인해 인명과 재산피해가 극심하다. 허리케인은 사피어-심슨 Saffir-Simpson 척도에 따라 1급에서 5급까지로 구분한다. 3, 4, 5급 허리케인은 큰 폭풍으로 간주한다. 표 1-2는 사피어-심슨 허리케인 척도 Saffir-Simpson hurricane wind scale.이다.

폭풍의 격렬함과 장기적인 지속시간, 광범위한 영향 범위 등으로 인해 허리케인 및 사이클론은 모든 폭풍 중에서도 가장 파괴적이다. 허리케인이 발생하는 시기는 6월 1일에서 11월 30일까지이나, 대부분은 8월과 9월에 발생한다. 과학자들은 관찰, 레이더, 기상위성, 컴퓨터 모형 등을 통해 허리케인의 성질을 잘 이해하게 되었다.

허리케인의 독특한 특징은 폭풍 해일이라고도 하는 해수면의 증가이다. 저기압 중심부는 진공상태가 되고, 바람이 물을 모으며, 엄청난 풍속의 폭풍이 불어 해수면이 높아진다. 드물게 약 14 m(약 46 ft)의 폭풍 해일이 일기도 하며, 이는 거대한 힘의 폭풍에 의해 상당한 양의 해수가 떠밀려서 생기는 현상이다. 해일이 육지에 닿을 때, 해저경사가 완만한 해안저지대나, 바다를 마주보는 폐쇄지역에서 해일의 영향이 더 악화된다.

**표 1-2 사피어-심슨 허리케인 척도** Saffir-Simpson hurricane wind scale

| 등급 | 피 해 | 풍속 km/h | 폭풍해일 m |
|---|---|---|---|
| 1 | 최소 | 120~153 | 1.2~1.7 |
| 2 | 중간 | 154~177 | 1.8~2.6 |
| 3 | 광범위 | 178~209 | 2.7~3.8 |
| 4 | 극심 | 210~250 | 3.9~5.4 |
| 5 | 초대형 | 251 이상 | 5.5 이상 |

인구압 population pressure[3] 으로 흔히 삼림 벌채가 나타나고, 이로 인해 폭풍이 인간에게 미치는 영향이 심각해진다. 해안가에 나무가 사라지면 바람과 폭풍 해일이 더욱 거대해진 힘으로 육지에 닿는다. 언덕과 산의 경사로에 나무가 없으면 열대성 사이클론에 동반하는 호우가 내릴 때 맹렬한 돌발 홍수와 산사태가 발생할 가능성이 커진다. 동시에, 삼림 생태계가 물을 흡수하고 보유할 수 없어 물자원의 보급이라는 강우의 유익한 효과가 사라질 수도 있다.

### 1) 사망 및 질병 위험

허리케인으로 인한 인명피해는 대피하지 못하거나 대피소로 가지 못했을 때, 경고를 주었음에도 불구하고 재산을 보호하는 주의사항에 따르지 않았을 때, 복구 시에 음식 및 식수안전 또는 손상예방에 관한 지침을 준수하지 않았을 때에 주로 발생한다. 폭풍 동안에는 익사, 감전사, 날아다니는 물체에 맞아 생기는 열상, 떨어지는 나무나 물체에 맞아 생기는 둔상이 생긴다. 폭풍이 불고 있을 때나 그 여파로 심장마비와 스트레스 관련 질환이 발생하기도 한다. 사이클론이 지나간 직후에 어린이중독 사고 외에도 위장장애, 호흡기 질환, 매개요인에 의한 감염, 피부 질환이 생길 수 있다. 전기톱 등 전동기구를 잘못 사용해서 생기는 손상, 야생의 파괴(예: 동물이나 뱀, 곤충에 물림), 화재 등도 빈번하다. 다행히, 폭풍을 감지하고 추적할 수 있기 때문에 여러 나라에서 사망률 및 이환율을 낮추는데 도움이 되었다.

### 2) 손상예방

공중보건 전문가들은 현지 응급의료관리국과 협력해서 사람들을 대피시키고 수도나 전기, 가스 등을 잠그도록 준비시켜야 한다. 손상을 막기 위해서는 주민들이 상식적으로 행동하고, 긴팔 셔츠와 긴 바지, 안전한 신발이나 부츠 등 옷을 제대로 갖춰 입어야 한다. 또한, 주민들은 가스톱 gas-powered saws 이나 전기톱 electric chainsaws 을 작동하기 전에 안전주의사항과 작동방법을 익혀야 한다. 전기톱을 사용할 때에는 특히 주의해서 감전이 되지 않도록 하고, 어떤 톱을 사용하든 장갑과 안면 보호장구 또는 보안경을 착용하도록 한다. 물 표면에 끊어진 전원선이나, 깨진 유리, 금속 파편 또는 기타 잔해가 있

3) 역자주. 인구압 population pressure : 인구수와 생활공간과의 관계에 균형이 이루어지지 않은 지역에 거주하는 사람들이 생활상 압박을 받게 되는 현상(두산백과)

을 수 있으므로 대피를 시키는 사람에게 물을 헤치면서 걷도록 조언을 해야 한다.

재난이 지나간 후 다시 거주지로 돌아올 때, 주민들은 구조적인 손상과 전기 또는 천연가스, 프로판 탱크의 유해를 살펴봐야 한다. 낮 시간에 집에 돌아오도록 하고, 양초, 가스 랜턴, 횃불 보다는 건전지가 들어있는 손전등만을 사용하도록 한다.

복구 시기에는 공중보건 전문가와 현지 응급의료관리국 직원들이 난민들에게 안전한 물과 음식을 적절히 공급해야 한다. 신속한 응급관리 외에도 만성질환을 가진 집을 잃은 주민들을 위한 지속적 관리계획을 수립해두어야 한다.

### 3) 공중보건

- 공중보건 기반시설 검토 등 피해지역의 요구도를 평가한다.
- 사망, 질환, 사고에 대한 능동적 및 수동적 감시 체계를 수립한다.
- 물과 음식을 안전하고 적절하게 보유하도록 대중을 교육한다.
- 환경관리 체계를 확립한다.
- 감염병을 주시하고 예방주사(예: 파상풍)가 필요한지 여부를 결정한다.
- 다면적인 손상예방 프로그램을 구성한다.
- 잠재적인 질병 매개체에 대한 보호조치를 세운다.
- 유해물질의 잠재적인 방출을 주시한다.
- 양로원, 병원 및 자택요양 환자를 대피시키는 계획을 세운다.
- 건축물 규제(예: 바람을 막을 수 있도록 개선된 디자인 개발)를 개선하도록 현지 지역사회와 협력한다.

## 다. 가뭄

가뭄은 다른 환경적 위해보다 사람들에게 더 큰 영향을 미치며, 이는 아마도 가장 복잡하면서도 거의 알려지지 않은 유형의 환경적 유해일 것이다. 흔히 가뭄은 비가 거의 오지 않아 생긴다고 보며, 기근과 같은 뜻으로 쓰인다. 그러나 단순히 강우량의 변동만으로 기근이 발생하진 않는다. 비가 드물고 불규칙하게 내리는 건조 및 반 건조 지역에서 가뭄은 위기를 촉발하는 요인이지만, 그것만으로 사막화가 이루어지진 않는다. 지나친 경작, 삼림 파괴, 과도방목 overgrazing, 관개기술 부족 unskilled irrigation 등 인간의 활동에 의해 생태계가 변화하며, 이는 사막화로 이어진다. 인구가 증가하면서 이러한 활동들이 더욱 닳아져 상황이 심각해진다. 특히, 지나친 경작, 삼림 파괴, 과도 방목 등 이 세 가지 활동으로 인해 식물이 자라고 있는 토양이 드러나고, 유기물과 영양소가 상당히 감소한다. 이렇게 되면 태양과 바람의 침식력으로 토양이 노출된다. 남겨진 토양은 딱딱해져 더 이상 비를 흡수하지 못하고, 물은 토양의 표면을 흘러가면서 남아있는 약간의 표토마저 떠내려간다.

### 1) 사망 및 질병 위험

난민들은 이주, 인구과밀, 새롭게 이주한 지역의 비위생적인 상태로 스트레스를 받아 이환율이 매우 높다. 설사질환과 호흡기질환, 영양실조 때문에 사망 및 질병이 발생한다. 영양실조는 정상적인 성장을 저해하며 질병과 사망의 원인이 될 수 있다. 표준점수Z-score 대비 중앙값의 표준오차가 2 이상인 아이들의 백분율을 통해 신장대비 저체중을 확인했으며. 그 결과, 부종이 있는 아이들이 중증의 영양실조 상태를 보였다. 하루 10,000명 중 1명이 사망하는 기저사망률을 초과하는 사망률이 중요한 관심 지수가 된다.

### 2) 공중보건

- 체중과 신장을 측정해 건강상태와 영양상태를 살펴본다.
- 이용가능성, 접근성 및 소비 형태 등 음식의 안정성을 평가하여 확실히 보장되도록 한다.
- 사망률을 추적 관찰해야 한다.
- 안전한 물, 위생, 질병 통제 등을 보장해야 한다.

## 라. 지진

지진은 지각 일부에서 갑자기 발생하는 단층운동으로 일련의 진동을 동반한다. 본진이 일어난 후에는 그와 비슷하거나 약한 강도의 여진aftershocks이 발생할 가능성이 있다. 지진은 연중 어느 때에나 일어날 수 있다. 일반적으로 지진은 모든 자연의 힘 중에서 가장 파괴적이고 무서운 것으로 여겨진다. 다른 재난과 마찬가지로, 지진이 발생하면 선진국에서는 재정손실이 더 크고, 후진국에서는 손상이나 및 사망률이 더 크다. 실제 2010년 아이티에서는Haiti 최소 200,000명 이상이 사망했으며, 2011년 일본 동북부 지역의 9.0 규모의 지진과 연속적인 쓰나미로 인해 30,000명이 사망하거나 실종되었다.

지진의 세기는 리히터Richter 척도로 그 규모와 지진이 방출하는 에너지, 즉 강도를 측정한다. 이 값은 지구 어느 곳에서의 지진이든 한 관측소에서 기록한 자료를 토대로 계산하지만, 지진으로 인한 손상영향을 보여주는 것은 아니다. 전 세계 관측 자료에 따르면, 매년 리히터 규모 8 이상의 지진이 평균 두 번 정도 발생한다. 지진규모가 1씩 숫자가 적어질수록 발생빈도는 10배 증가한다. 그러므로 규모 7 이상의 지진은 일년에 보통 20회, 규모 6 이상은 약 200회 정도 발생한다.

지진으로 인해 이차 재난, 즉 초대형 쓰나미가 발생할 가능성이 있다. 쓰나미는 아주 거대한 길이의 파도가 상당한 기간 동안 생기는 것으로, 보통 판의 가장자리에 가까이 있는 대양 아래나 근처에서 생기는 대규모 지진으로 인해 발생한다. 이 파도는 먼 거리를 지나가다가 수심이 얕은 곳에 도달하면 갑자기 파고가 높아지면서 대규모 파괴를 유발한다. 바다 아래나 작은 섬에서 발생하는 해저사태와 화산폭발로도 쓰나미가 생길 가능성이 있지만, 그 영향은 보통 작은 지역에 국한된다. 화산 쓰나미는 보통 지진 쓰나미보다 규모가 커서 파도의 높이가 40 m(131.2 ft) 이상인 적도 있었다.

지질학자들은 지진 발생가능 지역을 규명해왔다. 세계적으로 인구가 증가하고, 도시로 이주하는 경향이 커지면서, 지진 취약지에서 사망자 수와 재산손실이 더 커졌을 것이다. 최소한 7천만 명이 지진이 활발한 39개 주에 살고 있으므로 지진으로 인한 사망 및 손상의 상당한 위험에 직면해 있다. 캘리포니아, 북서태평양, 유타 및 아이다호가 상당한 위험에 처해 있지만, 그 외에도 인구 10만 이상인 6개의 대도시가 뉴마드리드 단층대의 지진 지역 내에 위치한다. 페루의 리마Lima, 칠레의 산티아고Santiago, 에쿠아도르의 키토Quito 및 베네수엘라의 카라카스Caracas는 지진의 피해를 견뎌낼 수 없는 구조의 지진 취약지에 상당한 인구가 거주하는 주요도시들이다.

### 1) 사망 및 질병 위험

지진으로 인한 사망 및 손상은 가옥의 유형과 지진이 발생한 시간, 인구밀도에 따라 달라진다. 일반적인 손상으로는 절단, 골절, 좌상, 압좌손상crush injures, 돌더미 속에 갇힌 상태로 인한 탈수 등이 있다. 스트레스 반응 또한 흔하다. 지진이나 소리가 나지 않는 붕괴가 일어나는 동안에도, 정화활동 등을 하는 도중에도 사망 및 손상이 발생할 가능성이 있다.

### 2) 손상예방

공중보건전문가들은 지진 발생 후에 손상을 최소화하도록 지진 발생 전후에 중재를 해두어야 한다. 건축물 규제를 보다 엄격히 제한하고 안전한 재료를 사용하면 집과 직장이 안전할 수 있다. 사고 예방조치로 기기를 고정시키고, 벽이나 머리 위에 매달린 물체를 튼튼히 고정하며, 수도나 전기, 가스 등을 잠그고, 유해한 물질을 안전하고 환기가 잘 되는 곳에 보관하며, 부서질 위험이 있는 창문과 유리를 점검한다.

공중보건 분야에 종사하는 사람들은 앞서 사이클론에서 말한 권고사항에 따르도록 한다.

### 3) 공중보건

- 비상시 대응절차를 따르는 지진대비 훈련을 한다.
- 가정과 자동차에 광범위하게 쓸 수 있는 응급처치도구와 생존물품을 구비한다.
- 안전한 물과 음식에 관한 기본 주의사항을 교육한다.
- 지진 발생 후 처음 3~5일 동안 급성기 치료가 필요한 사람에게 응급처치를 제공한다.
- 처방전, 가정간호, 그 외 필요한 의료중재를 받지 못하는 사람을 지속적으로 돌본다.
- 부상의 위치와 중증도, 환자의 분포, 추적관리를 위한 정보 등을 포함하여 전염성 질환과 손상에 대해 감시한다.
- 손상예방을 위한 적절한 경고 및 조언을 하도록 언론자문을 준비한다.
- 환경 제어 체계를 확립한다.
- 건물의 종류, 해당 장소의 주소, 붕괴의 유형, 먼지의 양, 화재 또는 독성 유해, 피해자의 위치, 부상의 성격과 중증도 등을 기록하는데 용이하도록 수색 및 구조팀을 편성한다.

## 마. 홍수

홍수는 매년 재난의 약 30%를 차지하는 세계적으로 가장 빈번하게 발생하는 재난이다. 홍수의 발생빈도는 다른 재난보다 빠르게 증가하고 있다. 이는 무계획적 도시화, 삼림 파괴, 최근에는 엘니뇨 El Niño 및 라니나 Lal Nina 현상에 기인한다. 홍수는 허리케인으로 인한 해일, 지진 후의 쓰나미 등의 자연재난과 동반되어 발생할 수 있다.

갑자기 많은 양의 비가 내리는 돌발홍수 flash floods 제외하고는, 홍수 자체로는 사망률이 크지 않다. 대신에, 대규모의 난민, 통신 및 의료 체계의 두절, 영업, 가축, 작물 및 곡물의 막대한 손실 등 영향력이 광범위하고 오래 지속이 되며, 특히 지대가 낮은 인구밀집지역에서 더욱 그러하다. 홍수가 자주 반복되면 농촌 경제가 지속적으로 파괴된다.

### 1) 사망 및 질병 위험

홍수로 인한 사망률은 나라마다 다르다. 폭우나 갑작스런 댐 방류와 같은 돌발홍수가 홍수관련 사망의 주요 원인이다. 홍수로 인한 사망자 대부분은 차에 갇혀서 급속한 물살을 헤치고 운전을 하려다가 익사한다. 그 외에 홍수지역에서 물살을 헤치며 걷거나, 자전거를 타는 등의 여가활동을 하다가 사망하기도 한다.

스트레스와 홍수 이후 정화 작업도중 상당수가 질병(정신적, 신체적)을 얻거나 사망(예: 심근경색)한다. 화재, 가스 누출로 인한 폭발, 내려앉은 전선 등도 상당한 부상을 초래할 가능성이 있다.

매개체 감염병과 피부질환 외에도 수인성 질환(예: 장독소형 대장균 Enterotoxigenic Escherichiacoli, 시겔라균 Shigella, A형 간염 Hepatitis A, 렙토스피라병 leptospirosis, 편모충증 giardiasis)이 상당한 위해 요인이 된다. 그 외에도 부상당하고 놀란 동물들, 유해폐기물 오염, 하수와 고형 폐기물 배수시스템 가동중단, 곰팡이 molds 와 흰곰팡이 mildew, 묘지의 자리이탈 등의 위험이 있다. 홍수와 해일로 인한 저장시설 파괴로 음식이 부족할 수도 있다.

### 2) 손상예방

대중에게 홍수의 위험성을 알리고 위험한 행동을 하지 않도록 교육하면 사망을 예방할 수 있다. 대부분 자동차에서 익사하는 경우가 많으므로 물이 흐르는 곳에서는 차가 안전하지 못하다는 것과, 약 60 cm(2 ft)의 깊이의 흐르는 물에서도 차량이 휩쓸려 갈 수 있음을 알려준다.

손상 및 질병예방에 있어 중요한 것은 정화 절차와 주의사항에 관한 교육이다. 정화작업을 할 때에는 고무장화와 방수장갑을 착용해야 한다. 벽과 딱딱한 바닥, 그 외에 모든 표면을 비누와 물로 닦고 약 20 L(5갤런)의 물에 표백제 한 컵을 넣은 용액으로 소독해야 한다. 음식을 보관하거나 준비하는 곳의 표면과 어린아이들이 노는 곳은 더욱 철저히 소독해야 한다. 아이들의 장난감은 사용하기 전에 소독하거나, 소독되지 않은 장난감은 폐기한다. 모든 린넨 제품과 의복은 뜨거운 물로 세탁하거나 드라이크리닝 한다. 매트리스나 겉 천이 있는 가구 등 세탁이나 드라이크리닝 하지 못하는 제품은 햇빛에 말리고 소독제를 골고루 뿌린다. 모든 카펫류는 증기로 세탁한다. 소독을 할 수 없는 가정용품은 버린다.

하수도가 넘쳐서 나온 배설물과 농업 및 산업 부산물이 홍수로 흐르는 물에 있을 수 있다는 점을 알아야 한다. 이 물에 피부가 닿았을 때 그 자체로는 건강상에 심각하게 위험하지 않지만, 그 물에 오염된 무언가를 먹거나 마시면 질병이 생길 수 있다. 이 물에 노출될 수 있는 개방성 상처가 있는 사람은 감염이 되지 않도록 비누로 닦아 가능한 그 부위를 깨끗이 관리한다. 홍반, 부종, 배액이 생기는 상처는 즉시 치료받도록 한다.

질병예방을 위해서는 일상적인 위생 절차를 반드시 따라야 한다. 음식을 준비하거나 먹기 전, 화장실 사용 후, 홍수 정화작업 후, 홍수나 하수로 오염된 물건을 다룬 후에는 끓이거나 소독처리한 물과 비누로 손을 닦아야 한다.

어린이들은 손을 자주 씻기고, 침수 지역에서 놀지 못하게 한다.

### 3) 공중보건

- 공중보건 기반시설, 공공시설(예: 수도, 하수, 전기) 및 필요한 보건, 의료, 약 등의 상태 및 상황을 파악하도록 요구도를 평가한다.
- 식수원 오염, 부상, 매개체 감염인구의 증가, 풍토병, 수인성 질환 및 매개체 감염병 등을 감시한다.
- 의료 서비스와 보급품, 지속적인 간호를 위한 전달체계를 구성한다.

- 적절히 위생관리에 대하여 교육한다.
- 적절한 정화작업에 대하여 교육한다.

## 바. 폭염

시간이 지나면서 사람들은 더운 날씨에 익숙해지기도 한다. 그러나 이상기온이 며칠간 지속되고, 밤 기온이 크게 떨어지지 않으면 사망률 및 이환율이 증가한다. 사람들은 여름 온도에 적응하기 때문에, 미국과 유럽의 6~7월 폭염이 8월~9월의 폭염보다 영향력이 더 크다. 무더위가 시작된다 하더라도 건강상에 미치는 영향은 나중에 일어나곤 한다. 폭염기 사망률은 폭염이 지속되는 동안 밤 기온이 기준기온으로 별로 떨어지지 않는 기간에 더 높다. 표 1-3은 열과 관련된 상태에 대한 주요 용어이다.

### 1) 사망 및 질병 위험

폭염은 농촌보다는 도시에서 건강상의 영향이 더 많이 나타난다. 노인, 유아, 열사병 병력이 있는 사람, 비만인 사람에서는 그 위험이 더 크다. 신경이완제나 항콜린성 제제 등의 약물을 복용하면 열사병에 더 취약할 수도 있다. 열로 인한 열경련, 열사

**표 1-3 폭염 heatwave 관련 용어**

| 용어 | 설명 |
|---|---|
| 폭염 heat wave | 습한 날씨가 지속되는 기간. 기상청은 기온과 습도가 높은 기간에 대중에게 경고를 하는 절차를 취한다. |
| 열지수 heat Index | 상대습도와 기온을 복합하여 실제 체감 기온을 말해주는 화씨온도. 햇빛에 완전히 노출되면 이 지수가 증가할 가능성이 있다. |
| 열경련 heat cramps | 열경련은 복부근육이나 다리를 무리하게 써서 발생하는 근육통 및 근육경련이다. 보통, 땀을 많이 흘리고 나서 수분이 빠져나가면 경련이 일어난다. |
| 열탈진 heat exhaustion | 무리하게 운동을 하거나 땀을 많이 흘려서 체액을 소진하는 더운 곳에서 근무할 때에 보통 열탈진이 일어난다. 피부로 흐르는 혈류가 증가하면서 필수 기관으로 가는 혈류가 감소한다. 그로 인해, 경미한 쇼크가 온다. 이를 치료하지 않으면 상태가 악화된다. 체온이 올라간 상태로 열사병을 앓을 수 있다. |
| 열사병 heatstroke | 열사병은 치명적이다. 몸을 식히도록 땀을 배출하는 온도조절시스템이 제 역할을 하지 못한다. 이에, 체온이 너무 높아져, 신속하게 몸을 차게 하지 않으면 뇌손상이나 사망에 이를 수 있다. |
| 일사병 sunstroke | 열사병을 또 다른 말로 일사병이라 한다. |

병, 열탈진, 열실신, 심근경색, 의식불명, 현기증, 경련, 뇌졸중 등으로 인해 사망 및 손상이 발생한다.

### 2) 손상예방

고위험 인구는 매일 최소 몇 시간 이상은 냉방이 되는 건물에 있어야 한다. 모든 이들이 적절한 수분을 섭취하고, 야외활동을 자제해야 한다. 노인을 보호하고, 5세 이하의 어린이를 키우는 부모들에게 아이들을 열에서 보호하고, 열성질환의 예방법을 교육하는데 집중한다.

### 3) 공중보건

- 예방 및 중재 활동을 유도하는 조기경보감시시스템early warning surveillance system을 개발한다.
- 연령, 기저질환, 냉방 부족, 그 외 환경적 요인이나 건강요인으로 인해 위험률이 높은 이들의 위치를 파악한다.
- 공공시설과 협력하여 정전 시 예방조치에 대해 주민들을 교육한다.

## 사. 뇌우

습기, 급속히 상승하는 더운 공기, 온난전선과 한랭전선, 해풍, 산곡풍처럼 공기를 들어 올리는 힘 등이 결합되어 뇌우를 형성한다. 모든 뇌우는 번개를 동반한다. 뇌우는 하나씩, 혹은 무리를 지어, 혹은 일직선으로 발생한다. 몇 시간 동안 한 지역에 여러 번의 뇌우가 있을 수 있다. 한 지역에 한 번의 뇌우가 장시간 영향을 미칠 때의 날씨가 가장 좋지 않다. 뇌우로 인해 폭우(돌발홍수를 초래할 가능성 있음), 강풍, 우박, 번개, 토네이도가 생길 수 있다. 뇌우가 여러 번 쏟아지면 가정과 재산에 상당한 피해를 초래하기도 한다.

번개는 뇌우가 쏟아지는 동안 가장 큰 위협이 된다. 번개는 뇌우 내에 양전하와 음전하가 축적되어 발생하는 전기방전이다. 양전하와 음전하가 충분히 축적되면 번개가 '번쩍'한다. 그 섬광은 보통 구름 내에서나 구름과 지면 사이에서 발생한다. 번개의 온도는 눈 깜짝할 사이에 27,760℃(50,000°F)까지 올라간다. 번개 근처에서 공기가 재빨리 가열 및 냉각되면서 천둥이 친다.

### 1) 사망 및 질병 위험

미국에서는 연간 75~100명이 번개에 맞아 사망한다. 야외에서 번개에 맞았을 때 개방된 지역이나 언덕 위에 고립되어 있는 큰 나무와 같은 피뢰침, 철책, 골프채, 금속 도구 등 금속 물체를 피하면 다칠 위험이 적다. 같은 곳에 두 번 번개가 치지 않는다는 것은 근거 없는 말이다. 실제로 1회의 방전 과정에서 같은 장소에 여러 번 번개가 칠 수 있다.

뇌우와 번개는 미국 전역에서 발생하지만, 그 중에서도 중부와 남부에서 많이 발생한다. 뇌우가 가장 오래 지속된 것으로 기록된 곳은 플로리다이다. 표 1-4는 기상특보와 관련된 용어이다.

**표 1-4** 기상주의보 및 경보: 정의

| | |
|---|---|
| 홍수주의보 | 해당 시기에 강의 유량이 높거나 물이 넘칠 가능성이 있다. 저지대로 상당한 빗물이 흐르거나 물이 빠지는 경우도 해당된다. 큰 비가 내리고 최소 6시간 후에 홍수가 생길 것으로 예상되는 경우에 일반적으로 주의보를 발령한다. |
| 홍수경보 | 홍수경보를 발령한 지역에서 실제로 홍수가 일어나고 있거나 임박한 상태이다. |
| 돌발홍수주의보 | 주의보가 발령된 지역이나 그 인근에 돌발홍수가 내릴 가능성이 있다. 큰 비가 내리고 6시간 이내에 홍수가 생길 것으로 예상되는 경우에 일반적으로 돌발홍수주의보를 발령한다. |
| 돌발홍수경보 | 경보가 발령된 지역에서 실제로 돌발홍수가 일어나고 있거나 임박한 상태이다. 폭우나 댐 붕괴, 빙집ice jam 등으로 인해 경보를 발령할 수 있다. |
| 토네이도주의보 | 주의보가 발령된 지역이나 그 인근에 토네이도가 생길 가능성이 있다. |
| 토네이도경보 | 토네이도가 실제로 정찰기에서 보이거나 레이더에 나타나며, 경보가 발령된 지역에서 토네이도가 발생하거나 임박한 상태이다. |
| 악성뇌우주의보 | 주의보가 발령된 지역이나 그 인근에 뇌우가 내릴 가능성이 있다. |
| 악성뇌우경보 | 뇌우가 실제로 정찰기에서 관찰되거나 레이더에 나타나며, 경보가 발령된 지역에서 뇌우가 내리거나 임박한 상태이다. |
| 열대폭풍주의보 | 36시간 내에 주의보가 발령된 지역에 시속 60~120 km(39~73 mph)로 지속적인 바람을 동반한 열대폭풍이 생길 가능성이 있다. |
| 열대폭풍경보 | 24시간 내에 경보가 발령된 지역에 열대폭풍이 발생할 것으로 예측된다. |
| 허리케인주의보 | 36시간 내에 주의보가 발령된 지역에 허리케인이 발생할 가능성이 있다. |
| 허리케인경보 | 24시간 내에 경보가 발령된 지역에 허리케인이 발생할 것으로 예측된다. |

## 아. 토네이도

토네이도는 속도가 빠르거나 깔대기 모양인 공기가 나선형으로 격렬한 뇌우에서 발생하여 지면에 닿는다. 토네이도의 풍속은 약 320 km(200마일)이며, 대형 건물마저 파괴시킬 정도의 충분한 힘이 있다. 토네이도의 평균 둘레는 수백 미터이며, 보통 20 km(12.4724마일)을 가기 전에 소멸한다. 풍속에 따라 후지타 등급으로 토네이도의 세기를 나타낸다. 후지타 등급은 F0(피해 없음)에서 F5(완전 파괴)까지를 나타낸다. 피해 범위는 토네이도 깔때기 내의 상승기류, 토네이도의 대기압(흔히 주변 대기압보다 낮다), 대기 중 잔해의 영향 등에 따라 달라진다.

### 1) 사망 및 질병 위험

매년 미국에서 약 1,000건의 토네이도가 발생하며, 하부 48개 주가 모두 그 영향을 받는다. 특정지역에서는 기상현상 반복으로 더 위험할 수 있으며, 미국 중서부와 남동부에서 가장 흔히 발생한다. 토네이도는 보통 3월과 5월 사이 늦은 오후에 발생하지만, 연중 어느 시간이든 발생할 수 있다.

날아다니는 잔해에 부상을 입기도 하며, 거센 바람에 사람이 날려 다치기도 한다(예: 두부 손상, 연조직 손상, 이차 상처 감염). 스트레스 관련 건강장애가 흔하며, 이는 공공시설의 파손, 식수, 대피소 등과 관련된 질환이다.

### 2) 손상예방

토네이도는 매우 빠르게 발생하므로 지역사회는 경보체계(예: 경계경보 방송, 자동전화경보)수립, 부상여방을 위한 대피소 설립, 토네이도 대비훈련을 실시해야 한다. 토네이도가 발생하면 거리를 감싸면서 가능하다면 지하로 대피하며, 창문에서 멀리 떨어진다. 기능적 도움이 필요한 이들은 자신의 한계와 능력, 복용 약 등에 대한 목록, 보급품이 들어있는 응급상자를 갖추도록 해야 하며, 이들에 대해서는 특별한 지원을 해야 한다. 기능적 도움이 필요한 이러한 이들의 응급상자와 목록 사본을 가진 '보호자'가 있어야 한다.

기타 주의사항은 사이클론에서의 내용과 동일하다.

### 3) 공중보건

- 취약한 지역사회를 위한 토네이도 대피 훈련 시 응급관리팀과 협력한다.
- 주요 지형지물 등 주변상세정보가 적힌 지도와 공중탐색을 통해 요구도를 분석한다.
- 의료, 대피소, 음식, 물의 보급 상태를 확인한다.
- 환경 제어 체계를 확립한다.
- 진료소와 대피소의 위치 모두를 고려한 감시체계를 확립한다.

## 자. 화산폭발

화산활동은 뜨겁거나 차가운, 젖어있거나 말라있는, 빠르거나 느린 여러 조합의 암편과 용융암이 흐르는 폭발식 분출을 말한다. 용융된 철성분의 핵과 지표면의 얇은 지각 사이에 위치한 맨틀은 극고온과 극고압으로 인해 녹아서 액체암석, 즉 마그마가 된다. 상당한 양의 마그마가 형성되면 단단한 암석층을 뚫고 지표면으로 나온다. 지표면에 나온 마그마를 용암이라고 한다. 화산의 규모와 폭발 범위, 폭발이 인구 밀집 지역에서 일어났는지의 여부에 따라 유해 정도가 달라진다. 화산은 "스트롬볼리식 Strombolian", "벌컨식 Vulcanian", "펠레식 Pelean", "하와이식 Hawaiian" 등 활동 특성에 따라 분류한다. 화산이 활동하게 되면 하나의 폭발유형 또는 일련의 순서로 폭발할 수도 있다.

화산은 폭발하기 전에 몇 개월에서 몇 년 동안 불안한 징후가 나타나기 시작한다. 화산폭발의 규모, 위치, 시기를 정확히 예측하는 것은 불가능하다. 폭발에 앞서 며칠 내지 몇 주 간 이어지는 화산의 지진활동과 지반변경, 가스 방출과 같은 변화가 생기므로 몇 시간 내지 며칠 후에 폭발이 있음을 경고할 수는 있다.

미국에서는 화산활동이 점차 격렬해짐에 따라 정해지는 경보 단계를 통해 화산폭발 경보를 한다. 경보 수준을 정해놓음으로써 관계당국은 해당 수준에서 화산의 응급상황을 판단하고 그에 대응하여 업무를 조정하기가 용이하다.

화산의 위치(캘리포니아, 알래스카, 태평양 북서부 또는 하와이)에 따라 다른 경보 수준을 이용하여 화산의 불안정 및 폭발에 관한 화산 경보와 응급정보를 제공한다. 이는 화산이 폭발하기 전에 몇 시간 내지 몇 주 동안 서로 다른 불안정 상태를 보이며, 화산 피해를 다룰 경보체계가 서로 다르고, 미국 화산들을 감시하는 정도에 차이가 있기 때문이다. 화산폭발지수 VEI, Volcanic explosivity index 는 폭발의 등급을 매기는 폭발규모 척도이다. 화산폭발지수 VEI 에서는 화산기둥의 높이, 마그마의 양, 분류, 폭발 빈도 등을 고려한다. 화산폭발지수 VEI 는 VEI0에서 VEI8까지로 등급이 나눠진다. 용암과 화산재를 포함해 분출량이 10,000 $m^3$ 이하인 폭발은 VEI0이다. VEI3은 분출량이 1억 $m^3$인 화산을 말한다. VEI8 화산은 최소 1조 $m^3$의 용암과 화산재를 분출한다.

### 1) 사망 및 질병 위험

여러 종류의 화산활동으로 화산 인근지역과 멀리 떨어진 지역 주민들의 삶과 재산이 위태로워질 수 있다. 또한 상당히 광범위한 건강문제를 야기한다. 화산진과 화산재 입자가 눈(각막찰과상 포함), 코, 피부, 상부기도에 닿으면서 즉각적으로 급성의 비특이적 자극을 준다고 보고되었다. 천식이 악화되기도 하고, 화산재나 화산가스를 흡입함으로 질식이 될 수도 있다. 암편의 분출과 포물선 운동으로 부상을 입을 가능성도 있다. 음파진동으로 창문이 산산조각 나고 유리가 깨지면 열상을 입을 수도 있다. 화산재의 무게로 떨어진 나무나 바위, 건물의 붕괴로 인해 외상을 입기도 한다. 먹이를 찾는 동물들은 물과 식량을 제대로 찾아낼 수가 없다. 실내 라돈 농도가 증가할 수도 있다. 수로에 쌓인 잔해나 수로의 파괴로 인해 부차적으로 홍수와 물웅덩이가 생겨 감염병이 퍼질 가능성도 있다. 마지막으로, 사람들이 불안, 우울, 외상 후 스트레스 장애 등을 경험하기도 한다.

### 2) 공중보건

- 응급의료전문가와 협력해서 효과적인 경보체계를 세운다.
- 화산 비상대비계획 워크숍과 응급대응 연습훈련에 참여한다.
- 자료 표, 책자, 비디오 프로그램, 지도 등 교육 자료를 준비한다.
- 대피할 장소를 정하고, 지시에 따라 대피한다.
- 유독가스를 검출하도록 비상용 공기감시장비 emergency air-monitoring equipment 를 제공한다.
- 마스크와 보안경을 마련하고 지시에 따라 배분한다.
- 수도의 파손에 대비한다.
- 대피하라는 지시가 없거나 대피를 할 수 없는 경우 창문에 덧문을 댄 튼튼한 가옥

내에 머무른다.

- 건물의 지붕에 지지대를 놓아 더 튼튼하게 하거나 건물의 가장 튼튼한 곳으로 대피한다.
- 상황이 최악일 때에는 실내에 머무른다.

## 차. 산불

점점 많은 사람들이 숲, 시골 또는 깊은 산중의 삼림 지대에 집을 짓고 있다. 사람들의 손이 비교적 닿지 않은 삼림으로 거주지가 확대되면서, 산불의 위험도 점차 증가하고 있다. 삼림 지대에 화재를 예방하는 구조물을 설치하는 것은 어려우며, 이 구조물이 화재진압에 심각한 부담을 줄 수도 있다. 산불은 흔히 눈에 띄지 않게 시작해서 단시간에 화재가 일어난 지점에서 나무, 집들로 번진다.

산불에는 세 가지 종류가 있다. "표면화재 surface fire"는 가장 흔한 산불로, 숲의 바닥을 따라 서서히 번지면서 나무를 죽이거나 손상시킨다. "지면화재 ground fire"는 보통 번개로 인해 시작하며, 임상 층 human layer 숲 바닥에서 시작해서 그 아래 광질 토양까지 불에 탄다. "심부화재 crown fire"는 바람이 불면서 빠르게 번지고, 나무 꼭대기를 건너뛰며 신속히 번진다. 바람과 환경 내 물의 양에 따라 산불은 통제할 수 없을 정도로 재빨리 번져 인간의 재산과 생명에 막대한 피해를 주게 된다. 화재가 난 뒤에 큰 비가 내리면, 산사태 landslides, 이류 mudflows, 홍수 floods 등 다른 자연재난이 일어날 가능성이 있다. 지면이 일단 불에 타면, 가파른 경사와 산비탈에 있는 토양을 고정시킬 식물이 거의 남지 않는다. 큰 산불로 그 일대가 검게 그을리고 황량해지면서 향후 수십 년 동안은 산불 이전의 상태로 복원되기 힘들다. 산불로 지면이 파괴되면 침식문제가 발생할 수 있다. 산불위험지역은 나무와 풀이 무성한 지역이며, 미국의 경우 캔자스 Kansas, 미시시피 Mississippi, 루이지애나 Louisiana, 조지아 Georgia, 플로리다 Florida, 캐롤라이나 Carolinas, 테네시 Tennessee, 캘리포니아 California, 매사추세츠 Massachusetts, 서부 국립공원 등이다.

### 1) 사망 및 질병 위험

산불이 일어났을 때 화상, 흡입손상, 폐 합병증, 스트레스-관련 심혈관계 질환(화재에 놀라거나 도망가다가 생기는 탈진 및 심근경색)으로 다치거나 사망한다.

#### 2) 공중보건

산불 5건당 4건 이상이 인간에 의해 발생한다. 숲에서 담배를 피우거나 부적절한 곳에서 캠프파이어를 하는 등 인간의 부주의한 행동이 많은 산불의 원인이다. 또 다른 원인으로는 번개가 있다. 산불을 예방하기 위해 소방기관과 협력하여 사람들에게 다음 내용을 교육시킨다.

- 나무나 산불위험지역에서 멀리 떨어진 곳에 불을 지핀다. 재는 공기 중에 떠다니는 물질보다 가벼워서 탈 것이 많은 곳으로 날아가면 산불이 발생한다.
- 불을 신속하고 완벽하게 진화하도록 준비한다. 불이 위협적으로 커지면, 즉시 진화해야 한다.
- 타고 있는 꽁초 같은 불씨를 절대 방치하지 않는다. 불은 통제할 수 없을 정도로 빠르게 번지기 때문이다.
- 거주 지역이 산불위험지역인 경우, 가족의 산불대피계획을 세우도록 한다.

### 카. 주요영향 요약

표 1-5는 주요 자연재난의 단기적 영향에 대하여 요약하고 있으며, 표 1-6은 자연재난에 의한 주요 환경영향을 기술하고 있다.

## 2. 인적재난 및 기술재난

인적재난 및 기술저난은 예측이 불가능하고, 지질학적 경계를 넘어서 번지며, 예방하지 못할 수 있으며, 물리적인 피해의 한계는 있지만 장기적 영향을 가진다. 어떤 재난은 테러와 같이 전적으로 인간에 의해 발생한다. 그 외에, 자연재난이 발생한 지역에 산업체가 있거나, 장비가 고장나거나, 근로자들이 제대로 훈련을 받지 못하거나 피곤해서 실수한 경우에 기술재난이 발생한다. 테러의 위협은 잠재적인 기술재난으로 분류하며, 생물테러, 폭격, 시민 난동과 정치적 혼란, 폭동, 경제적 긴급 상황 등이 이에

**표 1-5 주요 자연재난의 단기적 영향**

| 영향 | 지진 | 강풍(홍수 없는) | 해일/홍수 | 서서히 시작되는 홍수 | 산사태 | 화산 |
|---|---|---|---|---|---|---|
| 사망* | 다수 | 거의 없음 | 다수 | 거의 없음 | 다수 | 다수 |
| 심각한 손상 (광범위 치료 필요) | 다수 | 보통 | 거의 없음 | 거의 없음 | 거의 없음 | 거의 없음 |
| 전염병 증가 | 주요재난 후 잠재적 위험 (인구밀집지역이나 위생상태가 불량한 경우 확률이 증가함) | | | | | |
| 보건시설 피해 | 심각(구조, 장비) | 심각 | 심각하지만 지역에 국한 | 심각(장비에 국한) | 심각하지만 지역에 국한 | 심각(구조, 장비) |
| 수질시스템 피해 | 심각 | 경미 | 심각 | 경미 | 심각하지만 지역에 국한 | 심각 |
| 음식 부족 | 드묾 (경제적, 물자보급상 발생가능) | | 흔함 | 흔함 | 드묾 | 드묾 |
| 인구이동 | 드묾(피해가 심각한 시골직역에 발생가능) | | 흔함(일반적으로 제한됨) | | | |

* 예방조치가 없는 경우 치명적 손상가능
Pan-American Health Organization (PAHO, 2000)

해당된다.

기술재난은 광범위한 범위의 사고 incident 를 포함한다. 일부는 비행기 충돌, 위해물질 누출, 핵사고, 기름누출, 기차탈선과 같이 비고의적이지만, 일부재난은 테러와 같이 고의적이다. 고의적 재난은 생물, 화학, 폭발물, 핵, 방사능 공격 등이 포함된다. 노출 경로는 고정시설이나 운반 중에 물, 음식과 음료, 대기누출, 화재와 폭발, 유해물질 및 폐기물을 통한 환경으로의 누출이다. 화재, 폭발, 건물이나 다리의 붕괴, 교통사고, 댐이나 제방의 붕괴, 원자로 사고, 수도관, 가스관, 하수관의 파손 등도 기술재난에 속한다.

**표 1-6** **자연재난이 환경보건에 미치는 영향**

1 - 심각한 영향

2 - 덜 심각한 영향

3 - 거의 영향이 없거나 최소영향

| | 지진 | 허리케인 | 홍수 | 쓰나미 | 화산폭발 |
|---|---|---|---|---|---|
| **급수 및 폐수처리** | | | | | |
| 토목구조 파손 | 1 | 1 | 1 | 3 | 1 |
| 주 구조물 파손 | 1 | 2 | 2 | 1 | 1 |
| 수자원 피해 | 1 | 2 | 2 | 3 | 1 |
| 정전 | 1 | 1 | 2 | 2 | 1 |
| (생물학적 또는 화학적)오염 | 2 | 1 | 1 | 1 | 1 |
| 교통 두절 | 1 | 1 | 1 | 2 | 1 |
| 인력부족 | 1 | 2 | 2 | 2 | 1 |
| (인구변화로 인한) 시스템 과부하 | 3 | 1 | 1 | 2 | 1 |
| 장비, 부품 및 공급 부족 | 1 | 1 | 1 | 2 | 1 |
| **고형폐기물 취급** | | | | | |
| 토목구조 파손 | 1 | 2 | 2 | 3 | 1 |
| 교통 두절 | 1 | 1 | 1 | 2 | 1 |
| 장비부족 | 1 | 1 | 1 | 2 | 1 |
| 인력부족 | 1 | 1 | 1 | 3 | 1 |
| 수질오염, 토양오염, 대기오염 | 1 | 1 | 1 | 2 | 1 |
| **음식 취급** | | | | | |
| 냉장식품의 부패 | 1 | 1 | 2 | 2 | 1 |
| 식품준비시설의 파손 | 1 | 1 | 2 | 3 | 1 |
| 교통 두절 | 1 | 1 | 1 | 2 | 1 |
| 정전 | 1 | 1 | 1 | 3 | 1 |
| 시설의 침수 | 3 | 1 | 1 | 1 | 2 |
| 구호물품의 오염/변질 | 2 | 1 | 1 | 2 | 1 |
| **매개체 제어** | | | | | |
| 매개체 번식 장소의 급증 | 1 | 1 | 1 | 1 | 3 |
| 인간/매개체 접촉 증가 | 1 | 1 | 1 | 2 | 1 |
| 매개체질환 조절 프로그램의 중단 | 1 | 1 | 1 | 1 | 1 |
| **주거 위생** | | | | | |
| 구조물의 파괴 및 손상 | 1 | 1 | 1 | 1 | 1 |
| 물과 음식의 오염 | 2 | 2 | 1 | 2 | 1 |
| 전기, 난방, 연료, 물, 폐기물관리 서비스 파괴 | 1 | 1 | 1 | 2 | 1 |
| 과잉수용 | 3 | 3 | 3 | 3 | 2 |

*출처: 'Natural Disaster - Protecting the Public's Health'에서 발췌. Scientific Publication #575, Pan American Health Organization, 2000, PAHO PUBLICATIONS

**표 1-7** 화학물질이 건강에 미치는 영향

| 화학물질 | 건강에 미치는 영향 |
|---|---|
| 신경제제 nerve agents | 동공축소, 콧물, 호흡곤란 |
| 발포제 vesicants | 홍반, 물집, 눈 자극, 기침, 호흡곤란 |
| 시안화물cyanide | 의식불명, 발작, 무호흡 |
| 폐 CG(포스진: phosgene) | 호흡곤란, 기침 |

### 1) 사망 및 질병 위험

산업체가 위치해 있거나, 고속도로, 철로, 수도관을 통해 유해물질이 운반되는 지역은 기술재난의 위험이 있다. 이 지역의 근로자와 거주자, 해당 사건을 통제하고 응급의료조치를 취할 대책팀이 부상을 당할 수 있다. 폐질환이나 심질환과 같은 현재 병력이 있는 사람은 독소에 노출되었을 때 건강이 악화될 위험이 크다. 특정 제제에 노출이 되면 화상, 피부질환, 폐 손상을 야기할 가능성이 있다. 표 1-7에는 몇 가지 독소가 건강에 미치는 영향을 나열했다.

### 2) 손상예방

산업현장에서 기본적인 안전 절차를 준수하면 독소가 돌발적으로 방출되었을 때 건강에 미치는 악영향을 상당히 줄여줄 수 있다. 산업사고나 생물테러 후속조치를 위해, 산업제재에 노출된 환자를 위한 병원전 단계와 병원 단계를 확립하고, 의료 인력에게 오염된 환경에서 일하는 방법을 훈련시키며, 대책팀을 위한 개인보호장비를 마련하는 등 비상대비를 하는 것이 중요하다. 정부당국은 병원 및 공중보건인력과 협력하여 컴퓨터 시뮬레이션이나 현장훈련을 통해 위험에서 대피할 수 있는 지역사회의 능력과 돌발적인 방출에 노출된 사람들에게 의료를 제공하는 보건의료기관의 능력을 시험해야 한다. 독소에 노출되었을 때의 임상관리에 관한 정보는 독극물 통제센터 Poison control cneter, CHEMTREC Chemical transportation emergency center, 회사 데이터베이스에서 볼 수 있다.

### 3) 공중보건

• 지역사회 대비계획 수립 시 가시적인 역할을 한다.

- 유해성 초기 평가 assessement 를 한다.
- 지역에서 생산, 보관, 사용하는 제제에 대한 물질안전보건자료를 검토해서 건강에 잠재적으로 악영향을 주는 범위를 평가한다.
- 대상 인구와 공중보건에 미치는 잠재적인 악영향을 파악하기 위해 취약성을 분석한다.
- 취약한 인구의 부근에 특정 제제가 독성 수준으로 존재하는지를 파악하기 위해 위험도를 평가한다.
- 대피가 필요한 제제의 노출 역치값을 정한다.
- 화학적 중화, 배출가스 확산 추정모형, 적절한 해독제에 관한 정보를 수집한다.
- 현지 병원과 협력해서 적절한 해독제, 약, 보급품 등을 비축한다.
- 원자로 주변 16 km(10마일) 이내 주민은 일인당 요오드화 칼륨 2정[4)]을 비축한다.
- 피해자들에게 응급의료서비스와 간호를 제공한다.
- 건강경고네트워크 health alert network 를 가동한다.

## 가. 폭발

폭발은 동시에 많은 사람의 다발계통에 치명적인 손상을 입힐 수 있다. 폭발로 인한 손상정도는 폭발 재료의 조성과 양, 사건이 발생한 장소의 환경, 폭탄 등 폭발 방법, 피해자와 폭발위치 간의 거리, 폭발 지역에 보호벽이나 환경적 유해의 존재 여부 등에 영향을 받는다. 필요한 의료서비스나 자원에 대한 수요를 예측할 때에는 폭발 후 한 시간 동안 초기 사상자의 절반정도가 진료를 받는다는 점을 기억해두면 유용하다. 보통, 경미한 부상을 입은 사람은 가능한 교통수단을 이용해서 가장 가까운 병원으로 바로 가기 때문에 중증 부상을 입은 사람보다 먼저 도착한다. 또한, 폭발로 인해 구조물 붕괴가 일어난 경우에는 더 심각한 부상이 발생하여 구조시간이 더욱 오래 걸리기도 한다.

폭발에는 고강도폭발 HE, High-order explosives 과 저강도폭발 LE, Low-order explosives 두 가지가 있으며, 손상의 유형이 서로 다르다. 또한, 제조폭발물인지 사제폭발물인지에

4) 역자 주. 방사능요오드로부터 갑상선을 보호하기 위한 의약품으로 우리나라는 30 km를 기준으로 준비함

따라 손상 유형이 달라지기도 한다. TNT나 C4, 셈텍스 Semtex, 니트로글리세린, 다이너마이트, 안포폭약 ammonium nitrate fuel oil 등의 고강도폭발 HE 폭발장치는 초음속 과압 충격파를 만들어낸다. 파이프폭탄, 화약, 화염병(AKA 몰로토프 칵테일) 등의 LE 폭발장치는 아음속 subsonic 폭발을 일으키며 과압 충격파는 없다. 제조폭탄은 보통 군대에서 사용하며, 무기로서 품질을 검증하여 대량생산된다. 사제폭탄과 소이탄(화재)은 흔히 개인이 소량으로 제조하며, 원래의 용도와는 다른 용도로 사용하는 장치도 이에 해당된다.

### 1) 사망 및 질병 위험

폭발 생존자에게 가장 흔한 부상은 관통상과 둔상이다. 폭발손상 폐 blast lung 는 가장 흔한 치명적인 부상이다. 좁고 사방이 막힌 공간(광산, 건물, 큰 차량 등)에서의 폭발 및 구조물 붕괴는 사망률 및 이환율이 높다. 폭발손상은 청각기관, 소화기관, 순환계, 중추신경계, 사지, 신장, 호흡계 등 신체 어느 부위에서나 일어날 수 있다. 모든 폭발 생존자 중 10%가 심각한 눈 손상을 입었다. 처음에는 크게 불편하지 않아 부상자들은 폭발사고 며칠, 몇 주, 심지어는 몇 개월 후에 치료를 받기도 한다. 눈 손상 증상은 눈의 통증 또는 자극, 이물감, 시력 변화, 눈 주위 부종, 좌상 등이 있다. 합병증이 나타나기 전까지 위장관에 대한 임상적 소견이 없을 수도 있다. 이명 및 일시적 또는 영구적 난청을 겪기도 한다.

표 1-8에서는 폭발손상 blast injury 에 대한 4가지 기전을 설명하고 있으며, 표 1-9는 폭발관련 손상의 주요 특징을 기술하고 있다.

### 2) 공중보건

- 지역대비계획의 일환으로 과학적 평가와 청력검사 등 응급처치가 가능한 의료기관과 의료인력, 화상 및 외상센터, 고압 산소실 등을 확인한다.
- 지역대비계획에 응급환자 확장능력 surge capacity 체계가 포함되도록 한다. 처음 한 시간 동안 진료를 받으러 온 사람 수에 2를 곱하면 대략적인 1차 사상자 수를 추정할 수 있다. 일시적 혹은 영구적 난청을 앓는 피해자들을 위해 서면화 된 통신과 지침을 준비한다.

**표 1-8** 폭발손상의 기전

| 분류 | 특 성 | 부상을 입는 신체부위 | 부상의 유형 |
|---|---|---|---|
| 1차 | 고강도폭발[HE]에만 나타나며, 과압 충격파가 인체 표면에 충격을 주어 생긴다. | 폐, 위장관, 중이 등 기체가 채워진 부분이 가장 민감하다. | 폭발손상 폐(폐 압력손상)<br>고막파열과 중이손상<br>복부출혈과 손상<br>안구(눈) 파열<br>뇌진탕(두부손상의 신체적 징후가 없는 외상성 뇌손상) |
| 2차 | 날아다니는 파편과 폭탄 파편으로 인해 생긴다. | 모든 신체 부위 | 관통상(파편) 또는 둔상<br>눈 관통(잠복성일 가능성이 있음) |
| 3차 | 폭풍바람에 날아간 사람에게 생긴다. | 모든 신체 부위 | 골절과 외상성 절단<br>폐쇄형 및 개방형 뇌손상 |
| 4차 | 1차, 2차, 3차 기전 이외에 폭발과 관련된 모든 부상과 질환을 말한다. 기존 상태의 악화나 합병증이 이에 포함된다. | 모든 신체 부위 | 화상(섬광, 2도 화상, 3도 화상)<br>압좌손상<br>폐쇄형 및 개방형 뇌손상<br>천식, COPD, 그 외 먼지, 연기 또는 독성 연기로 인한 호흡곤란<br>협심증, 과 혈당증, 고혈압 |

**표 1-9** 폭발관련 손상의 특징

| 기 관 | 손 상 |
|---|---|
| 청각기관 | 고막파열, 이소골 탈구, 달팽이관 손상, 이물질 |
| 안구, 안면 | 안구천공, 이물질, 공기색전, 골절 |
| 호흡계 | 폭발손상폐, 혈흉, 기흉, 폐좌상과 출혈, 동정맥루(공기색전의 원인), 기도상피손상, 흡입성 폐렴, 폐혈증 |
| 소화기관 | 장천공, 출혈, 간이나 비장 파열, 폐혈증, 공기색전으로 인한 장간막 허혈 |
| 순환계 | 심장좌상, 공기색전에 의한 심근경색, 쇼크, 혈관미주신경 저혈압, 말초혈액손상, 공기색전에 의한 손상 |
| 중추신경계 | 좌상, 개방성 폐쇄성 뇌손상, 뇌졸중, 척수손상, 공기색전에 의한 손상 |
| 신장 | 신장좌상, 열상, 급성신부전, 횡문근융해로 인한 신부전, 저혈압, 혈량저하증 |
| 팔다리(사지) | 외상성 절단, 골절, 압착손상, 구획증후군, 화상, 절단, 열상, 급성동맥폐쇄, 공기색전에 의한 손상 |

- 보건부서는 현장과 해당 지역에서 일하는 대책팀을 보호해야 하므로, 지역의 비상관리기구 Emergency management organization, 경찰, 소방서, 응급의료서비스 EMS 등과 협력하여 잠재적인 독성 노출과 환경적 위해를 확인하기 위한 계획을 마련한다.
- 병원과 함께 피해자 등록부 victim identification 를 작성한다.
- 정신보건기관과 협력해서 가족 및 친구를 맞이하고 조정할 계획을 세운다.

## 나. 유행병

감염병은 기저질환의 수준, 재난으로 인한 생태학적인 변화, 인구이동, 인구밀도의 변화, 공공시설의 붕괴, 기본적인 공중보건서비스의 중단, 위생상태 제약 등에 따라 확산범위가 달라진다. 감염병이 급속하게 확산될 위험은 인구밀도 및 인구이동에 비례하여 커진다. 진성 돌발유행 true epidemic 은 존재하는 또는 새롭게 발생하는 질환에 민감한 인구집단에서 대규모 전파경로가 구현된다면(예: 오염된 물의 공급, 매개체 인구) 발생할 수 있다.

인명 피해와 경제적 손실, 정치적인 문제 등을 야기하는 유행병은 흔히 순식간에 발생하기 때문에 신속하게 대처해야 한다. 다음과 같은 특징이 있다면 유행병이 긴급한 상황에 처하게 될 가능성이 있다.

- 해당 인구에 유행병이 발생해서 퍼질 위험
- 상당수의 사례가 생길 것으로 예상됨
- 해당 질환이 중증 장애나 사망을 야기할 정도로 심각함
- 질환으로 인해 사회 및 경제적 혼란이 발생할 위험
- 기술이나 전문 인력, 조직 수준의 경험, 필요한 보급품 및 장비(예: 약, 백신, 진단물질, 매개체-조절물질) 등이 모두 부족해서 관계당국이 제대로 상황에 대처하지 못함
- 국제적으로 확산될 위험

위 모든 특징이 반드시 나타나는 것은 아니지만, 상대적으로 중요한 부분에 대해서는 평가해야 한다. 유행성의 여부와 병인을 전달하는 수단이 존재하는가 여부에 따라 '비상'으로 분류하며 이는 나라마다 다르다. 표 1-10에서는 비 유행 지역에서 특정질환의 유행병 비상의 정의를 설명하고 있다.

표 1-10 유행병 비상의 정의

| 질 환 | 비유행 지역 | 유행 지역 |
|---|---|---|
| 콜레라 | 확진된 토착성 사례 1례 | 특히 여러 지역에서 10세 미만 아동이 사망하는 경우, 발생률이 평년 해당 시기의 수준 이상으로 유의하게 증가 |
| 편모충증<br>Giardiasis | 유행 지역에서 돌아온 여행객 그룹에서의 집단사례 | 특정 유행 지역에서 발생률이 산발적으로 증가 |
| 말라리아 | 지리적 경계 내에서 발생률이 증가한 집단사례 | 드물게 응급상태가 됨. 발생률 증가에 대해 관리 프로그램을 강화해야 한다. |
| 수막구균성 수막염 | 지리적 경계 내에서 1주일에 1,000명당 1명에게 발생 | 2주 연속 동일한 발생률을 보이는 경우 비상이 됨 |
| 페스트 | 국내 설치류나 공기매개의 전파 또는 설치류 유행성과 분명히 연관되어 있는 확진사례 1례 | 한 집단의 사례 |
| 광견병 | 이전에 광견병이 없던 지역에서 동물 광견병의 확신 사례 1례 | 동물 및 인간 사례가 유의하게 증가 |
| 살모넬라증 | 단일 또는 우세한 고정적 유형으로 제한된 공간에서의 대규모 사례(구체적 사건이나 식당), 또는 공통적인 감염원(예: 특정 식품)에 의해 다발적으로 발생한 상당수의 사례 | |
| 천연두 | 강력하게 의심되는 사례 | 해당 없음 |
| 발진티푸스/리케치아 | 이가 우글거리고 비위생적인 인구집단에서의 확진 사례 1례 | 일정기간 내에 사례가 유의하게 증가 |
| 바이러스성 뇌수막염 | 비위생적인 인구집단에서 시간 및 공간과 관련된 한 집단의 사례(사례 1례는 경보로 간주) | 일정기간 내에 모기가 매개하는 하나의 병인요소가 확인된 사례가 유의하게 증가 |
| 바이러스성 출혈열 | 일정기간 사람대 사람으로 전달되며, 하나의 병인을 가진 토착 또는 해외유입 사례 1례 | 병인요소가 확인된 사례가 유의하게 증가 |
| 황열 | 지역사회 내 확진 사례 1례 | 매개 인구가 증가할만한 적절한/한정된 시간에 한 집단에서 유의하게 사례증가 |

### 1) 공중보건

- 유행병의 상황을 통제하거나 예방한다.
- 유행병이 발생할 가능 시기를 알기 위해 감시한다.
- 백신과 같이 냉장보관 해야 하는 물품은 유통 및 배포 전 과정에서 냉장보관 한다.
- 어린이 감염병(예: 홍역, 볼거리, 소아마비)에 대한 예방접종이 제대로 이루어지고 있는지 감시한다.

요약

1. 재난의 종류는 자연재난과 인적재난 및 기술재난으로 구분한다. 자연재난은 개시 속도에 따라 급성재난과(지진, 홍수, 허리케인(태풍), 토네이도, 화재, 쓰나미(폭풍해일), 눈사태, 화산폭발, 극한의 추위, 폭염 등) 점진적 재난(가뭄, 기근, 사막화, 삼림 벌채, 해충만연 등)으로 구분한다. 인적재난 및 기술재난은 테러, 폭격, 시민난동, 폭동, 유해물질 및 폐기물의 환경누출, 화재, 폭발, 건물이나 다리의 붕괴, 교통사고, 댐이나 제방의 붕괴, 원자로 사고, 수도관, 가스관, 하수관의 파손 등을 포함한다.
2. 자연재난의 특성은 특정 지리적 지역에 무리지어 발생하는 경향이 있어 예측이 가능하나 원천적 예방은 불가능하며 대부분의 경우 통제하기 어렵다. 신속하게 복구가 이루어지더라도 장기적인 영향을 끼칠 수 있다.
3. 인적재난 및 기술재난은 예측이 불가하며 장기적 영향을 끼치며, 지질학적 경계를 넘어서 확산되기도 하고, 예방할 수 없다.

# 2장 공중보건의 역할과 책임

학습목표

1. 공중보건의 역할을 설명 할 수 있다.
2. 공중보건 수행을 위한 계획, 인력, 법 등을 설명 할 수 있다.
3. 재난 시 공중보건대응 기능모델을 설명 할 수 있다.

공중보건 전문가는 재난의 대비와 대응에 있어서 지역사회 보건에 책임을 가져야 한다. 본 장에서는 보다 자세한 실천계획, 전문가의 요건, 관련법, 공중보건대응의 기능모형 등을 살펴볼 것이다.

## 1. 공중보건의 역할

- 공중보건 대응을 계획하고 조정하며 수행한다.
- 모든 위험한 공중보건 재난대응 계획을 수립한다.
- 공중보건과 의학적 문제 및 필요한 지원의 규모와 범위를 결정하기 위해 보건의료체계 및 시설과 협의한다.
- 재난의 물리적, 사회적 및 심리사회적 영향에 대처할 수 있는 지역사회의 자원을 확인한다.
- 어린이, 노인, 노숙자, 만성질환자, 와병환자, 신체장애자, 정신장애인 등 재난시 가장 취약한 인구집단을 확인한다.

- 사전(재난으로 예상할 수 있는 일) 및 사후(재난의 영향을 어떻게 다룰 것인가)에 재난교육을 실시한다.
- 재난 이후 지역사회 건강에 대하여 책임을 진다.
  - 손상 예방, 식품과 물의 안전, 매개체 통제 등에 관한 보건 권고사항을 제공하여 질병을 예방한다.
  - 공중보건은 항생제, 백신을 제공하고, 감염자에게 노출되지 않도록 조정한다.
  - 재난 후 사망과 질병 발생을 줄이기 위해 권장사항을 만들고 이를 시행하도록 진단, 역학, 자료 분석 등의 자원을 활용한다.
  - 공중보건 실험실에서는 생물학적, 화학적, 방사선 표본을 사정하고 위험요인을 결정한다.
  - 급성기 진료의 연속성 continuity of care, 일차보건의료, 응급진료 등 보건서비스가 재난 후에도 이어지도록 보장한다.
  - 공중보건 연구는 역학적, 환경적 조사와 감시를 포함하여 수행한다.
  - 재난 및 재난복구 상황에 대한 정보를 제공한다.
- 재난계획 disaster planning 에서 일차보건의료, 공중보건, 정신보건 및 사회적 영향 등을 충분히 다룰 수 있도록 광범위한 지역사회 기관들과 협력한다.
- 적십자 대피소와 급식운영 실태를 점검한다.
- 자격을 갖춘 자원봉사자를 요청하거나 모집한다.
- 의료 및 간호 인력 충원을 위해 미 적십자사에 자원봉사자를 요청한다.
- 잠재적인 재난이 공중보건에 미치는 영향에 관해 공무원들과 연락을 주고받으며, 재난 이후에 전문 지원을 한다.
- 잠재적인 재난이 공중보건에 영향을 덜 주도록 계획한 공공정책을 전개하고 이를 지지한다.
- 보건 및 사회복지 전문가들과 협력하여 중재의 결과를 엄격하게 평가한다.

지방 공중보건당국은 재난 이후 지역사회의 보건에 일차적인 책임이 있다. 자연재난과 기술재난으로 인한 사망과 이환을 통제할 수 있는 응급관리 협력단에 자신이 제공할 수 있는 자원을 제공한다. 실제로, 공중보건당국이 지역사회의 재난대비와 대응에서 하는 활동은 본래 업무의 연장선에 있다. 공중보건 공무원은 감염성 질환과 손상을 예방하는 방법에 대해 잘 알고 있어야 한다. 또한 정기적으로 감염성 질환을 감독하고, 보건 부문 내에서 다른 기관과 협력관계를 유지하며, 공중보건을 감독하는 정부 관할권을 가지고, 여러 분야의 전문가들을 모을 수 있고, 재난이 이후 용이하게 조정할 수 있는 중증도 분류법을 사용할 줄 알아야 한다.

재난의 대비와 대응 시, 공중보건당국의 책임은 관례적인 공중보건활동보다는 복잡하다. 대비 활동 preparedness activities 에서, 공중보건전문가들은 공중보건에 대해 거의 모르는 다기관 지원팀의 일원으로 참여해야 한다. 공중보건과 그 외 사회복지관련 부서는 (노인, 장애 및 정신보건 등) 보통 별도의 정부기관으로 조직되어 있다. 이에 재난에 대비하기 위해 신중하게 사전에 공조하는 것이 지역사회 계획을 세우는데 가장 중요한 부분으로 작용한다. 또한 공중보건전문가는 촉박한 시간 내에 기반시설의 여러 관료층과 협력하고, 보통은 잘 연락을 하지 않고 사용하는 어휘나 방법이 다른 직원들과도 교류해야 한다. 현장지휘체계 ICS, Incident command system 와 관련된 부서들은 이미 함께 훈련을 받았기 때문에 공중보건부서는 이미 확립된 대응팀, 그 중에서도 통합사령부 UC, Unified command 에 통합되어야 한다.

공중보건전문가는 진단 및 역학적 연구를 하고, 자료 분석을 토대로 적절한 권장사항을 작성하고 이행하기도 한다. 재난이 발생하기 전에 자료를 수집하는 것이 중요하다. 그래야 재난계획을 세울 때 재난이 사회에 미칠만한 영향을 제대로 다룰 수 있으며, 그 지역사회에서 요구하는 응급의료, 공중보건 및 정신보건을 충족시킬 수 있기 때문이다. 특히 노인, 만성질환자, 장기요양시설에 있는 사람에게 보건의료서비스를 계속 제공해야 한다. 손상 예방, 식품 및 물의 안전, 재난관련 주의사항 등에 대한 보건권고를 사전에 개발하여 필요할 때 즉시 배포할 수 있어야 한다. 공중보건 공무원은 해당 지역사회에 닥칠 재난이 미칠 영향에 관해 정기적으로 선출직 공무원들과 정기적으로 연락 하고, 재난으로 인한 사망 및 질병을 예방하거나 줄여줄 정책과 규정을 마련하는데 도움을 주어야 한다.

## 2. 실천계획

보건부서는 지속적인 의료서비스를 보장할 책임이 있다. 미국에서 재난 이후에 발생한 자원부족 문제는 자원이 부족해서라기보다는 이를 사용 및 배분하는 계획이 미흡했기 때문이었다. 공중보건부서는 해당 지역사회의 보건부문기관과 협력해서 재난 발생 이후에 지속적으로 서비스를 제공할 수 있는 계획을 조정한다. 지역사회 보건에 필요한 내용을 다루는 실천계획을 세우기 위해서는 여러 기관 간에 공조가 이루어져야 한다. 실천계획에는 다음 내용이 포함된다.

- 의료서비스(응급진료, 진료의 연속성, 일차보건의료, 예방)를 계속 제공하도록 보장한다.
- 환경 기반시설(물, 위생, 매개체 통제)을 살핀다.
- 노인 및 그 외 특수 인구집단의 요구도를 진단한다.
- 손상 예방 프로그램과 감독을 시작한다.
- 반드시 필요한 공중보건부문의 시설이 재난 후에도 그 역할을 제대로 수행할 수 있도록 보장한다(병원, 보건부서, 의원, 의료품 보관 장소, 전화상담소, 무선호출 서비스, 구급차 대기소).
- 상기 의무사항을 지킬 수 있도록 자원을 배정한다.

## 3. 인력

조직의 권위자에게 재난대비에 대한 책임을 부여하여 재난에 확실히 대비하게 한다. 한편 임명된 자가 적정 사무소나 직원에게 업무를 위임할 권한이 없으면 충분히 노력하지 않을 수 있다. 또한 그 결정은 재난대비 업무에 누군가를 배정했기 때문에 효율적인 프로그램이 존재한다는 그릇된 인상을 주기도 한다.

재난대비 및 대응을 책임지는 책임자와 연계된 모든 사람들은 재난이 공중보건에 미치는 영향과 피해자와 대책팀 측에서 한 대응이 공중보건에 미치는 영향에 대해 잘 알고 있어야 한다. 공중보건전문가는 전형적인 대응방법의 구성요소와 여러 팀과의 종합적인 문제해결 구성요소 등 재난대비 및 대응에 대한 응급관리모형에 보건부서가 잘 들어맞는지를 알고 있어야 한다. 재난대응을 위해서는 지역사회에 기술적 지원을 제공하는 최첨단 자원을 확보하고, 가능한 신속하게 자료를 수집하고 분석할 수 있는 능력과 전문지식이 필요하다. 자료 수집을 통해 역학적 방법을 적용해서 사망 및 질병을 예방하고, 의료 및 공중보건 문제를 완화시킬 수 있는 최선의 재난대책을 세울 수 있다. 공중보건 공무원은 또한 공중보건 접근방법을 임상과 조합하는데 도움을 줄 수 있는 사람들이다. 또한 미 적십자사와 협력해서 적절한 의료와 자원을 제공할 수 있도록 하고, 적십자 대피소와 급식 운영 실태를 점검한다.

## 4. 공중보건법과 공중보건 비상사태

공중보건 재난대비의 일환으로 보건부서는 해당 상황에서 관계당국의 의도를 이해하고 비상시 합법적인 실천계획을 마련하기 위해 주법 state laws 과 지방법 local laws 을 검토해야 한다. 비상을 담당하는 기관은 보편적 일반성을 토대로 정해지지만, 운영담당 기관은 관할구역마다 다르다. 실제로 미 질병관리본부 CDC, Centers for disease control and prevention 는 공중보건 실무자를 위해 비상을 포함한 법과 공중보건 간의 관련성을 분명히 설명하기 위한 공중보건법 프로그램을 만들었다. 그에 따르면 지방 보건부서장에게는 국가적인 보건 비상사태를 선포할 권한이 없다.

비상 시 국민의 건강을 보호하는 기관은 하나의 법에 의해 정해지지 않고 보통 일련의 사건이 있어야 정해진다. 예를 들어 보건위원회는 비상사태를 선언할 수 있으므로 보건위원장은 보건법규에서 정한 요건을 수정할 수도 있다. 시장은 비상사태를 선언할 수 있으므로 시장의 집무실에서 지방법규와 규정, 보건법규의 조항을 수정할 수 있다. 마찬가지로 주지사가 비상사태를 선언하면 주지사는 보건법규를 포함하여 그 주와 지방의 법 및 규정의 조항을 수정할 수 있다. 그러나 각 공중보건부서는 비상사태를 선포하고, 보건법규를 변경하기 전에 해당 지역의 법 및 규정을 조사해야 한다.

## 5. 재난 시 공중보건대응 기능모델

기능모델 functional model 은 공중보건 분야에서의 전형적인 재난대응책을 요약하고 있으며, 활동 주기를 분류해준다. 이 모형을 통해 응급관리활동의 맥락에서 공중보건의 핵심 분야 각각에 배정된 과제를 확인할 수 있다. 기능모형에서는 다른 분야 및 기관들과 공중보건부서 간에 존재하던 기존의 협력관계를 확장시키고 재난대비 및 대응을 할 수 있도록 협력을 강조한다.

기능모델은 재난에 대비 및 대응하는 활동의 유형, 즉 계획 planning, 예방 prevention, 초기 평가 assessment, 대응 response, 감시 surveillance, 복구 recovery, 평가 evaluation 등 7단계로 구성되어 있다. 이 외에도 공중보건 여러 분야의 책임을 기술하였다.

## 가. 계획

- 공중보건의 기본개념을 재난관리에 적용한다.
- 병원재난계획을 세우고 병원과 공조한다.
- 공중보건에 초점을 맞춘 계획을 세우도록 지역사회를 돕는다.
- 건강증진 및 질병예방 프로토콜을 작성하고, 프로토콜에 따라야 하는 이유를 설명한다.
- 요구도를 진단하고, 위험과 취약성을 분석한다.
- 공중보건과 건강에 대한 재난계획을 세우도록 다른 보건전문가들과 협력한다.
- 공중보건의 책임에 관해 직원들을 훈련시킨다.
- 재난대응에 이용할 수 있는 보급품, 장비, 연락수단, 훈련인력들의 목록을 작성한다.
- 사전에 상호협조체계를 구축한다.
- 조직적 이동, 공조 및 의사소통을 강조하면서 사업장 단위/기관 단위의 훈련을 한다.

## 나. 예방

### 1) 일차예방(재난 발생 전)

- 예방접종
- 재난 발생을 통제/예방한다.
- 유해요소, 취약성, 요구도 초기 평가 당시 확인된 위험으로부터 보호한다.
- 응급처치, 개인위생, 손상 예방에 관해 지역사회 교육을 실시한다.
- 안전한 음식과 물을 보장 및 배분한다.
- 위생체계 sanitation systems 를 지키거나 재확립한다.

#### 2) 이차예방(재난 대응)

- 일반 대중 혹은 선택된 인구집단을 대상으로 예방접종을 위한 팀을 조직한다.
- 항생제나 백신 공급과 사회적 거리 유지 등에 대하여 공중 보건의 개입을 조정한다.
- 대중에게 스스로를 보호하도록 조언한다.
- 의료 및 제약 소모품을 운송한다.
- 피해자를 찾아 구조한다.
- 응급의료서비스를 제공한다.
- 의료서비스 및 치료를 조직화한다.
- 사례를 찾아내고 감시한다.
- 감염성 질환을 통제한다.
- 단기 상담/중재를 시행한다.
- 구경꾼 효과 bystander response 를 관리한다.

#### 3) 삼차예방(재난 후 복구)

- 장기 상담 및 정신건강 중재서비스를 제공한다.
- 응급서비스를 관리한다.
- 부상 및 정화 활동을 관리한다.
- 보건서비스를 재수립한다.
- 대응부터 갱신까지의 실천계획에 대한 기록을 이용한다.

### 다. 초기 평가

- 발생 징후를 확인한다.
- 재난이 의료, 행동, 사회, 정치적으로 미치는 영향을 확인한다.
- 기반시설의 유실로 인해 보건 및 정신보건에 미치는 영향을 진단한다.
- 잠재적인 유해물질을 확인하고 허용 노출농도를 파악한다.
- 질환의 발생률을 조사하고 인과요인을 밝힌다.
- 유해요인(방사선, 독소, 열오염과 수질오염, 지뢰, 무기)의 역학을 이해한다.
- 취약성, 위험 수준, 신속한 요구도 진단을 위한 요건 등을 결정한다.

- 의사결정을 위해 수집해야 하는 자료를 확인한다.
- 의료 기반시설의 피해상황을 정리한다.
- 연속적으로 자료를 모니터링 한다.

## 라. 대응

### 1) 서비스

- 비상대책본부 Emergency operations center, 재난복구센터 Disaster recovery centers, 재난현장 사무소 Disaster field offices 의 주/지역 직원을 요청한다.
- 재난과 관련 있는 의료적 문제와 공중보건의 문제 크기를 파악한다.
- 초기에 결정을 내릴 때에는 '빠르고 간편한 quick and dirty' 평가방법을 이용한다.
- 비상지원기능 8 emergency support function (승인되거나 요청된 연방 도움)에 의거하여 의료인력, 장비, 소모품을 포함하여 지원을 요청한다.
- 국가재난의료시스템은 한정된 의료 시설로 환자를 이송하는 것을 돕는다.
- 실행계획을 운영 한다 administer logistics.
- 서비스(사상자 casualty 관리 및 행동 건강)를 조직화한다.
- 계획과 요구 needs 에 대해 대내외적으로 의사소통한다.
- 응급치료, 자원 및 장비에 대한 수요를 확인하고 이를 제공한다.
- 통합된 지휘 및 통제를 도입한다.
- 일차 진료를 계속 제공한다.
- 응급대응기관(현장지휘체계, 연방대응계획, 국제구호, UN 기관, 국제적십자위원회, 비정부단체)과 공조한다.
- 공중보건문제에 대한 정보를 제공함으로써 당국을 지원한다.

### 2) 교육

- 전원이 차단된 후에 냉장고나 냉동고에 음식을 보관할 수 있는 시간
- 물을 마시기에 안전한 시기
- 마시기 전에 물을 끓여야 하는 시간
- 집단 예방접종 필요 여부

- 유독성 구름이 사라지고 나서 집에 다시 들어가도 되는 시기 혹은 음식을 먹어도 되는 시기
- 화학물질사고나 핵사고가 일반 시민과 임신부에게 미치는 지연된 영향의 위험(예: 암, 기형아)

### 3) 관리

- 폐기물, 잔해, 시체 및 동물사체, 생물학적 유해물질의 처분
- 질병 매개체 통제
- 물, 위생, 음식 및 대피소 모니터링
- 감염 통제
- 정화작업 시의 부상 통제(즉, 전기톱 사고, 감전사, 화재, 위험한 구조물)
- 정신보건서비스 제공
- 언론매체를 통해 보건정보와 위험을 알림
- 필요시 질병 통제 및 검역조치
- 대규모의 집단에 중재 제공

## 마. 감시

- 재난에 대한 징후정보체계 syndromic information 를 확립
- 능동방식 또는 수동방식으로 질병과 공중보건 실태를 감시 감독
- 급성질환상태와 고위험 집단을 알아볼 수 있는 자료 이용

## 바. 복구

- 현재 환자를 수용할 수 있는 역량과 그 범위를 확인
- 자원 배치에 영향을 미치는 자료 해석
- 공중보건에 미치는 장기적인 영향을 경감시키도록 지역사회의 기관과 협력
- (구조적, 반구조적, 정성적)평가
- 현장연구를 계획하고 지시
- 언론 관리

- 역량제고 capacity building 원칙 이용
- 자원 동원
- 영양제 및 치료식 배분과 급식을 위한 기술 이용
- 대규모 예방접종 및 일차 진료를 조직화하고 수행
- 정신보건프로그램을 유지
- 대피소의 통합적 서비스 제공을 위해 적십자사와 협력
- 대피 - 기본적인 진료를 제공하고, 의학적 주의를 기울여야 하는 경우 다른 의사에게 추천: 12시간 교대근무로 의료진 24시간 대기
- 지역사회에서 주로 쓰는 언어를 사용하는 근무자가 의료 및 정신보건문제를 다루는 응급공중보건전화 emergency public health hotline 에 24시간 대기

## 사. 평가

- 평가를 통해 드러난 정보를 이용하여 지역사회의 응급관리 필요성 또는 향후 대응책의 개선 여부를 결정한다.
- 계획과 응급대응책을 평가하여 조직이나 지역사회의 재난대비를 개선할 수 있도록 피드백을 지속적으로 제공한다.
- 응급계획과 재난대응의 효과 및 효율성을 결정한다.

## 요약

1. 공중보건은 재난의 물리적, 사회적 및 심리사회적 영향에 대처할 수 있도록 지역사회 자원 활용한다.
2. 재난에 대처하기 위해 공중보건전문가는 진단 및 역학적 연구를 수행하고, 재난이 발생하기 전 자료 수집을 통해 지역사회에서 요구하는 응급의료, 공중보건 및 정신보건을 충족시킬 수 있도록 한다.
3. 재난 시 보건부서는 지속적인 의료서비스를 보장할 책임을 갖고 병원, 보건부서, 의원, 의료품 보관 장소, 전화상담소, 무선호출서비스, 구급차 대기소 등의 시설이 재난 후에도 역할을 제대로 수행할 수 있도록 보장한다.
4. 재난대비 및 대응 인력은 공중보건 접근방법을 임상과 조합하는데 도움을 줄 수 있는 사람들로 미 적십자사와 협력해서 적절한 의료와 자원을 제공할 수 있도록 한다.
5. 법적으로 공중보건 비상사태 시 주법과 지방법의 규정에 근거하여 적용된다.
6. 재난 시 공중보건대응 기능 모델은 계획, 예방, 초기 평가, 대응, 감시, 복구, 평가 등 7단계로 구성되어 있다.

3장

# 재난대응 보건관리의 구조 및 조직

학습목표

1. 재난 시 연방정부 대응책의 구조와 기능을 설명할 수 있다.
2. 재난 시 연방정부 대응방법을 설명할 수 있다.
3. 재난대비계획 시 사용되는 현장지휘체계의 구성요소와 부문별공중보건 사고현장지휘와 병원응급현장지휘체계를 설명할 수 있다.
4. 재난대응을 위한 자원봉사자의 구성과 자격을 설명할 수 있다.
5. 재난대비 및 대응에 필요한 재정적 지원을 설명할 수 있다.

공중보건 인력들은 1980년대부터 국가응급관리에 깊이 관여되기 시작했다. 세인트 헬렌스 화산 폭발이 건강에 미친 영향에 대한 인식으로, 공중보건과 의료분야는 공식적으로 대비대응 활동을 시작하게 되었다. 2001년의 테러리스트 공격과 2005년의 허리케인 카트리나를 계기로 만들어진 대재난 중증도 분류는 대부분의 자원봉사 서비스를 전문가 집단이 응급 대비와 대응을 하도록 변화시켰고, 공중보건 인력들을 응급관리팀의 상임 구성원으로 포함하도록 하였다.

미국 내에서의 대비대응 활동에 대한 필요요건은 대통령 정책과 국회활동에 기반한다. 다수의 관할권, 관계청과 당국에 의해 재난에 대한 대응이 조직되어진다. 결과적으로, 재난상황에 대한 지방정부의 대응책을 마련하기 위해서는 광범위한 계획, 조직화, 다른 지역, 주 및 연방 공무원과의 조정이 필요하다. 종합비상대응관리comprehensive emergency management라는 용어는 이러한 활동들을 지칭할 때 사용된다.

이 장은 연방 대응의 가이드라인, 제도와 구조, 재난 선언과 연방 자원 요구의 과정, 연방 대응 수행 방법, 지방 대책팀과 보건 종사자(공중보건 사고지휘부 포함)의 책임, 상호 원조와 자원봉사자 배치를 통한 다른 대책 팀과의 교류, 재난대응과 구호에 드는 비용과 배상과 관련된 재원 등을 살펴보도록 한다.

## 1. 공중보건의 역할

- 응급대비 및 대응에 관여하는 다른 전문가들과 합류한다.
- 비상대책본부 EOC, Emergency operations centers 를 가동하고 지역사회 단위의 비상대책본부에 참여한다.
- 의학, 공중보건 및 정신보건의 요구도를 사정하고, 응급상황의 임상적인 측면에 대한 권고사항을 마련하며, 의료서비스 제공을 보장한다.
- 보건의료기반시설 Health care infrastructure 의 활용도를 평가한다.
- 보건감시 health surveillance 를 하고, 병리학을 통해 개별사례를 검출, 파악 및 확인하며, 감염성 질환을 통제하도록 조치를 취한다.
- 화학적, 방사선 또는 생물학적 유해요소에 대응하여 전문적인 지원을 제공한다.
- 응급과 관련된 보건소 인력을 제공한다.
- 학교보건계획 대피활동에 임상적인 지원을 한다.
- 식수공급, 식량안전, 위생 등을 보장한다.
- 근로자 안전을 보장한다.
- 매개체 통제에 관하여 교육하고 적절한 조치를 취한다.
- 공중보건정보를 제공한다.
- 자발적 조직(즉, 미 적십자사)과 협력하여 긴급대피소를 제공한다.
- 피해자를 확인하고, 시체를 관리한다.
- 하루 24시간, 일주일 내내 대응을 할 수 있도록 준비한다.
- 장기적으로 미치는 영향을 관리하도록 다른 부서와 공조한다.

## 2. 연방대응책의 구조

대통령은 재난과 관련된 연방정책을 수립한 대통령 명령, 즉 대통령령 PDs, Presidential directives 또는 대통령시행령 PDDs, Presidential decision directives 을 선언한다. 대통령시행령 39(1995년 1월 21일)는 테러 또는 테러 위험에 대응하기 위한 연방조치를 규정하였고, 대통령시행령 62(1998년 5월 22일)는 테러에 대한 대응을 국가 보안의 최우선과제로 설정하였다. 국토안보대통령령 HSPD, Homeland security presidential directive 5(2003년 2월 28일)는 응급상황에 대한 모든 대응을 통합사령부 하에 종합적인 국가사고관리체계 NIMS를 사용하여 수행하도록 했다. 국토안보대통령령 HSPD 8(2003년 12월 17일)은 주와 지방정부에 대한 연방정부의 협력을 강화하고, 관할권 단체의 역량을 향상시킴으로써 국가차원의 국내 재난에 있어 각종유해요소에 대한 대비 목표를 개발토록 요구하고 있다.

2011년 5월 30일, 오바마 대통령은 국토안보대통령령 HSPD 8을 대통령시행령 PDD 8로 대체하였다. 미대통령시행령 PDD 8의 시행은 이 장에서 토의될 몇몇 원칙들을 발전시키고 변화시킬 것이다. 독자는 2012년 초의 미국 국토안보부 DHS, Department of homeland security 의 최종 지침에 관심을 가질 필요가 있다.

### 가. 대통령시행령 8

대통령시행령 8의 목표는 모든 응급상황, 특히 한 지역에 큰 영향을 미치는 응급상황을 대처하기 위해 필요로 되는 핵심 역량에 초점을 둠으로써 대비를 향상하는데 있다. 대통령시행령 8은 가장 큰 대형사고를 포함한 다양한 범위의 사고를 대응하기에 충분히 유연하고, 확실하며, 적응 가능한 대비 계획을 수행하기 위한 핵심 역량 개발을 필요로 한다. 이장의 이후에 논의할 국가사고관리체계 NIMS, National incident management system 는 이러한 원칙에 기반한다.

대통령시행령 8에서 대비한 바와 같이 미국 국토안보부 DHS 는 국가재난대비목표, 국가재난대비체계, 평가체계를 개발하여, 보고서에 (1) 대비유무를 인지하는 방법과 (2) 작년보다 더 잘 대비하였는지의 유무를 매년 편찬하도록 한다.

2011년 10월부로, 미국 국토안보부 장관은 현존하는 전략과 지시에 기반하는 국가

재난대비목표를 개발할 것이다. 이 새로운 목표는 다양한 수준의 정부가 구체적인 위협과 취약성에 대한 위험에 지역적 다양성을 고려하여 대비하기 위해 필요로 하는 핵심 역량을 규명할 것이다. 국가재난대비목표와 역량을 개발하는 과정은 미국 국토안보부가 정부 전반, 사적 및 비영리 부문, 그리고 대중으로부터의 의견 수렴을 포함한다. 2011년 5월, 미질병관리본부CDC, Centers for disease control and prevention는 공중보건기관에 적용하는 15가지 역량에 대한 지침을 출판하였다(7장과 부록 E 참조).

미국 국토안보부는 2011년 12월까지 계획, 조직, 장비, 훈련과 활동에 관한 역량을 성취하고 유지하기 위해 국가재난대비체계를 서술할 것이다. 이 체계는 이 장에서 서술할 많은 개념들을 포함한다.

- 종합적 국가 계획 체계
- 핵심 역할과 책임을 조절하기 위해 측정가능하고, 유연하며, 적응가능한 조정구조에 기반한 체계
- 모든 재난에 대비하는 기본 계획에서 수립된 공통의 용어와 접근의 종합적 체계하의 조정체계
- 각각의 국가 계획 체계를 지지하기 위한 기관간 업무 계획
- 자원, 장비, 그리고 국가 훈련과 활동 프로그램에 대한 지침

이러한 지시는 사회의 모든 분야가 규명된 역량을 강화하여 지역사회적으로 대비하는 국가전체 "whole-of-nation"의 접근이 필요로 한다. 연방재난관리청FEMA, Federal emergency management agency은 재난의 영향을 다루는데 있어 지역사회와 함께 기관, 집단, 개인이 적극적으로 대비하도록 파트너를 형성하는 전 지역사회 "whole community"로 접근하고 있다. 더욱이, 강화한 역량기반의 계획은 이 책에서 논의하는 핵심 원리: 예방, 경감, 대응, 복구에 맞추어져 있다.

전체 지역사회의 대비는 근원적으로 미국이 재난대비, 대응, 복구, 경감을 수행하는 방법을 바꿀 것이다. 재난대응에 관한 최근 경향은 정부개입에 있다. 전체 지역사회 대비는 지역사회의 전 분야(지역사회와 종교단체, 사적 부문, 주민, 자원봉사자)가 재난대비와 대응에 종합적으로 접근토록 한다. 이 접근은 지역사회 전체가 대비 요구를 인지하고 충족하며, 이러한 요구를 확인하고 충족하는데 전 지역사회를 참여시키며,

지역사회의 회복력 향상을 강화시킨다(9장의 회복에 대한 논의 참조).

## 나. 국가재난대비지침

응급 대비시 국가의 종합적인 활동을 서술하는 국가재난대비지침의 개발은 국토안보대통령령 HSPD 8에 제시되어 있다. 이 지침은 국가재난대비체계를 조직하는데 필요한 국가의 모든 재난에 대한 대비 목표와 도구를 포함하고 있다. 공중보건실무와 연관된 두 개의 핵심요소는 국가계획시나리오 national planing scenarios 와 역량리스트 target capabilities list 이다. 국가계획시나리오는 모든 연방수준의 기관에서 행하는 방재계획과 운영적이며 전략적인 조정에 초점을 둔다. 시나리오는 계획, 훈련, 활동, 기금에 조정된 투자가 요구되는 사람들과 소유물에 큰 피해를 야기할 수 있는 15종류의 응급상황을 제시한다. 표 3-1은 15가지 국가계획 시나리오를 나열한다. 국가계획시나리오는

**표 3-1** 국가계획시나리오

| 시나리오 | 내 용 |
|---|---|
| 1 | 핵폭발- 만톤 급조 원자폭탄 |
| 2 | 생물학적 공격- 에어로졸 탄저병 |
| 3 | 생물학적 질환 발생- 유행성 인플루엔자 |
| 4 | 생물학적 공격- 페스트 |
| 5 | 화학적 공격- 수포작용제 |
| 6 | 화학적 공격- 독성 산업용 화학물 |
| 7 | 화학적 공격- 신경작용제 |
| 8 | 화학적 공격- 염소탱크폭발 |
| 9 | 자연재난- 대지진 |
| 10 | 자연재난- 대허리케인 |
| 11 | 방사선 공격- 방사능분산장비 |
| 12 | 폭발물 공격- 급조폭발장치를 사용한 폭격 |
| 13 | 생물학적 공격- 식품오염 |
| 14 | 생물학적 공격- 해외가축전염병 |
| 15 | 사이버 공격- 컴퓨터간 |

* 출처: Department of Homeland Security (DHS). 2007. National Preparedness Guidelines. Washington, DC: DHS. Available at: http://www.dhs.gov/xlibrary/assets/National_Preparedness_Guidelines.pdf; and Federal Emergency Management Agency (FEMA). 2009. National Planning Scenarios. FEMA Fact Sheet. Washington, DC: FEMA. Available at: http://www.fema.gov/pdf/media/factsheets/2009/npd_natl_plan_scenario.pdf.

정부에 있는 모든 사람들이 재난에 대해 효과적으로 대응하기 위해 상비해야 하는 37가지의 구체적인 기술을 정의하고 있다. 국가계획시나리오에서 서술하고 있는 종합적인 역량은 전문가 집단에 의존해서만은 충족할 수 없으며, 역량리스트는 관할 기관들이 어떻게 그들의 대비 활동에 중점을 둘 수 있을 지에 대해 이해할 수 있는 필수적인 참고자료가 된다.

### 다. 국토 안보

응급, 재난, 대형사고에 대응하여 연방계획을 편성하고 주 및 지방 정부들을 지원하도록 대통령과 의회는 미국 국토안보부를 설립했다(2002년 국토안보법). 미 국토안보부는 테러, 자연재난, 대규모의 응급상황 시에 일차적 책임 기관으로, 조직과 기관의 대규모 국가 네트워크를 형성하여 종합하는 핵심적 역할을 수행한다. 미 국토안보부는 대비 계획의 개발과 수행, 테러에 대한 대응을 가이드하는 과정과 정책 개발, 초동대응요원의 훈련과 활동 수행, 주와 지방 정부, 사적 기관, 기타 조직 등과의 파트너십 형성, 초동대응요원, 주, 도, 시, 읍을 위한 장비구입 비용 지원 등을 한다.

모든 재난에 대한 국가적 대비와 대응에 관한 지침을 제공하기 위해, 국토안보부는 2008년 국가대응계획 NRP, National response plan 을 교체한 국가대응계획 NRF, National response framework 와 국가사고관리체계 NIMS를 세웠다. 국가대응계획은 비상대응에 대한 국가적 정책을 가이드하는 구조와 방법을 제시하는 반면, 국가사고관리체계는 크기, 범위, 원인과 무관하게 응급을 관리하는 데 기틀을 제공한다. 이러한 지침들은 주 공무원과 지방 공무원들을 도와 종합적이고 일관적인 연방 대응책을 시행하고 조정하는 방법을 제공한다. 연방응급관리의 주요 부서는 미 국토안보부이며, 전략 계획과 대응 활동의 대부분은 연방재난관리청 FEMA 에 위임한다. 연방재난관리청의 국가대비부는 이전의 국가대응계획 NRP 에서 국가대응계획 NRF 에 기반한 계획과 훈련에 일관되게 주, 집단, 주민을 돕는다. 연방재난관리청은 추후 이장에서 논의된다.

재난에 대응하여 주 및 지방의 내부자원을 일차적으로 사용하도록 하고 있다. 이는 주정부와 지방 정부 차원에서 모든 대비가 이루어지도록 하는 것이며, 주정부에서 연방대응계획과 복구계획에 비용을 부담해야 하므로 지방자원을 효과적으로 활용하면 추가 비용을 줄일 수 있다. 주정부의 자원과 역량이 소진되면, 연방정부가 주정부의 운영을 돕고 지원한다.

## 라. 대유행 및 재난 대비법

대유행 및 재난 대비법 PAHPA, Pandemic and all-hazards preparedness act (공법 109-417)은 공중보건법 Public service health act 을 개정하였고 2006년 12월에 법이 되었다. 대유행 및 재난 대비법은 정부의 다양한 수준에서 공중보건 대비와 대응을 향상하는 방법과 국가대응계획에서 다루어지는 공중보건 응급과 사고에 대응할 때 지휘권과 책임권에 대한 명확한 체계를 제시한다.

대유행 및 재난 대비법은 주와 지방의 공중보건부가 대비시의 설정된 지침을 충족하도록 돕는다. 대유행 및 재난 대비법은 연방, 주, 지방수준에서 확장능력을 가질 수 있도록 다양한 접근을 시도한다. 즉, 보건의료인력들과 자원봉사자들을 훈련하여 응급상황시 양질의 보건의료제공자가 자원봉사하도록 하게 하고, 대체 의료시설과 이동식 병원에서 치료를 받게 하며, 서비스에 대한 상여금으로 법적책임보호를 받게 하며, 병원과 기타의 의료시설에 보조금을 지원 등의 접근을 한다. 이러한 계획들을 통해 의회는 응급상황 동안 이용가능한 보건의료인력들의 수가 증가하여 지역사회가 더 잘 준비되고 의료와 공중보건인력들의 능력이 향상할 것이라고 기대한다.

대유행 및 재난 대비법은 또한 고위험에 있는 개인들의 대비 노력을 강화한다. 국가재난대비목표, 주와 지방 보조금 활동과 전략적 국가비축 SNS, Strategic national stockpile (이 장에서 추후 논의한다)은 고위험에 있는 개인들의 공중보건과 의료요구를 포함하여야 한다. 더욱이, 다양한 재난 단계에서도 고위험에 있는 개인들을 돌보며 봉사하는 최선의 실무가 파급되어야 한다(취약인구에 대한 토의는 10장 참조).

미 보건부 HHS 는 이 법의 목표를 성취할 책임이 있다. 미 보건부 내, 비상대응대비국 차관보 ASPR, Assistant secretary for preparedness and response 집행기관은 국가가 공중보건에 영향을 주는 응급과 재난에 예방, 대비, 대응하기 위해 만들어 졌다. 이 기관은 재난 동안에 주와 지방 역량을 향상하기 위해 연방을 지지하며 이는 추후 이장에서 논의한다. 대유행 및 재난 대비법의 핵심 요소는 국가보건안보전략 NHSS, National health security strategy 과 확장능력이다(또한 7장 참조). 국가보건안보전략은 건강에 부정적인 해를 끼칠 수 있는 위협 또는 응급을 보호하기 위한 국가적 대비와 대비에 초점을 둔 비전에 설정하였다. 2010년 1월에 발표된 국가보건안보전략의 목표는 지역사회의 회복력 개발과 건강과 응급 대응체계의 강화와 유지이다. 이러한 전략적 목표는 규정된 운영 업무, 또는 역량을 통하여 성취된다.

주 수준에서 대유행 및 재난 대비법은 예비군의무대 MRC, Medical reserve corps 와 비상대비 자발적 보건의료등록 ESAR-VHP, Mergency service advanced registration of volunteer healthcare providers 을 위한 재정지원에 있다. 예비군의무대는 주관리의 지방 운영 프로그램으로, 의료 자원봉사자들이 함께 훈련하여 지역사회 내 대규모 대량사상사고인 심각한 손상과 관련된 재난 시의 의료대응을 향상한다. 예비군의무대는 사고가 발생하기 이전에 주가 공중보건 자원봉사자를 등록하게 하여 그들이 적절한 면허를 가지거나 자격을 갖추도록 한다.

## 마. 국가대응계획

국가대응계획 NRF 은 재난과 응급에 대한 국가의 대응 방법을 조직화하는 종합적인 원리, 역할, 구조를 규정한다. 이는 1998년 로버트 스태포드 재난 구호 및 응급 지원법 Robert T. stafford disaster relief and emergency assistance act of 1988 (스태포드법; 이장에서 추후 논의함) 또는 1932년 경제법 Economy act of 1932 하의 연방 대응에 의거하여 주와 지방 정부의 역할을 향상하는데 연방 지원과 자원의 전달을 조정하는 방법을 제시한다. 국가대응계획은 국가가 대응시 시행해야 하는 구체적인 계획을 서술하기 보다 계획 과정을 서술하여 연방기관이 대비부터 복구의 전 응급관리 스펙트럼에 참여하게 한다. 국가대응계획은

- 국가 대응을 조정하기 위해 지역사회, 주민, 주, 연방정부, 사적 부문, 비정부 부문이 함께 파트너를 형성하는 방법을 서술한다.
- 구체적인 관계자와 사고를 관리하는데 있어서의 최선의 실무를 서술한다.
- 국가사고관리체계에 기반하여 설정한다; 사고관리 시, 현장지휘체계 ICS, Incident command system 의 원리와 표준방법에 기반한 공통 분석도와 운영구조를 제공한다. 현장지휘체계는 재난의 크기와는 무관하게 많은 다양한 기관들이 재난대응시 서비스 전달을 조직하는데 조정된 대응이 요구되기 때문에 사용된다.

일부 재난은 스태포드법보다 기타의 당국에 의해 이루어지며 국가대응계획 외에서 다루어짐을 주목해야 한다. 2010년 멕시코만 기름유출, 아이티 지진, 2009년과 2010년 유행성 인플루엔자는 국가대응계획에 의하지는 않았지만 중요한 의료요소를 포함한 국가대응의 예들이다. 예로, 기름유출사건은 국가방제계획 National Contingency Plan 당국이 관리하였다. 국제 사고에 대한 대응은 미국 국무부와의 조약과 협의를 통해 이루어진다. 이들은 예외적임에도 불구하고 그렇게 드물지도 않다. 핵심은 대통령 선언과 스태포드법(추후 이장에서 논의함)의 자원 없이도 연방지지에 대한 재정지원은 제한되며 조직적이지 않다는 것이다.

문서, 부속문서, 참조, 브리핑 및 훈련과정을 포함하는 국가대응계획에 관한 정보는 국가대응계획 자원센터에서 얻을 수 있다(http://www.fema.gov/emergency/nrf).

## 바. 국가사고관리체계

국토안보대통령령 HSPD 5의 목표는 국내의 주요 응급을 다루는 단일의, 그리고 종합적인 국가 관리 모델을 설정함으써 조정된 대응을 감독하는 미국의 능력을 향상하는 것이다. 모든 응급을 관리하는 기틀을 제공하는 종합적인 모델이 국가사고관리체계 NIMS 이다. 국가사고관리체계는 대비 조직, 선출 및 임명된 공무원, 비정부기구, 민간부문을 포함한 많은 집단들이 함께 일하는 것을 통해 효과적인 대비가 이루어진다는 원리에 기반하고 있다. 더욱이, 응급관리에 직접적으로 관련되는 모든 사람들은 대응운영에 연관된 구조를 기록하는 명령어, 일반 용어, 역할과 책임을 이해하고 있어야 한다.

국가사고관리체계는 모든 관할권과 기능적 훈련과 연관되고 크기, 위치, 복잡성과 관련 없이 모든 응급상황에 적용가능하다. 국가사고관리체계는 조정과 협력을 향상하기 위해 설계되었고 응급관리를 위해 상호작용하는 광범위의 인력들에게 공통 기준을 제공하기 위해 만들어 졌다. 국가사고관리체계의 원리를 사용함으로써, 다양한 전문가 그룹들은 사용할 절차와 프로토콜, 그리고 장비와 인력을 배치하는 방법에 대한 이해를 공유할 수 있다. 직업 전문가, 자원봉사자, 정부 공무원 등 비상대응에 연관된 모든 사람들은 연방이 승인하는 국가사고관리체계 훈련을 받아야 한다. 더욱이, 대비와 대응 활동에 대해 연방의 재정지원을 받는 모든 수혜자는 국가사고관리체계를 준수하여야 한다. 마지막으로, 대비에 대해 연방의 재정지원을 받는 병원과 공중보건체계는 국가사고관리체계를 구현해야 한다.

국가사고관리체계의 핵심적 특성은 다음을 포함한다:

**대비** Preparedness : 기능을 수행하는 대응요원의 준비를 강화하기 위해, 국가사고관리체계는 계획, 훈련, 활동, 자격과 인증, 장비 수집과 인증, 그리고 출판관리 등과 같은 다양한 사전 대비 활동들을 규정한다. 대비는 또한 경감, 또는 공공교육, 기준과 코드 설정의 집행, 생명 또는 재산의 손실을 막거나 감소하기 위한 방법과 같은 예방 활동을 포함한다.

**통신과 정보관리** Communication and information management : 사고 동안 통신을 표준화하기 위해, 국가사고관리체계는 장비와 훈련에 대한 기준을 포함하여 상호호환 통신 시스템을 규정하고 있다. 상호호환통신은 6장에 서술하고 있다.

**자원관리** Resource management : 국가사고관리체계는 응급시 자산을 관리하고 대비하는데 필요한 단계를 정의한다.

**현장지휘체계** Incident command system : 국가사고관리체계는 현장관리체계를 5가지의 기능영역- 지휘, 운영, 계획, 물류, 금융/행정을 가진 표준 사고 관리 모델로 설정하였다. 국가사고관리체계는 많은 관할권의 노력을 조정하고 목표, 전략, 계획, 우선순위, 공공 통신에 관한 공동 의사결정을 보장하고 제공하기 위해 통합사령부를 통해 운영하고 있다. 공중보건사고 지휘의 예는 추후 이장에서 서술한다.

**기관간조정체계** Multi-agency coordination system : 기관간조정체계는 실무 수준 이상의 활동을 조정하고 중요하거나 경쟁적인 자원의 할당을 우선순위화 하기 위하여 사용된다. 기관간조정체계는 다수의 기관에서 사용되는 인력, 절차, 프로토콜, 실무, 통신을 공통의 시스템으로 통합한다. 여러 구성요소 중 하나인 비상대책본부 EOC 는 대응 담당자들을 지원한다.

**연합정보시스템** JIS, Joint information system : 모든 수준의 정부가 사고 동안 동일한 정보가 공개되도록 하기 위해, 연합정보시스템은 사고에 관한 인터넷을 통한 메시지를 포함하여 적절하고 정확한 정보를 포함한 종합적인 메시지를 제공한다. 사고에 관해 통신하는 사람들은 연합정보센터에서 종합적인 메시지를 개발하고, 조정하며, 전달하기 위해 협력해야 한다.

**국가통합센터** NIC, NIMS integration center : 국가통합센터는 국가사고관리체계의 전략적 지시와 감독을 제공하고, 국가사고관리체계 요구사항의 준수를 확인하기 위해 프로그램을 관리하며, 훈련과 활동을 지지한다.

## 사. 비상지원기능

응급관리 지역사회는 재난대응시 일반적으로 해결해야 하는 국가대응계획의 책임을 서술하기 위해 기능이라는 용어를 사용한다. 이러한 책임은 기타 기관의 지지와 함께 연방기관이 이끄는 15가지 비상지원기능 ESF, Emergency support function 으로 그룹 된다. 많은 비상지원기능은 직접 또는 간접적으로 재난 피해자의 건강과 복지를 보호하기 위한 노력에 영향을 준다. 재난 피해자의 구체적인 건강요구에 대한 연방정부의 대응은 비상지원기능: 공중보건과 의료서비스 부록에 포함되어 있다. 미 보건부의 연방정부 대응은 비상지원기능 8에서 정의된 기능을 충족하기 위해 조직된다. 공중보건 및 의료 책임은 다음을 포함한다:

- 공중보건/의료 요구도의 평가
- 보건감시
- 의료인력
- 건강/의료/수의학 장비 및 소모품
- 환자대피
- 환자간호
- 의약품, 생물학적 제제, 그리고 의료 장치의 안전과 보안
- 식량안전과 보안
- 농산물 안전과 보안
- 모든 유행성 공중보건과 의료 상담, 기술 지원, 지지
- 행동 건강관리
- 공중보건과 의료 정보
- 매개체 통제
- 식수/폐수 및 고형 폐기물 처분
- 대량 사망자 관리, 피해자 확인, 그리고 제염 잔해물

• 동물의료 지원

15가지 비상지원기능과 이들에 대한 담당연방기관들이 표 3-2에 있다.

**표 3-2 비상지원기능과 담당연방기관**

| 비상지원기능 | 비상지원기능 제목과 기능 | 담당기관 |
|---|---|---|
| 1 | 이송- 항공/공역 관리 및 제어, 이송 안전, 이송 기반시설 복원 | 교통부 |
| 2 | 통신- 통신 및 정보기술 산업의 조정, 통신 기반시설 복원, 국가 사이버 및 정보기술자원의 보호 및 유지 | 미 국토안보부/ 국가 통신시스템 |
| 3 | 공공토목공사 및 엔지니어링- 기반시설 수리, 복원, 보호, 수리를 위한 응급 계약 서비스 | 미 육군공병대 |
| 4 | 소방- 소방 작업에 대한 지원의 조정 | 미 산림청, 농림부 |
| 5 | 일반지원- 인적 자원관리 및 사고조치계획을 포함하여 사고 관리 및 대응활동의 조정 | 미 국토안보부/ 연방 재난관리청 |
| 6 | 주민보호- 주민보호, 응급지원, 주택과 복지사업의 조정 | 미 국토안보부/ 연방 재난관리청 |
| 7 | 물류 관리 및 자원 지원- 종합적인 물류 계획 및 지원 | 조달청과 미 국토안보부/ 연방재난관리청 |
| 8 | 보건 및 의료서비스- 공중보건, 보건의료 서비스, 정신건강, 대량 사망자 관리 | 미 보건부 |
| 9 | 도시 수색 및 구조- 인명구조 및 수색 및 구조작업 | 미 국토안보부/ 연방 재난관리청 |
| 10 | 유해요소 및 기름유출 대응- 장단기 복원의 장해물질 대응 및 조정 | 미 환경보호청 |
| 11 | 농업 및 천연자원- 영양지원, 전염성 또는 경제적으로 파괴적인 동물/인수공통질환의 발생 제어 및 근절, 상업적인 식량공급의 안전과 보안, 비상대응 또는 대비 상황시 애완동물의 안전과 복지 제공 | 미 농림부 |
| 12 | 에너지- 에너지 회사의 조정, 에너지 기반시설 평가, 수리 및 복수 | 미 에너지부 |
| 13 | 공중안전과 보안- 시설 및 자원 보안, 보안 계획, 대응 및 지원 | 미 법무부 |
| 14 | 장기 지역사회 복구- 장기 복구 지원 제공 및 주, 지방, 주민 정부 지원 | 미 국토안보부/ 연방 재난관리청 |
| 15 | 대외- 공공정보 및 위험통신, 의회연계, 주민, 섬 업무 조정 | 미 국토안보부 |

* 출처: Federal Emergency Management Agency (FEMA). 2008. Emergency Support Function Annexes. Table 1. Roles and responsibilities of the ESFs; and Table 2. Designation of ESF coordinator and primary and support agencies. Washington, DC: FEMA. Available at: http://www.fema.gov/pdf/emergency/nrf/nrf-esf-all.pdf.

## 아. 건강과 인간 서비스

대통령 선포가 필요한 규모의 재난 발생시 미 보건부 HHS, U.S. Department of health and human services 는 지방공무원들이 의료 및 공중보건의 요구에 대응하도록 지지하는 주기관이다. 대유행 및 재난대비법 PAHPA 은 미 보건부가 집행기관인 비상대응대비국 차관보 ASPR 를(이전에 공중보건응급대비국 Office of public health emergency preparedness) 통해 공중보건자원을 배치하도록 제시하고 있다.

보건응급 또는 공중보건 사고의 경우, 미 보건부 차관보는 보건과 의료서비스 지지기능을 수행하는 주요 역할을 비상대응대비국 차관보에 위임한다. 비상대응대비국 차관보는 계획과 대응을 조정하고, 연방대응을 위한 물류지원을 하고, 세계적 유행과 유해성에 대한 의료대책의 개발 및 조달을 감독하기 위해 기타의 연방기관, 주와 지방정부와 협력한다.

비상대응대비국 차관보의 6개의 사무국은 다음과 같다.

- 생의학연구개발청 BARDA, Biomedical advanced research and development authority : 생의학연구개발청은 공중보건응급시 전염성이 높은 질환을 치료하는 백신과 의약품의 개발과 가용성을 높이기 위해 의료대책을 개발 및 조달하며 조정한다. 생의학연구개발청은 전략적 국가비축 SNS 을 통해 공급되는 의료대책의 배포 및 사용을 위한 전략 수립에 책임이 있다. 생의학연구개발청은 고위험 인구집단에 대한 의료대책, 면역이 없는 인구집단을 위한 백신을 수립한다. 공중보건비상사태대책기업 PHEMCE, Public health emergency countermeasure enterprise 은 유행성 인플루엔자 백신 개발, 백신 생산관련 대안적 기술, 생물테러 제제의 시험과 치료를 위해 재정적 지원을 한다. 생의학연구개발청은 공중보건비상사태대책기업에 전문지식과 리더십을 제공한다.
- 대비대응운영국 OPEO, Office of preparedness and emergency operations : 연방대비를 보장하기 위해 대비대응운영국은 운영계획을 개발하고, 훈련과 활동에 참여하고, 비상대응대비국 차관보가 미 보건부의 운영대응을 조정하는데 필요한 시스템과 물류지원을 확보한다.
- 조달, 계약 및 보조금 관리국 OAMCG, Office of acquisition management, contracts and grants : 조달, 계약 및 보조금 관리국은 연방정부의 조달과정을 통해 비상대응대비국 차관보 프로그램 사무소를 이끌며, 획득 전략과 계획의 초안을 작성하고 요구사항의

개선을 돕는다. 주요 기능은 화학적, 생물학적, 방사능적, 핵, 그리고 인플루엔자 프로그램에 대한 소모품과 의약품의 인수를 지원하는 것이다.

- 정책기획국 OPP, Office of policy and planning : 정책기획국은 전략 계획을 책임 맡고 있으며, 비상대응대비국 차관보를 위해 정책을 개발하고 분석한다.
- 재정계획 및 분석국 OFPA, Office of financial planning and analysis : 재정계획 및 분석국은 프로그램 자원의 할당 및 활용에 관한 정책과 과정을 개발하고 실행하는 것을 돕는다.
- 참모총장실 office of the chief of staff : 참모총장실은 대외 통신과 기관 운영을 책임지고 있다.

## 자. 국가테러자문시스템

국토안보대통령령 HSPD 3에 따라, 미국토안보부 DHS 는 위협 및 취약성 평가에 관한 정보에 기반한 예방조치를 가이드하기 위해 국토안보부 자문시스템 HSAS, Homeland security advisory system 을 설립했다. 국토안보부 자문시스템의 핵심은 색깔별경보이다. 2011년, 국가테러자문시스템 NTAS, National terrorism advisory system 은 국토안보부 자문시스템을 교체했다. 국가테러자문시스템은 또한 테러 위협에 관한 정보를 통신하여 예방적 조치를 취하도록 설계되었다. 이 시스템하에, 다른 연방기관과 함께 미국토안보부는 연방정부가 특정 또는 신뢰할 수 있는 테러 위협에 관한 정보를 수집했을 때 경보를 발령한다. 경고들은 임박 또는 상승된 경고가 있음을 언급하는 문구가 포함된다. 경고는 잠재적인 위협의 개요, 공공 안전을 보장하기 위해 취하는 활동에 관한 정보, 개인, 지역사회, 기업과 정부가 수행하도록 권장되는 단계 등을 제공한다. 경고는 법 집행, 민간 부문과 같은 영향을 받은 집단, 또는 일반 인구에 직접 전송된다. 지정된 미국토안보부 웹페이지(http://www.dhs.gov/alerts에서 이용가능)와 소셜언론(Facebook과 Twitter @NTASAlerts)을 포함하여 다중통신채널이 사용된다. 개별 위협 경고는 지정된 종료 날짜까지 발령되지만 필요한 경우 연장할 수 있다.

국가테러자문시스템이 발전함에 따라, 공공보건기관들은 변화하는 위협수준에서 수행해야 할 활동의 체크리스트를 개발해야 한다. 체크리스트는 아래의 내용들이 포함된다.

- **정보수집**. 미질병관리본부, 주보건부, 비상관리국 등으로부터 정보를 확인한다.
- **감독시스템**. 화학, 생물, 핵 또는 방사선 노출이 의심되는 상태 또는 질병을 가진 환자에 있어 응급 및 외래 입원을 확인한다.
- **보안**. 증가된 위협수준에 대해 보안조치를 강화한다.
- **인력 채용**. 직원채용 방식을 평가하고 보완을 위해 무엇을 해야 할지 결정한다.
- **통신**. 주정보시스템을 포함하여 시스템들의 가용성을 확인한다.
- **소모품 및 장비**. 가용성 및 기능성을 확인한다.

## 차. 연방재난관리청

연방재난관리청 FEMA 은 응급관리의 임무를 수행하기 위한 7가지 주요 분과가 있다.

**복구부** Recovery directorate : 재난에 의해 영향을 받은 개인과 지역사회가 신속하게 정상적 기능을 되찾도록 돕는다. 개별지원(주택, 재정지원, 실업지원)과 공공지원(지역사회가 공공시스템과 시설을 재건하도록 도움)을 제공한다.

**대응부문** Response division : 재난에 영향을 받은 지역사회에 종합적인 연방정부의 운영 및 물류대응을 제공한다. 모든 대응 활동, 계획, 물류, 연방, 주, 주민, 지역재난 프로그램을 종합적으로 조정한다.

**물류관리부** Logistics management directorate : 물류운영, 계획, 훈련(배부, 자산관리)을 포함하여 국가 물류 대응과 복구 작업을 계획, 관리, 유지한다.

**경감부** Mitigation directorate : 국가홍수보험프로그램과 홍수, 지진, 토네이도와 기타 자연재난로부터 가정, 기업, 학교, 공공건물, 중요시설에 야기될 수 있는 손실을 줄일 수 있는 다른 프로그램을 관리한다.

**국가방제프로그램부** National contingency programs directorate : 국가필수기능의 연속성, 운영 연속성의 개발과 보급에 대한 담당 연방국이다. 통합재난경보시스템을 관리한다.

**국가재난대비국** National preparedness directorate : 2006년 카트리나후 방재개혁법안은 국가재난대비국의 설립을 의무화하였다. 국가재난대비국은 테러사고와 자연재난을 대비하는데 필요한 역량과 도구를 조정 및 개발하는 것을 총괄하고, 예방, 대응, 복구 역량 구축 지침을 제공한다.

**미소방행정** U.S. fire administration : 화재 예방 및 화재 대응을 향상하기 위한 국가 노력의 조정과 감독을 총괄한다. 유해성 대처에 관한 다양한 교육과정을 통해 응급관리자, 소방관, 선출직 공무원, 기타 대응요원들을 훈련한다.

연방재난관리청은 워싱턴 DC 본부 외에도 수많은 지사를 운영하고 있다(사무실과 위치에 대해서는 부록 Z 참조). 이후에 설명하는 미 보건부와 국가재난의료시스템 NDMS, National disaster medical system 등의 다른 기관에서는 동일한 지리적 구역에서 인력과 자원을 지원한다.

## 카. 재난선포와 연방정부의 지원

자연재난의 경우, 2000년 재난경감법 PL 106-34042(미국법규 5121, 이하 참조)이 개정된 로버트 T. 스태포드 재난 구조 및 비상사태 지원법 PL 92-388과 2006년 카트리나후 방재개혁법안(PKEMRA; S. 3721)에서는 "대규모 재난과 비상사태로 인한 고통과 피해를 경감시키는 책임을 다하도록 연방정부가 주 및 지방정부에게 순차적으로 지원을 계속한다"고 규정하고 있다. 스태포드법에 의거하여, 대통령은 대통령령령을 선포하여 연방자원, 재정지원, 용역 services, 의료품, 식량 및 그 외 소모품을 제공할 수 있다. 카트리나후 방재개혁법안은 대규모 재난에서 대통령은 예방적 대피를 명할 수 있는 권한을 부여하였고 주와 지방정부가 요청하기 이전에 연방정부가 지원하도록 하였다.

2002년 국토안보법이 통과하기 전에는 위험이 임박하고 참사를 줄이거나 피하기 위해 재난이 일어나기 전에 주에서 연방지원을 요청하거나, 재난이 발생한 후에 주지사가 요청서를 제출하거나, 오클라호마 시에서 폭탄이 터졌을 때처럼 대통령이 절대권위를 행사하는 등 세 가지 방법으로 연방정부의 지원이 이루어졌다. 국토안보법이 통과되면서, 국토안보부 장관은 연방자원을 배치하는데 있어 상당한 재량권을 갖게 되었다. 국토안보부는 다음 네 가지 상황이 적용되는 경우에 연방정부의 자원을 활용할 수 있다.

- 자체적인 권위 아래 움직이는 연방부, 즉 연방기관은 장관에게 원조를 요청한다.
- 주정부와 지방정부의 자원이 부족하면, 해당 주/지방정부(즉, 스태포드법을 통해)

가 연방지원을 요청한다.

- 하나 이상의 연방부/연방기관이 실질적으로 사고 대응에 연루되어 있다.
- 대통령은 장관에게 사고를 처리하도록 책임을 맡긴다.

선포 시, 각 해당주가 선포의 주도권을 가지고 있어야 한다. 동일한 재난에 의해 영향을 받은 경우에도 주들은 개별적으로 별도의 선포를 요청하여야 한다. 연방재난관리청은 각 주요 재난[DR] 또는 응급[EM]에 일련번호를 지정한다. 적은 수의 선포된 재난 또는 응급의 경우는 차후 "주요 재난 선포"가 요구되는 크기의 사건들이다(예: 태풍 카트리나).

대통령 선포가 이루어지면, 연방재난관리청[FEMA]은 응급관리에 대한 연방정부의 대응을 조절한다. 연방재난관리청은 지방 재난관리청과 상당 부분 똑같은 기능을 하지만, 대형 긴급상황 및 재난의 대비, 대응 및 복구에 직접 연방자원과 자금을 활용할 수 있다. 대통령 선포가 없는 경우에는 상호지원이 자발적으로 이루어지므로, 서로 상호지원을 제공하는 지역사회/기관 사이에서 기관간 협약을 맺어야 한다. 재난에 대한 상호지원은 스태포드법의 허가 없이 임의적이다. 표 3-3은 선포와 평가 과정을 요약하고 있다.

**표 3-3 재난 선포 과정**

| 선포 과정/조치 | 예비피해평가[PDAs] | 선포를 위한 우선적 고려 |
|---|---|---|
| 지역 단체에 의해 초기 대응 후, 주지사는 정부 관리들과 협의하여 주 및 지방 정부의 자원이 충분하지를 결정 | 피해 받은 도[county]에서 실시하는 예비피해평가[PDAs]를 통해 도지사는 도움이 필요한지 결정 | 연방재난관리청[FEMA]이 사용하는 기준:<br>• 손상의 크기와 유형(파괴된 집의 수/ 주요 피해)<br>• 사회공공기반시설 또는 중요한 시설에 미치는 영향<br>• 공중보건 및 안전에 대한 긴박한 위협<br>• 필수 정부 서비스 및 기능에 미치는 영향<br>• 연방 정부의 고유 능력<br>• 손상의 분산 또는 집중도<br>• 장소의 보험 범위 수준<br>• 이용가능 한 기타 지원<br>• 자원에 대한 이전 주 및 지역 공약들<br>• 최근 재난 사건의 빈도 |

| | | |
|---|---|---|
| 주지사는 비상사태를 선포하고 주의 비상 계획을 적용 | 연방재난관리청, 주의 비상 관리 기관, 군 및 지방 공무원, 그리고 미국 중소기업청이 평가 시행 | |
| 주지사:<br>• 연방재난관리청지역 사무소를 통해 대통령께 서면 요청 제출<br>• 로버트 스태포트의 재난 구조 및 비상사태 지원 법(42 U.S.C. 11 5121-5206)에 따라 추가 연방 정부의 지원을 요청<br>• 재난의 심각도 및 크기가 주 및 지방 역량을 초과함을 증명<br>• 주 및 지방 정부, 재난 구호 단체, 재난 관련 손실에 대한 보험 회사의 보상을 지원할 필요가 있는 연방지원 증명<br>• 주의 비상 계획의 실행 확인<br>• 비용 분담의 준수를 증명 | 팀 리뷰:<br>• 피해의 유형<br>• 발생된 비상대책 비용<br>• 중요 시설에 미치는 영향<br>• 개인과 기업에 미치는 영향<br>• 난민의 수<br>• 건강과 안전에 대한 위협<br>• 미 적십자사의 추가 자료 | |
| • 연방재난관리청 지역 및 국가 사무소는 예비피해평가를 요청하고 조사결과를 검토<br>• 연방재난관리청은 상황분석을 제공하고 대통령의 행동방침을 제공 | • 팀은 비용과 손해의 예상치를 추정 | |
| | 주지사는 선포요구를 판단할 정보의 사용, 대응비 파악, 주 및 지역 자원을 초과하는 손상임을 증명 | |

* 출처: Federal Emergency Management Agency (FEMA). 2010. Declaration Process Fact Sheet: The Emergency Response Process. Washington, DC: FEMA. Available at http://www.fema.gov/media/ fact_sheets/declaration_process.shtm.

## 3. 대응조직

피해 주의 주지사나 피지명자가 스태포드법에 의한 대통령 선언을 요청 할 경우 국가대응계획 NRF 이 활성화 된다. 대형사고가 예상 될 경우는 지원을 위한 공식 요청을 하기 전에 연방 정부의 자산을 동원하고 사용 할 수 있다. 국가대응계획의 대형 사고 보완 catastrophic incident supplement 은 상황에 따라 절차 및 방법이 설정된다.

28개 이상의 정부기관과 미 적십자사 Red cross 는 주 및 지역 정부에게 인력, 전문 기술, 장비, 그리고 기타 자원을 제공하며 국가 대응을 관리하는 적극적인 역할을 맡는다. 대표 연방정부기관인 미 보건부 HHS 내 미 질병관리본부 CDC와 미 국립산업안전보건원 National institute of occupational safety and health은 역학자, 환경샘플링장비 및 실험실과 같은 기술력과 물류지원을 한다. 국방부 DOD, Department of defense와 미재향군인회 VA, Veterans affairs는 많은 사람들의 입원을 필요로 하는 대형 재난 발생 시 지원을 제공한다. 기관들은 재난에 대응하여 명시된 일들을 수행하고 자금을 댈 수 있도록 과제 부여 또는 작업 지도서를 발행한다.

## 가. 비상 관리 대응

허리케인 카트리나에 대한 국가적 대응에서 보았듯이 대형 재난은 정부의 모든 수준의 모든 기관의 자원을 필요로 한다. 이러한 대형재난에 대한 대응의 조정은 복잡하고 다양한 수준의 관료를 포함한다. 카트리나 이후에, 대응조직은 다양한 수준의 책임을 규정하며 상당히 개선되었다. 이 영역에서는 주요 연방 정부 역할을 설명하고 연방정부 인력들이 일반적으로 주 및 지방 관리들과 어떻게 상호작용하는가에 대해 서술한다.

### 1) 연방 정부 기관 및 직원

연방대응계획과 국가사고관리체계 하에, 대통령은 대형재난 시 모든 연방기관의 활동을 조정하도록 하며 대응 시 국토안보부의 장관 역할을 할 수 있도록 연방지원책임관 PFO, Principal federal official을 지정한다. 연방지원책임관은 사고 관리에 관련하여 모든 관할권과 일을 하며, 연방정부의 주요 대변인이다. 대형재난 시, 대통령은 재난의 피해를 받은 주 및 지방 정부, 재난 피해자들에게 연방 정부의 재난 지원을 적시에 납품토록 하는 연방조정관 FCO, Federal coordinating officer을 임명한다. 연방조정관은 연방재난관리청의 자원투입과 다른 연방 정부 부서나 기관의 임무들을 감독한다. 대개, 연방조정관은 재난 복구 매니저 Disaster recovery manager 역할을 하며, 스태포드법 하에 권한을 부여 받아 재정적으로 지원한다. 연방지원책임관과 연방조정관은 각각 다른 사람들이 할당된 대응역할을 한다.

연방 및 주 정부 임원은 대응과 복구 책임을 다 하기 위해 함께 일한다. 연방조정관은 주의 재난상황관리를 감독하기 위해 주지사가 임명한 주 조정관리관 SCO, State coordinating officer 과 주를 대표하여 재난지원을 위해 필요한 모든 서류를 작성하도록 주지사가 권한을 부여한 정부대표 GAR, Govenor's authorized representative 와 면밀히 협력한다. 주의 비상운영계획에 따라 지방 관할 지역에 지원요청이 있을 때에는 지정된 주정부 기관을 통해 주 조정관리관이 일을 하고, 그 다음에 연방조정관이나 그 외 피지명인이 일을 한다. 연방정부의 자원이 필요할 때 주는 요청을 공식화하기 위해 구매요구서 purchase order, 총괄구매계약서 blanket purchase agreement, 약정서 contract 또는 협약서 cooperative agreement 를 작성해야 한다. 또한, 미국토안보부는 앞서 설명한 과제 부여를 사용할 수 있다. 국가대응계획의 재무지원부 The financial management support annex 는 이 과정에 대해 추가적인 정보를 제공한다(http://www.au.af.mil/au/awc/awcgate/frp/frpfm.htm).

연방재난관리청은 연방 수준의 자원을 필요로 하는 사고에 대비하여 국가재난대응조정센터 NRCC, National response coordination center 와 10개의 지역대응조정센터 RRCC, Regional response cocordination 를 둔다. 국가재난대응조정센터와 지역대응조정센터는 필요로 되는 모든 조정을 하기 위해 인력을 배치한다. 광범위한 연방 지원이 요구되는 사고 발생 시, 이 두개의 조정 센터는 미연방재난관리청와 기타 관련 연방 기관으로부터 추가의 인력을 보강할 수 있다.

### 2) 현장에서

현장에서의 대응과 관련하여 연방 합동현장사무소 JFO, Joint field office 는 연방과 주 활동을 조정하고 전술적 수준의 지시를 제공한다. 합동현장사무소의 설립 이전에 비상대응팀-선발진 ERT-A, Emergency response team-advance 은 대응요건을 충족하기 위한 지역 및 국가 기관의 역량과 지원요청을 평가하기 위해 사고 발생 영역에 간다. 통합조정그룹 UCG, Unified coordination group 이 이끄는 합동현장사무소는 통합사고사령부 UCG, Unified incident command 구조를 사용한다. 통합조정그룹은 조정된 연방 대응에서 모든 잠재적인 이해당사자들과 함께 일하는 수석 주 및 연방 지도자들을 포함한다. 통합조정그룹은 또한 사고가 보건 의료 전달 및 공중보건 문제와 관련될 때 미 보건부의 수석 연방 임원을 포함할 수 있다. 테러 행위가 있을 경우, 통합조정그룹은 선임연방 법집행관 SFLEO 을 포함할 것이다. 피해를 받은 정부, 기업 및 공동정보센터 JIC 의 연락 담당자들은 조정 직원들과 함께 일한다.

그림 3-1 합동현장사무소 챠트

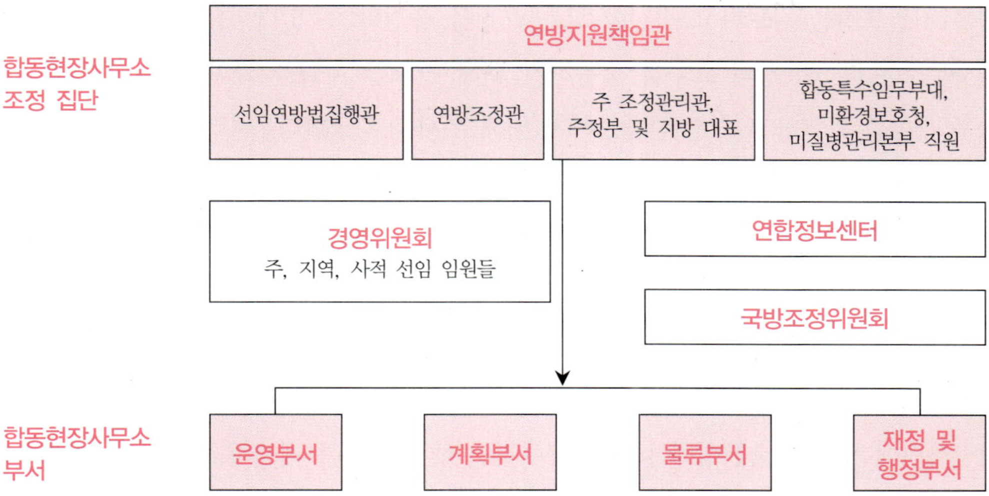


* 출처: Department of Homeland Security (DHS). 2006. Joint Field Office, Activation and Operations, Interagency Integrated Standard Operating Procedures. Table 2 to Annex H: Sample JFO Organization for Terrorism Incidents. Washington, DC: DHS. Available at http://www.fema.gov/pdf/emergency/nrf/NRP_JFO_SOPAnnexes.pdf.

국가사고관리체제 내 네 개의 기능 영역인 계획, 운영, 물류, 금융 및 관리에 대한 책임 당국은 조정 직원에게 보고한다. 계획 및 운영 활동은 주 수준에서 동일한 기능 단위로 밀접하게 조정된다. 그림 3-1은 참가자들을 나열하며 합동현장사무소에 대한 보고 구조를 나타낸다.

지역 및 주 당국은 비상대책본부 EOC, Emergency operation center 를 활성한다. 비상대책본부는 다수 기관(예를 들면, 응급 관리, 공중보건 및 병원 집단)이 대응을 관리하기 위해 모여 있는 물리적인 공간이다. 비상대책본부는 운영 중 하루 종일 직원이 상주한다. 재난의 규모에 따라, 합동현장사무소는 비상대책본부와 협력하고 국가재난대응조정센터 NRCC 또는 지역대응조정센터 RRCC 중 하나에 보고한다.

### 3) 배치 및 운영

연방정부로부터의 지원요청 RFAs, Requests for assistance 은 비상대응팀-선발진 또는 합동현장사무소 중 하나를 통해 제공된다. 지원요청은 주 조정관리관에게 제출 되며 주 조정관리관은 비상대응팀-선발진 또는 합동현장사무소에게 지원요청을 보낸다. 또한,

주지사가 수석 국토안보부 지도자 또는 대통령에게 직접 요청을 할 수 있다. 연방조정관은 지원요청을 검토하고 적절한 모든 요청을 승인할 수 있다. 승인이 되면, 합동현장사무소는 지원요청의 요구를 충족하기 위해 필요한 것들을 확인한다. 연방 기관은 요구 사항을 확인하고 요청을 충족하기 위해 부서를 지정한다. 지정된 부서에 대한 재정 지원은 스태포드법 또는 경제법에 기반하여 제공된다.

지정된 부서는 지역 또는 주 기관과 직접 일을 하거나 연방 대응의 일부로서 일을 한다. 임무와는 상관없이, 대응 활동은 국가사고관리체제의 원리를 기반하여 수행된다. 지역, 주, 그리고 연방 대응자들 간에 조정이 이루어지며 각 수준에서 사고현장활동계획 IAP, Incident action plan 이라고 불리는 것을 개발 및 구현한다. 사고현장활동계획은 비상사태에 대응하는데 행해야 하는 구체적인 행동 단계를 제시하고 있다. 연방정부의 개입은 사고가 더 이상 집중적인 대응이 요구되지 않을 때 감소한다. 결국, 모든 자원은 원위치로 돌아가며 미래의 요구를 위해 준비된다.

비상지원기능 ESF 8의 우위 기관으로, 미보건부는 공중보건 및 의료 대응을 관리를 위한 틀을 제공하기 위해 작전계획 개념 CONOPS, Concept of operations plan 을 개발했다. 국토안보대통령령 5 HSPD-5 및 국가대응계획 NRF 과 일관되는 작전계획 개념은 미 보건부에 의해 수행되는 모든 활동이 통합적인 접근 방식을 따를 수 있도록 전략을 제시한다. 표 3-4는 스태포드법에 따라 개시될 수 있는 연방 조치를 설명한다.

그림 3-2는 사고 이후의 활동 흐름을 도표로 보여주고 있다.

## 나. 공중보건과 의료 대응

국가 수준에서, 비상지원기능 ESF -8에 대한 정보와 전략적 수준의 명령 및 제어의 관리는 미 보건부 장관대책본부 HHS SOC, Secretary's operations center 에서 한다. 비상시, 미 보건부의 비상관리그룹 HHS EMG, Emergency mnagement group 은 이 운영 센터에서 나오는 비상지원기능-8의 대응을 조정한다. 대응을 위한 이들의 목표는 현장조정계획 incident coordination plan 이라는 계획의 배분을 통해 전달된다.

비상대응대비국 차관보 ASPR 는 비상지원기능-8 하의 공중보건 및 의료 지원을 조정하는 데 많은 자원을 사용할 수 있다. 사고대응조정팀 IRCT, Incident response coordination team 은 배포된 모든 비상지원기능-8 자산을 조정하기 위해 비상대응대비국 차관보에 의

**표 3-4** **스태포트법에 의거한 연방 조치**

| | |
|---|---|
| 사건 이전 | 미국토안보부[DHS] 국가작전센터는 잠재적인 재난 감시<br>사전경고와 함께 미국토안보부는 비상대책본부에 연관된 사람을 배치할 수 있음<br>지역대응조정센터[RRCC]는 전적으로 또는 부분적으로 활성화 될 수 있음<br>동원 센터가 설립 될 수 있음 |
| 직 후 | 지역 응급 요원이 응답 및 평가<br>지역 주민은 상호 지원과 주로부터 도움을 요청<br>주는 상황을 검토하고, 주 자원을 동원하며, 상호지원협정[EMAC]을 통해 도움을 요청하고, 연방재난관리청[FEMA]의 지역 사무소에 평가를 제공<br>주지사는 주 비상 운영계획을 활성화 하고, 비상상태를 선언하며, 주와 국토안보부의 예비피해평가[PDA]를 요청<br>예비피해평가 시행<br>주지사는 예비피해평가를 기반으로 대통령령 선언을 요청 |
| 재난 후 선언 | 지역대응조정센터는 합동현장사무소[JFO]가 준비 될 때 까지 지역과 현장 활동을 조정<br>지역 팀은 요구사항을 평가하고, 현장 시설을 건립하기 시작<br>지역 자원 압도 시 국가 차원의 현장지원팀 배치 |
| 대응 활동 | 국가재난대응조정센터[NRCC]는 지역대응조정센터 지원<br>주지사는 주 활동을 조정하는 주 조정관리관[SCO] 임명<br>대통령은 연방 정부의 활동을 조정하는 연방조정관[FCO] 임명<br>합동현장사무소 설립<br>통합조정그룹[UCG]은 합동현장사무소를 주도함<br>통합조정그룹은 목표와 행동 계획을 개발<br>통합조정그룹은 합동현장사무소의 현장 운영을 조정<br>비상지원기능은 요구를 평가 및 파악<br>연방기관은 미국토안보부/연방재난관리청의 과제 부여나 해당 당국 하에 지원 제공<br>스태포드법의 공공 지원 프로그램이 도움 제공<br>통합조정그룹은 요구되는 만큼의 연방 정부 자원을 풀어 줌 |

* 출처: Federal Emergency Management Agency (FEMA). 2008. National Response Framework: Overview of Stafford Act Support to States. Washington, DC: FEMA. Available at http://www.fema.gov/pdf/emergency/nrf/nrf-stafford.pdf.

해 동원된다. 일반적으로 지역비상조정관이 이끄는 사고대응조정팀은 미 보건부 장관 운영 센터/미 보건부의 비상관리그룹과 현장에서의 대응자들 사이에서 연결 고리 역할을 한다. 사고대응조정팀의 팀 리더는 비상대응대비국 차관보의 현장 활동 수행에 대

그림 3-2 재난대응에 있어 연방활동

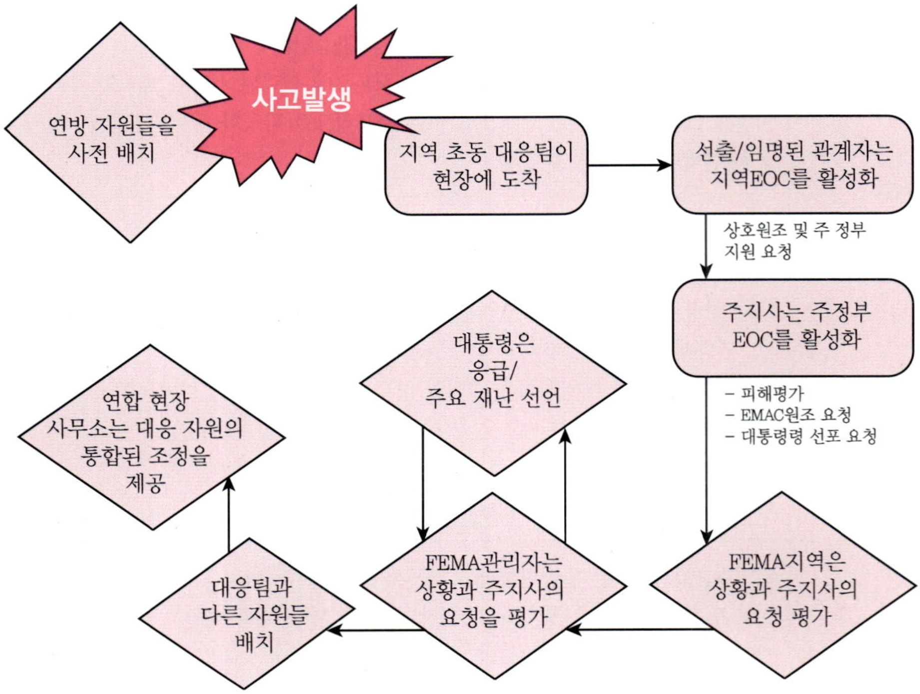


EOC = 비상대책본부, EMAC = 상호지원협정, FEMA = 연방재난관리청

* 출처: Federal Emergency Management Agency (FEMA). 2008. National Response Framework: Overview of Stafford Act Support to States. Washington, DC: FEMA. Available at http://www.fema.gov/pdf/emergency/nrf/nrf-stafford.pdf.

한 책임이 있다. 기타 연방 정부의 자원은 국가재난의료시스템 NDMS, National disaster medical system, 미 공중보건국 USPHS, U.S. public health service, 대비태세국 OFRD, Office of force readiness and deployment, 예비군의무대 MRC 또는 비상대비 자발적 보건의료등록 ESAR-VHP 그리고 미 적십자사가 포함된다. 연방 프로그램을 통해, 자원봉사 의료진들은 연방 정부의 자산을 증가시키고 연방 공급자로서 실무를 제공하기 위해 활동한다.

## 다. 국가재난의료시스템

비상대응대비국 차관보의 부서 안에서 운영되는 국가재난의료시스템 NDMS 는 국가대응계획 NRF 에 의거하여 연방으로 선언된 재난과 대형 재난에 대한 연방 의료 대응을 관리하고 조정한다. 국가재난의료시스템은 미 공중보건국, 연방재난관리청, 국방부

DOD, 미 재향군인회 VA와 제휴하여 일한다.

국가재난의료시스템은 1) 주와 지역당국이 주요 평시 재난에서의 의료와 건강영향을 해결하도록 도와주고, 2) 해외 무력 분쟁에서 미국으로 대피한 사상자를 돌보는 미 재향군인회의 군대와 의료 체제를 지원하기 위해 국가적으로 통합된 의료 대응을 제공한다.

국가재난의료시스템은 세 가지 구성요소를 가진다.

- 팀, 소모품, 그리고 장비의 형태로 재난 지역에 대한 의학적 대응
- 나라의 재난 지역으로부터 피해 받지 않은 지역으로 환자 이동
- 피해를 받지 않은 지역에 위치한 참여 병원에서의 최상의 치료

국가재난의료시스템 본부로부터 과제 부여를 할당 받으면, 사고 관리 팀은 업무를 충족하기 위한 최선의 방법은 무엇이며 어떤 자원이 요구되는지 결정한다. 대기 리스트에 있는 운영 그룹은 그들이 필요하고 요구로 하는 것을 명확하게 함으로서, 피해를 받은 주와 함께 일을 한다. 재난 현장의 의료는 팀 조정을 지원하는 국가재난의료시스템 본부와 국가재난의료시스템과 미 공중보건국 팀에 의해 제공된다. 국가재난의료시스템은 또한 비상지원기능 8의 책임을 충족하기 위해 합동현장사무소와 상호작용한다.

### 1) 연방통신위원회와 환자 이송

연방통신위원회 FCCs, Federal coordinating centers는 병원을 모집하고 국가재난의료시스템에 소속된 지역의 비연방 병원의 참여를 독려하며; 재난의료지원팀 DMAT, Disaster medical assistance teams의 채용, 훈련, 지지를 지원하고; 환자들의 접수, 이송 및 통신 계획을 개발하기 위해 참여 병원 및 다른 지방 당국과의 연습과 비상 계획을 조율하고; 해당 지역으로 대피하는 환자들의 접수와 분배를 조율한다. 연방통신위원회는 국방부와 미재향군인회가 관리한다.

병원은 그 병원의 최고 경영자 CEO와 그 지역의 연방통신위원회 이사 간의 합의 각서 서명에 의하여 국가재난의료시스템에 소속된다. 이 저서의 출판 시점에 국가재난의료시스템은 참여 병원에게 메디케어의 110%를 환급하며 이는 민간 보험과 메디케어 다음으로 세 번째로 많이 지불한 것이다. 배상을 받기 위해 병원은 포괄적이고 완벽한

문서가 요구되며 이를 준수하기 위해 필요한 정보 시스템을 갖추어야 한다.

연방통신위원회는 국가재난의료시스템에 소속되어 있는 병원이 있는 지역에 환자를 이송하기 위해 지역 응급의료서비스 EMS, Emergency medical services 와 계약한다. 이 계약은 24 시간 이내에 재난현장으로부터 환자를 수송 할 수 있도록, 피해 지역 밖의 구급차를 이용가능하게 하였다. 이 계약에는 300개의 구급차, 3,000개의 보조 이동수단 좌석, 그리고 25개의 환자 수송기가 준비되어 있다. 또한, 연방재난관리청의 지역 구급차 계약이 의료이송자원의 배치를 규정하고 있다.

자연재난 또는 기술적 재난이 연방적으로 선포되는 경우, 국방부는 환자들의 대피 유무를 결정하기 위해 추적 시스템 및 글로벌환자이송요구센터 GPMRC, Global patient movement requirements center 를 구축한다. 국방부에 과제 부여되면 연방통신위원회가 활성화된다. 연방통신위원회는 이용 가능한 침상 수를 확인하고 보고하기 위해 국가재난의료시스템의 회원 병원과 협력한다. 침상 수가 산출 되는 동안, 환자 정보가 재난 현장에서 수집되며 추적 시스템 및 글로벌환자이송요구센터로 전달된다. 글로벌환자이송요구센터는 피해자의 요구와 침상 및 이송의 이용가능성을 토대로 어느 연방통신위원회로 환자를 이송할지 결정한다. 국방부의 추적과 더불어, 국가재난의료시스템은 환자가 연방통신위원회에 등록되어 퇴원할 때까지 합동환자평가 및 추적시스템 joint patient assessment tracking system 을 통해 환자 상태를 추적한다.

침상 수에 대한 수요가 현지의 수용성을 초과하는 경우, 환자는 재난의료지원팀 DMAT 또는 다른 전문 팀에 도움을 받아 재난 현장에서 안정을 취하고, 그 다음에, 국방부 항공의료시스템 DOD, Aeromedical system 을 통해 국가재난의료시스템의 소속 병원으로 대피한다. 환자들은 국가재난의료시스템 접수를 하는 공항에서 지역 응급의료서비스 팀을 만나게 된다. 응급의료서비스는 그 지방의 연방통신위원회와 지방 관계당국이 개발한 절차에 따라 환자를 진단하고 참여병원으로 이송한다.

### 2) 국가재난의료시스템팀

국가재난의료시스템에는 재난의료지원팀 DMAT, Disaster medical assistance team, 재난응급의료체계 재난사망자 대응팀 DMORT, Disaster mortuary operational response team, 국가수의사대응팀 NVRT, National veterinary response team, 물류배송대응지원팀 LRAT, Logistical response assistance teams, 국제외과대응팀 IMSurTs, International medical surgical teams 등 여러 개의 팀이 있다. 또

한, 필요시 역할을 보충하기 위해 특수 전문팀이 이용가능하다. 이 팀들의 구성원들은 해당 분야에서 자격증 및 면허를 갖고 있어야 하며, 모든 주에서 인정하는 면허증과 증명서를 가진 연방정부의 피고용자여야 한다. 팀 구성시, 구성원들은 연방정부의 임시 피고용자로 근무한 보수를 받으며, 그들의 정규직 직장으로 돌아갈 수 있는 권리를 가지며, 산재보험으로 보호를 받고, 의료과오청구 시 연방정부 제소기한법 Federal tort claims act 으로부터 보호를 받는다. 연방정부의 피고용인으로, 국가재난의료시스템 팀 구성원은 또한 연방정부의 윤리와 이해갈등규제를 준수해야 한다.

**재난의료지원팀** Disaster medical assistance teams. 재난의료지원팀 DMATs 은 재난이나 그 외 사건 발생 시, 현지 지역 의료를 보충하기 위해 신속한 의료를 제공하는 면허를 가진 다분야간 합동 의료전담팀이다. 재난의료지원팀의 팀원은 의사, 간호사, 임상 간호사, 응급구조사 EMTs, Emergency medical technicians, 응급구조사 1급, 약사 및 약사 보조원, 치과의사, 호흡요법사, 의사소통 전문가, 사회 복지사 및 기타 연관 보건 담당자로 구성된다. 대량사상사고 시, 이들은 부상자를 분류해고, 실질적인 치료를 하며, 환자들을 대피시킬 수 있도록 준비한다. 다른 상황에서는 일차치료를 하거나 과도한 업무에 시달리는 의료진을 돕는다. 그 외에도, 최종 진료현장까지 대피하는 동안 환자에게 치료를 제공할 준비를 한다. 현재에는 연방 정부가 팀을 후원하므로, 외부의 후원은 더 이상 필요하지 않다. 국가재난의료시스템은 예비군을 조직하며 회원을 모집하고, 훈련하며, 이 팀의 파견을 조정한다. 국가재난의료시스템은 활동에 앞서 재난의료지원팀의 회원들의 자격증명을 등록 및 확인한다.

**물류배송대응지원팀** Logistical response assistance teams. 물류배송대응지원팀 LRAT 은 통지 12시간 내에 국가재난의료시스템팀을 지원하는 데 필요한 장비 및 소모품을 가지고 현장에 있어야 하는 새로운 팀이다. 국가적으로 배치 될 경우, 팀은 지역 물류배송대응지원팀들로부터 모집되며 팀 구성은 비상대응대비국 차관보 물류부대 ASPR logistic unit, 물류배송대응지원팀 사령관, 그리고 물류 본부장에 의해 결정된다.

각 물류배송대응지원팀은 국가재난의료시스템체계로부터 온 12명의 물류 및 행정 직원으로 구성되며, 비상대응대비국 차관보의 물류 부서에 의해 관리된다. 물류배송대응지원팀은 모든 국가재난의료시스템팀들이 최소 72시간 동안 자립할 수 있도록, 팀들을 받아들이고, 지상 이송을 제공하며, 숙박과 음식을 마련하고, 외래 진료를 구성하는데 필요한 장비를 제공하고, 필요한 장비 및 제약 비품 pharmaceutical caches 을 유지하고 배포할 책임이 있다. 시체보관소 보급품을 재난 현장에 배치하는 것은 이제 물류배송대응지원팀에 의해 수행된다.

**재난응급의료체계 재난사망자 대응팀** Disaster mortuary assistant teams. 재난응급의료체계 대응팀 DMORT 은 비상지원기능 ESF 8에 의거한 국가재난의료시스템의 역할을 지지하기 위해 만들어졌다. 재난응급의료체계 재난사망자 대응팀은 연방체제로 편성되었을 때 지방 관계당국의 지휘하에 일하는 사적인 시민들로 구성되어 있으며, 역할은 지역 검시관의 역량을 보강하는 것이다. 그들은 비상대응 시 사망자의 복구, 신원확인 및 처리 등을 하는 기술적 지원 및 인력을 제공한다. 이 팀은 장례지도사, 의사, 검시관, 병리학자, 법의인류학자, 의무기록사와 의무기록전사자, 지문감식가, 법치의학자, 치과조무사, x-선 기사, 정신보건 전문가, 컴퓨터 전문가, 행정지원직원, 보안 및 검사 인력 등으로 구성되어 있다. 이 팀의 구성원은 피해자를 확인하고, 유가족들과 함께 일하는 데에 숙련된 기술을 가지고 있다.

이 팀의 책무는 다음과 같다.

- 임시 시체안치소
- 피해자 확인
- 법의학 치과 병리학
- 법의학 인류학적 방법
- 처리
- 준비
- 시신 처분

가족지원센터팀 Family assistance center team 은 가족과 함께 보석, 치열, 또는 문신 등과 같은 식별가능한 특성에 대해 정보를 수집하고 칫솔이나 머리 빗 등의 유전자 표식을 있는 물건 등을 수집하는 일을 한다. 재난응급의료체계 재난사망자 대응팀은 피해자 신분확인을 위해 생체와 사망 전 사용했던 물건을 맞춰 보는 일을 한다.

**국가수의사대응팀** National veterinary response teams. 국가대응계획 NRF 은 지방의 수의사 업무가 과중될 때 국가수의사대응팀 NVRT 이 재난으로 인한 동물 및 공중보건 관련 문제들을 다루고 동물을 치료할 수 있도록 규정한다. 국가수의사대응팀은 수의학자, 기술자, 독물학자, 지원인력으로 구성되어 있다. 국가수의사대응팀은 대통령이 재난선포를 한 후에 주정부나 연방정부가 국가수의사대응팀을 요청한 경우에만 배치된다. 지방 수의사들의 업무가 과다하다고 주 정부가 결정하면, 주는 미 연방재난관리청에 연방지원요청서를 제출하며, 승인을 받고 나면 이를 다시 미 공중보건국에 제출하여 승인을 받는다. 만약 하나의 주 정부가 단독으로 국가수의사대응팀을 요청할 경우, 주는 요청에 대한 비용을 부담해야 할 수도 있다. 만약 연방재난으로 선포되면, 연방정부가 비용의 상당부분을 부담한다.

국가수의사대응팀 구성원들은 다친 동물들을 중증도 분류하고, 재난현장에서 수색 및 구조 개 등을 진정시키며, 간단한 동물치료를 한다. 이 팀은 피해지역의 주 공무원이 지원을 요청할 때 12~24시간 내에 배치될 수 있는 이동팀이다. 재난시 국가수의사대응팀은 다음과 같은 업무를 맡는다.

- 인도적 안락사
- 역학
- 동물의 의료요구도 진단
- 동물 치료 및 진정
- 동물질환 감시
- 인수공통질환 감시 및 공중보건 진단
- 음식 및 물의 질을 보장하는 기술지원
- 재난완화
- 생물학적 및 화학적 테러 감시
- 동물 제염

**특수팀** Specialty Teams. 약사, 간호사, 정신 건강 제공자, 그리고 타박 손상과 화상과 같은 의학적 상태에 대한 전문가와 같은 특정 기술을 가지고 있는 이전 팀들은 이제 종합 특수팀으로 조직화된다. 이 팀의 구성원들은 국가재난의료시스템 명단에 남아 본인의 특정 기술이 필요한 경우 재난의료지원팀 안에서 추가 지원을 제공하기 위해 호출된다.

**연방의료국**Federal Medical Stations. 앞서 설명 된 팀뿐만 아니라 국가재난의료시스템은 연방의료국FMSs이라 칭하는 의료 시설을 구축할 수 있다. 연방의료국은 사용 가능 한 건물들을 이용하여 250개까지의 병상, 일차 진료를 제공하는데 요구되는 의료 용품 및 약품, 약물의 배포 또는 집중진료가 필요한 환자들을 포함한 환자들의 입원을 위한 각종 장비를 구비한다. 이러한 의료국들은 긴급배치군rapid deployment force에 의해 구성되며 다음 절에서 더 자세히 설명된다.

## 라. 미 공중보건서비스파병부

미 공중보건서비스파병부는 6,500명의 정규직 직원들로 구성되어 있으며 일곱 개의 미군 중의 하나이다. 파병부 장교는 의사, 간호사, 약사, 치과의사, 영양사, 기술자, 환경위생감시관, 의료서비스담당자, 과학자, 치료사 및 수의사들과 같은 많은 전문적인 배경을 가진 직원들로 구성된다. 임무의 일부로서 파병부 장교는 공중위생 위기나 자연재난, 질병 발생 또는 테러 공격에 대응하기 위해 훈련과 준비를 하며 또한 인도적 지원 임무를 수행한다. 파병부의 전략 및 정책 방향은 보건차관보Assistant secretary for health가 제공하고 공중보건국OSG, Office of the surgeon general이 그 운영을 감독한다. 파병부 응급대응팀은 공중보건국이 관리한다.

2010년 3월 23일에 제정된 환자보호 및 의료비용합리화법PPACA, Patient protection and affordable care act은 파병부의 새로운 형태인 예비군RRC, Ready reserve corps을 설립하였다. 예비군은 공중보건 비상사태 동안 단기간의 공지로 파트타임 직원들이 정식 팀인 파병부 직원들을 지원하기 위해 자원봉사할 수 있도록 하기 위해 설립되었다. 호출되었을 때, 예비군 회원들은 할당된 기간 동안 임무를 수행한다. 이와 같은 비상사태 동안에는 파병부 전일제 직원들의 근무시간은 연장될 수 있다.

예비군 장교들은 일상적인 훈련에 참여하고, 국가 응급 상황이나 공중보건 위기 시에 현역으로 활동하며, 정규 파병부 직원을 배치하는 동안 비어 있는 중대한 역할을 대신하며, 고립되고 의료지원이 안 되는 지역사회에 서비스를 제공 할 수 있다. 환자보호 및 의료비용합리화법은 이전의 예비군을 없애고, 현재 모든 현역 장교들을 정규직 파병부로 규정하였다. 예비군에 대한 추가적인 정보를 얻고 싶을 경우, 미국 공중보건 서비스 웹사이트를 참고할 수 있다(http://www.usphs.gov.).

## 마. 대비태세국

공중보건국 안에서 대비태세국 OFRD 은 비상지원기능-8아래의 책임을 수행하기 위해 배치될 수 있는 6개의 팀을 가지고 있다. 국가대응계획 하에 창설된 이러한 팀들은 공중보건과 의료자원의 일부로서 다음과 같이 정의된다.

**신속배치팀** RDF, Rapid deployment forces : 105명으로 구성된 이 팀은 연방의료국 FMS 의 직원이며, 주민보호, 배포지점 운영, 의료의 확장능력, 격리 및 검역, 입실 전 중증도 분류 및 치료, 의료용품 관리 및 분배, 감염병 조사, 직원들의 건강과 안전, 동물 보건 지원 등을 제공한다. 신속배치팀들은 24시간 이내에 배치된다.

**응용공중보건팀** Applied public health teams : 40명으로 이루어진 이 팀은 공중보건부서로서의 역할을 하며 역학, 감시 및 예방 의료 서비스를 제공하고 환경 문제들을 모니터링한다.

**정신건강팀** Mental health teams : 27명으로 구성된 이 팀은 자살 위험성, 스트레스 반응, 약물남용 및 정신건강장애에 대해 조사하고 진료한다. 이 팀들은 심리적 응급처치와 간단한 상담을 제공하며 48시간 이내에 배치된다.

**서비스접근팀** Service access teams : 이 팀은 대재난에 있어 필요한 많은 요구들에 대해 대응한다. 그들은 요구들을 평가하고, 문화적인 민감성을 고려해 계획을 개발하며, 연속성, 이행, 심리사회적 문제 및 복원에 대해 지지하고 관리한다.

**국립사고지원팀** National incident support teams : 이 팀은 지속적인 요구에 대한 평가를 제공한다; 목표를 제시하고 현장에 배치되는 자원의 분배를 조정한다; 주, 부족, 그리고 지역 관리자들간의 접점 역할을 한다; 보건 및 안전 문제에 대응한다; 동원해제를 지원한다.

**지역사고지원팀** Regional incident support teams : 피해지역에 거주하며 일을 하고 있는 사람들을 모집하여 팀을 구성한다. 약식요구도평가에 의해 단기간 내에 대응하고, 대응의 자산들을 지원 및 지휘하며, 관리자들간의 접점 역할을 하고, 현장 사고관리를 제공하고, 보건 및 안전 문제에 대응한다.

또한, 미 국회의사 United states capitol 에 일어나는 사건에 대한 비상 의료 지원을 제공하기 위해 주요영역공급팀 Capital area provider team 이 조직되었다.

### 1) 운영/배치

미 공중보건국은 기존의 계약을 체결한 반면, 일반 외과는 예비군 RRC 지원 요청을 고려한다. 임무요건, 범주와 규율, 예비군구성원의 전공이 결정되면, 대비태세국은 그 달의 교대 "장교 명단"에서 자격에 맞는 사람을 선정한다. 표 3-5는 활성화 및 배치 과정을 요약한다.

## 바. 질병 관리 및 예방 센터

미 질병관리본부 CDC 에서 공중보건 대비대응국 OPHPR, Office of public health preparedness and response 은 감독관에게 직접 보고한다. 공중보건 대비대응국은 모든 미질병관리본부의 테러대비와 비상 대응 활동을 위해 전략적인 지시, 조정, 지원을 제공한다. 공중보건 대비대응국은 다음 4가지로 분류한다.

**비상대책국** Division of emergency operations : 공중보건 비상사태 전이나 중에, 미 질병관리본부 활동의 전반을 조정한다. 항시 잠재적 건강 위험에 대한 상황인지를 제공하는 미 질병관리본부 비상대책본부 EOC 를 관리하며 각종 사건을 관리하는 중앙 장소이다.

**표 3-5** 예비군의 부대편성과 배치과정

| 부대편성 과정 | 부대편성 요청 | 자산 확인 | 배 치 |
|---|---|---|---|
| 대비태세국OFRD 직원이 지원을 위한 요청 접수 | 대비태세국 직원은 공중보건국 장관surgeon general 에게 예비군 활성화 요청서 제출 | 임무의 요건과 교대 장교 명단에 있는 장교의 기술과 자격을 맞춰봄 | 장교 명단에서 장교를 선별해야 할 때, 기관에 이를 알림 |
| 예비군RRC 직원이 요청을 접수 | 공중보건국 장관은 상황보고를 받음 | 장교를 선발 | 장교에게 통지 |
| 요구에 적합한 예비군RRC 활용율 평가 | 공중보건국 장관의 동의 시, 예비군RRC의 부대편성 | | 감독하에 선언 |
| | | | 출장명령과 배치 마련; 장교배치 |

**주지방태세국** Division of state and local readiness : 주 및 지역 공중보건부들이 공중보건에 영향을 미치는 각종유해요소들에 효과적으로 대응할 수 있는 능력을 향상하도록 지원하는 공중보건비상대비 PHEP 협력협정을 집행한다.

**전략적 국가비축국** Division of strategic national stockpile : 국가비상사태 현장에 중요한 의료 자산이 전달될 때 전략적 국가비축을 관리한다.

**특정물질 및 독소국** Division of select agents and toxins : 생물학적 제제의 소지, 사용 및 전달을 규제하고, 공중 건강과 안전에 심각한 위협이 될 가능성이 있는 특정 독소를 선별한다.

미 질병관리본부는 공중보건 및 의료 분야의 협력단체들과 면밀히 교류하여, 법, 법의학, 공공안전, 국가보안 등 대비와 대응에 연루된 연방정부와 주정부 기관, 그리고 여러 직종의 종사자들간에 조정한다. 미 질병관리본부의 프로그램은 많은 중요한 공중보건 기반시설에 중점을 둔다. 즉, 질병감시와 역학을 개선하고, 주와 지역 차원에서의 준비를 보장하고 지지하며, 제약과 백신을 포함한 중요한 의료공급품이 이용가능토록 하며, 실험실의 역량을 늘리고, 위험과 비상통신을 강화하며, 취약집단을 보호하고, 공중보건인력들의 확장능력을 향상하고, 교육 및 훈련 프로그램을 강화하고, 천연두, 유행성 인플루엔자와 같은 감염성 질환에 대해 계획한다. 비상사태 시, 미 질병관리본부는 공중보건대응방법을 알리고, 임상 및 실험실 프로토콜의 활용을 용이하게 하고, 공중을 교육할 수 있도록 초동대응요원으로써 임상진단과 의료관리에 대한 정보를 제공한다. 질병통제예방센터의 감염병정보국 담당관 Epidemic intelligence service officer 이나 미 독성물질 및 질병등록기관 ATSDR, Agency for toxic substances disease registry 의 전문가가 주 정부에 직접 연방지원을 할 수도 있다. 미 보건복지부의 지사에 배치된 이들 연방 공중보건 전문가는 재빨리 현장에 투입되어 감시 및 약식요구도평가를 할 수 있다.

## 사. 전략적 국가비축

전략적 국가비축 SNS 프로그램은 미 질병관리본부가 관리한다. 전략적 국가비축 프로그램의 목적은 의약품, 백신, 의료품, 장비 등의 비축물을 유지하여 대규모 재난이나 생물테러 발생 시 주와 지방에 자원을 지원해주기 위함이다. 전략적 국가비축의 비축물들은 주와 지역의 자원을 모두 사용한 후에 이용된다.

각 주의 주비상관리국 SEMO, State emergency management office 은 보건국과 협력하여 창고관리를 하고 비축물을 분배한다. 각 주에는 주비상관리국과 공조하는 비축책임자가 있다. 창고관리와 분배에 대해서는 민간 기업들과 협력관계를 맺기도 한다. 2008년 민주당과 공화당 전당대회 전에 콜로라도 주의 덴버와 미네소타 주의 세인트 폴이 요청한 것처럼, 큰 사건이 예상되는 경우 그 지역에서 푸시팩 push packs 을 사전에 요청하여 배치하도록 고려해 볼 수도 있다.

푸시팩은 요청시 12시간 이내로 배송 될 수 있도록 미국 전역 보안지역에 둔다. 각각은 50톤 이상이며, 16미터 트럭 7대를 채울 수 있다. 내용물은 130개의 화물 컨테이너를 차지하고, 의약품, 항생제, 항독소 신경물질, 기타 비상약품, 정맥내 용품, 기도 장비 등을 포함한다. 여분의 공급자재고관리는 신속하게 공급을 제공할 수 있는 경험과 인력을 가지고 있어 24내지 36시간 내에 배달할 수 있는 제약회사에 저장된다. 또한, 주 보건국은 미질병관리본부에 연락하여 특정 약물을 전달하도록 요청할 수 있다. 응급상황시, 주 보건국의 책임자는 미 질병관리본부의 지침에 대한 대응 프로그램을 참조할 수 있다.

## 4. 주와 지역 대응의 구조와 운영

모든 주에는 비상대비국 Office of emergency preparedness 이라고 불리는 비상관리청이 있다. 주지사 사무소의 권위 하에, 비상대비국은 비상사태 또는 재난 발생 시 이용하는 주의 자원을 배치, 편성한다. 여기에는 보건, 공공안전, 사회복지 등 주 정부 산하의 많은 기관에서 제공하는 자원이 포함된다.

### 가. 상호지원

지방 관할 지역의 자원이 재난에 대응하기에 충분하지 않으면, 상호지원라고 하는 과정을 통해 주변 관할 지역에 자원을 요청한다. 주 정부는 지역적 상호지원협정을 통해 근방의 주 정부에서 도움을 받을 수 있으며, 앞서 설명한 대로 연방자원을 요청할 수도 있다. 주 또는 연방 정부에 자원을 요청하는 것을 '자원 확대'라고 한다.

많은 주 정부가 상호지원협정[EMAC, Emergency management assistance compact]을 통해 지역 협정을 맺었다. 상호지원협정은 비연방, 주사이의 계약이다. 재난 장소에서 지리적으로 가까운 회원국이 상호지원협정을 통해 신속하게 대응한다. 전문기술, 서비스 및 제품을 포함한 자산의 배치는 상호지원협정과 함께 조정된다. 응급시, 회원국은 공식적으로 도움을 요청하기 위해 상호지원협정 절차를 사용한다. 회원국은 정식 서면 계약형태로 요구하는 상태에 대한 지원제공 비용과 조건을 협상한다. 대통령이 재난을 선포하기 전이나 선포가 필요하지 않은 경우에 주내 및 주간 상호지원을 맺을 수 있으며, 이로 써 시기적절하고 비용효율적인 지원을 제공하게 된다.

허리케인 카트리나와 그 이후 홍수에서의 대응에서 한 가지 배운 점은 재난시 주변 지역과의 협력이 필요로 되는 한편, 지대한 영향을 미치는 재난에 대응하기에는 그마저도 충분하지 않을 수도 있다는 것이다. 지역사회는 이전에 연관되지 않았던 기관 및 조직으로까지 확대한 지역협력단과 범관할권 협력을 통해 지리적 및 종래의 협력관계를 넓혀 상호지원을 늘릴 필요가 있다. 일부 지역사회에는 공중보건 및 의료 단체 내에 여러 상호협조협약이 있을 가능성도 있다. 지방 재난관리국[OEM, Office of emergency management]과 협력하여, 공중보건부서는 정보처리기관이 될 수 있으며, 지역사회의 보건에 영향을 미치는 상호지원약정을 편성하는데 도움을 줄 수 있다.

## 나. 응급사태 및 재난대응 구성요소

주 정부에서 확인한 대응요건과 연방조정관[FCO] 또는 피지명인의 승인을 토대로 비상지원기능[ESF] 8 책임자는 상대 주 기관과 협조한다. 그들은 또한 지시를 받은 경우에는 필요한 지원을 제공하는 지방정부 기관과 협력한다. 현장에 도착한 연방 화재, 구조 및 응급의료 대응요원들은 지방 대응에 합류한다.

공공안전기관(예: 비상관리청, 보안관 사무소/경찰부서, 소방부)이 보통 전반적인 재난대응에 앞장서지만, 지방 보건담당부서가 여러 보건관련 기관들을 최선으로 편성한다. 보건담당부서는 인력이 어떻게 비상대응기능을 할지 사전에 계획하고, 각 부서의 적절한 과에 업무를 할당한다. 보건담당부서는 비상관리부문, 지방 병원, 그 외 의료제공자와 협력하여 공중보건 비상대응계획을 마련한다. 대비 계획에는 위험 및 취약성 분석, 위험 진단, 건강에 미칠 영향 예상, 필요한 자원 목록, 자원 이용가능성 분석, 지역사회 내 도움이 필요한 취약인구(노인, 자택요양자, 장애인)의 확인 등의 내용을 포함한다.

공중보건전문가는 다제학적으로 다수의 지역사회 기관들과 협력한다. 미 적십자사는 현장에서 대응하는 사람들에게 자격증을 부여하는 체계가 가지고 있다. 미 적십자사는 재난 피해자들에게 피할 장소와 음식을 제공하고 응급처치, 가족 찾기, 응급구조물품 배분 등의 일을 한다. 또한, 대책팀에게 음식을 제공하고, 재난지역 밖에 있는 가족의 문의를 받으며, 다른 자원을 연결해주기도 한다. 종교단체에서는 복구와 재건을 하는 동안 식사나 의복, 지원을 제공한다. 토목공사부는 식수공급과 정화작업을 관리한다. 사회봉사기관은 난민들과 협력하고, 심리사회적 서비스를 제공하며, 특별히 주의해야 하는 집단(노인, 어린이, 장애인)에게 제대로 의료서비스를 제공하도록 보장한다.

## 다. 응급의료서비스

미국에 있는 거의 모든 지역에서 주정부 또는 지역 차원에서 감독하는 지방정부기관들은 응급의료서비스[EMS, Emergency medical services]를 제공한다. 대부분의 주에서 주정부의 보건담당부서가 직접 응급의료서비스를 제공하지는 않지만, 그 산하 기관에서 응급의료서비스를 제공한다. 보건담당부서나 정식으로 임명된 다른 정부기관 소속에 상관없이 모든 응급의료서비스 인력에 대한 훈련 및 규정 관할권을 갖는다. 일부 응급의료서비스 체계는 지방 소방부를 토대로 하여 구급차와 소방작업을 함께 제공한다. 소방부의 위생병은 소방훈련과 피해자 구조훈련을 모두 받는다. 일부 도시와 군에서는 별도의 응급의료서비스 체계를 운영한다. 미국 일부 지역, 특히 동부 해안과 많은 시골 지방에서는 의용소방대와 별도의 구조대 또는 자원구급차봉사대가 응급의료서비스를 제공한다. 마지막으로, 일부 응급의료서비스는 지역 병원에서 운영하고 있다.

응급의료서비스 체계는 병원 전 및 병원단계가 있다. 병원 전 단계는 주민이 관계당국에게 의료비상사태가 있음을 알리는 대중접근시스템으로 시작한다. 전화를 사용할 수 있다면, 911 응급전화번호를 이용한다. 그 다음에는 응급전화상담체계를 이용해서 구급차 인력이나 다른 최초 대응요원을 파견하여 그 상황에 대응한다.

의료 응급사태와 부상을 확인 및 치료하도록 훈련을 받은 응급구조사[EMT, Emergency medical technician]와 응급구조사 1급[Paramedics]는 병원이나 최종치료를 할 수 있는 곳으로 이송하면서 환자에게 의료지원을 한다. 응급의료서비스의 의료는 기본 또는 전문심장소생술로 분류한다. 대부분의 응급의료서비스 제공자는 일차 소생술(즉, 비침습적 응급처치, 광범위하고 다양한 응급상태 안정, 심장마비 환자를 위한 제세동)을 하도록 훈련을 받는다. 응급구조사 1급은 전문소생술을 통해 보다 복잡한 진단을 하고, 현장과 병원 이송 중에 프로토콜에 따라 치료를 한다. 구급차로 대부분의 이송이 이루어지지만, 특수한 상황에서는 헬리콥터, 배 또는 설상차 등을 이용하기도 한다.

응급의료서비스를 제공할 계획을 세울 때, 일반적으로 발생하는 대응 유형을 고려해야 한다. 우선, 이례적으로 파견되는 단체가 있기도 하다. 흔히, 이들은 일반적인 경로로 파견되는 것이 아니라 경찰 무전이나 언론을 통해 재난에 관해 알게 된다. 지원이 많을수록 좋다고 생각하고 이들은 요청하지 않아도 수십 혹은 수백 Km 거리에서도 달려온다. 지진, 홍수, 토네이도, 허리케인 등의 광범위한 재난이 발생하면 훈련된 비상대책팀을 보내야 할 곳이 하나가 아니다. 이와 마찬가지로, 병원은 처음으로 도착하는 사상자 또는 뉴스 등 예상치 못한 방법으로 사고에 대한 정보를 얻기도 한다.

## 라. 현장지휘체계

비상관리분야는 소방, 경찰, 응급의료서비스 등 부문별로 활동을 조직한다. 모든 분야는 응급에 대한 반응을 조직하는 현장지휘체계 ICS, Incident command system 를 사용한다. 현장지휘체계는 캘리프니아 화재에 대응하는 방법으로 1970년대에 개발했지만, 이제는 유해물질사고, 화재, 교통사고, 대량사상사고, 수색 및 구조 작업, 천연 또는 기술적 재난을 포함한 모든 재난상황에 적용한다. 현장지휘체계는 책임자 1인의 지휘 하에 대응방법을 체계화하며, 과제, 기능 및 자원을 관리가 가능한 구성요소로 나누어준다. 표 3-6은 현장지휘체계와 연관된 기관들과 각 기관이 제공하는 자원을 나타낸다.

현장지휘체계는 지휘, 계획, 운영, 실행 및 재정/행정 5가지 주요 조직으로 구성되어 있다. 보통의 비상사태든, 큰 사건이든, 참사든 상관없이 현장지휘체계는 5가지 조직을 모두 이용하며 사건의 규모에 따라 확대되거나 축소된다. 사고지휘자는 사건의 규모나 복잡성과는 상관없이 현장을 관리한다. 사고현장관리에는 다음 내용이 포함된다.

- 지휘부를 세운다.

**표 3-6** 현장지휘체계의 기관들

| 기관명 | 자 원 |
| --- | --- |
| 미 적십자사 | 대피소 인력<br>통신장비 |
| 전기 회사 | 수리 인력<br>트럭<br>수리 장비<br>통신장비 |
| 비상관리당국 | 비상대책본부EOC, Emergency operations center<br>장비 |
| 화재 | 소방관<br>소화장비 |
| 법 집행 | 경찰<br>신호탄, 봉쇄<br>통신장비 |
| 공중보건당국 | 감시체계<br>공중보건 인력 |
| 토목공사/고속도로부 | 수리 인력<br>트럭<br>수리 장비<br>통신장비 |

- 대책팀의 안전을 보장한다.
- 사고 우선순위를 진단한다.
- 운영목표를 결정한다.
- 사고현장활동계획 IAP 을 세우고 시행한다.
- 적절한 조직구조를 구성한다.
- 자원을 관리한다.
- 전반적인 응급활동을 편성한다.
- 외래 기관들의 활동을 편성한다.
- 정보를 공개하도록 언론에게 권한을 부여한다.
- 비용을 추적하고 기록한다.

공중보건서비스(병원과 같은 비응급 의료제공자, 응급의료센터, 보건당국 포함) 부문에서는 여러 기관이 통합되어 공조대응을 할 때 몇 가지 문제에 마주하게 된다. 국가사고관리체계는 재난관리가 발전한 최근까지 모든 기관들이 현장지휘체계를 사용할 것을 요구하고 있지만, 현장지휘체계는 더욱 확대된 공중보건 지역사회에서 정보를 추가로 얻지 않은 상태로 사고에 대해 계획을 세우고 실행한 기존의 관리구조이다. 공중보건기관은 지속적으로 기존의 대응구조와 '적합성'을 찾아야 한다. 둘째, 보건의료체계에서는 환자가 위치하는 정치적 관할 구역보다 넓은 지리적 지역에서 환자를 받는다. 때문에, 병원 전 체계와 보다 광범위한 권한을 가진 보건의료체계 간에 조정이 이루어져야 한다.

### 1) 현장지휘체계 개념과 원칙

많은 관할 지역에서 그 지역의 응급대비계획의 일환으로 비상대책본부를 세우고 이를 유지한다. 현장지휘체계와 비상대책본부는 함께 기능하지만 책임의 범위가 다르다. 현장지휘체계는 현장 활동을 책임지며, 비상대책본부는 지역사회 단위의 대응을 한다.

현장지휘체계 대응의 구성은 모듈방식이며, 어떤 사고에서든지 상의하달식 구조로 이루어진다. 사고의 규모에 따라 몇몇 통신망이 형성될 수도 있지만, 모든 통신이 통합된다. 현장지휘체계에는 통합 사령부가 있어 공중보건당국 등 사고에 힘쓰는 모든 기관이 공통된 목표와 전략을 세운다. 관련된 모든 기관은 전체적인 목표를 결정하고, 합동운영활동을 계획하며, 할당된 자원을 최대한 활용하도록 도움을 준다. 통합사령부의 지휘 하에, 하나의 공조계획으로 사고에 대응한다.

투입된 모든 인력이 현장지휘체계가 규정한 용어를 사용하게 되면 보다 효과적인 대응이 이루어진다. 사고지휘관은 그 사고에 특정한 이름을 붙인다(예: 그 위치에 떨어진 폭탄을 '그라운드 제로'라고 명명함). 모든 대응 인력은 모든 인력, 장비, 시설을 동일한 이름으로 부른다. 무선전송장비에서는 기관특수코드나 용어가 아닌, 모두가 이해할 수 있는 언어를 사용한다.

응급시 지역대응을 위해 사고현장활동계획은 현장조정자 operations section chief 의 전술입력과 함께 계획과장 planning section chief 에 의해 조직된다. 비상지원기능 ESF 8이 시행되는 대통령 선언한 재난에서, 앞서 설명한 사고대응조정팀 IRCT 은 연방 사고현장활동

계획을 통해 보건의료자원의 배치를 위한 연방정부의 목표를 전달한다.

## 마. 공중보건사고현장지휘

보건부는 사고지휘원칙에 따라 내부 비상대응구조를 구성한다. 공중보건사고지휘체계 PHICS, Public health incident command system 는 사고를 관리하는데 필요한 각각의 기능을 수행하는 자의 역할, 책임, 명령체계 및 직책 등을 규정한다. 표 3-7은 보건부에서 사전에 규정한 역할 및 책임에 대한 내용이다. 이를 정한 이유는 1) 비상대응에 필요한 공중보건서비스를 직접 제공하고, 2) 공중보건 비상시에 연방, 주, 지방 및 국제적인 보건체계의 대응을 지원하며, 3) 공중보건 위기상황에 대응 또는 이를 예상하여 보건자산 배치를 지원하고, 4) 연방, 주, 지방 및 국제기관, 조직 및 현장팀과 상황정보를 실시간 주고받기 위함이다. 공중보건사고지휘체계는 비상대책본부와 지원팀 각각

그림 3-3 현장지휘체계 조직도

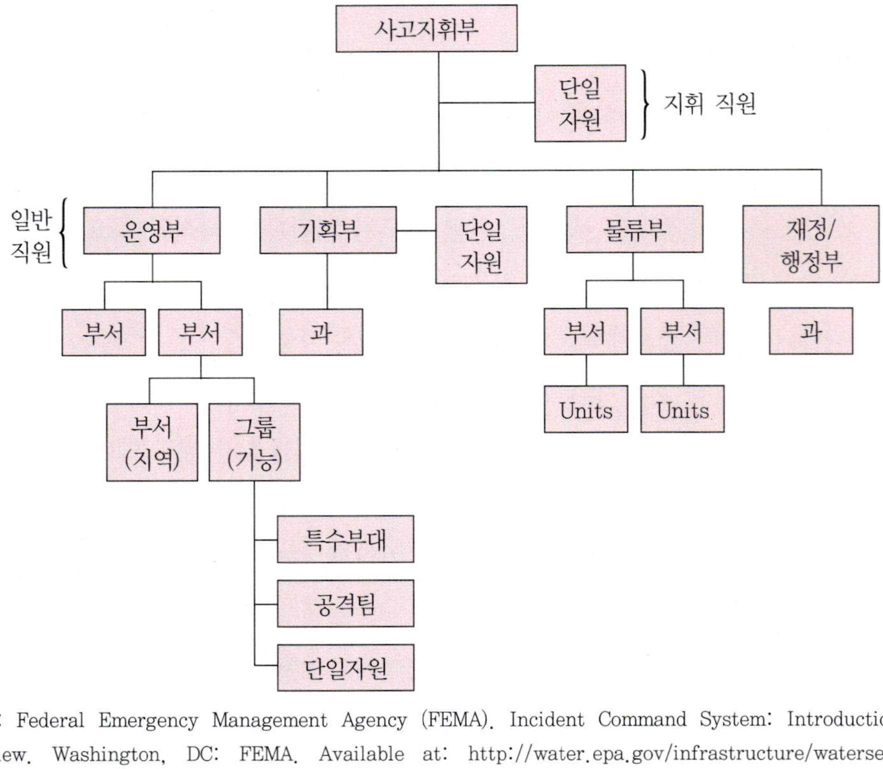


* 출처: Federal Emergency Management Agency (FEMA). Incident Command System: Introduction and Overview. Washington, DC: FEMA. Available at: http://water.epa.gov/infrastructure/watersecurity/upload/ICS.ppt#256,1,Incident Command System.

**표 3-7 보건담당부서의 역할, 책임 및 명령계통**

| 기 능 | 역 할 | 책 임 | 명령계통 |
|---|---|---|---|
| 보건국장 | 전반적인 기관 대응을 책임지는 사고지휘관 | 비상사태 선포 | 시장/주지사에게 보고 |
| | – | 보건국^DOH 비상대책본부^EOC 활성화 인가 | 보건국장에게 보고 |
| | – | 자원 배분 인가 | – |
| | – | 시장/주지사 및 OEM 비상대책본부 조정관과 연락 | – |
| | – | 언론에서 주 대변인 | – |
| | – | 기술적 문제에 대한 자문의 필요성 확인 | – |
| | – | 미 질병관리본부에 지원 요청 인가 | – |
| | – | 다른 보건국 관할 지역에서 요청하는 상호지원 인가 | – |
| 선임관리자 아래 설명 | 보건국장 및 보건국 비상대책본부 구성원 자문 및 보조 | 보건국장과 보건국 비상대책본부의 지원 요청에 대응 | – |
| 보건부국장 | – | 정책결정에 관하여 보건국장에게 조언을 하는 선임자문관 | 보건국장에게 보고 |
| | 운영결정에 관하여 비상대책본부 조정관에게 조언을 하는 선임자문관 | – | – |
| | – | 보건국장 부재 시 역할 대행 | – |
| 홍보부 | – | 시장, OEM, 기타 기관의 언론담당과 연락 | 보건국장 또는 보건부국장 |
| | – | 언론과 대중의 정보요청을 편성 | – |
| | – | 언론보도자료 작성 | – |
| | – | 공공정보와 교육적 메시지 작성 및 전파를 지원 | – |
| | – | 응급상황의 보도 범위를 주시 | – |
| | – | 웹사이트 게시물 작성 및 준비 | – |

**표 3-7 보건담당부서의 역할, 책임 및 명령계통 (계속)**

| 기 능 | 역 할 | 책 임 | 명령계통 |
|---|---|---|---|
| 정무부 | – | 비–보건국 정부 및 지역사회 기관/당사자와 연락 | 보건국장 또는 보건부국장 |
| | – | 새로운 비상대응계획을 이들 기관/당사자에게 공지 | – |
| | – | 보건국 활동을 위해 지방 공무원의 협조를 얻도록 지원 | – |
| 법무부 | – | 부서별 활동을 주시하고 법적 문제 조언 | – |
| | – | 응급활동과 관련된 문서 검토 (예: 보건국장 선포) | – |
| 사고 전문가 | – | 전문지식을 제공하고, 다음 비상사태에 대한 정책입안을 조언<br>노출, 매개체 및 질병 관련 지식<br>훈련<br>보건과 안전<br>정신보건 | 보건국장 또는 보건부국장 |
| 보건국 비상대책본부 조정관 | 응급 시 보건국 대응 편성 대응의 모든 운영적 측면을 책임진다.<br>활동하는 동안 비상대책본부를 감독 | 보건국 비상대책본부에 지시를 내림 | 보건국장에 보고.<br>선임 비상관리책임자, 위원회 대표, 선임 관리책임자로부터 정보를 수령 |
| | – | 비상위원회 감독 | – |
| | – | OEM 활동 요청에 대한 대응 감독 | – |
| | – | 대응의 주요 요소에 관한 문서 작성, 최종 보고서 작성 | – |
| | – | 외부 지원 요청의 필요성을 진단(예: 미 질병관리본부) | – |
| | – | 선임 관리책임자의 요청과 요구도에 대응 | – |
| | – | 모든 자료 통합 | – |
| | – | 보건국장에게 정책 문제 제기 | – |

**표 3-7 보건담당부서의 역할, 책임 및 명령계통 (계속)**

| 기 능 | 역 할 | 책 임 | 명령계통 |
|---|---|---|---|
| 선임<br>비상관리<br>책임자 | 보건국 비상대책본부의<br>행정 및 실행 운영<br>편성 | 보건국 비상대책본부<br>조정관과 연락 | 비상대책본부EOC 조정관에게 보고<br>위원회 대표와 비상대책본부EOC 연락담당자에게 정보를 수령 |
| | – | 위원회 활동 편성 | – |
| | – | OEM 비상대책본부의 보건국 연락담당자와 연락(보고서, 업무요청, 정보 전달, 배치) | – |
| | – | 보건국 비상대책본부와<br>OEM 비상대책본부에서<br>직원의 교대근무 보장 | – |
| | – | 위원회 활동을 하는 직원의 동원 지원/편성 | – |
| | – | 운영매뉴얼(업무 일정, 연락처, 프로토콜 등)을 작성하고<br>비상대책본부 참가자에게<br>배부 | – |
| 비상대책본부<br>연락<br>담당자 | OEM 비상대책본부의 보건국 대표 | OEM 비상대책본부의 보건국 업무현장에 직원 제공 | 선임 비상관리책임자에게 보고<br>OEM과 선임 비상관리책임자에게 정보 수령 |
| | OEM 비상대책본부와 보건국 비상대책본부 간 연락담당자 | 응급상황과 도시 단위 대응 시 계획에 따르고, 보건국<br>비상대책본부에 브리핑 | – |
| | – | 보건국 활동을 신청하는 OEM 요청서 접수, 선임 비상관리책임자에게 전달 | – |
| | – | 보건국 활동/대응/권고사항 등을 OEM에 알림 | – |
| | – | OEM에서 다른 기관 대표자들과 교류 | – |

**표 3-7** 보건담당부서의 역할, 책임 및 명령계통 (계속)

| 기 능 | 역 할 | 책 임 | 명령계통 |
|---|---|---|---|
| 비상위원회 대표 | 보건국 비상대책본부에서 비상위원회 대표 | 보건국 비상대책본부에 직원 제공 | 비상대책본부 조정관과 선임 비상관리책임자에게 보고<br>위원회대응조정관에게 정보를 수령 |
| | – | 선임 비상관리책임자를 통해 OEM의 정책지침을 제공 | – |
| | – | 선임 비상관리책임자를 통해 OEM의 지원 요청을 수락 | – |
| | – | 비상대책본부 조정관의 자료 또는 활동명령 요청 수락 | – |
| | – | 비상대책본부 조정관의 자료 또는 활동명령 정보/요청 전달 | – |
| | – | 위원회 활동과 정보를 비상대책본부 조정관과 선임 비상관리책임자에게 보고 | – |
| 위원회대응 조정관<br>위원회대응 조정관 | 비상사태에 대한 보건국 대응을 구성하는 비상위원회 활동을 편성 | 비상위원회 활동 감독 | 보건국 비상대책본부의 위원회 대표에게 보고<br>위원회 구성원에게 정보 수령 |
| | – | 필요한 인력 이동 | – |
| | – | 보건국 비상대책본부에서 위원회 대표로부터 정보 및 업무 요청 접수 | – |
| | – | 보건국 비상대책본부에서 위원회 대표에게 정기적으로 자료 및 계획 보고 | – |
| | – | 보건국 비상대책본부에서 위원회 대표에게 필요한 사항 보고 | – |

**표 3-7 보건담당부서의 역할, 책임 및 명령계통 (계속)**

| 기 능 | 역 할 | 책 임 | 명령계통 |
|---|---|---|---|
| 역학 감시 | – | 특정 주제 연구 | – |
| | – | 배경정보 제공 | – |
| | – | 현장 역학 조사 실시 | – |
| | – | 현재 감시 및 자료 체계 확인 및 모니터링 | – |
| | – | 새로운 감시체계 확립 | – |
| | – | 현장팀 조직 | – |
| | – | 설문지/초록/정보 작성 | – |
| | – | 병원 또는 다른 현장인력과 연락 | – |
| | – | 자료 수집, 데이터베이스 확립, 자료 분석, 정책을 위한 권고사항 작성 | – |
| 의학/임상 | – | 특정 주제 연구 | – |
| | – | 배경정보 제공 | – |
| | – | 비상사태의 임상적 측면에 관한 권고사항/조언 준비:<br>– 공공안전문제<br>– 근로자 안전 문제<br>– 소독 및 제염 문제<br>– 지역사회 의사들의 임상정보와 훈련<br>– 예방 및 치료 메시지 작성 | – |
| | – | 화학적 예방 또는 치료 센터를 세우고 인력제공 | – |
| | – | 비상사태와 관련된 임상활동을 하는 보건국 진료소에 인력제공 | – |
| | – | 수석 부검의 사무실과 연락 | – |
| | – | 대피소 위원회 활동에 임상 지원 | – |

**표 3-7 보건담당부서의 역할, 책임 및 명령계통 (계속)**

| 기 능 | 역 할 | 책 임 | 명령계통 |
|---|---|---|---|
| 환경 | – | 특정 주제 연구 | – |
| | – | 배경정보 제공 | – |
| | – | 공중보건 위협사항에 대한 조언/권고사항 마련, 표본 수집, 평가, 재오염 | – |
| | – | 표본 수집 | – |
| | – | 소화담당부서, HAZMAT, DEP 등과 협력 | – |
| 대피소 | – | ARC 진료소에 간호사 투입 | – |
| | – | 진료소에 MD 투입 | – |
| 운영 | – | 비상위원회 활동이 용이하도록 자원 제공:<br>– 이송<br>– 통신<br>– 시설 문제<br>– 보안<br>– 인적자원, 재동원되는 인력<br>– 인쇄 | – |
| | – | 국민과 서비스 제공자 정보를 위해 전용 상담전화를 편성 | – |
| 정보관리 | – | 비상사태 시 전산문제를 용이하게 함:<br>웹사이트에 게시물 게시<br>HQ 자료 전송<br>데이터베이스 관리<br>매핑/지리정보시스템 | – |
| 실험실 | – | 시료 유형과 취급에 대한 권고사항 제공 | – |
| | – | 시험 시료 수령 | – |
| | – | 보건국 실험실에서 시험을 할 수 없는 경우 거점 실험실로 신속하게 이동할 수 있도록 보장 | – |

**표 3-7 보건담당부서의 역할, 책임 및 명령계통 (계속)**

| 기 능 | 역 할 | 책 임 | 명령계통 |
|---|---|---|---|
| 실험실 | – | 시험 수행 | – |
| | – | 자료 입력 시 역학감시부와 협력 | – |
| | – | 시험 및 자료 보고에 관하여 외부 실험실과 연락 | – |
| 보건국 비상 대책본부 | 비상 시 보건국 대응활동을 조직하고 용이하게 하도록 통합된 운영센터 | 정책입안자와 홍보부에 비상 사태에 관한 정확한 정보를 적시에 제공 | 직원: 비상대책본부 조정관, 선임 비상관리책임자<br>비상위원회 대표<br>필요하다면 지원인력<br>필요한 경우 선임 관리 책임자 및 자문 |
| | – | 비상사태에 대응하도록 보건국 자원을 이동 | – |
| | – | 자료 및 활동에 관하여 OEM과 연락 및 요청 접수 | – |
| | – | 비상위원회, OEM, 비상대책본부, 선임 관리책임자 등으로부터 온 자료를 통합 및 취합하기 위한 장으로 역할 | – |

을 세운다. 비상대책본부의 특정 구성요소는 기관마다 다를 수 있다. 지방정부의 차원에서, 전형적인 대응팀은 운영(경고, 공지 및 단계적 확대 포함), 역학 및 감시, 의료/임상 대응팀, 전문 연구실과 내용전문가, 환경자문과 대응, 관리정보 서비스, 행정 등의 분야로 구성된다.

공중보건사고지휘체계를 가동하면, 그 안에 속한 직원들은 자신의 역할이 무엇인지, 어떤 일을 요청 받는지 알아야 한다. 흔히, 재난대응의 상당 부분이 기관의 일상 기능을 유지하는 일을 한다. 대부분의 직원은 다른 시간에, 다른 위치에서, 다른 사람들과 업무를 진행할 수도 있지만, 똑같은 일을 한다. 업무가 행정적일수록 더욱 특정한 업무를 배정받으며, 특정 기술을 요하게 된다. 기관 행정부는 어떤 특정 업무 그룹으로 배정되었는지, 그 그룹의 책임은 어떤 것인지, 비상 시 그 책임에 대한 정보는 어디에서 어떻게 알 수 있는지를 각 직원에게 알려주어야 한다. 상당수의 기술은 다른 기술로 전환이 가능하지만(예: 사무직 직원은 전화를 받고 지시 받은 대로 지시할 수 있다. 운전자는 사람들과 물건을 수송할 수 있다), 일부 기술은 훈련을 받아야 한다(예: 차트를 추출하는 사람은 질병 특이적 지표를 확인하는 기술이 필요하다).

## 사. 병원응급현장지휘체계

### 1) 병원 대비

앞서, 응급의료체계의 병원 전 요소를 논의했다. 병원체계 구성요소에는 보통 병원의 응급부서에서 이뤄지며, 응급의료를 전문으로 하는 응급의학 전공의와 간호사가 행하는 최종진료가 있다. 공중보건담당부서와 마찬가지로, 지역사회의 사고지휘체계 내로 통합될 때 병원도 몇 가지 문제에 마주하게 된다.

병원은 연합위원회 인증 일환으로 종합비상대응관리에 대한 명시 기준을 충족해야 한다. 연합위원회 표준은 병원이 의료서비스를 제공하는 기존의 업무에 응급관리 지역사회에 의해 수행되는 활동범위를 포함한다. 병원재난계획은 모든 유해물에 적용가능해야 한다. 연합위원회는 메디케어와 메디케이드 서비스 센터CMS, Centers for medicare and medicaid services를 위한 규정 준수를 확인하는 권한 또는 규정을 가지고 있고, 이들 기준 모두는 메디케어와 메디케이드 서비스 센터의 기준과 일치한다.

2009년, 응급관리는 응급관리 연합위원회 인증을 위한 핵심 기준으로, 현재 인증 매뉴얼에 12개의 분리된 장으로 구성되어 있다. 이전의 모든 기준은 다음과 같이 개편되어 번호가 지정되어 있다.

- 비상운영계획을 위한 재단 (EM.01.01.01)
- 대응 및 복구를 위한 계획
  - 일반 요구사항 (EM.02.01.01)
  - 특정 요구사항
    - 통신 (EM.02.02.01)
    - 자원 및 자산 (EM.02.02.03)
    - 보안 및 안전 (EM.02.02.05)

- 직원 (EM.02.02.07)
- 시설 (EM.02.02.09)
- 환자 (EM.02.02.11)
- 재난 자원봉사자
    - 자원봉사 면허를 가진 독립 의료인 (EM.02.02.13)
    - 자원봉사 의료인 (EM.02.02.15)

- 평가 (EM.03.01.01, EM.03.01.03)

또한, 국가사고관리체계는 병원이 기능하는 현장지휘체계ICS 구조를 포함하여 준수하여야 하는 17개의 요소를 설정하고 있다. 병원은 병원사고지휘체계HICS로 알려진 조직구조에 대한 사고 지휘 시스템을 구축한다. 사고 지휘를 사용함으로써 기관은 응급 계획, 대응 및 복구 능력을 향상시킨다. 병원응급현장지휘체계HEICS는 한 명의 책임자를 두고 명령체계를 만들어 사전에 규정한 책임이 적힌 작업액션시트job action sheets를 이용해서 병원을 내부적으로 조직화하는데 중점을 둔다. 병원응급현장지휘체계HEICS에서는 병원이 유해요소 유해요인분석을 하고(제 5장과 부록 F), 상호지원을 확립하며, 지방 비상관리실과 공조하고, 어떻게 결정을 내렸는지, 환자를 어디로 보냈는지, 환자를 어떻게 추적했는지, 배상을 어떻게 받았는지에 관해 종합적인 서류를 작성 및 보관하도록 요구하고 있다.

국립화재예방협회NFPA, National fire protection association 99와 1600은 의료시설에 대한 최소한의 기준을 마련했으며, 대응팀 내 재난관리와 사업연속성을 편성하도록 표준화했다. 국립화재예방협회 기준은 국가사고관리체계의 준수를 보장하기 위해 2010년에 업데이트되었다. 재난-관련 대응에 대해 보상을 받도록 병원은 연방절차를 따라야 하며, 행정원장은 스태포드법, 연합위원회, 국립화재예방협회 1600의 요건을 검토해야 한다. 부록 H에 2004년 합동의료기관신임위원회JCAHO 표준 전문이 있다.

병원은 다른 규정에 따라야 한다. 산업안전보건청OSHA의 요건을 충족하려면, 병원은 화재와 다른 비상사태를 보고하도록 비상조치계획EAP, Emergency action plan을 세우고 이를 이행해야 한다. 비상조치계획에는 1) 비상탈출절차와 경로(층계 계획, 지도, 및 피난구역)가 포함된 공도정책과 절차, 2) 추가 정보를 제공하는 담당자의 이름, 직책, 연락처, 3) 임상운영을 중단하는 절차, 4) 소방 및 기타 필수적인 서비스, 5) 구조의무 및 의료의무 등을 반드시 기재해야 한다. 산업안전보건청OSHA에서는 집결할 구역을 배정하고, 책임 추적을 할 수 있는 절차를 따르며, 문서관리와 자료 백업을 위해 통신센터와 통신체계를 마련할 것을 권장한다. 산업안전보건청은 일어날 수도 있는 여러 비상사태와 적절한 조치를 취할 수 있는 과정, 책임자의 검토 및 사고지휘 과정, 직원의 역할과 책임, 공지, 경고 및 통신 과정, 비상대응절차, 대피, 대피소, 책임추적경로, 응급장비의 위치와 사용방법, 비상폐쇄 절차, 응급처치 및 심폐소생술, 호흡확보, 불법접근을 방지하는 방법 등에 대해 직원이 훈련되어 있을 것을 권장한다.

산업안전보건청은 유해물질과 연관된 사고 피해자를 받고 있는 병원들을 가이드하는 모범사례문서를 발표했다. 이 독성물질에 노출된 환자가 응급실에 도착하기 전에 병원은 거의 또는 전혀 경고가 없을 것이라고 가정한다. 산업안전보건청은 환자가 알 수 없는 물질에 노출된 경우 Level B 보호 또는 휴대용 보호장치를 요구하고 있다(이 상세한 프로그램은 http://www.osha.gov/dts/osta/bestpractices/html/hospital_firrstreceivers.html.에서 찾을 수 있다).

환자가 현장에서 응급처치를 받지 않고 바로 병원으로 가면, 병원은 그 사고에서 유해물질, 즉 대량살상무기가 쓰인 경우 환자의 제염(교차오염과 이차오염)을 고려해야 한다. 대비 단계에서 개인보호장비PPE, Personal protective equipment를 구매 및 비축해두어야지만, 의료진이 환자를 진료할 수 있다. 개인보호장비는 해당 위험을 방지하는데 적합해야 하며, 사용자가 사용할 수 있는 것이어야 한다. 또한 병원은 의료 제공자들이 개인보호장비를 익숙하게 사용할 수 있도록 사용법을 훈련시키도록 하며, 모든 직원이 비상 시 신속하게 개인보호장비를 사용할 수 있도록 의료 감시 체계를 확립하고, 적합도를 검정해야 한다.

대부분의 미국 병원은 의료진과 의료품에 여유가 없이 운영되고 있어 한꺼번에 밀려오는 환자에 대응하는 것 자체가 큰 도전이다. 미 보건의료연구품질관리청AHRQ, Agency for healthcare research and quality은 개인보호장비, 오염제거, 격리/검역 및 실험실 역량을 위한 모델을 개발했다(모델은 http://www.ahrq.gov/research/devmodels 에서 이용가능하다). 미 보건의료연구품질관리청은 항생제 분배 및 예방접종 캠페인을 위한 계획을 돕기 위한 컴퓨터 모델과 같이 대응과 복구 활동에 사용할 수 있는 도구와 자원을 가지고 있다. 이 자원은 직원의 수와 치료가 요구되는 추정된 환자 수에 기초하여, 지역 의료시스템의 특정 요구를 산출하기 위해 사용될 수 있다.

## 5. 자원봉사자

시민 봉사단은 모든 유해성 응급 대비에 시민을 포함하여 지역사회의 회복력을 향상시키는 국가의 자원봉사 네트워크이다. 시민 봉사단은 공중보건재난에 자원봉사자들을 포함하고 훈련함으로써 지역사회가 더 잘 준비되도록 돕는다. 시민 봉사단의 한 전문적인 구성요소는 예비군의무대MRC, Medical reserve corps 이다.

### 가. 예비군의무대

예비군의무대는 연방정부에서 후원하는 공중보건국OSG 의 프로그램이다. 예비군의무대는 지역에서 비상사태 발생 시 지역 비상계획을 보충해주도록 지역사회에서 기술과 전문지식을 제공하는 의료 및 공중보건 분야의 자원봉사자들로 구성된다. 예비군의무대는 필요한 조직적 구조를 제공하고, 지역 자원봉사자를 제대로 훈련시키도록 만들어졌다. 또한, 예비군의무대는 예방접종이나 헌혈운동 등 비응급 공중보건 서비스 분야에서도 활동한다. 예비군의무대는 정부기관, 종교단체, 공중보건소, 병원 및 기타 비정부기구 등을 통해서도 구성되었다.

미국내 예비군의무대는 10개의 지역에 있고, 각각의 지역에는 다양한 수의 지역 예비군의무대 분과가 있다. 지역단위의 예비군의무대 분과는 특정 지역사회 요구를 충족하기 위해 자원봉사자를 고용하고 훈련할 책임이 있다. 예비군의무대 분과는 지역의 대응을 보완하기 위해 조직되어 있지만, 실제 최근에 재난이 있는 영역 외에 배치되어 있다.

대부분의 예비군의무대는 지역의 의료조직, 공공보건조직 또는 비상관리조직에 통합된다. 시민봉사협의회(지역사회 단위의 자원봉사지원 프로그램을 조직)를 설립한 지역사회에서는 지역 예비군의무대의 계획자와 관리자가 협의회와 협력관계를 맺는 것이 중요하다.

국가적으로 예비군의무대 분과의 설정기준은 다음을 포함한다:

- 적절한 지역조직과 제휴
- 예비군의무대 분과 단위별 지도자 확인
- 지역과 지역사회 이해관계자 그룹과의 파트너십

- 회원의 자격 검증(예: 전문 면허/ 인증)
- 부과를 설립, 수행, 유지하기 위한 계획
- 공중보건, 대비, 응급비상활동 참여
- 지방, 주, 지역, 국가 예비군의무대 네트워크에 적극적 참여

예비군의무대 분과는 지역과 주 자원, 국가 대비 및 시민봉사단의 미국토안보부 DHS Office of domestic preparedness and citizen corps 와 같은 연방정부가 미질병관리본부와 의료지원 및 서비스국 Health resources and services administration 을 통해 자금을 지원하고 있다.

## 나. 비상대비 자발적 보건의료등록

비상대비 자발적 보건의료등록 ESAR-VHP, Emergency system for advance registration of volunteer health professionals 은 국가적 배치를 위해재난과 공중보건 응급시 표준화된 자원봉사자 등록 프로그램을 수립하기 위해 만들어진 연방 프로그램이다. 각 지역조직은 보건전문 인력들의 자격과 면허를 사전에 확인하여 그들이 재난과 공중보건 응급시 자원봉사할 준비가 되어 있도록 한다. 확인이 되면, 비상대비 자발적 보건의료등록 자원봉사자들은 상호 지원 메커니즘을 통해 전국적으로 배치될 수 있다.

현재 면허 자격을 가진 보건전문가들은 비상대비 자발적 보건의료등록에서 자원봉사를 할 수 있다. 등록은 주에 따라 다르다. 일부 주는 자원봉사자들이 온라인, 전자 등록 시스템을 사용하여 등록하도록 하고 있는 반면, 다른 주는 종이 등록을 하도록 하고 있다. 또한 몇몇 주는 전자와 종이 등록을 모두 인정한다.

자원봉사자들은 비상대응에 참여하는 동안 부상당한 경우 노동자 보상을 받을 수 있으며 법적책임보호는 주에 따라 다르다. 이용 가능한 보호에 관한 정보는 비상대비 자발적 보건의료등록 웹사이트에 제시되어 있다.

## 다. 법적책임

법적 책임은 각 지역의 지역성을 철저하게 조사해야 하는 문제이다. 지역 예비군의무대의 참여 또는 비상대비 자발적 보건의료등록 프로그램의 등록은 다른 주의 전문 면허로 인지되지는 않는다. '착한 사마리아인의 법'이 자원봉사자를 법적으로 보호하

는데 한계가 있을 수 있지만 모든 주에는 어떤 형태로든 이 법이 존재한다. 그 이상의 법적 보호는 자원봉사자 보호법VPA, Volunteer protection act(42 U.S.C. § 14501 참조)을 통해 가능하다. 자원봉사자의 법적 책임에 대해 조건부 면책을 해주는 자원봉사자 보호법은 광범위한 주법 안에서 기본적인 법적 보호를 제공한다는 점에서 유용하다. 또한, 동일비상자원봉사건강진료법UEVHPA, Uniform emergency volunteer health practitioners act은 응급시 면허가 있는 건강전문가들을 등록, 배치, 허가를 용이하게 했다.

현재, 11개 주가 동일비상자원봉사건강진료법을 제정했다: 아칸소, 콜로라도, 컬럼비아 구영, 인디애나, 켄터키, 루이지애나, 뉴멕시코, 노스 다코타, 테네시, 오클라호마, 미국 버진 아일랜드.

## 라. 자원봉사자의 병원자격인증

예비군과 재난의료지원팀은 연방정부가 주의 면허절차를 보류하고 법적 책임을 맡으며, 의료 자원봉사자의 자격인증 과정을 연방화하는 두 개의 체계이다. 그러나, 자원봉사자들이 준비가 될 때까지, 병원과 공중보건당국은 신속하게 의료진에게 자격인증을 해주어야 한다. 경험을 통해 살펴본 바로는, 재난 이후에 피해지역에는 자원봉사자들의 문의가 쇄도하며, 그 중 상당수는 도움을 주려는 의사와 간호사이다. 전반적인 방재계획의 일환으로 병원과 공중보건당국은 자원봉사 의료진의 자격인증을 관리하고 검증하는 절차를 취해야 한다(현재 개업 인가, 전공, 병원에서의 지위 등을 검증하는 획일적인 방법을 개발함으로 의료인의 주정부 면허위원회, 전문가 협회, 지역 병원 등과 함께 공조한다). 의료진 규정도 재난 상황 시 응급자격인증을 허용한다고 수정해야 하며, 자원봉사자의 자격인증과 전반적인 임상지시 및 감독 등을 맡는 책임자를 지명해야 한다. 전문 의료진은 완전히 자격인증을 받았던 병원에서는 이러한 비상 시 특권을 누릴 수 없으며, 재난을 통제하고 비상관리계획이 더 이상 진행하지 않는 경우에는 이 특권도 종료함을 기억해 두어야 한다. 2009년 연합위원회 표준(자원봉사 면허된 독립 실무자volunteer licensed independent practitioners, EM.02.02.13와 자원봉사 실무자volunteer practitioners, EM.02.02.15)은 병원의 응급관리계획이 가동되고 조직이 환자가 요구하는 바를 처리하지 못할 때 비상특권을 부여하는 과정을 정의했다.

대상 병원의 의료진이 아니지만 면허가 있는 의료인에게 비상(또는 재난)특권을 부여하기 위해서는 다음 요건이 반드시 필요하다.

- 비상관리계획이 가동되었다.
- 병원이 환자의 즉각적인 요구에 대응할 수 없다.
- 비상특권을 부여할 책임자와 그 책임을 확인한다(대표이사, 의료원장 또는 피지명인).
- 비상특권을 받는 의료인의 활동을 관리하고 직원들이 그 대상자를 쉽게 식별할 수 있는 방법을 모색한다.
- 일시적인 특권을 부여하는 의료진 규정에 의거한 과정과 동일한 특권부여 과정을 검증절차와 함께 설정한다.
- 대표이사나 병원장 또는 그 피지명인은 주, 연방, 규제기관이 발행한 현재 유효한 사진이 부착된 신분증과 함께 다음 중 어느 하나가 있으면 비상특권을 부여할 수 있다.
  - 전문직종을 확인할 수 있는 최근 사진이 들어간 보건의료기관의 ID 카드
  - 재난의료지원팀, 예비군의무대, 비상대비 자발적 보건의료등록, 기타 인가된 주 또는 연방 대응 조직 또는 그룹의 구성원임을 나타내는 신원 증명서
  - 응급 상황 시 환자를 돌보도록 연방, 주 또는 지방단체의 인가를 받았음을 나타내는 신원 증명서
  - 재난시 현재 병원이 허가하는 면허를 가진 독립 의료인이거나 면허를 가진 독립 의료인으로써의 역할을 할 수 있는 자원봉사 실무자의 개인지식을 가진 직원임을 확인

비상 시 의사에게 자격인증을 할 때에는 그 대상자에게 확실한 ID를 제공해야 한다. ID는 쉽게 알아볼 수 있어야 하며, 사진과 이름, 의료서비스 분야를 적고, 다른 색으로 '재난특권'이라는 글자를 기재해야 한다. 정전 시에는 폴라로이드 카메라와 라벨 메이커 label maker, 손목밴드를 이용할 수도 있다.

관리계획에서는 자격인증을 받은 사람과 그 전문/전공분야를 정확하게 기록한 문서를 보존해야 한다. 비상자격인증을 관리하고, 자원봉사자를 사전교육하며 이들이 병원 운영과 필요한 응급서비스의 성격에 익숙해지게 도움을 줄 병원직원들을 확인해야 한다.

다음 내용 또는 유사한 기관과 주에서 운용하는 데이터베이스를 확인한다.

- 국립의료인 자료은행
- 주 의료면허
- 전문 의료행위 담당사무실
- 감사국
- 사진 ID

마지막으로, 현재 특권을 보류한 병원에 현재 회원자격과 특권, 즉 미국의학협회 또는 전문의료 프로파일을 확인하도록 요청한 다음, 그 사실을 증명하고 병원이 필요한 문서를 갖추도록 그 병원의사가 아닌 다른 의사가 서명한 진술서를 준비한다.

## 6. 재난대비 및 대응에 필요한 비용, 지원금 및 배상

공공 및 비영리단체의 경우, 스태포드법은 재난의 영향 및 재난대응과 관련된 일부 비용을 연방정부가 배상하도록 규정했다. 이 기금을 공적부조라고 한다. 연방재난관리청의 공적부조지원프로그램은 지역사회가 대통령 선포가 필요한 재난으로부터 신속하게 대응하고 복구하기 위해 주, 주민, 지방정부와 비영리기관에 지원을 제공한다. 공적부조지원프로그램을 통해 연방재난관리청은 재난으로 손상된 공공 또는 비영리 시설의 잔해물 제거, 응급 보호조치, 수리, 교체, 복구를 위해 재난 보조금을 제공한다. 공적부조지원프로그램은 또한 복구과정에서 위험 경감 조치에 대한 지원을 제공한다. 이러한 연방정부의 보조금은 대상의 최소 75%를 지원하고 연방정부의 보조금 수혜자(보통은 주)는 잔여분(최대 25%)을 어떻게 수혜자간에 배분할지를 결정한다.

### 가. 재난 지원

개인, 가족, 기업의 자산이 손상 또는 파괴되었으나 그 손실에 보험적용이 되지 않은 때 직접 지원을 받을 수 있다. 이 돈은 다른 방법으로는 보장 받을 수 없는 중요한 비용을 지불하는데 도움을 주기 위한 것이다. 재난지원은 주거지 손상을 복구하거나 보험이 적용되지 않는 파괴된 집을 교체할 시, 또는 다른 종류의 주택지원이 가능하지 않는 연방재난관리청에 의해 지정된 원격 위치에서, 임시 주택 또는 주택건설을 위한 재정적 지원을 한다. 일부 주택지원기금은 연방재난관리청의 개인 및 가정 프로그램 FEMA's individuals and households program 을 통해 이용가능하다. 그러나, 연방정부의 대부분의 재난지원은 중소기업청에 의한 관리 대출의 형태이다. 또한, 돈은 필요한 경비 또는 연방재난관리청에 의해 결정되는 재난관련 의료, 치과, 장례 및 매장 비용과 같은 심각한 요구에 대해 사용할 수 있다.

미연방규정집 CFR, The code of federal regulations 제 44편(비상관리 및 지원)은 미연방재난관리청 산하 연방재난지원프로그램의 행정에 관한 규칙, 정책 및 절차를 규정한다. 미연방규정집 제 44편 206조 G, H, I항은 연방재난관리청 재난지원 프로그램에 적용되는 대부분의 규정이다. 연방재난관리청은 그 과정을 편성하고, 배상을 받기 위해 제출해야 하는 양식을 제출한다. 지방정부가 연방자산의 지원을 받은 경우, 연방정부는 초기 대응에 대한 비용을 부담한다. 그러나, 지방정부는 비용분담방식을 통해 이후에 지원을 받은 자산에 대해 연방정부에 배상을 한다. 이례적인 경우, 대통령이 비용분담을 조정하거나 특정 시기 동안에 이를 포기할 수 있다. 대통령 선포 시 비용분담포기를 언급하고, 연방, 주 및 지방 정부 간의 부담금과 지원을 받는 다른 조건 등을 규정한 미국토안보부-주정부 간의 협약에 서명한다.

공적부조는 기반시설의 피해, 장비, 인력의 초과근무에 대해 배상한다. 정상적인 영업과정에서 이루어진 진료 제공에 대해서는 배상하지 않는다. 공적부조는 미재향군인회VA와 같은 다른 연방 프로그램에서 지원금을 받을 수 있는 서비스에 대해서는 배상하지 않는다. 모든 공중보건당국은 배상에 필요한 문서에 대한 자세한 내용을 포함한 규정 사본을 구해야 한다. 지방당국은 주에서 이용할 수 있는 부조를 확인해야 한다. 일부 부조는 공중보건법에 따라 의료비상사태에 소요된 비용의 일정 비율을 지방 보건담당부서에 배상하는 연방지원프로그램과 유사하게 주에서 배상을 한다. 그러나, 주와 연방정부의 전체 배상은 100%를 넘지 않는다. 민간보험사나 다른 연방 프로그램에서 배상을 한 연방지원금은 재난 피해자가 환급해야 하므로, 이중으로 배상이 되지 않도록 하는 것이 중요하다. 마지막으로, 테러 공격이 선포되면, '전쟁 행위'로 인한 것이므로 사업용 보험정책 상 배상을 하지 않을 수 있음을 알아야 한다.

현재, 지역사회가 재난에 대비하는데 유용하게 쓸 수 있는 지원금은 다양하다. 수혜

명단은 국토안보부웹사이크[www.dhs.gov/grants]에 수록되었으며, 신청과정도 간소하게 나타냈다. 대유행 및 재난대비법PAHPA는 의료 보안을 개선하기 위해 주 및 지방 정부에 협력협정과 보조금을 제공한다. 보조금은 또한 실시간 질병 검출 개선을 위해 병원, 임상 검사실, 대학에 수여할 수 있다. 다양한 연방지원금 링크가 있는 연방정부의 국내지원목록[https://www.cfda.gov]이다. 표 3-8은 그 외 연방지원금을 요약했다.

**표 3-8 연방지원금**

| 자금원 | 웹사이트 |
|---|---|
| 정부지원금 | www.grants.gov |
| 미질병관리본부CDC | www.cdc.gov/od/pgo/funding/grantmain.htm |
| 미질병관리본부CDC 독성물질 및 질병등록기관ATSDR 연방지원자금장부 | www.atsdr.ded.gov/funding.html |
| 미연방재난관리청FEMA 소방서비스 | www.usfa.fema.gov/fire-service/grants/federal/g_assist.shtm |
| 병원대비프로그램HPP | www.phe.gov/preparedness/planning/hpp/Pages/defaults.aspx |

## 요약

1. 재난 시 연방정부의 대응은 대통령령 또는 대통령령시행령에 기반하며 미 국토안보부가 재난 시 일차적 책임기관으로 국가대응계획과 국가 사고관리체계를 제시하며, 재난대응에 대한 국가정책 지침을 제공하거나 모든 재난시의 응급을 관리하는 기틀을 제공하고, 미 연방재난관리청은 전략계획과 대응 활동을 수행한다. 재난대응 시 국가대응계획의 책임은 15가지 비상지원기능과 그에 따른 담당연방기관을 두고 있으며, 국가사고관리체계는 국내의 주요 응급을 다루는 단일의, 그리고 종합적인 국가관리 모델이다. 미 연방재난관리청은 하부에 7개의 주요 분과를 두고 전략계획과 대응활동을 수행한다.
2. 재난 시 대통령은 피해 주의 주지사의 요청에 의해 재난선포를 할 수 있고 연방재난관리청에 의해 예비피해평가를 수행한다. 비상관리대응으로 대통령은 연방정부 총책임자와 연방조정관을 두어 연방정부에 재난지원을 하며 연방재난관리청은 이들 지원을 감독한다. 대응 현장에서는 사전응급대응팀을 통한 연방 합동현장사무소를 세워 연방과 주 활동을 조정하고 전술을 제시하며 응급운영센터를 운영한다.
3. 현장지휘체계는 책임자 1인의 지휘 하의 체계화된 대응방법으로 지휘, 계획, 운영, 실행 및 재정/행정으로 구성되어 있다. 공중보건 사고현장지휘체계는 보건부 내의 응급대응인력들의 역할과 책임을 규정하고 있다. 병원 응급현장지휘체계는 병원내 응급부서에서 응급의학 전공의와 간호사 인력을 중심으로 응급상황에 따른 대응과 인력들의 자격 전반에 대한 기준을 명시하고 있다. 또한 병원은 국가사고관리체계, 국립화재예방협회의 기준, 산업안전보건청 등의 다양한 기준에 따라야 한다.
4. 국가의 자원봉사 네트워크인 시민봉사단에는 전문가 자원봉사단으로 예비군의무대가 있으며, 예비군의무대는 연방정부 지원 하에 비상대비 자발적 보건의료등록 프로그램에 자원봉사자들을 등록 관리한다.
5. 재난에 대해 연방정부는 공적부조 하에 주정부 또는 지방정부에 피해액의 75%를 보조하고, 잔여분 최대 25%에 대해는 합의한다. 연방정부의 공적부조의 집행은 미연방재난관리청에 의하며, 재난으로 손상된 공공 또는 비영리 시설의 잔해물 제거, 응급보호조치, 수리, 교체, 복구를 위해 재정지원이 이루어진다.

4장

# 재난관련 감시 및 응급정보시스템

학습목표

1. 재난역학의 개념을 설명할 수 있다.
2. 재난 시 응급정보시스템의 역할을 설명할 수 있다.
3. 재난 대응에서의 공중보건 감시의 역할을 설명할 수 있다.
4. 재난 시 지리정보시스템의 활용 예를 설명할 수 있다.

수집한 정보를 감시 및 교환함으로써 장기적인 계획뿐만 아니라 응급대응의 방향도 모색할 수 있다. 이 장에서는 재난역학, 재난 시 응급정보시스템 EIS, Emergency information systems, 재난에 대응하는 공중보건 감시, 지리정보시스템 GIS, Geographic information systems 등을 설명하고자 한다.

## 1. 공중보건의 역할

중앙 및 지방정부 차원에서 공중보건 응급상황을 보다 원활하게 조사할 수 있도록 도구, 방법, 지침 및 프로토콜을 개발, 적용, 평가한다.

- 재난의 의학적·정신보건학적·심리사회적 영향요소를 기술하고 감시한다.
- 병원체와 숙주요인의 변화를 파악한다.
- 보건학적 변화를 감지한다.

- 질병발생의 갑작스런 변화 등을 포함하여 질병 혹은 상해를 감지한다.
- 자료를 수집, 조사, 분석하여 필요한 중재를 확인한다.
- 장기적으로 질병의 변화를 주시한다.
- 대응 프로토콜을 세우기 위한 근거를 제시한다.
- 의사결정을 위해 건강에 부정적인 영향을 미칠 가능성이 있는 정보를 제공한다.
- 루머를 조사한다.
- 피해지역의 요구도를 결정하고 필요한 자원을 선정한다.
- 인력과 해당 협력자들이 효율적인 업무처리를 위해 감시활동을 하는 방법과 그러한 감시활동을 개선시키는 방법을 평가한다.
- 대응활동의 효과성을 평가하여 그 결과를 알려준다.

## 2. 재난역학과 감시

역학은 재난이 공중보건과 건강에 미치는 영향을 조사하는데 이용할 수 있다. 재난역학의 목적은 자연적 혹은 기술적 유해요소에 의해 발생한 급성질환과 만성질환을 예방하기 위한 전략을 알아내는데 있다. 일차예방에서는 재난이 발생하기 전에 재난과 관련된 사망, 상해 혹은 질병 등(예: 허리케인이 지면에 도달하기 전에 주민을 대피시킴)을 예방할 수 있는 방법을 찾는다. 이차예방의 목표는 재난이 건강에 미치는 영향을 경감시키는데 있다(예: 복구 기간 동안 부상이 발생하지 않도록 교육함). 삼차예방은 이미 질환을 앓고 있는 대상자들에게 미치는 질병과 장애의 영향을 최소화하는 것이다(예: 만성질환이 있는 사람이 원래대로 진료를 받지 못할 경우를 대비하여 단기 의약품을 처방하는 진료소를 설치함).

재난 역학에는 약식요구도평가, 질병통제전략, 보건의료서비스의 이용가능성과 이용방법 평가, 질병과 부상의 기술적·분석적 조사를 위한 감시시스템, 질병, 손상, 사망에 기여하는 위험요인에 관한 연구 등이 포함된다. 이 장에서는 감시와 수행에 필요한 도구에 초점을 두었다.

재난에서 감시는 생태의 변화, 질병의 풍토유병 수준의 변화, 집단 이주, 보건의료자원의 손실, 환자의 과밀수용, 공중위생의 파괴, 공중시설의 파괴 등으로 인한 질병의 발생률과 유병률, 질병 혹은 상해의 심각도에 초점을 맞춘다. 또한, 감시는 매개체 전파 vector-borne, 수인전파 water-borne, 대인 전파 person-to-person 등에 의한 감염성 질환의 증가를 모니터한다. 저난감시 자료는 응급정보시스템 EIS 에 의해 수집된다. 응급정보시스템은 적극적 감시의 한 형태이며, 재난으로 인해 완전히 기능하지 못할 수도 있는 전통적인 보고체계를 보완한다.

## 3. 응급정보시스템

응급정보시스템 EIS, Emergency information systems 은 재난발생단계, 대응단계, 복구 초기 단계에 재난이 미치는 영향에 관한 자료를 수집한다. 응급정보시스템은 정보의 보관, 처리 및 검색을 위한 파일, 절차 및 장비가 통합된 시스템이다. 응급정보시스템 자료는 복구 및 재건에 필요한 장기적인 계획뿐만 아니라 응급상황 및 단기 구호 short-term relief 에 관한 결정을 내리는데 필요한 정확하고 신뢰할만한 정보를 제공한다. 응급정보시스템 직원은 대두되는 문제나 통제 가능한 문제 외에도 생산성 손실 등 재난이 사람과 물리적 및 사회적 환경 간의 일상적인 관계에 얼마나 지장을 주었는가를 평가한다.

자료는 신속하게 수집해야 하며, 때로는 좋지 않은 상황에서 그래야 할 때도 있다. 분석과 해석 등의 과정을 신속히 함으로써 적절한 대응방법을 모색하도록 때맞춰 정보를 제공할 수 있게 된다. 정해진 절차와 훈련된 팀에 의해 표준화된 데이터를 근거로 할 때 정보 분석 능력을 향상시킬 수 있다.

표 4-1은 응급정보시스템을 통해 수집한 자료의 유형과 이용방법이다.

### 가. 재난 감시

응급정보시스템을 가동하기 전에, 관리자는 공중보건 문제에 관한 우려와 재난 관련 사망률 및 이환율을 살펴봐야 할 필요성을 확인하여 공중보건 대응에 중요한 조치를 알아낸다. 기존 체계를 사용할 수 있는지의 여부(적극적 감시에 필요한 자원의 수준에 따름), 의대생, 간호 대학생 또는 공중보건 전공 학생 등 자원봉사자를 포함하여 인력이 충분한지의 여부, 공중보건대응에 영향을 미치는데 자료가 필요한지의 여부,

**표 4-1 응급정보시스템EIS 자료수집**

| 자료 유형 | 자료 이용 |
|---|---|
| 사망 | 재난의 규모 평가<br>재난대비의 효율성 평가<br>경보체계의 적절성 평가 |
| 사상자 | 응급진료 수요 추정<br>재난 전 계획과 대비방법 평가<br>경보체계의 적절성 평가 |
| 이환율 | 즉각적인 의료구호의 유형과 수요 추정<br>구호의 타당성 평가<br>위험에 노출된 인구 확인<br>향후 계획에 필요한 요구도 평가 |
| 보건 요구도 | 서비스의 우선순위 매김<br>가장 피해가 큰 집단 순서로 우선순위를 매김<br>자원의 적절성 평가 |
| 공중보건 자원 | 필요한 보급품, 장비 및 서비스의 유형과 수요 추정<br>구호의 타당성 평가<br>향후 계획에 필요한 요구도 평가 |
| 기부물품 | 필요한 보급품, 장비 및 서비스의 유형과 수요 추정<br>구호의 타당성 평가<br>향후 계획에 필요한 요구도 평가 |
| 유해요소 | 보건문제, 질병, 상해, 유해요소, 노출 및 위험요소 주시<br>사건이 일어날 것을 예고하는 상태를 주시하여 재난 발생을 조기경보 하는 체계 지원 |

참여기관이나 스태포드법을 통한 지원금 등 외부적으로 자금을 지원 받아 자료를 수집할 수 있는지의 여부 등을 고려해야 한다.

신고의무 질병을 추적하도록 만들어진 기존의 시스템을 이용할 때, 응급정보시스템은 정확하고 시기적절한 정보 제공을 보장해야 한다. 기존의 병원자료는 재난과 관련된 이환율을 정확하게 나타낸다. 현장응급진료소에서 자료를 구할 수도 있다. 모든 의료시설을 대상으로 감시시스템에 참여하도록 요청할 수도 있으며, 자원이 한정된 경우, 몇 곳을 선정할 수도 있다. 최소한, 병원은 수용능력(침대, 의료진, 보급품 수요, 이용가능성), 사건관련 자료(환자의 수, 대기환자 수, 진단이 확정되지 않은 환자 수 또는 사망자 수), 환자정보(이름, 성별, 재난으로 인한 증상으로 진료를 받은 날짜) 등을 보고해야 한다.

지역사회에서 활동하는 의사들은 사례를 식별하여 보고하고, 환자에게 감염위험에 대해 알려주고, 감염의 확산을 방지하는데 중요한 역할을 한다.

환자식별 detection 을 향상시키고 신속하고 정확하게 정보를 보고하도록 하는 중재방법에는 의사, 연구원, 실습생을 위한 교육포럼, 보건부서의 우편물 발송, 일괄전송 팩스와 이메일을 통한 건강경고, 의료제공자 포털, 건강경고네트워크, 공공 웹사이트 등을 통해 병원과 지역사회 의료제공자에 대한 지원 등이 있다. 지난 몇 년 동안 감시자료를 수집할 수 있는 곳이 상당히 확대된 한편, 기존 시스템이 적절하고 시의적절한 표준에 맞지 않는다면, 재난상황이 지속되는 시간 동안, 혹은 재난 발생 전후 어느 때에든 임시시스템을 편성할 수도 있다. 응급정보시스템을 가동하기 위해서 역학자들에게 국가전산질병감시시스템 NEDSS, National electronic disease surveillance system 과 같은 다른 자료 보고체계와 기존의 전산질병보고에 접근할 수 있는 휴대용 컴퓨터가 필요하다. 자료는 수의학적 veterinary 입력사항을 포함하여 표준화된 프로토콜을 이용해서 수집해야 한다. 정보는 대중과 재난관리 공무원 모두가 쉽게 알아볼 수 있는 간단한 형식으로 보여주어야 한다. 표 4-2는 다양한 감시시스템의 예시이다.

**표 4-2 감시시스템**

| 시스템 | 지원기관 | 기 능 |
|---|---|---|
| BioSense | 미 질병관리본부 | 병원 응급실과 약국으로부터 지속적인 의료정보를 조사하여 발생 가능한 응급 건강문제를 신속히 확인하고 모니터함 |
| Biowatch | 연구소 대응네트워크 Laboratory response network | 위협적인 병원체 검사를 위해 총 부유 세균 포집기 air samplers 사용 |
| Electronic Surveillance System for Early Notification of Community-Based Epidemics (ESSENCE) | 미 국방부 DOD, Department of defense | 감염병 유행을 확인하고 통제하기 위해 건강자료를 모니터링함으로써 감염병 발생 조기 통보 |
| EMERGency IDNET | 미 질병관리본부 | 감염병 연구 네트워크를 기반으로 한 응급실 멀티센터; 응급실 환자의 감염성 질환 발생 확인이 목적임 |

| | | |
|---|---|---|
| Geosentinel | 국제여행의학협회International society of travel medicine, 미 질병관리본부 | 여행의학(해외여행) 클리닉에서의 증후군 감시 |
| Global Emerging Infections Surveillance (GEIS) | 미 국방부 | 호흡기 및 위장관계 감염, 열성질환 증후군, 항생제 내성균, 성 매개 감염병 등의 국내외 감시를 통한 국방부 의료서비스 수혜자 보호 |
| Global Public Health Intelligence Network (GPHIN) | 캐나다 공중보건기구Public health agency of canada | 실시간으로 24시간 내내 7개 언어의 공중보건 관련 사건에 대한 웹 기반 "조기경보" 시스템으로 글로벌 미디어 소스(뉴스 와이어, 웹사이트) 모니터 |
| Global Outbreak Alert and Response Network (GOARN) | 세계보건기구 | 국제적인 질병 발생을 신속히 식별, 확정, 대응하기 위해 인적·기술적 자원을 결합하는 기술 협력 네트워크 |
| Infectious Diseases Society of America Epidemic Intelligence Network (IDSA EIN) | 미 감염학회Infectious diseases society of american | 의료제공자 중심의 최근 생겨난 감염 발생 감시 네트워크 |
| International Emerging Infections Program (IEIP) | 미 질병관리본부, 세계 질병 조기발견 프로그램Global disease detection program | 질병 발생의 신호가 될 수 있는 일상적이지 않은 변화를 식별하기 위한 국제적 질병발생을 추적함 |
| NEDSS | 미 질병관리본부 | 질병발생의 신속한 발견을 위한 모든 정부 수준에서의 통합 및 상호교환 가능한 감시 시스템 |
| National Notifiable Infectious Conditions | 미 질병관리본부 | 법정 감염병에 대한 자발적인 국가 자료 수집과 출판 |
| National Outbreak Reporting System | 미 질병관리본부 | 수인성 질환, 식중독, 인간 대 인간 및 인간 대 동물 전파성 장질환 등의 질병 발생 보고를 위한 웹기반 시스템 |
| Program for Monitoring Emerging Diseases (PROMED) | 국제감염성질병협회 International society of infectious diseases | 최근 생겨난 감염성 질환과 독소의 발생에 대한 글로벌 전자보고 시스템 |
| PulseNet | 미 질병관리본부 | 흔한 질병 발생의 조기 발견 촉진 |
| Real-Time Outbreak Disease Surveillance(RODS) | 피츠버그 대학교 | 생물감시 연구소 |
| Syndromic Reporting Information System (SYRIS) | 뉴멕시코 대학교, 에리조나 대학교 | 감염병 확산 예방과 효과적인 생물테러 공격 제지를 위한 실시간, 웹기반 조기경보 시스템 |

## 나. 재난 후 감시시스템 수립

특정 재난에서 예상되는 결과를 반드시 확인해야 한다(예: 지진으로 인한 좌상, 홍수로 인한 설사병). 인구이동, 인구밀도 증가, 기존 공중보건프로그램의 중단, 공중위생과 개인위생상태의 악화 등으로 인해 그 지역에서 유행했던 질병의 발생률은 재난 이전보다 증가할 것으로 예상된다. 피해지역의 인구를 표본으로 하여, 역학자는 사망, 질병, 상해 등의 결과와 연관된 인구학적·생물학적·화학적·물리적 및 행동요인을 확인하여 노출과 결과(질병 변수) 간의 관계를 알아낸다. 재난 발생 시 노출-결과 관계의 예는 표 4-3에 있다.

일관성을 보장하기 위해서는 결과를 측정하기 전에 사례를 정의해야 한다. 표준사례정의와 자료가 없으면 질병의 이례적인 발생은 검출할 수가 없으며, 그 경향을 정확하게 주시하기가 어렵고, 중재활동의 효과를 쉽게 평가하지 못한다. 사례정의를 내릴 때에는 위험 수준과 검출 우선순위의 변동에 따라 검출한계를 조정해야 한다. 이환율을 평가하는 기준은 임상적 증상 및 징후, 진단을 확인시켜주는 임상병리검사 결과, 사람, 시간, 장소에 따른 유행의 한계 등이다. 사례는 확정, 추정, 의심, 해당 없음 등 4가지로 분류하는데, 이 때, 확정, 추정, 의심 사례에 대한 기준에 맞지 않으면 해당 없음에 속하게 된다.

또한, 전년도와 동일한 시기의 질병 발생률 등 비교자료도 분석에 사용하도록 한다.

**표 4-3** 노출-결과 관계

| 시 기 | 재 난 | 노 출 | 결 과 |
|---|---|---|---|
| 발생 전 | 사이클론<br>토네이도 | 강풍<br>경보체계 발동 | 부상<br>대피하거나 하지 않음<br>부상, 사망 |
| 발생 중 | 돌발홍수<br>화산폭발 | 자동차에 갇힘<br>호흡기 흡입 가능한 크기의 재 미립자 | 익사<br>규폐증 |
| 발생 후 | 지진<br>사이클론 | 건물 유형, 홍수 수위, 연령<br>실외 정화활동 | 부상, 사망<br>정화활동 중 부상,<br>감전사 |

적절한 분석 방법을 찾아 이를 적용해야 한다. 기술적(연령, 성별, 인종별) 분석, 지리적 위치, 이환율 또는 사망률, 장기적인 경향 및 시간에 따른 사례의 수와 경향을 정의하는 시계열 분석 등이 그 예이다.

감시시스템에 정보를 제공하는 모든 기관(예: 병원, 의원, 보건지소, 이동의료서비스, 비정부조직, 의료시설, 임시 대피소, 초동대응일지)에도 자료 수집을 위한 보도를 한다.

## 다. 의사결정을 위한 자료수집

수집된 자료를 토대로 대응활동과 구호 및 복구계획이 이루어지므로, 가능한 한 공중보건 요구도에 대해 정확하고 신뢰할 수 있는 정보를 사용해야 한다. 유해 지도작성과 취약성 평가는 재난에 관한 유용한 배경정보가 되어 재난대비활동, 대응활동, 대피계획 등을 세우는데 이용할 수 있다.

보통 지방의 재난관리청, 지질연구소, 천연자원 및 환경 관련 부서에서 이러한 정보를 구할 수 있는 한편, 공중보건은 이들과 협력하여 공중보건을 강조하는 평가방법을 만들 수 있다.

사건 자체에 대한 정보는 다음과 같다.

- 피해지역의 인구학적 특성
- 사상자, 부상 및 선택한 질병에 대한 평가
- 이재민의 수와 특성
- 필요한 유형별로 구분된 자원봉사자 편성(예: 의학, 정신보건, 수색 및 구출 등)
- 의료서비스 기반시설 관리
- 음식, 물, 의약품 등 구호물품의 보관 및 분배
- 정보와 루머에 대한 통제

기존의 자료(인구조사, 주 입원 자료), 병의원(응급부서, 환자 의무기록, e-코드 e-codes), 건강관련조직과 보험회사, 민간 의료제공자, 임시 대피소(일일 대피소 인구조사, 대피소에 있는 의료시설의 기록), 초동대응요원(재난의료지원팀 환자기록), 군대나 비정부조직, 의료자원봉사자가 운영하는 이동클리닉(환자기록, 처방기록) 등에서 정보를 구할 수도 있다.

전통적인 의료기록 대신에 RFID칩(환자 등록팔찌에 삽입되어 있는)을 사용하는 병원에서는 스마트폰, PDA 혹은 RFID 리더가 부착된 노트북을 통해 업로드 되는 병원 데이터베이스에 즉각적으로 접근할 수 있다.

시간의 제약과 좋지 않은 환경상태로 인해 재난 복구단계에서는 철저한 역학적 방법을 사용하지 못할 수도 있다. 재난이 발생한 상황에서 평가팀은 보통 "임시변통 quick and dirty" 방법을 이용한다. 간단하고 실현가능하며 곤란한 상황에서도 사용할 수 있는 방법이자, 대응에 필요한 대답을 들어야 하는 사람이 질문할 때 즉시 분자와 분모로 나타내는 자료를 어림잡아 답해주는 방법이다.

## 라. 자료수집의 일관성

종래의 공중보건감시는 이례적인 질병이나 질병패턴을 보고하는 의료제공자와 이례적인 임상분리균주나 그 패턴을 보고하는 임상병리학자에게 의존하여 이루어졌다. 전자자료 교환에 대한 국가표준을 확립하여 자료정의, 코드 작성요령, 그 외 규격을 동일하게 사용하면, 폭넓은 정보체계를 토대로 의사소통과 통합이 용이해진다. 자료 간 비호환성을 낮춰줌으로써 관할지역 간에 자료를 비교할 수 있도록, 자료입력을 위해 통일된 정의를 확립할 필요가 있다.

## 마. 응급정보시스템의 예

국가 전역에서 응급정보시스템에 대해 많은 이해가 이루어진 이후, 기존 체계를 이용할 가능성이 크게 높아졌다. 허리케인 카트리나에 대응하는 동안, 미 질병관리본부는 재난의료지원팀 DMATs, 보건부, 적십자사 등의 다양한 기관과 협력하였다. 재난의료지원팀 DMATs 은 중증도 분류와 보건의료서비스를 제공하고 감시에 이용되는 정보를 제공하는 동시에 대피를 지원하였다. 많은 역학자와 감시팀원들은 보건부 내에서 활성화되었다. 미 적십자사는 감시에 사용되는 정보를 수집하는 동시에 대피소, 음식, 건강 및 정신건강서비스를 제공하였다. 이러한 기관들과 조율하면서, 미 질병관리본부는 12개 주에서 지속적인 감시를 수행하였다. 자료원은 병원, 응급부서, 클리닉, 재난의료

지원팀, 군 치료시설, 이송센터 등을 포함한다. 표 4-4는 허리케인 카트리나와 이후의 홍수 발생 후 걸프 해안 지역에서 수행된 감시의 주요 단계를 제시한다.

비록 미국에서 다수의 시스템이 공중 보건 실험실, 임상적 공동체, 주 및 지역 보건부서에 정보의 수집 및 보고를 지원한다고 하더라도, 이러한 시스템 중 다수는 일관된 반응, 건강, 질병추적자료의 시스템 간 교환 메커니즘 없이 별도로 운영되고 있다. 연방정부 차원에서 미 질병관리본부와 미 독성물질 및 질병등록기관ATSDR은 공통된 기술 표준과 기반구조를 구축한 자료수집체계를 개발했다. 여기에는 감시 용량, 이메일과 메시지 센터, 통신네크워크 등이 포함된다. 주정부와 지방정부 차원에서는 고유의 방법과 연방아키텍처에 지장을 주는 방법으로 기능하는 체계가 구축되었다.

**표 4-4** **카트리나 이후의 표본감시**

- 루이지애나 보건부LHD, Louisiana health department는 인프라 손실을 입었음
- 질병 발생에 대한 우려
- 뉴올리언즈에서 표본(강화된) 감시를 수행함
- 뉴올리언즈의 의료시설에서 치료 받은 모든 환자로부터 수집된 자료
  - 병원 8곳
  - 6개의 재난의료지원팀DMATs
  - 클리닉 5곳
  - 군사시설 10곳
- 수집된 형태
  - 30개의 질병 증후군
  - 4종류의 정신건강문제
  - 15종류의 외상
  - 약품 리필
  - 심각도severity
  - 배치disposition
- 임상평가 양식clinical encounter forms은 매 24시간마다 수집됨
- 양식은 기관 혹은 미 질병관리본부 직원이 기록검토에 의해 완료됨
- 자료 수집은 노동집약적임
- 종이 양식은 전자 데이터베이스로 이관되어야 함
- 확인된 사례cases는 보건부와 질병관리본부에 보고함
- 6개월 후 자동화된 증후군 감시로 전환됨

## 4. 증후군 감시

새로 나타난 감염과 발병을 확인하는데 유용한 감시도구는 증후군 감시시스템이다. 이 시스템은 임상병리검사 요청, 응급부서 주요증상, 구급차 출동일지, 처방의약품과 비처방의약품 사용, 학교 또는 직장에서의 잦은 결석(결근)과 같이 평가에 앞서, 행위를 기술하는 자료와 발병 가능성이 충분해서 이후 공중보건 대응을 해야 하는 의학적 증상과 증후군에 관한 자료를 모두 수집한다.

증후군 감시 자료는 보통 진료를 하는 장소에서 질병양상을 주시할 수 있는 데이터 스트림 data streams 으로부터 수집한다. 증후군 감시시스템에는 발병을 확인하는데 이상적인 5가지 특징이 있다. 자료를 일상적인 방법으로 수집하며, 의사의 보고에 의존하지 않는다. 자료가 즉시 전산화되어 증상별로 인구를 분류한다. 이 응급정보시스템은 표준사례정의가 확립되어 있지 않고 검출한계가 유동적인 신고대상 질환의 감시시스템과는 구별된다.

병원기반 증후군 감시시스템은 보통 데이터를 응급부서에 보고한다. 열, 호흡기 질환, 위장관 질환이 있는 환자의 전자자료를 하루에 1~2회 전송하여 일주일 내내 분석 및 파악을 할 수 있다. 자료는 병원별 및 우편번호별로 분류할 수 있으며, 거의 실시간에 가깝게 분석해야 한다.

경보가 울리면 자료상의 자연변동인지, 계절적 변동인지, 예상 질병의 실제 발병인지, 생물학적 제제가 연루된 사건인지를 구별할 필요가 있다. 자료를 평가할 때, 공중보건 분야에서는 내원율이 지속되거나 증가하는지, 여러 병원이 연루되어 있는지, 동일한 지역에 두 가지 증후군이 있는지, 다른 감시시스템에서 경보가 울렸는지, 강한 지리적 군집형성 경향이 있는지를 고려해야 한다. 그 외에도, 하루 내진율이 증가했거나, 하나의 병원에서만 일어났거나, 발병의 다른 근거가 없거나, 도시나 지역으로 확산 증가가 일어났는지도 고려해본다. 자료를 분석하는 방법 중 기초자료가 필요한 두 가지 방법이 있다. 후향적 자료에 대해 회귀분석을 해서 매일의 자료를 계절적 변동에 맞춰보거나, 이중주기 회귀분석 regression analysis 을 이용해서 계절적 변동을 설명함으로써 매일의 통계에 대한 예상 역치를 확립하는 서플링 방법 Serfling method 을 이용해서 지난 2주간의 자료 경향을 살펴보는 것이다.

증후군 감시시스템에 필요한 자료를 확보할 수 있는 자원의 예는 다음과 같다.

- 역학자
- 의사
- 응급의료종사자
- 임상병리사
- 간호사
- 약사
- 학교
- 수의사
- 현장 등

## 5. 재난감시업무그룹

2006년, 미 질병관리본부는 자연재난 이후의 감시활동을 조정하기 위해 재난감시업무그룹을 설립하였다. 재난감시업무그룹은 주 및 지역 보건부서와 비상지원기능[ESFs] 6 및 8에 대한 대응권한이 있는 기관과 협력한다. 재난 시 재난감시업무그룹은 협력기관에 기술적 자원을 제공하고 감시를 위해 사용되는 데이터를 수집하기 위한 방법론을 용이하게 한다. 자료수집을 표준화하기 위해, 재난감시업무그룹은 개별 데이터를 정리 및 보고하기 위한 감시 양식을 만들었다.(available at http://www.bt.cdc.gov/disasters/surveillance)

## 6. 공중보건 정보네트워크

공중보건 비상사태를 초기에 탐지하고 정보수집과 저장, 확산 등을 용이하게 하도록 미 질병관리본부[CDC]/미 독성물질 및 질병등록기관[ATSDR]은 공중보건 정보네트워크[PHIN]을 구축했다. 공중보건 정보네트워크는 기술적 표준을 세우고 기존의 공중보건정보시스템과 새로운 시스템을 조정하여 상호정보교환이 가능한 정보기술을 제공하는 포털이다. 공중보건 정보네트워크에는 감염병 정보교환 EPI-X, Epidemic information exchange, 건강경고네트워크 HAN, Health alert network, 국가전산질병감시시스템 NEDSS, 펄스넷 PulseNet 등이 있다. 공중보건 정보네트워크는 공통자료와 용어 표준을 규정하고, 통일된 공중보건체계에서 자료를 수집하도록 협력관계를 요구함으로 주요 보건자료의 교환을 지원한다.

공중보건 정보네트워크 내에 주요 미 질병관리본부 프로그램이 설치되었거나 재난시에 공중보건활동을 촉진할 수 있도록 강화하였다. 주요 프로그램과 구성요소는 다음과 같다.

- 응급 종합감시 directing, alerting, and emergency operations

  **공중보건 디렉토리** Public health directory : 필요한 인력과 기관이 미 질병관리본부 프로그램에 500,000개 이상 목록화 되어 있음

  **미 질병관리본부 경보서비스** CDC alerting service : 전화, 팩스, 이메일, 웹 등을 이용하여 경보를 전송함

  **건강경고네트워크** Health alert network : 건강과 관련된 경보, 예방 지침, 국가 질병감시, 실험실 보고 등의 전파에 이용되는 국가의 통합 전자 정보 및 의사소통 시스템

  **역학 정보 교환** Epidemic information exchange : 감염병 정보교환 EPI-X 은 보안 암호화한 미 질병관리본부 CDC/미 독성물질질병등록국 ATSDR 의 웹기반 통신네트워크이므로, 비상시에 각주의 지정된 공중보건전문가들을 서로 연결해 줌

- 국가 감염병 감시 national notifiable disease surveillance

  **국가 전산질병감시시스템** NEDSS : 전 국가가 유행성 질환의 발생을 신속히 감지할 수 있도록 개발된 통합된 감시시스템

  **국가 감염병감시시스템** National notifiable disease surveillance system : 국가감염병 감시에 필요한 정보 수집

- 감염병 유행 관리 outbreak management

  **감염병 유행 관리** Outbreak management : 자료수집(인구학적 특성, 사례조사, 실험실 결과, 노출), 사례 추적관리, 접촉자 추적관리

  **보호조치 및 대응 관리** CRA, Countermeasure and response administration : 대책 및 대응활

동을 관리하기 위한 중앙 혹은 지방정부 수준의 웹기반 도구; 보호조치에 관한 권고안 제공, 백신, 예방, 치료 및 격리 등에 관한 정보 추적 및 관리

**실험실 시스템** Laboratory systems : 정보와 실험실 정보 관리 등에 관한 감독 및 전문가 제공

**생물탐지기** Biosense : 병원의 임상자료를 미 질병관리본부로 보냄으로써 실시간 질병 발견과 모니터가 가능한 생물감시 프로그램

## 가. 국가 전산질병감시시스템

**국가전산질병감시시스템** NEDSS 은 공중보건 정보네트워크 PHIN 의 주요 요소이다. 국가 전산질병감시시스템의 주 목표는 산업소프트웨어 표준을 준수하며, 전자 상에서 이용할 수 있는 자료의 자동입력과 분석이 용이하도록 하는데 있다. 감시시스템을 통합함으로써, 국가 전산질병감시시스템은 효율적으로 전자입력을 하고, 업데이트를 하며, 의료기관에 위치한 임상정보시스템에서 인구학적 자료와 신고의무 질환에 대한 자료를 지방정부, 주정부, 연방정부의 공중보건부서에 전송한다. 일관성을 유지하도록 국가전산질병감시시스템은 자료 수집, 관리, 전송, 분석, 접근 및 보급을 용이하게 하는 표준에 맞춰, 일상적인 감시를 위해 수집할 자료요소의 수를 최소한으로 하도록 권장한다. 효율적인 분석도구라는 점 이외에도 국가전산질병감시시스템은 의료제공자의 부담을 덜어주며, 정보를 제공한 시각과 정보의 질을 보장한다. 병원이나 연구실에서 자료를 입력할 때, 사용자는 자료를 한 번만 입력한다. 의료제공자가 국가전산질병감시시스템에 자료를 입력할 때, 자동적으로 국가전산질병감시시스템에 입력되며, 병원이나 연구실에서 데이터베이스를 유지하는 동안 주정부는 자동적으로 자료를 받게 된다. 주정부는 주정부 차원에서 보도를 할 수 있다. 또한 자료는 미 질병관리본부에 정기적으로 전송되어 미 질병관리본부가 보다 정확하고 신속하게 발병 사실을 확인할 수 있도록 탄탄한 자료를 제공한다. 국가전산질병감시시스템은 보호대상 건강정보의 사용 및 공개를 통제하는 1996년 연방의료통상책임법 HIPAA, Health insurance portability and accountability act 의 사생활보호 규칙을 준수한다. 연방의료통상책임법은 감시, 조사 및 중재 등 공중보건 활동을 위해 의료제공자들이 개인정보를 합법적인 공중보건당국과 공유하는 것을 허용한다.

## 7. 국가전산질병감시시스템과 지리정보시스템

지리정보시스템 GIS 과 결합하면 국가전산질병감시시스템 NEDSS 은 강력한 분석도구가 된다. 시스템에 자료가 로딩될 때, 자료의 위도와 경도를 알려주는 주소 좌표변환 geocoding 과정을 거치므로 사용자가 표로 나타낸 보고서 외에도 시각적으로 자료를 볼 수 있다. 자료를 시각화할 수 있으므로 설정한 매개변수를 토대로 활동을 쉽게 그릴 수 있다. 하나의 정보위에 다른 정보가 그 위에 겹치는 식으로 자료를 볼 수 있다. 위험지도 risk map 와 웹 포커스 web focus 는 시중에 판매되는 소프트웨어 프로그램으로 지리정보시스템과 국가전산질병감시시스템 데이터베이스 간에 터널을 구축해서 상호접촉을 제공한다.

이 기술의 장점을 이해하기 위해 지리정보시스템이 작동하는 방법과 비상 시 공중보건대응 및 대비할 기회에 대해 설명하겠다.

**지리정보시스템** GIS — 지리정보시스템은 재난 대비 및 대응 시 역학 및 감시활동을 지원하는 유용한 도구이다. 지리정보시스템 기술을 통해 사용자는 디지털 방식으로 자료, 공간 정보 및 지리학에 접속하고, 알아보기 쉬운 시각매체에 정보를 나타낼 수 있다. 지리정보시스템 자료는 어디에서 일어났는가에 대한 정보와 어떤 일이 일어났는가에 대한 정보를 결합시키므로 서로 다른 특성을 가진 집단이 한 곳에 있음을 확인할 수 있다. 공간 데이터베이스 관리, 시각화와 지도화, 공간분석 등을 이용한 이 기술로 자료의 공간적 및 시간적 관계를 알 수 있다. 지리정보시스템을 통해 연구자와 공중보건전문가, 정책입안자가 건강결과, 공중보건위험, 질병전파, 의료접근성, 모든 비상사태와 관련된 그 외 공중보건 우려사항 보다 잘 이해하게 되었다. 지리정보시스템 자료는 15 cm 단위까지 정확하며, 재난 후에 건물이 이동했는지를 보여주기도 한다. 지리정보시스템 GIS 지도에서는 담당부서들이 한 도시 전체가 나오는 지도에서 각 부서의 위치를 나타내는 지도로 바꿀 수 있다. 예를 들어 비상사태 이후에 병원에서 집에 있는 간호사를 불러야 하는 경우 지리정보시스템은 맵 포인트 소프트웨어 Mappoint software 를 이용해서 안전한 경로를 확인하여 병원이나 부서로 간호사를 이동시키는데 대한 정보를 제공해준다. 또한 지리 배정프로세스 GAP, Geographic allocation process 은 지리정보시스템을 이용하는 프로세스로, 일손이 부족한 곳을 결정하는데 도움이 된다. 지리정보시스템은 네트워크 환경에서 가능하다. 표 4-5는 비상 대비 시 공중보건 분야에서 사용하는 지리정보시스템의 용도를 나타내고 있다.

**표 4-5 재난대비 시 지리정보시스템 GIS 의 용도**

**지역사회 대비**
- 지역사회의 위험을 평가
- 취약인구집단의 높은 밀집도 확인
- 위험 구역의 인구를 추정
- 특정 인구를 대상으로 예방활동을 하도록 인구학적 요소(예: 주택유형, 연령, 특별지원이 필요한 사람)를 지도화
- 의사의 치료 프로파일 작성해서 어떻게 치료목표를 정할 것인지 알 수 있음(예: 탄저병에 대한 화학적 예방으로 대부분의 의사들이 시프로 3정을 처방함).
- 질병을 전달하는 매개체의 위치를 예상(예: 모기)
- 사건 전후에 비상사태에 필요한 서비스 수요를 모형별로 예상(예: 홍수, 지진 또는 허리케인이 잦은 지역)
- 의료시스템의 확장능력 확인
  - 의료시스템의 시장/치료 분야 확인
  - 지역사회에서 전문의와 전문 서비스 위치 파악
  - 정의된 인구가 서비스를 이용하는 방법을 살펴보기 위해 소지역분석 수행
- 피해자가 원하는 서비스의 위치를 확인하도록 거주지와 치료지 우편번호를 분석하여 앞으로 있을 재난에 대응하여 보다 많은 서비스를 배치하거나, 비상사태가 일어나기 전에 예방 서비스를 재배치
- 훈련 시나리오 작성

**대응모델**
- 질병의 지리적 확산을 확인하여 질병감시
  - 감염성 질환을 감시 · 추적하고, 공간관계를 살펴봄으로 전염경로를 예상
- 현재 의료서비스와 관련하여 우편번호별로 부상자의 위치를 파악함으로써 의료서비스 제공 장소(예: 분배장소) 혹은 대피소에 대한 정보제공
- 도시 수색과 구출작업을 위해 정확한 지도 작성
- 자산관리를 모니터링
- 실시간 현장자료 관리
- 자료공유역량 향상
- 자원의 위치 파악
- 기본 서비스, 시설, 교통상태 등에 대해 주민에게 정보제공 및 업데이트
- 실시간 대피소의 수용능력과 위치추적
- 위험 및 취약성 평가
  - 잠재적 손상의 범위와 위치 평가
  - 공백을 확인하여 서비스를 지원하는 센터를 확인
  - 복구 및 재건을 목표로 파괴양상을 지도화
  - 화학약품 연기가 어떻게 공기, 토양, 물에서 확산되는지, 피해를 입는 사람과 사물을 추적
  - 대피지역 결정
- 대응평가

## 가. 지리정보시스템에서 자료를 이용하는 방법

지리정보시스템의 목적은 자료를 이용해 행정적으로 문의한 질문에 답하는데 있다. 지리정보시스템은 '다음에 어디를 살펴봐야 하는가?'에 대한 질문에 공간정보를 제공한다. 관계형 데이터베이스 분석결과가 표와 차트에 나타나는 한편 지리정보시스템은 해당 정보의 서술적인 측면을 제공하며, 종래의 통합보고서를 능가하여 어떤 일을 할 수 있는가를 보여준다. 기반자료모형 underlying data model 을 구축하여 지리정보시스템은 기반자료모형 정보의 단계를 살펴봄으로써 위치와 속성에 관한 자료를 제시한다.

지역사회의 공중보건 관리도구의 하나인 지리정보시스템은 여러 기관의 공동연구를 통해 개발되었다. 지리정보시스템 팀을 이루기 위해서는 여러 분야의 지원자가 있어야 한다. 재난대응 시 다른 건강보건 및 정신보건 분야의 인력들과 마찬가지로 지리정보시스템 지원자는 사전에 심사를 받고 자격인증이 된 전문가나 학생이어야 한다. 지리정보시스템 지원자는 해당 지역사회에서 현재 사용하는 지리정보시스템, 파일설정 등에 대해 사전에 교육을 받아야 재난 발생 시 신속하게 도움을 줄 수 있다.

원래 각 기관은 자매기관과 정보를 공유하지 않고 자신만의 데이터베이스를 구축하고 분석하여 자료를 수집 및 이용하곤 했다. 국가공간정보기반 NSDI, National spatial data infrastructure 행정명령에서는 지리 공간 자료수집과, 정부와 민간 비영리부문, 학계 전반으로의 접근을 권장했다. 이 행정명령에서는 비상대응에 필요한 자료를 목표로 했다. 모든 기관이 지리 자료층에 대한 중심화된 데이터 셋에 접근하는 대규모 지리정보시스템 솔루션은 자료 수집, 유지관리 및 처리과정의 불필요한 중복을 줄여주었다. PDA에 ESRI®과 ArcPad™과 같은 지리정보시스템 응용프로그램을 깔아 실시간으로 현장을 평가하고 정보를 비상대책본부 EOC 로 전송할 수 있다. GEOMAC(geomac.usgs. gov)과 같은 상호대화식 지도제작 응용프로그램도 미국 어느 곳에서 발생한 재난상태를 평가하는데 이용할 수 있다.

지리정보시스템을 통해 사례분포도, 질병인자의 변이성을 지도에 나타내며, 질병의 발병에 대한 시간적 및 지리적 경향을 분석하고, 이러한 정보는 중재 및 예방활동에 대한 결정을 내리는데 도움이 된다.

주소정합 좌표변환 address match geocoding 을 통해 각 주소를 지도상에 나타낼 수 있다. 예를 들어 고위험 지역이자 질병이 발생하고 영어를 못하는 주민들이 상당수 있는 지역에 대한 우편번호 지도를 만들면 공중보건당국이 여러 언어로 교육 자료를 마련해야 하는 곳이 어디인지를 확인할 수 있다. 고밀도 주택지이지만 이용할 수 있는 서비스가 부족한 지역과 이전 재난으로 인해 손상이 발생한 지역을 지도에 나타내면 공중보건당국이 임시 치료센터나 재난의료지원팀 DMAT 의 위치를 정하기가 용이하다. 증후군 감시시스템 자료와 지리정보시스템을 지도화하면 감염/발병이 확산될 곳을 예상할 수 있다. 자동전화연결시스템과 결합한 지리정보시스템 기반 응용프로그램을 이용해서 시민들에게 진행 중인 재난에 대한 경고를 주는 등 긴급 메시지를 전달할 수 있다. 한 예로 국가전산질병감시시스템 NEDSS 자료는 병원에서 수집 및 입력하며, 주정부로 자동전송이 이루어지고, 주정부는 매개변수를 설정하여 자료를 원하는 대로 만들 수 있다. 분석이 이루어지고 위험한 지역을 확인하는 지도가 만들어지면, 이 체계는 자동으로 일련의 전화를 울리고 사람들에게 주소 및 비상사태와의 관계에 따라 x, y 또는 z를 하도록 말해주는 자동전화통보를 내보낸다.

주 혹은 지방정부의 응급부서와 협력하는 보건부는 지리정보시스템 GIS 을 이용해서 정전 power outages 에 관한 정보와 주요 인구가 피해를 입었는지를 살펴볼 수 있는 도로지도 외에 또 다른 인구조사 자료를 보유한다. 지리정보시스템은 죽은 까마귀가 있는 지역, 모기가 번식하는 지역을 지도에 나타내어 웨스트 나일 바이러스 West Nile virus 가 확산될 수 있는 지역을 확인하는데 도움이 된다. 세계무역센터 폭격에 대응해서 공무원들은 건물이 있던 자리를 알기위해 지리정보시스템 으로 참조 프레임을 만들었다. 지리정보시스템을 이용해 그 현장 옆에 있는 건물이 위험하게 이동했는지도 확인할 수 있었다. 더 나아가 열지도 thermal maps 를 정사 투영영상 ortho imagery 에 덧씌워 화재진압을 해야 하는 장소와 인력을 파견하면 안 되는 장소를 확인했다.

## 나. 자료의 출처

자료의 출처에는 제한이 없으며 지역사회의 특징을 나타내는 자료는 정책결정자에게 더 도움이 된다. 일부 자료는 구매해야 하지만 일부는 무료로 이용이 가능하다. 예를 들어 정보 기술청/지리정보시스템 GIS 부서에는 유료 필지도 parcel maps 가 있으며, 지리학 네트워크에서 다운로드를 받을 수 있는 여러 링크가 있다.

지방 국세심사위원회와 도시구역계획위원회는 일상생활활동을 추적하여 자금을 융통하므로 해당 지역사회에 대한 데이터베이스를 구축할 때에는 이들의 자료가 가장 적합하다. 재산세 데이터베이스에는 주택 소유주의 이름과 전화번호가 있다(비상전화 통지 응용 프로그램으로 전송되는 정보). 교통부, 연방철도청, 인구조사 통계국, 학교, 인명별 전화번호부 등의 정보를 이용할 수도 있다. 그 외에 구글에 "지리정보시스템 자료"를 검색어로 입력하여 검색할 수도 있다. 지역에 설치한 지리정보시스템 사용자 네트워크는 데이터 셋이 어디서 매장되는지를 알게 되기 시작하는 중요한 곳이다. 게다가 연구단체와 비영리단체는 지역사회에 유용한 데이터 셋을 보유하고 있을 것이다. 주정부나 연방정부, 자치군, 그 외 공공기관 또는 공익단체가 소유한 지역에 대해 방대한 데이터 셋이 존재할 가능성이 있다. 자료를 확장하고 자원 및 시설관리를 개선하기 위해 각 병원을 확대하고, 병원의 층별 계획을 지역사회의 재난계획과 함께 실행하는 시설에 대한 상세지도를 구해서 전자 청사진을 만들 수도 있다. 결과평가도구세트[CATS]와 HAZUS[1]는 공용 소프트웨어 패키지로 지리정보시스템(ArcView®과 ArcGIS®)을 이용하며, 재난대응에 필요한 자산에 관한 방대한 국가적 데이터 셋을 포함하고 있다. 이 자산에는 지리정보시스템으로 지도화 할 수 있는 병원, 약국 및 원자력발전소 등이 있다. 지리정보시스템과 공중보건에 유용한 데이터 셋 유형은 다음과 같다.

- 공항
- 지역사회 기반 조직
- 지역사회 센터
- 지역사회 인구통계학
- 환자가 연방의료통상책임법[HIPAA] 인가에 동의한 진료실
- 소방 및 기타 응급서비스
- 정부 건물
- 병원
- 병원 감시
- 법집행 시설

1) 연방재난관리청의 잠재적 재난손실 예측 프로그램 (http://www.fema.gov/plan/prevent/hazus)

- 장기요양시설
- 주요 고속도로와 철도
- 약국
- 전화선
- 발전소
- 학교 및 학교 감시
- 보초감시시스템
- 유해화학물질 배출량 조사
- 동물병원
- 인구 동태 통계

지리정보시스템[GIS] 재난관리프로그램을 계획할 때, 자산과 위험에 대해 완벽한 최근 자료를 구하는 것이 중요하다. 또한 지리정보시스템 인력과 현재 비상관리연락담당자의 이름, 현재 이동전화번호, 이메일 주소 등을 수집·분석하고 정기적으로 업데이트하는 것이 좋다.

재난 후 단계에서 어떤 자료가 필요할지 알기는 어렵기 때문에 가능한 많은 종류의 정보와 많은 양의 데이터 셋을 구축해야만 한다. 원하는 데이터 셋을 알게 되면 사전에 정보공유협정을 합의하여 재난 발생 후에 즉시 사용할 수 있게 해야 한다. 정보를 공유하게 되면 공사대응계획을 통해 지역사회의 공조대응활동을 하기 용이하다. 많은 사람들이 사용할 가능성이 있으므로, 지리정보시스템 데이터 셋의 디렉터리 구조는 논리적이어야 한다. 명명할 때에는 쉽게 알아볼 수 있도록 간단하고 서술적인 이름을 사용한다.

## 다. 지리정보시스템 자료를 이용하여 계획세우기

데이터 셋을 구축하면, 아주 중요한 시설 등을 포함하여 취약한 자산을 확인해 볼 수 있다. 다음 시설들이 이에 포함된다.

- 통신용 구조
- 화재 및 구조
- 병원과 간호시설
- 약국
- 경찰서
- 학교 및 어린이집
- 대피소
- 교통
- 공공시설

또한 유해물질 보관 장소, 식량원과 식수원, 공중위생센터 등 파괴되었을 때 지역사회에 심각한 공중보건문제를 야기하는 시설들을 점검해 볼 수도 있다.

## 라. 데이터 셋 구축하기

초기단계는 지역사회를 위기로 몰고 간 역사적인 사건을 확인하고 충격 빈도와 규모, 피해지역에 따라 그 사건들의 순위를 매기는 것이다. 발생 가능성과 발생이력을 토대로 고위험 지역의 위험 수위를 정한다. 중요한 결정은 자료를 근거로 이루어지므로 원문요약, 업데이트 일정, 자료 사서의 연락처 등 이용하는 자료의 내력에 대한 기록을 보유하는 것이 중요하다. 데이터의 내력은 공중보건 중재에 대한 몇 가지 의사결정에 영향을 미칠 수 있다. 능동적 단기 감시시스템을 통해 수집한 자료와 같은 일부 자료들은 불완전하고 데이터 클리닝이 필요할 수도 있다. 예를 들어 신고대상 질병의 기록에 대한 수정은 지리적 식별자로서의 주소자료를 활용하여 이루어질 수 있다. 더 나아가 여러 출처에서 자료를 수집할 때 사용가능한 형태로 변환해야 하는 경우도 종종 있다. 마지막으로 특정 데이터 세트는 각각의 유해성에 대해 Shape 파일로 설정될 수 있지만 다른 강력한 형식은 공간데이터를 쉽게 다른 컴퓨터 플랫폼에서 사용할 수 있도록 디자인 된 SDTS Spatial data transfer standard 이다.

## 마. 사회적 취약성과 지역사회 대비

지리정보시스템은 사회적 취약성의 결과로 가장 고통 받는 위험에 처한 사람이나 지역을 식별하는데 유용한다.

취약성에 대해서는 10장에서 자세히 논의되고 있으므로 본 장에서는 기능적 요구 혹은 언어장벽으로 인해 사회적으로 취약한 대상자, 재정적 자원이 없는 대상자, 여성, 아동, 노인으로 사회적 취약계층을 정의하는 것으로 충분하다. 지역사회 전체가 취약할 수도 있다.

사회적 취약성 평가도구SOVI, Social vulnerability index는 미국의 다양한 위험요소에 대한 사회적 취약성을 측정한다. 이 도구는 지역사회의 유해요소에 대한 대비, 대응, 복구에 대한 무능력을 예측하기 위한 32개의 사회경제적 변수로 구성되어 있다. 사회적 취약성 평가도구는 지리적 변화를 강조하고, 재난계획자가 어느 지역이 대비 및 대응할 수 없는지 기존의 취약성을 줄이기 위해 가장 효율적으로 자원을 사용할 수 있는 지역이 어디인지를 확인할 수 있도록 해 준다. 또한 사회적 취약성 평가도구는 지역사회의 복구속도가 다른 것을 나타내기 위해서도 사용할 수 있다(자세한 정보 참조: http://www.222.sovius.org.).

지역사회에서 취약한 대상자를 확인하는 과정은 간단할 수 있다. 예를 들어 관심 대상자의 주소를 수집함으로써 하나의 기관에서부터 시작한다. 다음으로 서비스를 받고 있는 대상자의 주소, 서비스 제공자, 시설, 직원, 우편번호 등을 확인한다. 잠재적인 위험지역(예: 홍수지역)에 주소를 덮어씌운다. 마지막으로 지도를 준비하고 계획자와 결과를 논의한다.

지정된 공중보건 당국과의 자료공유에 대한 동의를 받고, 해당되는 대상자들로부터 권한을 얻거나 혹은 비상사태에 대한 공지를 원하는 대상자 등록을 이용함으로써 연방의료통상책임법HIPAA, Health insurance portability and accountability act을 준수할 수 있다. 또한 응급관리와 보건의료기관의 취약계층과 기능적 욕구가 있는 대상자들의 자료공유에 관한 가이드라인을 만들어야 한다.

## 바. 재난완화에 지리정보시스템 이용하기

지리정보시스템 GIS 제품과 공간분석을 통해 사용자는 위험이 존재하는 곳을 정확하게 지도에 나타내고 정보를 시각화할 수 있으므로 실행 가능한 예방조치를 취하도록 결정을 내릴 수 있다. 지리정보시스템은 고위험 지역과 고가치 자산이 많이 있는 곳이나 취약한 인구가 있는 곳을 함께 나타낼 수도 있다. 산불을 줄일 수 있는 산불위험지역이 그 예이다. 지역사회에서 위험지역과 위험인구를 결정하면 공중보건당국은 예방/완화 활동을 펼칠 지역을 대상으로 비상관리팀과 지역유지들과 협력할 수 있다.

많은 지역사회에서 지리정보시스템을 이용하여 환경피해에 대한 평가지도를 작성하므로 공중보건용 평가지도 assessment maps for public health 를 작성할 토대가 마련되었다. 지역사회에 흔한 위험요소로 인해 용인할 수 없는 수준으로 사망률과 이환율이 증가할 가능성을 보여준다면 공중보건 계획자는 재난완화에 초점을 맞출 수도 있다.

## 사. 지도

재난 발생 이후에는 여러 부문에서 공간정보에 관한 수요가 높아진다. 재난으로 인해 어떤 지역이나 지역사회의 주요 지형지물이 파괴된 경우 그 지역을 지리적으로 시각화하면 현장을 안정화시키고 새로운 방향을 설정하는데 도움이 될 수 있다.

누구든 사건이 일어난 위치, 자원, 교통, 비상망 등에 관해 필요한 정보를 지도에서 찾아볼 수 있으므로 커뮤니케이션과 의사결정이 용이하다. 더 나아가 인터넷과 상호작용 지도제작 프로그램 inter-active mapping programs 을 통해 공중보건당국은 지역사회에 실시간 온라인 변경이 가능한 중재 및 복구 과정에 대해 알려줄 수 있다.

지리정보시스템 GIS 은 사용자의 업무에 필요한 특징에 맞게 개별화된 지도를 만들 수 있다. 우선 기존의 지역사회 자료에 있는 위치를 참조한 기본도 basemaps 를 만들어야 한다. 기본도의 속성은 해당 지역사회에 있는 위험의 종류에 따라 다양하다. 재난은 관할영역 경계에 국한하지 않으므로 기본도는 그 경계를 넘어가곤 한다. 각기 다른 속성을 가진 여러 기본도가 필요할 수도 있다. 예를 들어 피해지역 주변을 돌아보는 대응자의 경우 주요 지형지물을 보여주는 기본도가 필요하다. 기본 작전현장지도는 보급품이 필요한 곳을 확인하여 그 지역 밖에 있는 지원팀에게 지시를 내릴 때 유용하다. 또한 애완동물 대피소의 위치와 병원 및 학교가 있던 위치에 대한 기본도가 필요할 수도 있다.

지도를 작성하고 나누어주는 체계를 설립하는 것도 지리정보시스템GIS 실행의 일부이다. 응급관리 부서가 보통은 지도를 배포하는 책임기관이 된다. 지도는 표준지도, 견본지도, 특수지도 등 세 가지로 구분해야 한다. Arc GIS와 같은 컴퓨터 지도제작 제품과 SQL 서버와 같은 관계형 데이터베이스를 이용해서 지도를 작성한다. 온라인으로 요청한 지도제작을 허용하면 요청한 매개변수를 확립하고 추적할 수 있다. 대응자와 정부당국이 요청하는 복잡한 배열의 사고지휘체계ICS 형식도 이 온라인 사이트에서 쉽게 이용할 수 있다.

또한 지도의 이력과 지도를 만드는데 사용한 자료를 추적할 수 있는 일지를 남겨야 한다. 특히 그 자료가 변경이 되었을 때는 더욱 기록을 남겨야 한다. 그라운드 제로Ground Zero의 사례와 마찬가지로 어느 정도 시간이 지날 때까지 현장에 어떤 유해물질이 있었는지 알지 못할 수도 있으므로 초기에 사용한 지도와 자료를 기록해두는 것이 중요하다. 공중보건당국은 시간에 따른 노출을 추적하고자 하며 특히 새로운 정보가 추가되거나 제독소decontamination stations가 이동한 경우에는 더욱 그러하다. 표 4-6은 이용 가능한 모델링 프로그램의 예시이다.

## 8. 재난감시 평가하기

마지막으로 응급정보시스템EIS이 더 이상 필요하지 않은 시기를 알 수 있도록 재난이 발생한 상황에서 응급정보시스템을 평가해야 한다. 그 시기는 보통 이 시스템을 가동하는데 이용할 수 있는 인력과 자원, 응급시스템과 일상적인 감시가 함께 어우러질 수 있는가의 여부에 의해 결정된다. 응급정보시스템을 평가하면서 응급정보시스템의 속성, 유용성 및 비용을 기술하고, 향후 재난감시의 개시와 결론에 관한 권장사항을 마련한다. 그 평가방법에 대해서는 제13장에서 자세히 기술한다.

**표 4-6** 대표적인 모델링 프로그램

| 출 처 | 프로그램 | 도 구 | 기 능 | 출 처 |
|---|---|---|---|---|
| 해양대기청 NOAA, National Oceanic and Atmospheric Administration | 생태자원에 대한 위험 평가 | | 유해 폐기물 지역을 평가함 | |
| | | 환경 민감도 색인[ESI, environmental sensitivity index] 지도 | 인근 기름유출사고 발생 시 위험에 처하는 해양자원을 요약 제시함 | 대응 및 복구부서, 미 해양대기청의 해양청; ESI 메타데이터, 비상대응 소프트웨어와 데이터 셋 페이지 (http://www.response.restoration.noaa.gov) |
| | | 지역사회 취약성 평가도구 CVAT, Community Vulnerability Assessment Tool | 소프트웨어, 데이터, 사용지침서로 구성된 콤팩트 디스크 도구 지역사회의 유해요소확인에 이용됨 일련의 독특한 유해물질이 있는 주어진 환경에 맞게 설정 가능함 | 무료 이용 가능 (http://www.csc.noaa.gov/products/nchaz/htm/about.htm) |
| | 비상대응 프로그램 | | 미 해양대기청의 효율적인 비상대응 능력 구축 및 유지 | |
| | | 환경대응관리 어플리케이션[ERMA, Environmental Response Management Application] | 기름유출 혹은 허리케인 등의 실제적인 사고 대응 시 현장지휘소 및 대응현장 모두에서 접근 가능함 | 대응 및 복구부서, 미 해양대기청의 해양청; ERMA 웹포털 페이지 (http://www.response.restoration.noaa.gov) |
| | | 대응, 계획 및 지역 업무를 위한 매핑 어플리케이션[MARPLOT, Mapping Application for Response, Planning, and Local Operational Tasks] | 국가의 모든 지역 지도를 다운로드할 수 있는 간단한 매핑 어플리케이션 | Emergency Management, U.S. EPA (http://www.epa.gov/oem/content/cameo/marplot.htm) |
| | | 유해대기의 공중 위치[ALOHA, Aerial Locations of Hazardous Atmospheres] | 대기 중 유해화학물질 유출사고 이후, 유해가스구름이 얼마나 확산되는지 예측하기 위해 광범위한 화학물질 라이브러리로부터의 물성치와 더불어 사용자가 제공하는 정보를 이용하는 가스 확산 모델링 소프트웨어 | Emergency Management, U.S. EPA (http://www.epa.gov/osweroe1/content/cameo/aloha.htm) |

| | | | | |
|---|---|---|---|---|
| | 기름유출 대응 | | 연안환경에서의 기름유출에 대한 효율적이고 안전한 대응 지원 | |
| | | 기름유출에 대한 자동화된 데이터 조사 ADIOS, Automated Data Inquiry for Oil Spills | 기름유출 대응 및 수거 작업시 전형적인 질문에 대한 응답을 돕도록 설계됨<br>멕시코만 기름유출 Deepwater Horizon spill 사건 이후 유출된 기름이 어디로 흘러가는지 평가하는 것을 도움 | 대응 및 복구부서, 미 해양대기청의 해양청; ADOIS2, 미 해양대기청의 비상대응 프로그램 페이지<br>(http://www.response.restoration.noaa.gov) |
| | | General (NOAA) Operational Modeling Environment (GNOME) | 기름유출 궤도 모델 | 대응 및 복구부서, 미 해양대기청의 해양청; GNOME, 비상대응 프로그램 페이지 Emergency<br>(http://www.response.restoration.noaa.gov) |
| 연방재난관리청 FEMA, Federal Emergency Management Agency | | HAZUS (Hazards U. S.) | 발생가능성이 높은은 지역사회의 물리적·경제적 손실을 측정하는 모델<br>지진, 홍수, 허리케일 모델<br>연방 데이터 셋과 함께 제공되나, 지역 데이터에 맞게 설정은 안됨<br>연방재난관리청은 HAZUS 훈련 과정을 제공함 | HAZUS: 연방재난관리청의 잠재적 재난 손실 예측 프로그램<br>(http://www.fema.gov/plan/prevent/hazus) |
| 국가허리케인센터 National Hurricane Center | | 바다, 호수 및 지표해일 허리케인 급상 SLOS, Sea, Lake, and Overland Surges from Hurricanes | 허리케인과 열대성 클론에 의한 폭풍해일을 평가함<br>비상관리자가 대피지역을 결정하기 위해 이러한 데이터를 활용함 | 기상청 기상개발연구소 페이지<br>(http://www.nws.noaa.gov/mdl) |

거주하고 있는 지역이 위험할지 우려된다면 표 4-7의 지리정보시스템도구를 확인해 본다.

**표 4-7 각 재난에 맞는 지리정보시스템 GIS 도구**

| 재 난 | 디지털 지도제작 프로젝트/도구 |
|---|---|
| 지진 | 캘리포니아 주 자원보존부/광산 및 지질학 분과DOC/DMG<br>[http://www.consrv.ca.gov/cgs/DMG_redirect.htm]<br><br>미 지질조사국USGS 국가지진위험지도<br>[http://eqhazmaps.usgs.gov/] |
| 감염병(보건 관련) | 미 항공우주국NASA 에임스 연구센터의 글로벌 모니터링 및 질병예측 프로그램<br>[http://geo.arc.nasa.gov/sge/health/links/links.html] |
| 화재 | 미 황무지화재평가체계WFAS, 화재위험등급지도<br>[http://forestry.about.com/library/weekly/aa071403a.htm]<br><br>캘리포니아 주 산림부CDF 화재위험구역 지도<br>[http://gis.ca.gov/catalog/BrowseRecord.epl?id=5290] |
| 홍수 | 연방재난관리청FEMA 홍수보험요율지도FIRM<br>[http://www.femagov/fhm/]<br><br>바다, 호수 및 지표해일SLOSH, 허리케인 폭풍해일 범람구역 지도<br>[http://www.csc.noaa.gov/products/sccoasts/html/hazards.htm] |
| 허리케인 | 결과평가도구세트CATS, Consequences assessment tool set<br>[http://gis.esri.com/library/userconf/proc00/professional/papers/PAP722?p722.htm]<br><br>USGS 국가 재난정보통합센터CINDI<br>[http://www.geo-guide.de/cgi-bin/ssgfi/anzeige.pl?db=geo&nr=002861&ew=SSGFI] |
| 산사태 | USGS 샌프란시스코만 산사태팀SFBLT<br>CA DOC/DMG 산사태위험 확인지도<br>[http://www.mapmart.com/] |
| 사회불안/전쟁 | 국가 대기권정보국NGA<br>(전 미 국가영상지도국, NIMA)<br>[http://earth-info.nga.mil/gns/html/] |
| 독성물질 방출, 폭발 및 화재 | HAZUS(FEMA)<br>[http://www.fema.gov/hazus/] |
| 쓰나미 | NOAA 태평양 환경연구소 내 쓰나미 범람 지도 제작센터TIME<br>[http://www.pmel.noaa.gov/] |

## 요약

1. 역학은 재난이 공중보건과 건강에 미치는 영향을 조사하는데 이용하며, 재난역학의 목적은 자연적 혹은 기술적 유해요인에 의해 발생한 급성질환과 만성질환을 예방하기 위한 전략을 알아내는데 있다.

2. 재난 역학에는 약식요구도평가, 질병통제 전략, 보건서비스의 이용가능성과 이용방법 평가, 질병과 부상의 기술적이고 분석적인 조사를 위한 감시시스템, 질병, 손상, 사망에 기여하는 위험요인에 관한 연구 등이 포함된다.

3. 재난 감시자료는 적극적 감시의 한 형태인 응급정보시스템에 의해 수집되며, 재난으로 인해 완전히 기능하지 못할 수도 있는 전통적인 보고체계를 보완한다. 응급정보시스템은 재난발생단계, 대응단계, 복구 초기단계에 재난이 미치는 영향에 관한 자료를 수집하며, 자료는 신속하게 수집해야 한다.

4. 특정 재난에서 예상되는 결과를 반드시 확인하여 재난 후 감시시스템을 수립해야 한다. 일관성을 보장하기 위해 결과를 측정하기 전에 사례를 정의해야 하며 적절한 분석 방법을 찾아 이를 적용해야 한다.

5. 응급정보시스템으로는 증후군 감시, 재난감시업무그룹, 공중보건 정보네트워크, 국가전산질병감시시스템 등이 있다. 증후군 감시는 새로 나타난 감염과 발병을 확인하는 것이며 유용한 감시도구는 증후군 감시시스템이다. 재난감시업무그룹은 주 및 지역 보건부서와 비상지원기능 6 및 8에 대한 대응권한이 있는 기관과 협력한다. 공중보건 정보네트워크는 공중보건 비상사태를 초기에 탐지하고 정보수집, 저장 및 확산 등을 용이하게 한다. 국가전산질병감시시스템은 공중보건 정보네트워크의 중요 요소이며, 지리정보시스템과 결합하면 강력한 분석도구가 된다.

6. 지리정보시스템은 공간 데이터베이스 관리, 시각화와 지도화, 공간분석 등을 이용한 기술로, 어디에서 일어났는가에 대한 정보와 어떤 일이 일어났는가에 대한 정보를 결합시킴으로써 서로 다른 특성을 가진 집단이 한 곳에 있음을 확인할 수 있다. 지리정보시스템의 목적은 자료를 이용해 행정적 질의에 대한 답을 제공하는데 있다. 즉, '다음에 어디를 살펴봐야 하는가?'에 대한 물음에 공간적 정보를 제공한다.

# 5장

# 유해성 평가, 취약성 분석, 위험성 평가 및 재난 시 약식건강평가

학습목표

1. 재난 전의 요구도 사정, 자료수집, 감시와 자료수집의 방법, 그리고 제한점에 대한 평가를 이해할 수 있다.
2. 유해성 평가, 취약성 평가, 위험성 평가, 약식건강평가에 대해 설명할 수 있다.
3. 재난 발생 시 초기재난과 재난대응기 및 회복기의 재난평가에 대해 설명할 수 있다.

위험성 평가와 요구도 조사는 재난의 시기, 규모와 재난 유형별 영향에 맞추어 이루어져야 한다. 위험성 평가를 위한 중요 단계는 유해성을 규명하고, 유해요인의 위험에 처해있는 대상자의 규명, 유해가 실제 발생할 확률에 대한 평가이다. 위험성이 규명되면, 그 다음은 예방적 조치를 결정해야 한다. 이 장은 재난 전(요구도사정, 자료수집, 감시와 자료수집 방법과 제한점의 평가), 재난 중 그리고 재난 후에 취합할 수 있는 지역사회 취약성과 관련된 정보의 검토와 유해요인으로부터 위험성을 평가할 수 있는 방법을 파악하는 것이다.

## 1. 공중보건의 역할

- 재난 관련 유해성과 지역사회와 관련된 취약성을 확인한다.

- 재난을 야기할 가능성이 큰 공중보건 요구도의 위험을 판단한다.
- 지역사회 요구도 평가 정보를 토대로 건강 요구도의 우선순위를 설정한다.
- 질병의 예방, 완화 및 대응을 위한 객관적인 정보를 의사결정자에게 제공한다.

## 2. 위험성 평가를 위한 근거

재난의 유형에 따라 사망과 이환은 특정한 양상을 띤다. 건강 악화를 경감하기 위한 지역특화전략location-specific strategies을 개발하기 위해, 공중보건 공무원과 재난관리 책임자는 특정 지역사회에 영향을 미칠 가능성이 가장 큰 유해요소의 유형에 대해 알아야 한다. 예를 들면, 플로리다의 보건계획자는 우선적으로 허리케인에 대비해야 하지만, 캘리포니아의 보건계획자는 지진과 산불에 대비해야 한다.

유해요소, 취약성 및 위험을 분석한 후에는 6가지 범주의 재난예방조치를 수행하도록 한다.

- 유해요소의 방지 또는 제거(예: 안전규정을 준수할 수 없는 노후한 산업시설을 폐쇄함)
- 위험 지역에 있는 사람들을 유해요소에서 멀리 떨어진 곳으로 이동시킴(예: 허리케인이 오기 전에 사람들을 대피시킴, 홍수다발지역으로 부터 먼 곳에 사람들을 이주 정착시킴)
- 공공정보와 교육 제공(예: 토네이도가 계속되는 동안 사람들이 스스로 자신을 보호할 수 있는 조치에 관한 정보를 제공함)
- 조기경보체계 확립(예: 접근 중인 허리케인에 관한 위성자료를 이용해서 공공서비스를 공지함)
- 재난의 충격 완화(예: 지진 다발 구역에 엄격한 건축물 규제를 적용함)
- 지방정부의 대응능력 향상(예: 보건부서, 병원, 가정간호기관 등 전체 보건 분야의 자원을 이용하여 계획을 조정함)

## 3. 유해요소 파악 및 분석

재난이 지역사회에 영향을 미칠 가능성이 어떠한지를 알아보고, 예방조치, 완화조치 및 대응조치를 세울 때 보호해야 할 대상을 결정하기 위해 유해요인을 분석한다. 지역사회 위험 평가내용은 4단계로 이루어져 있다.

- 위험한 지역과 이동경로 확인
- 발생 가능한 사고에 대한 시나리오와 노출경로 확인
- 취약한 인구, 시설 및 환경 확인
- 잠재적 사고가 건강에 미치는 영향을 추정하고, 의료시설의 요건과 공중보건 중재의 요건을 확립함

국립화재예방협회 National fire protection association 1600에서는 지역사회의 유해요소를 발견하기 위해 자연재난, 기술재난 및 인재(부록 I 참고)가 포함될 것을 요구한다. 어떤 완화조치를 빈번하게 취해야 하는가를 결정하려면 비용–편익 분석을 하고 보호해야 할 자산의 우선순위를 설정할 필요가 있다.

### 가. 자료수집

앞으로 있을 사건을 예측하기 위해서는 이전의 유해요소 자료 등 여러 출처에서 수집한 정보가 필요하다. 이 정보는 적절한 완화조치를 강구하는데 도움이 된다. 실적자료 historical data 에는 이전 유해요소의 성격, 이전 사건의 직접적인 원인이나 기여요인(예: 산업규정을 준수하지 않아 화학물질이 유출됨), 과거에 발생한 재난의 빈도와 강도, 규모 또는 힘(리히터 지진 척도, 허리케인을 측정하기 위한 사피르–심슨 윈드 척도 같은 확립된 표준으로 측정), 해당 지역에서 보고된 사건의 영향(예: 토네이도에 의해 파괴된 가구 수, 홍수에 대피한 사람 수) 등이 포함된다.

지역사회의 현재 잠재적 유해요소를 사정하도록 기초자료를 수집해야 한다.

- 농업시설
- 화학물질 제조 및 보관
- 댐, 제방 및 그 외 홍수조절방법

- 감염성 폐기물 보관시설
- 폭죽 생산공장
- 학교나 그 외 연구기관에 있는 연구실
- 군대시설
- 군수품 생산공장 또는 창고
- 살충제 제조시설 또는 보관시설
- 석유화학 정제시설 또는 보관시설
- 제약회사
- 식품제조공장 및 보관시설
- 원자력발전소 또는 연료처리공장
- 고층 건물의 환기시스템
- 물과 관련된 처리시설 및 배수시설

#### 1) 과학적 자원

유해요소에 관한 중요한 예측정보를 제공할 수 있도록 기상학, 지진학, 화산학 및 수문학의 자료를 이용한다. 이러한 정보는 해양대기청, 기상청, 지질조사소, 콜로라도 대학의 자연재난센터 등 다양한 정부 기관과 사립교육기관에서 구할 수 있다. 또한, 의사결정지원시스템 DSS, Decision support system 으로 건물 목록, 기반시설, 인구학, 위험에 관한 자료 등 몇 가지 주요 데이터베이스에서 자료를 분석할 수 있다. 계획을 세우는 데 도움이 될 만한 가상 시나리오를 만들어볼 수도 있다.

#### 2) 유해물질의 기록

미국의 슈퍼펀드 수정 및 재수권법 Superfund amendment and reauthorization act 은 지방산업에서 유해물질을 제조, 보관 또는 운송하는 과정에서 인근 지역사회에 영향을 줄 수 있는 경우 보건 공무원에게 보고하도록 규정하고 있다. 대부분의 지역사회에서 가솔린과 액화석유가스가 가장 흔한 유해물질이며, 염소, 암모니아, 폭약 등도 잠재적 유해물질로 구분한다. 물질안전보건자료 MSDS, Material safety data sheets 는 독성, 가연성, 급성 및 만성 건강문제를 일으키는 것으로 알려진 물질에 관한 표준화된 공시정보이다. 물질안전보건자료는 각 화학물질 제조사에서 제공하며, CHEMTREC CHEMical transportation emergency center (available at https://chemtrec.com) 등 인터넷 상의 데이터베이스에서도 검색할 수 있다.

### 나. 유해성 평가

자료를 분석하여 어떤 유해요소가 해당 지역사회에 영향을 미칠 가능성이 큰지를 알아낸다. 유해요소의 특징, 빈도 및 강도, 피해 입을 가능성이 큰 지역, 사건의 발생시간 및 지속시간 등을 예측하기 위해 자료를 분석한다. 지각된 위험과 자원의 이용가능성 모두에 적합한 수준에서 유해성을 진단하고 자료를 분석한다.

### 다. 유해요소 지도

이들 자료를 이용해 이전의 유해요소와 잠재적 유해요소의 위치를 지도에 나타낼 수 있다. 항공사진, 위성영상, 원격탐사 및 지리정보체계GIS 기술 등은 유해요소 지도를 그리는데 필요한 정보이다. 원격탐사로는 시간에 따른 토지 이용도의 변화를 볼 수 있다. 관리책임자는 지리정보체계모형을 이용해 공학, 자연과학 및 공중보건 등 다양한 학문분야를 통합한 정보로 계획을 세울 수 있다. 홍수의 경우 범람지도, 지진의 경우 지진구역도 등 유해요소에 따라 다양한 종류의 지도가 있다. 산업지역과 위험물질 보관시설의 위치가 자세히 나와 있는 지도 또한 이용할 수 있다. 유해요소 지도는 미시적 또는 거시적으로 작성할 수 있으며, 과학계, 산업, 언론 및 정부 등 여러 분야에서 다중재난예측지도가 있다.

## 4. 취약성 분석

사람, 재산 및 환경이 해당 재난의 악영향에 얼마나 민감한가에 대한 정보를 파악하여 적절한 예방 전략을 세우기 위해 취약성 분석을 한다. 누가 영향을 받을 가능성이 가장 큰지, 무엇이 파괴 및 피해 입을 가능성이 큰지, 재난의 영향에 대처할 어떤 능력이 있는지 등을 알아내는데 이 정보의 분석내용이 도움이 된다. 확인된 각각의 유해요소에 대해 별도의 취약성 분석을 해야 한다. 표 5-1에 설명한 바와 같이 취약성은 5가지 범주로 구분한다.

표 5-1 취약성 범주

| 범 주 | 조 치 |
|---|---|
| 근접 및 노출 | 해당 유해요소 인근에서 살고 있거나 일하는 취약한 인구를 확인 |
| 물리적 취약성 | 위치, 사용한 재료, 건설기술 및 유지관리 등의 요인으로 인한 건물, 기반시설, 농업 및 그 외 물리적인 환경의 취약성을 진단<br>교통체계, 통신체계, 공공시설(상하수도, 전기) 및 주요시설(병원)의 취약성을 평가<br>작물, 식품, 가축, 나무 및 어장에 유해요소가 미치는 잠재적인 장기 및 단기 영향을 추정<br>인구학적 및 신체적 상태로 인해 별도의 계획이 필요한 사람들을 확인 |
| 사회적 취약성 | 재난의 영향에 가장 취약한 인구 확인(노인, 어린아이, 편부모 가족, 경제적 약자, 장애인)<br>빈곤수준, 위험한 직업, 사회적 지원을 받을 수 있는 지방보호시설 이용가능성 등을 추정 |
| 경제적 취약성 | 재난 이후 지역사회에 경제적 손실 및 복구 가능성 확인 |
| 지역사회의 수용력 | 인적자원, 물적 자원 및 인근 지역사회와의 상호부조협약의 존재여부를 평가<br>측정 재난의 영향을 완화하는 정부 규정의 존재 및 시행여부 검토(예: 건축물 규제) |

몇 가지 변수에 관한 자료를 수집하여 재난 상황을 견뎌낼 수 있는 지역사회의 수용력을 알아낸다. 위험에 처한 지역사회의 규모, 인구밀도, 위치 및 사회경제적 지위 등에 관한 정보는 지방정부 공무원으로부터 구할 수 있다. 공공시설회사, 보건부서, 병원 협회 및 학교당국은 고층건물뿐만 아니라 라이프라인 구조물(전기, 가스, 상하수도)의 위치와 구조적 안정에 관한 자료를 제공할 수 있다. 개인 거주지의 위치와 구조적 안정에 관한 정보도 유용하다. 구조기술자는 이들 자료를 검토해보아야 할 수도 있다. 그 외에 진단해야 할 지역사회 수용력 요소로는 조기경보체계의 존재여부, 가능한 비상요원과 의료진의 수, 응급 의료요원의 기술적 전문지식 수준, 보급품 이용가능성, 비상교통통신체계의 상태 등이 있다.

## 가. 가능성 추정

특정 지역에서 일정 간격으로 일정 규모의 사건이 발생할 가능성을 알아보기 위해 가능성 추정을 한다. 이 추정으로는 정확한 시간이나 인근 지역사회에 미치는 영향을 예측할 수는 없다.

이 가능성을 알아보는 데는 몇 가지 통계공식을 사용하기도 한다. 보다 복잡한 공식에서는 유해성 및 취약성 추정 외에도 취약성 완화노력과 재난관리문제도 고려한다.

## 5. 위험성 평가

위험성 평가는 재난예방과 준비기에 이루어지며 재난평가와 계획을 포함한다. 이는 지역의 재난계획 개발에 사용된다.

예를 들어, 심각성 D의 유해사건 C로 인해 규모 B의 인구에게 발생한 결과 A의 사례가 얼마나 많이 과도한 경우가 발생했는지에 대해 알아보기 위한 진단 및 계획도구로서 예방 및 대비단계에서 위험을 평가한다. 위험성 평가를 통해 알게 된 내용은 지방 및 지역 재난계획을 세울 때 이용한다. 위험성 평가의 주요 목적은 다음과 같다.

- 특정 재난이 지역사회의 건강에 미치는 악영향의 위험을 알아본다(예: 지진 후 외상성 사망과 부상).
- 지역사회가 직면한 주요 유해요소와 그 근원을 확인한다(예: 지진, 홍수, 산업재난).
- 특정 유해요소의 영향을 받을 가능성이 큰 집단을 확인한다(예: 범람원이나 그 인근에 사는 사람들).
- 해당 유해요소의 충격을 경감해 줄 조치와 자원을 알아본다(예: 건축물 규제와 지진 완화를 위한 규정).
- 유해요소의 영향을 예방 또는 경감시키기 위해 강화해야 하는 지역을 결정한다(예: 홍수로부터 지역사회를 보호하기 위한 제방 건설).

### 가. 위험성평가모형

위험성평가는 유해요소 파악과 취약성 분석 결과를 이용한다. 이는 취약성과 대처방법을 알고 있는 지역사회에 영향을 미치는 유해요소로 인해 특정 결과가 일어날 가능성을 규명한다(위험 = 유해요소×취약성). 그 가능성은 숫자(예: 30% 내지 40% 가능성)나 상대용어 relative terms (예: 저위험, 중위험, 고위험)로 나타낸다. 미국기상청이 제공하는 환경 및 기후예측서비스가 이러한 모형이 어떻게 이용되는가에 대한 좋은 예이다. 이 모형의 결과는 언론을 통해 방송이 되며 뇌우, 눈보라, 토네이도, 허리케인 등의 위험을 지역사회에 경고한다.

모형은 또한 재난에 적절하게 대응할 수 있도록 이끌어주는 역할을 하기도 한다. 예를 들어, 플럼분산모형 plume dispersion modeling 은 다량의 화학물질 방출시에는 인근 지역사회로 대피하는 것이 가장 적절한 대응법 임을 보여주었다. 그 지역에서 다른 전략인 '옥내 대피 sheltering in place' 같은 전략(예: 창문과 문을 닫고 실내에 있기)으로는 거의 보호받지 못한다. 유사한 분산모형을 이용하여 핵시설물의 방출 등 다른 기술적 유해요소의 위험을 알아내는데 사용하기도 한다. 표 5-2는 유해성평가모형 관련 자료원이다.

**표 5-2 위험성평가모형 자료원**

| 도 구 | 기 능 | 웹 주소 |
|---|---|---|
| 미환경보호청EPA 생태학적위험평가모형 | 환경오염의 잠재적 위험을 평가하기 위한 모형 도구 | http://www.epa.gov/superfund/programs/nrd/era.htm; another site provides detailed information about ecological risk assessments: http://www.evs.anl.gov/project/dsp_fsdetail_new.cfm?id=52 |
| 미환경보호청EPA 위험평가모형 | 방사성핵종을 예방하기 위한 유해대기오염의 국가 배출기준 준수 결정 | http://www.epa.gov/rpdweb00/assessment |
| 적응위험평가모형체계 | 군대와 관련된 화합물의 안전과 정화목표수준 결정과 개선 대안 평가 | http://el.erdc.usace.army.mil/arams |
| HAZUS Hazards U.S. | 홍수, 허리케인과 지진으로부터 잠재적 손실 분석 | http://www.fema.gov/plan/prevent/hazus |
| 환경보건대피처평가도구 | 대피소 환경의 긴급 평가 시행; 환경보건의 14개 일반적 영역 및 대피소의 긴급요구도 서류 평가양식 | http://www.bt.cdc.gov/shelterassessment |

## 6. 재난 시 약식건강평가

재난이 피해지역 주민의 건강에 미치는 영향의 특성을 파악하기 위해 재난대응의 초기 단계에 보통 비상대응과 동시에 약식건강평가를 한다. 재난평가팀의 주요 업무는 적절한 보건자료를 수집, 분석하여 보급하는 것이다. 이러한 자료는 공중보건전문가가 보건 요구도를 파악하여 대응활동의 우선순위를 정하고, 적절한 비상대응을 시작하고, 대응 효과를 평가하는데 도움이 된다. 약식건강평가가 기초적인 추정이라 하더라도 비상 시 실제 요구도에 따라 이용 가능한 자원을 합리적으로 배정하기에 용이하다.

지역사회 재난대응계획에는 약식건강평가와는 기능적으로 별개인 의료서비스를 제공하는 팀이 있어야 한다. 특정 재난은 사망과 이환의 양상을 예상할 수 있으므로, 적절한 의료대응을 사전에 계획할 수 있다. 재난 시 약식건강평가로 보건의료자료를 조기에 수집할 수 있다고 할지라도, 생명을 구하고, 팔, 다리 등 신체를 보호하며, 갇혀 있거나 고립된 사람들을 구조하는 비상대응활동은 약식건강평가의 결과가 나오기 전에 우선적으로 의료구호를 시작할 수도 있다. 이후의 상세한 요구도 평가는 시간에 따른 정보를 파악하기 위해 재난 이후 복구 및 재활 단계에서 종종 이루어진다.

### 가. 목적과 방법

재난 시 약식건강평가의 주요 목적은 다음과 같다.

- 진행 중인 유해요소의 존재를 진단(예: 화학물질 대방출에 이은 지속적인 독성 플럼 toxic plume)
- 재난의 특징과 규모 진단(예: 피해자의 수, 지리적 피해지역)
- 지역사회의 주요 의료문제 및 공중보건 문제 진단(사망과 발병의 위험, 관찰된 부상 유형, 질병 및 사망의 양상, 음식, 물, 대피소 및 공중위생의 필요성)
- 지역사회 내 자원의 이용가능성과 해당 자원이 재난에 미치는 영향 진단
- 외부 원조의 필요성 진단
- 재난의 진행 중인 건강영향을 감시하는 공중보건감시의 확대

현장방문과 예비자료 수집을 시작하기 전에 팀을 조직해야 한다. 다학제팀의 구성

원에는 역학전문가, 임상의사, 환경공학전문가 및 기호논리학자 등이 포함된다. 피해 지역이 크고 여러 행정구역에 걸쳐 있다면, 교통, 통신 및 기반시설에 집중하는 여러 전문 평가팀이 필요할 수도 있다. 평가를 통해 새로운 정보를 얻고 정보를 필요한 사람들과 공유하도록 지방정부당국과 공조하는 것이 중요하다. 하나 이상의 평가팀이 필요하다면, 모든 팀은 표준화된 동일한 평가양식을 이용해야 한다. 자료 양식은 세계보건기구에서 여러 사건인 갑작스런 자연재난이나 화학물질로 인한 비상상황 등을 위해 개발한 속성진단프로토콜 등 기존의 프로토콜을 이용할 수 있다.

현장방문 전에 기초자료를 반드시 수집해야 한다. 여기에는 노인, 어린아이, 장애인과 같이 취약 인구집단의 존재여부 등 인구규모와 인구통계에 관한 배경정보가 포함된다. 재난 발생 시 재난지역에 있던 사람 수를 정확하게 추정하기는 어렵지만(예: 허리케인 경보에 대피한 후), 인구통계자료를 통해 피해자의 수를 정확하게 예측할 수 있다.

의료 기반시설에 대한 사전정보 또한 중요하다. 지방 및 지역 보건시설의 위치, 환자 수용력 및 능력 등은 반드시 문서로 남겨야 한다. 재난 시 취할 수 있는 조치인 수색 및 구조 능력 등 지방정부의 응급의료서비스 상황도 당연히 평가해야 한다. 공공시설(수도, 공중위생, 전기)의 위치와 상태에 관한 정보도 마찬가지로 평가에 도움이 된다.

재난 시 약식건강평가를 위해서는 상세한 지도가 절대적으로 필요하다. 이 지도에서는 고위험 지역(취약 인구 포함), 주요 운송경로, 주요 공공시설 라인, 보건시설과 상수원의 위치, 주택, 사무실, 쇼핑몰 및 산업 밀집지역 등을 표시해야 한다. 보통 정부부서, 학교 및 공익기업에서 이 자료를 구할 수 있다.

재난계획을 수립하는 의사결정자에게 이런 자료를 제공하지 않으면 자료는 모두 소용없는 것이 될 것이며, 약식건강평가자료는 비상대응계획 수립의 필수적 요소로 활용해야 한다.

## 나. 재난사건 시각표

교통사고와 유해물질 사고 등 갑자기 발생된 재난 acute onset disasters 의 경우, 가능하다면 몇 분 내지 몇 시간 내에 초기 현장 평가를 수행한다. 지진이나 토네이도 후에 여러 사상자가 의심되는 경우, 재난 발생 후 몇 시간 이내에 초기 평가를 마쳐야 한다. 대다수의 사망이 처음 24시간에서 48시간 사이에 발생하므로 가능한 한 조속히 이 평가를 마쳐야 한다. 응급의료서비스와 도시 수색-구조팀에게 필요한 것을 확인하는데 있어 초기 현장평가 정보가 반드시 필요할 것이다.

서서히 진행되는 재난의 경우, 처음 2~4일 동안 정보를 수집할 수 있다(예: 홍수, 전염병, 인구이동). 가뭄과 기근에는 더 많은 시간을 들이기도 한다. 이런 경우, 보건공무원과 재난관리 책임자가 기초자료를 수집한 다음, 공중보건 감시를 진행하면서 경향을 추적하는 것이 더 적절하다.

## 다. 자료범주와 자료수집의 우선순위

자료수집의 우선순위는 급성재난(예: 지진, 토네이도)과 만성재난(예: 기근, 인류 위기의 복합 상황)이 서로 다르다. 일반적으로 평가팀은 약식건강평가 자료를 수집할 시간이 제한되어 있다. 이런 상황에서 가장 관련성이 있는 보건정보만을 수집해야 한다. 재난의 유형과 대응 단계에 따라 자료의 특정 요소가 달라지기도 한다. 현장방문 전에 작성된 간결한 확인 목록으로 가장 중요한 보건문제를 진단하도록 한다. 세계보건기구는 급성 자연재난, 화학물질 비상사태 및 돌연 인구이동 등 여러 사건에 대한 재난진단프로토콜을 마련했다.

### 1) 재난 후 복구 초기

**1~2일**: 앞서 논의한 대로 기초정보를 수집해야 한다. 즉각적으로 구호가 이루어져야 하는 정보를 수집하는 것이 최우선 목표이다. 이 단계에서 가장 중요한 것은 생명을 구하고 팔, 다리 등 신체를 보호하는 응급의료대응이다. 재난 직후에는 정확한 자료를 확보하기 어려울 수 있으므로, 초기 구호는 보통 대략적인 추정에 의해 이루어진다. 주요 자료에는 다음 내용이 포함된다.

- 현재 유해요소: 구조작업을 시작하기 전에 구조하는데 위험한 지속적인 유해요소를 제거 또는 통제해야 하므로
- 부상: 부상자의 수, 분류 및 중증도가 재난의 영향에 대한 특성을 규명하고 구조작업의 우선순위를 정하는데 도움이 되므로
- 사망: 사망자의 수와 원인이 재난의 영향에 대한 특성을 규명하는데 도움이 되므

로(그러나, 사망자에 관한 정보는 구조작업을 하는데 있어 부상자에 관한 정보보다 중요하지는 않다)

- 환경보건과 지역사회 라이프라인의 상태(예: 상하수도, 전기): 대피소, 음식, 물, 공중위생에 대한 인구의 요구도를 조기에 추정하여 이차적인 재난-관련 보건문제를 예방할 수 있으므로
- 보건시설: 재난이 보건의료기반시설의 물리적 및 기능적인 면에 영향을 미쳐 임시의료대피소와 외부의료지원의 필요성을 보여줄 수 있으므로

**3~6일** : 이 단계에서는 이차 구호를 가이드 해주는 정보가 필요하다. 치명적인 부상을 입은 환자들의 96% 이상이 이미 치료를 받았기 때문에 응급의료중재 및 수색구조 활동은 그다지 중요하지 않다. 재난관련 사망이 계속 발생한다면, 이러한 사망을 야기하거나 사망률을 높이는 유해요소를 확인해야 한다. 정화작업과 재난으로 인한 이차적 충격으로 인한 상해(예: 화재, 감전사, 유해물질 방출)는 복구노력을 최적화하기 위하여 신중하게 감시되어야 한다. 피해인구는 이때까지 일상적인 의료서비스를 필요로 하기 때문에 이 시점에서는 응급치료보다 일차의료의 이용가능성과 접근성을 보장하는 것이 더 중요하다. 환경보건과 공공시설을 평가할 때에는 음식, 물, 공중위생, 대피소, 에너지 등과 관련된 장기적인 요구도를 명확하게 밝혀야 한다.

**6일 이후** : 복구 단계에서 재난계획을 모두 실행하고, 모든 부문의 자원을 이용한다. 대규모 인구이동 또는 공중보건체계의 중단 등이 발생하지 않는 한, 급성재난 이후에 발병이 일어나는 일은 흔하지 않기 때문에, 모든 건강시설에서 구할 수 있는 정보를 토대로 부상과 병증 및 감염성 질환을 집중적으로 감시해야 한다. 초만원인 대피소로 사람들을 배치했거나, 환경보건서비스가 중단되었다면 감시체계로 설사질환과 급성호흡기 감염을 추적해야 한다. 보건시설의 상태, 보건인력의 수, 의료용품 및 의약품의 이용가능성도 정확하게 추적해야 한다. 환경보건(예: 수질 및 수량, 공중위생, 대피소 및 고형폐기물 처리)과 매개체 수를 주의해서 감시해야 한다. 흔히, 세인트루이스 뇌염처럼 홍수로 인해 모기의 수가 급증하고, 아르보바이러스^arboviruses^ 감염의 위험이 증가한다. 아르보바이러스를 감시하면 홍수 이후 매개체 통제의 필요성 여부를 결정하는데 도움이 된다.

### 2) 재난 후 복구 후기

기초평가를 하고 감시체계를 확립한다. 인구규모와 인구통계, 사망과 이환의 주원인, 의료서비스 공급자, 예방접종과 같은 기존 공중보건프로그램의 상태 등이 배경정보에 포함되어야 한다.

주요 보건지표는 사망과 이환 모두를 고려한다. 사망의 경우, 조사망률(하루 10,000명당 사망자 수)은 인구의 건강상태에 대한 가장 민감한 지표이다. 연령별 사망률과 성별 사망률도 조사해야 한다. 6세 미만 사망률은 인구 중 가장 취약한 집단의 건강상태를 평가하는데 이용한다. 설사질환, 호흡기 감염, 홍역, 말라리아, 간염 등 공중보건 이환율에 미치는 영향이 큰 질환의 이환률을 조사해야 한다. 6세 미만의 영양실조 비율은 인구의 보건을 나타내는 두 번째로 중요한 지표이다. 환경보건에 관한 자료는 하루 일인당 물 16~20 L, 한 가족 당 한 개의 공중 화장실이라는 기준치와 비교하여 자료를 수집해야 한다.

보건의료체계에 대한 재난영향은 보건의료전문가의 손실로 평가될 수 있다. 즉 대규모 인구이동과 인류위기의 복합 상황은 보건의료 인력이 지역사회에 접근할 수가 없거나, 병의원이 종종 피해를 입거나 파괴되어 사람들이 더 이상 보건의료시설에 접근 할 수 없거나, 보건의료 프로그램인 예방접종, 모자보건서비스, 매개체 통제 프로그램 등이 모두 중단되는 일과 관련된다.

## 라. 자료의 출처와 자료수집방법

자료수집방법은 일차적(직접 관찰 또는 조사) 또는 이차적(주요 정보제공자와의 면담 또는 기록 검토) 방법으로 분류된다.

직접관찰은 현장에서 또는 항공관측을 통해서 할 수 있다. 현장관찰을 통해 팀 구성원들은 재난의 충격과 범위를 직접 경험하게 된다. 관찰 지역에 발생한 주요 보건문제를 확인할 수 있지만, 다른 지역으로 일반화하지는 않도록 한다. 가능하다면, 팀 구성원들은 피해자와 대응요원을 대상으로 비공식 면담을 해야 한다. 항공관측을 통해 팀 구성원들이 재난의 지리학적 범위를 확인하고, 접근불가 지역의 충격을 살펴볼 수 있다. 또한, 전체 지리적 구역을 들여다봄으로 극심한 피해지역을 확인할 수 있으므로, 구호작업의 대상을 보다 적절하게 겨냥할 수 있다.

네 가지 조사유형인, 집중조사, 편의표본추출 의한 조사, 전화조사, 군집표본추출방법 의한 조사를 수행할 수 있다. 첫째, 보건자료를 수집할 때에는 집중 조사법을 이용한다. 이는 상대적으로 자원 집약적이며, 필요하지만 다른 출처에서 구할 수 없는 자료는 남겨두어야 한다. 둘째, 편의표본을 이용한 조사는 비교적 신속하게 할 수 있으며, 피해지역의 의료 요구도를 대략 추정할 수 있다. 그러나 편의표본만으로는 인구기반 정보를 알 수 없으므로, 자료가 편중될 가능성이 있다. 셋째, 무작위로 전화해서 조사를 하는 전화조사는 재난의 충격과 지역사회의 보건의료 요구도를 알아내는데 유용하다. 전화조사를 하려면 통신체계가 온전해야 하며, 여기에는 대표 표본이 없다. 전화를 걸었을 때 집에 있는 사람들(예: 노인)은 과잉대표성이 있으므로, 자료의 출처가 편향될 가능성이 있다. 넷째, 군집표본추출방법을 토대로 한 조사는 재난 발생 시 많이 사용하는 방법이다. 단순무작위추출법, 층화무작위추출법, 체계적무작위추출법 등의 방법은 시간과 자원이 많이 소요되므로 약식건강평가에 사용하기에는 부적절하다. 자연재난의 군집표본추출방법은 예방접종 범위를 추정하는 세계보건기구의 예방접종 확대 프로그램에 기초한다.

군집표본추출방법은 인구기반 정보를 제공하여 구호활동의 방향을 잡아주기도 하고 이를 평가하기도 한다. 피해지역의 인구규모, 특정 보건의료 요구를 가진 사람의 수, 피해를 입거나 파괴된 건물의 수, 지역사회 내 물, 공중위생, 음식 및 전기의 이용가능성 등을 추정하기 위해 수정된 군집표본추출방법을 쓰기도 한다. 군집조사는 보통 신속하게 수행할 수 있으며, 그 결과가 24시간 내에 나온다. 재난 발생 후 3~14일 동안 동일한 지역에 사후조사를 한다. 허리케인이 발생한 후와 같이 지역의 피해가 균일하게 나타날 때에 군집조사가 특히 유용하다. 위치마다 피해의 규모가 다양하게 나타나는 지진의 경우에는 이 방법이 그다지 유용하지 않다. 대규모 난민 정착과 같이 쫓겨나와 기근에 시달리는 인구에서 군집조사를 이용해 급성 영양실조, 질병률, 사망의 주원인 및 의료서비스 접근성 등을 추정할 수 있다.

재난에 관한 정성적 자료를 구할 때에는 이차적 자료수집 방법 중 주요 보건인력 및 비상인력들과의 면담이 유용하다. 재난의 충격과 인구의 요구도를 개략적으로 추산하는 방법도 있다. 일차적 자료수집방법으로 수집한 자료와 이들 자료를 대조 확인해야 한다. 면담의 대상은 병원 응급실 직원, 임시 보건시설의 의료인력, 지역사회 공급자, 공중보건공무원, 사고지휘자, 준의료 활동 종사자, 경찰 및 소방부서 공무원, 적십자사 대표 및 검시관이다.

이 면담 대상을 늘리고 면담 내용 확인하기 위해, 보건시설의 의무기록을 검토해야 한다. 보건자료는 병원 응급실과 입원실, 임시 보건시설, 지역사회 공급자, 공중보건 공무원 및 검시관의 사무실에서 구할 수 있다.

### 마. 자료평가의 한계

보건공무원과 재난관리 책임자는 재난 시 약식건강평가 한 자료의 한계에 대해 주지해야 한다. 평가팀 구성원은 시간제약에 반하는 역학적 방법론과 자료수집 과정의 제한점들을 위해 그들의 선호도는 균형을 이루어야 한다.

논리적, 기술적, 조직적인 문제로 부정확하게 자료진단을 할 수가 있다. 불완전한 자료, 내적타당성 또는 외적타당성의 결여, 이차 정보원에 대한 의존 등이 잠재적인 한계이다. 인구기반 방법을 사용하지 않는 한 수집한 자료가 대상 지역사회를 대표하지는 못하며, 한 집단에서 수집한 정보를 다른 지역의 집단에 일반화할 수도 없다. 더 나아가, 접근 및 통신이 어려워 특정 피해지역에서는 정보를 구할 수 없다.

마지막으로 초기 재난대응 시, 특히 급성재난의 경우, 구조 및 의료요원에 의한 보건관련 사건들의 과소신고가 발생할지 모른다. 이는 정확하게 문서로 작성된 낮은 우선순위 사건들의 자료들에 밀려 보고가 많이 누락 또는 적게 보고되는 경향이 있다.

## 7. 공중보건 긴급대응을 위한 지역사회평가

미국 질병관리본부의 공중보건 긴급대응을 위한 지역사회평가CASPER, Community assessment for public health emergency response는 긴급한 요구와 긴급한 건강평가에 사용된다. 통계적 방법을 기반으로 한 CASPER는 평가과정을 표준화하고, 공중보건요원과 응급관리요원들이 재난에 따른 건강평가와 지역사회의 기본적 요구를 결정하는데 도움을 준다. 이 도구는 자원분배를 위한 기초를 제공하고, 재난대응의 우선순위를 결정하는 공중보건학적 측면의 가이드를 제공한다.

CASPER 도구[1)]는 자료수집 도구를 개발하고, 긴급한 평가를 실행하고, 표본을 선택하고, 자료수집 과정과 평가를 실행하는 요원의 훈련과 분석 및 보고서 작성을 위한 구체적 가이드라인으로 개발되었다. CASPER 사용을 고려하는 지역사회는 가용자원과 CASPER가 적절한 표본 방법인지를 결정하기 위한 권고된 시각표 timeline 를 평가해야만 한다.

**요약**

재난은 유형에 따라 사망과 이환의 양상이 다르므로 체계적인 재난관리는 필수적이다. 재난관리는 유해성 평가, 취약성 분석 및 위험성 평가를 재난 전 관리와 재난 발생 후 약식건강평가로 재난의 위험성을 감소시키기 위한 방법을 파악하는 것이 필요하다.

1. 유해성 평가 hazard assessment 는 재난이 지역사회에 영향을 미칠 가능성을 알아보고, 예방조치, 완화조치 및 대응조치를 세울 때 보호해야 할 대상을 결정하기 위해 실시한다. 유해성 평가는 자료를 수집하여 과거 사건을 분석하여 향후 발생할 사건을 예측하는 것이 필요하며 유해요소와 잠재적 유해요소의 위치를 지도화한 유해요소지도 hazard mapping 는 재난예측도에 활용할 수 있다. 또한 재난 발생에 대한 예측 및 자원의 이용가능성에 대한 자료분석이 필요하다.
2. 취약성 평가 vulnerability analysis 는 사람이나 재산, 환경이 해당 재난의 악영향에 민감한 정도에 대한 정보를 파악하여 적절한 예방 전략을 세우는데 것이다. 취약성의 범주는 근접 및 노출, 물리적 취약성, 사회적 취약성, 경제적 취약성, 지역사회의 수용력 등이다.
3. 위험성 평가 risk assessment 는 재난예방과 준비기에 이루어지며 재난진단과 계획을 포함하여, 지역의 재난계획 개발에 사용된다. 위험성평가는 유해요소 파악과 취약성 분석 결과를 이용하는데, 이는 취약성과 대처방법을 알고 있는 지역사회에 영향을 미치는 유해요소로 인해 특정 결과가 일어날 가능성을 규명한다(위험 = 유해요소 × 취약성). 위험성 평가는 특정 재난이 지역사회의 건강에 미치는 위험성과 지역사회가 직면한 유해요소와 집단을 확인하여 위험성의 충격을 감소하기 위한 것이다. 위험성평가 모델링 구축은 유해요소 파악과 취약성 분석 결과를 이용하여 지역사회의 유해요소가 발생할 결과를 예측하여, 재난에 적절히 대응할 수 있게 한다.

---

1) CASPER toolkit의 웹 주소 http://www.bt.cdc.gov/ disasters/surveillance/pdf/CASPER_toolkit_508%20COMPLIANT.pdf.

4. 재난발생 후 약식건강평가rapid health assessment는 재난이 재난 피해 지역주민의 건강에 미치는 영향을 파악하기 위해 재난대응 초기에 실시되는 약식건강평가로, 재난평가팀은 보건자료를 수집, 분석, 보급해야 한다. 이 자료는 보건요구도를 파악하고, 재난대응의 우선순위를 정하고 적절한 비상대응의 개시 및 대응의 효과를 평가하는 것으로, 이용 가능한 자원을 합리적으로 배분하도록 한다. 자료수집의 우선순위는 지진 같은 급성재난과 기근 같은 만성재난이 서로 다르며, 재난의 유형과 대응 단계에 따라 수집 자료의 특성이 달라진다.

   세계보건기구는 급성재난에 대한 재난진단프로토콜에서 초기 재난의 경우 재난발생 1~2일은 기초정보 수집과 즉각적 구호인 응급의료대응이 필요하다. 재난발생 3~6일은 치명적 부상자는 이미 치료를 받았으므로, 재난의 이차적인 충격으로 인한 부상의 감시와 응급치료보다 일차의료의 이용가능성과 접근성의 보장이 더 중요하다. 재난발생 6일 이후는 복구 단계로 재난계획의 실행과 모든 부문의 자원을 이용하는 단계로 부상과 감염성 질환의 감시, 대피소에 대한 감시, 보건시설의 상태, 보건인력의 수, 의약품 등의 이용가능성 추적 및 환경보건에 대한 감시도 포함한다.

   초기 이후의 재난에서는 기초진단을 하고 감시체계를 확립하여 보건지표, 환경보건에 관한 자료, 보건기반시설 상태의 확인 및 공중보건 프로그램을 파악하여 보건의료체계에 미치는 재난충격을 진단 할 수 있다.

# 6장 재난과 커뮤니케이션

학습목표

1. 재난 발생시 커뮤니케이션전략을 설명할 수 있다.
2. 재난 발생시 커뮤니케이션방법을 설명할 수 있다.
3. 공중보건분야에서 이용하는 통신장비와 시스템을 설명할 수 있다.

재난 발생 전, 중, 후의 커뮤니케이션 상태는 재난예방과 구호활동의 성공여부를 좌우한다. 이 장에서는 재난 발생 시 공중보건과 기타 대응기관 간의 의사소통전략과 방법, 공중보건인력과 대응요원들이 의존하거나 이용하는 통신장비와 시스템 등을 검토하고자 한다. 이에, 커뮤니케이션 시 발생되는 위험, 커뮤니케이션 대상, 내부 및 외부커뮤니케이션, 커뮤니케이션 경보와 대응의 필요성, 언론과의 협력, 커뮤니케이션 시스템의 유형 및 공중보건 커뮤니케이션 시스템 등을 살펴보고자 한다.

## 1. 공중보건의 역할

- 보건 및 공중보건 문제에 대해 다음 사람들과 연락을 주고받는다.
  - 의료제공자(병원과 병원 응급부서, 지역사회 보건의료제공자, 그 외 공중보건 및 사회복지서비스 기관)
  - 초동대응요원(소방, 경찰, 응급의료서비스[EMS]) 및 그 외 대응요원(국가경비대)

- 지방 및 지역 연구실 local and regional laboratories
- 일반 대중
- 공무원, 시장, 주지사
- 협력단체(응급관리, 미 적십자사, 공공 공사)

- 보건관련당국 및 언론기관 그리고 언론의 보도를 듣는 대중들과 정기적으로 커뮤니케이션네트워크 communication network 을 구축한다.
- 모든 정부기관 및 조직과 정보를 공유하고 자료분석을 수행한다.

## 2. 응급과 관련된 위험 전달하기

위협이나 위험을 전달하는 일은 오랫동안 환경 분야 전문가가 도맡아 왔지만 이제는 모든 공중보건책임자들도 잠재적 위험에 관한 정보를 효과적으로 전달해야 한다. 지역사회뿐만 아니라 정부기관에 있는 사람들도 위험에 대한 건강평가를 수행하고 이를 정부당국과 대중에게 알리는데 있어 공중보건책임자의 도움을 필요로 한다.

위험에 대한 사람들의 지각에 영향을 주는 원칙 등 환경 분야에서 이용하던 전략을 그대로 응급 커뮤니케이션에도 적용할 수 있다. 1981년 피시호프 Fischhoff 등이 확립한 이 원칙은 재난의 위협이나 그 이후에 이루어지는 커뮤니케이션 시스템에 직접 적용할 수 있을 것이다. 사람들은 타인으로부터 강요받거나 통제를 받는다고 여겨지는 위험, 이득이 거의 없는 위험, 집단 간에 고르지 않게 분포하는 위험, 인간이 만들어낸 위험, 믿을 수 없는 원인에 의해 발생하는 위험, 아동에게 주로 영향을 미친다고 여겨지는 위험 등을 감수하려 하지 않는다. 반대로, 자발적이라고 여기며 자신의 통제 하에 있는 위험, 확실한 이득이 있는 위험, 고르게 분포하거나 자연적으로 발생한다고 여겨지는 위험, 통계적 확률에 의해 발생하는 위험, 믿을만한 원인에 의해 발생하는 위험, 성인에게 주로 영향을 주는 위험 등은 감수하려고 한다.

### 가. 커뮤니케이션 대상

커뮤니케이션은 재난대응에 관여하는 모든 사람들이 수행하게 되는 업무이다. 재난기관의 근무자 혹은 통신책임자 등 각자가 맡고 있는 커뮤니케이션의 주요 책임이 어느 부분에 해당하는가에 따라 그 목적은 다를 수 있다. 누구에게 전달하는지, 그 대상이 우려하는 바가 무엇인지, 그 대상이 위협에 대해 어떻게 생각하고 있는지, 그 대상이 누구를 믿고 있는지에 대해 잘 알고 있을수록, 언론에서 '청중'이라고 하는 대상과 성공적으로 커뮤니케이션 할 가능성이 커진다. '청중'의 특징은 다양하며, 청중의 우려, 속성, 관여 정도, 지식수준 및 경험 등 이러한 청중의 특징은 무엇을 어떻게 전달할 것인가에 크게 영향을 준다.

무엇을 경험했는지 응급상황에서 무엇에 노출되었는지 또는 응급대응 시 개인의 책임은 무엇인지에 따라 청중은 보건과 안전, 환경에 미치는 영향, 경제적 함의, 건강위험요소에의 공평한 노출, 대응과정 및 그 과정의 합법성 등에 대해 걱정한다. 대응단계에서 건강과 안전이 가장 우려되는 부분일 것이다.

## 나. 재난시 내 · 외부 커뮤니케이션

재난 발생 시, 그리고 그 이후에 내외적으로 커뮤니케이션이 이루어진다. 공중보건당국에서는 다른 대응요원에게 정보를 제공하고 문제를 해결하도록 내부적으로 연락을 취한다. 또한, 한 조직 내의 직원 간에도 내부커뮤니케이션이 이루어지며, 여기에서 비상소집 및 통지, 업무할당, 정보공유, 상태보고, 공중보건 우려사항의 감시 및 추적 등이 이루어진다 내부적으로 비상 시 커뮤니케이션을 준비할 때에는 우선 24시간 직원연락처 명부를 만든다. 그렇게 하면 어느 때에든 직원에게 연락을 취할 수 있다. 외부커뮤니케이션은 보건부서, 병원, 지역사회 보건의료제공자, 통원치료시설, 비상관리 대응요원 및 초동대응요원, 연구실, 약국, 수의사, 지역사회 의사결정자, 지역사회 기반조직, 그 외 대응요원, 자원봉사자, 미디어 간에 이루어지며, 지역주민은 대중이 신뢰할 수 있는, 사실에 근거한 정보를 제공해야 한다.

우선 대변인은 응급상황에 대응하며 흥분되어 있는 사람들에게 기관의 메시지를 15~30초 동안 전달한다. 사건 후에나 대응단계에서 즉시 무언가를 알리기 전에 미리 전략을 짜두는 것이 중요하다. 기관의 전반적인 대응을 계획할 때에는 언론매체도 고려해야 한다. 여기에서는 응급상황에 관한 메시지를 어떻게 전달할 것인가, 누가 그 메시지를 전달할 것인가를 정해야 한다. 각기 다른 비상사태에 대해 필요한 정보는 무엇인지 확인하고, 가능한 한 그 정보를 신속하게 모을 수 있는 방법을 모색한다. 언론매체에 전달할 내용을 준비해서 정리해 두거나 정부기관을 통해 그 전달내용에 접근할 수 있는 방법을 알려주도록 한다.

응급상황에서 커뮤니케이션을 담당하는 다른 기관들과 공조한다. 지역유지들과 연락을 취하는 방법 등 공공정보를 공개하기 전에 준비할 사항이 있으며, 공중보건이 보건정보의 출처라고 그들이 여기게끔 해야 한다.

지방정부 및 중앙정부와 대응부문 전체를 아우르는 횡적인 연락망을 구축하는 것이 중요하다. 이 연락망을 효율적으로 이용하려면, 커뮤니케이션채널에서 상호정보교환이 가능해야 한다. 자연재난이나 기술재난 모두 국경과 경계에 상관없이 발생하므로, 피해지역들은 사전에 유해요소와 위협에 관한 정보를 다루기 위해 최선의 전략을 짜는데 합의하도록 해야 한다. 기관 간 및 기관 내 절차를 확립할 때에 정부 간 협력 · 협의가 있을 수도 있다. 웹사이트도 언론매체와 대중에게 정보를 전달하는 수단이 될 수 있다. 이해 당사자(대중, 대응요원, 공무원 등)가 포함되어야 하며, 전달내용에 그들의 견해를 포함시키는 것이 중요하다. 마지막으로, 사건 발생 시, 대중의 인식을 추적해야 하며, 필요하다면 전달내용을 변경한다.

## 3. 경보 및 대응 필요성 전달하기

정부와 상업용 위성영상을 통한 폭풍 추적 등 예측기술의 향상으로, 허리케인이 오기 전에 때맞춰 대피를 하고, 토네이도를 피하며, 매개체 통제를 위해 적극적인 조치를 취하도록 경보를 발령할 수 있다. 대중에게 전달하는 내용은 사실적이면서도 긍정적이며 사람들을 안심시킬 수 있어야 한다. 뉴스 단신에서는 사람들이 조치를 취할 수 있도록 기술적인 정보를 쉬운 언어로 바꾸어 말해야 한다. 전달내용은 모두 정확하며, 시기적절하고 내외적 시청자 모두에게 동일해야 한다. 그래야 대응기관과 대중이 일관된 조치를 취하게 된다. 전달내용은 명확하고, 간결하며, 믿을 수 있어야 하며, 예상되는 위험요소의 특성에 관한 정보, 안전주의사항에 관한 단계별 조치, 대피 장소와 대피 시 챙겨야 할 것, 대피처의 요건 등을 전달해야 한다. 가능하다면, 모두가 필요한 예방조치를 취할 수 있도록 충분한 시간을 두고 경보를 발령해야 한다.

피해지역에서는 흔히 정보를 요청하는 물결이 쇄도하며, 이러한 요청이 쇄도하게 되면 대중에게 피해예방 및 음식과 물의 안전에 관하여 교육을 하고, 보급품을 요청하며, 지역 공무원과 감시정보를 공유하는 등 보다 시급한 일들을 처리하는데 지장을 줄 수 있다.

어떤 사건이 일어날 것임을 알고 있다면, 초기에 조직적 대응으로 피해자 위치서비스를 확립하고 이를 등지해야 한다. 피해자 위치서비스에 대한 자세한 내용은 제 9장에서 다루도록 한다.

정보의 전송과 수신을 모두 보장할 수 있는 보호 장치가 없다면 커뮤니케이션은 재난대응 시 가장 취약한 부분이 될 수도 있다. 모든 메시지 송신자는 전송이 잘 이루어졌고 이를 이해했는지를 확인하고, 수신자는 이를 확인해주어야 한다. 시민의 안전대응, 대피소 사용 및 기타 적절한 조치를 통해 메시지의 의도가 잘 전해졌는가를 확인할 수 있다.

보통 주민들은 재난이 임박하여 위험한 지역에서 대피하기를 원치 않는다. 허리케인과 같이 경보를 발령하기에 시간이 충분한 재난의 경우, 지역사회는 적절한 의사결정을 하고, 정보를 전달하며, 경보를 편성하고, 사람들이 쉽게 납득하고 대피할 수 있도록 메시지를 작성함으로써 사망과 이환을 예방할 수 있다. 지진이나 토네이도처럼, 사전경보가 드문 재난의 경우, 사망과 부상의 위험이 크다. 그렇지만 토네이도가 발생하더라도 그 징후가 확인되거나 깔때기 구름이 점으로 나타나자마자 바로 전화나 언론으로 경보를 발령하면 사망과 이환을 줄일 수 있다. 밤에 토네이도가 발생하는 경우에는 사람들이 경보를 듣지 못하므로 대부분이 부상을 당하게 된다.

불행히도, 일부 공무원은 최후의 순간까지, 혹은 예방조치를 취하기에는 너무 늦어버린 시점까지 경보를 발령하지 않는다. 이는 대피하는 상황에서 사람들이 패닉상태에 빠져 재난 그 자체보다 더 많은 사상자가 발생할 것이라는 잘못된 생각에서 기인한다.

재난 이후의 원조요청은 재난경보와 마찬가지로 명확해야 한다. 그렇지 않으면 별로 쓸모가 없는 물품을 기부하기도 하고(예: 카리브해 지역의 허리케인 피해자들에게 울 담요를 보내거나, 유효기간이 지난 의약품을 보내는 등) 받는 쪽에서 문제가 생길 수도 있다. 국내의 대규모 재난이나 국제적인 재난에서 기부관리는 가장 시간이 많이 소요되며 어려운 대응활동 중 하나이다. 범 미주건강기구 Pan american health organization 는 피해지역에 보내는 보급품의 분배, 분류 및 목록화 등을 용이하게 하도록 공급관리체계 SUMA, Supply management system 라고 하는 보급품 관리체계를 개발했다. 그러나 금전적 기부는 재난대응에 지장을 주지 않으며, 보다 융통성 있게 이용할 수 있다. 도움이나 자원봉사자 모집을 대중에게 호소하는 방송을 하지 않으려면 언론매체, 지방정부 공무원, 재난구호조직에 사전교육을 해야 한다.

## 4. 커뮤니케이션 방법

전달내용 구성은 물론 시청자 모두에게 적합한 방법으로 내용을 전달해야 효과적이다. 시청자와 미디어 매체가 다르다면 전달내용도 달라져야 한다. 표 6-1은 각기 다른 시청자에게 전달하는 커뮤니케이션 방법을 설명하고 있다.

**표 6-1** 청중과 커뮤니케이션 방법

| 청 중 | 통신 채널 |
|---|---|
| 동료 | 블로그<br>긴급직통전화<br>인터넷 포럼<br>질문과 우려사항을 논의하는 미팅<br>뉴스보도 및 사실보고서<br>현장시찰<br>소셜네트워크 사이트<br>팟캐스트<br>RSS피드<br>문자메시지<br>부서신문기사 |
| 지역 거주민 | 주민회의<br>직접우편<br>광고전단<br>이미지/비디오 공유Flicker, YouTube<br>인터넷 포럼<br>영화, 비디오 및 기타 도서관 자료<br>신문기사와 광고<br>마이크로블로그(트윗)<br>모바일웹사이트<br>팟캐스트<br>라디오와 TV 토크쇼 |

| | |
|---|---|
| | RSS피드<br>소셜마케팅<br>소셜네트워크 사이트<br>문자메시지<br>위젯Widgets |
| 선출 공무원 및 기관장 | 빈번한 통화<br>사실보고서<br>개인방문<br>주민회의에 초빙<br>뉴스보도<br>개별 방문<br>RSS피드<br>위젯Widgets |
| 언론 | 블로그<br>명확하고 유익한 사실보고서<br>마이크로블로그(트윗)<br>모바일웹사이트<br>보건부서의 전달내용에 초점을 맞춘 뉴스보도<br>기자회견<br>팟캐스트<br>RSS피드<br>현장시찰<br>문자메시지<br>위젯Widgets |

출처: Agency for Toxic Substances and Disease Registry. 1994. *A Primer on Health Risk Communication: Principles and Practice*. Rockvill, MD: U. S. Public Health Service. Available at: http://www.au.af.mil/au/awc/awcgate/cdc/primer_health_risk_comm.htm. Accessed March 3, 2011; and American Public Health Association (APHA) et al. 2009. Expert Round Table on Social Media and Risk Communication During Times of Crisis: Strategic Challenges and Oppertunities. Special Report. Wahington, DC: APHA. Available at: http://www.apha.org/NR/rdonlyres/47910BED-3371-46B3-85C2-67EFB80D88F8/0/socialmedreport.pdf. Accessed March 3, 2011.

## 5. 언론매체와 협력하기

사전에 잘 추정하여 전략적으로 계획된 활동은 언론매체와도 성공적으로 협력이 이루어질 것이다. 종합적인 커뮤니케이션계획을 이행하도록 지도하며, 언론매체에게 모든 정보를 제공하는 공보담당관public information officer, 즉 대변인을 지명한다. 이 대변인은 정보를 편성하여 조직이 '한 목소리'를 내도록 하며, 언론매체 대표들이 연락을 할 수 있는 창구의 역할을 한다. 또한, 지명된 대변인이 업무를 수행할 수 없는 경우도 있으므로 한두 명의 대체인력을 두는 것이 중요하다.

대변인은 사전에 언론매체 전문가들과 관계를 형성하고, 상황별 전달내용 등 정보의 공개에 대한 사전 프로토콜을 준비하도록 한다. 공중보건부서 대표들을 대상으로 한 언론매체교육도 언론매체활동의 일환이다.

통일된 메시지를 성공적으로 전달하기 위해서는 지역사회의 대응계획의 일부로 연합정보센터 JIC, Joint information center 를 설립하는 것이 중요하다. 주 전체의 응급상황 발생 시, 연합정보센터는 주 정부의 연합정보센터에서 제공한 내용과 일치하는 정보를 제공한다. 지방 정부의 연합정보센터는 주민들의 전화에 응답할 수 있도록 복수회선 전화를 설치하고, 전화선이 끊긴 경우에 사용할 수 있는 다른 커뮤니케이션 방법을 가지고 있어야한다.

### 가. 인터뷰 준비하기

이어지는 내용은 언론매체와의 인터뷰에 대한 몇 가지 팁이다.

언론매체에서 연락이 오면, 기자는 항상 마감에 쫓겨 일하고 있음을 기억하고 바로 전화를 한다. 사건이 '뉴스특보'인 경우에는 기자의 일정이 바뀔 수도 있으므로, 인터뷰는 취소되거나 보다 긴급한 사안을 위해 재조정될 수 있다. 그렇지만 비상시에는 당신이 전달하려는 내용이 '가장 긴급한' 일이다.

기자의 이름과 소속을 묻는다. 또한, 인터뷰의 주제와 형식, 시간, 인터뷰에 쓸 질문, 그 외에 인터뷰할 사람에 대해서도 질문한다. 준비할 시간이 필요하고 마감시간까지 여유가 있다면, 특정 시간에 다시 전화할 것을 요청하고 이를 지킨다. 기자가 사무실로 오거나 준비가 되지 않은 상태에서 전화를 하는 경우, 준비를 마칠 수 있도록 잠시 후에 인터뷰 일정을 잡도록 한다. 당신이 잘 알지 못해서 인터뷰하기에 적합하지 않다면, 이에 대해서도 기자에게 말한다.

사전에 인터뷰에 대해 충분히 생각해서 준비한다. 언론매체는 누가, 언제, 어디서, 무엇을, 왜, 어떻게 했는가에 대한 정보를 원한다. 방송매체의 경우 10~12 단어의 '적절한 어구'를 준비하고, 인쇄매체를 위해서는 해당 주제에 대한 2~3개의 요점을 1~3

줄 정도로 준비한다. 기자에게 전달한 인쇄물에 있는 그림과 사실을 모아 당신의 생각을 뒷받침하도록 한다. 이때 인쇄물은 오류를 최대한 줄이는데 도움이 된다. 시간이 있으면 인터뷰 전에 기자에게 팩스나 메일로 정보를 제공한다. 기자가 질문할 만한 다른 내용에 대해서도 답변을 준비한다.

냉난방기, 전화, 컴퓨터 또는 인쇄기 등 소음이 발생하는 기계가 있는 곳을 피해 인터뷰할 장소를 정한다. 인터뷰가 녹화방송인지 '생방송'인지를 사전에 알아둔다. 생방송인 경우 '재빨리 대응하도록' 준비를 갖추고, '즉흥적'으로 대응한다. 녹화방송인 경우 대답하기 전에 스스로 그에 대해 생각할 시간을 잠깐 가지고 나서 기자에게 '명확하게' 효과적인 어구를 사용하여 전한다. TV 인터뷰에서는 카메라가 아닌 기자를 쳐다본다. 기자나 앵커가 없는 위성방송에서는 예외적으로 카메라를 쳐다보면서 말한다. 어디를 보아야 할지 모르겠다면 물어본다.

TV 인터뷰에서는 옷을 정장으로 갖춰 입는다. 단색의 옷을 입고 간단한 장신구를 한다. 줄무늬나 격자무늬, 그 외 디자인은 컬러 TV상에 보여 질 때 문제가 있을 수도 있다. 방송에 들어가기 전에, 요점을 어떻게 전달할 것인가를 연습한다. 가능하다면, 카메라 앞에 서기 전에 거울을 본다. TV는 상을 확대하므로 무의식적으로 전달될 수도 있는 비언어적 메시지에 주의한다. 몸짓언어를 사용하지 말고, 전달내용과 부합하지 않는 자세나 차림새도 피한다. 당신의 비언어적 표현, 특히 몸짓언어나 신경성 습관에 대해 알아둔다. 항상 모든 각도에서 카메라가 주시하고 있다고 생각하면 된다. 다른 사람들이 말할 때에는 잘 들어주는 모습을 보여준다. 라디오나 TV 마이크 앞에 고정된 자세로 앉거나 서 있도록 하고, 마이크에서 멀어지지 않도록 한다. 마이크 앞에서 왔다 갔다 하면 볼륨이 커졌다 작아졌다할 수 있다.

## 나. 인터뷰 도중

전화로 인터뷰를 하는 경우 당신에게 법적으로 녹음이 되고 있음을 기자는 말해주어야 한다. 불분명하다면 인터뷰가 녹음되고 있는지 물어본다.

대답은 명료하게 한다. TV와 라디오에 말하는 내용은 10~30초 정도의 적절한 어구만을 이용할 수 있다. 짧게 말할수록 편집될 가능성이 적다.

처음에 결론을 말하고 이를 뒷받침하는 자료를 나중에 말한다. 주요 전달내용과 요점을 함께 말한다. 당신이 속한 기관이 응급상황이나 문제에 대응해서 하는 일에 대한 정보를 제공한다. 성과와 현재 대응하려는 노력에 대해 강조한다. 너무 많은 말을 하지 말고 다른 주제를 꺼내지 않는다. 당신이 말한 내용과 행동 모두 공공기록에 남는다는 점을 상기한다. 별로 상관없는 주제로 산만해진 경우라면 요점을 반복한다. 기자의 질문이 편집된다면 당신의 대답이 그 자체로 이해되기 때문에 완전한 생각을 말한다.

당신의 주제에 대해 기자가 알고 있다고 과대평가하지 말며, 사실이 명백하다고 추정하지 않는다. 필요하다면 배경정보를 제공한다.

긍정적 혹은 중립적인 단어를 이용해서 기초적인 수준으로 주제와 내용을 설명한다. 학술적 또는 기술적 전문용어를 쓰지 않도록 하고 모든 용어와 약어acronyms를 설명한다. 말 그 자체에만 의존하지 않으며, 인터뷰를 직접 하는 경우 요점을 강조하는 데는 시각자료가 유용할 수 있다. 질문을 이해하지 못한다면 빙빙 돌려서 말하지 말고 명확하게 말해줄 것을 요청한다. 이해한 척하지 않는다. 그리고 당신이 명확하게 전달했는지 확인한다. "이는 아주 중요한 사안이므로 저희 입장을 명확하게 전했는지 확실히 하고 싶습니다. 제가 방금 말한 내용을 다시 말씀해주시겠습니까?" 정도로 말하면 된다. 대답할 말이 없으면, 그대로 말한다. 정보를 어디에서 볼 수 있는지 알려주거나 기자에게 말한다.

"말씀드릴 수 없습니다"라고 말하기보다는 그 주제를 논의할 수 없다고 기자에게 말한다. 예를 들어, "당신이 말씀하신 연구를 본 적이 없으므로 그에 대해 대답할 수 없습니다"라고 하면 된다. 정직하고 정확하게 말한다. 부정적인 정보를 감추려고 하지 않는다. 당신이 그 문제를 해결하기 위해 무엇을 하고 있는가를 기자가 알게끔 한다. 실수를 했다면 명확하게 하고자 한다고 말하면서 실수를 바로 잡는다.

마지막으로 인터뷰가 끝나거나 장치가 꺼졌다고 확신할 때까지 이를 추정하지 않는다.

### 다. 인터뷰 후

기자에게 당신의 신원이 어떻게 나갔으면 하는지 설명한다. 기사나 방송이 나가기 전에 그 내용을 확인할 수는 없을 것이다. 그렇지만, 인터뷰 말미에 질문을 할 수는 있다. 예를 들어, "주요 내용이 뭐라고 생각하십니까?"라고 물어볼 수 있다.

대부분의 기자는 기사가 나가면 당신에게 말해줄 것이다. 잘못 말했거나 잘못된 정보를 제공했다는 생각이 들면, 가능한 한 바로 기자에게 전화해서 알려준다. 마찬가지로 중요한 내용을 잊고 빠뜨렸을 때에도 전화를 할 수 있다. 오류가 보이면 바로 기자에게 알려준다. 때로 정정기사가 나가거나 방송될 가능성도 있다. 이후에 잘못된 정보가 배경정보로 사용되지 않도록 한다.

결과 보도 자료를 보고 읽는다. 기사가 잘 작성이 되었으면 기자에게 감사의 말을 전한다. 기사에 만족하지 못한다면 그 내용이 사실적인 면에서 잘못된 경우에만 기자에게 이에 대해 알려준다. 라디오나 TV의 경우 가능하다면 최종 방송테이프를 구하도록 하고, 자신이 잘 했는지 비평하여 앞으로 개선할 수 있는 방법도 모색한다.

## 6. 커뮤니케이션 시스템

재난 시의 커뮤니케이션은 정부당국에게 알리거나, 정부당국이 응급상황이 있는 지역사회 주민에게 정보를 제공하기 위한 것들이 포함된다. 시민이 정부당국에 정보를 제공하면, 응급당국은 시청각 및 언어장애가 있는 사람들도 접근할 수 있도록 재난 상황을 알려야 한다. 이러한 커뮤니케이션에 이용되는 시스템은 다양하다.

### 가. 비상경보시스템

지역사회는 임박한 위험에 대해 비상경보시스템[EAS]과 미 기상청의 라디오위험네트워크[NWR]를 통해 경보한다. 1997년에 개설된 국가의 일차 경보시스템인 비상경보시스템은 방송국, 케이블, 무선 케이블 시스템을 통해 일반 대중에게 비상사태에 관한 정보를 전할 수 있다. 미국 내 대부분의 응급경보는 비상경보시스템을 통해 제기되며 미 기상청의 라디오위험네트워크에 의해 전체적으로 전파된다. 비상경보시스템은 경보에 관한 정보를 보급할 때 하나의 고리가 끊어지더라도 전체 시스템에는 문제가 없으며, 자동적으로 방송국이나 케이블에서 사용하는 언어로 변환해 준다.

미 기상청의 라디오위험네트워크는 비상경보시스템과 공조하여 라디오를 통해 하루 24시간, 주 7일 동안 날씨와 자연 및 환경재난과 공중안전 위험 등의 응급상황에 대한 정보를 포괄적으로 제공한다. 라디오위험네트워크는 특정 라디오 수신지 혹은 신호를 잡을 수 있는 스캐너를 필요로 한다. 방송은 VHF(초단파) 공공서비스 대역 7 MHz (162.400, 162.425, 162.450, 162.475, 162.500, 162.525, 162.550)에서 들을 수 있다.

국가 비상경보시스템은 TV, 라디오, 케이블, 위성을 통해 경보를 전파한다. 전자미디어의 발달에 따라 의회는 무선전화, 웹브라우저와 다른 전자장치에 지리적으로 표적화된 경보를 제공하기 위해 비상경보시스템의 현대화 및 확장된 형태의 자발적, 전국적 정보 확산 네트워크를 설립하기 위해 경고 · 경보 · 대응네트워크 WARN, Warning, Alert, and response network 법을 2006년 통과시켰다. 경고 · 경보 · 대응네트워크법이 요구하는 바와 같이, 연방통신위원회 FCC, Federal cmmunications commission, 연방재난관리청 FEMA, 이동통신 공급자는 이동전화와 다른 전자기기를 통해 경보를 받을 수 있도록 재난문자시스템 CMAS, Commercial mobile alert system 을 개발하고 있다.

모든 수준에서의 정부는 응급경보와 정보를 이동형 장치를 통해 제공할 수 있는 경보 서비스를 항상 작동한다. 재난문자시스템을 통해, 이동전화 사용자들은 자동적으로 재난에 대한 정보를 받을 수 있다. 응급관리자들은 경보를 발령할 수 있고, 경보의 진위를 확인할 수 있는 국가센터로 이를 전송할 수 있으며, 이후에 국가 센터는 경보를 조사하고 영향권 안에 있는 지역으로 경보를 전파할 수 있게 된다.

## 나. 시스템의 체계

미 국토안보부 Department of homeland security 는 현재의 경보시스템을 향상, 확대, 통합하기 위해 통합재난경보시스템 IPAWS, Integrated public alert and warning system 을 주도하고 있다. 통합재난경보시스템에는 비상경보시스템 EAS, Emergency action system, 재난문자시스템 CMAS, Commercial mobile alert system 과 미 해양대기청 재난방송 NWR, National oceanic and atmospheric administration weather radio 이 포함된다. 통합재난경보시스템은 응급경보를 전송하기 위해 디지털미디어를 사용할 것이다. 다양한 커뮤니케이션도구를 사용하는 인구집단에게 신속하고 효율적으로 정보를 전달하기 위해서는 커뮤니케이션 시스템을 이용해야 한다. 한 개의 방법에 의존하기보다는 이러한 통합된 커뮤니케이션 방법들이 전달가능성을 더욱 높여줄 것이다. 의도된 청중에게 정보를 전달하고자 할 때, 하나의 커뮤니케이션 시스템이 실패하더라도 다른 방법들이 성공할 수도 있다.

다음은 커뮤니케이션 시스템 구성요소의 예이다.

- 지리적 혹은 특정 집단에 근거한 일반전화 혹은 이동전화
- 지역사회 혹은 건물에서 이용할 수 있는 사이렌 혹은 다른 대중 경보
- 소셜미디어 상의 메시지
- 데스크탑 상의 팝업 혹은 즉각적인 메시지
- 스마트폰을 통한 문자메시지
- 청각장애인을 위한 이메일
- 디지털사인[digital signs]을 통한 메시지 전달 (예: Amber Alerts)
- FM 라디오를 통해 암호화된 수신자에게 메시지 전달하기
- 웹미디어를 통한 메시지 전달

전자미디어를 이용한 경보시스템은 허리케인경보에 이용해 왔다. 지역사회는 우선순위에 따라 전체 대상자와 커뮤니케이션할 수 있는 전화번호와 이메일주소를 목록화할 수 있다. 2008년 허리케인 아이크[Ike]가 대륙을 강타했을 때, 텍사스 지역사회는 허리케인의 접근을 경고하고 이용 가능한 응급지원과 미 연방청의 지원을 알리기 위해 메시지를 전달했다. 이러한 시스템은 이후 화학공장이 폭발하여 검은 연기가 지역사회 전체를 뒤덮었던 지역의 주민들을 대피소로 안내했다.

## 다. 응급대비 및 대응에서의 소셜미디어

응급상황에서의 커뮤니케이션은 그들이 전통적인 통신수단을 이용하거나 혹은 이메일, 문자메시지, 일반전화 혹은 이동전화 등의 최신 통신수단을 이용하거나에 관계없이 혹은 장애가 있거나 모국어를 사용하지 않는 대상자에게도 모두 전달되어야 한다. 최근 들어 커뮤니케이션은 전통적 방식인 라디오, TV, 전화, 유인물, 포스터 등에 의존한다. 기술적 혁신이 이루어지면서 응급 커뮤니케이션 시스템은 다양한 방법으로 확대되었다.

웹기반과 다른 전자기술의 통합형태는 소셜미디어로 알려져 있다. 보건의료기관은 경보를 전달하기 위해 소셜미디어네트워크를 이용함으로써 전달력을 더 높일 수 있고, 응급상황에 지역사회가 신속히 대응할 수 있도록 의사소통할 수 있다. 경보는 기지국 혹은 위성수신기가 있는 곳이면 어디든지, 실시간으로 주고받을 수 있다. 소셜미디어

를 사용함으로써 메시지는 사용자에게 직접적으로 전달된다. 소셜미디어는 전통적 통신수단을 이용하기 어려운 대상자에게도 접근 가능하다.

소셜미디어는 폭넓은 응급상황에 유용하다. 즉, 전문가는 감염성질환의 출현에 대한 정보를 제공할 수 있고, 정부기관은 예방활동을 할 수 있도록 직접 의사소통할 수 있다. 소셜미디어를 이용한 응급방송은 정부기관이 응급상황, 대피수단 혹은 대피소, 상해나 질병을 최소화하기 위한 방법 등에 대해 통일된 메시지를 전달할 수 있다. 경보수단으로써 네트워크를 이용하는 소셜미디어는 대중을 교육할 수 있고, 재난 발생 전에 대비활동을 증진시킬 수 있다. 공무원들은 실시간으로 어떤 일이 일어나고 있는지 모니터할 수 있기 때문에 상황을 더 잘 이해할 수 있게 된다. 소셜미디어를 통해 도움을 필요로 하는 많은 사람들은 위기군중 crisis crowd 을 형성할 수 있고, 그 지역사회에 있는 사람들은 사건에 대한 정보를 제공한다. 소셜미디어의 사용으로 응급 시의 정보공유와 더 나은 현장대응을 위한 협력이 강화된다. 재난 시에 활성화되는 커뮤니케이션계획은 의사소통채널의 하나로 소셜미디어를 포함해야 할 것이다.

## 7. 소셜미디어의 활용 방법

응급시에 대중에게 가능한 한 빨리 경보하는 것은 매우 중요하다. 이를 위해 사람들은 직장, 학교, 집, 놀이터 혹은 이동 중인 교통시스템과 연락이 닿아야 한다. 사람들은 컴퓨터를 이용하고 있거나 TV 시청, 인터넷 서핑, 라디오 청취, 전화 통화 혹은 트위터 Twitter 등의 소셜미디어를 이용하고 있을 것이다. 커뮤니케이션 전략은 이 모든 것들을 포함해야 한다.

미디어의 범위는 광범위하고 응급정보 확산 형태를 바꾸게 된다. 트위터 혹은 문자메시지와 같은 서비스는 경보나 안내할 내용을 신속히 알리는데 이용된다. 블로그 Blogs 와 팟캐스트 Podcasts 방송은 메시지를 전달하고 청중과의 대화를 가능하게 해준다. 페이스북 Facebook 과 같은 소셜네트워킹 사이트는 미 기상청 NWS 과 연계되어 있고 실시간 날씨 경보와 경고 및 다른 대비활동의 확산에 이용된다.

미 정부와 보건안전당국은 주민들이 응급상황에 대비하고 대응할 준비를 해야 하는지에 대한 이해를 돕기 위해 소셜미디어를 이용하여 정보를 제공한다. 연방재난관리청

FEMA은 재난을 대비하고 생존할 수 있는 실질적인 조언을 제공하는 응급대비 캠페인 readiness compaign을 발족했다. 미 질병관리본부는 공중보건과 관련된 다양한 주제를 즉각적으로 최신화하여 제공할 수 있는 트위터를 운영하고 있다. 미 질병관리본부는 계절독감, H1N1 독감바이러스, 응급의료상황 등에 대해 스마트폰을 통해 접근 가능하도록 정보를 제공하고 있다(http://m.cdc.gov).

소셜미디어의 제한점 중 하나는 글 올리기와 문자가 쇄도하면 시스템이 과부하될 수 있다는 것이다. 그래서 적절한 기술적 계획이 필수적이다. 2011년 4월, 알라바마에 토네이도가 강타한 이후 생존자가 물이 필요하다고 포스팅했을 때 적절한 조정이 없어서 20개가 넘는 자원봉사기관이 응답했고, 그 후 요구가 충족되었음을 알리는 피드백도 없었다. 소셜미디어가 기본 응급대비와 대응에 적절히 통합된다면, 지역사회 집단, 종교 기관, 지역보건기관 등이 재난 전, 중, 후에 더 많은 사람들과 효과적으로 의사소통할 수 있을 것이다. 소셜미디어와 잘 융합함으로써, 보건의료기관은 정확한 정보가 더 신속하게 대중이 이용할 수 있도록 보장해 줄 수 있을 것이다.

## 가. 소셜미디어의 예

소셜미디어는 응급대응을 처리하는 커뮤니케이션 방식을 급격히 변화시켰고, 좀 더 정확하고 시기적절한 정보에 근거하여 더 나은 의사결정을 할 수 있도록 해 왔다. 더 많은 청중들이 이러한 상호작용이 가능한 채널을 이용함으로써 응급상황 동안 혹은 그 이후의 보호조치를 취하는데 필요한 중요한 정보를 받을 수 있다.

미 기상청 NWS, 연방재난관리청 FEMA과 국가허리케인센터 NHC, National hurricane centers는 모두 RSS Really simple syndication feeds를 제공한다. RSS는 개인적으로 많은 사이트를 방문하거나 다양한 뉴스레터에 접속하여 확인할 필요 없이 토픽에 대한 최신정보를 때 맞춰 제공한다. RSS는 사이트에 새로운 정보가 올라온 것을 사용자에게 알려준다. RSS를 포스팅하거나 준비할 때에는 최신화하거나 유포하려는 내용의 전체 데이터와 시간을 제목에 포함하는 것이 바람직하다. 이용자는 사건이 언제 발생했는지, 피드를 클릭하지 않고 보고가 최신화되었는지 확인함으로써 시간을 절약할 수 있다. RSS피드를 읽기 위해 피드리더나 뉴스제공 소프트웨어가 필요하다. 마이 야후 My Yahoo, 블로그라인 Bloglines와 구글 Google 리더는 인기 있는 웹 기반 피드리더이다. 많은 사이트는 피드를 이용할 수 있다는 것을 표시하기 위해 두문자어 RSS, XML 혹은 RDF와 함께 작은 아이콘을 제시한다. Crisis Commons (http://crisiscommnons.org, http://wiki.crisiscommons.org/wiki/ Main_Page)는 재난대응을 통해 모범 실무와 배운 교훈을 공유하기 위해 기술을 이용해 온 커뮤니티이다. Crisiss Commons의 지원을 받는 국제적 네트워크인 Crisis Camp를 통해, 자발적 사용자들은 위기상황에서 사람들과 지역사회를 돕기 위해 기술을 이용함으로써 문제를 해결한다. 표 6-2는 응급관리에서 소셜미디어 기술을 활용한

**표 6-2 응급관리에서 소셜미디어 기술의 활용 예시**

| 위치 혹은 기관 | 도 구 | 활 용 |
|---|---|---|
| 샌프란시스코, 캘리포니아<br>San Francisco, CA | • 페이스북, 트위터, 유튜브 | • 응급대비에 관한 정보 확산<br>• 공중보건 경보 전달 |
| 샌프란시스코, 캘리포니아<br>San Francisco, CA | • AlertSF | • 응급사태에 대한 문자 기반의 알림시스템 |
| 마노, 텍사스주 Manor, TX | • CiviGuard<br>• Smartphones | • 응급 상세위치 경고<br>• 현장으로부터 응급 대응요원에게 대응자료 response data 전송 |
| 미 광물연구기관<br>U.S. Geological Service | • Twitter Earthquake Detector<br>• Twitter Associated Press International | • 신속한 지진 식별을 위한 피드 모니터<br>• 트윗 수를 기반으로 지진 확인하고 정보 수집함 |
| 버지니아주 응급관리부 | • Virginia Interoperability Picture for Emergency Response | • 250개 정보원으로부터 피드를 통합하는 지리정보시스템 GIS 플랫폼<br>• 응급대응 인력이 사건을 이해하기 위해 단일 정보원을 이용할 수 있음 |
| 미 국방부 | • All Partners Access Network | • 380,000명 사용자 네트워크<br>• Community of communities Web site using 위키 wikis, 블로그 blogs, 포럼 forums, 파일 등을 공유하여 이용하는 지역사회 커뮤니케이션 웹사이트<br>• 공인된 임무 파트너와의 정보 교환<br>• 아이티 대응에서, 정상 기능수행이 가능하나 환자가 없는 병원과 다음날 수용능력에 도달하는 병원을 게시함 |
| 미 국토안보부 | • DHS First Responders Community of Practice | • 응급대응 전문가들의 온라인 네트워크<br>• 최선의 실무 공유 |

출처: Yasin R. 2010. 5 ways social media improves emergency management. *Government Computer News*. September 6:18-23.

예시를 제시하고 있다.

## 나. 트위터, 페이스북, 유튜브

일반전화는 이용할 수 없지만 이동전화의 이용은 아직 가능할 때, 트위터 Twitter 와 페이스북 Facebook 을 이용할 수 있다. 트위터와 페이스북은 장비, 보급품, 인력의 신속한 이동과 재난이후의 기금 모금에 널리 이용되고 있다. 지역사회는 140글자 제한이 있는 트위터를 짧은 메시지의 방송내용을 전달하기 위해 사용하고 있다. 트위터는 신속한 피해 평가, 개별적인 도움 요청, 구조노력에 대한 입증되지 않은 정보와 심지어 재난에 의해 영향을 받은 사람들의 도움 요청 등에 필요한 지상 정보를 제공한다.

남캘리포니아 지역의 들불 발생시 이용되었던 트위터는 여러 지역으로부터 화재를 평가하였고 화재의 진행과정에 대한 모든 정보를 제공하였다. 트위터 사이에서 제공된 토픽의 스트리밍 자료로부터 만들어진 그래픽자료는 의사결정의 정보원으로 활용되었다. 예를 들어, 기침, 설사 등의 트윗에서의 그래픽 키워드는 감시의 도구로 활용될 수도 있다(상세 설명은 4장 참조). 마지막으로, 응급관리를 위한 소셜미디어는 재난대비의 일부분으로서, 소셜미디어 활용에 대한 취약한 정보를 공유하는 응급관리자들의 커뮤니티이다.

연방재난관리청을 포함한 주 및 지방정부 기관은 페이스북 페이지를 가지고 있다. 친구로 서명한 이들 지역사회는 실시간 업데이트에 접근할 수 있고 광범위한 청중을 대상으로 관련 정보를 게시할 수 있다. 비영리기구는 페이스북을 통해 구조노력을 조직화해 왔다. 아이티에서의 지진 이후, 글로벌 재난구호 Global Disaster Relief 페이지는 자금과 자원의 빠른 대응을 촉진하기 위해 페이스북의 기술적 인프라를 활용하였다.

또한, 많은 정부 부서와 비영리단체들이 유튜브를 이용하고 있다. 정부기관은 미디어 광고정책을 이용하여 유튜브 상의 엔터테인먼트 전에 유튜브나 Hulu와 같은 다른 비디오 게시 사이트에 정보를 제공하는 비디오를 상영함으로써 그들의 시장을 확대한다.

연방재난청의 Ready Campaign(available at HYPERLINK "http//www.ready.gov)sms"http://www.ready.gov)sms 이러한 전략을 활용한 한 예이다. 근로자의 건강과 안전 향상을 위해 기여해온 캐나다의 조직인 WorkSafeBC은 유튜브에 전용채널

을 가지고 있다. WorkSafe는 공공서비스 안내를 게시하고 재난 혹은 대규모 사고 발생 동안에도 훈련 비디오를 제공한다.

## 8. 스마트폰과 기타 통신장비

스마트폰은 무선전화, 전송 시스템, 위성 등을 통해 음성, 짧은 메시지, 문자메시지, 이메일 등 다양한 통신수단을 보유하고 있다. 이러한 장치들을 이용함으로써 어느 하나의 네트워크가 작동하지 않더라도 정보에 대한 접근과 커뮤니케이션이 가능해진다. 인터넷에 쉽게 접속할 수 있는 스마트폰은 사용자가 사진, 지도에 접근하고 응급상황 전 혹은 도중에 건강, 안전, 대비 어플리케이션을 다운받을 수 있다. 이용자들은 마치 책상 앞에 있는 것처럼 정보에 접근할 수 있다. 약식요구도평가도 수 시간 내에 완성할 수 있다. 구조 및 의료서비스도 쉽게 제공할 수 있다. 위성항법장치GPS가 장착된 스마트폰으로 돌무더기 안에 갇힌 사람의 위치를 찾아낼 수도 있다.

또한, 스마트폰은 직접적으로 영향을 받은 사람들에게 지침을 제공해 줄 수 있다. 문자메시지와 이메일을 이용하여 지역사회의 청각장애인에게 쓰나미 경보를 알릴 수도 있다.

### 가. 통신장비 활용

랩톱과 이동전화는 응급상황에서 제한점이 있다. 랩톱을 이용함으로써 어느 지역에서나 정보접근이 가능하여 전통적인 직무현장 환경 외의 지역에서의 업무가 가능하지만, 랩톱의 부피와 무게는 응급현장에서 응급의료 인력들이 실질적으로 사용하기에는 어려움이 있다. 또한, 랩톱은 충전기 용량이 작고 Wi-Fi 네트워크 범위 내에 연결되어야 한다. 랩톱을 이용하여 이메일을 보내기 위해서는 전원을 켜고 가상네트워크와 연결되어야 하는데 여기에 몇 분이 소요된다. 전통적인 무선전화는 현장과 의사소통할 수 있지만 자료를 적절하게 가공하는데 어려움이 있다.

스마트폰은 작고 가벼우며, 무선통신 네트워크에서 가장 발전된 믿을만한 장비이다. 스마트폰을 이용하여 즉각적으로 이메일을 보낼 수 있다. 또한 하나의 장비로 음성, 데이터베이스 접근, 어플리케이션 생산, 멀리미디어를 모두 이용할 수 있다.

무선연결로 대응요원들은 다음의 업무들을 수행할 수 있다.

- 응급상황의 관리 및 경보
- 사건 발생 보고
- 사건보고 직후 응급절차 전파
- '대피소에 머물기' 혹은 '즉각 대피' 등 미리 작성된 메시지에 접근
- 다양한 방법 이용 없이 폭발 메시지 전송
- 메시지 수신 여부에 대한 확인 메시지 송신
- 기관 내, 기관 간 메시지 전송
- 상황적 인지 situational awareness 를 높이기 위한 비디오 스크리밍에 이용
- 문서 저장
- 도로 폐쇄상황에서도 업무 수행 가능

많은 응급상황들은 다양한 기관의 대응을 요구한다. 스마트폰은 정보접근과 관련하여 미리 프로그램을 짤 수 있어서 기관 간의 커뮤니케이션을 촉진시킨다. 스마트폰은 문자메시지 교환을 할 수 있어서 라디오를 통해 전달할 수 없는 정보를 놓치지 않고 전달할 수 있다. 양방향 무선의 이용 가능한 전용 채널은 재난 시에 신속히 이용할 수 있기 때문에 커뮤니케이션이 더 빠르다. 이는 문자메시지가 무선 네트워크에서 많은 통신량에 의해 영향을 받지 않기 때문이다.

데이터베이스는 분리할 수 있는 보안디지털 SD, Secure digital 카드를 이용하여 스마트폰에 저장할 수 있다. 유해물질 데이터뱅크 hazardouns substances data bank 로부터의 정보를 담고 있는 무료 데이터베이스인 응급 대응요원을 위한 무선정보시스템 WISER 은 인터넷을 통해 설치 및 접속할 수 있다. 현장에 있는 대응요원들은 무선정보시스템 (http://wiser.nlm.nih.gov) 을 확인함으로써 유해물질에 대한 보호조치가 필요한지 확인할 수 있다.

직원들은 스마트폰을 통해 그들이 속한 기관의 재난대응 계획에 접근할 수 있고, 지시와 관리 및 재고기록과 응급처치 절차를 찾아볼 수 있다. 특별 계측기를 이용하여 바람의 속도와 방향, 방사능 낙진지역 등을 확인할 수도 있다. 심지어 스마트폰은 특정 맵핑 소프트웨어를 이용함으로써 작전에 필요한 도구로도 사용할 수 있다. 사건 발생지역의 지도는 다른 대응요원들의 위치, 신분, 상태 등을 나타내주거나 구조를 필요로 하는 사람들의 위치를 알려줄 수도 있다.

스마트폰의 능력은 4세대 이동통신 방식의 첨단 핵심 칩인 LTE Long-term evolution 라고 불리는 무선 기술이 완전히 개발된 다음 세대에는 더욱 더 발전할 것이다. LTE는 네트워크하기 위한 모바일 대역폭이 증가된 새로운 표준으로, 정보의 흐름을 급격히 증가시킨다. 현장에 있는 사용자들은 LTE를 이용함으로써 고화질 비디오와 같은 실시간 자료를 몇 분이 아닌 몇 초 내로 전송할 수 있다.

다음은 위기상황에서 더 나은 대비와 커뮤니케이션을 가능하게 하는 스마트폰 어플리케이션의 예이다.

- Google Maps : 도식화 작업을 위해 비정부기관에 의해 사용된다.
- Emicus : 목적은 지역사회 내에서 재난정보의 수신과 공유를 촉진하는 것이다. iTunes를 통해 애플컴퓨터에서 다운 받을 수 있는 An iPhone 어플리케이션인 Emicus는 지도 작성 도구를 가지고 있고, 주유소, 건축자재, 약국 등의 주요 서비스의 위치를 제공한다. 또한, 사용자가 사진과 업로드하거나 목격자가 트위터와 유튜브를 이용하여 보고하거나 실시간 기사를 확인할 수 있다. 문자알림을 하기 위한 단문자시스템 SMS, Short message system 을 이용하고, 허리케인 등의 현재 날씨 상태를 추적할 수 있다.
- IGLOO : 사용자의 테블릿을 이용하여 직접 온라인 커뮤니티를 조작할 수 있는 PlayBook과 BlackBerry를 위한 템플릿이다. IGLOO은 재난 대응에 협력하기 위해 사용되어왔다. 아이티 지진의 대응과 회복단계에서 인명구조를 지원하기 위해 설계된 Crisis Kitchen (http://haitiresponse.igloocommunities.com) 가 한 예이다.
- Podcasting : RSS를 통해 구독자에게 오디오와 비디오 상영물을 전달한다.
- Smart ICE : ICE In case of emergency 정보는 이동전화에 맞게 프로그램 되어있어서 응급대응요원들이 필요시 가장 가까운 사람의 위치를 알아낼 수 있다. Smart ICE는 자료범위를 확대하여 개인정보와 의료정보를 포함하고 있다. 또한, 응급센터에 전화한 후 매 2분마다 알람을 울리는 자동응급음이 있어서 전화를 건 사람이 정상적으로 응답할 수 없더라도 대응요원이 iPhone과 ICE 정보를 찾을 수 있다.
- Xora : Xora 소프트웨어 회사는 재난 시에 피해자를 추적할 수 있는 위치기반 어플리케이션을 개발했다. 2010년 브리티시 페트롤륨사 British petroleum 의 석유유출 때, 대응요원들은 Xora를 이용하여 피해발생지가 어디인지 알아낼 수 있었으며,

실시간 의사결정하여 현장 팀이 피해사진을 찍고 세부사항을 제공하고 위성항법 장치 GPS 좌표를 찾아낼 수 있었다.

- iPhone : 아이폰은 응급대비 및 대응을 위해 부가적인 어플리케이션이 있다.
  - *Hurricane* : 강력한 폭풍우를 추적하고 진행경로를 파악함
  - *Outbreaks Near Me* : 신종 인플루엔자 A(H1N1) 발병을 추적함
  - The *Daily FEMA Insider* : 테러, 국토안보 정보, 날씨 위협 등에 대한 정보를 매일 전송함
  - *ResQr First Aid and CRP Coach* : 응급시 응급조치와 심폐소생술에 대한 조언 제공함

재난대비의 한 부분으로, 기관들은 직원에게 그들의 이동전화를 프로그래밍 하도록 요구할 수 있다. 프로그램에 가장 기본으로 포함될 내용은 다음과 같다.

- 경찰, 소방의 정규(비응급) 전화번호
- 비상연락 정보
- 의료기관, 약국, 의료인력
- 다른 직원, 자원봉사자를 위한 응급전화번호
- 응급상황 이후 재소집할 장소
- 출근 상황을 확인하기 위해 연락할 전화번호

## 9. 커뮤니케이션 시스템

재난 발생 시나 그 이후에 여러 기관들이 정보를 공유하고 지장 없이 통신을 주고받아야 하므로, 대응기관은 상호운용 가능한 정보와 커뮤니케이션 시스템을 이용하도록 준비해야 한다. 통신선 또한 고정상태와 이동상태로 이용할 수 있어야 한다. 기술적인 한계와 공공네트워크의 취약성으로 인해 커뮤니케이션 시스템을 반드시 중복으로 구축해야 한다.

비상 시 커뮤니케이션을 위한 계획을 세울 때에는 기술이 온전할 때, 일부 기술이 온전할 때(예: 바람이나 눈보라), 거의 모든 기술이 온전하지 않을 때(예: 정전) 등 세

경우에 상호운용이 가능할 수 있도록 계획을 세워야 한다. 사일로silo 형태가 아닌 호환시스템을 구축할 때에는 산업표준을 기반으로 하여 신중하게 기관 간 계획을 세우고, 민간 부문과 협력하며 통합시스템과 정책을 시행해야 한다. 공중보건공무원은 커뮤니케이션 대안시스템을 마련해야 하며, 지역사회의 비상경보시스템과 연결될 수 있어야 한다. 무선시스템과 무선주파수 사용방법을 훈련받은 직원과 함께 이를 구축해야 한다. 911시스템과 병원, 보건부서 간에 프로토콜을 마련해 놓아야 한다. 그래야 공중보건당국이 지역사회 비상대응의 일환으로 정기적으로 이들에게 통지를 받을 수 있다. 이동통신, 아날로그통신, 무선통신 사용자들은 네트워크가 안전하지 않으며, 수신자가 있는 누군가 대화를 들을 수 있다는 점을 알고 있어야 한다.

자연재난(예: 지진, 허리케인, 토네이도)과 기술재난(예: 정전) 이후에, 일반전화 서비스와 데이터시스템은 제대로 기능을 하지 못할 것이다. 일반전화 회로가 과부화 되거나 작동하지 않는다면 응급 커뮤니케이션 시스템을 통해 전화를 받을 수 있도록 해야 한다. 다중의 견고한 전화 및 데이터 네트워크에는 콘센트에 직접 플러그를 꽂는 유선전화, 이동전화, 와이파이 혹은 무선인터넷, 호출기, "워키토키"(예: Nextel®) 등이 있다.

재난대응 시 통신수단의 하나인 이동전화는 기지국의 설치여부에 따라 이용할 수 있다. 각 기지국의 동시 통신용량은 한계가 있으며, 일정한 반경 내에서만 이용할 수 있다. 한 번에 너무 많은 사람들이 이동전화를 사용하면 시스템이 고장 난다. 더 나아가 이동전화의 보안 또는 프라이버시는 보장할 수 없다. 보다 중요한 점은 기지국이 보통 도시지역과 주요 교통로에 위치한다는 것이다. 재난이 발생할 가능성이 더 큰 시골지역에서는 이 시스템을 이용하지 못할 수도 있다.

고정된 기반시설 없이도 대체무선모델alternative wireless model을 이용할 수 있다. 모바일네트워크[1] MANET, Mobile ad hoc network라고 하는 기술을 통해 통신속도를 두 배로 올려주는 모바일 장치인 라우터router 간에 고속통신이 이루어진다. 모바일네트워크MANET는 문자, 음성, 그래픽, 영상 등 모든 종류의 디지털 정보를 전송할 수 있다. 한 장치에서 다른 장치로 정보를 전송하기 위해서는 데이터가 목적지에 도착할 때까지 소출력 무선신호가 한 노드에서 다음 노드로 짧게 '껑충' 뛰어가며 데이터를 전달한다. 모바일

1) 무선네트워크의 한 종류

네트워크는 기존의 무선범위보다 넓고, 고층 건물을 통과할 수 있다. 모바일 컴퓨터에 통신카드를 넣어서 이용할 수 있다면, 그 장치는 모바일네트워크의 노드가 될 수 있다. 또 다른 모델로는 위성을 통해 인터넷에 연결하여 컴퓨터를 매체로 하는 고정통신국을 이용하는 방법이 있다. 차량네트워크 VANET, Vehicular and hoc network 은 근처의 차량과 근처의 고정 장비(주로 도로변) 사이에 통신을 제공해주는 모바일네트워크의 한 형태이다.

어떤 경우에든 이 커뮤니케이션 시스템에는 다른 장소로 데이터를 백업하는 시스템이 있어야 한다. 일부 조직에서는 이중 또는 삼중으로 네트워크에 접근하는 방법을 확립해 놓을 것이다. 여기에는 물리적으로 떨어진 케이블을 연결하도록 건물로 들어가는 별도의 접속 케이블이 있을 것이다. 보다 현대적인 시스템에 바로 접속하여 업그레이드해서 데이터를 보호할 수도 있다. 업그레이드 시스템은 광선이나 무선신호로 대기를 통해 신호를 쏘아 전송할 수 있으므로 이 시스템을 고려해본다. 이 시스템은 건물 옥상 간에 방대한 양의 데이터를 전송할 수 있는 가시광선을 쏜다. 일부 고속인터넷 사업자는 다양한 기능을 할 수 있도록 음성서비스를 지원한다.

일부 케이블 TV 시스템에서는 전화선과 별도의 케이블을 중복해서 설치하는데, 이때에는 케이블을 공유하므로 사용자 수가 증가하면서 전송속도가 느려진다는 단점이 있다. 고정시설(병원과 건강부서)은 조명, 환기, 난방 및 공조 외에 통신장비를 지원하도록 비상전력을 마련해야 한다.

보건부서와 병원에는 외부로 전화걸기가 수월하도록 전화번호부에 실려 있지 않은 전화번호를 몇 개 가지고 있어야 한다. 통신센터로 들어오는 전화선은 묻고, 명확하게 표시하며, 파손되지 않도록 보호해야 한다. 재난 후에 신속하게 위치를 찾을 수 있도록 전화선의 위치에 대한 기록을 보유하고 업데이트해야 한다.

재난 관련 활동에 대한 부서통신의 경우, 공중보건 공무원에게는 기본 컴퓨터가 필요하다. 컴퓨터에는 자료를 보호하고 해킹을 방지하도록 CD ROM과 지속적 인터넷 이메일 용량, 충분한 보안시스템(예: 방어벽, 비밀번호 보호, 바이러스 검색)이 있어야 한다. 다른 장소로 데이터 백업을 하고 복원을 하려면 백업 전원 공급장치가 반드시 필요하다. 하루 24시간, 일주일 내내 건강경보를 방송하는 시스템 또한 유지해야 한다.

## 가. 무선통신

비상관리부문에서는 이용 가능한 무선네트워크가 있을 것이며, 공중보건당국은 지역사회의 응급 시 커뮤니케이션네트워크로서 활동해야 한다. 지역사회에서는 비상 시 다양한 무선주파수를 이용하여 통신한다. 로우 밴드 Lo Band, 초단파 VHF, Very high frequency, 극초단파 UHF, Ultra high frequency, 800 MHz(디지털) 등이 이에 속한다. 전문 무선사업자나 아마추어 무선사업자는 모두 긴급 시 통신을 원활하게 해줄 수 있는 자원이다.

이상적으로는 지역사회에 양방향 무선통신을 위해 다중채널 다 지역 800 MHz 무선시스템이 설치되면 좋다. 이 시스템은 공공안전을 위한 일일통신과 비상 시 기관 간/기관 내 통신 등 두 가지 용도로 사용한다. 제조사들은 무전기의 전지를 2년마다 교환해줄 것을 권장한다.

무선주파수 과부하를 방지하기 위해서는, 대화의 길이를 제한하고 다중주파수로 이용하는 여러 무선 송수신기를 설치하는 프로토콜을 만들어야 한다. 무선전송은 30초 이상 지속되지 않도록 한다. 휴대용 무전기를 이용하는 동안 수신자가 전송한 내용을 들을 수 없는 경우, 사용자는 위치를 바꾸어야 한다. 위치를 바꾸어도 수신이 제대로 이루어지지 않는다면, 휴대용 무전기 사용자가 음성기호를 이용해서 메시지를 보내야 할 수도 있다(표 6-3에 음성기호를 나타냈다). 모든 시간은 군사시간으로 표기해야

**표 6-3 음성기호** phonetic alphabet

| | | |
|---|---|---|
| A=아담Adam | L=링컨Lincoln | W=윌리엄William |
| B=보이Boy | M=마이클Michael | X=엑스레이X-ray |
| C=찰리Charlie | N=노라Nora | Y=영Young |
| D=데이비드David | O=오스카Oscar | Z=제브라Zebra |
| E=에디Eddie | P=폴Paul | |
| F=프랭크Frank | Q=퀸Queen | |
| G=조지George | R=로버트Robert | |
| H=헨리Henry | S=샘Sam | |
| I=아이다Ida | T=토마스Thomas | |
| J=존John | U=유니온Union | |
| K=킹King | V=빅터Victor | |

한다(예: 오후 1시는 13:00). 기관에서는 무선기 담당자를 지정해서 사용법을 훈련시켜야 한다.

무전기를 사용할 때에는 소속한 곳에서 정한 규칙을 따르는 것이 중요하다. 보통 사용자의 신원을 밝히고, 기관의 전체이름을 사용해서 다른 사용자들이 누가 그 시스템에 접속하고 있는지 항상 알게 된다. 한쪽에서 전송을 하고 있는데 상대편에서도 전송을 하려고 하면, 후자의 통신은 수신이 이루어지지 않으며, 후자는 신호음을 듣게 된다.

시스템이 전송되는지를 시험하기 위해, 대부분의 기관에서는 일일점호를 한다. 일일점호에 대한 응답은 간단히 "10-4" 또는 "5×5"로 한다. 표 6-4는 기관이나 시설에서 이용가능한 커뮤니케이션 시스템을 제시하고 있다.

**표 6-4 커뮤니케이션 시스템**

| 전 화 | 무 선 | 내부통신방법 | 외부통신체계 | 연락처 디렉토리 | 소셜미디어 |
|---|---|---|---|---|---|
| 사설교환기<br>PBX, Private branch exchange | 지방 비상관리 기구에 연결되는 무선기(800 MHz) | 워키토키 | 독립형 컴퓨터와 인터넷 접속:<br>- 전화 모뎀<br>- 케이블 모뎀 | 내 외부 연락처 디렉토리 업데이트 | 블로그 |
| 아날로그 전화 | HAM 무선기 [RACES] | 천장스피커 및 호출시스템 | 직원이 건강경고네트워크[HAN] 등에 접속권한 있음 | 응급운영센터[EOC]가 활성화되었을 때 경보시설 운영자 | 이메일 경고, 즉각적 메시지 |
| 장거리서비스제공자 | | 러너 시스템 | | 판매자 연락처 | 팟캐스트 |
| 이동전화 | | | | | 온라인, 스트리밍 비디오 |
| 위성전화 | | | | | 마이크로블로그(트위터) |
| 스마트폰 | | | | | 소셜네트워킹 사이트<br>(페이스북)<br>모바일웹사이트 |
| 스카이프 | | | | | 위젯<br>RSS피드 |

## 나. 아마추어무선비상통신서비스

임시적으로 필요할 때에 정부기관 내에서 예비통신을 제공하기 위해 공공서비스로 1952년 아마추어무선비상통신서비스 RACES, Radio amateur civil emergency service를 만들었다. 연방통신위원회 FCC는 아마추어무선비상통신서비스 운영을 규제하며 그 운영에 관해 자세하게 설명하도록 아마추어 무선통신규칙(97편, E장 §§97.407)을 제정했다.

각 아마추어무선비상통신서비스 그룹은 면허가 있는 아마추어들로 구성이 되어 있으며, 비상관리본부, 경찰, 소방서 등 재난서비스를 맡고 있는 지역정부, 군, 주정부 기관이 관리한다. 미국의 어떤 지역에서는 아마추어무선비상통신서비스가 기관의 보조통신서비스로 사용되기도 한다. 일부 아마추어무선비상통신서비스 그룹은 자칭 재난통신서비스 또는 비상통신서비스라고 부르기도 한다. 연방재난관리청 FEMA은 계획 지침, 기술지원, 주정부 및 지방정부 차원에서 아마추어무선비상통신서비스를 조직하는데 대한 지원금 등을 지원한다. 무전기 사업자는 지상무선이동서비스 GMRS, General mobile radio service를 가동하는데, 이 서비스에는 중계기가 필요하며, 전지가 소진되면 작동하지 않기 때문에 전지 백업을 해야 한다.

아마추어무선비상통신서비스는 필요할 때에 즉시 배치되는 비상통신 인력이기도 하다. 지방정부 차원에서 아마추어 무선 통신사는 지방의 비상조직에 참여하거나, 초단파와 극초단파를 이용한 지방 "트래픽 넷 traffic nets"을 조직하기도 한다. 주정부 차원에서는 이들은 보통 주정부의 비상관리활동에 참여한다.

군이나 주정부기관이 아마추어무선비상통신서비스 그룹을 활성화시키기도 한다. 아마추어무선비상통신서비스 운영에는 아마추어 무선주파수를 이용해 비상메시지를 전달하는 활동도 있다.

여기에서는 보통 병원, 응급서비스, 대피소 및 통신이 필요한 그 외의 장소 등 중요한 장소 간에 메시지를 전달한다. 아마추어무선비상통신서비스 통신사는 공공안전이나 기타 정부통신, 비상운영센터 직원채용, 긴급장비수리 등에 참여하기도 한다. 아마추어무선비상통신서비스 그룹은 특수 훈련과 공공서비스를 통해 일 년 내내 훈련 drills을 함으로써 통신능력을 발전시키고 유지한다. 종합 아마추어무선비상통신서비스 매뉴얼, 즉 지침은 연방재난관리청 FEMA 웹사이트 (http://www.fema.gov/library/civilpg.htm) 에서 볼 수 있다.

아마추어 무선통신사는 또한 미국 아마추어 무선연맹과 현장 자원봉사자들로 편성된 아마추어 응급무선서비스 ARES, Amateur radio emergency service 를 통해 동일한 무선주파수를 운용한다. 또한, 토네이도와 허리케인 위험지역에서는 많은 아마추어 무선 통신사들이 미 기상청에서 운영하는 스카이완 Skywarn 에 연루되어 있다. 다수의 국가조직이 아마추어 긴급무선서비스 ARES 및 국가통신체계, 미 적십자사, 구세군, 공공안전통신협회 등 그 외 아마추어 무선 그룹과 공식적인 협약을 맺고 있다.

## 10. 공중보건 응급 커뮤니케이션시스템

응급 커뮤니케이션 시스템 ESC 는 테러 등 공중보건 응급사태 시에 뉴스 언론, 대중 및 주요 이해당사자에게 신속하고, 효과적이며, 일관된 통신을 보장하는 웹기반 시스템이다. 연방 응급 커뮤니케이션 시스템은 50개 주에서 주정부 및 지방정부 보건공무원, 공중보건정보 담당공무원, 임상의사 연합, 정책 결정자, 그 외 주요 이해당사자들 간에 양방향 대화가 가능하게 하는 시스템이다. 연방 응급통신체계 ESC 는 대중의 문의, 언론 브리핑, 언론보도와 인터뷰, 일일 웹기반 업데이트 등에 이용되어 왔다.

응급 커뮤니케이션 시스템은 포털 portal 과 컨텐츠 content 라는 두 가지 구성요소로 이루어져 있다. 포털은 조직의 웹기반 정보에 대한 단 하나의 입구로서의 역할을 한다. 포털은 효율적이며, 정보들을 범주화하고, 보안을 유지하면서 응용프로그램을 통합한다. 고용인, 공중보건 전문가와 지역사회 공급자, 비상관리조직, 일반 대중들을 위해 접근수준을 조직화할 가능성도 있다. 포털을 만들고 보안수준을 정하여, 조직은 하나의 ID와 비밀번호로 그 조직의 웹기반 서비스에 접근하는 것을 통제할 수 있다. 사용자가 포털에 로그인할 때, 이 시스템에서는 사용자 인증을 하고, 권한이 있는 곳에 접근하도록 허용한다. 주정부의 보건부서에서 만든 다수의 건강정보네트워크와 마찬가지로, 공중보건정보네트워크 PHIN (제 4장에서 논의)는 포털의 한 예이다.

### 가. 감염병 정보교환

비상 시, 감염병 정보교환 EPI-X 은 주정부 감시 및 대응 프로그램이 있는 미 보건부

DHHS와 미 질병관리본부 CDC/미 독성물질 및 질병등록국 ATSDR 지휘센터와 연결이 되어, 하루 24시간, 일주일에 7일(24 × 7) 동안 비상경보를 제공하며, 국가적으로 중요한 질병정보를 공유하는 보안 포럼 secure forum을 조성한다. 감염병 정보교환 EPI-X은 동료와 전문가에게 긴급한 공중보건 사건에 대해 알리고, 정보를 추적하여 발병에 관한 보고서를 작성하며, 온라인 회의를 열고, 무선호출기, 전화 이메일을 통해 긴급사건을 보건공무원에게 경고하며, 미 질병관리본부 CDC로부터 얻은 새로운 정보를 논의하고, 미 보건부 HHS, 미 질병관리본부 및 모든 주정부와 대도시 생물테러 대응프로그램에서 지휘센터와 동시에 연락을 취하는 등의 역할을 한다. 현장, 연구실, 사무실 및 가정에서도 사용이 가능한 전염병 정보교환 EPI-X은 뉴욕시에서 발생한 최초의 탄저병 사례를 무선호출기와 전화로 주정부의 역학자에게 알려주고 미국 전역에서 활동하는 새로운 웨스트 나일 바이러스 West Nile Virus를 추적하고 알려주는데도 이용했었다.

## 나. 건강경고네트워크

가장 일반적인 컨텐츠를 기반으로 하는 응급 커뮤니케이션 시스템 ECS는 보건경보네트워크이며, 보통 건강경고네트워크 HAN이라고 한다. 건강경고네트워크는 전국의 공중보건 기반시설을 강화하기 위해 만들어졌으며, 가입서비스 형식으로 운영된다. 모든 지방정부와 주정부 보건부서의 통신용량을 보장하고, 질병이 발생하면 필요할 때마다 업데이트를 하는데 건강경고네트워크를 이용한다. 진료실이나 응급부서 및 병원에서 발생한 증후군에 관하여 임상의가 다른 임상의와 상의하는 온라인 대화 등을 활용할 때 건강경고네트워크는 실용적이다.

57개의 건강경고네트워크시스템(각 주에 1개의 HAN, 4개의 대도시 및 그 외)에는 질병관리본부 CDC가 발령하는 경보를 전달하는 경보장치가 있다. 미 질병관리본부는 경고(지금 조치를 취함), 주의(중요, 즉각적인 조치가 필요하지 않을 수도 있음), 업데이트(조치 필요 없음, 정보 제공) 등 경보를 세 가지로 나누었다. 경보알림 기능은 이메일, 팩스, 이동전화, 무선호출기 등 다양한 통신방법을 이용해서 사용자에게 통지한다. 경고에는 일반(일상)경고 general routine alerts와 특수(비상)경고 specific emergency alerts가 있다.

57개의 건강경고네트워크시스템은 기능에 따라 다양하다. 가장 광범위한 웹기반 시스템에서는 광범위한 사용자층이 일반정보와 개인화된 정보에 접근할 수 있고, 선정된 사용자만이 보안정보에 접근할 수 있다. 건강경고네트워크는 정보를 보급하는 방법으로 "밀어 넣기"와 "끌어당기기" 방법을 모두 이용한다. 이러한 건강경고네트워크시스템은 다 기능적이다. 건강경고네트워크시스템은 이메일을 모든 가입자에게 보내 다채널 방송을 통해 새로운 경보가 게재되었음을 알린다. 또한, 건강경고를 게재하고, 모든 경고를 파일로 보관하며, 문서자료실이 있고, 게시물을 싣고 그와 관련된 논의를 하는 게시판이 있으며, 여러 보안수준이 있고, 파워포인트와 같은 시각자료와 함께 온라인 회의를 할 수 있다.

각 건강경고네트워크 관리자는 인가된 사용자의 목록과 보안수준을 정한다. 대부분의 사용자는 사용자 ID와 비밀번호가 면허증번호나 다른 식별자, 제 3자 인증기관과 연결되는 단일요소 인증방식으로 신원을 인증한다. 의료, 공중보건 및 비상대응 분야의 주요 인력은 이중요소 인증을 거친다. 여기에서는 컴퓨터에 설치된 토큰이나 디지털 인증서로 사용자 ID와 비밀번호를 발급한다. 시스템 관리자가 그 접속을 통제한다. 사용자 브라우저와 건강경고네트워크 응용프로그램 간의 통신은 암호화된다.

## 11. 재난 복구정보기술의 연속성

공중보건기관 및 시설들이 공중보건서비스 제공에 영향을 미칠만한 위험을 경감시킬 재난계획의 일환으로 정보기술information technology을 개발하는 것이 중요하다. 재난계획에는 임상분야와 원무분야를 모두 정리할 수 있는 계획이 포함되어야 하며, 재난복구 계획을 상세하게 세워야 한다. 이 계획은 6개월마다 시험하여 기능과 실행가능성을 확인하도록 한다. 계획을 실험한 결과는 문서로 작성하고 이를 보관한다.

정보기술 재난계획에서는 조직을 계속 운영하는데 필요한 기본적인 요구도에 대해 다루어야 하며 최소한 다음 내용이 포함되어야 한다.

- 예방prevention – 기관의 자산을 보호하고 조직의 핵심 활동에 위험이 되는 요소를 확인 및 관리하는 계획
  - 중요한 양식, 자기 매체, 하드웨어, 소프트웨어, 장비 및 보급품 목록
  - 판매자 연락처 업데이트 및 관리
  - 주요 조직 활용 목록

- 서면으로 된 판매자 합의서
- 비상 복구팀의 역할과 책임 기술
- 비상 시 이용하는 다른 장소의 자료처리시설과의 합의서

• 대응 response – 기관 운영상 위기와 장단기적인 장애요인을 관리하는 프로토콜
- 고용인과 협력단체에 통지하는 절차와 대응활동을 확대시키는 절차
- 백업 절차 및 자료복구절차

• 복구 recovery – 모든 운영 복구

• 복원 restoration – 시설과 조직적 운영의 보수 및 복원

## 요약

1. 재난 발생 전, 중, 후의 커뮤니테이션 상태는 성공적인 재난예방과 구호활동에 중요한 역할을 한다. 모든 공중보건책임자는 잠재적 위험에 관한 정보를 효과적으로 전달해야 하며, 지역사회와 정부당국이 주민의 건강위험을 평가하고 이를 대중에게 알리는데 있어 공중보건책임자의 도움을 필요로 한다.

2. 통신은 재난대응에 관여하는 모든 사람들이 수행하게 되는 업무이며, 재난 발생 시나 그 이후에 여러 기관들은 정보를 공유하고 지장 없이 통신을 주고받을 수 있도록 상호운용 가능한 정보와 통신체계를 준비해야 한다. 통신선은 고정 및 이동상태로 이용 가능해야 하며, 반드시 중복으로 구축해야 한다.

3. 비상 시 통신을 위한 계획을 세울 때에는 통신기술의 보존 상태를 고려하여 상호운용이 가능할 수 있도록 계획을 세워야 한다.

4. 재난대응 시 통신수단은 유선과 무선형태의 장비가 있으며, 다양한 의사소통 도구를 사용하는 인구집단에게 신속하고 효율적으로 정보를 전달하기 위해 하나의 방법에 의존하기 보다는 여러 방법을 통합한 통신시스템을 이용함으로써 전달가능성을 더욱 높여줄 것이다.

5. 응급상황에서의 의사소통은 모든 대상자에게 전달되어야 하며, 공중보건당국은 지역사회의 응급 시 통신네트워크로서 활동하게 된다. 공중보건기관 및 시설들이 공중보건 서비스 제공에 영향을 미칠만한 위험을 경감시킬 재난계획의 일환으로 정보기술 개발이 중요하다.

7장

# 재난계획수립의 핵심사항

학습목표

1. 재난계획수립의 필요성 및 재난계획수립의 원칙을 이해할 수 있다.
2. 재난대비의 공통 업무를 이해할 수 있다.
3. 재난계획수립에 포함해야 할 기본요소를 알 수 있다.

재난이 일어나는 것을 예상하기는 어렵지만, 재난계획수립을 통하여 대규모 비상사태 emergencies 이후에 발생하는 일반적인 문제와 그에 따르는 업무를 예상할 수 있다. 본 장에서는 재난계획의 원칙과 제한점, 다양한 종류의 재난에 대한 계획수립, 재난대응의 공통 업무 common task, 재난대비 계획수립의 구성요소, 확장능력 계획을 위한 고려 사항, 극단의 상황에서 서비스 제공, 실제 상황 대비 훈련 등을 살펴보고자 한다.

## 1. 공중보건의 역할

- 재난 충격단계 impact phase 와 충격후단계 postimpact phases 에서 공중보건 및 의료 서비스 준비에 기존의 계획수립 원칙을 적용한다.
- 재난대응과 복구 시 응급 상황에 대처하는 지역사회와 긴밀히 협력한다.
- 재난대비 계획을 세우고 실행할 때 지역사회 재난대비 계획의 한 부분으로 참여한다.

## 2. 재난계획수립의 필요성

계획수립은 위기관리 영역에서 지속적으로 필수적인 부분이다. 2005년 허리케인 카트리나의 파괴적인 여파는 미래 재난에 대응한 의료 및 공중보건 영역의 대응을 향상시키기 위한 역량개발과 계획수립에 관련된 입법을 하게했다. 여기서 다룰 연방 지침은 대유행 및 재난대비법 PAHPA, Pandemic and all-hazards preparedness act 과 국가보건안보전략 NHSS, National health security strategy 을 포함한다. 제3장에서 정의된 것처럼, 역량은 운영능력과 준비된 과제를 수행할 능력을 의미한다. 역량에 기초한 계획을 통해 이 운영능력이 계획수립에 포함되고, 필요한 준비과제를 수행하는데 필요한 기술을 확인하는지 조사하게 된다.

대유행 및 재난대비법에서 병원, 정신 보건시설 health facilities, 외상센터, 응급의료시스템을 포함하는 보건의료 시설이 아래와 같은 계획을 수립할 것을 요구한다.

- 의학적 관리, 치료 역량, 의학적 대피, 사망률 관리를 강화한다.
- 의학적 대응 수단의 신속한 분배와 운영을 보장한다.
- 민간과 공공의료 자산의 효과적인 사용과 연방 자산과의 통합 운영을 보장한다.
- 공중보건 비상사태에서 의료 종사자들과 초동대응요원 first responders 을 위험에 대한 노출로부터 보호한다.

이를 위해 대유행 및 재난대비법에서 공중보건 조직이 다음과 같은 사항을 각 단위의 정부조직에 맞게 직종별 역량을 개발하고 유지할 것을 요구한다.

- 질병의 감시와 통제
  - 국내와 국외의 탐지, 확인, 조사를 통한 상황인지
  - 격리, 검역, 회적 거리두기, 오염제거를 통한 통제
- 위기 의사소통과 공공 대비
- 의학적 대응 수단의 신속한 분배와 운영

국가 보건안보 전략에서는 의료 및 공중보건 서비스공급 역량에 대해 밝히고 있다. 아래의 세 가지가 우선적으로 공급되어야 한다.

- 공중보건, 의료, 행위건강 기반시설을 복원한다.
  - 의료 및 공중보건 시스템을 재건한다.
  - 주요 기반시설이 영향을 받은 경우에도 서비스를 제공한다(대체 장소를 이용하거나 관할구역 또는 지역사회 외부로부터 보건의료 인력을 충원하는 등).
- 의료 및 공중 보건시설 및 시스템에 대한 유해성 hazard 을 경감 mitigation 시킨다.
  - 환경 독소를 포함한 위험 요인을 줄인다.
  - 위험성 평가와 취약성 감소를 위한 세부 행동 계획을 수립하여 유해성을 경감시킨다.
- 장기복구를 위한 지원 서비스 체계를 향상시킨다.
  - 인근 지역에 즉각적 대응과 장기 회복을 도울 지역 대응망을 세운다.
  - 서비스 제공의 여러 대체 방법을 갖춘다.

2011년 3월 미 질병관리본부 CDC 는 공중보건 위기상황에서 지역사회의 필요를 충족시키는 중앙 및 지방정부 계획 지침을 발간하였다. 미 질병관리본부는 핵심 역량 15가지를 6개의 카테고리로 분류하고 각 공중보건 조직이 갖추어야 할 기술과 능력 capablities을 기술하였다. 6개의 카테고리는 생물무기감시 biosurveillance, 지역사회 회복력, 대응수단과 경감, 사고 관리, 정보관리, 확장관리이다. 부록 E에 역량의 정의와 기능이 기술되어 있다.

전문은 http://www.cdc.gov/phpr/capabilities/Capabilities_March_2011.pdf 에서 확인할 수 있다.

마지막으로 국가보건안보전략은 의료와 공중보건의 필요를 만족시키는 하나의 목표와 여러 세부목표를 포함한다. 응급상황에서 필수적인 의료 및 공중보건 서비스를 유지하는 것은 다음과 같은 목표와 세부목표와 관련된다.

- 목표 2(건강 및 응급 대응 시스템 강화와 유지)
- 전략적 세부목표 5(시기적절하고 효과적인 통신 보장)
- 전략적 세부목표 3(상황인지 보장)
- 전략적 세부목표 4(확장 능력을 포함하는 통합되고 확장 가능한 의료전달체계 육성)

## 가. 연방계획

연방계획은 미 보건사회복지부 HHS 의 의무를 국가대응계획 NRF, National response framework 과 국토안보대통령령 HSPD, Homeland security presidential directives 하에서 수행하기 위한 것이다. 이 장에서는 미국 대통령령 PDD, Presidential decision directive 8(3장에서 논의된)을 위한 정책개발로 수정된 연방계획 활동이 있을지라도 모든 계획 활동에서 공통적인 원칙을 제시하고 있다.

공중보건대비 public health preparedness 에 대한 연방계획은 아래의 네 영역으로 이루어진다.

- 연방비상지원기능 8 ESF-8, Emergency support function
- 지역비상조정관 REC, Regional emergency coordination
- 주 및 지역정부 대비
- 화학, 생물, 방사성/핵 Chemical, biological, radiological/nuclear (이하 화생방)

### 1) 연방비상지원기능-8

연방비상지원기능-8을 수행하기 위한 계획수립에서 국가계획시나리오에서 필요한 운영대응을 위한 각본을 개발한다. 이는 국가대응계획에서 미 보건사회복지부의 역할을 수행하도록 하기 위한 것이다. 미 보건사회복지부의 통합적 운영과 연방비상지원기능-8의 활동을 지원하기 위한 각 기관의 역할을 통합하여 각본에서 구체화한다.

### 2) 지역비상 조정관

지역비상 조정관은 국가의 다른 연방기구를 이용하고 있는 10개의 다른 지역 비상대응대비국 차관보 ASPR, Assistant secretary for preparedness and response 를 대변한다. 그들은 자신의 지역에서 최고수준의 대응상황을 유지하기 위하여 공공과 민간영역의 보건의료 및 응급관리 공무원과 긴밀하게 일한다. 지역비상 조정관은 정부, 부족, 그리고 민간영역의 관리자와 자연재난, 테러 사고 incidents, 다른 공중보건 또는 의료 비상사태에 포괄적으로 대응하기 위해 각자의 계획을 통합하기 위하여 협력한다.

### 3) 주 및 지역정부

주와 지역정부는 주와 지역정부의 비상대비 emergency preparedness 계획을 수립하며, 수립된 계획을 연방계획 federal planning 과 통합한다. 기획자는 미 질병관리본부와 다른 미 보건사회복지부서, 국가안보부서의 대응활동이 전 프로그램에서 통합될 수 있도록 정기적으로 회의를 한다. 주와 지역정부 내 기획자는 상호호환통신 interoperable communications 과 확장능력을 증강하기 위하여 연방정부기금을 받고 체계의 대응력을 평가하고 성과를 측정할 책임을 갖는다. 이러한 기금은 비상대응대비국 차관보의 보건의료체계 대응협력 계약 프로그램을 통해 가능하다. 주는 주와 지역정부기획자에 의한 평가과정에서 대응결과에 대한 책임을 진다.

#### 4) 화학, 생물, 방사성/핵

화생방 기획자는 화생방 관련 각본 개발과 조달대책에 대한 주제와 운영 전문지식을 제공한다. 화생방 기획자는 화생방 관련 사건에 대한 대응을 지원하기 위한 도구 개발을 위하여 파트너와 함께 일한다. 이런 도구는 대응지역에 대한 위치정보 및 임상 알고리즘을 포함한다. 화생방 기획자는 화생방 대응기간동안 전략적 지시를 한다.

## 3. 재난계획수립의 원칙

재난에 따라 차이는 있지만, 재난 시에는 반복적이며 예상할 수 있는 특정 문제와 업무가 발생한다. 한편, 재난은 일반적인 비상사태와는 양적으로나 질적으로 차이가 있다. 이처럼 효과적인 재난대응을 위해서는 일상적인 응급대응의 확장(예: 보다 많은 인력, 시설, 장비 보급품 등을 동원) 그 이상이 필요하다. 사람들이 계획수립 과정과 재난관리의 어휘를 이해하게 되면 공중보건전문가가 보다 효율적으로 일 할 수 있다.

효과적인 재난계획 disaster plan 은 사람들이 재난에 닥쳐 어떻게 행동하는 지에 대한 경험적인 지식을 기반으로 한다. 계획이 인간의 행동보다는 쉽게 교정되므로, 재난계획은 대중이 "계획대로 움직일 것"이란 기대보다는 사람들이 할 법한 행동을 토대로 이루어져야 한다. 계획은 융통성이 있어야 하며 재난대응과 관련된 수많은 법, 조직, 인구, 기술, 유해성, 자원, 인력 등에 따라 쉽게 변경이 가능해야 한다.

재난계획수립은 중앙정부의 지원을 받아 지방자치단체가 대응하는 것에 초점을 맞추어야 한다. 대규모 자연재난의 경우, 심각하게 부상을 당한 사람들(즉, 무너진 건물에 갇힌 사람들)을 제때에 구조하기 위해 처음 48~72시간 동안은 지방 관계당국에서 주요 구조업무를 수행할 가능성이 크다. 따라서 선발된 공무원과 재난계획을 실행하는 부서, 대상 주민들이 재난계획을 받아들일 수 있어야 한다. 계획이 세워지면 관련된 모든 사람들에게 광범위하게 나누어져야 하고, 정기적인 훈련도 필요하다.

재난대응은 집중적인 자원투입과 다방면의 기술의 복합을 요구하기 때문에 단일 독립체를 위한 종합계획을 수립할 필요는 없다. 기획자는 지역사회 요구에 대한 기관의 자산, 능력, 한계점과 친밀성을 이해하고 계획에 반영할 수 있는 다양한 이해관계자와 협력관계를 맺어야 한다. 취약집단에 대해 이해하는 집단과 개인은 지역사회계획 community planning 의 각 요소에 그들의 요구를 통합하기 위하여 모든 계획과정에 참여하여야 한다. 비상계획에는 기능적으로 도움이 필요한 사람을 보호하기 위한 활동에 대해 구체적으로 포함되어야 한다. 지역사회계획에는 비상사태 시 자원을 공유하는 절차에 관한 상호지원 동의서와 양해각서를 포함하여야 한다.

유사하게, 재난 충격단계와 충격후단계에서 실제 현장에서 많은 결정이 내려지기 때문에 재난계획은 그 조직에서 가장 낮은 수준의 인력까지 적절하게 전달되어야 한다. 재난 상황에서는 해당 부서의 역량과 관리 체계의 정보처리능력을 넘어서는 의사결정을 해야 하는 경우가 흔히 발생한다. 상의하달식의 의사결정이 필요한 재난계획에서는 조직의 자원을 최대한 활용할 수 없다.

## 4. 계획수립 요구의 증가

자연재난과 기술 사건의 발생빈도와 피해가 증가, 테러위협의 증가와 더불어 연방규정에서 보건의료전문가의 능력을 요구하고 있기 때문에, 공중보건당국은 재난계획수립을 최우선으로 해야 한다. 재난의 위험으로부터 자유로운 곳은 없다. 실제 자연재난의 결과는 인구집단의 증가와 취약지역(연안지역, 범람원, 지진단층선, 황무지 등)의 개발로 증가하고 있다. 동시에 감염병 infectious disease 출현, 이민, 수입 생산물, 빠른 국제이동, 테러는 기술재난과 질병 범 유행 epidemic 의 잠재적 가능성을 증가시키고 있다. 마지막으로 미국의 경제 상태는 재난으로 인한 피해 복구와 피해주민(예로 이재민과 근로빈곤층)의 수에 영향을 미친다.

## 5. 대응능력의 제약

현재의 의료보험상환 및 의료전달체계는 의료기관이 재난을 대비하는데 지장을 준다. 그 이유는 첫째, 몇 개의 의료기관에 대해 연방기금이 지원가능하다 할지라도, 상환의 감소로 의료기관이 재난대비 예산을 책정할 가능성이 낮다. 예산이 배정되더라도 이례적인 의료서비스를 제공하는 데는 자원이 부족하다. 병원과 그 외 보건시설에서는 보급품을 창고에 보관하는 대신에 필요할 때마다 주문하기 때문에 재난대응에 쓸 보급품도 충분하지 않을 수 있다. 또한 일부 서비스(예: 세탁, 식당, 보안)를 외부업체에 위탁하게 되면서 재난 후 발생하는 중요한 자원의 가용성이 줄어든다. 집중치료가 필요한 중환의 경우, 재난 시 심각하게 부상을 당한 피해자를 위한 병상을 마련하기 위해 퇴원을 시킬만한 환자가 많지 않으므로 재난 이후 병상의 가용성은 복잡해진다. 마지막으로, 병원이 아닌 환경에서 의료 서비스 제공이 주목받고 있지만, 그에 반면 병원이 아닌 환경에서의 재난 준비 노력은 함께 이루어지지 않고 있다.

## 6. 다양한 재난에 대한 계획수립

재난계획수립에는 두 가지 전략이 있는데, 특정위험에 대한 계획전략 agent-specific approach 과 각종유해요소에 대한 계획전략 all-hazards approach 이다. 특정위험에 대한 전략에서는 지역사회가 그 지역에서 발생할 가능성이 큰 위협에 대해 계획을 세운다(예: 지진, 허리케인, 홍수, 토네이도). 예를 들어, 캘리포니아에서는 허리케인이나 토네이도에 대한 계획보다는 지진, 홍수 및 산불에 대한 계획이 유용하다. 게다가 지역적으로 발생할 법한 위험은 공무원과 납세자에게 동기를 부여할 가능성이 크다.

각종유해요소에 대한 전략에서는 재난계획에 필요한 노력 및 비용에 대해 최고의 대비 수준을 유지해야 한다. 다수의 재난에서 유사한 문제와 업무가 발생하므로, 대다수의 재난에서 발생하는 공통적인 문제와 업무에 대한 계획을 세운다.

### 가. 비상대응대비국 차관보 각본

비상대응대비국 차관보는 각 주와 지역정부가 연방정부 대응에 맞추어 계획을 통합하도록 각본을 개발한다. 허리케인, 탄저병, 방사능 분산 기기 등에 대하여 각본이 개발된 상태이다. 각 각본은 현장지휘체계 ICS, Incident command system, 물류, 계획, 대응에 관한 핵심 기능을 서술하고 있다. 나아가 연방비상지원기능-8 하에 이루어지는 연방의 작전 활동에 대해서도 묘사하고 있다. 작전 활동에는 비상 의료시설 제공, 공중보건 및 의료 기반시설 회복, 환자 대피, 사망률 관리 및 사회복지 서비스 제공 등이 있다.

각 각본은 아래의 다섯 부문으로 나누어져 있다.

- 시나리오
- 작전의 개념
- 행동 단계/쟁점
- 지령된 과제 부여 mission assignment 과업
- 기본 정보요소 EEI, Essential elements of information

이 각본들은 특정 비상사태 유형에 대한 대응을 지원하는 데에 필요한 주요 의사결정 시점, 행동, 역량, 자산을 강조하고 있다. 또, 주정부의 대응을 지원하기 위하여 어떻게 연방기구가 연방비상지원기능-8을 수행할 지를 정하고 있다. 살아있는 자료로서, 일부 재난의 결과를 통하여 각본은 주기적으로 업데이트 되어 현재의 계획이나 정책 결정에 영향을 주게 된다(각본은 http://www.phe.gov/preparedness/planning/playbooks/Pages/default.aspxptj에서 확인할 수 있다).

미국 대통령령 8에 서명하기에 앞서, 미 보건사회복지부는 또한 15 국가계획시나리오에 대한 구체적인 유해성에 따른 각본을 개발하였다(3장의 전체 목록을 보시오). 2011년 3월 일본에서 원자력 사건이 발생한 이후에, 비상대응대비국 차관보는 핵 폭발에 대한 의학적 대응을 위한 주와 지방 기획자를 위한 각본을 강조하였다(http://www.phe.gov/Preparedness/planning/playbooks/stateandlocal/nuclear/Pages/default.aspx에서 확인할 수 있다).

## 7. 재난대응 공통업무

대부분의 재난에서 발생하기 쉬운 12가지 업무 및 문제를 아래에 정리하였다.

- *조직 간 공조*는 중요하며 제 2장과 3장에서 논의했다.
- 필요한 장비의 양과 연관된 인력 수가 증가함에 따라 *조직 간의 정보공유*는 더욱 복잡해졌다. 재난 충격단계와 충격후단계에서는 양방향 무전기가 원거리 통신 중 유일하게 믿을만한 방법일 수 있다. 유선전화와 이동전화 시스템은 피해가 없더라도 점차 정체가 되거나 과부하 된다.
- *자원관리* resource management — 보충인력, 장비 및 보급품을 여러 조직에게 분배하는 자원관리에서는 도착한 자원과 미도착한 자원을 확인하고, 자원이 가장 필요한 곳을 결정하는 과정이 필요하다. 재난현장에서 보안경계가 확정되면, 보통 그 경계 밖으로 체크인지점 또는 집결지를 결정한다. 각 집결지에는 현장지휘소 CIP, incident command post 나 비상대책본부 Emergency operations center 와 무선연락을 하는 관리자를 한 명 배정한다. 법집행관이나 보안요원은 가장 가까운 자원 집결지에 배정된 모든 자원봉사자나 대응인력을 공지 받아야 한다. 인력이 도착하면, 상황을 간략히 알려주고, 업무를 배정하며, 전체 대응체계와 소통할 무전기나 통신수단을 제공한다.
- 사전경고가 가능할 때에는, *위험지역에서 대피*하는 것이 인명피해를 막는 가장 효과적인 방법이다. 경고발령은 복잡하며, 수많은 기관 간에 정확한 의사소통이 이루어져야 한다. 위협을 발견하여, 위험성과 위험지역을 파악하도록 그 위협을 분석한다. 경고발령은 위험지역에 있는 인구가 그 위협을 심각하게 받아들이고 경고를 토대로 적절한 조치를 취할 수 있도록 이루어져야 한다. 위험의 검출과 평가는 보통 한 기관이 책임진다(예로 기상청, 홍수지구, 댐 공무원). 대피명령의 결정은 다른 기관의 임무이고, 경고전달은 또 다른 기관에서 담당한다. 대중은 경고의 전달 내용이 애매모호하거나 내용이 안 맞는다고 위험을 과소평가하고 대단찮게 생각하는 경향이 있다. 경고출처의 신뢰성, 반복 횟수(특히, 여러 곳에서 반복되는 경우), 여러 다른 경고출처의 일관성, 경고내용(예: 유독물질 누출경고에 이어 눈에 보이는 가스 구름이나 냄새), 개개인이 위험에 처해있는지를 판단할 수 있는 정보 포함여부(예: 위치나 흔적에 대한 상세 내용), 자기보호조치 self-protective actions 에 관한 특정 내용의 포함여부, 친구나 친척이 대피하라고 하는 경우 등이 경고의 효과를 높여주는 요인이다.
- *수색과 구조* SAR, Search and rescue 는 사후대응에서 중요한 부분이다. 다수의 재난에서, 사상자는 초기에 현장에서 치료를 받고, 이 과정은 이후의 의료서비스에 영향

을 미친다. 수색과 구조가 제대로 이루어지지 않는 한, 응급처치나 이후 치료도 제대로 이루어질 수 없다. 재난수색과 구조의 몇 가지 특징으로 인해 문제가 발생하는데, 이 문제는 조직적 계획을 통해 개선될 수 있다. 대부분의 재난수색 및 구조, 특히 재난 직후에 이루어지는 수색 및 구조는 훈련을 받은 응급요원이 아닌, 피해지역에 있던 민간인의 자발적인 노력으로 시작되는 경우가 많다. 재난지역이 관할구역 경계에 걸쳐 있거나 많은 기관(예: 사설구급차, 지방자치단체의 초동대응요원, 중앙정부기관)이 연루되어 있을 때에도 환자관리가 복잡해진다.

- 대중에게 경고 전달하고 재난 후 건강문제—음식과 식수 안전, 체인톱 안전과 같은 손상예방, 못 찔림 방지, 숯과 통풍이 안 되는 난방기로부터 유출된 일산화가스 누출 감시—를 예방하도록 대중에게 교육할 때에 *대중매체와 소셜미디어*가 효과적인 공중보건도구의 역할을 할 수 있다.
- *중증도 분류* Triage 는 불어동사 'trier'에서 유래된 것으로 '분류하다'라는 의미를 가지며, 부상자의 치료와 이송을 위해 우선순위를 정하는 방법이다. 초기 수색과 구조를 담당하는 민간 인력은 이 과정을 모르고 피해자를 가까운 병원으로 데려가려고만 하기 때문에 흔히 현장 중증도 분류와 응급처치소를 거치지 않는 경우가 발생한다.
- 지역의 재난에서 여러 지역자원이 *사상자 배분*casualty distribution 을 담당할 수 있다. 보통 가장 가까이에 있는 병원이 대부분의 환자를 받으며, 다른 병원은 사상자를 기다리기만 할 뿐이다. 민간 자원봉사자가 내린 이송결정은 통제하기 어렵다. 응급의료서비스와 지역병원 간에 확립한 프로토콜을 이용해 보다 고르게 사상자가 분포하도록 해야 한다.
- 집으로부터 대피한 대부분의 사람들이 적십자 Red cross 가 운영하는 공중대피소에 머무르려 하지 않는다는 사실 때문에 *환자위치 파악*patient tracking 은 더욱 복잡해진다. 지역병원, 영안실, 대피소, 교도소 또는 그 밖의 장소에 있는 피해자들에 관한 정보를 하나의 기관이 주가 되어 관리하는 것이 아니므로 피해자의 위치를 파악하기가 더욱 혼란스러워진다. 대부분의 환자가 구급차 이외의 수단으로 병원에 도착하여 부상에 대한 기록이 완전하지 않은 채로 응급의료서비스가 이루어지므로 부상자 위치파악 또한 어렵다.
- 의료기반시설이 피해를 입었을 때의 *환자간호*에 대해서는 신중한 사전계획이 필

요하다. 자연재난 이후 병원은 심각한 외상 보다는 경미한 부상을 입은 상당수의 환자를 돌볼 계획을 세워야 한다. 상당수의 환자들이 일차 진료를 평소처럼 받을 수 없기 때문에 외상 보다는 만성질환으로 병원을 찾게 된다. 사람들은 흔히 전문 의약품 없이 집을 떠나 대피하거나 집에 곧 돌아올 것이라 생각한다. 또한, 재난이 발생하는 동안뿐만 아니라 구조 활동이나 복구활동을 하는 동안에도 많은 부상이 발생한다. 병원, 응급의료센터, 가정간호기관, 약국 및 투석센터 등은 재난 시 시설이 피해를 입거나 망가지지 않고, 재난 후 환자를 돌볼 수 있도록 적절한 계획을 세워야 한다. 이를 위해, 예비전력과 수도를 준비하고, 바람, 화재, 홍수 및 지진의 유해성에 견딜 수 있는 구조로 건물을 지으며, 지진이나 다른 재난으로 파손될 위험이 있는 중요장비와 보급품을 관리하고, 환자의 계정, 차트 또는 처방 정보 등 컴퓨터의 서지를 보호하고 데이터 백업을 하며, 보건의료자원(의사, 약사, 방사선사)을 위한 대체 사무실, 대체 진료소에 대한 계획을 세우고, 환자가 임시로 머무는 장소에서 가정간호를 받을 수 있도록 계획을 마련한다.

- *자원봉사자와 기부물품관리는* 재난발생 시 공통적인 문제이다. 재난계획은 보통 자원 동원에 중점을 두는데, 실제로 필요하거나 요청하거나 예상했던 것보다 많은 자원이 도착하는 경우가 많다. 방대한 자원을 관리하기 위해서는 절차를 확립해야 한다. 첫째, 상당수의 기부와 요청하지 않은 자원봉사자(자발적인 시민, 가족, 이웃, 동료, 그 밖의 생존자)가 있을 것을 예상한다. 둘째, 현재 진행 중인 비상운영을 방해하지 않고 자원을 수집, 편성 및 분배할 수 있는 피해지역 이외의 장소에 대하여 공식적인 요청을 한다.
- 대피소, 시설, 의사소통 체계 및 교통의 중단에 대한 *즉석 대처* 계획을 마련한다. 사전 계획을 얼마나 잘했는지에 상관없이, 재난 시에는 예상치 못한 업무가 생긴다. 공중보건 공무원은 예상치 못한 문제에 지역사회의 여러 기관이 협력하여 대응하는데 참여하도록사전에 상호 합의된 절차, 역량강화 및 훈련 등을 준비해야 한다.

## 8. 계획의 구성요소

지역계획에서는 재난에 피해를 입을 가능성이 있는 관할구역과 재난대응 및 복구를 담당하는 기관을 확인한다. 이러한 계획에서는 해당 기관의 최고 책임자와 운영자가 한데 모여서 합동조정 및 상황진단을 진행하며, 일어날 가능성이 있는 재난의 유형을 확인하고, 정보를 공유할 수 있는 의사소통 채널을 확립하며, 피해, 부상, 사망 및 이차 위협의 범위를 평가할 표준 프로토콜을 작성한다.

## 가. 기초 평가

지역 재난계획을 마련하기 위해, 공중보건당국은 지역사회 인구학적 특징과 아래의 사항을 평가하기 위하여 우선 비상관리부문과 협력해야 한다.

- 지역사회의 건강상태와 건강위험
- 응급상황에서 다양한 사람들에게 필요한 원조의 종류
- 의료시설의 현황
- 주요 필수기록의 보호
- 공공대피소의 잠재적 필요성
- 응급의료와 일차 진료에 이용할 수 있는 대체자원
- 주와 연방정부 지원 federal assistance 의 가용성 및 필요 절차 등을 평가한다.

지역사회의 보건상태를 진단하기 위해서는 다음 내용을 살펴봐야 한다.

- 대피과정의 도움 및 지속적인 간호가 필요한 환자와 해당 질환
- 피해 인구가 전문의약품을 처방받을 수 있는 정도
- 건물의 안전과 피해자를 손상, 악천후, 유해물질 방출로부터 피해자를 보호할 수 있는 능력
- 공기 질, 식품안전, 공중위생, 폐기물 처리, 매개체 조절, 상수도 등을 유지하는 능력

병원, 응급의료센터, 진료실, 외래환자 진료소, 심리치료소, 약국, 노인이나 장애인을 위한 생활조력시설 residential facilities 이나 요양시설, 재택요양서비스 등은 환자의 요구를 충족시키고 재난 상황 시 전기, 통신, 상하수도, 쓰레기 처리 등을 유지할 능력을

갖추어야 한다. 자료 처리와 환자정보 교환은 재난 후 복구단계에서 특히 중요하다.

재난계획에서는 이러한 시설이 문을 닫을 수도 있으므로 대안치료시설의 이용가능성을 고려해야 한다. 공중보건부서는 병원 및 지역사회 시설과 협력하여 천식, 폐기종, 당뇨, 고혈압 등 만성질환이 급성으로 악화된 피해자들을 위해 일상간호를 지속적으로 제공하는 계획을 마련해야 한다. 만성질환 환자가 진료를 정상적으로 받을 수 없고 대중에게 안내할 대안계획도 없는 상황이라면, 환자는 업무가 과중한 병원 응급부서에서 진료를 받을 수밖에 없다. 예를 들어, 허리케인 앤드류 이후에 1,000여 개 이상의 진료실이 파괴되거나 크게 피해를 입어서 병원에 환자가 상당히 몰렸다.

또한 대피하여 다른 장소로 옮겨져야 하는 병원과 거주요양시설(예: 장기요양, 생활조력, 정신치료, 재활)의 환자들을 위한 계획도 마련해야 한다. 환자를 옮긴 장소에서 독극물통제 전용회선을 사용하고, 재택의료서비스를 계속 제공(예: 투석, 정맥 항생제, 방문간호서비스, 의료품)하는 계획을 세워야 한다.

공중보건부서는 피해자와 구조인력 및 구호인력을 위한 의료 요구, 임시숙소, 물, 공중위생, 급식 등의 요건에 대해 배경자료를 수집해야 한다. 도착하는 대응인력과 자원봉사자에게 자원 체크인지점 또는 집결지로 가도록 지시하고 어떤 자원이 있는지, 이용가능한지, 그 사고에 필요한 것인지를 결정하는 자원관리계획을 사전에 세워야 한다. 어떤 기관이나 작업자가 어떤 업무를 편성하거나 시행하는지에 관한 배정도 해야 한다. 기능적 경계, 지리적 경계 또는 관할 경계를 넘나드는 책임사항, 한 사람이나 한 기관이 명백한 법적 혹은 계약상의 책임을 지지 않는 업무의 경우에 특히 사전에 역할을 정해 놓아야 한다. 자원 분배, 비용 분담, 획득, 훈련 및 조정 coordination 에 대한 우선순위를 함께 정해 널리 알려야 한다.

마지막으로, 공중보건 공무원은 재난대비 계획에서 상환에 대한 주와 연방정부 지원프로그램(제 3장에서 설명한 스태포드법 Stafford act)을 확인하고, 재난관련 의료에 대해 전액상환을 했는지 확인하는 절차를 마련해 두어야 한다.

## 나. 이용 가능한 자원 확인

재난대응 시에는 자원이 필요할 수도 있는데(예: 인력, 장비, 보급품, 정보) 이러한 자원은 보통 한 위치나 한 기관의 관할구역 내에 존재하지 않을 수 있다. 일상적인 비상사태 시에는 사용하지 않거나 공급량이 부족한 자원을 어디에 두는가에 따라 재난 후 처음 몇 시간 동안 발생하는 사망률과 이환율을 줄일 수 있다. 종합계획에서는 전문의, 수색 견, 무너진 건물 잔해에 갇힌 피해자의 위치를 찾아낼 특수기기, 무거운 콘크리트를 절단하거나 들어 올리는 도구, 투석센터나 압좌 손상을 치료할 장비, 유해화학물질이나 생물학적 제제를 신속하게 분석하는 연구실, 방사선 검출장치, 밀폐 공간 구조팀, 보호 복을 갖춘 유해물질 대응 팀 등의 위치를 정하는 절차를 마련해야 한다.

## 7. 확장능력

확장능력 Surge capacity 은 응급 사건 이후에 간호를 필요로 하는 사람이나 분석을 해야 하는 시료specimens 의 수가 상당히 증가했을 때 이를 처리하거나 요구 평가 necessary assessment 를 할 수 있는 능력을 말한다. 무엇보다도 중앙정부, 지방정부 모두 공중보건기관의 모든 인력과 자원이 매일의 책임과 핵심 업무를 수행하므로, 비상사태 시 급격히 확장능력을 높여야 할 때 그에 맞춰 서비스를 제공할 역량이 없음을 알아야 한다.

*확장능력계획관리* Capacity planning management 의 원칙은 산업에서 생산능력이 얼마나 필요한지, 어떤 조건에서 어떤 능력이 증가해야 하는지, 능력 늘리기 위해서는 어떻게 구조화해야 하는지를 결정하는데 적용할 수 있다. 재난대응 시, 의료체계는 사고로 영향 받은 피해자들을 돌보도록 구조를 확장해야 한다. 이스라엘 민방위사령부 Homefront command 의 최고 군의관이었던 보아즈 테드모어 Boaz Tadmor 박사는 재난 시에는 환자진료보다 대응조직이 더 중요하다고 말했다. 환자확장능력은 비상 시 효과적으로 대응하기 위해 탄력적이며 융통성 있는 지역체계를 필요로 한다.

지역사회의 공중보건체계에 대한 환자확장능력에는 보건부서, 병원 및 지역사회 기관들과의 연계성이 포함된다. 예로, 감염병이 발생했을 때, 사건의 성격, 지방 인구의 인구동태와 유병/발병, 감염의 확산 예상 등, 많은 요인에 의해 공중보건체계가 안고 있는 부담이 가중되거나 가벼워진다. 이용 가능한 의료서비스, 인력, 장비, 공간과 항생제 등의 수요에 따라 환자를 돌볼 수 있는 능력이 달라진다. 지역사회 조직과 시설은 검역 장소와 같은 서비스를 제공해야 할 수도 있다. 생화학 또는 "방사선 물질이 들어있는 폭탄" 노출 사고에서는 경미한 부상자가 처음에 나타나고 중증의 부상자는 현장에서 구조되어 중증도 *분류가 뒤바뀔* triage inversion 가능성이 있다. 이런 사고에서는 병원이 사고현장의 정보를 접하기 전에 오염된 피해자가 치료를 받기 위해 병원에 올 수도 있다. 따라서 병원이 오염되지 않도록 예방하고, 제대로 오염제거를 할 수 있도록 병원에 신속하게 알리는 응급의료서비스 EMS 체계를 보장하는 과정이 환자확장능력 준비에 포함되어야 한다.

## 가. 환자확장능력계획

늘어난 인력, 자산 및 다른 자원에 대한 잠재적 요구를 추정하기 위해, 지역사회는 의료팀과 공중보건당국이 이용 가능한 장소, 제공하는 자원이나 자산의 양, 위치 및 서비스, 이러한 활동을 하는 지리적 지역 등에 대한 목록을 작성해야 한다. 능력평가 capacity assessment 를 마치면, 지역사회 및 지역 자원과의 공조가 반드시 필요하다. 그 예로, 어떤 서비스를 제공할 공간이 필요하다면 학교나 체육관, 군 시설 Military facilities 을 이용하거나 호텔 등의 기존 공간을 개조하는 방법이 있다.

다음 내용을 추정하여 역량증가를 예측할 수 있다.

- 사고의 유형에 따라 잠재적인 사상자와 필요한 진료의 유형(예: 감염률이 높은 생물제제 vs. 한 장소에서의 폭발사고)
- 해당 피해주민에서의 환자의 수, 피해 강도, 사망률과 이환율의 차이
- 인구학적 구성의 영향
- 위치에 따른 가능한 서비스
- 현재 인력의 지식과 기술 조합
- 사고 현장에서 가능한 치료 및 중증도 분류
- "병에 걸릴까 염려하는 건강한 사람 Worried well"을 돌보는 등, 일차 진료 의사가 얼마나 감당할 수 있는가
- 역량 증대를 위한 대체 자원(예: 상호지원 동의서, 예비군의무대)
- 예상 시간, 대응 기간 및 업무 일정
- 추정에 의해 추가 또는 증가시켜야 하는 공중보건서비스와 의료서비스의 종류

일정관리를 하게 되면 진료나 서비스를 전체 대응기간 동안 나누어 제공할 수 있으

므로, 처음 6시간이 지나도 인력이 '소진'되진 않는다. 직원을 한 장소에서 다른 장소로, 또는 기관/시설 내 한 위치에서 다른 위치로 이동시켜 정부기관이 인력배치를 재조정할 필요가 있다는 확장능력의 결과가 나올 수도 있다. 장비와 다른 자원에 대해서도 마찬가지로 확장능력 판단을 한다. 인력배치를 예상하고 나면, 인력들이 surge staff 다음 내용을 훈련받도록 계획을 세워야 한다.

- 대응 시 자신의 역할과 책임
- 조직 내에서 자신이 보고를 해야 할 지휘계통
- 보고 프로토콜과 보고를 해야 하는 법적 책임 legal responsibility
- 공시된 질병의 임상 증상 및 징후

## 8. 극단적 상황에서의 서비스 전달

재난에 대비할 때, 보건 당국과 의료 시설은 우선 지역과 연방 자원을 공유하고 공급되는 자원을 보존하고 재사용하며 적응시키는 전략을 개발하며, 대체 시스템과 시설을 요청하는 식으로 전통적인 서비스 전달을 준비한다.

그러나 전통적인 서비스를 전달하는 능력은 아래와 같은 점들로 방해받는다.

- 전력이나 물을 포함한 서비스의 결핍
- 적합하지 않은 물품과 약품
- 기반 시설과 의료 기록의 부재
- 전문가와 필수 인력 등의 부족
- 도움을 구하는 환자 수의 증가(재난의 피해는 받지 않았으나 출산을 앞둔 산모 포함)
- 부족한 자원을 가지고 경쟁하는 의료시스템 간의 조정 필요성
- 의사소통의 장벽
- 안전강화 필요성

대형 재난 또는 사고 중에는 이런 상황들이 나빠지면서 전통적인 의료서비스 제공에서 긴급 서비스로 변화할 것으로 기대한다. 늘어나는 요구가 기존의 자원으로 충족

이 안 되면 위기 시 보건의료서비스 표준이 적용되어야 한다. 위기표준이 적용되면, 최다의 환자를 위한 최대의 공급을 목표로 하여 개별적 요구는 미루어진다.

위기 시 보건의료서비스 표준 crisis standards of care 은 공식적으로 주 정부가 발표하고 의료서비스의 조직과 전달에 근본적인 변화를 가져온다. 위기 시 보건의료서비스 표준을 공식적으로 발표함으로써 서비스 제공자들은 부족한 자원을 배분하고 시설운영을 급격히 바꾸는 일에 법적으로 보호 받는다. 많은 주에서 지휘자가 필요시 행정명령을 할 수 있다. 나아가 재난이 선포되는 동안에는 사회보장법 1135절의 요구사항의 면제로 1996년 연방의료통상책임법 HIPAA 과 응급치료 및 노동법의 불이행에 대한 처벌이 유해된다(http://www.idph.state.il.us/h1n1_flu/NEA_and_1135waivers.phf). 위기 시 보건의료서비스 표준에 대비한 계획은 가장 힘든 환경에서 한 지역사회가 대응하는 능력을 강화시킬 수 있다.

비상 시 보건의료서비스 표준은 강한 윤리적 뒷받침이 있어야 하고, 정당하고 평등하며 공급자와 지역사회 간의 공조체계를 포함하여야 하며, 비상사태 시 표준을 지원할 수 있는 법 하에 필요하고 적절한 행동과 조치를 취할 수 있도록 서비스 공급자에게 법적권리를 부여하여야 한다. 14장에서 윤리적 고려사항에 대해서는 더 자세히 살펴볼 것이다.

위기표준은 다음을 충족시켜야 한다.

- 명확한 지표, 시발점, 책임의 한계에 대하여 주를 떠나 일관성이 있어야 한다.
- 취약계층의 필요와 기능적 요구집단에 주의를 기울여야 한다.
- 부족한 의료자원을 할당하는 선택을 할 때 윤리적 표준을 준수하여야 한다.
- 자격을 갖춘 의료인 간의 영역을 조정하여 공급자와 기관을 법적으로 보호하여야 한다.
- 임상적 지침과 절차를 개발할 자문위원회를 통하여 이 기준 실시에 일관성을 확보하여야 한다.

## 9. 모의훈련과 훈련

재난대응계획을 문서로 작성했다고 해서 그 계획을 이용하게 된다거나, 필요할 때 그 계획이 효과적임을 보장하는 것은 아니다. 이론적으로, 지방 공중보건시설과 의료시설의 훈련은 최소한 12개월에 1번씩 훈련과 평가를 하는 지역사회 단위의 계획에 포함되어야 한다. 공중보건 등 재난에 대응하기 위해 모인 모든 정부기관들이 계획을 세울 당시에는, 지역사회가 필요로 하는 모든 것이 충족될 수 있으며, 부실한 계획으로 인해 각 조직이 과도한 부담을 질 일은 없다고 확신할 가능성이 매우 높다. 추가적으로 공중보건 부서, 병원 등은 계획의 효과를 보장하기 위하여 자체적인 연습을 시행하여야 한다.

재난은 흔히 정치적, 지리적, 기능적 및 관할구역 경계를 넘나들기 때문에, 여러 관할지역에 걸쳐 여러 기관이 다 학제적, 여러 관할구역에서 재난대비훈련 및 연습을 할 때 가장 효과적이다. 참가자들이 기술에 익숙해지고, 지식을 갖추며, 함께 연습하는 참가자들을 믿을 수 있게 되면 공조가 쉬워진다. 종합 모의훈련에는 병원 대응 외에도 병원 전 대응도 포함된다.

계획을 개선할 때에도 재난대비훈련을 이용한다. "테스트-재난대비 훈련주기"는 정부기관들이 대응 시 어떤 기능을 하는가에 대한 추정으로부터 시작한다. 연습 이후, 재난대비훈련의 목표가 정해진다. 그런 다음, 재난대비훈련을 편성 및 시행한다. 평가를 하고, 그 평가 결과를 토대로 계획을 수정한다. 참가자들은 새로 수정된 계획을 바탕으로 교육을 다시 받도록 한다.

미 국토안보부 DHS 의 재난대비 부서는 대비훈련의 표준화된 방법론과 용어를 사용한 프로그램을 수립하였다. 국토안보국 훈련 및 평가 프로그램 HSEEP, Homeland security exercise and evaluation program 은 관할구역과 조직이 자신들의 계획은 시험하고 실제 사고에 앞서 취약점을 알아내고 고칠 수 있도록 평가지침 같은 도구와 자원을 제공한다. 미 국토안보부로부터 지원을 받는 모든 관할구역에서는 국토안보국 훈련 및 평가 프로그램을 따라 훈련을 시행하여야 한다. 국토안보국 훈련 및 평가 프로그램을 준수하기 위해서는 다음 네 가지를 충족시켜야 한다.

- 매년 훈련과 연습 계획을 위한 워크숍을 열고 다년의 훈련 및 연습 계획을 개발하고 유지한다.
- 국토안보국 훈련 및 평가 프로그램 HSEEP 지침(I–III권)을 따라 훈련을 계획하고 실시한다.

- 정해진 양식의 사후 조치보고서/개선 계획AAR/IP, After action report / improvement plan을 만들어 제출한다(국토안보국 훈련 및 평가 프로그램 양식, III권).
- 사후 조치보고서/개선 계획에서 확인된 교정 방법을 따라 실시한다.

표 7-1은 공중보건에 있어서 기관에 맞추거나 지역사회 전반에 실시할 수 있는 훈련 방법을 설명하고 있다.

**표 7-1 재난 계획 훈련을 위한 공중보건 활동**

| 카테고리 | 활 동 |
|---|---|
| 대비 | 지역사회를 위한 상호지원망 구축 |
| 대응 | 연방 자원과 대응을 활성화시킴으로 대응 확대<br>전략적 국가비축SNS, Strategic national stockpile으로부터 의약품, 물자, 장비를 요청, 수령 및 배분<br>치료와 예방을 위한 의약품배급<br>전원 혹은 집단 예방접종 시행<br>격리와 검역을 포함한 사회적 거리두기 실시<br>대피와 피난처 제공<br>이웃 주로부터 건강전문가 수입<br>기능적 요구 집단을 위한 필요 제공 |
| 건강 서비스 제공 | 화상이나 외상을 포함한 집단 사상자 치료<br>오염제거 실행<br>대응인력, 생존자, 기타 지역사회 일원을 위한 정신건강 지원 제공<br>지역사회나 지역의 다양한 보건시스템 간의 조정 |
| 의사소통 | 지역의 건강경고네트워크Health alert network 활성화<br>연합정보센터Joint information center 운영<br>건강 위험성과 예방행동에 관하여 대중과 의사소통 |
| 정책 적용 | 역학적 조사결과를 정책, 운영/관리와 대중 홍보활동으로 전환 |
| 피해자 대책 | 집단 영안실 설치 |

출처: Public Health Emergency, Office of the Assistant Secretary for Preparedness and Response. 2007. Public Health Emergency Response: *A Guide for Leaders and Responders*. Chapter 9. Conducting exercises for preparedness. Washington, DC: Department of Health and Human Services. Available at: http://www.phe.gov/emergency/communication/guides/leaders/Document/freo_section09.pdf.

## 가. 훈련의 유형

국토안보국 훈련 및 평가 프로그램에서 두 유형의 훈련을 밝히고 있고, 이는 표 7-2에 나와 있다: 토론기반 연습(세미나, 워크숍, 도상 훈련)과 작전기반 훈련(게임, 연습, 기능적 훈련, 총 훈련)

## 나. 취약 집단

기능적 요구를 가진 일련의 사람들이 비상관리 훈련의 개발자, 훈련가, 참여자로 포함되어 왔다. 공중보건 전문가는 훈련 개발과정에서 이들과 이들을 위해 일하는 기관과 함께 일해야 한다. 이들은 다음을 할 수 있다.

- 기능적 요구를 고려한 계획 수립을 돕는다.
- 계획의 약점과 결점을 파악한다.
- 지역사회 내의 응급한 요구를 표현한다.
- 지역사회가 비상사태에 대비할 때, 기능적 요구에 대한 인식을 갖게 한다.
- 대응기구와 기능적 요구를 가진 사람들 사이의 공조, 조정, 의사소통을 원활하게 한다.

취약집단의 요구와 훈련 프로그램을 통합할 책임이 있는 사람들은 그 집단의 대표자들을 후년에 참가시킴으로써 다양한 집단이 요구하는 바를 완전히 이해하고 있어야 한다. 장애나 다른 취약성이 있는 사람들이 쟁점을 확실히 하고 효과적 해결책을 제공할 수 있다. 이들의 적극적 동참을 위하여 훈련장소로의 교통수단을 확보하여야 한다. 추가적으로, 훈련 과정에서의 지시는 모두가 이해할 수 있도록 다양한 방법으로 이루어져야 한다. 어린 아동은 연습과 실제상황을 구별하지 못 할 수 있으므로 훈련에 동참시켜서는 안 된다. 사후 조치보고서/개선 계획을 개발하면, 특정한 기능적 요구가 있는 집단은 훈련과정에서 파악한 결점에 대한 해결책과 피드백을 제공하도록 요청받는다. 추가적 훈련을 위하여 미 연방재난관리청FEMA의 비상관리국 공무원에게 별도의 교육과정을 제공하고 있다(IS 197.EM 비상관리 시 기능적 요구계획 요구사항과 IS 197.SP 서비스와 지원인력을 위한 기능적 요구 계획 요구사항, 이는 http://www.training.fema.gov/index.asp에서 확인할 수 있다).

**표 7-2** 국토안보부 훈련 및 평가 프로그램 과정

| 유형 | 사용 혹은 목적 | 시행 방법 |
|---|---|---|
| | 토론기반 훈련 | |
| | 시작점으로 사용<br>일반적으로 기존의 계획, 정책, 협의, 절차를 강조<br>인력과 기구가 현재의 역량과 향후 기대역량과 친숙해지도록 사용 | 조력자가 주도 |
| 세미나 | 참가들에게 방향 제시 혹은 개요 제공<br>계획이나 절차를 개발하거나 수정할 때 시작점으로 유리 | 발표자가 주도하는 비공식적 토론 |
| 워크숍 | 목적을 결정하고 시나리오를 개발하며 훈련 평가 기준을 정의하는 데에 사용<br>새로운 기준의 작동절차, 비상 작전계획, 다년 계획, 개선 계획 수립 | 하나의 결과물(계획이나 정책 초안)을 얻는 데에 집중<br>참가자 간의 상호작용이 증가 |
| 기초 도상 훈련 | 집단의 문제해결, 개인의 긴급 사태처리, 메시지 해석, 정보공유, 기구 간 조정, 특정 목적 성취에 대한 평가<br>주요 인물이 비공식적 환경에서 이론적 시나리오를 토론 | 시나리오에 의해 확립된 상황은 일정하게 유지<br>참여자들이 진행자가 제시한 문제목록에 대하여 지식과 기술을 적용<br>집단 지도자가 해결책을 요약하면서 문제점을 토론 |
| 심화 도상 훈련 | | 사전에 준비된 메시지로 원래의 시나리오 변경<br>진행자가 다양한 양식으로 한 번에 하나씩 문제를 제시(메시지, 모의 전화, 영상 자료 등등)<br>참여자들은 모의상황에 적절한 계획과 절차를 적용하면서 야기된 쟁점을 토론 |
| 게임 (모의상황) | 팀으로 모의작전 수행; 실제 상황 혹은 실생활에서의 규칙과 자료, 절차를 사용<br>의사결정 과정과 그 결과를 탐색 | 컴퓨터로 만들어 낸 시나리오와 모의상황<br>인터넷기반의 다사용자 게임 |
| | 작전 기반 훈련 | |
| | 계획, 정책, 협의, 절차의 유효성 검증<br>역할과 책임 명시<br>계획과 절차를 실시하기 위해 필요한 자원의 부족을 확인<br>개인과 팀의 수행력 향상 | 가상 정보에 대한 실제의 행동<br>비상상황에 대한 대응<br>기구, 자원, 관계망의 동원<br>보통 늘어난 기간 동안의 인력 투입 |

| | | |
|---|---|---|
| 연습 | 단일기구나 조직에서 한 가지 특정작전이나 기능을 검증<br>새로운 장비에 대한 훈련 제공<br>새로운 정책이나 절차개발 혹은 검증<br>현재의 기술을 유지하고 연습 | 조정되고 지휘 감독받는 활동<br>설립된 표준보다 협소한 정도로 집중<br>즉각적인 피드백<br>실제적인 환경 |
| 기능적 훈련 | 개인의 역량, 여러 가지 기능, 한 기능 내에서의 활동, 상호의존적인 집단 간의 기능을 평가하고 검증<br>매우 힘들고 시간이 촉박한 환경에서의 복잡하고 실제적인 문제제시를 통하여 작전의 현실성을 모의 | 사고현장 지휘체계의 모든 영역의 모의 활동 및 활성화<br>모의 현장상황에서 재난계획을 검사<br>참여인원은 참여자, 모의자, 조정자, 평가자를 포함 |
| 총 훈련 | 재난대비의 다양한 관점을 검증<br>대응자는 서로와 각자의 역할에 대해 알게 되고 지역사회계획에 따라 일하는 경험을 습득하며 무엇을 해야 하는 지 이해할 수 있음으로 서로의 활동에 의지하는 능력 향상<br>계획, 정책, 절차, 상호협의의 실시와 분석<br>결정적 사고, 신속한 문제 해결, 효과적인 대응을 필요로 하는 복잡하고 실제적인 문제제시<br>국가현장관리체계NIMS의 원칙을 사용하여 모든 혹은 가능한 한 많은 대응요소의 동원 검사 | 활동을 이끌어내기 위하여 업데이트를 허용하는 설계된 시나리오<br>실제상황에 가까운 힘들고 신간 촉박한 환경에서 실시간으로 수행<br>인력과 자원이 실제사건이 일어나는 것처럼 실제활동이 이루어질 장소에 동원되어 배치됨<br>다기관, 다학제, 다조직적 훈련<br>참여인원은 대응자, 조정자, 평가자, 피해자를 포함 |

출처: Homeland Security Exercise and Evaluation Program. 2007. *Terminology, Methodology, and Compliance Guidelines*. HSEEP Exercise Types. Washington, DC: Department of Homeland Security. Available at : http://hseep.dhs.gov/support/HSEEP_101.pdf.

요약

1. 재난계획은 위기관리 영역에서 지속적으로 필수적인 부분이다. 자연재난과 사건사고의 발생빈도와 피해가 증가하고 있는 시점에서 재난에 효과적으로 대응하기 위하여 재난계획을 최우선으로 해야 한다. 재난계획은 융통성이 있어야 하며 재난대응과 관련된 수많은 법, 조직, 인구, 기술, 유해요소, 자원, 인력 등에 따라 쉽게 변경이 가능해야 한다. 재난계획은 그 조직에서 가장 낮은 수준의 인력까지 적절하게 전달될 수 있도록 실제적이며 구체적이어야 하고 주요 구조업무를 수행할 가능성이 높은 지방자치단체가 중앙정부의 지원을 받아 대응하는 것에 초점을 맞추어 계획되어야 한다.
2. 재난에서 발생하기 쉬운 업무는 조직간 공조, 자원관리, 위험지역에서의 대피, 수색과 구조, 경고 사후 보건문제에 관한 정보전달, 중증도 분류, 부상자 수송 및 위치파악, 의료기반시설 관리, 자원봉사자와 기부물품관리, 대피소, 공공시설, 통신체계 및 교통의 중단에 대한 계획 등이다. 재난 시에는 예상하지 못한 업무가 생길 수 있다. 그러므로 상호 합의된 절차, 역량강화, 훈련 등을 통해 지역사회 여러 기관이 협력하여 대응하는데 참여할 수 있도록 해야 한다.
3. 지역사회에 대한 기초평가, 확장능력, 이용 가능한 자원 등을 확인한 이후 재난계획을 수립하여야 한다. 재난은 흔히 정치적, 지리적, 기능적 및 관할구역 경계를 넘나들기 때문에, 관련한 다양한 기관이 반복적인 재난대비훈련 및 연습을 할 때 재난계획은 가장 효과적일 수 있다.

8장

# 환경보건 및 산업보건 이슈

학습목표

1. 재난 시 발생 가능한 환경보건 문제에 대한 공중보건의 역할을 설명한다.
2. 재난 시 환경적 유해요인에 노출을 경감시키는 방법을 설명한다.
3. 재난 시 안전한 식수, 식품의 확보 및 관리방법을 설명한다.
4. 재난 시 발생 가능한 유행성질환을 관리하는 전략을 설명한다.
5. 구호인력의 안전 확보 방안에 대해 설명한다.
6. 사상자의 시신 관리, 병해충 관리방안을 설명한다.

재난 이후에 질병을 예방하기 위해서는 반드시 환경보건을 관리해야 한다. 환경문제는 매우 복잡하기 때문에 재난 이후에 발생하는 환경문제를 관리하기 위해서는 다양한 환경보건전문가가 필요하다. 도시 지역과 복잡한 대규모 재난지역에서는 수많은 정부기관과 자문위원들이 협력하여 환경을 관리하는 것이 일반적이다. 본 장에서는 공중위생과 폐기물 처리가 제대로 이루어지도록 보장하고, 물과 음식을 안전하게 공급하며, 충분한 난방과 대피소를 제공하고, 작업자의 안전을 보장하며, 대기오염을 막고, 사체를 처리하며, 병원체를 보유한 인구집단을 통제하는 공중보건 중재방법을 알아보고자 한다.

## 1. 공중보건의 역할

- 환경적 위험과 재난을 해결하는데 필요한 기술적 지원을 제공한다.

- 환경오염의 원인을 억제하거나 제거하고, 사람들이 위험에 더 이상 노출되지 않도록 대피시킨다.
- 환경시료 채취environmental sampling 등 환경을 정량적으로 모니터링하여 기존 위생 보호장비들sanitary barriers을 교체하고, 수리한다.
- 사람들이 안전하게 요리하고 음식물을 보관할 수 있도록 충분한 조리기구와 장비, 연료를 제공한다.
- 지침서, 교육, 안전한 물, 음식, 대피소를 제공하여 위생적 환경을 재조성함으로 이재민의 행동변화를 유도한다.
- 상업적 화장실과 세면대를 제공한다.
- 변기를 제공할 수 없다면, 땅에 구덩이를 파서 만든 재래식 변소를 만들도록 지도한다.
- 사람들을 보호조치를 한다. 또한, 질병과 부상 발생을 감시하며, 필요한 경우 보호조치를 변경하고, 변경사항을 널리 알려서 작업자의 안전을 보장한다.
- 주기적으로 대중과 의료계의 관심과 참여를 유도한다.

## 2. 환경 유해요소에의 노출 줄이기

파괴된 환경이 건강에 미치는 영향은 유행병의 존재 여부, 인구집단의 감수성과 건강 습관, 보호조치의 이용가능성에 따라 다르다. 호흡기 감염과 설사 같은 질병은 감염주기와 잠복기가 짧고 광범위하게 퍼진다.

공중보건은 통제조치, 다중 장벽 세우기, 유해요소와 위험인구 간에 거리를 두기 등 세 가지 방법을 이용해서 환경유해요소에의 노출을 줄여줄 수 있다.

- **통제 조치.** 어떤 유해요소는 환경을 경로로 하여 인간에게 해를 준다. 공중보건전문가는 유해요소가 방출되거나 발생하지 않도록 예방하고, 유해요소의 이동을 방지하며, 사람들이 유해요소에 노출되지 않도록 하여 질병을 통제할 수 있다. 예를 들어, 말라리아를 통제하기 위해서는 모기의 번식을 막기 위해 고여 있는 물을 퍼내고, 모기에게 살충제를 뿌려 병원체 이동을 차단하며, 모기장과 방충제를 사용하도록 하여 병원체에 노출을 줄여주는 등 세 가지 방법을 이용한다.

- **다중 장벽 세우기.** 하나의 환경조치만으로 절대 안전을 보장할 수 없으므로, 유해요소와 인구집단 사이에 다중 장벽을 세워야 한다. 예를 들어, 식수원인 지표수를 보호할 때 다중 위생장벽을 이용하면, 중복 조치 redundant measure 중 하나가 제대로 기능을 하지 못하더라도 나머지 조치가 유해요소를 차단하거나 줄여줄 수 있다. 미국에서 발생하는 대부분의 수인성 질환은 다중 장벽이 동시에 무너졌을 때 발생하였다. 우리는 위험 인식, 감시, 위험 수위를 낮추는데 필요한 다중 장벽에의 투자 등을 통해 환경 유해요소로부터 어느 정도 보호받을 수 있다.
- **유해요소와 인구집단 간에 거리 두기.** 일반적으로, 유해물질의 특성과 양에 따라 유해물질로부터 사람들을 보호하는데 필요한 거리가 달라진다. 거리가 멀수록, 유해물질이 우연히 방출되어 인구밀집 지역까지 도달하는데 걸리는 시간이 길어진다. 시간이 오래 걸릴수록 오염물질 방출을 제때에 검출할 가능성이 높아져서 사람들에게 적절한 보호조치를 취할 수 있다. 오염물질과의 거리가 멀수록 인구밀집 지역까지 오는 동안 분해되거나 흩어지므로, 유해요소와 인구집단 간에 거리를 두는 그 자체로 노출위험이 감소한다.

## 가. 환경 감시

재난의 영향을 받는 환경에 살고 있는 사람이 몇 명인지 추정하기 위해서는 배변시설에의 접근방법, 물 사용량, 안전한 물을 사용하는 사람들의 비율 등 세 가지를 살펴봐야 한다.

- **배변 시설에의 접근성.** 공중보건 담당관은 변기 당 사용인원을 조사하여 변기의 상대적 이용도와 몇 사람이 공유하는지를 계산해야 한다. 변기 하나를 몇 명이 이용하는가를 추정하기 위해 사람들을 설문조사하거나 면담을 한다. 가족이 변기 하나를 공동 사용하는 경우에는 가족 수가 몇 명이며, 가족 외 다른 사람과도 함께 사용하는지 질문한다. 공용화장실을 이용하는 경우에는 변기 수를 사용자 수로 나누어 계산한다. 화장실을 사용할 수 없는 거주지에서 계속 살고 있는 경우에는 화장실이 망가지지 않았거나 변기 대용품이 있는 가구수를 조사한다.
- **물 사용량.** 물 사용량은 사용가능한 물의 양과 이재민의 물을 구하는 능력에 따라 달라진다. 양동이가 부족하거나, 물을 구할 때 안전이 우려되거나, 물을 구하기

위한 줄이 길다면 물 사용이 어려울 수가 있다. 공중보건 담당관은 인구수를 조사해야 하며, 24시간 동안의 물 사용량을 질문하거나 여러 곳에서 얼마나 많은 양의 물을 모으는지 살펴보고 그 물의 양을 사람 수로 나누어서 물 사용량을 추정한다. 물 소비량은 하루 한 사람 당 gallon[1]이나 리터로 표시한다.

- **안전한 물을 사용하는 인구의 비율.** 우물이나 샘에서 나오는 지하수가 안전하다고 판단되면, 안전한 곳과 안전하지 않은 곳에서 물을 구하는 사람의 비율을 각각 조사한다. 공중보건 종사자는 '안전한' 물을 구한 사람의 비율에 주목하여야 하며, 이 때 '안전한' 물을 구했다 하더라도 섭취 시까지 그 물이 안전하다고 확신하지는 못한다는 것을 유념해야 한다. 수돗물의 경우, 공중보건 종사자는 가정에 있는 수도꼭지에서 사람의 수에 비례한 수의 시료를 채취해야 한다(예: 10,000명당 시료 1개). 마시기에 안전한 물의 비율(시료 기준)은 안전한 물을 사용하는 사람의 비율로 추정한다.

## 나. 재난 시의 공중위생

하수도는 인구집단으로부터 폐기물을 멀리 내보내고 만든 파이프이다. 허리케인이나 지진, 홍수가 일어나면 하수구가 넘치거나 막혀서 처리되지 않은untreated 하수가 상수로 유입되는 경우가 있다. 하수도가 막히면, 폐기물이 쏟아져 나와 수많은 사람들이 생물학적 또는 화학적 유해요소에 노출될 가능성이 있다. 일반적으로, 재난 이후에 가능하지 않을 수도 있지만 하수를 퍼내거나 다른 곳으로 보내서 하수관 내의 문제를 해결해야 한다. 공중보건 담당관은 우회 밸브by-pass valves의 위치를 문서로 기록하고, 우회 밸브가 제대로 작동하는지 예비 펌프를 사용할 수 있는지를 확인하고, 재난대비의 일환으로 폭풍 시 운영계획을 세워야 한다.

재난 이후에 가장 예방적인 환경조치는 인간 배설물 처리이므로, 위생시설이 파괴된 경우 가장 먼저 해야 할 일 중 하나는 변소를 만드는 것이다. 사람들이 도착하기 전에 배변을 위한 충분한 공간을 확보하고 변소를 만들어놔야 한다. 배변장소를 선택할 때에는 사전에 식수나 생활용수 공급지에서 멀리 떨어져 있고, 거주지보다 아래쪽

1) 역자 주. 갤런gallon: 액체의 부피 단위. 야드 · 파운드계의 기본 단위로 영국의 단위명이나 따로 미국의 단위. 영국 gallon은 4.5459631ℓ, 미국 gallon은 3.785329ℓ에 상당하는 부피

에 위치하도록 정한다. 세계보건기구는 가족 당 변기 하나를 제공하도록 권장한다. 가능한 다른 가족과 변기나 화장실을 공유하지 않도록 한다. 그렇게 할 수 있는 여건이 안되면, 유엔난민고등판무관UNHCR, United nations high commission for refugees와 유엔국제아동교육기금United nations international children's education fund 모두 변기 당 최대 20명이 사용하도록 정한 기준을 따른다. 대신, 남녀 화장실을 따로 만들거나 어린이용 변기를 따로 만들어야 한다.

칸막이도 만들어야 한다. 공용변기 보다는 가족 당 하나의 변기를 쓰도록 하면 시설을 깨끗하게 쓸 가능성이 크다. 이재민의 사망률과 이환율은 보통 재난 초기에 높으므로, 반드시 정해진 변기를 사용하도록 설명해야 한다.

어린이가 변기를 사용하게 하려면 두 가지 방법을 활용한다. 첫째, 보호자에게 어린이의 배설물을 뒤처리하는 방법과 아이를 씻기거나 배설물을 처리한 다음에는 반드시 손을 씻어야 한다는 것을 교육한다. 둘째, 어린이가 좋아할 만한 배변시설을 만드는 것이다(예: 밝고, 어른용 변기보다 작은 변기를 사용).

특히, 설사질환과 이질이 발생할 가능성이 높은 지역에서는 변기 주변에 개인 위생용품, 휴지, 종이 및 비누를 비치해 놓아 누구나 쉽게 사용할 수 있게 한다. 공중보건 정보 담당관은 대변-구강 질환fecal-oral illnesses이 생기지 않도록 화장실을 사용하고 나서, 음식을 준비하기 전에 반드시 손을 씻도록 권장하며, 건강을 위협하는 위험을 예방할 수 있는 조치를 취하도록 해야 한다. 교육 메시지는 간결해야 하며, 질병의 전파 경로를 언급하면서도 하지 말아야 할 행동에 초점을 맞춰서 얘기해야 한다. 공중보건 종사자는 더 많은 사람들이 손을 씻도록(혹은 예방행동을 하도록) 간단한 감시체계를 만들어야 한다.

## 다. 물 안전 보장

대변-구강 병원체를 예방하려면 사람들에게 깨끗한 물을 공급하는 것보다 많은 물을 공급하는 것이 더 효과적이다. 공중보건 담당관은 물 사용가능성을 감시하는 기관과 긴밀히 협력하여 재난 이후 주간 물 사용량을 추정해야 한다. 물 공급자가 생산하는 물의 양이 아니라 사람들이 받은 물로 물 소비량을 추정해야 한다. 가정 면담 등의 표본추출 또는 급수지역에 실제로 모인 물의 양을 물 소비량으로 추정할 수 있다.

질병의 위험이 줄이기 위해 될 수 있으면 각 가족마다 별도의 양동이를 사용하게 한다. 물은 한 사람당 하루 5 L(1 gallon) 이하로 사용하게 하고, 평균 물 사용량은 하루 15 L(3.9 gallon) 정도로 조절한다. 세계보건기구는 하루 16~20 L(4.2~5.2 gallon)의 물 사용을 권장한다. 음식준비, 목욕, 양치, 설거지 등을 위해 3~5일분(한 사람당 25 L)의 물을 비축해야 한다.

지진 다발지역인 캘리포니아는 마개가 있는 딱딱한 플라스틱 병에 물을 넣기도 한다. 비축한 물은 독성 물질과 떨어진 곳에서 보관하고 6개월마다 바꿔줘야 한다.

### 1) 식음용 및 취사용 물

안전한 식수는 병에 든 물, 끓인 물, 소독처리된 untreated 물 등이 있다. 물 공급 시스템을 점검해서 안전하다고 판단되기 전까지는 주민들은 병에 든 물, 끓인 물, 소독처리 된 물만을 마셔야 한다. 설거지나 양치, 음식 준비 또는 얼음에 오염된 물을 사용하지 않도록 지시해야 한다. 출처가 불분명한 곳에서 온 병에 든 물은 사용하기 전에 반드시 끓이거나 소독처리해야 한다. 물을 1분 동안 펄펄 끓여서 유해한 세균과 기생충을 죽인다. 또한, 염소소독제나 요오드 정제를 넣거나, 물 1 gallon에 가정용 무향 염소소독제 6방울(혹은 5.25% 차아염소산 나트륨 1/8 티스푼)을 잘 섞어서 30분 간 놔둔다. 그러나 이 방법으로 기생충을 죽이지는 못한다.

유엔난민고등판무관 UNHCR, United nations high commission for refugees 는 100 mL 당 분원성대장균군 fecal coliforms 10마리 미만의 물은 안전하며, 100마리 이상은 안전하지 않다고 간주한다. 오염된 수원 water source 은 편의시설이 갖춰질 때까지 사용하지 않도록 한다.

재난지역에 안전한 식수를 트렁크로 보내야 할 때도 있다. 이때 휘발유나 화학물질 또는 오수를 넣었던 트렁크를 사용하면 안 된다. 미생물이나 화학물질로 오염될 가능성이 있으므로 물을 넣기 전에 트렁크를 검사하고 깨끗이 닦고 소독해야 한다. 병이나 캔과 같은 용기는 재사용하기 전에 소독제 용액으로 헹궈야 한다. 물의 오염을 제거할 때에는 꼭 검증된 장치를 사용해야 한다.

### 2) 물 공급

수원 water source 은 지하수, 지표수, 빗물 등 세 가지가 있다. 보통 미생물학적으로 수질이 좋은 지하수는 지각 내 earth's crust 에 위치하므로 상대적으로 구하기가 어렵다. 호수나 연못, 냇가, 하천 등의 지표수는 그 양과 신뢰도를 예측할 수 있으며, 비교적 구하기가 쉽지만 미생물학적으로 안전하지 않아 소독처리를 해야 한다. 빗물은 모으기가 어렵기 때문에 거의 사용하지 않는다.

### 3) 지표수 집수와 소독처리

집수하고 나서 시간이 경과할수록 수질이 나빠진다. 취급과 저장방법은 물의 안전에 결정적 요인이다. 양동이로 물을 뜨는 경우, 가정에서 염소처리하거나 보건 종사자가 집수 장소에서 염소처리해야 한다. 가정에서 처음에 염소 2.5 mg/L를 넣으면 30분 후, 물에 최소 0.5 mg/L의 잔류염소가 남는다. 물을 사용하기 전에 염소처리를 하고 30분간은 그대로 두어야 제대로 소독이 된다. 가정용 저장용기에 물을 방치하게 되면 물이 상당히 오염된다. 깨끗한 물을 보존하려면 잔류염소를 넣어야 한다.

수도관의 경우, 보통 집수가 되는 수도꼭지의 물에서 0.2~0.5 mg/L의 잔류염소가 남아있도록 염소농도를 조절한다. 보건 종사자는 질병이 발생하거나 배수관이 파손된 경우, 잔류염소 농도를 0.5~1.0 mg/L로 높여 조절한다.

보건 공무원은 배수관의 압력과 잔류염소의 농도를 높여 교차오염을 막아야 한다. 상수도에 유입되는 양수율을 높이거나, 물 낭비를 줄이거나, 배수관의 일부 구간을 막으면 압력이 커진다. 보통 상수도의 오염위치를 파악하기 힘들기 때문에, 잔류염소의 농도를 높여야 한다. 상수도 전체의 염소 농도를 살펴보고, 최소한 95%의 상수도에 잔류염소가 있도록 상수도에 투입하는 염소의 양을 조정한다.

### 4) 지하수 집수와 소독처리

보건 종사자는 오염되지 않은 샘물을 집수하기 위해 물이 지표면으로 나오는 위치나 바로 아래 지점에 유출관을 설치하여 집수지를 만든다. 우물이 오염되지 않도록 우물 입구에 덮개를 덮거나 뚜껑을 놓을 수도 있다.

가정에서 물이 오염되었을 가능성이 크거나, 수인성 질환의 위험이 크거나, 지하수의 수질이 좋지 않을 때에는 반드시 소독을 해야 한다. 가정에서 물을 집수하거나 저장할 때 양동이에 염소를 넣을 수도 있다. 우물에 염소처리하려면 충격염소처리 shock chlorination 방법이나 염소통 chlorine pot 을 이용한다.

염소통 안에는 1L 탄산음료 병처럼 생긴 작은 용기가 있고, 구멍이 여러 개 있다.

이 용기에 염소분말과 자갈을 넣고 구멍이 뚫린 큰 통에 이 용기를 넣는다. 염소는 서서히 이중으로 된 용기에서 퍼져나간다. 우물의 크기와 회수율 withdrawal rate 에 맞춰서 소독제의 양을 조절하도록 구멍의 수와 크기를 조절한다. 언제나 아침에 처음 뜬 물이 염소 농도가 높으며, 몇 시간 동안 우물물을 퍼 올린 후에는 염소의 농도가 낮아진다. 그러므로, 이 방법은 널리 사용하지 않으며, 시간과 주의력이 부족하다면 염소 농도를 제대로 살펴보고 조정하지 못하는 급성 단계에서는 이용하지 않는 것이 좋다.

충격염소처리 shock chlorination 는 우물에 5~10 mg/L의 염소를 넣는 방법으로, 몇 시간 동안은 물을 사용하면 안 된다. 소독 후 우물에서 처음 길어올린 물은 버리고, 그 다음 길어올린 물부터 사용한다. 평소 안전한 지하수를 담고 있던 우물이었으나, 인간이나 이례적인 사건(큰 폭풍우)으로 오염되었을 때, 충격염소처리법으로 일시적인 위협을 제거할 수 있다. 충격염소처리 후에 처음 몇 시간 동안 사용하고 나면 물에 잔류염소가 거의 남아있지 않으므로, 이 방법으로는 가정에서 염소처리된 물을 사용하지 못한다.

### 5) 우물 소독하기

미 질병관리본부 CDC 는 비상상황 후에 우물을 소독하도록 권장하고 있다. 염소를 첨가하기 전에

- 모든 전력원을 끈다.
- 현장 사람들은 두꺼운 고무바닥 신발이나 부츠, 고무장갑, 방수 앞치마 및 얼굴 보호장비(고글 또는 얼굴 가리개) 등 보호장비를 착용해야 한다.
- 우물 주위에 절단되거나 벗겨진 전선을 포함하여 위험물을 말끔히 치운다.
- 우물에 있는 가스나 수증기 등을 체크해야 한다.

천공 우물 bored well [2]과 굴착 우물 dug well [3]을 구분하여, 우물에 필요한 소독제 bleach 량을 표 8-1을 참고하여 계산한다. 정확히 계산하려면 필요한 소독제의 양(우물의 직경에 따라)에 우물의 깊이를 곱한다. 예를 들어, 지름 5 ft [4]인 우물에는 1 ft의 물에 소

---

2) 역자 주. 시추정(시추 우물): 구멍을 뚫어서 만든 우물
3) 역자 주. 굴착정(굴착 우물): 인력이나 굴착 기계로 파여진 일반적으로 직경 60 cm 이상의 우물
4) 1 ft = 3.05 m

표 8-1 시추정이나 굴착정 우물에 필요한 소독제 bleach

| 물 깊이 | 우물의 직경 | | | | | |
|---|---|---|---|---|---|---|
| | 0.5 foot | 1 foot | 2 feet | 3 feet | 4 feet | 5 feet |
| 10 feet | 0.5 cups | 1.75 cups | 7 cups | 1 gal | 1.75 gal | 2.75 gal |
| 20 feet | 1 cup | 3.5 cups | 14 cups | 2 gal | 3.5 gal | 5.5 gal |
| 30 feet | 1.5 cups | 5.25 cups | 1.25 gal | 3 gal | 5.25 gal | 8.25 gal |
| 40 feet | 2 cups | 7 cups | 1.75 gal | 4 gal | 7 gal | 1 gal |
| 50 feet | 2.5 cups | 8.75 cups | 2.25 gal | 5 gal | 8.75 gal | 13.75 gal |

출처: Illinois 보건부. 권장사항은 주마다 차이가 있을 수 있다.

독제 4.5컵을 넣어야 한다. 우물의 깊이가 30 ft(약 9 m)라면 4.5컵에 30을 곱하여 소독제 양을 계산한다(135컵). 소독제 총량(이 경우에는 135컵/gallon 당 16컵 = 8.7)을 약 10 gallon의 물에 첨가한다. 벽에 붙은 소독제는 물을 끼얹어 섞이게 한다. 소독제 용액이 우물 전체에 퍼지도록 해야 한다. 우물의 입구를 막는다. 모든 꼭지를 열고 각 꼭지에서 강한 소독제 냄새를 맡을 수 있을 때까지 물을 퍼낸다. 그런 다음 밤새도록 소독제 용액이 우물에 남아있도록 한다. 다음 날, 모든 꼭지를 돌려 펌프를 작동시키고, 염소 냄새가 사라질 때까지 계속 꼭지를 열어둔다. 오수정화시스템으로 흘려보내는 수도꼭지의 유속은 오수처리 시스템 처리량을 넘지 않도록 속도로 조절한다.

우물물이 안전하다는 검사결과가 나올 때 까지 우물물을 끓이는 것(1분간 펄펄 끓이는 것)도 매우 중요하다. 클로라이드를 사용한 뒤에는, 시스템에서 클로라이드가 모든 과정을 거쳤다는 것을 확인할 때까지 7~10일 간을 기다렸다가 물을 사용해야 한다.

## 3. 기본 응급 서비스

재난이 발생하면 모든 기본 서비스를 다시 확립해야 할 수도 있다. 안전한 물과 음식을 제공하는 기반시설이 온전하지 않은 경우, 제대로 운영할 수 있을 때까지 임시 서비스를 제공해야 한다. 재난이 발생한 상황에서 공중보건 담당관은 물을 끓이도록 명령을 내리거나, 정전 시 음식이 상했을 수도 있음을 경고하고, 식수 제공 장소를 공지해야 한다.

## 가. 물 끓이기 명령

미 식수안전법Safe drinking water act에 의거하여 의회는 미 환경보호청EPA, Environmental protection agency으로 하여금 건강에 위험하며 공공식수의 오염물질을 규제하도록 했다. 미 환경보호청은 식수의 특정 오염물질의 농도에 대한 법적 한계를 마련하고, 상수도에서 반드시 따라야 하는 시험 일정과 방법을 규정했다. 이 규정에서는 오염된 물을 소독처리하는데 허용되는 기술도 열거한다. 식수안전법에서는 미 환경보호청의 국가표준에 만족하는 한도 내에서 각 주정부가 자체적으로 식수 표준을 정하고 시행할 수 있도록 규정하고 있다. 대부분의 주에서는 지역 내 상수도를 직접 감독한다.

대장균군법TCR, Total coliform rule에서는 식수의 대장균 농도에 대한 법적 한계를 정하고, 그 법적 한계의 초과여부를 시험하는 시험의 종류와 빈도를 규정한다. 대장균은 인간과 많은 동물의 위장관에서 살고 있는 광범위한 종류의 세균이다. 수돗물에 대장균이 있으면 소독처리가 제대로 되지 않았거나, 수도관에 문제가 있음을 시사한다. 대장균에 노출되면, 설사, 경련, 메스꺼움, 구토 등을 특징으로 하는 위장염이 발병할 수 있다.

매달 시험한 시료 중 5% 이상에서 대장균이 검출되면 안 된다. 시료 5% 이상에서 대장균이 검출되면, 상수도 운영자는 주정부와 대중에게 이를 보고해야 한다. 시료에서 대장균 양성반응이 나오면, 24시간 이내에 해당 상수도에서 시료를 다시 채취한다. 처음 시료나 다시 채취한 시료에서 대장균군 양성 반응이 나오면, 신선분변fresh feces과 직접적인 연관성이 있는 분변 대장균군fecal coliforms과 대장균Escherichia coli을 분석해야 한다.

마지막 시험의 결과도 양성이면 급성 최대오염기준MCL, Maximum contaminant level을 뜻하며, 이는 건강에 직접 영향을 미치므로 즉시 주정부와 대중에게 공지해야 한다.

지역사회의 물 공급이 위태로운 상황에 처할 수 있는 재난 이후에는, 물의 안전을 감시하는 담당자가 그 위험도나 우려되는 장소의 지리적인 위치에 따라 주기적인 채수water sampling를 계획하고, 그 계획을 변경할 수가 있다. 한 곳 이상에서 채취한 물이 최대오염기준을 초과하며, 공공보건에 위협이 된다고 판단하면, 물을 끓이도록 명령을 하거나 조언할 수 있다.

미 환경보호청은 2009년에 식수표준과 보건권고Drinking water standards and health adcisories를 개정하여 발표했다. 몇 가지 예외는 있지만, 보건권고기준은 하나의 유효숫자로 반올림해서 나타냈다. 표 8-2는 미생물에 관한 부분을 요약한 내용이다. 최대오염기준 목

**표 8-2** 식수 오염물질

| 미생물 | 최대오염기준 목표(mg/L) | 최대오염기준 또는 소독처리 기술 | 섭취 시 건강에 미치는 잠재적인 영향 | 식수의 오염원 |
|---|---|---|---|---|
| 크립토스포르디움(일종의 기생충) *Cryptosporidium spp.* | – | 거르면 99% 제거함 | 위장병 | 인간과 동물의 배설물 |
| 람블편모충 Giardia lamblia | 0<br>한계 없음 | 99.9% 사멸/불활성 | 편모충증giardiasis, 위장병 | 인간과 동물의 배설물 |
| 일반세균수 측정 *HPC, Heterotrophic place count* | 해당 없음 | mL 당 500콜로니 이하 | HPC는 건강에 영향을 미치지는 않지만, 소독처리방법이 미생물을 제거하는데 얼마나 효과적인가를 가늠해 볼 수 있음 | 해당 없음 |
| 레지오넬라균 | 0 | 람블편모충 소독처리 기술 이용 | 재향군인병(폐렴) | 물에서 자연히 검출, 난방시스템에서 증식 |
| 총 대장균군(분변대장균군과 *E.coil* 포함) | 0 | 1개월에 대장균군 양성인 시료가 전체의 5% 이하여야 함<br>총 대장균이 발견된 모든 샘플은 분변 대장균을 분석해야 함<br>분변 대장균은 없어야 함 | 다른 유해 세균이 있을 가능성도 있다는 것을 의미함 | 인간과 동물의 배설물 |
| 혼탁도turbidity | 해당 없음 | 혼탁도(물의 탁한 정도)가 5 NTU Nephelometric turbidity units 5)을 넘지 않아야 함 | 혼탁도는 건강에 영향을 미치지 않지만, 소독에 방해가 될 수 있으며, 미생물의 배지가 될 수도 있음. 미생물이 있다는 것을 의미하기도 함 | 땅 위를 흐른 경우 |
| 바이러스 | 0 | 99.9% 사멸/불활성 | 위장병 | 인간과 동물의 배설물 |

*출처: U.S. Environmental Protection Agency (EPA). 2009. Drinking Water Standards and Health Advisories. Microbiology Table, p. 11. Washington, DC: EPA. Available at http://water.epa.gov/action/advisories/drinking/drinking_index.cfm; and Centers for Disease Control and Prevention (CDC). 2009. Fact Sheet for Healthy Drinking Water: Drinking Water Treatment Methods for Backcountry and Travel Use. Atlanta, GA: CDC. Available at http://www.cdc.gov/healthywater/pdf/drinking/Backcountry_Water_Treatment.pdf.

표는 식수에서 알려지거나 예상한 부작용이 전혀 발생하지 않는 오염물의 최대 농도이며, 적절한 안전농도이다. 이는 불가능한 공중보건 목표이기도 하다. 시행 가능한 표준인 최대오염기준은 공공상수도에서 사용자에게로 가는 물에 존재하는 오염물의 최대 허용기준으로 확인한다. 소독처리 기술은 오염물을 통제하도록 공공상수도에서 반드시 따라야 하는 시행 가능한 절차, 즉 기술적 성과의 수준을 말한다.

지표수 소독법 Surface water treatment rule 에서는 지표수나 지표수의 직접적인 영향을 받는 지하수를 이용하는 시스템에서 물을 소독하고 여과하거나 여과기준을 만족하도록 하여 오염물질을 통제하도록 규정하고 있다(표 8-2).

### 나. 공공 고시

미 환경보호청은 수도공급사가 수질에 최대한 완벽을 기하게 하도록 유도하기 위하여 작성해야 할 공공 고시를 개발하였다. 이는 미 환경보호청의 개정 공공 고시 핸드북 EPA's revised public notification handbook 이다. 이 핸드북은 효과적으로 공고를 전달하는 방법에 대한 지침[6]을 제시한다. 이런 공고 템플릿은 미 환경보호청 웹 사이트[7]에서 다운로드할 수 있다. 일부 주에서는 위반 사례를 판단하는 조건이 일부 다를 수 있기 때문에 각 주의 상황을 확인해야 한다.

## 4. 식품보호와 안전

정부는 테러 행위로 인한 식품오염에 관심을 가져야 한다. 이러한 감시에는 특별한 기술이 필요하지도 않고, 이것을 수행할 수 있는 광범위한 조직이 있기 때문이다. 의도적 식품오염은 식재료 재배, 제조, 운송, 유통의 어떤 과정에서나 발생할 수 있다. 식품 공급시 오염은 수퍼마켓, 레스토랑, 그외 식품 시설, 유통 센터 및 식품 창고에서 발생할 수 있다. 식량의 오염이 발생할 수 있는 상황은 다음과 같다.

---

5) 네펠로법 혼탁도 단위

6) http://water.epa.gov/lawsregs/rulesregs/sdwa/publicnotification/upload/PNrevisedPN HandbookMarch 2010.pdf

7) http://water.epa.gov/lawsregs/rulesregs/sdwa/publicnotification/compliancehelp_templates.cfm

- 의도하지 않은 오염: 식품 매개 질병 발생
- 고의적인 오염: 폭발 또는 스프레이 장치, 음식 변조
- 교통사고: 기차, 트럭
- 자연재난: 화재, 홍수, 허리케인, 토네이도
- 빌딩 사고: 폭발, 암모니아 누출
- 불쾌한 거짓말 hoaxes

미국에서 식품안전과 보호에 책임이 있는 연방정부기관은 미 식약처 FDA, U.S. food and drug administration, 미 농림부 USDA, The U.S. department of agriculture, 미 국토방위부 DHS, The department of homeland security 세 곳이다.

**미 식약처** FDA, U.S. food and drug administration : 수입 식품, 동물용 의약품, 사료와 수의학용 장비 등을 감독한다. 주정부와 지방정부의 식품안전담당관 food safety officers 과 긴밀히 협력하여 잠재적 위험을 분석하고, 잠재적 위험요소의 위치를 발견하여 예방적 조치를 강구한다.

**미 농림부** USDA, The U.S. department of agriculture : 식품이 안전한지, 라벨에 정확하게 표기되었는지 지속적으로 감시하고, 동물매개 감염병을 모니터링하고 샘플을 채취하여 위생관리를 강화한다.

**미 국토방위부** DHS, The department of homeland security : 미 질병관리본부는 식중독 발생을 추적하여 보고하며, 주정부와 지방정부 보건담당관과 질병을 조사하고 통제업무를 협력한다. 미 환경보호청 EPA 은 살충제와 제초제 사용량을 평가한다. 미 관세국경보호청 U.S. customs and border protection 은 수입되는 식품을 모니터링한다.

중요한 공공보건 책임은 의도적인 사건 발생과 비의도적인 사건발생을 구분하는 것이다. 지역사회는 비상대응 조치계획의 일부분으로 식품보호 계획을 포함해야 한다. 식품보호 계획은 식품매개질환 발견, 식품 리콜, 자연재난이나 전 세계적인 유행병 이후의 식품안전 관리 등의 과정을 포함해야 한다.

## 가. 식품 안전

제대로 식품을 보관하지 않으면 바실러스 시리우스 B. cereus, 웰치균 Clostridium perfringens, 살모넬라 Salmonella spp., 황색 포도상구균 Staphylococcus aureus 및 A그룹 연쇄상구균 group A Streptococcus 등이 번식한다. 세균성이질 shigellosis, A형 간염, 위장염, 편모충증은 손을 제대로 씻지 않거나 개인위생이 불결할 때 발생한다. 재난 후 식품매개 질환은 식품취급방법 측면에서 식품을 제대로 보관하지 않았거나, 충분히 조리하지 않았거나, 개인위생이 불결할 때 발생한다. 손 씻기는 물론이고 조리도구도 사용하기 전에 끓인 물이나 소독처리한 물로 씻어야 한다.

### 1) 저장 식품

재난에 대비할 때, 주민들은 최소한 3일분의 식량을 비축해두어야 한다. 통조림과 건조식품은 레인지나 냉장고와 멀리 떨어져 있고, 4~15℃의 건조하고 차갑고 어두운 곳에서 약 2년 간 보관할 수 있다. 주민들은 모든 식품에 날짜를 적어두고 상하기 전에 먹거나 교체한다. 곤충이나 설치류가 먹지 못하도록 밀폐된 용기에 넣고 두텁게 감싸두거나 보관해야 한다. 끝부분이 불룩하거나 새는 통조림은 버려야 한다.

### 2) 냉장식품

정전이 되더라도 냉장고 문을 열지 않은 상태에서는 4시간 정도 냉기가 유지된다. 4시간 이상 정전되는 경우에는 냉장고에 얼음조각이나 드라이아이스를 넣어둘 수도 있다. 냉장고나 냉동고에 상하기 쉬운 음식이 있으면 보관하기 전에 먹는다. 보기에 상하지 않았다 하더라도, 조리된 음식을 냉장고에 넣지 않고 상온에 둔 경우에는 2시간 후에 버려야 한다. 색과 질감 및 냄새가 이상하지 않은 음식만 먹는다.

### 3) 냉동식품

약 10 kg(25 lb)의 드라이아이스로 3~4일 동안 약 28 L(1 $ft^3$)의 냉동고의 온도를 유지한다. 드라이아이스에 닿는 물질은 모두 얼어붙으므로 다치지 않도록 물이 묻지 않은 두꺼운 장갑을 끼고 드라이아이스를 만진다. 냉장고 안이 차갑거나, 얼음이 있으면 해동한 음식을 먹거나 다시 얼려도 된다. 2시간 이상 상온에 있었거나, 냄새나 색, 질감이 이상한 식품은 버려야 한다.

### 4) 침수된 식품

방수용기에 보관하지 않은 모든 식품은 폐기한다. 파손되지 않은 통조림은 라벨을 떼고, 깨끗하게 닦은 다음 물 5갤런에 소독제 1컵이 들어간 용액으로 소독하면 먹을 수 있다. 통조림통에 지워지지 않는 마커로 유통기한 등을 다시 써야 한다. 틀어서 열거나screw cap, 탁 열리거나snap-lid, 소다수 병처럼 열거나crimped cap, 돌려서 열거나twist cap, 뚜껑을 밀어 올려서 여는flip top 식품 용기나 집에서 만든 통조림은 소독이 되지 않는다. 물이 들어갈 필요가 없는 통조림 유아식은 유아들만 먹도록 해야 한다.

표 8-3은 음식을 안전하게 다룰 수 있는 방법이고, 표 8-4는 오염된 물에 노출되었거나 전력 중단으로 발생할 수 있는 문제에 대한 대처법이다.

## 나. 대규모 이재민을 위한 급식

식품필요량은 재난이 식품공급에 미치는 영향과 음식이 없는 사람 수를 계산하여 추정할 수 있다. 계절적 변동도 식품의 이용가능성에 영향을 줄 수 있다. 식품필요량은 주 및 월 단위로 계산을 한다. 예를 들어, 한 달 동안 1,000명을 먹이려면 식품 16톤이 필요하며, 1톤의 음식을 저장하려면 2 $m^3$의 공간이 있어야 한다. 표 8-5는 대규모 이재민에게 음식을 제공하는데 필요한 요소들을 열거하고 있다.

## 다. 식품안전 감시

미 질병관리본부CDC는 식품매개 질환을 감시하고 질병의 원인을 확인하여 새로 대두되는 질병에 대응하도록 푸드넷FoodNet, Foodborne diseases active surveillance network이라는 웹기반 네트워크를 개설했다. 푸드넷은 일부 주정부와 지방정부의 보건부서가 식품매개 질환의 발병을 색출하고 이에 대응할 수 있는 능력을 키우도록 능동적인 감시(공중보건 담당관이 연구실의 책임연구원과 자주 연락하며 새로운 식품매개 질환 사례를 찾고, 전자문서를 통해 이를 미 질병관리본부에 보고한다)를 한다. 대부분의 식품유래 감염이 설사를 일으키므로, 푸드넷은 설사 질환을 앓고 있는 사람에 초점을 맞춘다. 푸드넷은 재난상황에서 부가적으로 개설되거나, 자의적 중독과 관련된 식품매개 질환을 색출 및 감시하는데도 이용한다.

표 8-3 식품안전 보장 조치

| 단 계 | 위 험 | 조 치 |
|---|---|---|
| 공급/구매 | 원재료 식품오염 | 믿을 만한 공급자에게 식품을 구한다.<br>생산 및 운송 조건을 정한다. |
| | 즉석 식품의 오염 | 믿을 만한 공급자에게 식품을 구매한다. |
| 식품 수령 | 병원체가 있는 고위험 식품의 오염 | 온도와 운송시간을 관리한다. |
| 보관 | 보관 이후 오염 | 밀폐 용기나 랩에 싸서 식품을 보관한다.<br>해충을 방지한다. |
| | 세균 증식 | 온도와 보관기간을 관리하고 오래된 것부터 사용한다. |
| 음식 준비 | 손 등 경로를 통한 오염 | 식품을 만지기 전에 손을 씻는다.<br>조리대나 조리도구를 통해 교차오염이 되지 않도록 방지한다.<br>원재료와 조리된 음식을 따로 놓는다.<br>다시 조리가 되는 식품이 아닌 경우에는 특히 끓는 물을 사용한다. |
| | 세균 증식 | 식품이 상온에 최소한 노출되도록 한다. |
| 조리 | 병원체의 생존 | 완전히 음식이 익었는지 확인한다(예: 모든 부분이 최소한 약 70℃(165°F)가 되도록 한다). |
| 냉각 및 냉장 온도 유지 | 살아남은 세균이나 포자의 증식, 독소 발생 | 4℃(40°F) 이하가 되도록 신속하게 음식을 식힌다. 예: 쟁반에 두고 식힌다.<br>냉장고나 저온저장고를 너무 많이 채우지 않도록 한다.<br>장기간 저온저장을 하면서 가끔씩 온도를 측정해서 변동이 있는지 확인한다. |
| | 다양한 원인으로 인한 오염 | 뚜껑을 제대로 덮고, 원료나 식수 이외의 물에 닿지 않도록 한다.<br>조리된 음식에는 깨끗한 조리도구를 쓴다. |
| 가열온도 유지 | 살아남은 세균이나 포자의 증식, 독소 발생 | 음식이 뜨거운 상태를 유지하도록 한다(예: 60℃ 이상). |
| 재 가열 | 세균의 생존 | 음식을 완전히 다시 데웠는지 확인한다. |
| 섭취 | 살아남은 세균이나 포자의 증식, 독소 발생 | 남은 음식이나 미리 준비한 음식은 완전히 다시 데웠는지 확인한다. |
| | 오염 | 원재료와 깨끗하지 않은 조리도구나 식수 이외의 물에 닿지 않도록 한다.<br>손으로 음식을 만지지 않는다.<br>뜨거울 때 음식을 먹도록 한다. |

* 출처: Wisner B and Adams J의 비상사태와 재난 시 환경보건 Environmental health in emergencies and disasters(2002)의 '표 9.1 식품안전 보장조치'에서 인용. 세계보건기구. 제네바. p.150

**표 8-4** 폐기 대상 음식물

| 음식 종류 | 사고 유형 | 예 시 |
|---|---|---|
| 상품 | 홍수, 정전 | 상추, 셀러리, 양배추 |
| 포장식품 | 홍수, 정전<br><br>화재, 고열 | • 가방안: 커피, 차, 밀가루, 시리얼, 콩, 곡류, 설탕, 너트류<br>• 종이 혹은 셀로판 포장 양초, 시리얼, 빵, 케이크, 껌 등<br>• 아이스크림, 일상식품<br>• 양념류<br>• 소금, 설탕, 우유분말, 계란분말 등<br><br>새까맣게 타서 숯이 된 상품라벨 혹은 포장지 손상 |
| 뚜껑이 돌려서 닫게 되어 있는 혹은 단섬유로 뚜껑 처리된 음료수병 | 홍수 | 알코올을 함유하지 않거나 저알코올 음료, 맥주, 와인, 알코올 음료 |
| 냉동식품 | 홍수, 정전 | • 부분적으로 혹은 완전히 해동됨; 적절한 냉동 상태로 보전만하면 '신선하게 냉동'해서 판매 가능함 |
| 냉장식품 | 정전 | • 4시간 이상 4.4℃(40°F) 이상 온도에 노출<br>• 얼거나 껍데기 안에 있는 계란, 생선이나 해산물은 폐기할 것 |
| 뚜껑이 열린 통 | 홍수 | 독일식 양배추 절임sauerkraut 혹은 피클 |
| 코르크 마개로 덮인 유리나 플라스틱 용기 | 홍수 | 케첩, 식초, 조미료 양념; 시럽, 당밀, 꿀 |
| 앵커볼트 고정식 진공처리된 유리 용기 | 홍수 | 완전히 세척해서 소독해야 함<br>집에서 만든 용기는 폐기해야 함 |
| 그 외 | 화재, 연기 손상, 화재 예방용 화학물질에 노출, 에어로졸, 살충제 | 육류, 기름류 |

출처: Houston Department of health and human services, city of Houston. 2005. Food Surveillance and Salvage Following Disasters. Houston, Tx: City of Houston. Available at http://www.houstrox.gov/health/Food/food-surv.htm.

**표 8-5** 대형급식소에 필요한 요소

| |
|---|
| 물 공급 |
| **직원용 및 시민용 화장실:** 최소 50명 당 1개의 화장실을 확보한다. |
| **세면대:** 식품을 조리하는 곳과 화장실 근처에 설치한다. |
| **주방에서 액상 쓰레기를 버리는 시설:** 기름 막는 거름망이 반드시 있어야 한다. |
| **주방에서 고형 쓰레기를 버리는 시설:** 뚜껑이 있는 실내용 쓰레기통에 버린다. |
| **큰 그릇, 조리대, 도마 :** 식사 후에는 강력한 염소 용액으로 철저하게 소독한다. |
| **개수대:** 씻는 그릇, 먹는 그릇, 요리하는 그릇을 구분한다. |
| **조리/냉장에 적합한 재료:** 한 끼 식사에 충분한 음식을 준비한다. |
| **교차오염을 방지하기 위한 배치 :** 원재료와 육가공품을 위한 적절한 공간을 마련하고 따로 분리해 둔다. |
| **적합한 식사용 그릇 :** 깨끗하게 그릇을 씻고 헹굴 곳이 없으면 일회용을 사용한다. |
| **설치류와 해충의 통제:** 파리끈끈이를 달아두고, 주방을 가려주며, 쓰레기를 버린다. 음식을 준비하는 곳에는 절대 쥐약을 놓지 않는다. |
| **식품안전정보:** 음식을 준비하는 곳에 식품안전정보를 붙여놓는다. |

* 출처: 와이즈너 B와 아담스 J의 비상사태와 재난 시 환경보건(2002)의 '표 9.2 대형급식소에 필요한 요소'에서 인용. 세계보건기구. 제네바. p.155.

## 라. 대규모 대피소

비상지원 기능 6 ESF, Emergency support function 은 대규모 케어 서비스 mass care service 라고도 한다. 현지 정부 기관과 보건국은 미 적십자 Red cross 및 기타 자원봉사기관과 협력하여 대규모 케어 서비스를 제공한다. 임시 대피소, 고정식 또는 이동식 배식소, 구호물자 배급소 등을 통하여 주민들을 지원한다. 지역의 공중 보건 전문가는 다음에 참여할 수 있다:

- 대피소 장소를 선택
- 대피소의 조직 및 레이아웃
- 식품 안전 보장
- 음용과 음식 준비에 필요한 안전하고 충분한 물을 보장함
- 화장실 공급, 손을 씻을 수 있는 개수대, 비누, 일회용 수건, 샤워기, 세탁을 위한 싱크

- 폐수 및 고형 폐기물을 적절히 관리함
- 실내 공기질 보호(예를 들어, 온도 조절, 습도, 악취, 먼지)
- 일반적인 안전을 확인하고 보장함
- 모니터링 관리 및 청소
- 벡터/해충 관련 문제를 확인하고 통제함
- 외부 부지를 모니터링함(운동장, 파편, 물리적 위험)
- 대피소 운영을 모니터링하고 중재함(예를 들어, 요구가 있어 길게 줄서 있는 사람들)

표 8-6은 대피소에 실제로 필요한 물품에 대한 정보이다.

**표 8-6 대피소 물품**

| | 제 공 | 조 건 |
|---|---|---|
| 공간 | 화장실 | 20명당 변기 하나 |
| | 샤워기 | 15명당 샤워기 하나 |
| | 세면대 | 15명당 깨끗한 물과 손세정제 하나<br>손살균제로 대체하지 않음 |
| | 간이 침대/침대 | 1명당 최소 2.8 $m^2$(30 $ft^2$)의 공간을 확보하고,<br>머리와 발을 교차하여 약 91 cm(3 $ft^2$) 떨어뜨려 배치함 |
| | 환기 | 1명당 3.7~4.6 $m^2$(40~50 $ft^2$)의 대기 공간 |
| 폐기물 관리 | 저장용기 | 10명당 30갤런 플라스틱 용기 |
| | | 용기는 플라스틱 라이너 가방과 뚜껑이 있어야 하고, 매일 비워야 함 |
| | 날카로운 물건 저장용기 | 지정된 장소에만 날카로운 물건을 담게 함. 의료폐기물 용기를 두어 의료폐기물을 수집, 이송, 폐기함 |
| 음식, 식기의 안전 | 음식저장, 준비, 취급, 배분 | 지역의 식품안전지침local food safety guidelines 준수 |
| | 식기세척기 | 젖병, 고무젖꼭지 및 공갈 젖꼭지용 세척기 1대 이상 |
| | 냉장고 | 유아식을 저장하기 위한 냉장고 비치 |
| | | 냉장고에 온도계를 장착하고, 4.4℃ 이하로 유지함 |
| 집안 일 곤충 및 설치류 | 청소 | 마룻바닥을 닦거나 매일 진공청소기로 청소함 |
| | 음식 | 대피소의 수면공간에 음식을 두지 않을 것 |
| | 보고 | 직원과 주민은 해충이나 설치류를 본 즉시 보고할 것 |

| | | |
|---|---|---|
| | 통합적 설치류 관리 프로그램 | 해충방제 전문가 프로그램을 개발하고 수행해야 함 |
| | 예방 | 모든 개구부에 적어도 16 메시 스크린mesh screen을 치고, 모든 구멍을 철망으로 다 닫아야 함 |
| 더러워진 린넨과 의복 | 바구니 | 더러워진 수건과 옷을 담을 바구니를 제공함 |
| | 과정 | 주민들에게 더러워진 린넨을 깨끗이 손질하는 과정을 설명함(예: 샤워실에 포스터를 붙임 등) |
| 어린이 보호시설 | 기저귀 교환 | 기저귀 교환대 근처에 기저귀 교환과정에 관한 포스터를 부착함 |
| | 위생용품 공급 | 모든 기저귀 교환대에 위생 휴지, 일회용 기저귀 교환 패드, 위생 처리품, 손 씻는 설비를 갖출 것 |
| | 기타 공급품 | 로션, 크림, 연고 등을 제공할 때에는 1인용 컨테이너에 담아야 함 어린이마다 다른 용기를 사용하도록 지정해줌 |
| | 안전 | 모든 전기 콘센트는 뚜껑이 있어야 하고, 어린이 안전장치를 갖추어야 함 |
| 화장실과 샤워시설 | 공급품 | 항상 액체비누 용기에는 비누를, 종이 타월기에는 종이타월을 담아 두고, 쓰레기통을 세면대 옆에 둠 |
| | 표지판 | 세면대 옆에 다양한 언어로 '손씻기' 표지판을 만들어 두어야 함 |
| | 안전 | 모든 화장실과 샤워실 바닥에 방수, 미끄럼방지 처리를 함 |
| 일반적 안전 | 유지관리 | 지역 건물 규제 준수해야 함 |
| | | 비상구는 지역 화재관련 규제를 준수해야 함 |

출처: Golob BR. 2007. Environmental Health Emergency Response Guide. Hopkins, MN: Twin Cities Metro Advanced Practice Center. Available at http://www.cdc.gov/nceh/ehs/Docs/EH_Emergency_Response_Guide.pdf.

## 5. 유행성 설사의 통제전략

설사병은 자연 재난에 뒤따르는 일반적인 문제이다. 공중보건 담당관은 예방하고자 하는 대변-구강 질환에 초점을 맞춰 환경조치와 보건교육을 해야 한다.

### 가. 콜레라

공중보건 공고문public health bulletins에는 주민들에게 염소 처리하거나 끓인 물만을 쓰도록 하고, 뜨겁게 조리된 음식이나 껍질을 벗긴 과일과 야채만 먹도록 알려주어야 한다. 음식을 준비할 때에나 먹기 전에 손 씻기를 강조한다. 콜레라가 발병하는 동안에는 염소 처리한 물을 사용하도록 한다. 염소 처리를 할 수 없는 상황이라면, 물을 끓이거나 1L당 레몬 한 개를 넣는다. 토마토소스와 같은 산성 소스를 음식에 넣어 먹으면 식품유래 콜레라를 어느 정도 예방할 수 있다.

### 나. 장티푸스

콜레라와 마찬가지로, 염소 처리하거나 끓인 물만을 사용하고, 뜨겁게 익힌 음식이나 껍질을 벗긴 채소만을 먹도록 교육한다. 공중보건 담당관은 염소 처리한 물을 공급하고, 음식을 준비하거나 먹기 전에 손을 씻도록 강조해야 한다. 또한, 감염자는 증상이 나타난 후 3개월 동안은 다른 사람 음식을 준비하지 않는다.

### 다. 시겔라

공중보건활동에서는 종합적인 개인위생에 대하여 주민들을 교육해야 한다. 공중보건 종사자는 비누와 많은 물을 공급하고, 손 씻기, 염소 처리, 음식의 적절한 취급 및 가열 등에 대해 알려주어야 한다. 보통 가정 내에서 이차 사례가 발생하므로 환자가 발생한 가정에 초점을 맞춰 교육을 한다.

### 라. A형 간염

대규모 발병 시 물은 주요 전파경로이다. 가장 일반적인 형태의 대변-구강 간염인 A형 간염은 식품과 다른 경로로 감염된다. 그러므로, 물을 염소 처리하는데 초점을 맞춰서 통제를 해야 한다. 임신한 여성이 특히 취약하기 때문에 이들을 특별 교육하고, 개인위생과 식품위생을 지킬 수 있도록 돕는다.

## 6. 난방과 대피소

재난 이후 충분한 대피소를 제공하면 날씨로 인한 저체온증, 동상, 불안감, 열사병, 탈수 등을 예방할 수 있다.

활동량이 같아도 한냉 기후에서는 고칼로리 음식을 먹어야 한다. 20℃ 이하에서는

1℃씩 떨어질 때마다 1%의 칼로리를 더 섭취해야 한다. 실내 온도가 10℃라면, 거기에 사는 사람들은 일상 활동을 유지하기 위해 10% 더 많은 음식을 먹어야 한다. 추운 날씨에 재난이 발생한 경우, 공중보건 중재에서는 고열량 식품을 마련하고, 담요와 침낭을 제공하며, 창문과 사용하지 않는 문을 봉하도록 플라스틱 시트지를 나누어주고, 여러 사람 또는 여러 가족이 따뜻한 곳에 모여 있도록 하며, 아래층에서 손실된 열이 윗층을 데울 수 있도록 고층건물의 주민들에게는 각 층에서 똑 같은 방에 난방을 하도록 지시한다. 또한, 일산화탄소 중독의 징후에 대해서도 사람들에게 알려주어야 하며, 가스누출을 점검하도록 지시한다.

뜨거운 기후에서는 폭풍우가 내릴 때 몸이 젖지 않고, 햇빛에 그늘을 만들 수 있도록 시트지를 제공해야 한다.

## 7. 작업자의 건강과 안전

건물의 붕괴 또는 대형화재는 작업자의 안전이 위협받는 사건이다. 오염물질의 방출 또는 건설안전문제로 인해 작업자는 위험에 노출될 가능성이 있다. 재난대응 및 복구 시 작업자의 부상을 최대한 줄이려면 반드시 계획을 세워야 한다. 산업안전보건청 OSHA, Occupational safety and health administration 은 대형사고 시 산업안전보건청의 정책과 책임(예: 대통령 성명 발표, 연방정부 대응시스템 가동, 국토안보부에 지원 요청)을 기술한 국가비상관리계획 NEMP, National emergency management plan 을 발표했다. 국가비상관리계획 에서는 각 산업안전보건청 지부에서 연방정부의 계획과 주정부의 계획을 편성하는 지역비상관리계획 REMP, Regional emergency management plan 을 세울 것을 요구한다. 더 나아가 비상 대응요원과 복구 작업자의 보건과 안전을 보장할 수 있는 후송 및 운영 절차에 대한 개요도 설명한다.

### 가. 이환율과 치명률

위기 상황에서 작업자는 낙상으로 인한 손상 사고; 자상, 열상 혹은 찰과상; 일시적 청력 손실이나 동료와의 의사소통 어려움; 눈, 코, 목, 또는 폐의 자극이나 부상; 열사병에 의한 열성 탈진과 경련; 저체온증이나 동상; 질식, 위축으로 인한 끼임 혹은 사망;

혈액매개성 병원균에 노출; 독성 물질에 노출과 관련된 증상 등을 겪을 수도 있다.

## 나. 공중 보건 중재

모든 직원은 재난대응을 위한 국내 및 해외여행에 앞서 자신의 건강과 안전을 보장하기 위한 조치를 해야 한다. 이외에도 미 질병관리본부가 여행지마다 필요한 예방지침[8)]을 제시한다.

다음 모든 일반 예방접종을 맞아야 한다:

- 파상풍/디프테리아 백신 또는 부스터
- 소아마비 발병 또는 유행 지역을 여행하려면 소아마비 예방주사를 맞아야 함[9)]
- 면역이 없는 사람에게는 홍역
- 인플루엔자 백신
- B형 간염
- A형 간염

특정 지역으로 여행할 때 다음과 같은 예방접종 또는 보호 조치가 필요하다.

- 일본 뇌염(적어도 출발하기 10일에 전체 예방접종 과정을 완료해야 함)
- 광견병
- 황열
- 장티푸스
- 콜레라(콜레라 백신은 미국에서 사용할 수 없지만, 콜레라 발생 지역에 도착하기 전에 작업자는 예방접종을 맞아야 함)
- 말라리아 예방

여행자 설사, 곤충이나 뱀에 물림, 환경 위험 및 고온 다습한 환경에 노출되었을 때 예방적 조치에 대한 상세 온라인 자료[10)]가 유용하다.

---

8) available at http://wwwnc.cdc.gov/travel/content/relief-workers.aspx

9) http://www.polioeradication.org 참조

10) at http://wwwnc.cdc.gov/travel/cpntent/relief-workers.aspx

## 다. 작업자 안전

국가대응체계 national response framework 부록 "노동자 안전과 건강 지원 worker safety and health support"에 국가 및 지방정부의 작업자 보호를 포함하고 있다. 이러한 서비스는 범위, 복잡성 및 위험도에 따라 매우 다양하다.

- 사건 현장의 건강과 안전상 환경 위험을 평가한다.
- 노동자를 보호하기 위해 필요한 자원과 확보 중인 자원을 파악한다.
- 산업 위생, 산업 안전과 건강, 건물 붕괴 공학, 안전 공학, 방사선 안전, 생물학적, 화학 요인 관리, 직업 의학 등에 관한 전문가를 활용한다.
- 장소별 건강 및 안전 계획을 마련하고 실행한다.
- 현장 확인, 평가, 분석, 위험에 대한 개인 노출 경감 정도를 모니터하고 관리한다.
- PPE 프로그램을 개발, 실행하고 프로그램 모니터링을 지원한다.
- 사고 / 부상 데이터를 수집하고, 관리하는 것을 조정한다.
- 특정 사건과 관련하여 작업자를 교육훈련한다.
- 교육 자료의 개발 및 배포에 협조하여 위험을 예방하고 완화한다.

### 1) 연방정부의 지침

재난 대응과정에서 작업자 부상을 최소화하기 위해서는 계획이 필수적이다. 재난기간 동안 대응단계에 참여하는 보건 및 안전관련 인력의 건강과 안전을 보호하기 위한 수많은 기준들이 있다. 산업안전보건청 OSHA, Occupational safety and health administration 은 국가비상관리계획 National emergency management plan 을 발표했다. 국가비상관리계획은 국가적으로 매우 중대한 사건(예: 대통령 성명 발표, 연방정부 대응시스템 가동, 국토안보부에 지원 요청)동안 산업안전보건청의 국가 및 지방사무소가 일을 처리하는 방법과 정책을 명시한 것이다. 모든 산업안전보건청은 연방정부와 주정부의 계획에 따라 각 지역의 비상관리계획 National emergency management plan 을 수립하여야 한다. 나아가, 비상상황에 있는 사람들과 구호인력의 건강과 안전을 보장할 수 있는 논리적이고 구체적인 과정을 개발해야 한다. 대응활동을 외부업체(계약자)가 수행하는 지역사회에서는 이들과 수색, 구조, 또는 복구 활동에 참여하는 모든 하청업체가 계약상황을 충실히 이행하고 있는지 계약내용을 잘 검토해야 한다.

산업안전보건청은 주요비상대응 요건 및 지침 Principal emergency response and preparedness requirements and guidance 을 출판하였는데, 여기에는 비상시 작업자를 보호하기 위한 요건을 요약해 놓았다. 이 지침은 유해폐기물 관리 및 비상대응 HAZWOPER, Hazardous waste operations and emergency response, 과정 안전 관리 PSM, Process safety management 및 화재예방 계획을 포함하고, 또한 다른 많은 산업안전보건청 표준에 있는 비상 계획 및 대응요건들을 소개하고 있다. 과정 안전 관리 PSM, Process safety management 표준은 고용주가 화학적 비상상황에서 부상을 예방하고, 비상조치계획 EAP, Emergency action plan 을 실천하도록 명시하고 있다. 유해폐기물 관리 및 비상대응 HAZWOPER 와 비상 조치 계획 EAP 은 아래에 설명되어 있다.

유해폐기물 관리 및 비상대응 HAZWOPER(OSHA 29 CFR 1910.120) 는 재난에 대응하는 사람들을 보호하는 장치를 마련하는데 유용하다. 유해폐기물 관리 및 비상대응 HAZWOPER 에서는 재난대응 및 복구와 관련된 요건 중, 1) 인력, 장비, 하드웨어의 오염물질 제거, A, B, C급 대응과 적절한 탈오염 절차 확립, 보호장비의 착용 및 탈착에 관한 지침 등 광범위한 안전 및 훈련, 2) 명문화된 안전 및 보건 프로그램 작성 및 시행, 3) 의료감시 프로그램, 4) 효과적인 현장 안전 및 보건 계획, 5) 비상대응 계획과 절차, 6) 기준을 통과한 위생장비 제공, 7) 현장 유해요소로 인한 작업자 위험을 최소화하도록 업무절차 개발, 8) 공학적 제어, 장비 및 신기술 또는 절차 등의 안전한 이용, 9) 호흡보호구를 착용했을 때에도 사용할 수 있는 통신 방법 확립, 10) 개인보호장비 PPE 제공 등을 규정하고 있다.

소규모 기업을 위한 지역사회 재난계획에는 작업자의 안전을 위해 비상조치계획이 포함되어야 한다. 고용주는 비상조치계획이 개발되면, 모든 직원과 함께 이를 검토해야 하고 직원에게 초기 작업에 할당하고, 계획이 변경 되면 직원의 책임도 변경해야 한다.

비상조치계획은 최소한 다음과 같은 요소를 포함해야 한다:

- 비상조치계획은 서면으로 직장에 보관하고, 모든 직원들이 언제든지 열람 가능해야 한다(직원이 10명 이하인 고용주는 직원과 비상조치계획에 대해 구두 회의를 할 수 있다).
- 화재 등 비상사태를 보고하는 절차
- 비상탈출 과정, 대피로와 비상시 업무 할당

- 대피하기 전에 중요한 전력 작동을 위해 남아있는 직원이 준수해야 하는 절차
- 대피한 후 모든 직원이 준수해야 하는 절차
- 구출이나 의학적 구급 업무를 수행하는 근로자가 준수해야 하는 절차
- 모든 직원에게 계획에 관한 모든 정보를 설명할 책임 직원의 이름 또는 직책
- 작업 직원 경보 시스템
- 다른 직원들이 안전하고 질서 있게 대피할 수 있도록 도울 훈련된 직원

구조작업자의 보호에도 적용이 가능한 산업안전보건청의 고용인비상계획과 화재방재계획 Employee emergency plans and fire protection plans(29 CFR 1910.38) 의 요건에 따른 비상조치계획에는 1) 다양한 소화기구의 사용법, 2) 심폐소생술 CPR 을 포함한 응급처치, 3) 산업안전보건청 혈행성 병원체 표준의 요건, 4) 화학물질 유출 통제 절차, 5) 자가호흡장치 SCBA, Self-contained breathing apparatus 의 사용, 6) 기타 개인보호장비 PPE 사용, 7) 수색 및 응급구조 절차, 8) 비상통신, 9) 29 CFR 1910.120에 따른 유해물질 비상대응 등을 제공하고 훈련하는 내용이 포함된다. 더 나아가 하도급업자들도 동일한 보호방법으로 준비하는 것이 중요하다.

## 라. 장애인 직원 보호

1990년 미 장애인법 Americans with disabilities act 은 고용주가 장애인 직원을 보호하는 비상대피 계획을 세우도록 규정하고 있다. 고용주는 또한 산업안전보건청 표준의 내용 중 장애인 직원을 고려하는 기준도 실천해야 한다.

미 노동부의 장애인 고용정책실 The office of disability employment policy at the U.S. department of labor 은 장애인을 위한 비상대책을 수행하기 위해 다음을 권고한다.

- 계획을 개발할 때 직원의 의견을 물어라
- 장애인 직원은 자신의 아이디어와 의견을 내면서 스스로의 안전에 대해 책임을 느낀다.
- 지역의 소방, 경찰, 긴급대응 부서, 지역사회 기관들과 협의하여 계획을 수립한다.
- 계획은 기술, 인력, 절차 상 변화를 반영하기 위해 주기적으로 수정 및 갱신해야 한다.

- 계획은 다음 내용을 포함해야 한다.
  - 근무를 종료한 후 대피
  - 특별한 도움이 필요한 방문자를 식별하는 방법
  - 멀리 떨어져 있는 청각 장애인 근로자와 의사소통하는 방법
  - 읽기 쉽고 이해하기 쉬울 것
- 계획은 모든 직원이 접근가능한 형식으로 배포하고, 표준 운영 절차와 잘 맞아야 한다.
  - 주기적으로 비상대비 훈련을 하고, 훈련에도 장애인 직원의 요구를 반영해야 한다.

### 1) 청력장애 직원에게 비상상황 알리기

일반 직원은 청각 장치를 통해 비상 알림을 듣지만, 청력장애 직원은 공개방송 시스템 PA, Public address 을 통한 의사전달에 어려움이 있다. 공개방송 시스템 PA, Public address 은 청각 장애인이나, 방송 전달이 방해되는 상황에서는 비효과적이다. 산업안전보건청의 직원경보 시스템 표준 Employee alarm systems standard(29 CFR 1910.165) 은 모든 근로자가 들을 수 있어야 하고, 주변에 소음이 있더라도 들려야 한다.

섬광 전구나 이와 유사한 조명, 촉각 장치는 청각장애 직원에게 도움이 되는 방법이다. 청각장애 직원이 볼 수 있도록 시각 경보기도 설치해야 한다. 청각장애인을 위한 비상신호장치에 대한 표준 Underwriters laboratories standard for emergency signaling devices(UL 1971) 은 비상 경보시스템의 기준을 제시한다.

비상경보시스템은 심각한 청각장애 직원부터 가벼운 청각장애 직원까지 알아들을 수 있어야 한다. 청각장애 직원이나 직업 청각전문가는 특정 상황에서 비상경보장치들이 잘 작동되고 조화를 이룰 수 있도록 도와야 한다. 직업 진찰을 통해 특정 상황에 가장 적합한 장치 또는 장치의 조합을 찾을 수 있을 것이다. 경보 장치는 다음 옵션을 포함해야 한다 :

- 긴급 경보 소리가 울릴 때는 출구 표지판을 플래시로 설정한다.
- 섬광 조명 또는 진동 경보 신호기
- 직원의 작업장에 시각적 또는 진동 경보 신호기

- 청각장애 직원은 진동 무선 호출기를 소지할 것
- 청각장애 직원은 진동 시계 등 신체 경보장치를 장착할 것
- 쌍 방향 진동 문자 호출기
- 청각장애 직원에게 경고하도록 청력 도우미견을 훈련함
- 동료 직원이 청각장애 직원을 경고하는 버디 시스템
- 증폭 전화벨 신호기를 설치하여 직원이 전화가 왔다는 것을 쉽게 감지하게 함
- 통신 장치에 개인용 컴퓨터에서 청각 장애인의 통신장기로 정보를 변환하여 전달하는 청각 장애인용 모뎀(텍스트 전화; TTY)
- 인스턴트 메시지[11] 또는 전자 메일 팝업 창
- 청각장애인이 구조팀이나 동료의 구조를 기다릴 때 자신의 위치를 알릴 때 사용할 수 있도록 하는 개인용 손전등

## 마. 개인보호장비

개인보호장비와 같은 안전장비는 산업안전보건청 표준이나 국가적으로 인정한 표준에서 나타낸 기준을 통과해야 한다. 유해폐기물 관리 및 비상대응 HazWoper[1910.120(c)(5)(i)]에서는 개인보호장비는 "알려진 혹은 의심되는 유해물질과 보건 유해요소에 대해 발표된 노출수위와 허용노출한계 이하의 노출 수위에서 보호하도록 초기 현장 진입 시 제공 및 사용한다. 사전 현장평가에서 현장의 유해요소나 의심되는 유해요소를 확인할 만큼 충분한 정보를 얻지 못한다면, 최소한의 보호를 위해 B급의 개인보호장비에 해당하는 앙상블 ensemble 을 제공하며, 생명 또는 건강에 즉각적으로 위험을 초래하는 IDLH, Immediately dangerous to life or health 상태를 확인하기에 적절한 직독식 측정기구 direct reading instrument 를 사용해야 한다."고 규정하고 있다.

산업안전보건청은 고용주는 고용인이 적절한 호흡보호구를 착용하도록 책임져야 한다고 규정한다. 그러나, 재난의 규모와 위치에 따라 보건부서가 재난현장의 초기 안전과 보건문제를 진단하고, 개인보호장비를 처음에 배부하기도 한다. 적절한 방독면 프로그램 respirator program 에는 의학적 선별검사, 적격검사, 훈련 등이 포함된다. 훈련 과정에서 방독면을 착용하고, 깨끗이 하며, 관리를 하는 방법을 가르친다. 우발적인 화

11) 역자 주. 네트워크 상에서 간단한 메시지나 파일을 송수신할 수 있는 소프트웨어의 총칭

학물질의 튐, 떨어지는 물체, 날아다니는 조각들, 산소가 불충분하거나 독성 가스가 있는 공기, 화재, 전기가 통하고 있는 전선, 또는 유사한 응급상황에 노출될 가능성이 있는 작업자는 다음과 같은 개인보호장비가 필요하다.

- 눈을 보호하기 위한 보안경, 또는 안면보호대
- 얼굴에 맞는 방독견
- 머리와 발을 보호하는 안전모와 안전화
- 전신용 방제복 whole body covering (화학물질로부터 보호하는 화학방제복, 장갑, 두건과 부츠)
- 극심한 온도와 같이 비정상적인 환경에 대한 신체 보호장비

**표 8-7 개인용 보호장비의 등급**

| 등급 | 사 용 | 기구, 장비 |
|---|---|---|
| 등급 A | 피부, 호흡기, 눈 보호는 최고 수준으로 해야 함 | • 개인호흡기SCBA, Self-contained breathing apparatus를 완벽히 장착함<br>• 일회용 보호복, 장갑, 부츠(옷의 상태에 따라 캡슐에 완벽히 싸여진 옷이 찢어질 수도 있음) |
| 등급 B | 호흡기를 최고수준으로 보호해야 하나, 피부 보호는 약간 덜 해도 됨 | • 개인호흡기SCBA, Self-contained breathing apparatus를 장착함<br>• 복면이 달린 화학물질 저항성 의복(멜빵바지와 긴 팔 자켓; 상하가 붙은 작업복, 화학물질이 흡수되지 않는 원피스 혹은 투피스; 일회용 화학물질 저항성 상하가 붙은 작업복) |
| 등급 C | 부유물의 농도와 종류를 알고, 공기정화 호흡기를 사용할 수 있는 상황임 | • 전체 안면 혹은 절반 마스크, 공기정화 호흡기(미 산업안전보건원NIOSH, National institute of occupational safety and health의 승인을 통과한 제품일 것) |
| 등급 D | 대기에 위험물이 있다고 알려지지는 않음 액체를 튕기고, 담그거나, 위험한 농도의 화학물질에 닿거나, 예기치 못하게 흡입하지 않도록 해야 함 | • 표준 예방책기준을 준수한 작업용 유니폼(장갑과 마스크) |

출처: Occupational Safety and Health Administration(OSHA). 1994. OSHA Regulation Standard 29 CFR 1926.65. Appendix B. General Description and Discussion of the Levels of Protection and Protective Gear. Washington, DC: OSHA. Available at http://www.osha.gov/pls/oshaweb/owadisp.show_document?p_table5STANDARDS&p_id510653.

효과적인 비상통신도 반드시 필요하다. 실종된 경찰이나 비상대응팀 ERT, Emergency response team 구성원을 알려주는 일을 책임지는 담당자를 통제센터에 두고, 작업자를 배치하거나 대피시키면 작업자의 소재를 확인할 수 있는 체계를 마련해야 한다. 비상관리에서는 비상경보 emergency alarms 를 울리고, 작업자가 대응활동 내에서의 비상사태를 보고하는 방법을 알고 있는지 확인해야 한다. 유인물은 읽기에 간단하도록 만들어야 한다. 현장안전수칙이나 개인보호장비 사용법 등 중요한 내용은 카드에 기입할 수도 있다. 이 카드에는 투명용지를 입혀서 구조나 복구에 사용하는 장비에 부착할 수도 있도록 한다.

마지막으로, 지역사회와 대응 인력들이 환경 위험에 노출을 감시할 수 있는 방법이 필요하다. 작업자의 부상 및 병증 감시 시스템을 확립하면 당일 부상사례를 보고하여 예방조치를 변경하고, 필요한 개인보호장비의 유형을 결정할 수 있다. 보다 자세한 내용은 직업안전보건규격(제 29편, 미 연방규정집, 1910장, 산업안전보건청 일반산업표준)을 참고한다.

## 7. 대기오염물질

많은 재난에서 연기, 먼지, 기타 오염물질 등 물질에 노출될 가능성이 있다. 미 환경보호청 은 공중보건조치를 취해야 하는 입자노출에 관한 규격을 제시했다. 임신한 여성과 태아, 어린이, 노인, 심장질환이나 천식 등 만성질환이 있는 자, 작업자 등이 오염물질에 노출될 위험이 크다. 표 8-8은 미 환경보호청의 입자 규격 particulate standards 이다.

**표 8-8 환경보호국 미세 입자 규격**

| | 흡입성 조입자 coarse particle | 미분자 fine particle |
|---|---|---|
| 위험도 | 24시간 이상 미세먼지 농도($PM_{10}$)가 150 ㎍/m³ | 24시간 이상 미세먼지 농도($PM_{2.5}$)가 35 ㎍/m³ |
| 년간 노출량 | 취소됨 revoked | 15.0 ㎍/m³ |

* 출처: U.S. Environmental Protection Agency (EPA). 2006. Particulate Matter: PM Standards Revision-2006. Washington, DC: EPA. Available at http://www.epa.gov/pm/naaqsrev2006.html.

미 보건부 DOH 는 공중보건에 관한 우려가 있을 때, 사건이 발생한 후 즉시 대기를 모니터링한다. 미 보건부는 방대한 공기의 질, 잔해 시료, 다른 기관에서 시행하는 직접적인 대기모니터링 테스트 등을 검토한다. 때로, 미 독성물질 및 질병등록기관 ATSDR, Agency for toxic substances and disease registry 나 미 환경보호청과 같은 연방기관이나 지방 환경보호국이 대기 및 먼지 시료연구에 참여한다. 시료는 실내 공기질 표준과 비교하여 건강에 영향을 줄 가능성이 있는지 판단한다. 재난 이후의 노출은 외부 공기 모니터로 측정할 수도 있다. 한 예로, 생물시계 biowatch 는 생물학적인 방출을 감시하는 시스템으로 제 11장에서 논의한다.

재난의 종류에 따라 지역사회는 즉각적으로 판독되는 장치가 필요하기도 한다. 그 자료를 통해 개인보호장비의 필요성이나 가정이나 영업장에 다시 들어갈 때 지역사회가 취할 수 있는 조치 등을 알 수 있다. 유해폐기물 관리 및 비상대응 HazWoper 는 대기 감시에 관한 공중보건조치를 취해야 하는 작업자들을 위한 대기 모니터링 프로그램이 필요하다고 제시하고 있다. 공중보건대응에서는 생명 또는 건강에 즉각적으로 위험을 초래하는 IDL, Immediately dangerous to life 상태나 사망 또는 심각한 부상을 초래할 수도 있는 기타 상태(폭발성 대기, 산소 결핍, 독성 물질)를 즉각적으로 판독하는 시험장비로 대기를 모니터링한다. 미 국립산업안전보건원 NIOSH, National institute for occupational safety and health 과 미 질병관리본부는 기인성 제제 airborne agents 로부터 건물 환경을 보호할 수 있는 여과설비 및 공기청정설비의 설치에 관한 지침을 마련했다. 그에 대한 전체적인 내용은 본 저서의 범위를 넘어서나 자세한 내용은 참고문헌에 있는 문헌에서 볼 수 있다.

대중에게 잠재적인 대기오염물질에 관한 정보를 알릴 때에는 신중해야 한다(제 6장에서 자세히 언급). 미 보건부는 공기의 질 문제와 재난에 수반되는 특정 유해요소에 관한 실용적인 정보에 관해 대중과 구조인력 모두에게 알릴 수 있는 권고문을 제시하였다. 그 예로, 세계무역센터 붕괴 후 뉴욕 시 보건부서가 습식 걸레질 wet mopping 이나 고효율 입자 진공청소기 등 습식방법을 이용할 것을 권장한 권고문이 있다.

## 8. 시신복구 및 취급

임시 영안실을 설치할 때에는 접견실, 시신확인실, 약 4℃의 시신보관실, 기록과 소지품을 보관하는 기록실 등의 공간이 있는 안전한 건물을 구한다. 영안실에서 일하는 작업자는 장갑과 보호복을 착용하고 소독용 비누로 철저하게 씻어야 한다. 영안실 보급품으로는 들 것, 가죽장갑, 고무장갑, 오버롤, 부츠, 모자, 비누, 광목과 소독제, 소지품 가방, 시신운반용 부대와 라벨, 시체를 운반할 바퀴 달린 운반대 trolley, 바닥에 깔 플라스틱 시트지 등이 있다. 미국에서는 재난 시 사망자의 시신을 보관할 수 있는 아이스링크와 시신을 운반할 냉동트럭을 이용하고 있다. 세계보건기구에서는 신원불명 시신 1,000구 당 약 2 km(2,187야드)의 신원 확인용 공간을 조성할 것을 권장한다.

작업자가 혈액이나 체액, 인체 조직에 오염된 물체에 베이거나, 이런 물체가 작업자의 눈, 코, 입, 피부의 상처 난 곳에 닿으면 감염의 위험이 있다. 부패하고 있는 시신에서 나오는 악취는 유해하지는 않다.

시신을 직접 만질 것으로 예상하는 구조요원은 다음 내용에 주의해야 한다.

- 날카로운 물체에 상처를 입지 않도록 튼튼한 방수장갑을 착용한다.
- 화학물질 튐과 유해한 냄새로부터 눈, 코, 입을 보호하도록 눈 보호용구와 OVAG (유기 증기, 염소, 염화수소, 이산화황) 여과면이 있는 방독면을 사용한다.
- 피부와 옷을 보호하도록 보호복을 입는다.
- 장갑을 뺀 후에는 비누와 물로 즉시 손을 씻는다.
- 손에 더러운 것들이 묻지 않았을 경우에만 알코올 성분의 손소독제로 닦는다.

## 9. 병해충 종합관리

감염병 예방에서 매개체 통제는 늘 중요하지만, 재난 발생 후 환경 통제가 되지 않아 질병이 확산될 가능성이 있을 때에 더욱 중요하다. 매개체 감염병을 통제하는 가장 효과적인 방법은 가능한 한 빨리 폐기물을 위생 처분 sanitary disposal 하는 것이다. 매개체 감염병이 유행병으로 알려진 경우에는 재난 직후 통제를 더욱 빨리해야 한다. 병해충 종합관리의 원칙은 번식지를 제거하고, 먹이를 없애며, 병해충이 살만한 곳을 통제하는 것이다. 지역사회의 매개체 통제 프로그램에는 다음과 같은 구성요소가 포함된다.

- 가능한 한 신속하게 쓰레기를 모아서 처리한다.

- 쥐와 모기 통제방법에 대해 대중을 교육한다.
- 그릇을 뒤집고, 수영장을 덮어놓으며, 고여 있는 물을 퍼내거나 덮어두어 모기의 번식지를 없앤다.
- 벽장을 닫아두고 쥐를 쫓도록 고양이를 키워서 쥐의 번식을 줄인다.
- 사방이 막힌 곳에 식품을 보관한다.

침수지역에 사는 쥐는 건조한 곳에 있는 죽은 동물이나 음식물 쓰레기를 먹으므로, 먹지 못하도록 동물 사체에 석유를 뿌려둔다.

## 요약

1. 공중보건은 재난 시 환경적 위험과 재난을 해결하는데 필요한 기술적 지원을 제공해야 한다. 환경오염의 원인을 억제하거나 제거하고, 사람들이 위험에 더 이상 노출되지 않도록 대피시킨다. 또한 환경시료 채취 등을 통하여 환경을 모니터링하고, 보호장비를 관리한다. 질병과 부상 발생을 감시하며, 필요한 경우 보호조치를 변경하고, 변경사항을 널리 공지하여 작업자의 안전을 보장해야 한다. 정기적으로 대중과 의료계의 관심과 참여를 유도하여야 한다.
2. 공중보건은 통제조치, 다중 장벽 세우기, 유해요소와 위험인구 간에 거리를 두기 등 세 가지 접근방법을 통해 환경유해요소에의 노출을 줄일 수 있다. 재난이 발생한 상황에서 공중보건 담당관은 물을 끓여 먹도록 명령을 내리거나, 정전 시 음식이 상했을 수도 있음을 경고하거나 식수 제공 장소를 공지해야 한다.
3. 재난 이후에 가장 예방적인 환경조치는 인간 배설물 처리이므로, 위생시설이 파괴된 경우 가장 먼저 해야 할 일 중 하나는 변소를 만드는 것이다. 사람들이 도착하기 전에 배변을 위한 충분한 공간을 확보하고 변소를 만들어놓아야 한다.
4. 대변-구강 병원체를 예방하려면 깨끗한 물을 공급하는 것보다 많은 물을 공급하는 것이 더 효과적이다. 질병의 위험이 줄이기 위해 될 수 있으면 각 가족마다 별도의 양동이를 사용하게 한다. 물은 하루 한 사람당 5 L 이하로 사용하게 하고, 평균 물 사용량은 하루 15 L 정도로 조절한다. 세계보건기구는 하루 16~20 L의 물 사용을 권장한다. 음식준비, 목욕, 양치, 설거지 등을 위해 3~5일분(한 사람당 25 L)의 물을 비축해야 한다.

5. 설사병-콜레라, 장티프스, 시겔라, A형 간염은 자연재난에 뒤따르는 일반적인 문제이다. 공중보건 담당관은 대변-구강 질환에 초점을 맞춰 환경조치와 교육을 해야 한다. 대피소 제공이 충분하지 않으면 날씨에 따라 저체온증, 동상, 불안감, 열사병, 탈수 등을 예방할 수 없다. 추운 날씨에 재난이 발생한 경우, 고열량 식품 및 담요와 침낭을 제공하며, 창문과 사용하지 않는 문을 덮도록 플라스틱 시트지를 나누어주고, 여러 명이 따뜻한 곳을 공유하게 하며, 아래층에서 손실되는 열이 윗층을 데울 수 있도록 고층건물의 주민들에게는 각 층의 똑같은 방에 난방하도록 지시한다. 또한, 일산화탄소 중독의 징후에 관해서도 사람들에게 알려주어야 하며, 가스누출을 점검하도록 지시한다.

6. 재난대응 및 복구 시 작업자는 낙상으로 인한 손상 사고; 자상, 열상 혹은 찰과상; 일시적 청력 손실이나 동료와 의사소통의 어려움; 눈, 코, 목, 또는 폐의 자극이나 손상; 열사병에 의한 열성 탈진과 경련; 저체온증이나 동상; 질식, 위축으로 인한 끼임 혹은 사망; 혈액 유래된 병원균에 노출; 독성 물질에 노출과 관련된 증상 등을 겪을 수도 있다. 재난에 대응하는 모든 직원은 자신의 건강과 안전을 보장하기 위한 조치를 취해야 한다. 해당지역에 필요한 예방접종을 하고, 보호장구를 착용하는 등 '노동자 안전과 건강지원' 원칙을 지켜야 한다.

7. 영안실에서 일하는 작업자는 시신의 혈액이나 체액, 인체 조직에 오염된 물체에 베이거나, 이런 물체가 작업자의 눈, 코, 입, 피부의 상처 난 곳에 닿으면 감염의 위험이 있으므로 장갑과 보호복을 착용하고 소독용 비누로 철저하게 씻어야 한다. 재난 시에는 시신을 보관할 수 있는 아이스링크와 시신을 운반할 냉동트럭을 이용하는 것이 좋다.

8. 병해충 종합관리의 원칙은 병해충의 번식지를 제거하고, 병해충의 먹이를 없애며, 병해충이 살만한 곳을 통제하는 것이다. 침수지역에 사는 쥐는 건조한 곳에 있는 죽은 동물이나 음식물 쓰레기를 먹으므로, 동물 사체에 석유를 뿌려둔다.

# 9장

# 정신건강 전략

학습목표

1. 재난이 피해자와 대응자의 정신건강에 미치는 영향을 이해할 수 있다.
2. 개인과 지역사회의 회복력과 이에 영향을 미치는 요인을 이해할 수 있다.
3. 재난정신건강서비스의 조직방법을 알 수 있다.

재난 시 대부분의 피해자와 대응자는 비정상적인 상황 속에서도 정상적인 활동과 반응을 보인다. 그러나 자신의 집과 이웃, 그리고 사랑하는 누군가를 잃게 하는 재난은 단기적과 장기적으로 정신건강에 영향을 미친다. 어떤 일이 발생할 가능성이 있는가를 이해하고 관리전략을 사전에 계획하면, 재난으로 인한 장기적인 심리사회적 영향을 완화할 수 있다. 많은 사람들은 재난의 즉각적인 여파에 대한 지원서비스가 필요할 것이며 몇몇은 장기적인 서비스가 필요할 것이다. 누가 큰 위험에 처해있는지 앎으로써, 정신건강 전문가는 중증도 분류 triage 와 고 위험군에 대한 좀 더 면밀한 관찰을 할 수 있을 것이다. 본 장에서는 자연재난과 기술재난의 심리사회적 영향, 지역사회와 개인의 회복력 resilience, 특정집단(예: 아동, 노인, 응급요원)에 필요한 중재, 문화적 배경에 의한 영향, 외상 후 스트레스 장애 PTSD, Post-traumatic stress disorder 와 정신적 외상 trauma 에 대한 고려사항 등을 살펴본다. 이를 토대로, 지원센터 assistance centers 와 환자위치추적시스템 patient locator systems 등 정신건강 및 물질남용 문제 mental and substance-use conditions 에 대한 서비스를 체계화하는 계획을 제시하고자 한다.

## 1. 공중보건의 역할

- 개인과 지역사회가 심리적 및 사회적인 기능을 회복하는데 도움을 준다.
- 예방, 평가 assessment 및 대응을 통해 자연재난과 기술재난이 정신건강에 미치는 악영향의 발생과 중증도 severity 를 낮춘다.
- 재난관련 스트레스에 대한 정상적인 반응과 그러한 반응에 어떻게 대처해야 하는지를 알려줌으로 복구를 가속화시키고, 장기적인 문제를 예방하는데 도움을 준다.
- 대피소, 음식 및 고용문제에 관한 실용적이고 구체적인 서비스를 제공한다.
- 의료제공자와 공조하여 향후 정신건강중재를 받아야 하는 사람들의 신원확인을 하고 전문가에게 소개한다.
- 지역사회에서 공중보건과 별개로 지역사회 계획수립에 정신건강 및 물질남용 문제에 대한 서비스를 포함하도록 한다.

## 2. 재난의 심리사회적 충격

재난의 경험을 안고 살면 극심한 심리사회적인 영향이 존재할 가능성이 있으며, 사회적인 구조에 변화가 올 수도 있다. 심리사회적 손상의 수준은 재난의 유형에 따라 다르다. 자연재난은 가장 낮은 수준의 영향을 주지만, 인적 과오의 결과로 일어난 사건이 좀 더 영향이 크고 폭력과 테러리즘은 가장 큰 수준의 충격을 끼친다. 재난의 여파에 대응하여 계획을 세우거나 서비스를 제공할 때에, 공중보건 전문가는 피해자와 대응자에 대한 광범위한 대응책을 마련해야 한다.

재난은 매우 스트레스가 높고 파괴적인 경험으로 인생이 바뀔 수도 있다. 그렇지만, 재난을 경험한 사람의 2/3는 장기적인 영향을 받지 않는다. 인간은 일반적으로 응급시 발생하면 그에 적응을 하여 즉각적으로 대응을 하고 재난 이전과 이후에는 일상적으로 행동한다. 재난에 대처하는 도전 자체로는 개인과 지역사회 모두 긍정적인 대응이 가능하다. 주민은 보통 삶과 지역사회를 재건하면서 협력해서 서로를 돕는다. 피해지역의 주민은 친사회적 행동을 보이는 경향이 있고, 사건의 영향을 개선하는데 주도적이며, 서로의 복구를 돕고자 한다. 사람들은 보통 서로 도움을 주고 응급상황에 대응하는 과정을 관리하는 담당자를 지원한다. 재난 발생 시에 자원봉사 활동은 증가하며 재난 이후에도 이어진다. 훈련을 받은 응급요원이나 구호인력 보다는 시민(예: 가족, 친구, 동료, 이웃)들에 의해 다수의 재난관련 업무가 동시에 이루어진다. 상황에 대한 적응과 긍정적인 행동의 능력들은 회복력의 예이다. 이러한 능력이 있는 개인과 지역사회는 곧 회복된다.

유병률의 측면에서는 재난이 사회 및 심리사회적 충격이 신체적 손상보다 클 가능성이 있다. 재난의 사회 및 심리사회적인 영향은 몇 개월, 몇 년, 심지어는 평생 이어지기도 한다. 피해자이든 대응자이든, 재난에 연루되었던 사람은 다양한 스트레스 증후군을 경험할 수도 있다. 이러한 증후군은 감정, 신체, 인지 및 대인관계에 폭넓게 영향을 미칠 가능성이 있다. 일부 재난상황에서, 피해자는 신속하게 회복이 되기도 한다. 한편, 어떤 재난상황에서는 피해자와 대응자가 사건 직후부터 몇 년 동안 심각한 정신건강 및 물질남용 문제를 겪기도 한다. 사랑하는 사람을 잃거나, 새로운 역할변화에 적응을 해야 하거나, 자산을 청소 및 수리해야 하거나, 집을 떠나야 할 수도 있다. 또한, 동료의 지지를 상실하거나 스트레스 때문에 더 많이 술을 마시는 동료를 발견하는 피해자들이 생길지 모른다.

개인적 요인들은 개인의 심리적 반응에 영향을 준다. 유전적 취약성뿐만 아니라, 개인의 이전 이력(예: 아동학대, 이전의 정신적 외상 경험, 다양한 스트레스원 경험, 이전의 정신병력 등)과 가족의 정서적 건강 및 지지제공능력 모두는 개인이 장기적인 심리적 어려움을 회복하는데 어느 정도 영향을 준다.

개인의 사건 노출정도는 심리사회적 결과에 악영향을 미칠 수 있다. 사건에 대한 개인의 근접성, 즉 사랑하는 사람을 잃거나, 부상을 입거나 가족이 부상당한 것을 보는 경우, 삶이 위협당하거나, 집이나 지역사회를 잃거나 하는 등의 특정 스트레스원 모두는 정신건강에 중요한 영향을 줄 수 있다. 특히 그들의 집이나 지역사회로부터 대피한 사람들이나 일상생활의 상실, 혹은 중요한 누군가의 죽음을 경험한 사람들에 대한 사회적 지원의 상실은, 개인의 적응능력에 부정적인 영향을 미친다.

피해자와 대응자 모두 재난을 위기로 느낀다. 가족이나 친구의 사망, 부상, 직장문제, 병증, 개인소유물의 손실, 일상생활의 붕괴 등 이례적인 사건으로 정신적 외상이 악화된다. 처음에는 사람들이 공황상태에 빠지기 보다는 아무런 생각을 하지 못한다. 재난을 경험한 사람은 이를 들어줄 누군가와 이야기하고자 한다. 피해자는 대응기관의 더딘 대응 등과 같은 것 때문에 '체계'에 대해 분노를 보이기도 한다. 시간이 지나면 모든 사람이 정상적인 생활로 돌아가려고 하지만, 정서적인 복구는 지연될 수도 있다.

잠재적인 장기적 기능장애 dysfunction 의 몇 가지 예측변수들은 조절될 수 있다. 아동과 성인 모두 재난위협들에 대한 용량-반응 작용 dose-response reaction 을 보이는데, 더 많이 재난에 노출될수록, 더 많은 어려움이 따른다. 운 좋게도, 지원을 동원함으로써 재난에 노출되었을 때의 악영향을 상쇄할 수 있다. 높은 수준의 지원을 받는 사람들은 재난의 심각한 상황에 대처할 때에 도움이 된다.

## 3. 회복력

재난에 따른 지역사회 정신건강은 지역사회 대비 community preparedness: 조직적 대응, 피해자들을 보호하는 능력, 그리고 필요한 원조를 제공하는 능력에 따라 좌우된다. 회복력 또한 개인과 지역사회의 재난의 피해정도에 영향을 미친다.

회복력 Resilience, 즉 엄청난 대재앙에 적응하는 개인과 지역사회의 역량을 발달시키는 것은 나아가 재난대비와 효과적인 대응의 토대가 된다. 이러한 적응역량은 지원의 유형, 시기, 정도에 의해 영향을 받는다. 재난은 종종 수많은 손실을 가지고 오지만, 한편으로는 개인의 성장과 지역사회 발전의 기회이기도 하다. 예를 들면, 캔자스 Kansas 주의 그린스버그 Greensburg 시는, 토네이도가 마을전체를 황폐화시킨 후, LEED Leadership in energy and environmental design Platinum 규격에 맞는 새로운 학교를 세워 미래지향적인 모델로서의 "녹색" 마을을 설립하였다.

개인의 회복력은 재난의 각 단계에 따라 달라진다. 처음 재난이 닥치면, 개인의 적응역량은 개인의 대처수준 및 가족 대처수준, 자기 통제능력 정도에 달려있다. 더 나은 대비를 한 경우, 예를 들어 응급계획이나 저장된 물과 식량 같은 것들이 있는 경우에는 더 잘 적응할 수 있다. 대응기의 회복력은 계획을 할 때 지역사회의 다른 구성원들과 함께 하고 이를 수행하는가에 달려있다. 기관차원의 계획을 통해 지역사회는 지역주민과 자원봉사자를 움직이는 기전을 가지게 됨으로써 그들의 회복력을 향상시키게 된다. 대응기간이 지속됨에 따라, 지역사회의 적응역량은 외부자원과 인력의 효율적 이용정도를 반영한다.

지역사회의 적응역량은 어떤 혼란이라도 대처할 수 있는 자원의 다양성 및 적정량과 이러한 자원을 활용하고 조직화할 수 있는 체계 및 기술에 따라 달라진다. 적은 자원을 가진 지역사회는 자원손실에 대처할 수 있는 능력이 부족하기 때문에 회복력 또한 낮다. 회복력을 가진 지역사회는 응급 시 예측 및 대비할 수 있는 능력과 미래에 대한 계획이 있고, 지역주민을 대응 및 복구과정에 참여 시킨다. 개인적 대비 personal preparedness는 공적 책임이며, 주민들은 지역사회 재난대응능력을 증가시키는 동반자이다. 응급계획자 emergency planners들은 회복력을 가진 지역사회 resilient communities 주민을 과정에 참여시키고 응급계획 emergency plan에 그들의 의견을 반영하고 편성해야 한다.

사회자본 social capital이 지역사회와 결합할 때 지역사회의 회복력은 더욱 증가한다. 큰 사회적 네트워크에 속해있는 개인은 더 많은 자원을 얻을 수 있기 때문에 홀로 재난에 대처할 때 보다 더욱 회복력이 증가한다. 예를 들어, 더 큰 사회적 관계망 속에서, 개인은 응급상황에서 대처할 수 있는 정보를 더 많이 얻을 것이다. 게다가 응급상황 이전에 관계형성 및 교류를 가졌던 사람은 응급상황에서 더 신속하고 빠르게 필요한 자원과 지원을 받을 수 있을 것이다. 회복력을 증가시키기 위해서, 지역사회 구성원들은 반드시 자신, 가족, 지역사회를 위한 대비 방안들을 세우고 행동해야 한다. 또한, 대응자들은 재난 충격후와 복구 동안 자연스럽게 발생하는 사회 지원 발전을 위해 노력해야 한다.

## 4. 비정상적인 상황에 대한 정상적인 반응

일반적으로 슬픔이나 스트레스 반응 같이 재난 이후에 사람들이 경험하는 일시적인 반응은 매우 비정상적인 상황에서 당연히 나타나는 정상적인 반응이다. 우리의 목표는 일시적인 기능장애를 겪고 있는 개인과 지역사회를 재난 이전의 기능 수준 정도로 돌아갈 수 있도록 도와주는 것이다.

심각한 스트레스를 받았으며 정서적 긴장감의 징후를 보일 수도 있는 재난의 피해자는 실질적으로 제 역할을 할 수 있는 정상인으로 봐야 한다. 응급상황 시와 초기 재난 충격 후 단계 시 생존자, 가족, 지역사회 구성원, 구조요원에게 경증 내지 중등도의 스트레스 반응은 일반적으로 나타난다. 어떤 사람들은 극도의 스트레스 징후를 보이지만, 이러한 반응은 보통 만성적인 문제가 되지는 않는다. 그러나 공중보건 전문가는 일반적인 스트레스 반응을 그냥 넘겨서는 안 된다. 아마도 상담자 counselors 는 가족이 재난을 겪으면서 이전부터 있었던 부부간의 갈등이 악화된 것을 알게 될 것이다. 정신 건강 전문가 mental health professionals 는 정상적인 반응에 관하여 알려주고 이러한 반응에 대처하는 방법을 피해자들에게 가르쳐줌으로 복구를 가속화하고 장기적인 문제를 예방하는데 도움을 줄 수 있다.

어떤 사람들은 더욱 심각하고 지속적인 증후군을 겪기도 한다. 정신적 외상사건과 재난에 노출된 대부분의 사람들이 회복되어 후유 정신질환 prolonged psychiatric illness 을 겪지 않지만, 어떤 사람에게는 행동에 변화가 나타나거나 신체적 또는 정신적 질환이 생기기도 한다. 자연재난이나 기술재난 모두 우울증 depression, 알코올 남용 alcohol abuse, 불안 anxiety, 신체화 somatization, 가정폭력 domestic violence, 일상생활 곤란, 외상 후 스트레스 장애 등 고질적인 반응을 야기할 가능성이 있다. 덜 심각한 반응이지만, 재난 피해자와 대응자 모두 불면증 insomnia 과 불안을 경험할 수 있다.

다음은 재난을 경험한 사람들이 공통적으로 경험하는 일반적인 증상들이다.

- 기본적인 생존에 대한 걱정
- 중요한 소유물(혹은 자산)이나 사랑하는 이를 잃은 슬픔
- 개인과 사랑하는 사람의 신체적 안전에 대한 공포와 불안
- 재난의 플래시백(회상)과 악몽 등을 포함한 수면장애 sleep disturbances
- 재배치와 혼잡스러울 생활환경, 지원 시스템으로부터의 단절 등에 대한 걱정
- 재난과 관련된 사건과 감정에 관해 이야기하고 싶은 욕구
- 지역사회와 지역사회가 기울이는 재난복구 노력의 일부임을 느끼고자 하는 욕구

## 5. 정신건강으로 인한 질병과 사망

정신적 고통의 증상은 성인과 아동에서 다르게 나타난다. 재난은 감정, 인지, 신체 및 대인관계에 영향을 미칠 가능성이 있다. 성인의 경우, 초기에 보통 충격을 받고 믿기 어려워한다. 이러한 증상은 몇 분에서 몇 시간정도 지속된다. 멍하거나 먹먹해 하는 행동이 나타나기도 한다. 그 이후의 며칠 동안은 피해자가 지시에 따르려고 하고

도움에 감사한다. 또한 살아남은 데 대한 죄책감을 느끼기도 한다.

그 다음 몇 주 동안은 피해자가 피해를 입은 다른 사람들을 찾아내려고 하며, 복구 작업에 참여하기도 한다. 이러한 활동 이후에는 보통 절망과 우울감이 뒤따른다. 피해자는 회상, 분노, 감정적 무감각 또는 자신의 경험을 "꿈"이라 여기는 해리 등을 경험할 가능성도 있다. 인지에 미치는 영향으로는 기억손상, 집중력 부족, 의사결정 능력 결여 등이 있다. 대인관계에서도 긴장감이 돌기도 한다. 일부 피해자는 자신의 미래를 걱정하고 자책을 한다. 나아가서는 알코올이나 수면유도제의 사용이 증가하기도 한다.

장기적으로는 자부심과 자존감이 떨어질 위험이 있다. 일부 피해자는 침투 사고 intrusive thoughts 와 기억을 경험하기도 한다. 신체에 미치는 영향으로는 불면증과 피로를 초래하는 수면장애가 있다. 일부 피해자와 대응자는 과각성 hyperarousal (불면증의 증상으로 각성상태가 과해서 잠을 잘 이루지 못하는 증상)이나 놀람반응 startle response (경악반응)의 증상을 겪는다. 두통이나 위장관 문제, 식욕감퇴, 성욕감퇴 등 신체적인 증상이 있을 가능성도 있다. 마지막으로, 재난은 소외, 사회적 위축 social withdrawal, 관계 내 충돌 증가, 직업관련 장애와 학습장애 등 대인관계에 광범위하게 영향을 미치기도 한다.

## 가. 정신적 고통의 증상

아동, 노인, 중증 정신질환이 있는 사람, 재난 시 사망한 사람들의 유족, 대응자 등이 심리사회적 충격 psychosocial impact 을 가장 크게 받는다. 연령에 따라 스트레스를 받는 방식이 다르다. 대부분의 사람들은 재난 이후에 정신건강 및 물질남용 문제로 서비스가 필요하다고 생각하지 않으므로 자발적으로 진료를 받으려고 하지 않는다.

### 1) 아동

재난이 지역사회에 있는 모든 구성원에게 영향을 미치기는 하지만, 아동은 특히 취약한 대상이며 별도의 관심과 프로그램이 필요하다. 아동의 지지는 돌봄자들에게 기대할 수 있는데, 부모, 또래집단, 교사 등이 재난의 충격전단계나 충격후단계에서 아동의 초동대응요원 first responders 이 될 수 있다. 아동에게 중요한 보호 요소는 가족이다. 만일 엄마가 회복력을 가지고 있고 사건에 적응한다면 아동 역시 그 사건에 적응하는

데, 특히 6세 이전의 아동에게서 이러한 경향이 잘 나타난다. 그러나 10대들에게서는 또래집단이 더 영향력이 있다. 이는 이들이 초기에 강한 반응을 보인다고 그들이 회복될 것임을 의미하는 것은 아니기 때문이다. 가족과 사회적 지지가 첫 번째 보호 요소이므로, 재난 후에 가족이 함께 상담을 하는 것이 좋다.

아동을 도우려면 학교 및 교사와 긴밀히 협력하는 것이 좋다. 아동을 대상으로 하는 중재의 목적은 경험을 통합시키는데 도움을 주고 안전감과 숙달감을 재확립하는데 있다. 가장 위험에 처한 아동은 가족이나 친구를 잃어버렸거나, 재난을 경험한 적이 있었거나, 전부터 가족위기나 개인적인 위기가 있는 아동이다. 아동은 실제 사건에 대한 정상적인 반응인 두려움을 제대로 설명할 수 없는 경우도 있다. 두려움은 사건 후에도 오랫동안 지속되며, 신체적 손상이 없다 하더라도 계속될 가능성이 있다. 반복적인 언대중매체 보도를 접할 때에도 증상이 악화 또는 지속될 수 있다.

별도의 도움을 필요로 하는 **미취학아동**은 자기 안으로 틀어박히거나 우울해 할 수도 있으며, 유도된 주의 집중 directed attention 이나 이끌어 내려는 draw them out 시도에 반응하지 않기도 한다. 엄지손가락을 빨거나, 밤에 오줌을 싸거나, 어둠이나 동물을 무서워하거나, 부모에게 매달리거나, 악몽, 실금이나 변비, 언어장애 또는 식욕 변화 등을 보이기도 한다. 미취학 아동은 그들의 환경이 파괴되었을 때 더욱 취약하며, 가족의 반응에 영향을 받으며, 규칙적인 일상에 변화가 생기면 혼란스러워 한다. 식사, 놀이, 취침시간 등 규칙적인 일정을 신속하게 다시 확립하는 것이 중요하다. 그 외의 중재방법으로는, 사건재연 놀이(예: 소방차, 덤프트럭, 구급차를 이용)와 그리기, 만지기 등의(예: 노래 부르며 원을 그리다가 간단한 동작을 하는 놀이 ring around the rosie, 런던 브릿지 London bridge, 수건돌리기 duck-duck-goose) 비언어적 활동 등이 있다. 말로 안심시키거나, 신체적으로 편안하게 해주거나, 자주 관심을 보이거나, 애완동물이나 장난감을 잃은 데 대한 유감을 표현하거나, 부모와 한 방에서 자는 것도 일시적으로 도움이 된다.

**5~11세 아동**은 짜증, 투덜거림, 사람에게 매달림, 공격적 행동, 부모의 관심을 받으려고 경쟁, 야경증(악몽), 어둠 공포증 fears of darkness, 또래와 어울리지 못함, 회피, 무관심, 학업에 집중하지 못함 등의 반응을 보이기도 한다. 이 연령대의 아동을 위한 중재방법으로는 인내와 관용, 어른 및 또래 친구들과의 놀이시간, 어른 및 또래 친구들과의 상의, 주변에서의 기대치를 낮춤, 놀이와 함께하는 구조화된 자유 시간, 미래를 위한 안전조치 예행연습 rehearsal of safety measures 등이 있다. 이 연령대의 아동 중 사건을

반복적으로 재현하거나 침투 사고를 계속하는 아동들은 건강평가를 의뢰해야 한다.

**11~14세 아동**은 수면장애, 식욕 변화, 가정에서의 반항, 신체적 증상 등을 경험하거나, 학교 활동에 문제가 있거나 학업에 흥미가 떨어지기도 한다. 이 연령대의 아동은 일상생활로 다시 돌아가서, 또래 친구들과 어울리고 같이 재난에 대해 이야기하기도 하며, 일시적으로 느긋한 마음을 가지고, 구조화된 책임도 떠맡으면서, 필요하다면 추가로 관심을 받으면 도움이 된다.

**14~18세 아동**은 정신신체적인 증상, 수면장애와 식욕부진, 건강염려증, 기력 변화, 무관심, 이성에 대한 관심 감소, 무책임한 행동이나 비행행동, 부모로부터 벗어나기 위한 싸움, 집중력 부족 등의 증상을 보인다. 중 고등학생이 지남력을 잃기도 하고(예: 이름, 마을 또는 날짜를 혼동), 의기소침하고, 불안해하며, 안절부절못하고, 심각하게 우울해 하거나 틀어박히며, 간단한 결정을 내리지 못하고, 일상 활동을 제대로 하지 못하는 경우도 있다. 이들은 또한 서성거리거나, 억압되어 보이거나, 환각을 느끼거나, 하나의 생각에 사로잡히거나, 자해를 하거나, 약물이나 알코올 중독이 되거나, 기억이 상당부분 끊기거나, 망상 또는 자살을 하려는 경향을 보이기도 한다. 중재방법으로는 지역사회 재건에 참여하거나, 사회활동을 재개하거나, 또래 친구들과 재난 경험을 이야기 하거나, 기대치를 낮추거나, 가족과 재난 경험에 대해 이야기하는 것 등을 독려하는 방법이 있다. 청소년 활동은 영웅적 행동을 이야기하는 등 긍정적인 어조로 끝을 맺도록 하여 지역사회를 돕고 다음 활동을 준비하도록 한다. 소규모 집단에서는 지역사회 재활을 도울만한 계획을 세울 수도 있다. 위험한 행동을 하는 청소년(물질남용 등)은 건강평가를 의뢰해야 한다.

마지막으로 재난계획은 어린아이들이 모이는 모든 건물에는 각종유해요소에 따른 대피요령, 가족이나 돌봄 제공자와의 재회와 재배치, 기능적 요구가 있는 아동에 대한 간호 등에 대해 서면으로 작성되어야 한다. 이렇게 준비된 재난계획은 아동을 보호할 수 있게 해 준다.

### 2) 노인

노인은 재난 이후에 가장 큰 위험을 안고 있다. 보통, 노인은 지원체계가 별로 없기도 하고, 이동에 제약이 있으며, 질환을 앓고 있기도 하다. 또한, 재난으로 인해 이전에 경험했던 다른 정신적 외상을 떠올리기도 한다. 노인은 건강이 악화되어 보호시설로 보내질까 염려하며, 그 결과 자신의 신체적인 문제를 모두 숨기려고 할 수도 있다. 연구를 통해 노인 집단이 피해에 더 취약한 곳에 사는 경우가 많기 때문에 손상이나 손실을 경험할 확률이 높다는 걸 알 수 있었다. 노인은 이동이 불편하므로, 집과 영업장, 재난으로 인한 기타 손실을 재건하는 능력이 부족하여 이동장애, 독립성과 자기충족감 self-sufficiency 에 큰 손상을 경험한다. 주거 보조 시설이나 장기요양 시설에서 산다는 것은 자체적으로 노인들을 보호할 수 있는 지지 자원이 이미 갖추어져 있음을 의미할 수도 있다.

### 3) 대응자

재난에 대응하는 일을 하는 사람들은 육체적으로 피곤하고 힘든 일을 하며, 수면시간이 일정치 않고, 치명적이거나 장기적으로 건강에 영향을 줄 수 있는 유해요소 hazards 에 노출이 될 수도 있다. 수색과 구조 search and rescue 와 같은 대응 업무를 통해서 대응자는 손상된 시신과 대량 파괴를 접하게 된다. 조력자인 이들의 역할 또한 스트레스가 상당하다. 일부 대응자는 피해자의 경험을 그대로 느끼기도 한다. 이전에는 거슬리지 않았던 일에 짜증을 내기도 한다. 이들은 관계당국을 믿지 못하고, 분개하기도 한다. 자신과 자녀의 안전을 우려한다. 대응자는 인력이 부족할 때나, 업무가 과중할 때, 다른 전문가와 충돌이 있을 때 특히 자신의 업무환경에 스트레스를 받을 수 있다. 대응자는 자신의 능력에 불안해하기도 하고, 눈으로 보았던 것이나 냄새들로 인해 받았던 충격으로 재난의 영향을 더 받기도 하며, 응급 시 가족에 대한 책임과 업무 요구 간의 균형을 맞추는데 애를 먹기도 한다.

일부 대응자는 중대한 일시적 스트레스 신드롬을 겪기도 한다. 이 증상은 집단의 사기를 떨어뜨리며, 결근이 늘어나고, 상호지원을 방해하며, 가정생활에도 악영향을 미치므로 반드시 이를 인식하고 치료를 받도록 도와주어야 한다. 그 증상으로는 안녕감 저하 deterioration in sense of well-being, 탈진, 우울증, 적대감 hostility, 피해자에 대한 인내심 부족, 새로운 상황에 대한 두려움, 죄책감, 무력감, 고립감 등이 있다. 흔히, 무심 detachment 해지거나 지나친 간섭 overinvolvement 을 바라게 되는 "소진 burn out" 상태를 경험하게 된다.

## 6. 문화적 고려

최근 인구가 더욱더 다양해지면서, 공중 보건 전문가들은 그들의 인종과 문화가 재난 대응에 어떤 영향을 주는지 이해함으로써 효율적인 정신 건강 프로그램을 개발할 수 있다. 사람들의 재난에 대한 반응, 적응능력, 정신건강과 물질남용 관련 서비스와 지원에 대한 수용능력 등은 사람들 각각의 문화적 전통에 따라 다르다. 재난에 대한 반응과 복구는 각자의 민족문화적 배경과 내재된 삶의 경험 등에서 나오는 가치에 의해 영향을 받는다. 가족의 역할과 의사결정자 또한 다양하다. 핵가족의 구성원들이 각각 의사결정을 하는 반면, 몇몇 문화권에서는 연장자와 확대가족이 중요한 역할을 수행한다. 재난 행동 건강 서비스는 피해자들의 요구만큼이나 문화적 신념을 고려하여 서비스를 제공할 때 매우 효과적이다.

지역사회는 소수 인종/민족 집단에서 특히 중요하다. 회복력 resilience 단락에서 다루었듯이, 지역사회는 사회적 지원을 강하고 일관되게 지원해야 한다. 분열되고 단절된 지역사회는 필요한 지원을 제공을 할 능력이 부족하고, 또한 이러한 사회적 지원의 상실은 개인의 적응 및 회복능력에 강하게 영향을 미친다. 아마도 반복된 상실로 인해 점점 더 취약한 상태가 되면서 미국의 난민들은 사회적 지원의 상실을 경험했을지도 모른다. 게다가, 재해에 취약한 거주 형태에 살게 되는 것을 사회경제적 조건이 결정하는 경우에는 소수 인종/민족 집단이 특히 심각하게 타격을 받을 수 있다.

미국의 인디언과 알레스카 원주민은 군주국가로 알려져 있다. 그러므로 부족과 모든 정부수준의 다양한 기관이 재난대응에 함께 협력하여야 한다. 또한 부족들은 도움과 서비스를 주기위하여 함께 일한다. 스태포드법은 주 정부가 부족을 대신하여 대통령령 재난선포를 하도록 명시하고 있다. 재난선포에 앞서 대응기관은 기존 자원을 이용하여 부족의 요구를 충족시키기 위하여 직접 부족과 일한다. 표 9-1은 다양한 인구에게 재난 서비스를 제공할 때 고려해야할 문화적 관습으로 서로 다른 일상생활의 양상을 보여준다.

**표 9-1** 충격대응과 복구에 영향을 미치는 문화적 관점

**의사소통:** 문화는 어떻게 사람들이 감정을 표현하는지, 표현하는 데 적절한 감정이 무엇인지에 대해 영향을 준다. 언어적, 비언어적 의사소통의 부재는 집단에게 소외감과 무력감을 느끼게 한다.

**개별공간:** 공간적 욕구는 특정 문화집단 내 사람들 사이에서 비슷한 양상을 보인다. 친근함의 표시로 가까이 가거나 만지는 행위가 다른 문화권에서는 무례한 행동으로 비춰질 수 있다. 재난 위기 상담자는 가까이 다가간다거나 자기 자리로 다시 돌아가는 등과 같은 생존자들의 공간적 욕구에 대한 단서를 잘 포착해야 한다.

**사회 조직:** 신념, 가치, 태도의 영향력을 이해하는 것은 재난관련 종사자들이 생존자들의 반응에 더 정확히 접근할 수 있도록 한다. 생존자들이 취미나 사회적 활동 등에 대한 질문에 대답함으로써 그들이 재난 이전의 삶으로 관심을 돌릴 수 있다.

**시간:** 재난 동안 시간에 대한 자각은 달라진다. 다양한 문화권에서 시간을 보는 관점은 시간에 대한 개념 전반에 대한 해석을 포함하여 각기 다르다. 사회적 시간은 "저녁 시간", "예배 시간", "수확 시기" 같은 말을 통해 판단할 수 있다. 의미 있는 혹은 현실적인 시간의 프레임을 설정하는 것은 매우 중요하다.

**환경 통제:** 몇몇 사람들은 사건이 어떠한 외부적 요소-운, 기회, 운명, 높은 존재의 의지, 혹은 다른 것들의 조작 등에 의해 일어난다고 믿는다. 이러한 시각은 재난에 대한 대처나 원조 요구의 유형에 영향을 줄 수 있다. 재난과 복구가 우리가 어쩔 수 없는 것이라고 믿는 사람들은 복구에 비관적인 반면, 재난과 사건에 우리 스스로 영향을 줄 수 있다고 믿는 사람들은 좀 더 기꺼이 조치를 취할 수 있다.

출처: Athey J, Moody-Williams J. 2003. Developing Cultural Competence in Disaster Mental Health programs: Guding Principles and Recommendations. Table 2-2. Important considerations when interacting with people of other cultures. Washington, DC: U.S. Department of Health and Human Sevices, Substance Abuse and Mental Health Service Administration.

## 7. 외상 후 스트레스 장애

외상 후 스트레스 장애는 장애 및 기능장애와 연관된 지연성 스트레스 반응 prolonged stress response 이다. 외상 후 스트레스 장애는 단순한 반응이나 경험이 아닌 하나의 과정이다. 어떻게 개인이 재난을 인지하고 경험하는지가 개인이 경험한 다른 사건들보다도 더 외상 후 스트레스 장애를 발전시키는 데 중요한 요소가 된다. 외상 후 스트레스 장애는 보통 정신적 외상 발생 후 3개월 내에 나타나지만, 몇 개월이나 몇 년 후에 드러나기도 한다. 이 장애의 지속기간은 다양하다. 모든 정신적 외상이 외상 후 스트레스 장애를 유발하지는 않는다. 때로는 그 증상이 시간이 지나면서 없어지기도 하고,

수년간 지속되기도 한다. 외상 후 스트레스 장애의 가능성을 높여주는 7가지 요인으로는 어린아이, 여성, 사회적 지원 부족, 정신장애 이력history of psychiatric disorder, 정신적 외상의 경험, 정신적 외상 사건 발생 시 공황발작 경험, 계속 이어지는 스트레스 사건의 연속 경험이 여기에 속한다.

최근 몇 년간 외상 후 스트레스 장애에 대한 상당한 연구가 이루어졌지만, 재난 이후에 발생하는 다른 중대한 문제로는 급성 스트레스 장애acute stress disorder, 주요 우울증, 범불안장애generalized anxiety disorder, 물질남용 등이 있다. 급성 스트레스 장애는 외상 후 최소 2일 이상 한 달 미만으로 지속되는 외상 후 스트레스 장애를 말한다. 장기적으로, 재난을 경험한 사람은 외상 후 스트레스 장애보다 우울증으로 더 고통을 겪고 있다. 마지막으로, 알코올 남용은 재난 이후 5%에서 7%로 증가하였다.

## 가. 외상 후 스트레스 장애의 기준[1)]

정신질환 진단 및 통계편람DSM-IV, Diagnostic and statistical manual of mental disorders에 열거한 대로, 외상 후 스트레스 장애로 진단하려면 몇 가지 기준에 부합해야 한다. 외상 후 스트레스 장애의 증상은 급성, 만성 또는 지연성으로 나타난다.

첫 번째 기준은 외상사건의 성격nature 및 그에 대한 반응과 관련이 있다.

> (1) 사망이나 중한 손상이 실제로 일어났거나 그런 위험에 처한 상황 또는 자신이나 다른 사람의 신체에 위협이 되는 사건을 경험하거나 목격하거나 직면하고, (2) 격한 두려움, 무기력 또는 공포를 느낀 외상사건에 노출된 사람(p.209)

두 번째 기준은 외상사건의 재 경험reexperiencing과 관련이 있다.

> 다음 중 하나(또는 그 이상)의 방법으로 외상사건을 지속적으로 재 경험하는 경우, (1) 사건의 고통스러운 반복적, 침습적 회상, (2) 사건에 대한 고통스러운 꿈의 반복, (3) 외상사건이 반복되는 것처럼 행동하거나 느낌, (4) 외상사건을 상징하거나 그와 유사한 내외적 실마리를 접했을 때의 격한 심리적 고통, (5) 외상

1) Diagnostic Criteria from DSM-IV, Washington, D.C. American Psychiatric Association, 1994: 209-211.

> 사건을 상징하거나 그와 유사한 내외적 실마리를 접했을 때의 생리적 반응성 (p.209~210)

세 번째 기준은 외상사건을 떠올리게 하는 것을 회피하려는 회피성[avoidance]과 관련이 있다.

> 다음 중 세 가지 이상에 해당되어, 외상과 연관된 자극에 대한 지속적인 회피와 전반적인 반응에 대한 (외상 이전에는 없었던) 심리적 무감각, (1) 외상과 관련된 생각, 느낌 또는 대화를 회피하려는 노력, (2) 회상을 떠오르게 하는 활동, 장소 또는 사람을 피하려는 노력, (2) 외상의 중요한 측면을 떠올릴 수 없음, (4) 중요한 활동에 대한 흥미나 참여도가 현저히 떨어짐, (5) 타인과의 관계에서 이탈감이나 거리감, (6) 감정의 제한(예: 사랑하는 감정을 느끼지 못함), (7) 미래가 없다는 느낌 (p.211)

네 번째 기준은 외상사건 후 각성[arousal]상태가 늘어나는 사람과 관련된다.

> 다음 중 두 가지 이상에 해당되어, (외상 전에는 없던) 각성상태가 증가하는 지속적인 증상, (1) 잠들기 어려움, (2) 성급함 또는 감정 폭발, (3) 집중 곤란, (4) 과다각성, (5) 지나친 놀람반응. (p.211)

다섯 번째 기준은 앞서 설명한 증상의 지속기간과 관련이 있다. 특히, 외상 후 스트레스 장애 진단 시에는 2, 3, 4번째 기준의 증상이 1개월 이상 지속되어야 한다.

마지막으로, 심리적 장애[disturbance]는 "사회적 기능, 직업적 기능 또는 다른 중요한 기능을 수행하는데 있어 임상적으로 의미 있는 고통 또는 장애"를 초래한다.

## 나. 외상 후 스트레스 장애의 위험요인/예측요인

외상 후 스트레스 장애의 위험이 있는지를 예측하는데 도움이 되는 몇 가지 요인이 있다. 경험한 외상의 성격이나 중증도[severity]가 중요한 역할을 한다. 장기적인 적응문제를 야기할 가능성이 큰 사건으로는 치명적인 상황을 접한 경우, 사랑하는 사람의 죽음, 집과 재산의 손실, 독성 오염물질에의 노출, 테러나 공포 또는 수많은 사상자와 같은 기괴한 광경에 노출 등이 있다. 그 외의 위험요소는 재난 이전의 일상사건과 관련이 있다. 외상경험, 동시에 발생한 스트레스성 일상사건, 사회적 지원 부족 등이 모두 외상 후 스트레스 장애에 취약하게 만드는 요인이다.

외상 환자의 가족과 재난 인력의 가족 또한 외상 후 스트레스 장애 및 그와 관련된 증상을 겪을 수 있다. 배우자도 사후 보고 및 교육 및 치료 프로그램에 포함되어야 한다.

### 다. 외상 후 스트레스 장애의 민족문화적 문제

외상에 대한 개인 및 사회적 반응 외에도 외상경험으로 여기는 사건에 대한 인식이 문화적으로 다양하기 때문에 인종 또는 민족에 따라 외상 후 스트레스 장애나 다른 재난관련 장애의 발생률이 달라질 가능성이 있다. 민족문화적 배경이 매우 다른 정신적 외상을 입은 집단에서 외상 후 스트레스 장애가 발견되었으며, 진단기준에 부합하는 집단의 피해자들 모두 유사한 임상양상 및 치료 반응을 보였다. 재난을 경험한 개인의 스트레스 반응을 평가할 때에는 문화적으로 민감한 방식에서 행해져야 하며, 인지하지 못한 다른 요소도 고려하여야 한다. 외상과 재난을 경험했을 때의 주요 우울증, 범 불안장애 및 약물남용에 대해서는 많은 자료들이 있으며, 기록 또한 잘 되어 있다. 중재 계획 및 프로그램 개발 시에는 계획 및 서비스 전달에 대상 집단의 구성원을 포함시키고 그 집단의 문화적 배경을 고려하는 것이 주도적인 의미를 주며 더 나은 결과를 낳게 한다.

## 8. 자연재난과 기술재난

사건을 예방하고 통제할 수 있다고 여겨지는 정도를 통해 인재와 자연재난 간의 공통점과 차이점을 알 수 있다. 두 재난의 공통점은 즉각적인 위협이 있고, 파괴가 계속될 가능성이 있다는 점이다. 그러나 그 사건에 대해 "책임"을 져야 하는 사람이 있는지, 그 사건을 예방할 수 있었는지의 여부에 대해서는 차이가 있다. 인간은 자연을 거의 통제하지 못하며, 자연재난이 발생할 가능성이 더 큰 지리적 위치가 있다고 사람들은 알고 있다. 반대로, 인간은 기술을 통제할 수 있으며, 이러한 사건을 예방할 수 있기 때문에 기술재난 시 통제력 상실감이 더 크게 느껴진다고 생각한다.

기술재난의 피해를 입은 주민들은 다른 사람들로 인해 비극이 발생했음을 알게 되면서 더욱 스트레스를 받을 수가 있다. 보통, 자연재난과 동일한 규모의 기술재난에서는 심리적으로 해소를 하고 이를 지워버리기가 어렵기 때문에 정신건강 및 물질남용 문제가 더욱 심각하다. 2011년 3월에 발생하였던 일본대지진으로 인한 핵 재난 시 일본 국민들은 원자로가 지진을 대비할 수 있도록 설계되었다고 믿었기 때문에 분노했다. 많은 사람들이 초기부터 공식발표를 의심하였음에도 불구하고, 정부가 부정확한 정보를 발표했다는 것을 알자 더욱 분노했다.

공중보건 전문가에게 있어 기술재난은 몇 가지 이유로 더욱 복잡한 도전과제이다. 첫째, 자연재난 후 나타나는 지역사회의 응집력과는 달리, 환경재난 후에는 지역사회들이 흔히 충돌하고는 한다. 일반적으로 눈에 보이지 않는 오염물질과 연관되어 재난이 발생한 경우, 그 노출의 위험에 대하여 상당히 반신반의하곤 한다. 오염물질이 고르게 확산되지 않으므로 동일한 지역사회 내에 사는 사람들이라 하더라도 이를 인식하는데 큰 차이가 생긴다. 기술재난의 피해자는 보통 노출의 위험과 장기적인 위험에 관하여 상당히 확신하지 못한다. 애매모호함과 불확실성으로 인해, 이웃들은 격렬하게 나뉘고 지원네트워크 또한 되돌릴 수 없도록 피해를 입을 수 있다. 더 심각하게는 노출과 관련된 알려지지 않은 위험으로 인해 사회가 피해지역 주민에게 오명을 씌울 가능성도 있다.

기술재난은 흔히 만성적인 불확실성과 정신적 고통을 초래한다. 최악의 상황이라도 차차 나아질 거라고 예상할 수 있는 자연재난과 달리, 화학물질과 방사능이 연루된 재난에서는 언제 모든 복구활동이 이루어지는지 알지 못한다. 보이지 않는 오염물질에 노출되었을 때 건강에 미치는 만성적인 영향에 관해서도 불확실성은 이어진다. 더구나, 암^cancer^과 같이 장기적인 결과는 수년이 지나서 나타날 수도 있다. 토네이도나 허리케인과 같이 시작과 끝이 있는 사건에서는 복구과정이 있다. 기술재난에서는 정해진 일정이 없으므로 그 결과 심리적인 위협이 이어질 가능성이 있다.

기술재난 이후에는 만성 스트레스 및 혼란과 함께 심리-생리적 증상이 더욱 커진다. 화학물질 노출사건에서는 보통 즉각 치료를 받으려는 사람의 수가 많지 않다. 여기서의 우려는 장기적인 것이다. 노출이나 오염수위에 관한 정보가 당분간 없을 수가 있다. 사회적 지원과 사회적 지위의 상실로 스트레스를 받을 가능성이 있고, 특히 대피를 해야 하는 경우에는 더욱 그러하다. 이러한 증상은 신체적 증상으로 나타날 수도 있고, 고혈압과 같은 만성질환의 증가를 일으킬 수도 있고, 초기 노출로 인해 후에 의학적 문제가 발생할 수도 있다. 환경노출 environmental exposure 로 인한 심리적 후유증의 위험이 큰 집단으로는 독거노인, 어린아이를 키우는 엄마, 피난을 보내는 사람, 대응자, 정신질환이 있던 사람 등이 있다. 주요 환경노출의 이후 스트레스는 다음과 같다[2].

- 급성 스트레스 반응
- 장기적인 후유증에 관한 염려
- 장기적인 영향에 대한 불확실성
- 주거보장과 고용보장
- 대중매체 차단 media siege
- 신체적 증상
- 오명 및 사회적 거부
- 문화적 압력 cultural pressures
- 부적절한 치료 후속조치와 보상

## 9. 테러리즘

테러를 겪은 사람들은 피해자이든 피해자 가족이든 모두 심리적 장애로 고통을 받는다. 장애의 유병률은 특정 사건, 관련된 인구집단의 차이, 사건의 본질에 의해 영향을 받는다. 가장 영향 받기 쉬운 사람들은 부상자, 정신적 외상에 노출된 초동대응요원, 심리적 증상의 위험을 이미 가지고 있는 사람들이다.

테러리즘으로 폭력적인 경험을 한 사람들은 현재 일어나고 있는 일에 대해 다른 종류의 재난을 경험한 사람들보다 더 분노하는 경향이 있다. 통제되지 않는 화와 격렬한 분노를 지속적으로 느끼는 사람은 심리적으로 매우 좋지 않은 결과를 가지고 올 가능성이 높다.

2) 출처: Baxer PJ. 2002. Public health aspects of chemical catastrophes. In: Havenaar JM. Cwikel JG, Bromet EJ, editors. Toxic Turmoil: Psychological and Societal Consequences of Ecological Disasters. New York, NY: Kluwer Academic/Plenum.

## 10. 회복력 및 복구중재 모델

재난이 모든 지역이나 지역사회 전반 whole community 에 걸쳐 영향을 주지만, 개인이 모두 같은 방식으로 반응하는 것은 아니다. 많은 사람들이 도움을 필요로 하지만, 같은 종류의 원조에서 모두 똑같이 이익을 보는 것은 아니다. 더 많은 도움을 필요로 하는 사람을 확인하는 것과 능동적으로 서비스를 제공하는 것이 과제다. 정신적 외상을 입음에도 불구하고, 많은 생존자들은 그들 스스로 더 강하게 만드는 삶의 경험을 찾는다.

개인과 지역사회의 적응력을 증가시키는 것은 보호행위를 선별하고 실행하는 것을 요구한다. 많은 전략들은 심리적 보호의 발전을 조성하려는 지역사회 정부에 의해 실행될 수 있다. 이는 다음을 포함한다.

- 정부, 비영리단체, 기업을 포함한 사회 모든 부분에 걸친 지역사회지원 준비
- 신뢰할만하고 능숙한 리더십에 대한 지각 개발
- 현실적인 기대 선정에 의한 현실성 있는 대비 제공
- 대비훈련을 통한 스트레스 관리 및 대처기술 개발
- 기본 기술, 역량, 책임이해 등에 대한 시민자원봉사자 훈련
- 지원 시스템, 대비계획, 지역사회 역량 등의 예비량 구축
- 적절한 정보, 안심, 지시, 동기부여 및 유대감 등을 통한 효과적인 의사소통 보장
- 사회적 지원 및 견고한 집단구조의 개발 증진
- 조직화, 행동화할 수 있는 능력과 스트레스 상황을 극복할 수 있는 도전으로 바라볼 수 있는 능력에 대한 지각 증진
- 긍정적인 인지와 통찰력, 죽어가고 있는 사람에게 긍정적인 기억 촉진

사람들을 정상적인 기능 상태로 돌아갈 수 있도록 돕는 중재는 다음과 같다.

- 사람들을 안전한 곳으로 대피시키고 그들이 안전하다는 것을 이해하도록 돕기
- 대중매체를 통해 대중에게 위험성에 대한 정보를 제공하고 진정시키기
- 믿을만한 출처로부터의 위험과 행동 요령에 대한 정확한 정보 제공
- 필요한 자원 제공
- 의료적, 정신건강 및 물질남용 문제에 대한 필요한 돌봄 제공

### 가. 아동과 가족의 회복력

카트리나 허리케인 이후, 아동과 가족이 그들이 경험한 엄청난 피해에 적응하는 것을 돕는 것에 대한 많은 교훈을 얻었다. 아동과 가족의 회복력을 조성하기 위해서는 지역사회 정부와 관련자들이 다음 사항을 준수해야 한다.

- 통제력, 주도권, 정상상태 촉진
- 가능한 빨리 가족 재결합하기
- 가족이 강점과 자원을 인식하도록 돕기
- 대피자들이 지역사회로 통합될 수 있도록 돕기
- 변화와 손실에 대처하는 주도적 방법 격려
- 기본적인 인간의 욕구를 해결하기 위한 준비된 접근 제공하기
- 개개인의 품위와 존중 유지하기
- 가장 적절하고 가능한 방법으로 사람들의 기능적인 요구를 지원하기

## 11. 재난정신건강서비스 조직

1988년에 제정된 미국 Robert T. Stafford의 재난 경감 및 응급 지원에 관한 법 제 416항에서는 주요 재난major disaster으로 발생하거나 악화된 행동 상의 건강 문제를 경감시키기 위한 훈련과 서비스를 제공하도록 대통령에게 권한을 부여하고 있다. 법 조항은 다음과 같다.

> 위기상담 지원 및 훈련. 주요 재난이나 그 후유증으로 야기되거나 악화된 재난 생존자나 희생자의 정신 건강 문제를 완화시키기 위하여 전문적인 상담 서비스를 제공할 뿐만 아니라 이 서비스를 제공과 재난인력 훈련에 필요한 재정지원을 주/지방 정부기관이나 민간의료기관에 제공하도록 대통령에게 권한을 부여한다.

연방정부에는 연방재난관리청FEMA, Federal emergency management agency과 정신건강서비스센터가 함께 운영하는 위기상담 지원 및 훈련 프로그램Crisis counseling assistance and training program(일명, 위기상담 프로그램)이 있다. 그곳에서 사용되는 〈주요 재난에 있어서의

정신건강 및 복지서비스 인력을 위한 훈련지침〉 http://www.mentalhealth.samhsa.gov/publications/allpubs/adm90-538/dafault.asp에서 확인할 수 있고 지역사회 프로그램 설립과 인력양성을 위해 사용하여야 한다.

### 가. 필요 서비스

재난 직후의 혼란스러운 틈에 상당수의 자원봉사자를 모집하고 사전교육을 실시하기는 어렵다. 이에 대비해 지역사회의 전반적인 재난계획의 일환으로, 정신건강서비스 behavioral health service를 조직하고 이를 제공해야 한다. 지역사회 재난계획에서 정신건강서비스에 대한 계획을 세우기 전에, 필요한 서비스의 범위와 종류를 고려해보는 것이 좋다. 표 9-2는 대형재난에서 필요할만한 정신건강서비스 behavioral services의 유형을 설명하고 있다. 재난의 유형, 심각도, 계절 등 사건의 성격에 따라 필요한 서비스가 달라질 수는 있지만, 이전의 사건을 통해 필요한 사회서비스와 상담서비스의 양상을 알 수 있다.

### 나. 기존 서비스 조사

재난 후 필요할 서비스를 확인하고 나면 지역사회는 이용 가능한 자원에 대한 정보를 파악해서 추가 서비스를 취급할 수 있는지, 역량이 더 필요한지를 결정하여야 한다. 정신건강관련 기관에서는 중요한 분야(예: 외상 후 스트레스 장애, 아동의 정신건강, 사망과 임종 등)의 전문가 등 이용가능한 자원의 개요서 compendium를 모으고 빠진 부분을 확인한다. 그 목록에는 이용가능한 자원의 자격증명과 응급연락정보, 특수 치료를 하는 장소, 지역사회 내 현장접근 서비스(예: 고용지원프로그램, 주거, 시설의 복원 등) 등이 포함되며, 정기적으로 이를 업데이트해야 한다.

### 다. 인력채용

2001년 세계무역센터 사건 이후로 모든 정신건강분야에 대한 관심이 증가하였고, 그에 대한 훈련을 시작됨에 따라, 규모가 큰 지역사회일수록 현지 정신건강 대응자의 핵심그룹을 충분히 모을 가능성이 증가하였다.

**표 9-2** 재난 후 필요한 지역사회 위기상담서비스

| |
|---|
| 성인, 청소년, 아동 서비스 |
| 진단, 위기중재, 평가 및 의사 추천 |
| 애도 상담 |
| 경영 상담 |
| 위기상담 |
| 의료요원 및 응급요원을 위한 디브리핑 그룹 |
| 방문 위기상담 |
| 의료 응급부서의 응급서비스 |
| 가족지원센터 |
| 개별상담 및 집단상담 |
| 이동 정신건강 위기 팀 |
| 지정 장소에서의 다 제학적 서비스(경찰 관할권, 소방본부, 임시 영업장) |
| 다국어 서비스 |
| 외래정신건강서비스 및 상담 |
| 지속적인 지지집단(서로 도움을 주는 모임) |
| 학생, 부모 및 교사를 위한 학교현장접근 서비스 |
| 외래진료서비스 |
| 학교 설명회 |
| 단기 치료 |
| 전화를 통한 중증도 분류 |
| 24시간 응급정신의학서비스 |
| 24시간 위기 긴급전화 |
| 방문서비스(예약 없이 이용하는 서비스) |
| 주간 지지집단 |

이것이 가능하다면 지역사회 내에서 훈련을 받고 자격을 갖춘 전문가로 구성된 핵심 그룹을 조성하기가 유리하다. 현지 서비스제공자는 현지 자원과 관습, 현재 조직과 지원 네트워크에 대해 잘 알고 있으며, 매일 그에 관련한 업무를 하므로 이들을 이용하는 것이 유리하다. 초기단계에서, 피해자는 주거지 상실이나 영업중단 등의 현실적이고 구체적인 문제에 대해 위안을 얻고자 하며, 외부에서 온 자원봉사자에게는 현지 자원과 피해자들이 필요로 하는 것을 맞춰 줄만한 정보가 없을 수도 있다. 더 나아가, 대형재난 시에는 해당 지역사회에 대해 자원봉사자들을 훈련시키도록 인력을 돌려야 한다는 부담이 더해지게 된다.

한편, 지역사회에서 확인된 서비스 격차가 크고, 그 요구도가 지역사회의 수용능력을 넘어설 때에는, 정신건강 공동체에서는 장기서비스와 단기 서비스 모두 급격한 수요증가가 예상되므로 그 역량을 확장할 필요가 있다. 필요한 정신건강 전문가의 수는 현재 자원에 따라 달라진다. 또한, 자원봉사자가 돌아가고 복구를 하는 몇 주 또는 몇 달 동안, 장기적인 정신건강 중재를 필요로 하는 사람들을 위해 프로그램을 도입해야 한다.

필요한 정신건강 전문가의 수를 결정하기 위한 요구도 평가needs assessment에서는 지역사회의 인구통계, 재난의 규모와 범위, 피해 "지역사회"의 잠재적인 수와 그 "지역사회" 내의 사람 수, 이들 지역사회의 문화적 문제, 이용 가능한 정신건강 자원 등을 살펴봐야 한다. 정신건강인력의 배치는 피해자의 수와 사고 상황에 따라 달라지지만, 참고로 이전에는 피해자 250명 당 40명의 정신건강 전문가를 배치했다.

외부 정신건강자원이 필요하다 싶으면, 사전 계획을 세워야 한다. 정부기관 책임자는 다기관 제공자와 지역사회시설의 이용, 각 정부기관의 규정과 경계, 서비스별 배치 및 제공에 관한 계획, 재난 이후 심리사회적 및 정신건강 및 물질남용 서비스에 대한 지휘체계 확립 등을 다루는 다른 조직들과 양해각서MOU를 체결해야 한다. 양해각서MOU를 작성할 때는, 그 계획이 지역사회의 폭넓은 응급관리계획과 부합하도록 중앙정부와 지방정부의 응급관리실과 공조해야 한다. 마지막으로, 중앙정부에서 지방정부의 정신건강부서로, 다시 현지 기관으로 차례로 연락이 되어 정신건강 서비스 제공에 대한 상환이 이루어지도록 해야 한다.

재난 직후, 도움을 주기 위해 외부에서 전문가가 자원하여 투입되기도 한다. 외부에서 온 정신건강 분야의 자원봉사자를 등록하고 사전 교육하는 것은 시간이 걸리는 일이다. 이들 자원봉사자를 투입하고 자격을 증명하는 과정은 사전에 현지 정신건강기관 및 여러 대응조직들과 협력하여 진행해야 한다.

지역사회의 비상대응 계획은 적십자사가 재난 서비스를 수행하도록 제공된다. 특정 재난에 대한 대응이 가용자원의 한계를 벗어날 것으로 보이면, 지역 적십자사는 주 적십자사에 연락하여 전 국가 적십자사가 알도록 한다. 국가 적십자사는 대응을 지역에 국한시킬 것인지 전 국가적으로 시행할 것인 지를 결정한다. 적십자사가 활성화되면 그 지역 내의 모든 지부를 동참시킨다. 적십자는 지방 정부의 대응에 맞추어 지역적으로 움직이나 큰 규모의 재난의 경우 공식적 요청 이전에 활성화될 수도 있다. 적십자사의 정신 건강 부문이 움직이면 지방 정부의 정신 건강 부서는 적십자사와 공조하여 필요한 서비스 제공 문제를 조율한다.

적십자사를 통한 정신건강 자원봉사자들은 모두 자신들이 일하는 주의 공식적 면허가 있는 전문가들이다. 각 적십자사 지부는 자원봉사자들의 면허사본 등을 포함하여 이들의 신원을 확인한다. 봉사자들은 2일, 16시간의 훈련을 받고 재난 피해자와 재난 대응 인력에 대한 충격 완화와 디브리핑 등의 위기 개입을 수행한다. 정신과전문의와 자격증 소지자를 확인할 수 있는 또 다른 비영리국가기관은 재난심리현장지원 disaster psychiatry outreach 이다.

## 라. 문화 민감 서비스 구성

재난 후 정신건강서비스계획에서 문화적 고려를 위해 서비스 제공자는 전문화된 지식, 기술, 태도가 필요하다. 문화 민감 서비스를 구성하는 기관은 적절한 정책과 다양한 집단을 지원하기 위한 구조가 필요하다. 정신건강 서비스 센터는 인력들이 다양한 집단에게 서비스를 제공할 때 적절한 특성을 가지는데 필요한 가이드라인을 제공한다. 정신보건 종사자들은 반드시 다양함을 가치 있게 여기며 문화적 평가에 대한 역량을 가져야 하며 범문화적인 역동성을 인지하고, 문화적 지식을 쌓고 문화적 다양성의 이해를 반영하여 서비스 전달에 적응해야 한다.

도움을 필요로 하는 사람들은 자신의 집단에 속하지 않은 사람이 제공하는 도움은 불신하며 비슷한 배경을 가진 사람의 도움은 기꺼이 받으려고 할지도 모른다. 두 개의 언어와 두 문화를 가진 인력을 훈련시킬 수 있는가가 성공의 열쇠이다. 만약 현지 인력이 가능하지 않다면, 기관들은 다른 기관이나 같은 인종 혹은 민족적 배경을 가진 관할권에서 재난 구호인력을 채용해야 한다. 훈련된 통역사와 일하는 것이 아동과 같은 가족구성원보다 더 적절한데, 이는 가족 내의 부모의 역할 보존의 중요성과 정신건강문제와 관련된 일반적인 개인정보 보호 때문이다.

또한, 지원 자원을 요구하는 구조에 익숙하지 않은 몇몇 집단에서는, 재난 피해자와 직접적으로 일할 경우 그들의 사실, 정책, 과정에 대한 설명이 이해되었는지, 적절하게 설명되었는지 확실히 해야 한다. 재난정보와 지원과정은 수용지역 내의 현지 언어로 번역되어야 하며, 볼 수 있도록 기록되어져야 한다.

문화적으로 적절한 정신건강 계획을 수립하기 위하여, 계획자들은 다음 사항을 준수해야 한다.

- 지원할 지역사회의 특성을 이해하고 평가한다.
- 문화와 관련된 지역사회의 요구를 확인한다.
- 다양한 정신건강서비스를 제공할 수 있는 지역사회 내의 기관들(공식적 혹은 비공식적)을 파악한다.
- 기관, 서비스 제공자, 문화 지도자와 다양한 지역사회에서 신뢰할만한 감시자 gatekeepers 등과 사전에 좋은 협력관계를 구축한다.
- 재난 서비스 제공 시 벌어질 수 있는 문화적 어려움에 대한 해결책을 확인하고 예측한다.

#### 1) 서비스 제공

문화적 배경은 개인이 도움을 찾는가, 자연적 지지 네트워크를 사용하는가, 정신적 외상, 손실에 대처하기 위해, 그리고 치유를 위해 그들의 관습과 전통에 의존하는가 여부와 방법에 영향을 줄 수 있다. 정신적 외상의 사건이 영적인 것이라고 믿는 문화에서 온 사람들은 도움을 받는 데에 덜 수용적일지도 모른다. 많은 문화권에서, 정부나 비영리단체에서 제공하는 원조를 찾기 이전에 가족이나 친구, 문화적 지도자에게 연락을 취하려고 한다. 그들은 친숙한 집단으로부터의 서비스를 제공받는 것을 더 선호한다. 종교장소 또한 민족 지역사회에서 중요한 지지기능을 한다. 또한, 추방이나 강제송환에 공포를 느끼는 몇몇 난민 집단들은 도움을 찾는 것을 꺼릴 수 있다.

다른 문화 집단은 재난단계를 다르게 경험한다. 감정표현, 심리적 증상의 묘사와 징후, 죽음과 장례식에 대한 전통, 상담에 대한 관점 등에 대한 문화적 다양성이 존재한다. 예를 들면, 히스패닉계 사람들은 비 히스패닉계인들보다 더 사회적 네트워크에서 재난 관련 정보를 찾으려고 하고, 또한 그 네트워크를 통해 받은 정보를 믿는 경향이 강하다. 몇몇 문화권에서는 어리고 나이 듦에 따라 대처하는 것이 다르듯, 나이가 개인이 재난에 어떻게 대응하는지에 영향을 미친다. 다문화 환경에서는 기능적인 면과 동일시 측면에서 나이에 따라 다른 요구를 가질 것이다. 마지막으로, 다른 문화권들은 슬픔에 대해서도 다른 방식으로 대처한다. 장례 등을 치룰 때 그 집단이 익숙한 방식으로 함께 도와준다면 그 집단이 정상적인 기능으로 돌아오게 하는데 용이하다.

만약 지역사회가 온전하다면 그들의 문화적 기준, 전통, 가치 등이 지원을 제공할 수 있을 것이다. 그러나 지역사회가 황폐화되어 있다면 보통의 문화적 방식으로는 압도되어 평소와 다른 이상한 요구에 대응할 수 없을 것이다. 정신건강 프로그램은 신속히 문화적 집단을 재건해야한다. 아시아계 미국인과 태평양 섬 주민들의 문화에서는, 개인이 집단에서 분리되어 존재될 수 없기 때문에 가족 관계와 지역사회의 결속력 강화가 중요하다.

## 13. 사망통보

많은 사망이 발생한 광범위한 재난에서는 공조가 매끄럽게 이루어지도록 사전에 프로토콜을 확립하는 것이 중요하다. 가족들이 실종자 신고를 하고, 사망자 명단을 살펴보며, DNA 채취를 할 때에 현지 법집행자와 정신건강 전문가가 어떻게 협력하는지에 대해 지침이 있어야 한다.

## 14. 인력 훈련

평가 assessment, 추천 referral, 치료에 대한 관리계획의 일환으로, 사회서비스 정부기관에서는 모든 인력에게 전반적인 정보(사실보고서, 자원 인력 등)를 제공해야 한다. 이 문서는 접수처나 대합실, 구내식당 등에서 대중에게 나누어줄 수도 있다. 대중매체 대변인에게도 이상행동에 관한 사실을 알려주어 비탄과 상실에 관련된 문제에 관해 지역사회를 교육하고, 응급 시 행동 대응에 대해 설명하도록 한다. 일주일에 7일, 하루 24시간 동안 연결이 가능한 수신자부담 상담전화를 설치하도록 계획해야 한다. 지역사회 내 다른 위기상담 제공자(병원, 지역사회 정신건강센터, 청소년봉사기관, 그룹홈 등)와의 공조도 계획에 포함되어야 한다. 정신건강서비스계획에서는 재난 직후 위기상황 시와 그 이후 몇 달에서 몇 년 동안 지역사회의 요구에 맞춰 문화에 적응이 된 사람을 배치해야 한다. 마지막으로, 서비스를 제공하는데 연루된 인력과 정부기관은 일상 업무로 돌아가기 전에 개인적으로 재충전하고 회복할 시간을 마련하도록 서비스 조항에 전환기간 transition period 을 포함시켜 계획하여야 한다.

지역사회에 위기상담서비스 제공에 대한 사전계획이 없는 경우, 정신건강과 심리사회적 서비스 제공여부를 판단하도록 7가지 기준이 제안되었다[3]. 그 기준은 다음과 같다.

- 건강, 정신건강 및 물질남용 문제의 유병률prevalence을 파악하는데 있어 역학과 지역사회에 대한 관심기울임의 중요성
- 문제의 예측가능성, 개시 속도, 위기 지속기간, 심각도 정도
- 자원의 적합성
- 지속가능성 여부sustainability
- 정치적 및 윤리적 수용가능성 정도
- 문화적 민감도
- 효과성 정도

표 9-3은 정신건강 및 물질남용 문제로 서비스disaster service for mental and substance-use conditions를 확립하는 단계를 요약하고 있다.

**표 9-3 재난 정신건강서비스 확립**

1. 행정기관, 환경기관, 관련 정신건강 기관, 지역사회 기관의 대표자로 구성된 재난정신건강대비위원회를 설립한다.
2. 응급 시 관리할 수 있는 조직체계를 수립한다.
3. 역할과 책임의 정의 등 재난정신건강서비스Disaster behavioral health services의 목표를 설정한다.
4. 응급대응 절차를 마련한다.
5. 정신 상태 평가 및 정신의약품 배급, 물질 남용에 대한 치료도움에 관한 절차를 마련한다.
6. 응급대응절차를 지역사회의 재난계획에 통합시킨다.
7. 소속된 조직과 지역사회 내 다른 주요 기관과 양해각서를 체결한다(예: 미 적십자사, 지역사회 기관, 검시관, 법집행관).
8. 재난정신건강계획, 역할, 책임에 대해 정신건강 인력들을 훈련시킨다.
9. 배포용 교육 자료를 준비한다.
10. 정기적인 모의훈련과 외부검토 일정을 계획한다.
11. 자원의 평가, 시행상의 잠재적인 장애 등 응급계획을 정기적으로 검토하고 업데이트한다.

* Disaster Mental Health Services: A Guidebook for Clinicians and Administrators, Department of Veterans Affairs, June, 1997.

3) Speckard A, "Voices from the Inside: Psychological Response from Toxic Disasters" in Hevenaar JM et al (eds.) Toxic Turmoil: Psychological and Societal Consequences of Ecological Disasters, (2002) Kluwer Academic/Plenum Publishers, New York.

## 15. 가족지원센터 건립

광범위한 재난 발생 시, 최초 대응활동 중 하나는 피해자와 그들의 가족이 고통을 덜 수 있는 중심장소를 만드는 것이다. 지역사회는 피해자, 유족 및 지인을 위한 지원센터와 대응자 및 간호인을 위한 지원센터 등 별도로 두 개의 지원센터 건립을 고려해야 한다. 이 센터는 다목적센터multi-purpose로, 광범위한 집단의 요구를 충족하고, 유족이 상대해야 하는 모든 정부기관과 서비스를 한자리에서 만날 수 있도록 하는데 그 목적이 있다. 지역사회 재난계획의 일환으로, 위치와 적합한 공간 및 인력 등 두 가지 요소를 사전에 확인해야 한다.

센터가 서비스를 개시하면 위치를 옮길 수 없으므로 사전에 반드시 확인해야 한다. 모든 기능을 제대로 하기 위해서는 충분한 공간이 필요하며, 유족들이 사망자의 시신을 확인해야 할 때 재 외상화retraumatization를 최소화하도록 사적인 공간을 신중하게 계획해야 한다. 표 9-4는 가족지원센터에서 제공하는 서비스의 종류를 설명하고 있다.

각 활동을 할 수 있는 책상 등 충분한 공간을 마련해야 한다. 대재난이 일어나면 요구들이 더욱 많아지고 처음 생각했던 것 보다 더 많은 공간과 서비스가 요구될 수 있다. 사적인 대화를 할 수 있고, 수술대기실과 유사하게 방문센터drop-in center가 사회적 지원을 위한 환경이 되도록 전용구역을 정해야 한다. 탁아소는 감정반응이 격하게 일어나는 곳으로부터 멀리 떨어진 곳에 배치한다. 여러 서비스를 이용해야 하는 유족들이 많은 시간을 지원센터에서 보낼 수도 있으므로 유족과 인력에게 충분한 음식과 음

**표 9-4** 가족지원센터의 서비스

| | |
|---|---|
| 탁아문제 | 이민서비스 |
| 위기상담 | 법적 지원 |
| 사망증명서certificates for death 절차 | 피해자, 유족, 대응자, 간호인을 위한 식사 |
| 재난 저소득층 의료부조disaster medicaid | 투약 평가 |
| 기증품과 기부금 배부 | 개인 구호 물품 |
| 응급 재정지원 | 폰 뱅킹 |
| 고용지원 | 연방재난관리청을 통한 구호신청지원 |
| 가족 재결합 | 대출 |
| 식량배급표food stamps | 구호요원의 스트레스 관리 |
| 위기상담 내담자의 후속 조치 전화 | 교통 |
| 의약품 및 의료기기 등의 건강 및 의료지원 | 산업재해보상 |
| 주거지원 | |

료를 제공할 수도 있다. 각 기관에서 인력을 몇 교대로 정할 것인지, 동시에 몇 명을 배치할 것인지를 인력배치 시 고려해야 한다. 2001년 세계무역센터 붕괴 시에 세운 가족지원센터에서는 교대 조 당 8~30명의 정신건강인력을 배치했다.

인명피해가 큰 재난 이후에는 일부 유족들이 센터에 빈번하게 연락을 하거나 방문을 할 수도 있기 때문에 그러지 않도록, 등록절차를 확립할 때, 실종자를 등록하는데 필요한 모든 것을 확인하도록 만든다. 이 등록목록에는 필요시 DNA 검사와 희생자 확인 victim identification 에 이용하는 법적 서류(출생증명서, 운전면허증, 사회보장카드, 결혼증명서) 및 과학적 정보(머리카락 샘플, 치아기록)가 필요하다. 유족의 반응, 행동, 유족이 어느 정도를 들었는가, 무엇을 들었는가에 대해서는 차이가 많음을 유념해 둔다.

지속적인 수색과 구조작업이 필요한 재난의 경우에는 특히 대응자 및 간호인을 위한 지원센터에서 음식과 음료, 샤워시설, 침대, 탈의실, 보고 구역 등을 제공한다. 피해자/가족 지원시설은 지역사회에서 멀리 떨어진 곳에 위치하도록 하고, 대응자 및 간호인을 위한 지원센터는 재난현장과 근접한 곳에 위치하도록 한다.

두 번째 요소는 센터가 서비스를 개시할 때 관리책임자로서의 역할을 하는 인력을 임명하는 일이다(직책별 및 기관별). 지원센터를 건립하려고 하는 동안 관리체계를 확립하는데 시간을 보내지 않도록 사전에 지도부 leadership 의 동의를 반드시 구해야 한다.

지원센터 건립을 계획할 때에는 이용자를 고려하는 것이 유용하다. 서비스 제공을 계획할 때에는 기본적인 위기중재의 제공, 의료적 중재(예: 처방), 처방을 위해 정신과의사에게 추천, 응급치료를 받으려고 줄을 서서 기다리는 사람들에게 서비스를 제공하는 등 사전에 프로토콜을 확립하는 것이 중요하다. 표 9-5는 센터를 이용할 사람들의 유형을 열거하고 있다.

**표 9-5 지원센터 이용자의 유형**

| |
|---|
| 사망자의 유족 |
| 난민이나 이재민 |
| 직장을 잃은 근로자 |
| 영업이 중단된 사람들 |
| 이전에 외상을 경험했거나, 정신건강문제 이력이 있거나, 약물남용상태인 사람들 |
| 재정지원 및 사회적 지원을 놓친 사람들 |
| 대응자와 기타 간호인 |

## 16. 환자위치추적시스템

다수의 사망과 부상을 야기한 재난 발생 후, 가족과 지인들은 사랑하는 사람에게 무슨 일이 생겼는지 알고자 하며, 고용주는 고용인의 행방을 찾고자 하며, 관계당국은 실종자들을 집계하고자 한다.

전화가 되지 않을 때에는 병원에 연락하기가 어렵다. 연락이 된다 하더라도, 병원 운영자는 병원에 입원한 사람들의 명단만을 가지고 있다. 이와 같은 사고 시, 환자위치추적시스템이 가장 중요하다. 사람들은 즉시 정보를 알고 싶어 하지만, 사전에 이 시스템을 확립하지 않으면 이를 가동하는데 며칠이 걸릴 수도 있다. 기존의 시스템이 없다면, 병원은 중앙 집결지점에 응급부서 ED, Emergency department 일지를 팩스로 보내고, 자원봉사자 등은 그 일지를 분류하여 데이터베이스를 구축해야 한다. 이 때, 사생활보호라는 문제 때문에 극복해야 할 법적 장애물이 상당히 발생한다는 사실을 명심해야 한다.

사전에 환자위치추적시스템을 구축하기 위해서는 몇 가지 단계가 필요하다. 먼저 중앙기관의 웹사이트에 지정문자열 placeholder 을 만든다. 각 병원은 로그인을 할 수 있으며, 정부의 문서표준을 이용해 안전하게 환자의 정보를 업로드 하여 조건에 맞는 검색을 할 수 있는 데이터베이스를 만든다. 보고의무가 있는 정보에는 신원미상환자와 화상병동에 입원하여 말을 하지 못하는 환자를 포함하여 각 응급부서에 있는 환자들을 포함시켜야 한다. 응급부서의 자료는 정확하지 않을 수도 있으므로 병원에 있는 모든 환자의 이름과 연령을 기록하고 후에 분류를 하는 것이 좋다. 각 명단에는 병원과 연락처를 기재해야 한다. 그런 다음, 재난과 관련이 없는 환자의 이름을 삭제하면 그 명단이 정리가 된다. 환자의 사생활을 보장하기 위해, 이 명단을 이용하는 사람은 전체를 살펴보면서 이름을 찾기 보다는, 이름을 치고 맞는 이름을 찾아서 검색하도록 허가를 받아야 한다. 환자위치추적시스템에 대한 계획에는 신원이 확인된 명단을 매일 인쇄하고 이를 가족지원센터에 게시하는 일이 포함되어야 한다. 이 시스템을 어떻게 구축할 것인가와 치료 받은 환자와 퇴원한 환자에 관한 정보를 어떻게 제공할 것인가를 병원교환원들에게 교육하는 과정도 1996년의 연방의료보험통상책임법 HIPAA 규정에 있는 것과 같이, 이 시스템 계획에도 포함되어야 한다.

## 17. 공중보건중재

### 가. 자연재난

심리사회적 서비스에서는 개인, 집단, 전체 지역사회를 돕는다는 목적으로 다면적, 다차원 접근방법을 이용하는 예방원칙을 강조한다. 초기 활동에서는 대부분, 이용가능한 서비스에 대한 정보, 보험급여나 대출을 받는 방법, 정부기관에 지원신청, 의료, 탁아, 교통 및 기타 일상적으로 필요한 일 등, 스트레스를 받고 있는 정상인에게 구체적인 서비스를 제공한다. 공중보건 종사자는 예방조치로 상담을 시작하고, 열린 의사소통을 독려해야 한다. 단순히 들어주고, 들어줄 준비를 하고, 관심 또는 우려를 나타내는 방법이 가장 중요하며, 이것이 도움이 될 수 있다.

대피를 해야 하는 경우 대응자는 가족을 함께 있게 하고, 지원체계를 유지하도록 해야 한다. 또한 대응자는 신속히 지원네트워크를 재구축하는데 도움을 주기도 한다. 단기 및 장기 복구단계에서 공중보건 전문가와 사회복지 전문가는 생존자가 일상생활 활동을 하는 곳으로 가야 한다. 이곳에는 근린시설 neighborhoods, 학교, 대피소, 재난지원센터, 급식소, 병원, 교회, 지역사회 센터, 및 기타 중요한 장소 등이 있다. 재난 후에 일반적으로 제공하는 서비스에는 상담전화, 정보 및 추천 referral 서비스, 재난의 정서적 영향에 관한 문헌, 자립 촉진, 지지집단, 위기상담, 대중매체를 통한 대중 교육, 지역사회 집단을 위한 정보 강좌, 상실에 대한 대처지원서비스, 옹호지원서비스 advocacy service 등이 있다. 정신건강 종사자는 대응자가 시신을 복구하고 신원 확인하는 작업을 대처하는데 도움을 주어야 하고, 유족과 지인에게 신원확인 내용을 알려주는 팀의 중요한 구성원으로 활동하게 된다.

부모들로 하여금 될 수 있으면 아이들이 그들의 경험을 이야기하도록 격려하는 것만큼 TV, 신문, 컴퓨터 등의 그래픽 이미지를 포함한 대중매체를 접하지 않도록 권장하는 것이 중요하다. 또한, 직접적으로 연루된 사람뿐만 아니라 간접적으로 알게 된 사람(사망하거나 부상당한 사람을 알고 있던 지인이 있음)의 접촉 역시 중요하다. 더 나아가, 외상 및 애도 상담 grief counseling 중재를 지역사회 재난계획에 포함시키는 것도 중요하다.

## 나. 기술재난

기술재난을 당한 지역사회에서 가장 유익한 중재방법은 지역사회와의 열린 의사소통을 확립하는 것임을 말해주는 증거가 있다. 환경재난에서, 독성물질 확산의 잠재성 때문에 계획은 지역별로 세워야 한다. 기술재난이 지역사회를 강타하는 경우, 미리 좋은 협력관계를 구축해 놓기 위하여 환경문제에 관해 평상시 공중보건, 의료계, 대중매체, 대변단체 간에 공조체계를 형성해놓는 것이 중요하다. 그 계획에는 서비스 종사자의 훈련이 포함되어 있어 서비스 종사자는 환경오염의 기술적인 측면에 대해 기초적인 지식을 배우고, 복잡한 상황에 있는 지역사회의 요구도를 이해하게 된다.

심리학자, 사회복지 종사자, 교육자 간의 다학제 간 공조가 필요하다. 자연재난과 마찬가지로, 초기단계에서는 조언, 대피소, 의복, 의료/평가 추천 등 구체적인 서비스와 실제적인 지원을 제공한다. 이러한 지원은 건강, 정신건강, 사회서비스와 교육기관 차원에서 협력적으로 이루어져야 한다. 지역사회의 사회적 요구는 가족 상담, 지지집단, 탁아, 놀이치료, 정보 서비스, 보건교육 등으로 광범위하다. 사고나 방출 직후에는 정확한 건강정보를 제공하고, 신체검사를 보장하며, 상담지원을 하고, 전체 지역사회가 상황을 이해하고 이에 대처하는데 도움이 되는 특수 자료를 준비한다.

재난구호활동을 하는 동안에는 다음의 일반관리전략을 따르도록 한다.

- 관선 책임자가 적극적으로 대응하고 있음을 피해자가 생각할 수 있도록 조치에 대한 의사결정을 확실하게 한다.
- 특정 조치에 대한 지침과 함께 경고를 발령한다.
- 소집 절차를 준비하고 필요한 자원에 대해 사전에 계획을 세운다.
- 재난의 여파로 제공하는 활동과 서비스를 지역사회에 맞추고, 서비스를 확립하고 이를 제공할 때에 이를 반영한다.
- 비정상적인 상황에 정상적으로 반응하는 “정상인”을 위한 심리사회적 서비스를 제공한다.
- 재난의 경험으로 인해 심각한 심리적 또는 사회적 장애를 경험할 위험이 있는 사람을 확인한다.

## 요약

1. 재난은 피해자와 대응자의 단기적·장기적으로 정신건강에 영향을 미친다. 어떤 재난 상황에서는 피해자와 대응자가 사건 직후부터 몇 년 동안 심각한 정신건강 문제를 겪기도 한다. 개인적 요인, 개인의 사건 노출정도, 가족의 정서적 건강 및 지지제공 능력은 개인이 장기적인 심리적 어려움을 회복하는데 영향을 준다. 정신건강 전문가는 정상적인 스트레스 반응에 관하여 알려주고 이에 대처하는 방법을 피해자와 대응자에게 가르쳐줌으로 복구를 가속화하고 장기적인 문제를 예방하는데 도움을 줄 수 있다.

2. 재난이 모든 지역사회나 지역 전반에 걸쳐 영향을 주지만, 개인이 모두 같은 방식으로 반응하는 것은 아니다. 재난관련 스트레스에 대한 정상적인 반응과 그러한 반응에 어떻게 대처해야 하는지를 알려줌으로 회복을 가속화 시키고, 장기적인 문제를 예방하는데 도움을 준다. 보호행위를 선별하고 실행함으로써 개인과 지역사회의 적응력을 증가시킬 수 있다. 많은 전략들은 심리적 보호의 발전을 조성하려는 지역사회 정부에 의해 실행될 수 있다. 개인과 지역사회의 대비능력을 높여 회복력을 향상시켜야 한다.

3. 재난에 대비하여 지역사회 재난계획의 일부로 개인과 지역사회의 민족·문화적 특성을 반영한 정신건강 서비스를 조직하고 제공하여야 한다. 우선 필요한 서비스의 범위와 종류를 확인하고 이용가능한 자원에 대한 정보를 파악하여 정기적으로 업데이트해야 한다. 전문화된 정신건강분야의 인력을 확보하고 정기적으로 훈련을 받도록 해야 한다. 이러한 정신건강서비스는 개인과 지역사회에 미치는 재난으로 인한 장기적인 심리사회적 영향을 완화시킬 것이다.

# 10장 재난시 취약인구 건강관리

학습목표

1. 재난 시 취약한 인구집단을 정의할 수 있다.
2. 재난계획협의회의 취약인구를 위한 기능을 설명할 수 있다.
3. 지역사회계획의 취약인구 대상 지침을 파악할 수 있다.
4. 다양한 취약인구집단을 보호하는데 필요한 특별 대비전략을 요약할 수 있다.
5. 개별지원네트워크의 개념을 설명할 수 있다.
6. 응급건강정보를 활용할 수 있다.

재난발생시 연령(아동, 노인), 나쁜 건강상태, 신체적 장애 혹은 자원이 부족한 사람은 건강 위협의 가능성이 더 높기 때문에 이들에 대한 특별한 관심이 필요하다. 본 장에서는 미국의 사례를 통해 재난 시 위험하거나 취약인구 집단을 정의하고, 위험집단을 위한 응급대비, 재난계획위원회, 대응인력의 훈련과 지역사회 취약계층 대비계획, 서비스의 연속성을 보장하기 위한 등록체계의 사용, 취약집단을 보호하기 위한 특별전략, 개인적 준비 단계, 대피소의 대비, 접근가능한 통신수단 확보 및 건물 대비, 긴급건강정보 수집 및 유지 등에 관한 가이드라인을 제공한다.

## 1. 공중보건의 역할

- 취약인구 집단과 이들에게 서비스를 제공하는 기관을 포함한 전체 지역사회가 계획 수립 단계에 참여할 수 있도록 한다.

- 취약인구의 요구를 수용할 수 있는 지역사회 대비계획을 수립하도록 한다.
- 응급 시에 취약한 개인과 집단을 보호할 수 있는 조치를 지역사회 주민에게 교육한다.
- 보건의료서비스 제공 현장 health care delivery sites, 대피소, 배포센터 distribution centers 에서 취약계층을 위한 대비활동을 마련한다.

## 2. 누가 위험에 처해있는가?

대유행 및 재난대비법 PAHPA, The pandemic and all-hazards preparedness act (Section 2814) 에서는 응급계획 수립시 위험에 처한 인구집단의 요구를 포함하도록 하고 있다. 이 법에서의 정의를 보면, 비상계획차관보 ASPR, Assistant secretary for preparedness and response 와 미 보건부 HHS, U.S. department of health and human services 는 '위험에 처한' 인구집단을 국가대응계획 NRF, National response framework 에서 설명하고 있는 정의에 두 가지 항목을 추가하였다(아래 리스트에 '*' 표시 참조). 즉, 공중보건의 위험에 처한 개인들 at-risk individuals 에 대한 정의는 "사건 발생 전, 중, 후에 다음 기능 영역 중 하나 이상의 추가적 요구가 있는 자"를 말한다.

- **독립성 유지** Maintaining independence : 재난으로 지원이 중단되면 독립적 일상생활을 하는데 도움이 필요한 자. 의료기기 durable medical equipment 및 필수 보급물이 필요한 자도 포함한다.
- **통신** Communication : 긴급정보를 받거나 이행하지 못하는 자. 재난 관련 공지사항을 듣고, 지시 상황판을 이해하고, 지원을 받을 수 있는 방법을 찾을 수 있는 역량이 없는 자도 포함한다.
- **교통** Transportation : 장애 때문에 운전을 할 수 없거나, 이동수단이 없는 자. 승강기 lift 나 산소공급장치를 갖춘 차량이 필요한 자를 포함한다.
- **감독** Supervision : 보호자가 없는 아동이나 정신 장애, 인지장애, 알쯔하이머질환을 포함하여 의사결정을 하는데 누군가의 도움이 필요한 자를 포함한다.
- **의료** Medical care : 불안정 상태에 있거나 말기상태 혹은 감염성 질환 관리에 있어 자가관리 능력이 없으며 훈련된 의료서비스가 필요한 자. 활력징후 측정, 정맥요

법, 경구영양 tube feeding, 투석, 산소투입 및 흡입 시행, 상처관리, 전기로 작동되는 기기 operation of electrically powered, 생명유지장치 등이 필요한 자도 포함한다.

대유행 및 재난대비법에서는 위에서 특별히 정의한 상태(어린이, 임산부, 노인, 공중보건의 응급상황 발생시 기능적 요구가 있는 자) 외에 기타 취약집단으로 다음을 포함한다.

- 장애인
- 의사소통에 제한이 있는 자– 영어를 쓰지 않는 자
- 대중교통 이용 불편자
- 만성질환자 *
- 약물의존자 *

비상계획차관보는 위험에 처한 개인 및 공중보건 응급상황관련 국가자문위원회 Advisory committee on at-risk individuals and public health emergencies를 지원한다. 이는 위험에 처한 개인과 관련이 있으므로 공중보건 응급상황에 초점이 맞춰져 있다. 아울러 연방재난관리청 FEMA, Federal emergency management agency에서는 장애인을 위해 필수계획에 대한 가이드를 제공하고 직접적인 응급관리활동을 제공하도록 장애코디네이터 Disability coordinator를 지정한다. 연방재난관리청은 미 국토안보부 DHS, Department of homeland security 및 다른 연방정부 파트너에게 연락하는 역할을 담당하고 2006년 카트리나후 방재개혁법 PKEMRA, Post-katrina emergency management reform act of 2006을 수행하며 연방재난관리청에게 권고하는 장애통합조정실 ODIC, Office of disability integration and coordination을 설립했다. 장애통합조정실은 웹사이트[1]에 광범위한 자료를 게시하고 있다.

## 가. 장애인

장애국가조직 national organization on disability은 장애인을 중요한 삶의 활동에 제한이 될 만한 신체적, 정신적 손상이 있는 사람, 신체적, 정신적 상태가 현재 진행형이거나 만

---

1) http://www.fema.gov/about/odic

성적인 경우, 이와 같은 상태가 아니더라도 지역사회에서 장애로 간주하는 경우로 정의한다.

2010년 미국센서스 조사에 따르면 인쇄된 글자를 볼 수 없는 180만 명, 옷입기, 식사하기, 목욕하기에 도움이 필요한 400만 명, 대화를 들을 수 없는 100만 명을 포함한 청력손실이 있는 2,800만 명, 휠체어를 사용하는 14세 이상 330만 명, 최소 6개월 동안 지팡이와 목발, 보행보조기 사용이 필요한 1,000만 명을 포함하여 미국인의 20%인 약 5,600만 명이 장애가 있다고 한다. 게다가 미국에는 4,000개소 이상의 주간보호시설이 있고, 생활보조시설에 약 80만 명이 있다. 이러한 통계치에는 재난시 대응능력이 저해된 만성질환자 수는 반영되지 않았을 수 있다. 재난 이후 만성질환자는 투약과 의료서비스에 접근이 어려워짐에 따라 상태가 악화될 수 있고 정전으로 인한 이차적 손상(호흡기 nebulizers, 산소공급기, 흡인장치 미작동)이 유발될 수 있으며, 특별한 도움이 필요하게 될 가능성이 증가할 수 있다.

## 3. 국가적 안내

미국에서는 주요 연방문서에서 취약인구를 위한 계획수립의 방향을 제시하고 있다. 국가대응계획에서는 "기능적 요구가 있는 집단 functional needs populations"을 정의하고 적절한 운영 프로토콜에서 이들 집단과 관련된 특정 문제들을 다루었다. 국가사고관리시스템 national incident management system 은 긴급통신에 대한 접근성 및 기능적 요구가 있는 집단에 대한 효율적인 지원과 추가적으로 사고지휘구조 incident command structure 내에서의 특수 요구에 대한 조언자 등의 중요성을 강조하였다. 연방재난관리청과 미 국토안보부 인권과 시민자유담당국 DHS office for civil rights and civil liberties 에서는 지침서 guidance document [2]를 개발하였다. 미 국토안보부 보조금 프로그램 DHS grants program 은 기능적 요구가 있는 집단을 위한 계획수립도 포함하고 있다[3]. 또한 8개의 연방법은 비상대비와 대응시에 장애로 인한 근본적인 차별을 금지하였다.

---

2) Accommodating Individuals with Disabilities in the Provision of Disaster Mass Care, Housing, and Human Services, http://www.fema.gov/oer/reference 참조

3) http://www.fema.gov/government/grant/hsgp/index.shtm 참조

- 미 장애인법 ADA, Americans With Disabilities Act of 1990
- 스태포드법 Stafford Act, Robert T. Stafford Disaster Relief and Emergency Assistance Act of 1988
- 카트리나후 방재개혁법
- 재활법 Rehabilitation Act of 1973
- 공정주거법 Fair Housing Act of 1968
- 건축장벽법 Architectural Barriers Act of 1968
- 장애인교육법 Individuals With Disabilities Education Act of 1975
- 통신법 Telecommunications Act of 1996

이 법령들은 재난 대비활동, 경고, 대피, 이송, 대피소 운영, 응급처치 및 의료서비스, 임시주거시설, 지역사회로의 복귀, 청소 등의 행위에 적용된다. 다음은 이 중 두 가지 핵심 규정을 설명하고 있다.

## 가. 미 장애인법 안내

재난대비를 위해서는 직장과 지역사회에서 이들 인구집단의 안전을 보장하도록 별도의 안전장치가 있어야 한다. 미 장애인법(ADA, 공법 101-336, 1990년 7월 26일 시행)에서는 전체 인구에게 제공하는 것과 마찬가지로 장애인과 그 외 제약이 있는 사람들의 안전과 공공시설을 비장애인 entire population 과 똑같은 수준으로 보장하는 "합리적 배려 reasonable accommodation"를 의무화하였다. 미 장애인법에서는 장애인이 지역사회 재난대비활동 등 장애로 인해 차별을 받거나 서비스를 받지 못하는지를 판단하는 과정을 설명하고 있다. 이러한 과정은 조사, 중재, 기소, 소송 이후 뒤따라오는 미 법무부 U.S. department of justice 불만제기와 관련이 있다.

주로 새로운 구조와 변경사항을 다루고 있는 미 장애인법 접근성 가이드라인 The ADA accessibility guidelines 은 접근가능한 외출수단 (ADAAG 4.1.3[9], 4.3.10), 응급시 경보 (ADAAG 4.1.3[14], 4.28), 신호체계 (ADAAG 4.1.3[16], 4.30) 에 대한 설명을 포함하고 있다. 주정부와 지방정부에는 보조장치와 서비스 제공, 장비 또는 도구의 습득 및 수정, 훈련도구 또는 정책의 조정 및 변경, 자격을 갖춘 낭독자 및 해설가 배치, 그 밖의 유사한 조치들을 포함하는 추가적 미 장애인법의 필수사항들이 있다. 아울러 47 미 연방규정집 CFR, Code of federal regulations 79.2 섹션에는 청각장애인 또는 시각장애인이 응급정보에 접근가능하도록 비디오 프로그램 배급을 의무화하였다. 미 국토안보부 분과인 비상사태대비 및 장애인의 부처 간 조정위원회 The interagency coordinating council on emergency preparedness and individuals with disabilities 는 연방정부가 재난시 장애인에게 필요한 서비스를 반드시 제공하도록 보장하고 있다.

## 나. 카트리나후 방재개혁법

미 의회는 2006년 10월 4일 허리케인 카트리나의 대응에 대한 연방정부의 미비점을 보완하기 위해 카트리나후 방재개혁법을 통과시켰다. 이 법은 연방정부의 대비 및 관리에 대한 전반적인 접근을 개정하였는데, 장애인에 대한 재난대비 및 대응 개선을 요구하고 있다. 카트리나후 방재개혁법은 미 장애인법의 섹션 3(2)을 참조하여 장애인에 대한 정의를 내렸다. 섹션별 주요 내용은 다음과 같다.

**Section689(a)** 연방재난관리청은 "장애인을 수용할 수 있는 지침을 개발"해야 하며 대피소, 복구센터, 응급처치구역, 대규모 식사지원구역, 이동식 공중전화 설치구역, 이동식 화장실, 임시주택 등에 대한 접근성 등을 마련해야 한다.

**Section689(c)** 재난으로 자신의 거처를 잃은 장애인에게 임시주택을 지원하도록 스테포드법을 개정한다.

**Section689(e)** 영어의사소통능력에 제한이 있는 사람들을 위한 계획을 세울 때 주정부와 지방정부가 협력하도록, 이해할 수 있는 형태로의 정보이용가능성을 확보할 수 있도록, 모델언어 정보센터 informational clearinghouse of model language 지원 프로그램의 개발과 유지 및 효과적인 운영이 이루어지도록 연방재난관리청에 요구하기 위해 스태포드법을 개정한다.

**Section689(a)** "장애와 영어의사소통능력"으로 인한 차별을 금지하도록 스태포드법 색션 308(a)를 개정한다.

또한, 카트리나후 방재개혁법은 장애인들이 대피소에서 서비스를 제공받아 건강과 안전을 유지하고, 대피소에 거주하는 일반지역주민으로부터 독립성을 유지할 수 있도록 규정하였다. **기능적 요구 지원서비스**FNSS, Functional needs support services라고 알려진 이 규정은 접근가능한 물품의 공급과 서비스의 제공을 필요로 하며 다음 내용을 포함한다.

- 정책, 절차 및 수행에 대한 합리적 조정
- 의료기기
- 의료소모품
- 개별지원서비스personal assistance services
- 기타 필요한 물품 및 서비스

표 10-1은 위험에 처한 인구집단의 대비 및 대응 활동에 대한 지침에 제시되고 있는 미국 국가기준의 일부를 제시한 것이다.

## 4. 취약인구를 위한 재난계획협의회

이상적으로는 전체 지역사회와 개인 수준 모두에서 장애인을 위한 계획을 마련하여야 한다. 지역사회계획의 일환으로 취약인구를 위한 재난계획협의회를 조직하는 것도 하나의 전략이다. 응급관리emergency management와 맞물려, 공중보건 전문인력은 취약인구에 대한 비상대응대비국 차관보/미 보건부의 정의에 부합하는 취약집단을 대표하는 조직에게까지 관리가 이루어질 수 있도록 해야 한다. 계획에서는 재난 시 필요한 것은 무엇인가, 어떤 전략을 이용할 수 있는가, 어떤 정부기관 또는 집단이 서비스를 제공하는가 등을 확인해야 한다. 취약인구를 위한 계획협의회에서는 항상 특정 장비와 절차를 제대로 사용할 수 있도록 확인해 줄 수 있는 사람이 포함되어야 한다. 장애인의 요구도가 광범위하고 다양하므로 효과적인 계획을 세우기 위해서는 여러 가지 방법을 이용해야 한다. 더 나아가, 이 업무의 가장 중요한 부분은 다양한 취약 집단에게 그들을 도울 지역사회의 특별재난계획에 관해 알려주는 일이다.

재난계획협의회에는 정부기관, 지역사회 시설, 지역사회기반조직CBO, Community-based organizations, 지지그룹advocacy group, 공동생활센터congregate living centers, 장애인옹호조직의

**표 10-1** 위험에 처한 인구집단에 대한 대비 및 대응의 국가적 기준

| 조직 Organization | 지침명 Guidance Name | 기능 What it does | 출처 Source |
|---|---|---|---|
| 연방재난관리청 | 종합대비가이드301 Comprehensive preparedness guide301 (CPG-301): 특수요구집단을 위한 응급관리계획가이드 | • 정부에서 기능적 요구가 있는 자를 대상으로 비상계획을 수립하는 것을 도움<br>• 유해성, 보안, 비상기능의 범위에 대한 고려사항을 계획하여 다룸<br>• 정부의 애완동물 및 봉사 동물에 대한 계획에 대한 일반적 가이드라인 제공 | Http://www.fema.gov/pdf/media/2008/301.pdf |
| 미 장애인법 및 미 장애인법 개정 법령 | 미 장애인법 개정 법령 | • 모든 정부프로그램에 동등한 접근을 요구함<br>• 장애인의 범위를 확대<br>• 기능적 요구가 있는 자가 미 장애인법 하에 보호를 추구하도록 함. Title Ⅱ 하에 지역사회에 대한 재난계획 수립을 포함함 | http://www.ada.gov |
| 미 장애인법 가이드 | 장애인에 대한 지역사회 긴급 대비 및 대응에 대한 프로그램 개발 | • 장애인의 지역 비상대비 및 대응프로그램에 대한 접근성 지침 제공 | http://www.usdoj.gov/crt/ada/emergencyprep.htm |
| 미 환경오염지구정화법 개정 및 재승인법 1986 SARA, Superfund amendment and reauthorization act, Title Ⅲ | 지역비상계획위원회 Local emergency planning committee, LEPCs | • 지역비상계획위원회 생성 및 회원을 지도함 | http://www.epa.gov/emergencies/content/epcra/epcra_plan.htm#LEPC |
| 공동위원회 The Joint Commission | 공동위원회의 응급관리기준 | • 보건의료시설의 표준설정을 감독하고 인정함 | http://www.jointcommission.org |

**표 10-1 위험에 처한 인구집단에 대한 대비 및 대응의 국가적 기준 (계속)**

| 조직 Organization | 지침명 Guidance Name | 기능 What it does | 출처 Source |
|---|---|---|---|
| 국가화재예방협회<br>NFPA, National fire protection association | 국가화재예방협회 99, 1600 | • 화재 및 기타 유해를 예방하기 위한 안전코드 및 기준 권고 | http://www.nfpa.org |
| 미 연방통신위원회<br>Federal communications commission | 긴급경보시스템 규칙EAS, Emergency alert system (47 미 연방규정집 부분 11)<br>폐쇄자막규칙(47 미 연방규정집 §79) | • 긴급경보시스템 및 폐쇄자막규칙에 대한 규정 | http://www.fcc.gov |
| 연방재난관리청 | 일반 인구집단 대피소에서의 기능요구지원서비스 요구에 대한 통합계획 안내Guidance on planning integration of functional needs support services needs in general population shelters | • 실무이행안내를 제공하여 일반 인구집단에 포함되어 있는 장애인이 대피소에서 자신의 건강, 안전, 독립을 유지할 수 있게 함 | http://www.fema.gov/pdf/about/odic/fnss_guidance.pdf |

Adapted from National Organization on Disability. 2009. Functional Needs of people With Disabilities: A Guide for Emergency Managers, Planners and Responders. Washington, DC: National Organization on Disability Emergency Preparedness Initiative, and BCFS Health and Human Services. 2010. Guidance on Planning for Integration of Functional Needs Support Services in General Population Shelters. Washington, DC: Federal Emergency Management Agency. Available at: http: www.fema.gov/pdf/about/odic/fnss_guidance.pdf.

지부 등이 포함되어야 한다. 왜냐하면 위험에 처한 개인이라는 정의는 너무 광범위하기 때문에 특정 그룹의 특별 요구를 다루기 위해 지역사회는 학교 기반위원회 school-based councils 등의 여러 분야로 개발되어야 한다. 재난계획협의회는 지역사회 재난대응 네트워크에 반드시 필요한 조직이며, 지역사회기반조직이 도움을 주는 장애인구가 재난상황에 대비하도록 기능한다. 협의회를 조직할 때 해당 사안에 대해 알고 있는 지역사회 내 다양한 취약인구의 대표들과 정부기관이 포함되어야 한다. 이 대표들은 지역사회를 대표하는 단체와 하나 이상의 취약인구 집단의 이익을 대표하는 조직을 모두 확인하는데 있어 지지자로써 도움을 줄 수 있다. 표 10-2는 계획협의회에 참여 가능한 단체의 예를 열거하였으며 이는 현장, 지역에 따라 다양하다. 각 지역사회 내에서 조직마다 이름이 다를 수 있으므로, 공중보건전문가는 공동모금회 United way 와 같은 모조직 umbrella organization 과 협력하여 해당 현장에서 활동하는 장애관련 단체를 확인할 수 있다.

재난계획협의회는 재난 발생 시, 그리고 재난에 대응하는 동안 취약인구의 안전을 보장하는데 필요한 특별 계획, 장비, 자원, 대응활동 등을 결정할 수 있다. 취약인구를 위한 재난계획에서는 인력 배치를 규정하고, 필요한 특수 장비를 확인하며, 필요한 자산의 위치와 이용가능성에 대해 알아본다. 대비활동의 일환으로 재난계획협의회는 비상 시 교체 장비, 의약품, 보조장치, 그 외 취약인구가 필요로 하는 것들을 신속하

**표 10-2 취약인구계획협의회의 잠재적 구성원 (미국사례)**

| 정부기관 | 지역사회 제공자 | 지지단체 |
|---|---|---|
| 시군청 장애인위원회<br>보건부서 및 정신보건부서<br>교육위원회<br>노인/재활부서<br>사회서비스 부서 및 지역센터 | 방문간호서비스<br>음식배달서비스<br>주거시설 및 생활보조시설<br>가정간호기관<br>앰뷸렛 및 보조교통수단지원<br>방과 후 프로그램<br>미 뇌성마비단체 Easter seals united cerebral palsy | 미 청각장애인협회<br>미 청력손실 협회 Hearing loss association of america<br>청각장애인용 전화 TDI, Telecommunications for the deaf, Inc<br>장애인 전국조직 미 시각장애인재단 AFB, American foundation for the blind 과<br>시각장애인 협의회의 지부<br>기술접근연합 ATA, Alliance for technology access<br>학부모 교사 협회 parent teacher association<br>독립생활센터 ILC, Independent living center |

게 준비할 수 있도록 사전 재난협의를 위해 여러 기관에 제안서를 제출한다.

지역사회는 취약인구를 위하여 협의회의 일원으로 활동할 수 있으며 지역사회기반 조직과 연락을 취하는 코디네이터를 임명해야 한다. 협의회는 지역사회 재난대응의 일환으로 특정 대변단체와 공조하여 지역사회 및 보호시설 제공자가 이행해야 하는 별도의 책임사항을 확인할 수 있다. 가장 중요한 것은 계획협의회의 구성원들은 조직을 위해 재난계획을 세우는 방법, 전반적인 지역사회 계획의 일부로서 그들의 역할과 책임, 응급상황 발생 시 장애인들에게 연락을 취하고 서비스를 제공하는 방법 등을 교육받아야 한다는 것이다.

## 5. 훈련

재난 발생 시 대응인력은 장애인에게 도움이 되는 보조 장치를 장착하고 사용해야 하므로 그 사용법을 반드시 훈련받아야 한다. 또한, 장애인 단체에서는 재난 시 무엇을 해야 하는지 알 필요가 있다. 재난계획협의회는 장애인과 기타 도움이 필요한 사람들을 위한 대피 및 응급계획에 관해 교육용 도구를 확립하고, 접근가능한 시설과 서비스, 교통, 리프팅 lifting 또는 운송 carrying, 이용가능한 통신 및 지원, 개별지지망 personal support network 확립, 가정에서의 대비, "짐 꾸릴 Go Packs" 준비(본 장에서 추후 설명), 보조동물 assistance animals 등에 관한 교육과정을 수행하도록 지역사회와 협력한다.

## 6. 취약인구를 위한 지역사회계획

지역사회계획에서는 취약인구의 가정과 그들이 일하고, 등교하며, 일상생활을 하고, 서비스를 받는 장소에서 재난대비를 개선할 수 있도록 주민으로 구성된 조직에 지침을 제공해야 한다. 광범위한 조직들이 이 그룹들에게 서비스를 제공한다. 위험에 처한 하나의 단체에서 또 다른 단체까지 역량과 요구도가 다양하게 나타나기 때문에 각 그룹에 맞는 긴급대응절차를 마련하는 것이 중요하다. 예를 들면, 재난에 대응할 수 있는 능력에 영향을 주는 장애는 광범위하며, 영구적인 장애도 있지만 일시적인 장애도 있다. 영구장애(예: 관절염)와 일시적인 장애(예: 염좌, 골절) 모두 재난에 대처하는데 제약이 될 수 있다. 비상사태가 발생한 상황으로 인해 **비장애인이 상황적 장애** situational disability 를 지니게 되므로 계획은 더욱 복잡해진다. 예를 들어, 많은 사람들은 고층빌딩에서 수백 개의 계단을 걸어내려 올 수는 없다.

특정 계획은 위험에 처한 개인의 정의에 포함하는 모든 사람을 위한 것이며, 학습장애인과 발달장애인, 의학적 장애가 있는 사람(천식, 기종, 기타 호흡기 질환, 심장질환, 뇌성마비, 의사소통 장애, 임신, 정신질환, 발작성 장애, 뇌졸중), 이동장애가 있는 사람(휠체어 이용자뿐 아니라 관절염, 하지 골절, 양측하지 마비, 발목 염좌), 감각장애가 있는 사람(시각장애인 또는 맹인, 청각장애인) 등을 포함한다. 이러한 장애가 있는 사람이 모의훈련에 잘 따른다 하더라도 실제 상황에서는 문제가 생길 수 있다.

장애인들은 지역사회기반조직, 가정간호기관 home health care organizations, 보건의료제공자 등을 통하여 연결되기 때문에, 응급 시에 이들 조직이 장애인에게 직접 상황을 알리고 서비스를 제공하도록 훈련시키는 것이 중요하다. 지역사회기반조직, 지역사회센터, 장애인이 시간을 보내거나 이용하는 서비스 기관 등에서 재난 대비에 관한 정보를 지역사회 소식지에 실어서 나누어 줄 수도 있다. 피해지역에 있는 장애인과 연락을 취하도록 지방 사회복지 부서와 함께 연락관계를 확립해야 한다. 지역사회기반조직은 장애인들 스스로 재난 시 무엇이 필요한지 진단하고, 만일의 사태에 대비한 계획을 세우도록 장려한다. 질병등록시스템, 특히 종단적 사례대상자 longitudinal case 에 관한 정보를 적극적으로 수집하는 시스템은 장애인과 연락을 취할 수 있는 또 다른 방법이다. 한번 등록되면 목록에 있는 사람에게 정보가 발송되며 직접 상담을 제공받을 수 있다.

## 7. 등록명부

공중보건은 지역사회계획의 일환으로 지역사회기반조직을 도와 취약인구를 대상으로 한 조직 명부를 작성할 수 있다. 비상관리기관은 이 등록명부를 통해 위험에 처한 지역사회 주민의 수와 그들에게 재난으로 인해 발생할 수 있는 문제의 크기 및 종류를 파악한다. 등록명부가 일단 개발되면 재난 시 필요할 수 있는 서비스를 결정하기 위하여 공중보건부서는 지역의 비상관리국 office of emergency management 과 협력한다.

지역사회는 등록명부를 통하여 취약한 개인이 필요로 하는 자원과 대응을 포함하는 구체적인 계획을 세울 수 있다. 이전의 재난 경험을 통해 의약품과 휠체어, 호흡기, 보청기, 기타 적응장치 등 의료기기 교체에 대한 승인 및 결제가 용이하도록 사전에 절차를 확립하는 것이 중요하다는 점을 알 수 있다. 여기에는 비상 시 조제약을 제공하는 지정 약사를 사전에 배치하는 것도 포함된다. 지역사회에서 생명유지장치에 의존해서 사는 사람의 명부를 작성하는 경우, 그 명부에 적힌 대상자는 공공기업 utility company 에도 등록되면 서비스 연결 시 우선순위에 놓일 수 있다. 이러한 협상은 종종 생명선서비스 lifeline service 라고도 한다. 재난계획은 전력회사와 같은 공공기업의 전력 공급이 줄어들고 있다는 연락을 받게 되면 생명유지전기장치 life-sustaining electrical equipment 에 의존하는 사람에게 즉시 이를 통지하도록 해야 함을 의무화시켰다. 더 나아가 적응장비에 의존하는 사람들에게 전력을 가장 먼저 공급하도록 계획을 세운다.

지역사회가 이런 명부를 관리하거나 해당 정부부서나 지역 비상대비팀에 배부할 때, 이를 최신상태로 유지하기 어렵고, 개인정보보호에 대하여서도 고려해야 한다. 사람을 계속 등록할 필요가 있는지 확인하기 위해 주기적으로 연락하여 매년 등록을 요청한다. 일부 사람들은 그들의 집 주소를 등록하는데, 재난 발생 시에 그들이 학교나 직장, 혹은 다른 곳에 있을 수 있으므로 등록자들에게 낮 시간에 대체 가능한 연락정보를 수집해야 한다. 자발적으로 등록한 사람 만의 명부이지 재난 시 잠재적으로 도움이 필요한 모든 사람이 등록된 것이 아니므로, 명부는 초동대응요원 first responder 에게 최종적인 명단으로 사용되어서는 안 된다.

취약집단에 대한 종합적인 등록명부 개발은 노동 집약적일 수 있다. 일부 전략은 노력을 최소화하는데 사용할 수 있다. 관할구역 jurisdiction 은 등록명부의 전체 또는 부분 인구를 대상으로 할 수 있다. 예를 들면, 관할구역을 재난 시 대피나 교통 도움이 필요한 자의 등록명부로 선택할 수 있다. 여럿이 모여 사는 주택이나 기타 등록기관을 포함한 집단 거주 장소에서 살고 있는 사람들의 요구가 이미 알려져 있기 때문에 자택 거주자의 등록이 저조할 수 있다. 지역사회의 특정그룹을 위한 지역사회계획 및 대비에 대한 조치를 마련하는데 참여하도록 이런 시설을 관리하는 기관들을 격려해야 한다. 마지막으로, 시민봉사단 citizen corps volunteers 은 집집마다 방문하여 이전에 기능적 요구를 가진 자로 확인된 사람들을 등록함으로써 정보를 수집하는데 도움을 준다.

역사적으로, 취약집단은 그들의 개인정보보호에 대한 우려 때문에 등록명부에 서명하는 것을 꺼려했다. 연방의료보험 통상책임법 The health insurance portability and accountability act의 개인정보보호 규칙은 위 법에 규정된 주체(예를 들어 보건의료조직 및 보건의료인)들이 공중보건을 위한 목적으로 정보를 공개하도록 허용한다. 정보를 보호하기 위해 등록 데이터베이스는 보안서버에 조치를 취하여 보관해야 하며 이런 개인정보에 대한 보호조치는 등록자와 공유해야 한다. 더 나아가 이송 및 사회 서비스 제공자는 개인정보보호 규정의 대상이 될 가능성이 없으며 그들이 서비스를 제공하는 개인에 관한 정보를 공개하도록 허용할 수 있다.

## 8. 특정 전략

취약한 사람은 대피소, 이송, 지원서비스 등이 필요할 때 어디로 가야하는지 알아야 한다. 필요한 보조장비나 장치를 근처에 두고 대피 옵션 options 을 파악하고 계획을 반복적으로 연습해야 한다. 이번 섹션은 특정 취약집단의 요구에 대한 특별 대비 요령을 강조하였다. 표 10-3에서는 취약인구를 위한 기본대비단계를 요약 제시하였다.

### 가. 시각장애인

재난 시 시각장애인이나 부분적으로 볼 수 있는 사람(이들을 위한 장애보조동물 service animal 은 아래에 정의 됨)들은 안전지역으로 안내해야 한다. 시각장애인은 낯선 사람으로부터 대피 요청이 오면 저항할 수 있다. 대응요원 responders 은 안전을 보장하기 위해 준비해야 한다. 또한 장애보조동물들은 재난 시 혼란이나 혼동이 올 수 있으므로 대응요원은 장애보조견을 다루는 훈련을 받아야 한다.

장애보조동물은 대피소에서 그들의 주인과 함께 있도록 허용해야 한다. 미 장애인법 (Title 3 섹션 36.104)에서 장애보조동물은 "장애인의 이익을 위하여 일하거나 작업을 수행하는 개별적으로 훈련된 안내견 guide dog, 신호견 signal dog 이나 기타 동물"이라고 명시하고 있다. 섹션 36.302(c)는 장애보조동물 이용을 수용하기 위해 공공시설에서 정책, 실무, 절차를 수정하도록 요구하고 있다. 안내견 외에도 청각 견 hearing dogs, 발작경고견 seizure alert dogs, 이동 견 mobility dogs 등이 포함된다. 장애보조동물은 특별한 인증이나 신분증을 요구하지 않는다. 지역의 비상관리국에 더 많은 자료가 있을 것이다.

표 10-3 취약인구를 위한 기본준비단계 (미국)

| 장애/특정 요구 | 대비 단계 |
|---|---|
| 알쯔하이머 환자 | • 응급등록부에 명단을 기재한다.<br>• 신원식별용 목걸이나 팔찌를 착용한다.<br>• 대처방법에 대한 정보가 적힌 종이를 가지고 다닌다.<br>• 가족, 친구, 의사의 연락처를 가지고 다닌다. |
| 와상환자 | • 응급이송계획을 세운다.<br>• 일상관리물품을 비축한다.(예: 요강, 성인용 기저귀, 린넨) |
| 당뇨병환자 | • 특별식을 비축한다.<br>• 혈당검사물품을 비축한다.<br>• 냉장이 필요하지 않는 인슐린을 비축한다.<br>• 환자 표식이 있는 팔찌나 목걸이를 착용한다. |
| 투석환자 | • 투석기관이 투석환자의 위치를 알 수 있도록 한다.<br>• 응급상황 인식 즉시 응급 식이요법을 시작한다.<br>• 누구도 투석 액체 또는 약물에 접근하지 않도록 한다.<br>• 대피 목적지에 투석을 준비한다.<br>• 투석을 위해 소독된 물을 사용하지 않는다.<br>• 환자표식이 있는 팔찌나 목걸이를 착용한다. |
| 청력손상자 | • 필요한 장비를 사용할 수 있는지 확인하거나 또는 경고를 인지하거나 의사소통요구를 해결할 수 있는 특별한 조치를 취한다. |
| 거동 장애인 | • 대피소에 도착하기 위한 특별지원을 주선한다.<br>• 휠체어에 있는 사람을 이송하기 위한 적절한 방법과 최상의 출구노선이 있는 세부 정보를 즉시 사용할 수 있도록 유지한다. |
| 영어 이외 언어 사용자 | • 비상대응을 위한 지원계획이 필요하다.<br>• 대비활동에 지역사회 및 문화단체를 포함한다. |
| 산소 의존자 | • 산소공급을 비축한다(전원 포함).<br>• 산소콘덴서condenser를 위한 여분의 물을 비축한다. |
| 차량이 없는 자 | • 이송을 위한 준비를 한다. |
| 특별 식이 필요 자 | • 적절한 비상식량을 비축한다. |

출처: Federal Emergency Management(FEMA). 2010. Are You Ready? Washington, DC: FEMA. Available at: http://www.fema.gov/areyouready/emergency_planning.shtm; and University of Florida IFAS Extension. Disaster Planning Tips for Senior Adults. Gainesville, FL: University of Florida. Available at: http://www.edis.ifas.ufl.edu/pdffiles/fy/fy62000.pdf.

## 나. 아동

아동은 미국 인구의 약 25%이며 재난 시 기능적 요구가 있다. 부상당한 아동은 소아 전용의 장비, 약품, 운송시스템 delivery systems 등이 필요하다. 부모나 보호자가 없는 아동들은 법의학적으로 어려움에 처해있다. 160명의 재난피해자를 표본으로 메타분석한 결과에 의하면, 장기간에 걸쳐 돌봄제공자로서의 역할을 하고 있는 중년 여성 다음으로 아동의 건강이 나빠진다고 하였다. 아동을 위한 재난계획은 반드시 가족중심이어야 하며, 건강문제가 있는 가족의 요구를 충족해야 한다. 아동은 하루 시간을 대부분 학교에서 보내므로, 공공 및 사립학교는 지역사회의 비상대비활동에 포함되어, 지역대응시스템과 통합될 수 있도록 해야 한다. 병원은 그들의 시설방재계획 및 훈련에 아동과 관련된 문제를 포함해야 한다.

의회는 2008년 정부의 재해 계획의 모든 수준에서 아동의 요구를 고려하도록 아동과 재해관련 국가위원회 National commission on children and disasters 의 구성을 승인했다. 2011년 4월 위원회가 해산되기 전까지 아동을 위한 응급상황 대비와 대응 관련 30개 이상의 개선을 권고하는 보고서[4])를 발표하였다. 2010년 보고서는 대피소에 있는 아동의 케어에 대한 표준(부록 Q)을 포함하고 있다. 대피소에서 아동은 안전, 영양, 쓰레기 처리, 감염증으로부터 보호, 스트레스 관리 등이 요구된다. 아동을 위해 설치된 대피소는 유해물질, 유해요소 이동, 성인 포식자 adult predators 로부터 아동을 보호할 수 있어야 한다. 모든 의약품은 아동의 손이 닿지 않는 곳에 보관해야 한다. 마지막으로, 허약노인은 다루기 힘든 아동으로부터 보호되어야 한다.

연방재난관리청은 응급관리에 관한 연방 정부의 계획에 아동의 요구를 포함하도록 하기 위해 2009년에 아동워킹그룹 Children's working group 을 설립했다. 아동과 재해 국가위원회, 연방재난관리청의 아동워킹그룹과 함께 활동하는 교훈 및 정보공유 서비스 The lessons learned information sharing service 는 지침서, 훈련프로그램, 아동과 관련된 모의 훈련과 실제 사건에서 얻은 교훈 등을 통합하기 위해 아동과 재해 관련 자료원 페이지[5])를 구축하였다.

---

4) http://www.ahrq.gov/prep/nccdreport/nccdreport.pdf 참조

5) https://www.llis.dhs.gov/DynamicPage.do?pageTitle5ChildrenandDisastersEX 참조

## 다. 청각장애와 난청

청력을 손실한 자는

- 보청기, 문자메시지 전화기 TTY, Text telephone, 광선신호 전화기 light phone signalers 등을 위하여 여분의 배터리를 비축 및 관리한다.
- 재난 발생 시 쉽게 찾을 수 있도록 보청기를 안전한 장소에 보관해야 한다. 재난 후 즉시 보청기를 교체하거나 고치는 것은 어렵다.
- 설치한 청각화재경보기나 시각화재경보기 중 최소 한 가지 경보기는 배터리가 있어야 한다.
- 비상요원과 어떤 방법으로 의사소통할지 결정한다. 예: 통역사 또는 펜과 종이
- "나는 수화를 하므로, 통역사가 필요하다" 등 미리 인쇄한 메시지를 제시한다.
- 어떤 삽화 및 부호를 지원하는 방송시스템이 뉴스를 계속 전할지 결정한다. 미국의 경우 많은 지역에서 자막이 있는 라디오 방송이 가능하며, 문자, 사진, 그래프 등으로 전송한다.

청각장애인 대상 통신회사 TDI, Telecommunications for the deaf and hard of hearing, Inc. 의 지역사회 비상사태대비 정보네트워크 CEPIN, Community emergency preparedness information network 프로젝트는 청각장애인에 대한 국가의 비상사태 대비활동을 강화하기 위해 개발되었다. 청각장애인 대상 통신회사에서는 대응자가 재난 발생시 청각장애인이 직면하는 복잡한 통신문제를 지역사회 비상사태대비 정보네트워크를 통해 이해하는데 도움을 주기 위해 AWR-186 응급상황 대응자와 지역사회 청각장애인 AWR-186: Emergency responders and the deaf and hard of hearing community 과정을 개발하였다. 아울러 이 과정은 청각장애인에게 재난에 대비하고 대응하며 복구하는데 필요한 정보와 기술을 제공한다. 이 과정에 대한 정보는 온라인[6]에서 확인할 수 있다.

마지막으로 청각장애인은 지역사회 비상대응팀 CERT, Community emergency response team 프로그램을 통해 자신의 자원봉사자팀을 구성하였다. 지역사회 계획수립자 community planners 는 이러한 팀을 활용할 수 있는지를 판단하기 위해 청각장애인들의 지역사회 비상대응팀을 체크해야 한다.

---

6) http://www.cepintdi.org/course-offerings/awr-186

## 라. 생명유지장치

생명유지장치(투석, 인공호흡기, 산소, 흡인, 정맥펌프 intravenous pump, 주입요법 infusion therapy 등)에 의존하는 자들은 다음을 통하여 재난에 더욱 잘 대비할 수 있다.

- 생명유지장치의 안전을 확보하며, 넘어져 손상되지 않도록 한다.
- 홈시스템이 작동을 멈추거나 서비스제공자가 서비스를 제공할 수 없을 경우, 대체 가능한 다른 시설이나 기관 또는 서비스제공자를 결정한다.
- 전원공급이 필요한 생명유지장치의 수요자로서 지역 공공기업에 등록한다.
- 필요시 전력을 5~7일 유지할 수 있는 대체 전원을 파악하고 준비한다.
- 발전기 구입을 고려한다.
- 수동 조작 장비를 사용할 수 있는지 확인한다.
- 장비가 차량전원을 통해 작동가능한지를 확인하고, 조립에 필요한 장비를 구한다.
- 정기적으로 충전용 배터리를 점검하고 충전한다.
- 배터리수명에 주의를 기울이고 5~7일간 사용할 만큼 충분히 배터리를 확보한다.
- 호흡기를 사용하는 자는 3일 동안 사용할 수 있는 산소, 배관 tubing, 용액 및 약품이 있어야 한다.
- 산소 사용자는 유량 flow rate 을 줄일 수 있는지 여부를 확인해야 한다. 가능하다면, 쉽게 참조할 수 있도록 개정 유량 수치를 장비에 기록한다.
- 필요시 집에 "산소 사용 중"이라는 표지를 붙여 대응요원이 즉시 인지할 수 있도록 한다.
- 전원차단스위치를 산소장비 가까이에 두어 응급 시 빨리 해제할 수 있도록 한다.

## 마. 노인

재난 시 노인들은 취약하다. 왜냐하면 그들은

- 걸어 다닐 때 휠체어, 지팡이 및 보조기에 의존하며 물리적 이동성이 손상되어 계단을 오를 수 없다.
- 만성적인 건강문제가 있다.
  - 재난과 관련된 여러 상황(건강식품과 식수 부족, 극도의 더위나 추위, 스트레

스, 감염에 노출 등)에 노출되면 악화될 수 있다.
- 의료기기 및 약품을 제공할 비상계획이 필요하다.
- 재난 시 필수 약품이나 개인적 특별 약물요법(예: 인슐린, 항응고제, 정신과 약물) 및 특별식이 등이 불가능해지면 불리한 의료상황에 처할 수 있다.
- 추가적인 혼란이나 공포를 경험하게 될 수 있다. (예: 치매에 걸린 자가 그들의 약을 먹을 수 없게 됨)

- 스트레스를 더 받고 충분한 수분을 필요로 하는 경향이 있다.
- 돌보는 사람에 의존하며 지원시스템이 없을 수 있다.
- 재난으로 집이 파괴된 경우 그들은 살 곳과 퇴직보증금을 잃게 된다.
- 재난에 대비하고 재난 발생시 대응하고 적응할 수 있는 충분한 수입이나 다른 자원이 부족하다.
- 감각장애(청각, 시각)나 인지장애가 오며 정보를 이해하거나 지시방향을 따르기 어렵게 된다.
- 재난 시 이동하기, 줄서기, 시끄러운 대피소의 낮은 간이침대에서 잠자기 등 모두 어려우므로 당황할 수 있다.
- 운전하지 않거나 차량이 없는 경우 대피하기 어렵다.
- 평생 모아둔 재산을 남겨두고 대피하는 것을 주저한다.
- 그들의 애완동물을 걱정한다.
- 도움을 받는 것을 피하려 한다.
- 시설입소나 독립성 상실을 두려워한다.
- 그들의 삶을 재건하는 것을 과도하게 인식하여 우울감에 빠진다.
- 재난 후 기본적인 요구를 충족하기에는 신체적인 어려움이 있다.

지역별로 노인서비스 제공기관은 노인들이 자신의 대비계획을 수립할 수 있도록 도와 줘야 한다. 더욱이, 고령화서비스네트워크의 모든 부문은 그들의 지역사회나 국가의 대비 및 대응 계획에 동참해야 한다. 재난에 따라 지역사회에는 추가적인 중앙정부 자원이 필요하며, 노인에 대한 서비스를 위하여 재원이 필요하다. 2006년에 재승인된 노인법The older americans act은 대통령의 재난선언에 따라 발생하는 추가비용을 미 보건부의 노화관리국HHS's administration on aging에서 주 사무소에 배상해주도록 하고 있다. 이 기금은 노인 복지, 상담, 식품, 가정의 청소, 긴급 이송, 약품으로 사용 될 수 있다.

### 바. 특별 의료요구

특별 의료 요구가 있는 자의 경우에는

- 전체 약품을 7일분 공급해야 한다.
- 약을 원래 용기에 넣어서 한 위치에 보관해야 한다.
- 모든 약품 목록을 갖춰야 한다(약명, 용량, 사용빈도, 처방한 의사이름 등).
- 7일분 붕대, 장루용품 ostomy bags, 주사기 등의 물품이 있어야 한다.
- 주입펌프 infusion pump 의 배터리 충전되었는지, 전력 공급 없이 얼마 오래 쓸 수 있는지 확인한다.
- 정전을 대비하여 수동 주입 기술을 학습한다.
- 모든 장비에 서면으로 작성된 조작법 written operating instructions 을 부착한다.
- 재난가방 Go Pack 을 항상 준비해 둔다.
- 보험카드, 사전의사결정 advanced directive, 위임장 등 필수 의무기록의 사본을 갖춘다.
- 가정간호 서비스제공자와 재난계획에 대하여 토의한다.
- 모든 장비와 공급물품의 제공자, 공급업체의 연락처 목록을 유지한다.

## 9. 개별지원네트워크

지역사회 계획에서는 위험에 처한 개인들이 응급상황 시 이들의 상태를 확인하고 도움을 줄 수 있는 친척, 지인 및 동료로 이루어진 네트워크를 형성하도록 권장해야 한다. 이를 가리켜 개별지원네트워크 PSNs, Personal support networks 라고 한다. 개별지원네트워크는 취약집단이 스스로 필요로 하는 자원을 확인하고 챙김으로 자신의 가정을 평가하고 재난에 대비하도록 도우며, 이들이 필요로 하는 것이 무언인지를 아는 여러 사람을 통해 비상지원을 제공한다. 취약 대상자들은 어디에서 시간을 보내는가에 따라 하나 이상의 개별지원네트워크(가정, 학교, 직장 등)를 조직해야 할 수도 있다. 예를 들면, 최소 3명이 위험에 처한 개인들과 규칙적으로 시간을 보내고 있다면, 이들은 그 곳에 재난 대비를 위해 충분한 계획이 되어있다고 확신할 수 있다. 개별지원네트워크의 구성원은 취약자들의 의료정보 사본, 의료 또는 장애관련 용품 및 특수장비 목록, 대피 계획, 관련 긴급서류, 개인재난계획 외에도 취약자들이 필요로 하는 것의 목록을 작성해야 한다. 네트워크의 구성원이 의료취약자나 장애인과 언제 어떻게 연락하는가에 대한 상황도 반드시 자세하게 언급해야 한다. 개별지원네트워크의 구성원은 서면으로 된 지침서를 가지고 있어야 하며, 장애인의 열쇠가 있는 곳, 장애인이 사용하는 적응장치나 내구성 장비의 작동과 이동, 의료용품의 위치, 장애보조동물service animal을 다루는 법, 장애인이 필요로 하는 간호 등에 대해 알고 있어야 한다. 표 10-4는 개별지원네트워크를 감안한 계획의 지침이 되는 개별 사전평가personal assessment의 기본요소를 열거하고 있다. 재난 이후의 환경, 개인의 역량과 한계, 예상되는 최저 기능한계 등을 토대로 개별평가를 하는 것이 최선이다.

**표 10-4** **개별평가요소**

- 개인의 요구도와 자원을 열거한다.
- 일상생활 활동을 평가한다.
  - 개별간호가 필요한 지원
  - 옷 입을 때 적응장비 이용
- 며칠간 수도 또는 온수가 나오지 않을 때 필요한 것을 평가한다.
- 개별 간호에 필요한 장비를 확인한다(즉, 샤워의자, 욕조이동벤치).
- 따로 음식을 준비하거나 먹을 수 있는 특수조리기구의 필요성과 적응급식장치adaptive feeding devices를 확인한다.
- 전기장치를 계속 사용할 수 있도록 계획을 마련한다(투석, 전동리프트 등).
- 재난으로 집이 파손되면 이동할 수 있도록 준비한다.
- 특수 차량 또는 이용할 수 있는 이송수단에 대한 계획을 세운다.
- 지역사회나 집의 건물에서 대피하는 방법을 연습한다.
- 장애보조동물에게 필요한 이동기기와 장비의 위치를 파악하고 이를 찾을 수 있는 계획을 마련한다.
- 경사로ramp 접근 상태를 평가한다.
- 재난이 발생 당시와 그 후에 장애보조동물을 돌볼 계획을 수립한다(사료, 대피소, 수의사 치료 등).
- 장애보조동물을 돌볼 수 없는 경우 다른 사람이 돌보게 한다.

## 10. 재난가방

모든 사람은 '재난가방'을 준비해야 한다. 재난가방은 사전에 준비하는 개별 휴대용 키트(방수가 되는 플라스틱 상자에 보관하는 것이 좋다)이다. 약물치료를 받는 사람은 권장온도에 보관할 경우 최소 7일분의 약을 준비하며, 이 약은 유효기간을 넘지 않도록 매주 바꿔준다. 그 외의 경우에는, 여분의 지팡이, 보청기 전지, 보행보조기, 산소호흡기, 가벼운 비상대피용 의자, 보완통신장비, 인슐린 용품, 안내견 사료와 물 등이 들어갈 수도 있다. 약국이 없을 때 생명과 직결된 약을 복용할 수 있었기 때문에 재난가방은 2001년 9월 11일 이후에 뉴욕에서 아주 요긴하게 사용되었다. 일부 주 state 에서는 메디케이드 Medicaid 가입자의 경우 30일 이상 약품을 받을 수 없다는 것을 기억해야 한다. 해당 주 정부의 규칙을 확인하고 허용되는 사항을 결정하는 것이 중요하다. 마지막으로, 사회보장연금을 받는 사람의 경우에는 "재난가방"에 최근에 지급된 카드의 사본을 넣어두어야 한다.

## 11. 대피소와 배포센터

응급상황에서 공중보건은 지역사회와 협력하여 취약인구들이 집에서 대피하는데 많은 도움을 주어야 한다. 위험에 처한 개인들은 재난 시 집이나 직장, 또는 서비스를 받는 건물에서 어떻게 나가는지 계획을 세우도록 권고해야 한다. 어떤 도로는 폐쇄되거나 재난으로 인해 막혀있을 수도 있으므로, 두 가지 대피 경로를 마련해야 한다. 앞서 논의한 대로 여분의 식량과 물, 장애보조동물 용품이 들어있는 "재난가방"을 준비하도록 장려해야 한다.

공중보건은 휠체어 진입로, 대형 화장실, 장애보조동물을 수용할 수 있는 미 장애인법에 적합한 대피소의 목록을 개발하기 위해 적십자와 함께 작업해야 하고 노인과 장애인에게 서비스를 제공하는 지지집단 advocacy groups 과 제공자에 그 위치를 알려야 한다. 미 법무부 The U.S. department of justice 는 응급상황시 대피소로 사용되는 시설에서 이루어져야 하는 숙박시설의 세부사항이 명시되어 있는 비상대피소에 대한 미 장애인법 체크리스트 ADA checklist for emergency shelters 를 개발하였다. 가이드라인[7]은 온라인에서 확인할 수 있다.

지역사회계획의 일환으로 각 대피소에서 제공할 의료관리 수준을 결정해야 한다. 계획자는 다른 종류의 대피소가 있는지 확인하여야 한다(예를 들면, 의학적 관리, 혼합된 인구 mixed populations). 사전계획은 대피소 이용자들의 고도로 전문화된 의료요구를 적절하게 식별하고 해결할 수 있어야 한다. 전지가동 휠체어, 음성인식 조명 light talker, 컴퓨터, 인공호흡기 등과 같은 적응장비 adaptive equipment 를 사용할 수 있도록 대피소와 배포센터에 대한 계획에는 접근가능하고 적절한 전기 콘센트가 구비되어야 한다. 각 층에는 비상 전조등 running light 을 설치해야 한다. 재난 후 적응장비를 대여하거나, 수리, 교체(즉, 전지 충전기, 휠체어)할 수 있는 의료기기 제공자도 대피소 사전계획에 포함되어야 한다. 상담전화 hotline 에 문자메시지 전화기의 번호를 넣어야 한다.

서식, 배급표, 호텔 숙박권 등을 배부하는 배포센터는 접근가능성에 대한 미 장애인법 기준을 충족해야 한다. 대기행렬, 화장실, 전화 등 시설에 물리적으로 접근할 수 있도록 보장이 되어야 한다. 미 장애인법에서 재난대응시 사용하는 문서화된 자료는 요구에 따라 다양한 형태로 사용하도록 하고 있기 때문에 대피소에서 배포하려고 만든 교육자료와 정보자료는 점자, 큰 활자, 영어 이외의 다른 언어, 오디오 카세트테이프 등의 형태로 준비해야 한다. 가정용 자료는 문자음성변환 TTS, Text-To-Speech 과 같은 컴퓨터 보조장치가 필요한 방식으로도 제공해야 한다.

미 장애인법에서 명시하고 있듯이 청각장애 및 난청이 있는 자도 재난 이후 전화통신이 접근가능해야 한다. 문자메시지 전화기는 비디오중계서비스 video relay service 를 사용하는 사람들이 많아지면서 사용이 감소하고 있다. 비디오중계서비스와 아울러 전화상담직원은 수화 ASL, American sign language 를 사용할 필요가 있다. 청각장애인들은 또한 음성전화기와 유사한 비디오중계통역기 video relay interpreter 또는 자막전화기 Cap Tel, Captioned telephone 를 사용할 수 있으며, 특정 도구 Specific tools 들에 대한 논의는 아래 부분에 있다. 또한 점점 더 많은 청각장애 및 난청자가 호출기 pagers 나 휴대폰을 사용하여 이메일이나 문자를 발송하므로, 정부기관에서는 재난 시 이 기술을 통해 서비스를 제공하여야 한다.

지역사회 계획에서는 대피소에 갈 수 없는 사람들에게 식량과 물을 직접 제공하는

7) http://www.ada.gov/pcatoolkit/chap7shelterchk.htm

대안도 마련할 수 있다. 지역 주민들이 정보에 접근하여 인터넷이나 전화, 문자메시지 전화기, 이메일을 통해 신청서를 작성하는 절차를 마련하는 것도 하나의 방법이다.

## 12. 통신

응급통신은 장애인, 의사소통능력 제한자, 문화적 배경이 다른 자 등이 접근가능해야 한다. 비록 규제를 통해 긴급의사소통이 일어나는 방식을 구체화하도록 요구하지만, 공중보건은 다른 집단들과 연락을 취하기 위한 목표전략이 있어야 한다. 청각장애인은 라디오, 텔레비전, 사이렌이 전송하는 음성경보를 들을 수 없다. 시각장애인이나 저시력자는 번쩍이는 불빛, 텔레비전 스크린에 표시된 긴급정보 스크롤링 scrolling 등 시각적 단서 cues 를 인식할 수 없다.

비상경보 및 경고는 대중에게 영어 이외의 언어를 제공해야 하고 영어 이외의 다른 언어의 라디오 및 텔레비전 방송국과 협력해야 한다. 영어 능력에 제한이 있는 인구가 많은 일부 지역에서는 라디오와 텔레비전 방송국에서 정보를 전달할 때 이중 언어를 사용하는 직원이나 통역자를 활용한다.

취약집단은 경보나 경고의 의미에 대한 맞춤 교육이 필요하다. 예를 들면, 일부 시각장애인들은 텔레비전 스크린 하단 자막으로 긴급경보 메시지가 스크리닝 되는 것을 텔레비전 방송 시 음성 신호음으로 들을 수 없거나 또는 라디오를 통하여 더 많은 정보를 얻을 수 있다.

취약집단과 통신하는데 사용되는 기술은 정기적으로 이용되어야 하며, 지역사회를 위한 비상계획은 일반적 통보를 제공하기 위해 중복적인 방법을 포함해야 한다. 청각장애인, 난청 및 시각장애인들은 폐쇄자막, 안정된 신호 언어통역기 qualified sign language interpreters, 점자, 텍스트 메시지, 문자메시지 전화기, 대문자인쇄, 오디오테이프 등을 이용하여 접근할 수 있다.

인지장애를 가진 사람들을 위한 방법은 가장 관련 있는 정보를 간단한 어휘를 사용하여 자주 반복하는 것이다. 화보설명 pictorial representations 은 아동, 제한된 언어실력 가진 자, 인지장애인에게 빠르고 쉬운 정보를 제공할 수 있다.

미 장애인법 2항은 지역사회 거주자는 문자메시지 전화기 또는 비디오중계서비스의 역량과 같은 대체적 수단에 의해 응급관리부서와 접촉할 수 있어야 한다고 명시한다. 비디오중계서비스와 인터넷 프로토콜 릴레이 internet protocol relay 제공자는 공중안전 응답지점 발송 The public safety answering point dispatcher 으로 알려져 있는 지역사회 응급전화번호에 응답하는 콜센터에 비상전화가 자동으로 연결되어 등록되도록 10자리 전화번호 숫자를 제공해야 한다. 문자메시지 전화기는 청각장애인이 전화를 이용해서 문자메시지를 보내고 받을 수 있게 해준다. 과학기술의 향상은 소비자로 하여금 문자메시지 전화기 호환 해드셋 TTY-compatible handsets 을 이용하여 디지털 무선전화기 사용을 가능하게 하였다. 이용이 어려운 지역에서는 문자메시지 전화기 사용자는 무선전화서비스, 아날로그 전화 서비스, 전화교환서비스 TRS, Telecommunications relay service 로 911 응급전화를 걸 수 있다. 더 자세한 정보는 온라인[8]에서 확인할 수 있다.

## 가. 긴급자막규칙의 준수

연방통신위원회 FCC, The federal communications commission 규칙은 지역사회 비상계획의 일환으로 방송사와 케이블 사업자는 청각장애인이나 시각장애인이 지역 긴급정보를 접해야 한다고 규정하고 있다. 공중보건의 경우, 이는 긴급정보를 청각 및 시각적인 방법 모두로 제공한다는 것을 뜻한다. 영상 편성 배포업자(방송사, 케이블 사업자, 위성 TV 서비스, 그 외 다채널 영상 편성 배포업자)를 통해 전달되는 모든 정보는 이러한 표준에 부합해야 한다. TV 방송국은 모든 시청자에게 문자와 소리로 긴급정보를 방송하도록 한다.

## 나. 긴급정보에의 접근성

연방통신위원회는 청각장애인을 위해 긴급정보의 음성부분에 폐쇄자막 closed captioning 이나 화면 위에 뜨는 개방자막 open captioning, 크롤 crawls 또는 스크롤 scrolls 등 시각 자료에 자막을 입히는 등 다른 방법을 포함하도록 요구한다. 폐쇄자막 이외의 방법으로 긴급정보를 제공할 때에는 폐쇄자막을 방해하지 않도록 하고, 폐쇄자막도 그 이외의 방법으로 제공되는 긴급정보를 차단해서는 안 된다. 시각장애인의 경우, 정규 뉴스방

8) http://www.fcc.gov/cgb/consumerfacts/ttywireless.html

송이나 정규 프로그램 사이에 나오는 뉴스속보의 영상부분에서 제공하는 정보를 알 수 있어야 한다. 이에 방송의 주요 음향부분에서 긴급정보에 대한 내용을 음성으로 설명해야 한다. 정규 뉴스방송이나 뉴스속보(즉, 정규방송 중에 "크롤링 crawling"이나 "스크롤링 scrolling"으로 긴급정보를 내보냄)에서 영상으로 긴급정보를 전하는 경우, 음성을 지원해야 한다. 이 때, 방송국에서 긴급정보를 제공하는 대상인 시각장애인들에게 위험을 알리고, 보다 자세한 내용은 라디오와 같은 다른 매체로 들을 수 있다는 점을 알려준다.

날씨 변화에 대한 주의보와 경보, 지역사회 응급상황(예: 유독가스 방출, 광범위한 정전, 산업 폭발, 시민난동, 학교 휴교)으로 인한 학교버스 일정 변경 등에 관한 긴급정보를 이 표준에 의거하여 제공한다. 정보를 제공할 때에는 반드시 응급상황에 대한 내용과 대응방법, 대피 및 대피소의 위치, 현재 있는 장소 내에서 대피하는 방법 등을 알려주어야 한다. 지진과 토네이도와 같은 재난에서는 집안에서 이동한 물체로 인해 부상을 입거나 거동이 불편한 사람이 피신하는 경로가 막힐 수 있으므로 이러한 재난이 발생하는 동안, 그리고 그 직후에 교육적 내용을 공지할 때에는 장애인들이 집안에 있는 위험요소를 확인하도록 당부한다. 마지막으로, 만성질환이 있는 사람은 대피할 때에 복용약을 챙기도록 이에 대한 언급도 해야 한다.

일부 지역방송국은 토네이도와 같은 날씨에 대한 응급정보를 방송할 때 자막을 제공한다. 또 다른 대안적인 자료원은 미 해양대기청 NOAA, National oceanic and atmospheric administration 의 날씨 라디오 방송이다. 여기에서는 그 지역에서 선언한 모든 비상상황의 특성을 짧은 문자로 보여준다. 날씨 라디오방송은 무한정 대기상태로 있을 수 있다. 이러한 라디오방송은 응급상황이 선언될 때까지는 방송을 하지 않고 있다가 응급상황이 선언되면 알람 및 그 상황과 관련한 음성메시지를 발송한다. 섬광전구와 침대진동은 알람을 들을 수 없는 사람들에게 유용하고 대부분 문자메시지에 표시된다.

미 질병관리본부는 대중에 대한 서비스 안내를 위해 수화를 사용하는 비디오클립 시리즈를 개발했다. 수화를 사용하는 폐쇄자막의 비디오 클립은 미 질병관리본부 응급웹페이지[9]에서 이용가능하다. 이러한 클립은 폭풍, 청소, 대처, 안전한 식품과 식수, 처방약품에 대한 대비 등을 포함하는 폭넓은 주제를 다룬다.

---

9) http://www.emergency.cdc.gov/disasters/hurricanes/psa.asp

## 다. 특정 도구

미 해양기상청 재난방송NWR, NOAA weather radio의 수신기 시스템은 특히 청각장애인에게 경고를 제공하는데 유용하다. 미 해양기상청 재난방송은 생명을 위협하는 사건에 대해 경고하기 위해서 비언어적 정보를 포함한다. 경고는 연결된 진동장치, 침대 동영상, 베개 진동기, 또는 섬광전구를 통해 전달된다.

메시지인코딩SAME, Specific area message encoding 과학기술로, 미 해양대기청 재난방송 수신기는 특정 사건(토네이도, 돌발 홍수)과 특정 관할지역을 프로그램화할 수 있다. 기본 미 해양대기청 재난방송 수신기와 시스템은 동일한 기술 및 외부 경보 장치와 함께 사용할 수 있다. 이 미 해양대기청 재난방송 수신기는 초인종 또는 연기 감지기와 유사한 기존의 홈 보안 경보 시스템에 연결할 수 있다. 무선 또는 유선 리모콘 모듈이 사용되는 더 복잡한 설치에서는 원격알람이 되는 장치를 연결해야 한다. 그러한 알람은 충전지 또는 모듈형 전원공급장치의 외부 전원이 필요할 수 있다. 바로 사용할 수 있는 시스템은 Silent Call Communications[10)]과 Harris Communications[11)]에서 판매된다.

외부 경보에 연결할 수 있는 다른 장치는 전자 제품 전문 기술자의 기술을 필요로 하고 라디오 쉑Radio Shack, 미들랜드Midland, 유니 덴Uniden, 그리고 일차 경고First Alert를 포함한 여러 회사에서 제조 또는 판매하고 있다.

마지막으로 몇 가지 과학기술은 전화로 의사소통시 청각장애인에게 도움을 줄 수 있다. 전화 회사는 사용자에게 TRS를 무료로 제공하며, TRS의 비용은 주 또는 연방기금 중 하나에서 상환된다. 또한 비디오중계로 알려진 TRS 형태는 수화를 사용하는 사람들이 비디오 장치를 통해 음성 전화기 사용자와 의사소통할 수 있게 하였다. 또 다른 시스템인 Cap Tel은 청각장애인이 모든 다른 전화기처럼 사용할 수 있다. Cap Tel 과학기술을 활용하는 사용자는 시스템을 통해 텍스트를 음성으로 변환하여 발신자의 소리를 듣고 디스플레이 창에 작성된 자막을 읽을 수 있다.

---

10) http://www.silentcall.com/catalog/contact_us.php

11) http://www.harriscomm.com

## 13. 이송

대피를 위하여 재난 전, 중, 후에 반드시 접근가능한 이송수단이 있어야 한다. 관리자는 지역사회와 시설계획의 한 부분으로 휠체어를 들어올릴 수 있거나 경사로에 접근 가능한 이송수단을 반드시 확인하여야 한다. 지역사회의 긴급 차량은 대응 가능하다고 간주되고 있지만, 특수 차량의 숫자는 제한되어 있고, 사용가능하지 않거나 다른 곳에서 사용 중일 수 있으므로 재난계획에는 비상긴급차량을 사용하는 등 중복 준비도 포함되어야 한다. 연방고속도로관리청 federal highway administration 보고서인 특정 요구가 있는 인구집단의 대피 evacuating populations with special needs 는 대피 시 취약인구의 이송에 대한 최선의 실무와 도구를 제공한다. 이 보고서에는 공무원과 이송 담당자를 위한 체크리스트가 포함되어 있으며 온라인[12)]에서 확인가능하다.

## 14. 장애인을 위한 건물의 대비

직원과 장애인들 모두를 고려한 대피계획을 세우려면, 해당 조직이나 건물에서 대피문제에 관한 전반적인 사항을 계획하는 비상대비위원회를 편성해야 한다. 비상대비위원회는 건물관리인, 지역 소방서, 경찰, 유해물질 HAZMAT, Hazardous material 취급자, 대피 장비 제조업체, 장애인 및 기타 취약한 사용자를 포함하는 대피계획에 관심을 두고 있는 기관과 단체 등을 만나야 한다. 대비방책에서는 건물에서 정기적으로 일하는 사람 외에도 도움이 필요할 수도 있는 방문자를 확인해야 한다. 더 나아가, 위원회는 안전을 위해 도움이 필요한 사람들을 제대로 지도할 수 있는 인력을 확인하고 훈련시켜야 한다. 지역사회 대비계획의 규모가 클수록 대피계획에서 반드시 정기적으로 모의훈련을 하고, 그 효과성을 평가해야 한다.

계획 과정의 일환으로 고용인의 수와 장애 유형을 확인하고, 더 좋은 대피방법을 장애인과 논의하는 것이 좋다. 미 평등고용기회위원회 The U.S. equal employment opportunity commission 는 연방정부의 장애차별법 federal disability discrimination laws 이 고용주로 하여금 포괄적인 비상 대피계획에 필요한 정보를 획득하고 적절하게 사용하도록 진술한다. 고용

12) http://www.ops.fhwa.dot.gov/eto_tim_pse/publications/index.htm

주는 고용인에게 장애나 의학적 상태로 인해 비상 시 도움이 필요한지 물어볼 수도 있다. 비상대피 시에는 도움이 필요한 사람의 명단이 반드시 필요하며, 최소한 매년 업데이트를 해야 한다. 고용주는 세 가지 상황 – 고용제의를 하고 출근하기 전, 모든 고용인이 자발적으로 자기신원을 확인하도록 고용주가 지시하여 정기 설문조사를 하는 경우, 비상 시 도움이 필요한지의 여부를 장애가 있는 고용인에게 물어보는 경우 등에 해당 정보를 수집할 수 있다. 고용주는 그 정보가 기밀이며 비상대피계획에 의거한 책임자만이 정보를 공유할 것임을 장애인에게 알려주고 이를 보장해야 한다. 고용인은 의학적 상태로 인해 도움이 필요한 사람에게 필요한 지원의 종류를 설명하도록 요청하고, 모든 고용인에게 정보를 요청하는 첨부양식과 함께 메모를 남길 수도 있다. 또한, 고용인은 자세한 정보가 필요할 때에 면담할 수도 있다. 미 장애인법은 직원의 의료 정보에 대한 비밀을 유지하기 위해 고용주가 지켜야 하는 조항이 있다. 그러나 대피 시에는 안전요원, 의료 전문가, 비상관리 조정자, 층별 관리인, 고용인의 개별지지망에 속한 동료, 모든 사람이 대피했는지 확인해야 하는 건물보안요원, 고용주의 비상대피계획 하에 안전한 대피를 돕는 비의료인력 등은 필요한 지원의 종류를 포함하여 고용인의 의료 정보를 공유할 수 있다.

## 가. 감지

종종 자동감지시스템이 화재와 같은 위험요소를 감지한다. 자동화 시스템(예: 섬광, 경적)은 미 장애인법의 업데이트 규정과 청각장애인을 위한 비상신호장치 보험업자 실험표준 Underwriters laboratories standard for emergency signaling devices for the hearing impaired (UL Standard 1971) 에 따른 것으로 볼 수 있다. 이 표준은 그 신호장치가 빛이나 진동, 공기의 이동을 감지함으로써 청각장애인에게 위험 등을 알리도록 요구한다. 시설에서 당김이 필요한 수동장치를 사용하는 경우, 휠체어에 앉아 있는 사람이 경보기에 닿을 수 있도록 약 120~140센티미터(48~54인치) 높이에 당김 위치를 설치해야 한다.

## 나. 공지

비상대비계획에는 모든 건물 거주자에게 비상조치를 취해야 함을 알리는 과정이 있어야 한다. 비상사태로 인해 흔히 기계나 장비를 이용할 수 없으므로, 비상사태를 알릴 수 있도록 기술 수준이 낮은 여러 가지 방법을 마련해두는 것이 중요하다. 장애인도 별도로 배려해야 하지만, 공지 시스템을 개선하면 모두에게 이익이 되므로 대비계획에서는 지역사회의 모든 사람을 고려해야 한다.

미 장애인법 접근가능성 가이드라인 Accessibility guideline 은 감각이상자를 포함하는 장애인이 접근할 수 있도록 비상경보 설명서를 제공한다 (ADAAG 4.1.3[14], 4.28). 비상경보 시스템이 있는 경우, 시각 및 청각적인 기준에 부합해야 한다. 사건이 발생하면 어느 시스템이 작동하지 않을 수 있으므로 여러 시스템을 설치하는 것이 중요하다. 예를 들어, 청각신호는 경보기 소리와 구분이 되지 않을 수 있고, 신호 소리는 잘 들리지 않거나 사이렌과 구분이 되지 않을 수가 있으며, 전기가 나가면 시스템이 작동하지 않을 수도 있다. 이 외에도, 지정된 곳에 통역기를 비치해야 한다.

비상호출시스템을 통한 음성 지시 audible instructions 는 청각장애인에게 효과가 없으므로, 이때에는 고강도 섬광등을 이용해야 한다. 미 장애인법 접근가능성 가이드라인에 제시되어 있는 영상기기의 사양은 강도, 플래시 속도, 설치위치, 기타 특성을 포함한다. 통로와 로비에 설치한 음성경보기는 근접한 방에서는 들을 수 있지만, 시각신호는 신호기가 있는 장소에서만 볼 수 있다. 시각경보기는 복도와 로비, 화장실, 그 외 회의실, 교실, 구내식당, 직원휴게실, 탈의실, 검사실 등 공용구역에 설치해야 한다. 그 대신에 TV 모니터, 스크롤 문구 또는 진동하는 호출기 등으로 시각적인 공지를 할 수 있다. 예를 들면, CCTV는 촬영을 하고 TV 모니터로 확대된 영상을 보는 TV 카메라로 구성되어 있다. 마지막으로, 출구표시는 보통 출구 위에나 천정 근처에 있어 연기 때문에 잘 보이지 않을 수 있으므로, 약 15~20 cm(6~8인치) 정도의 높이에 출구표시가 있어야 한다.

## 다. 촉각 및 청각 신호체계

미 장애인법 접근가능성 가이드라인에는 건물표시의 특정 유형에 촉각을 이용하고 점자 braille characters 사용을 요구하고 있다. 출입구는 위치를 표시하는 촉각신호가 되므로 일반적으로 방과 출구표시 등 출입문에 위치 표시를 포함하고 있다. 촉각 규격(돌출문자와 점자 표시)은 방의 용도에 대한 부호와 계단에 있는 층수표시를 알려주기 위해 적용된다. 화장실, 출구, 문자나 숫자로 표시한 방과 층수가 그 예이다. 미 장애인법 접근가능성 가이드라인에서는 정보 및 방향 표지판을 제시하고 있다. 이러한 표시 유형은 반드시 촉각을 이용해야 하는 것은 아니지만 문자의 크기, 비율, 대비, 기호와 같은 가독성의 기준을 충족해야 한다.

승강기 제어판에 점으로 돌출되어 있는 것을 흔히 볼 수 있는데, 시각장애가 있는 사람들을 돕기 위해 많은 건물에 이러한 점자 표시가 있다. 점자가 있는 제어판은 그 점자 표시가 있는 곳으로 사람이 가야 그것을 만질 수 있으므로 유용성에 한계가 있다. 대비계획에는 음성방향표시 시스템 등 출구를 지시해주는 대안이 있어야 한다.

음성방향표시체계, 즉 원격표시시스템은 시각장애가 있는 사람에게 주변 환경을 알려주는 장치이다. 음성명령은 저전력 라디오파나 적외선광선을 통해 전달된다. 사람이 들고 다니는 작은 수신기가 이러한 신호를 받아 방향(예: "안내 데스크로부터 10걸음 앞에 출구가 있습니다")이나 현재 있는 위치("계단", "승강기")를 확인하는 단어를 음성으로 알려준다. 음성신호의 또 다른 예는 시각장애인에게 주변 환경을 안내해주는 정보를 제공하는 토킹 사인Talking Signs이 있다. 설치되어 있는 적외선 전송기가 정보를 전송함으로 신호가 "말"을 한다. 휴대용 센서가 전송기로부터 정보를 받아 사용자에게 방향을 말해준다. 그 외의 장치로는 2차 전지로 작동하는 연기탐지기와 벽에 붙어있는 수신기, 책상에 있거나 사람이 들고 있는 진동장치가 있다. 연기탐지기가 수신기에 신호를 보내면 진동기가 작동한다.

## 15. 건물 차원에서의 대비: 대피

안전한 곳으로 사람들을 이동시키는 것은 재난 대응에서 중요한 부분이며, 고층 빌딩의 경우에는 더욱 그러하다. 모든 건물 거주자들의 대피를 돕도록 비상계획을 세워야 하지만, 대피할 때에 별도의 도움을 필요로 하는 사람이 항상 존재한다. 게다가, 노인이나 장애인이 고층에 살고 있거나 일을 하는 경우에 대피하는데 문제가 생긴다.

배려의 방법과 사용해야 할 보조장치에 대해서 장치나 배려가 필요한 사람들과 논의해야 한다. 시력손상이 있는 자를 지원할 때, 건물 차원에서의 대비는 어떤 지역에 들어갔을 때 그 사람의 위치를 알려주고, 안내가 필요한 자의 팔꿈치를 붙잡으며, 계단, 문, 복도, 비탈길을 지날 때 이에 대해 언급하는 등 그가 무엇을 하게 될 지를 설명해 주는 것이다. 그 사람이 안전할 때까지 누군가가 함께 해야 한다.

지역 소방서마다 장애인을 대피시키는 절차나 우선순위가 다를 수도 있지만, 대부분의 대피계획에서 이런 도움이 필요한 자들은 대피의자evacuation chairs를 사용한다. 대피의자는 롤러와 디딤판, 브레이크가 있어 다른 사람의 도움을 받아 장애인을 아래층으로 내려 보낼 수 있다. 계획수립자는 지역 소방서, 경찰서 및 유해물질 취급부서와 자세한 정보를 확인해야 한다.

도움을 필요로 하는 직원의 명단을 작성하고 방문자 수를 추정하여 대피의자가 얼마나 필요한지 결정할 수 있다. 수동휠체어를 밀 때 다치지 않도록 손을 보호하는 두꺼운 장갑, 바람 빠진 타이어를 수리하는 패치 키트patch kit, 전동 휠체어나 스쿠터를 이용하는 사람을 위한 여분의 전지 등을 얼마나 구비할 것인지도 결정할 수 있다. 직원들은 제조사가 제공하는 훈련 비디오를 보고 현장교육을 받아 대피의자 사용법을 익혀야 한다. 화재 모의훈련을 할 때에는 장애인을 얼마나 어떻게 대피시킬 수 있는지를 시험해봐야 한다. 모의훈련은 대피장치와 기타 보조장치를 사용하는데 초점을 맞추고, 야간근무자도 대피 절차를 숙지하고 자신의 책임을 알 수 있도록 모든 교대조에서 훈련을 한다. 또한, 모의훈련은 도움을 필요로 하는 사람이 대피의자를 이용해 출입하는 연습을 할 기회가 된다. 대피하는 동안 주인을 따라다니는 안내견과 같은 장애보조동물이 있는 상태에서 출구를 봉쇄하고 대피훈련을 하는 것이 중요하다. 모의훈련에서는 화재 발생 시 대피하거나 유리 위를 걸어 다닐 때 장애보조동물이 입는 벨크로velcro가 달린 장화 등 보호장비를 사용해볼 수도 있다(제7장 참조).

거주시설에 있는 사람들처럼 이동에 제약이 있는 사람들을 대피시킬 때에는, 임시적이긴 하지만 지금 있는 장소 내에서 대피sheltering in place하는 것이 가장 좋은 방법이다. 재난계획에서는 몇 개의 사무실을 대기구역으로 지정하여 휠체어나 이동장치를 사용하는 사람과 그 외의 사람들이 이곳에서 소방서에 보고하고 지원을 기다리도록 한다(ADAAG 4.1.3[9], 4.3.11). 방화 및 방연 규격 등의 설계규격에 부합하는 잘 알려진 다른 위치를 대피구역으로 지정할 수도 있다. 장치의 작동을 감시하도록 내장built-in된 신호가 있는 살수장치가 설치된 건물은 대피구역이 될 수 없다. 오래된 건물에서는 건물의 앞과 뒤처럼 각기 다른 위치에 있는 사무실을 지정할 수도 있다. 각 지정된 피난구역에는 구조지원을 요청하는 인쇄된 표시, 창문, 문 밑으로 들어오는 연기를 막을 있는 용품, 호흡기 마스크, 전화 등이 있어야 하며, 대피지원을 요청할 수 있도록 구조

지원구역에는 양방향 통신장치가 반드시 있어야 하므로 양방향 라디오도 필요하다. 고용인에게 창문에 구조신호를 붙이는 것을 가르쳐서 소방서가 그 위치를 알게끔 한다. 지역 소방서는 대기구역 waiting area 의 위치를 알고 있어야 한다.

## 가. 대피 장비

비상 시 대피할 수 있는 역량은 그 사람의 이동성에 따라 달라진다. 장비가 계속 개발 및 개선되고 있으므로 여기에서 논한 장비들이 전부는 아니다. 휠체어 이용자는 이동에 제약이 있다. 휠체어는 보통 이용자의 신체에 맞춰져 있으므로, 휠체어로 대피하지 않았다면 대피하고 나서 본인의 휠체어가 다시 필요하게 된다.

여러 종류의 대피의자, 즉 접이식 의자를 이용해 장애인을 층계 위 또는 아래로 이동시킬 수 있으며, 이를 층계 내에 영구적으로 설치하여 휠체어 이용자를 배려할 수도 있고, 비상구 근처에 둘 수도 있다. 어떤 의자는, 사람을 휠체어에서 휴대용 의자로 옮기거나 자신이 옮겨가는데 이용할 수 있다. 이런 대피의자들은 마찰 브레이크, 롤러 또는 내려가는 속도를 조절하는 장치가 장착되어 있는 특수한 트랙을 이용해서 층계를 내려가도록 만들어졌다. 휠체어 이용자는 또 다른 장치를 이용해서 수송차량으로 굴러가기도 하며, 휠체어가 내려가는 것을 방지하기도 한다. 또한, 층계 아래로 굴러 내려가는 의자도 있다. 표 10-5는 도움이 필요한 사람들이 사용할 수 있는 보조장치들의 예이다.

## 나. 이송 방법

휠체어 이용자는 한 의자에서 다른 의자로 이동하는 방법을 훈련해야 한다. 비상 시에 사람을 운반하는 방법은 크레이들 리프트 cradle lift 와 스윙 또는 의자 운반 swing or chair carry 등 두 가지가 있다. 크레이들 리프트는 옮길 사람이 팔에 힘이 거의 없을 때 많이 쓰는 방법이다. 운반자보다 운반대상자가 가벼우면 더 안전하다. 크레이들로 옮길 때에, 운반 대상은 앉아있고, 운반자는 무릎을 꿇고 한 팔을 앉아있는 운반대상자의 다리 밑으로 놓고 다른 한 팔은 그 사람의 등에 놓는다. 운반대상자는 팔을 운반자의 어깨 너머에 놓는다. 운반자는 운반 대상을 앞으로 들어올린다.

**표 10-5 대피용 보조장치**

| | |
|---|---|
| 에박+체어 Evac+Chair | 약 8 kg(18 pound)의 무게로 136 kg(300 pound)를 옮길 수 있다. |
| 에바큐-트랙 Evacu-Trac | 이용자의 체중이 아래층으로 내려가게 고안한 장치로 약 163 kg(360 pound)까지 옮길 수 있다. |
| 페르노 구조 좌석 Ferno Rescue Seat<br>대피의자 Evacuation Chairs | 조절가능한 휴대용 장치로 한정된 공간에서 쉽게 조작할 수 있으며 약 158 kg(350 pound)까지 옮길 수 있다. |
| 라이프슬라이더 LifeSlider | 바닥이 평평하고 터보건처럼 생긴 장치로 계단 아래를 내려가거나, 층계참 주변을 돌거나, 작은 출입구를 왔다 갔다 하거나, 실내 코너를 돌 때나, 인도를 건널 때 미끄러지듯이 움직인다. |
| 구조의자 Rescue Chairs | 계단을 위아래로 이동할 수 있는 장치로 약 136 kg(300 pound)까지 옮길 수 있다. |
| 스칼라모빌 Scalamobil | 전지로 작동하는 휴대용 계단 운반차로 대부분의 접이식 수동 휠체어에 부착하며 약 120 kg(264 pound)까지 옮길 수 있다. |

스윙 또는 의자 운반의 경우에는 두 사람이 있어야 하는데, 운반자는 운반대상자의 양 옆에 선다. 운반자 두 사람은 운반대상자의 팔을 잡고 각자 어깨에 올려놓도록 한다. 운반대상자의 등에서 각자 상대 운반자의 팔뚝을 잡는다. 각자 다른 한 손은 운반대상자의 무릎 밑으로 넣어 상대 운반자의 손목을 서로 잡는다. 두 사람은 운반대상자에게 가까이 가며 안쪽으로 기대고, 셋을 세면서 운반대상자를 들어올린다. 운반자들은 운반대상자 쪽으로 계속 힘을 주어 지탱할 수 있도록 도와준다.

### 다. 장애보조동물

응급사태에 대비할 때에 장애보조동물이 있는 사람은 동물의 ID 태그, 허가증, 예방접종이 유효한지, 태그에 주인의 연락처와 시외 연락처가 적혀있는지 확인해야 한다. 공중보건은 지역사회와 협력하여 장애보조동물을 위한 대피소를 확인하고 그 목록을 작성한다. 장애보조동물의 소유자는 필요한 동물용품을 준비해야 하며, 동물용품으로는 물과 먹이 그릇, 먹이, 비닐봉지, 장난감, 개 목걸이, 여분의 가죽끈이나 벨트가 있다.

### 라. 계획 시행 및 유지관리

최종 대피계획을 작성한 후, 모든 회사 고용인과 주요 직원에게 그 사본을 배부해야 한다. 또한, 모든 직원이 계획에 익숙해지도록 대피 모의훈련을 정기적으로 시행한다. 이 계획을 표준 운영절차에 통합시켜 연습하며, 정기적으로 업데이트해야 실질적인 효과가 있다. 또한, 새로운 위험요소와 필요한 사항을 보고하는 체계를 갖추고, 지역 소방서, 경찰, 유해물질관련 부서와의 관계를 유지하며, 신입사원에게 이 계획에 대해 알려주어야 한다. 마지막으로, 비상대피 시 사용하는 모든 편의장비는 적절한 작업 순서에 따라 점검 및 유지관리해야 한다.

## 16. 응급건강정보

응급치료에 충격을 받을 가능성이 있는 진단을 받은 사람은 자신의 건강문제와 비상 연락처에 관한 정보를 항상 지니고 다니도록 하고, 매년 두 번씩 그 정보를 다시 확인하며, 가족이나 친구, 이웃에게 그 사본을 준다. 정보를 제공할 수 없는 상태인 사람이면, 긴급건강정보를 통해 다른 사람들이 그 사람의 의학적 상태 또는 장애에 대해 알 수 있다. 장애인의 경우, 보청기 전지와 같이 사용하고 있는 특수 장비와 용품에 대해 상세히 기록하고, 최근 처방명과 복용량, 반감기와 보관 온도 등 처방에 관한 내용도 자세하게 설명하며, 의사와 약사의 이름, 주소, 전화번호 등도 기입한다.

응급건강정보는 비상용품키트, 지갑(면허증이나 신분증 뒤), 휠체어 뒷주머니 wheel-chair packs 등에 보관해야 한다. 의료주의기록표 medic alert tags 나 팔찌로 장애의 유형이나 의학적 상태, 현재 복용약과 진단명 등이 정리된 파일이 있는 사무실의 무료전화번호를 확인한다. 의료주의기록 팔찌는 약국에서 구매할 수 있다. 그림 10-1은 응급건강정보의 서식이다.

마지막으로 체크리스트 사본(그림 10-2)은 비상계획을 작성, 검토, 관리, 연습 및 수정하는 사람에게 배부한다.

**그림 10-1** **응급건강정보**

| 응급건강정보 | 날짜: | 갱신일: | |
|---|---|---|---|
| 이름: | | | |
| 주소: | 도시 | 주 | 우편번호 |
| 연락처 | 집 | 직장 | |
| 전화번호: | 이동전화: | 팩스: | 이메일: |
| 생년월일: | 혈액형: | 사회보장번호: | |
| 건강계획 | 개인 #: | 단체 #: | |
| 비상연락처: | | | |
| 주소 | 도시 | 주 | 우편번호 |
| 연락처 | 집 | 직장 | |
| 전화번호: | 이동전화: | 팩스: | 이메일: |
| 주치의: | | | |
| 주소 | 도시 | 주 | 우편번호 |
| 전화번호: | 이동전화: | 팩스: | 이메일: |
| 장애/상태: | | | |
| 복용약: | | | |
| 알레르기: | | | |
| 예방접종 | 날짜 | | |
| | | | |
| | | | |
| | | | |
| 통신/장치/장비/기타: | | | |

*출처: '요령껏 의료혜택을 받자. 그에 따라 삶은 달라질 수 있다!(Be a Savvy Health Care Consumer, Your Life May Depend on It!)'의 동의하에 인용. 준 이삭슨 카일스(June Isaacson Kailes), [http://www.jik.com/resource.html]

그림 10-2 **비상계획 조정자를 위한 장애관련 문제**

| 날 짜 | 활 동 |
|---|---|
| | 지역 소방서와 다음과 같은 관계를 확립하도록 한다.<br>• 소방서는 최소한 일 년에 한 번 계획을 검토한다.<br>• 소방서는 지원이 필요한 모든 사람의 명단과 주소 사본을 받는다.<br>• 이 계획은 소방서와 함께 조정하고 연습한다. |
| | 정기적인 모의훈련으로 계획을 연습한다. |
| | 모든 출구로 가는 방법을 알아두고 정기적인 모의훈련의 일환으로 이를 연습한다. |
| | 대피장치 이용방법을 연습한다. |
| | 다른 환경과 통로나 출구가 막히는 등 예상치 못한 상황에 대처하여 연습한다. |
| | 교대근무자와 영업시간 이후에 현장에 있는 사람(청소직원, 저녁회의 조정자 등)들도 모의훈련을 받도록 한다. |
| | 계획에는 다음 내용이 포함되어야 한다.<br>• 규칙적으로 현장에 있는 사람<br>• 영업시간 외에 현장에 있는 사람<br>• 대피시간이 오래 걸리는 방문자, 손님 및 어린이를 동반한 고객을 얼마나 도울 수 있는가<br>• 수정 및 업데이트 날짜 |
| | 모든 사람들에게 계획에 대해 사전교육을 한다. |
| | 계획서 보급<br>• 사람들이 이 계획서를 읽었는가?<br>• 사람들이 이 계획에 대해 사전교육을 받았는가? 이 계획서를 서랍에 넣어두거나 심지어 책꽂이에서 눈에 잘 띄는 장소에 두는 것은 버리는 것과 마찬가지이다(현장 배포가 중요하다).<br>• 현장의 모든 사람들이 계획서를 받고 검토하는가?<br>• 사람들이 다른 포맷(점자, 큰 활자, 텍스트 파일, 카세트테이프 혹은 영어를 모르거나 잘 읽지 못하는 사람들을 위한 다른 방법)으로 이 계획서 사본을 받았는가?<br>• 계획을 수정할 때마다 이러한 포맷으로 제공되는 계획서도 수정되는가? |
| | 사람들에게 안전 위험요소를 보고하는 방법을 확실히 이해시킨다(즉, 손 봐야 하는 소화용구, 막혀있는 출구, 통로를 막고 있는 가구나 기타 물건). |

*출처: 카일라스 JI의 동의하에 인용. 비상대피준비: 스스로의 안전에 대한 책임과 그 외 활동제한(Emergency Evacuation Preparedness: Taking Responsibility for Your Own Safety and Other Activity Limitations), 2002. Center for Disability Issues and the Health Profession 출판 및 배포. 웨스턴 보건과학 대학. 309 E. Second Street, Pomona, CA 91766-1854, 전화번호(909) 469-5380, TTY(909) 469-5520, 팩스: (909) 469-5407, 이메일: [evac@westernu.edu]

요약

1. 재난시 취약인구는 독립성 유지, 통신, 교통, 감독, 의료의 기능 중 하나 이상의 추가적 요구가 있는 자, 장애인 등 그 밖의 대상자가 포함될 수 있다.

2. 취약인구를 위한 재난계획협의회는 지역사회 재난대응네트워크에서 중요한 조직이며, 이용 가능한 전략, 서비스 제공 주체 등 지역사회의 특별재난계획을 제공한다. 본 협의회에는 지역사회 내 다양한 취약인구의 대표 및 정부기관이 포함되며, 재난 발생 시 필요한 대응활동을 결정하고 단계적으로 수행한다.

3. 지역사회계획 중 취약인구 대상의 등록명부를 작성하는 것이 필요하며, 취약한 대상자에게 필요한 적응장치의 사용을 우선순위에 두어야 한다. 아울러 취약 인구집단의 경우 개인 정보를 보호하기 위해 보안조치를 취해야 하며 재난 발생 시 취약 인구집단에 따른 특별 대비요령을 연습해야 한다.

4. 모든 사람은 재난가방을 준비해야 하고, 약물치료에 필요한 약품 등 대상자에게 중요한 내용물을 준비해야 한다. 재난 발생 시 취약인구의 대피를 도와야 하며, 두 가지 대피경로를 확보해야 한다. 제공될 의료 수준, 적응장비 사용 여부 등도 지역사회계획의 한 부분이 되어야 한다. 재난 발생 전체 기간 동안 접근가능한 이송수단이 있어야 한다.

5. 개별지원네트워크는 위험 인구 개인이 응급상황 시 상태를 확인하고 도움을 줄 수 있는 친척, 지인 및 동료로 형성된 네트워크를 말하며, 이는 위험 인구가 무엇을 필요로 하는지 알고 있는 여러 사람을 통해 비상지원을 제공한다.

6. 본인의 건강문제와 비상연락처에 대한 응급건강정보는 늘 지니고 다녀야 하고 그 정보를 재확인하며, 가족, 친구 및 이웃에게 사본을 제공해야 한다.

# 11장

# 신종감염과 생물테러에 대한 공중보건 대응

학습목표

1. 인플루엔자의 지역사회 대응계획 설명할 수 있다.
2. 생물테러 사건의 감시체계를 이해할 수 있다.
3. 생물테러 대응에 대한 지역사회 대응계획의 내용을 이해할 수 있다.
4. 연구소 대응네트워크의 기능을 설명할 수 있다.

자연재난은 엄청난 파괴의 이미지를 남기면서 환경에 두드러지게 영향을 미친다. 감염성 질환과 매우 치명적인 미생물 또는 생물학적 제제는 눈에 보이지 않고 공기를 통해 확산될 수 있다. 이러한 눈에 보이지 않는 위협은 공중보건부서와 보건의료시스템의 특별한 관심과 대응을 요구한다. 감염성 질환의 확산과 싸우는 것이 공중보건 전문가의 핵심역량이지만 공중보건 인프라가 충분한 수준으로 유지되지 않은 경우, 응급의료 팀과 자원의 시기적절한 이용가능성은 불충분 할 수 있다. 생물학적 테러나 사고가 발생하면 전문분야의 일상 업무를 함께 할 필요가 없는 정부부처와 기관 간 세심한 조정이 필요하다(예를 들면, 법 집행과 의학). 두 개의 시나리오 모두 본 교재의 이 장과 다른 장에서 논의하고 있는 많은 원칙들을 활용하여 신중하고 계획된 대응을 요구한다. 본 장에서는 세계적 유행 인플루엔자, 아직 알려지지 않은 질환, 무단 covert 위협과 공개 overt 위협에 대해 알아보고, 생물테러 제제의 분류, 연방정부, 지방정부 및 지역사회 차원에서의 공중보건대응과 의료대응 등을 살펴보고자 한다.

## 1. 공중보건의 역할

- 주정부와 지방정부의 공중보건 기관, 지역 병원, 대학 보건센터, 지역 의료제공자, 연구실, 교수, 전문학회, 법, 응급대응팀, 안전장비 및 의료장비 제조업자, 언론, 공무원, 비상대비대응국 차관보 US office of the assistant secretary for public health emergency preparedness, 미 질병관리본부 CDC, 미국독성물질 및 질병등록기관 ATSDR, Agency for toxic substances and disease registry 등 연방 기관과 공조하여 다학제적인 프로토콜을 개발하고 이용한다.
- 신종감염을 감시하는 별도의 기준을 확립하고, 신종 또는 재출현 re-emerging 질환을 신속하게 확인할 수 있는 감시체계를 활성화하며, 감염질환으로 인한 예기치 못한 사망 및 이환을 면밀히 감시하고, 독감유사증상 flu-like illness 에 대한 감시를 개선한다.
- 연구실 역량을 키우고, 미생물학자들에게 보고 reporting 에 관하여 교육을 하며, 생물학적 제제의 신속한 평가를 위해 연구소 대응네트워크 LRN, Laboratory response network 와의 관계를 구축한다.
- 의심되는 사례, 특이한 질병집단 및 질병증상 등을 신속하게 보고할 수 있도록 의료계에 제공하는 임상 진단프로토콜과 치료프로토콜을 개발하고 이를 적용한다.
- 항생제를 비축하고, 다국어로 환자 정보를 준비하며, 격리에 대한 응급계획을 세우고, 상당수의 환자와 "건강을 염려하는 사람"들에게 진료를 제공하는 지역사회 계획을 마련함으로써 세계적 유행 인플루엔자 및 생물테러로 인한 이환율과 사망률을 낮출 수 있는 계획을 세우고 필요하다면 이에 대응한다.
- 건강경고네트워크 health alert network 를 이용하고 대상을 확대한다.
- 연방 재난의료지원팀 DMAT, Federal disaster medical assistance teams 과 재난응급의료체계 재난사망자대응팀 DMORT, Disaster mortuary operational response teams 을 이용하는 계획을 포함하고, 지방 법의관과 협력하여 대규모 영안실에 관한 응급계획을 세운다.
- 간호를 제공하는데 필요한 모든 보건조직을 훈련시킨다.
- 비상지침, 예방, 통제 및 치료 정보를 전달한다.
- 비상 시 공중보건 관계당국과 관련된 법적 문제를 해결한다.

## 2. 원인불명 질환에의 대응

세계적인 기후 변화, 상업의 세계화, 매개체의 우연한 이동, 인수공통질환, 항원의 변화 등으로 인해 미국공중보건 체계는 불가피하게 오늘날에 흔치 않은 심각한 질병을 계속 마주하게 될 것이다. 게다가 세계적 유행 인플루엔자는 보건의료시스템을 붕괴시킬 수 있고 대량살상무기[1](화학, 생물, 방사능, 핵, 고수율 폭발물 high-yield explosives)를 사용한 사고에서도 많은 피해자와 건물 및 재산에 대한 피해가 발생할 수 있지만, 이러한 신종 감염병과 사건은 전형적인 재난과는 다른 점이 몇 가지 있다. 자연재난과 감염성 질환 사건 간에 가장 큰 차이는 건강영향 health impact 이 광범위하게 확산되는가의 여부이다. 공무원은 사상자가 여러 명 생기고 다중 방출이 일어나기 전까지는 사고가 발생했는지 알지 못할 수도 있다. 사고의 범위는 기하학적으로 확장되어 피해자가 자신도 모르게 매개체를 의료시설로 들여와 지리적 경계를 넘나들며 여러 관할구역에 영향을 미치게 된다. 원인불명에 대한 두려움으로 대중은 걱정을 하게 되고, 실제 피해자보다 더 많은 "건강염려증" 환자가 발생한다. 사건의 범위가 확장되면서 정상적으로 함께 일할 비상대응인력이 더 필요하므로 대응팀의 업무에 지장을 초래하기도 한다.

신종감염이나 생물학적 제제의 종류에 따라 중환자실 ICU, Intensive care unit, 산소호흡기 및 기타 집중 치료에 필요한 자원, 항생제 및 항바이러스제 등 의료 자원의 수가 부족할 수도 있다. 천연두와 같은 전염성 질병이 발생하면, 응급실에 발진이 있는 환자가 여러 명 오게 되어 "천연두로 의심"되는 환자로 관계당국에 보고될 가능성이 있다. 병의원 이외의 비전통적 치료센터 nontraditional treatment centers 는 짧은 시간에 설립될 필요가 있다. 영안실이나 장례식, 사회서비스와 상담서비스에 대한 수요가 높아질 가능성도 있다. 자연재난과 관련된 사망 및 이환과는 달리, 질병이 확산됨에 따라 각 지역사회에서 의료수요 demands on medical care 가 지연되어 나타날 가능성이 크다. 노인과 그 외 고위험 인구, 별도의 간호가 필요한 사람 등이 감염질환에 노출될 위험으로 인해 발생할 만성질환 상태에 대한 치료를 받기 위해서 집을 떠날 수가 없거나 떠나지

1) 대량살상무기로는 생물학적 제제(세균, 바이러스, 독소), 핵(폭발, 또는 방사능 폭약), 방화(고의적인 방화), 화학물질(신경, 수포, 혈액, 질식), 폭발물(가스와 열의 신속한 방출)이 있다. 이 책에서 논의한 많은 원칙은 다른 제제에 대한 대비에서도 적용할 수 있지만, 본 장에서는 생물학적 제제에 대한 공중보건 대비 및 대응에 초점을 맞추고자 한다.

않으려 한다면 재택간호의 수요 또한 증가할 것이다. 감시 및 다른 기관의 참여를 활성화하는 것 이외에도, 공중보건 공무원은 격리 및 예방접종 등 지역사회를 보호할 조치에 착수할 수 있다. 또한 사건현장에서 핵심인력인 초동대응요원이 초기의 감염성 질환에 노출되거나 혹은 반복적으로 노출되어 병에 걸리면 소방인력과 안전인력의 수가 감소하여 업무가 과중해진다. 마지막으로, 지역적인 확산으로 인해 다른 지역에서 자원을 받을 수 없는 경우, 지역사회는 자급자족을 해야 한다.

대응반이 일차적으로 대응하는 공공연한 화학물질 사고 overt chemical event 와는 달리, 감염성 질환이 발생하면 지역사회의 공중보건부서가 초동대응요원이 되어 상황을 파악한다. 생물테러 대응에서는 지방기관, 주기관, 연방기관과 지역 의사, 비상 대응자, 지역 공중보건 전문가 간에 상호의존적인 업무관계가 요구된다. 계획이 준비된 후, 원인불명 질환의 발병에 대한 공중보건대응은 특별한 사건의 감지, 잠재적 위협의 조사 및 억제, 보건조직의 편성, 연구실 역량, 공조와 의사소통 등 5가지 구성 요소로 이루어진다.

## 3. 세계적 유행 인플루엔자

흔하진 않지만 잠재적으로 큰 손상을 주는 세계적 유행 인플루엔자의 발생을 대비하는 것은 미국 정부의 국가전략에 포함된다. 세계적 유행 인플루엔자를 논의하기에 앞서, 계절에 따른 인플루엔자를 이해하는 것이 중요하다. 매년 늦은 가을에서 이른 봄 사이에 발생하는 계절에 따른 인플루엔자는 흔하지만 때론 플루 flu 라 알려진 심각한 질병이다. 플루는 감염이 되었지만 증상이 없는 사람들에 의해 전염될 수 있기 때문이다. 바이러스는 사람과 사람사이에 빠르게 퍼지며 공중보건기구는 지역 전체에 동시에 발생될지도 모른다는 사실을 알려야 할지도 모른다. 대부분의 사람들은 이전의 감염이나 백신접종을 통해 바이러스에 대해 면역력을 가지고 있으며 비교적 빠르게 회복이 된다. 그러나 어린이, 노인, 면역력이 약한 사람, 만성적 질환이 있는 사람들에게는 심각한 문제(폐렴이나 죽음)를 일으키기도 한다. 미국에서 전형적인 플루가 퍼지는 동안, 20만 명 넘는 사람들이 입원을 하고 약 36,000명의 사람들이 바이러스에 감염되어 죽었다.

세계적 유행 인플루엔자는 대체로 새로운 바이러스가 나타났을 때 30~40년 주기로 발생되었다. 세계적 유행이 발생하면 적절한 대비가 이루어지지 않은 공중보건과 보건의료시스템을 붕괴시키면서 초기 발병 이후 여러 가지 파급효과가 뒤따르게 된다.

세 가지 인플루엔자 바이러스[A,B,C]는 인간에게 병의 원인이 되지만 A그룹만이 심각한 감염병이나 유행성 질병을 야기하였다. 인플루엔자 A바이러스[hemagglutinin [H] and neuraminidase [N]] 항원의 두 가지 주요한 요소는 계속해서 변화하고 있다. 이를 변이[drift]라 한다. 변이가 일어났을 때, 항원 구조의 변화가 각각의 질병을 일으킨다. 변화된 바이러스에 노출되었을 때 면역력이 보호해 주지 못하기 때문이다. 변이된 바이러스는 매년 감염병을 일으키며 재배열이나 H와 N의 항원이 이동했을 때 인플루엔자가 유행한다. 항원의 이동, 인간, 새나 돼지가 두 가지의 다른 인플루엔자 A바이러스에 감염되면 아무도 면역력을 가지지 않은 새로운 종류의 플루가 나오는 것이다.

대부분의 사람들은 전년도에 인플루엔자가 돌았기 때문에 계절적인 인플루엔자에 대한 면역력은 조금씩은 있다. 그에 반해서, 세계적 유행 인플루엔자의 경우 새로운 종류의 인플루엔자에 대한 자연적 면역력이 전혀 없는 것이다. 그 결과, 바이러스는 사람에서 사람으로 쉽게 퍼지고 예상치 못한 사망자 수도 늘어나게 되는 것이다.

세 번의 심각한 유행적인 병이 지나간 기간이 있었다. 1918년의 유행성 인플루엔자는 미국에서 60만 명이 넘는 죽음과 세계적으로 5천만 명 넘게 죽었다. 비록 1957년과 1969년의 유행적인 질병은 덜 치명적이었지만, 미국에서 일어난 죽음은 수만 명이다. 높은 이환율과 사망률뿐만 아니라, 세계적 유행 인플루엔자는 사회와 경제적인 붕괴를 동반했다. 따라서 세계적 유행의 심각성을 줄이기 위한 도전은 공중보건 전문가들에게 중요한 책임이 되었다.

## 가. 21세기 인플루엔자 변종

2003년에서 2006년까지, 조류독감[H5N1]이 새[bird]들 사이에서 광범위한 질병을 일으키며 인간에게 퍼졌다. H5N1이 사람들에게 광범위하게 퍼지지는 않았지만 이것은 매우 높은 사망률과 연관되어 있고 사람들 사이에서 더욱 쉽게 감염되는 바이러스가 될지도 모른다는 우려가 확산되었다. 이 일이 일어나기 전에, 돼지[H1N1]에서 발견된 신종 인플루엔자가 전 세계에 퍼지는 일이 있었기 때문이다.

돼지 인플루엔자는 돼지가 주로 감염되는 A타입의 인플루엔자 바이러스에 의해서 만들어진 일반적인 호흡기 질병이다. 2009년 신종 돼지 플루 바이러스가 전 세계적으로 인간에게 퍼졌다. 2009년의 봄 이전에, 돼지 플루는 미국에서만 주기적으로 발생되었다. Fort Dix에 의해 알려진 이 병으로 1976년 발생한 한 해 동안 4천만 명 사람들이 예방주사를 맞아야만 했다. 1988년 가을에는 건강한 32세 임신여성이 돼지 플루에 감염된 후 폐렴으로 사망 한 일이 발생하였다. 2005년 12월과 2009년 2월 사이에는 12명이 미국의 10개 주 states 에서 돼지 플루로 진단받았다.

2009년에 퍼진 바이러스는 이전에 돼지나 인간에게 발견된 적 없는 A/H1N1의 새로운 특수 형이었다. 이 바이러스에는 많은 사람들이 면역을 가지고 있지 않았다. 세계적으로 인간들 사이로 퍼지는 이 감염성의 바이러스로 거의 13,000명을 죽였으며 미국에서 만 6천만 명이 넘는 사람들이 이 병에 걸렸다. 이런 전국적인 유행성 질환에서 H1N1 바이러스는 다른 계절적인 인플루엔자 바이러스보다 더 강력하게 퍼져나갔다. 가장 두드러지게, 가장 심한 사례는 젊은 층에서 더욱 많이 일어난 것으로 볼 수 있다(보통 계절적인 인플루엔자 패턴과는 반대되는 것이다). 세계적 유행 인플루엔자 계획이 시행되는 국가의 보건국 대응의 일부를 보면, 미 질병관리본부가 전략적 국가비축 SNS, Strategic national stockpile 에서 항바이러스제와 개인보호장구 PPE, Personal protective equipment, 호흡기 보호 장비를 배포하도록 국가적 지침을 제공하고 있다.

세계적 유행 후의 단계에서, H1N1은 세계적으로 모든 나라에 확산되었으며, 모든 사람들은 새로운 바이러스에 대한 면역을 길러야 하는 것으로 보고하고 있다. 2010년 여름에 규모가 크지 않거나 특이하지 않은 발병이 있었고 계절성 인플루엔자는 많은 국가에서 다시 질병을 일으키는 원인이 되었다. H1N1 바이러스는 오랫동안 퍼지면서 다양한 질병을 계속해서 발생시킬 것으로 예상된다.

## 나. 세계적 유행의 단계

2005년 세계보건기구 WHO 는 세계적 유행 단계로 정한 국제적 인플루엔자 대비계획을 배포하였다. WHO의 역할을 보여주고 세계적 유행기간 전과 그 기간 동안 국가적인 방안을 권고한 것이다. 이 계획은 세계적 유행의 각각 단계별로 영향을 최소화하기 위한 전세계적인 노력에 대해 설명하고 있다. 세계적 유행 기간, 세계적 유행 경보 기간, 세계적 유행 기간 동안 발생하는 6단계를 표 11-1에 설명하고 있다.

세계보건기구 WHO 가 추적한 세계적 유행 단계를 기반으로 국가의 대응을 개시하였다. 미 질병관리본부는 세계보건기구 활동을 지원하며 다른 나라를 감시하는 협력적인 동의를 유지하면서 국제적 대비 노력을 하는데 참여하였다. 미 보건부 HHS, U.S. department of health and human services 세계적 유행 관련 웹사이트에서는 미국 전역의 공중보건기관과 보건의료제공자에게 필요한 참고자료로써 포괄적인 정보와 계획에 대한 도구 comprehensive information and planning tools 를 제공하고 있다.

미 보건부 세계적 유행 인플루엔자 계획 The hhs pandemic influenza plan 은 세계적 유행 인플루엔자 대비와 지방정부와 주정부 건강부서 및 보건의료제공자를 위한 지침을 제공

**표 11-1 세계보건기구 WHO 의 세계적 유행 단계**

| | 단계 | 특 징 |
|---|---|---|
| 세계적 유행 사이의 기간 Interpandemic period | 1 | 새로운 특수한 형태의 인플루엔자 바이러스는 인간에게는 감지될 수 없다. 인간 감염의 원인이 되는 특수형 인플루엔자 바이러스는 동물에게 나타날 수 있을지 모른다. 만약 동물에게 나타난다면, 인간 감염과 질병의 위험성은 낮아질 것이다. |
| | 2 | 새로운 특수한 형태의 인플루엔자는 인간에게 감지될 수 없다. 그러나 순환하는 동물 인플루엔자 바이러스 특수형은 인간의 질병에 상당한 위험을 제기한다. |
| 세계적 유행 경보 기간 Pandemic alert period | 3 | 새로운 특수한 형태의 인간 감염이지만 사람 대 사람에게 퍼지지 않거나 가까운 접촉으로 퍼지는 드문 경우 |
| | 4 | 사람 대 사람으로 전염되는 것이 제한된 작은 무리이지만 전염이 매우 극한적이거나, 인간에게 잘 적응되지 않는 바이러스 |
| | 5 | 사람 대 사람으로 전염이 국한된 큰 무리, 이 바이러스는 인간에게 잘 적응되지만 아직 완벽히 전염되지 않는 상태(상당한 유행성 위험) |
| 세계적 유행 기간 Pandemic period | 6 | 유행성: 감염된 인간의 수가 증가하며, 일반 사람들에게 계속하여 전염된다. |
| 세계적 유행 후의 기간 Postpandemic period | | 세계적 유행 사이의 기간으로 되돌아간다(1단계로). |

한다. 전체 내용은 온라인[2])을 통해서 확인할 수 있다. 1부에서는 세계적 유행 사건 발생시 미 보건부의 중요한 역할과 공중보건 및 의료지원을 제공하는 기관들을 서술하고 있다. 주정부와 지방정부의 공중보건 지침 public health guidance for state and local partners 인 2부는 11가지 중요한 지방 및 주정부 보건 당국에 대한 자세한 지침을 제공한다.

1) 세계적 유행 인플루엔자 감시
2) 연구소 진단
3) 건강관리 계획
4) 감염 통제
5) 임상 가이드라인
6) 백신의 분배와 사용
7) 항바이러스 약물의 분배와 사용
8) 지역사회 질병 통제와 예방
9) 감염성 질환의 여행 관련 위험 관리
10) 공중보건 의사소통
11) 노동자 지원: 심리사회적인 고려사항과 정보 요구

3부에서는 세계적 유행 사건에 대한 특별한 역할과 책임을 포함하는 미 보건부 기관의 활동계획을 상세히 설명하고 있다.

## 다. 교훈

지난 세기 동안, 중요한 교훈은 다음 세계적 유행을 위해 공중보건대책에 통합시켜야 한다는 것을 이번의 감염병을 통해 알게 되었다는 것이다.

- 세계적 유행은 사망자수의 변화, 질환의 심각성, 전파의 패턴이 예측불가하다.
- 지속적으로, 사례의 수는 기하급수적으로 매우 빠르게 증가하고 병원은 의학적인 치료가 필요한 환자의 갑작스러운 증가를 준비해야 한다.

2) http://www.hhs.gov/pandemicflu/plan

- 어린 아이와 노인들을 심한 질병에 걸리게 하는 바이러스의 능력은 세계적 유행 질환의 영향을 결정지을 것이다.
- 세계적 유행 질환은 파장 wave 이 발생한다. 바이러스가 악성의 형태로 변형되면 다음 파장은 더욱 심각하다 또는 두 번째 파장이 치명적인 합병증을 야기할 수 있다.
- 바이러스 감시는 재빨리 발병을 확인하고, 보건서비스에게 경고하며, 바이러스를 분리하고 특성화하고 백신제조를 가능하게 하는데 핵심이다.
- 대부분 세계적 유행은 아시아에서 유래되며, 동물에서의 인플루엔자와 인간의 특이한 호흡기 질환에 대한 감시는 조기 주의를 제공한다.
- 공중 보건의 개입이 과거 세계적 유행을 지연시켰으나 전파를 막지는 못했고, 검역이나 여행 제한은 거의 효과를 보여주지 못했으며, 대중 집회 금지 및 학교의 폐쇄는 잠재적으로 효과적인 조치였다.
- 바이러스 확산을 늦추는 것은 중요하다. 왜냐하면 환자의 수를 줄이면서 의료서비스나 다른 중요한 서비스가 유지될 가능성이 있기 때문이다.
- 세계적 유행 기간 동안 예방접종은 적절하게 이루어져야 한다.
- 백신을 제조한 국가는 처음으로 백신을 투여하게 될 것이다.
- 세계적 유행은 나중에 그 파장이 매우 심각해짐에 따라 고위험 인구를 위한 백신을 더 많이 필요로 하는 시간이 길어지고 연속적인 파장은 한 달 후 시작될 수 있다.
- 매년 많은 인구집단에게 백신을 투여하는 지역사회의 경험은 예방접종 실행계획 logistics of vaccination 에 대한 기술 때문에 심각한 사망률을 줄일 수 있으나 지역 regions 은 세계적 유행 기간 동안 많은 환자들의 갑작스러운 증가와 치료의 많은 수요를 예상할 수 있어야 한다.

## 4. 세계적 유행 독감에 대한 공중보건 계획 및 대비

각 지역과 국가의 보건부서는 유행성 인플루엔자를 대비해 계획을 가지고 있어야 한다. 세계적 유행에 대비하는 것에는 내부와 지역사회 전체의 계획이 요구된다. 새로운 조류독감 바이러스가 발견되었을 때, 새로운 독감을 위한 백신의 제조할 시간이 없을 것이고 그 결과 대응요원 responders (초동대응요원, 공중보건, 공중보건 전문가)은 질병에 걸릴 수 있다. 장기적인 발병은 여러 달 동안 계속되고, 필수적인 서비스의 운영에 영향을 미친다. 세계적 유행에 대한 계획은 활용가능한 노동력을 심각하게 감소시킬 것이다. 호흡기와 같은 지방정부와 연방정부의 재산은 인력의 감소로 인한 수요와 이동의 어려움 때문에 활용하기 어려울 것이다.

미 보건부는 인플루엔자 방지를 위한 일차적 전략으로 다음을 제시하였다.

- 백신접종 vaccination
- 감염된 개인 치료와 인플루엔자 항 바이러스제에 노출된 개인의 예방
- 감염통제의 시행과 사회적 거리 조치

이러한 업무를 수행하는데 역학 epidemiology 과 감시, 대규모 백신접종 계획(백신 대상자, 백신접종부위, 모니터링 용량, 백신접종 과정 관리), 항바이러스 전달 및 배포 조치, 사회적 거리두기와 검역을 통한 지역사회 완화, 대중과의 통신, 확증적 연구소의 진단 confirmatory laboratory diagnostics 이 요구된다.

세계적 유행에 대한 대응이 시작되면 대규모 면역을 위한 효과적인 백신접종에 대한 유효성의 기대시간이 지연되기 때문에 항바이러스 약품 사용을 결정하게 될 것이다. 사회적 거리두기와 검역을 활용하여 대중을 보호하는 방법에 대한 추가적인 의사결정이 이루어질 것이다. 모든 결정은 과학적인 데이터에 의해 이루어지며, 윤리적인 고려사항, 보호 방법에 대한 대중적 옵션, 사회적 영향과 상식을 기반으로 한다. 표 11-2는 새로운 바이러스에 대해 효과적인 백신을 이용할 수 없거나 불충분할 때 사용할 수 있는 중재와 완화 전략에 대해 설명하였다. 감염 통제 방법에 대한 추가적인 정보는 온라인[3]에서 이용가능하다.

중요한 보건 업무는 탄탄한 감시와 실험을 포함한다. 표본의 급증을 처리하고 검사 알고리즘이 적합한지 확인하기 위해 연구소가 필요할 것이다. 과학기술 시대에 전통적 “신발가죽” 조사방법은 접촉 추적을 하는데 필요할 것이다. 보건부서는 어떠한 발병이 발생하기 전에 격리와 검역의 절차를 심사하면서 대비해야 한다. 백신과 항바이러스제를 대량으로 배포할 것이고 전략적 국가비축과의 협력이 필요할 것이다. 절차 procedure

3) http://www.pandemicflu.gov

**표 11-2** 유행성 질환의 심각성 지표에 의한 개입과 완화 전략

| 세계적 유행의 심각성 지표 | | | |
|---|---|---|---|
| 환경에 의한 개입 | 1 | 2와 3 | 4와 5 |
| 집 | | | |
| 위독하지 않은 많은 아픈 사람들이 항바이러스제 치료로 집에서 분리하여 안전하게 관리한다. | 추천 | 추천 | 추천 |
| 집에서 아픈 사람들은 식구들과 자발적인 격리 | 일반적으로 추천되지 않음 | 짧은 기간 동안의 실행 | 추천과 국가정책이 권하는 가족 접촉자에게 항바이러스 예방 |
| 학 교 | | | |
| 학교와 학교 프로그램의 학생들의 해산에 의한 사회적 거리<br>아이들 보육 센터 폐쇄<br>사회적 접촉과 만남 감소 | 일반적으로 추천되지 않음 | 최대 4주정도 실행 | 최대 12주 추천; 실제 기간은 사회에서의 전염에 따라 다양하다. |
| 일터/지역 사회의 거리두기 | | | |
| 사람들의 만남에 있어 대안적인 방법 추천<br>텔레커뮤니팅을 통한 접촉 조절 | 일반적으로 추천되지 않음 | 고려된다. | 추천 |

를 보면, (1) 약을 획득하는 것과 분배하기 (2) 어떤 인구집단에게 투약할지 우선순위 정하기 (3) 공급품 배포 및 사용내역 추적하기 (4) 대규모의 백신접종 클리닉 관리하기 (5) 백신 부작용 추적하기 등이 있어야 한다. 만약 새로운 바이러스에 대한 백신이 최고 면역에 도달하기 위해 2배 복용량이 필요하다면, 보건부서는 추적해야 하며 새로운 백신접종 대상자를 기억하고 관리해야한다. 계획의 일부로서, 보건부서는 사회적 거리두기, 손 씻기, 호흡기 에티켓과 같은 위험을 줄이는 행동에 대해 어떻게 의사소통을 할 것인지 결정해야 한다. 플루의 확산을 예방하는 주요한 행동을 다음에 설명해 놓았다.

- 기침하거나 재채기 할 때 티슈로 입과 코 막기
- 사용 후 쓰레기 버리기

- 특히 기침과 재채기 후에 물과 비누로 손씻기
- 알코올성 손 소독제로 손씻기
- 인플루엔자로 아프다면, 집에서 머무르며 다른 사람과의 접촉을 제한하기
- 씻지 않은 손으로 눈, 코, 입 만지지 않기
- 아픈 사람과 멀리 떨어지기
- 아픈 사람이 있는 그룹에서 떨어지기
- 종종 잘 만지는 곳(손잡이, 난간 등) 청소하기
- 매년 인플루엔자 백신 맞기

## 가. 인플루엔자 표본의 수집, 저장, 처리 및 검사

2009년 미 질병관리본부는 H1N1 바이러스 감염이 의심되는 환자를 위한 표본의 적절한 수집, 저장, 과정과 시험에 대한 임시 가이드라인을 발표하였다. 세부적인 가이드라인은 지금 파일로 보관되어 있다. 질병 발생동안 샘플의 수집하는 모든 기관들은 미 질병관리본부 웹 사이트[4)]에서 확인 할 수 있다.

H1N1의 경우, 신종 인플루엔자 A바이러스는 검사단계(실시간 역전사 실험 real-time reverse transcription test, 실시간 중합효소 연쇄반응검사 realtime polymerase chain reaction test 또는 바이러스 배양검사 viral culture)에서 인플루엔자와 같은 질병으로 확인되었다. 비록 새로운 인플루엔자 바이러스 격리가 감염을 진단하는데 도움이 되지만, 임상 증상을 관리하는데 있어 실험 결과가 적시에 나오지 않을 수도 있다. 더구나 2009년 바이러스 배양검사 결과 음성이 나왔을 때도 H1N1 바이러스 감염을 배제하지 않았었다.

새로운 A/H1N1 인플루엔자 바이러스가 발생하는 기간을 모르기 때문에, 미 질병관리본부는 계절성 인플루엔자 바이러스 양상에 기초하여 기간을 추산하였다. 그들은 감염된 사람이 바이러스를 전파할 수 있고 잠재적으로 질병발생 하루 전부터 열이 떨어질 때까지 또는 질병 발생 후 7일간은 감염될 수 있다고 가정한다.

임상의 clinicians 들은 상부 호흡기 표본을 획득함으로써 새로운 H1N1이 의심되는 케이스를 실험할 수 있었다. 바람직한 호흡기계 표본은 질병이 발생한 후에 가능한 빨리 수집되어야 하고 비인두 면봉, 비액 또는 구강인두 면봉으로 결합된 비인두 면봉을 포

---

4) http://www.cdc.gov/h1n1flu/specimencollection.htm

함하여 검사해야 한다. 비강 면봉이나 구강인두 면봉도 가능하다. 기관내 흡인, 기관내시경과 객담 샘플은 삽관 환자 intubated patients 로부터 수집할 수 있다.

호흡기 표본은 4일 이상 보관할 수 없으며, 멸균 바이러스성의 전송매체에 배치할 수 있고 즉시 실험실로 이송하기 위해 얼음이나 차가운 팩 또는 섭씨 4도씨(냉장고)에 보관해야 한다. 임상 표본은 얼음이나 차가운 팩으로 적절하게 포장하여 이송한다. 모든 샘플은 라벨을 붙여놓고 각각 상태에 요구되는 모든 정보를 포함하도록 한다. 주정부 보건부서의 연구소에서 미 질병관리본부로 이송된 의심되는 사례대상자 표본은 계절성 인플루엔자 감시 제출에 필요한 모든 정보를 포함해야 한다.

임상현장에서 표본수집자[5)]와 연구소 연구원[6)]을 위한 감염관리지침을 참고할 수 있다.

## 나. 감염관리

미 질병관리본부는 공기 중에 작은 방울을 통해 잠재적으로 바이러스가 퍼지는 것인 에어로졸이 발생하는 절차 aerosol-generating procedures 에 대한 치료를 결정하도록 H1N1이 확인되거나 의심되는 환자를 위한 감염관리 권고안을 출판하였다. 이러한 에어로졸 발생 활동은 임상표본을 수집하고, 기관내 관을 삽입하거나 제거하고, 네뷸라이저 처치를 하거나, 기관내시경을 하고, 심폐소생술이나 긴급 삽관을 포함한다. 환자 병실에 들어갈 때 일단 의학적으로 청결해지고 적정검사 및 인공호흡기 사용 훈련이 되면 의료인력은 적정검사가 실시된 일회용 N95 인공호흡기를 착용해야 한다. 모든 병원 인력들은 비누와 물을 사용하여 손위생을 실천하거나 장갑이나 다른 장비를 벗은 후 즉시 그리고 호흡기 분비물과 접촉 후 즉시 손소독제를 사용해야 한다. 누구든지 처치를 제공하거나 임상적 표본을 수집할 때 일회용의 글러브와 가운, 안경과 같은 눈보호장비를 착용해야 한다. 포괄적인 호흡기 보호를 위한 정보와 적정검사절차는 온라인[7)]에서 확인할 수 있다.

다른 감염관리절차는 아래에 제시되어 있다.

• 환자는 문이 닫혀있는 독립적인 환자 방에 있어야 하거나 대기압 이하의 압력을

5) http://www.osha.gov/Publications/OSHA_pandemic_health.pdf
6) http://www.cdc.gov/h1n1flu/guidelines_labworkers.htm
7) http://www.osha.gov/SLTC/etools/respiratory

유지함으로써 공기로 운반되는 감염이 격리되는 방에 있어야 하고 흡인, 기관내시경, 또는 삽관은 대기압 이하의 압력의 공기처리장치 negative-pressure air handling 가 있는 처치실에서 수행해야 한다.

- 환자는 방에서 나갈 때 수술용 마스크를 껴야하며 자주 손을 씻도록 하며 호흡기 위생 절차를 따라야한다
- 인플루엔자 전염기간 동안 하는 일상적인 청소와 소독은 돼지 플루의 환경적인 관리를 하는데 사용될 수 있다(추가적인 정보는 온라인[8]에서 확인 가능).
- 표준, 작은 방울과 접촉 예방은 모든 환자 케어를 위해 지켜야하며 증상이 없어지거나, 질병 발생 후 7일 동안 유지해야한다.

## 5. 취약인구에 대한 대비

플루는 매우 빠르고 기하급수적으로 퍼지고 전염성 높은 호흡기 질환이기 때문에, 그것은 세계적 유행이 발생하는 동안 위험이 증가하는 취약인구집단을 포함한 모든 인구에 대하여 대비하는 것이 중요하다. 이미 10장에서 다른 재난이 발생했을 때 위험에 처할 수 있는 많은 인구집단을 확인했을 뿐만 아니라 치료접근성, 건강정보이해능력, 이주 상태, 사용하는 언어와 같은 많은 요소들이 세계적 유행이 발생하는 동안 취약한 사람들의 수가 증가할 수 있다는 것을 확인하였다. 이주민과 난민들은 플루 합병증을 겪게 하는 만성적 질환의 유행과 계절적인 플루 백신의 낮은 접종율, 수많은 사회적, 언어적, 경제적인 장애물로 인해 예방적 조치에 대한 접근성과 활용성 측면에서 세계적 유행성 인플루엔자에 취약하다. 많은 이주민들은 병가와 같은 혜택 없이 낮은 보수를 받고 일하기 때문에 아플 때 집에서 쉴 수 없다. 그들은 사람들이 많은 상태에서 함께 살며 환자를 격리시킬 수 없다. 게다가 미국에 살지만 서류에 나타나 있지 않은 사람들이 수 백 만 명에 이른다. 이들은 예방접종 또는 다른 조치에 대한 권고를 이행하기 어려울 수 있다. 또한 정부에서 권고하고 있는 예방적 조치를 수행하는 방법을 이해하기 어려울 수도 있다. 일부는 문화 간의 착오를 발생할 수 있으며 이는 장벽으로 작용하고 예방 조치를 취하거나 적절한 의료 서비스를 받을 수 있는 능력을 감소

---

8) http://www.cdc.gov/ncidod/dhqp/gl_environinfection.html

시킨다. 더구나 약품 및 소모품을 비축할 수 있는 자금이 부족한 사람들, 적절한 건강보험의 부족 또는 예방적 방법을 취할 수 없거나 인식할 수 없는 경우 감정적 경제적인 자원의 제한 때문에 그 취약성이 증가할 수 있다.

### 가. 통신 및 응답

이상적으로 대중들은 지역사회에 감염 질환이 전파되는 것을 예방하기 위해 행동하며 정부 공무원과 파트너로서 행동한다. 효과적인 파트너는 전달되는 메시지를 받아서 이해하고 권고하는 행동을 수용한다. 다양한 그룹에게 전달하기 위해 목표를 갖는 통신과 대응전략은 백신접종, 항바이러스 투약, 재택, 백신이나 치료를 추구하면서 오게 될 부작용에 대한 가능성에 대하여 우려를 표출하도록 개발될 필요가 있다. 6장에서 논의된 것처럼 정부관계자들은 표적인구집단의 신뢰성 있는 멤버들과 파트너십을 강화해야 하고 세계적 유행이 발생하는 동안 소통 전략과 메시지를 개발해야 한다. 첫 번째 단계는 공중보건 기관과 취약한 다양한 지역사회와의 협동이 필요하다. 참가자들은 보건소, 학교 보건실, 일차보건의료, 가정간호 인력을 포함하고 있다. 신뢰와 지역사회기반조직은 기침 에티켓과 마스크 사용과 같은 예방적인 행동을 적용하는 게 이민자들과 함께 일하는데 매우 유용할 수 있다. 취약계층 사람들은 지역사회의 세계적 유행에 대한 예방 계획과 대비활동에 참여하도록 해야 한다.

세계적 유행성 인플루엔자가 몇 달 또는 몇 년에 걸쳐 발생하거나 물결처럼 완화될 가능성이 있기 때문에 진화하는 메시지에 따라 대중이 믿고 행동할 수 있을 것이라는 하나의 과제가 생기게 된다. 세계적 유행성 인플루엔자가 진행됨에 따라, 대중의 불확실성은 더욱 커질지 모른다. 특별한 전략은 의문점을 관리하면서 목표가 되는 지역사회와 함께 개발해야 한다. 대중은 정부관계자들이 감염의 빠른 확산으로 인한 내재적 위험에 대해 대중이 우려하는 것과 예방적 조치에 대한 신속한 대응을 주시하고 있을 것이다. 전달되는 것은 개인적으로 관련되어야 하고 위험에 대한 집단의 문화적 신념과 관점을 반영해야 한다. 예기치 못한 복잡성에 대한 의사소통은 시기적절하게 지속되어야 한다. 대규모의 예방접종이 시행될 때 이동진료버스 공급자에게 연락을 취할 수 있으며 표적집단에게 서비스를 제공하는 다양한 기관들과 함께 일할 수 있다.

## 6. 화학적 생물학적 전쟁

국제적으로 생물학적 테러에 대한 잠재적 위험에 대한 인식은 테러리스트 활동이 증가함에 따라 더욱 강조되고 있다. 증가하는 테러리스트 활동과 함께, 화학적 생물학적인 전투[CBW, Chemical or biological warfare] 공격이 증가할 것으로 여겨진다. 3장에서 논의했던 15가지 국가적 계획시나리오[15 National planning scenarios] 중 거의 1/3은 그 위협이 심각한 정도를 보이는 생물학적 테러를 중심으로 하고 있다. 공중보건 및 보건 분야는 감염성 질병의 의도적 확산으로 인한 대규모 발병을 막아야 하는 어려움이 있기 때문에 이러한 것에 대비하게 위해서는 생물화학전을 이해하고 이것이 발생할 경우 대응할 준비가 중요하다고 본다.

### 가. 공개 방출과 무단방출

화학적 생물학적 전쟁에 대한 의도적 방출은 여러 방법으로 감지할 수 있다. 화학적 생물학적 전쟁의 공개방출은 위협이 공지되어 대응에 착수하기 전에 위협에 대한 평가[assessment]가 이루어진 경우를 말한다. 공중보건을 담당하는 공무원은 미생물이 확인되지 않았다 하더라도 이환율과 사망률이 증가할 때에는 병이 있다는 유언비어를 사실이라고 추정해야 한다. 지역사회는 상황에 대한 정교한 분석과 비교적 쉬운 해결방법을 토대로 유언비어에 제한적으로 대응하기로 결정할 수도 있다.

무단방출은 생물학적 제제가 지역사회 내에서 병의 원인으로 존재한다는 사전경고 없이 종래의 감시 방법으로 이 제제를 검출해야 하는 경우를 말한다. 무단방출에서는 환자가 원인불명으로 혹은 특이한 원인으로 아프거나 사망한다. 공공지역에 생물학적 제제가 무단으로 퍼지게 되면 질병의 잠복기 때문에 바로 그 영향이 나타나지 않으므로 발병이 지연된다.

감염성 제제의 무단방출이나 고감염성[highly infectious] 질환의 출현은 검출이 되기 전에 다국적으로 확산될 가능성이 있다. 교통의 요충지나 유동인구 밀집지역에서 방출이 되면 감염병임을 알아채기도 전에 지역 경계를 넘어 천연두와 같은 고감염성 제제가 전파될 수 있다. 대인접촉이 계속 이루어지면서 세계 여러 곳으로 감염이 확산될 수도 있다. 단시간 내에 공중보건당국은 생물학적 공격이 이루어졌음을 판단하고, 유기체를 확인하며, 더 많은 사상자가 발생하지 않게 예방전략(즉, 대규모 예방접종, 예방치료, 보편적인 주의사항 및 격리)을 실행해야 한다. 공중보건 기반시설을 강화하고, 최전선 의료진을 증가하여 의심스러운 증상을 인식하고 보고하게 하면 무단방출을 감지할 수 있는 능력이 향상될 것이다.

## 나. 중요한 생물학적 제제

미 질병관리본부는 생물학적 제제를 크게 세 가지 범주[9]로 나눈다. 미 질병관리본부는 다음과 같이 권고한다.

우선순위가 높은 제제는 국가적 보안에 위험을 초래하는 유기체를 포함하는데 그 이유는 다음과 같다.

- 개인 간 전파의 용이성
- 사망률이 높고 주요 공중보건에 영향을 미칠 잠재성
- 대중에게 공포를 유발하여 사회적 붕괴를 초래할 가능성
- 공중보건 대비를 위한 특정 행동 요구

## 다. 범주 A

범주 A는 가장 위험한 9가지 제제이다. 질병의 발생빈도는 비교적 낮지만, 확산되는 속도로 인해 충격이 크다. 범주 A 제제는 사람의 간 liver 에 쉽게 전염되며, 사망률이 높아 공중보건에 상당한 영향을 미칠 가능성이 크고, 대중의 혼란과 사회적 붕괴를 초래할 수도 있어, 공중보건 대비를 위해 특별 조치를 요한다.

### 1) 탄저균

탄저병은 피부, 흉부 또는 장관 intestinal tract 에 영향을 미치는 급성 세균성 질환으로 포자(에어로졸 형태에서 안정)를 형성하며, 비교적 쉽게 확산이 되고, 흡입 시 치명적이기 때문에 매우 효과적인 생물학작용제로 간주된다. 잠복기는 1~7일이지만, 질병은 60일까지 지속될 가능성이 있다. 사람 간 전파는 극히 드물다.

9) http://emergency.cdc.gov/agent/agentlist-category.asp

### 2) 보툴리누스균

보툴리늄 식중독은 토양에서 쉽게 자라는 흔한 환경개체가 생산하는 독소에 중독되는 것을 말한다. 보통 피해자는 집중적인 보존치료를 받아야 한다. 식인성 보툴리늄 식중독은 오염된 음식을 섭취했을 때 발생한다. 이 개체가 깊은 상처에서 증식하여 혈류로 가는 독소를 형성하게 되면 상처 부위에 보툴리늄 식중독이 발생한다. 장 식중독은 섭취한 포자가 장에서 자라 발생하며, 대부분 생후 1년 미만의 유아에게서 나타난다. 유아 사망률은 1% 미만이다.

보툴리늄 식중독에 대한 공중보건 대응은 복잡해진다. 많은 사람에게서 마비가 발생하면, 호흡기 집중치료를 할 장소와 산소호흡기가 부족할 것이다. 상처와 식인성 foodborn 보툴리늄 식중독 치료에 사용하는 면역글로불린 immunoglobulin 으로 조기에 치료하면 생명을 건질 수 있지만, 면역글로불린 공급과 이용가능성에 한계가 있다. 공중보건 대비측면에서는 보툴리늄 식중독으로 인한 생물테러에 대응하기 위해 면역글로불린을 비축하도록 요구하고 있다.

### 3) 대두창

사람 간에 전파되는 천연두는 면역이 되어 있지 않은 인구집단에게는 매우 감염성이 높으며, 사망률이 35%에 이른다. 천연두는 10~14일 주기로, 발병률은 90%에 달하며, 백신을 맞지 않은 인구에서는 이차 발병률이 50%이다.

### 4) 페스트균

폐렴성 흑사병 pneumonic plaque 은 호흡기 감염질환으로 재채기나 기침을 통해 사람에서 사람으로 전염된다. 가래와 혈액, 척수액, 감염된 분비선에서 세균을 배양하여 진단한다. 폐렴성 흑사병은 신속하게 치료하지 않으면 치사율이 100%에 이른다. 임파선종 흑사병 bubonic plaque 은 사타구니나 겨드랑이에 있는 임파선이 심하게 붓고 감염이 된다는 특징이 있다. 흑사병은 미국에서 설치류에 의한 풍토병으로 발생하며, 테러에 사용할 목적으로 그 균주를 구하기가 비교적 쉽다. 감염된 쥐와 벼룩은 사람과 동물을 깨물어서 세균성 감염을 전염시키며, 고양이가 할퀴었을 때에도 감염이 이루어진다. 증상은 2~7일 정도 이어진다. 치료를 하지 않으면 임파선종 흑사병의 경우 사망률이 50~60%에 달한다.

### 5) 야토병균

야토병은 인수공통 세균성질환으로 전파 경로와 관련하여 임상 증상이 다양하다. 이 병은 토끼나 진드기, 파리가 물었을 때나 감염된 동물 사체를 만졌을 때 전염될 가능성이 있다. 야토병은 또한 물을 통해서 전염이 이루어질 수도 있다. 이 병은 사람에서 사람으로 전파되지는 않는다. 에어로졸 형태에서 이 개체가 아주 약한 폐렴을 야기하지만, 그 사망률은 탄저병보다 낮다. 균주에 따라 잠복기는 1~14일이지만, 보통 3~5일이다.

### 6) 필로바이러스와 아레나바이러스

나머지 균주로는 에볼라 출혈열 Ebola hemorrhagic fever 과 마버그 출혈열 Marburg hemorrhagic fever 등 두 가지 필로바이러스 filoviruses 와, 라싸열 Lassa fever 과 아르헨티나 출혈열 Argentine hemorrhagic fever (주닌) 등 두 가지 아레나바이러스 Arenavirus 가 있다.

## 라. 범주 B

범주 B 제제는 중간 정도의 전파력을 가지면서, 이환율은 중간이며 사망률은 낮기 때문에 두 번째로 중요하다고 여겨진다. 미 질병관리본부는 이 제제에 대한 질병 감시와 진단 역량을 특별히 강화하고 있다. 범주 B에는 다음의 제제들이 포함된다.

- 브루셀라 속(브루셀라병 Brucella species)
- 클로스트리듐 퍼프린젠스 Clostridiumperfringens 의 엡실론 독소
- 마비저 Burkholderia mallei
- 비저균(비저 Burkholderiamallei)
- 앵무새병 Chlamydia psittaci
- 콕시엘라 부르네티(Q열 Coxiellaburnetii)
- 리신 독소 Ricinus communis (castor beans)
- 포도상구균 장독소 B Staphylococcusenterotoxin B
- 발진티푸스 Rickettsia prowazekii
- 바이러스성뇌염 alphaviruses (예: 베네수엘라 뇌척수염 Venezuelan equine encephalitis, 동부형 및 서부형 뇌막척수염 eastern equine encephalitis, western equine encephalitis)

범주 B의 하위범주에는 식인성 또는 수인성 병원체가 있다. 이들의 병원체는 다음과 같은 것이 포함되나 이에 국한되는 것만은 아니다.

- 살모넬라 종 Salmonellaspecies
- 시겔라 디젠테리 Shigelladysenteriae
- 대장균 O157:H7
- 비브리오 콜레라 Vibriocholera
- 크립토스포리디움 팔붐 Cryptosporidiumparvum

### 마. 범주 C

범주 C는 세 번째로 위험한 제제들로, 이용가능성, 생산 및 확산의 용이, 사망률과 이환율 및 주요 공중보건에 미치는 영향이 클 가능성 등으로 인해 향후에 대량파종이 되도록 조작할 수 있는 니파 바이러스 Nipah virus, 한타 바이러스 hantavirus 와 같은 신종 병원체가 이에 포함된다.

표 11-3은 알려진 생물테러 제제의 현재 미 질병관리본부의 실제 자료에 포함된 정보를 요약한 것이다.

## 7. 생물테러 대응계획

제 7장에서는 자연재난이나 인위적 재난의 대응계획에 적용하는 보편적인 원칙들을 설명했다. 생물테러에서도 이와 유사하게 대비를 하는데, 관련 업무로는 다조직적 공조, 정보 공유, 자원 관리, 중증도 분류, 사상자 분포, 대중에게 알리기 위해 언론 이용, 환자 추적 등이 있다.

그러나 질병이 빠르게 확산될 가능성이 있으므로 신종감염이나 생물테러의 충격을 경감시키기 위한 계획은 공중보건과 의료계의 기능에 크게 의존하며, 지역사회 종합비상계획에는 보통 포함되지 않은 다른 기능이 이에 더해진다.

### 가. 연방정부의 계획 및 응답 개요

생물테러나 기존에 알려지거나 새로운 병원균에 의해 자연발생적으로 일어나는 재난 발생에 대한 연방정부의 대응은 생물학적 사고 부록biological incident annex, 국가 대응 체계를 보충하는 문서에 의해 발견되었다. BIA는 원인이 알려져 있거나 알려져 있지 않은 인간 질병 발생에 대응하는 연방제의 행동, 역할, 책임을 설명하였다. BIA에 규정되어 있는 연방제의 조치는 1988년 의장 Robert. T의 법안인 재난구호 및 비상원조법(스태포드법)이 공표되었는지 또는 미 보건부 장관이 공중보건 응급상황을 선포했는

**표 11-3** 생물테러 제제

| | 흡입 탄저병 | 브루셀라병 | 보툴리늄 식중독 | 야토병 | 폐렴성 흑사병 | 천연두 | 바이러스성 출혈열 |
|---|---|---|---|---|---|---|---|
| 감염량 | 8,000~50,000 포자 | 10~100 개체 | 0.001 g/kg (A형) | 10~50 개체 | <100 개체 | 10~100 입자 | 1~10 입자 |
| 잠복기 | 1~6일 | 5~60일 | 6시간~10일 | 1~21일 | 2~3일 | 7~17일 | 4~21일 |
| 투병기간 | 3~5일 | 몇 주~몇 달 | 24~72시간 | ~2주 | 1~6일 | ~4주 | 7~16일 |
| 미치료시 사망률 | ~100% | ~5%* | 1차: 25%<br>이후: 4%<br>전체: 5~10% | 33% | 40~70% | 소두창: <1%<br>대두창: 20~50% | 53~88% |
| 치료시 사망률 | ~99% | <1% | 1차: 25%<br>이후: 4%<br>전체: 5~10% | <4% | 5% | 소두창: <1%<br>대두창: 20~50% | 53~88% |
| 사람 간 전염† | 없음 | 없음 | 없음 | 없음 | 있음(높음) | 있음(높음) | 있음(중간) |
| 격리주의‡ | 표준 | 표준 | 표준 | 표준 | 비말경계§ | 공기전염§ | 공기전염과 접촉§ |
| 지속성 | 토양에서 40년 | 물/토양에서 10주 | 음식/물에서 몇 주 | 습지에서 몇 달 | 토양에서 1년 | 매우 안정 | 불안정 |

* 브루셀라병Brucellosis – 관련 사망자의 대다수가 심장내막염으로 인해 사망한다.

† 흡입 탄저병, 브루셀라병, 보툴리늄 식중독, 야토병의 경우, 사람 간 전염이 존재한다는 증거가 없다. 폐렴성 흑사병의 경우 적절한 항균요법을 시작하거나 72시간 동안, 또는 가래 배양 결과가 음성이 될 때까지 사람에서 사람으로 전염된다. 천연두의 경우에는 지침증례의 구인두 병변에서 방출된 바이러스가 흡입을 통해 감염이 되면 첫 주에 발진이 일어나고 대부분의 감염이 이때 이루어지지만, 최종 소멸을 통해 피부 병변이 원래의 상태로 돌아오는 약 3주 동안 사람에서 사람으로 전염된다. 바이러스성 출혈열의 경우, 바이러스의 종류에 따라 감염 여부가 달라지지만, 최소한 병증의 지속기간 동안에는 사람에서 사람으로 전염이 되며, 에볼라/마버그 바이러스는 임상적 회복 후 약 7주까지도 정자를 통해 감염이 이루어진다.

‡ 그라너 JS, 미국 병원감염관리활동 자문위원회. 병원 격리주의 지침. Infect Control Hosp Epidemiol 1996:17: 53-80, Am J Infect Control 1996: 24:24-52(http://www.cdc.gov/ncidod/hip/isolat/isolat.htm)

§ 모든 환자에게 적용되는 표준주의지침(standard precautions) 이외의 주의사항.

출처: HTTP://WWW.BT.CDC.GOV/DOCUMENTS/PPTRESPONSE/TABLE/AGENTS/SUMMARY.PDF

지와 무관하게 취해질 수 있다. BIA에 규정되어 있는 대응 조치는 재난 감시와 환경 모니터링을 통한 발견과 위협의 평가, 확인의 절차와 주민에게 위험시 알리는 것, 실험실 테스트, 합동 수사 과정과 결과, 유행하는 질병 통제, 지역 주민 건강과 의학 서비스 증가와 회복을 위한 활동을 포함한다.

## 나. 계획에 대한 가정

생물학적 사고는 동시에 수많은 현장에서 공중보건과 의학적 응급상황을 일으키는 다수의 관할구역에서 확인될 수 있다. 동시에 발생하는 생물학적 사고는 모든 수준의 정부기관과 수많은 관할권 전역에서의 민간 부문 간에 고도의 조직화된 대응이 요구된다. 생물학적 사고는 또한 국제보건사회와의 폭넓은 협력이 필요로 하면서 다른 국가에게 영향을 줄 수도 있다. 결국 지방정부 공무원들은 위험한 상황이나 재난 발생을 맨 처음으로 확인하게 될 수 있다.

## 다. 연방정부의 대응

미 보건부는 공중보건과 비상의료계획을 위한 연방정부의 노력과 생물학적 테러 공격이나 자연적으로 발생하는 공격에 대한 대응을 지휘한다. 이런 발병 outbreak 은 신종 감염질병을 포함하여 알려졌거나 새로운 병원균에 의해 발생한다. 미 보건부는 또한 발병과 관련된 물질을 적절하게 처리하는 지침을 제공하고 필요로 하는 공중보건과 의학적 대응수준을 결정하기 위해 다른 연방정부 및 기관들과 협력한다. 만약 환경오염이 발생한다면, 미 보건부는 미 환경보호청 U.S. environmental protection agency 과 협동한다. 미 국토안보부 Department of homeland security 가 비의료적인 모든 활동을 조정하고 연방수사국 FBI, Federal bureau of investigation 이 다른 의심이 있는 범죄활동의 수사에 협력한다. 게다가 동물원성 감염증이나 식이성 병원균의 발생이 있다면, 미 보건부는 미 농무부 USDA, U.S. department of agriculture 와 협동을 한다. 마침내 연구소 대응네트워크 LRN, Laboratory response network 는 생물학적 위협물질의 표본을 테스트하고 표본은 연구소대응네트워크의 분석을 확인하기 위해 미 질병관리본부로 보낸다.

믿을 수 있는 생물학적 사건이나 재난 발생의 위협이 있다면, 미 보건부는 비상지원기능 8 emergency support function을 기반으로 지원을 제공할 수 있는 파트너를 모은다. 영향력 있는 관할국의 공무원들은 평가와 대응활동에 관련하고 그들의 업무는 상황을 평가하고 적절한 공중보건과 의학적 활동을 결정하는 것이다. 의도적인 생물학적 위협이나 사고를 조사하는 것은 범죄 및 역학조사가 공동으로 필요할 수 있다. 연방수사국은 국토안보부, 미 보건부, 미 농무부와 같은 주정부, 지방정부 및 연방정부 기관과 범죄조사활동에 협력할 수 있다.

통지에 따른 첫 번째 업무는 영향을 미치는 인구집단과 사고의 지리상의 범위를 확인하는 것이다. 그림 11-1은 공중보건시스템이 생물테러사건이 발생했음을 처음 인지했을 때 의사소통의 흐름을 보여주고 있다. 지방정부의 공중보건시스템은 초동대응요원과 사고 관련 활동을 하고 있는 다른 직원들을 포함하여 영향을 받는 모든 대상자에게 적절한 조치를 개시한다. 이러한 조치들은 대규모의 백신접종이나 아직 노출되지 않았으나 위험에 처해 있는 인구를 위한 예방들이 포함될 수 있다. 아울러 공중보건과 의학적 대응에는 다음을 포함한다.

- 목표가 된 역학조사(예: 접촉자 추적)
- 중요한 안전 정보 보급과 필요한 의학적 예방조치

그림 11-1 의료 또는 PHIDs 사건 발생 시

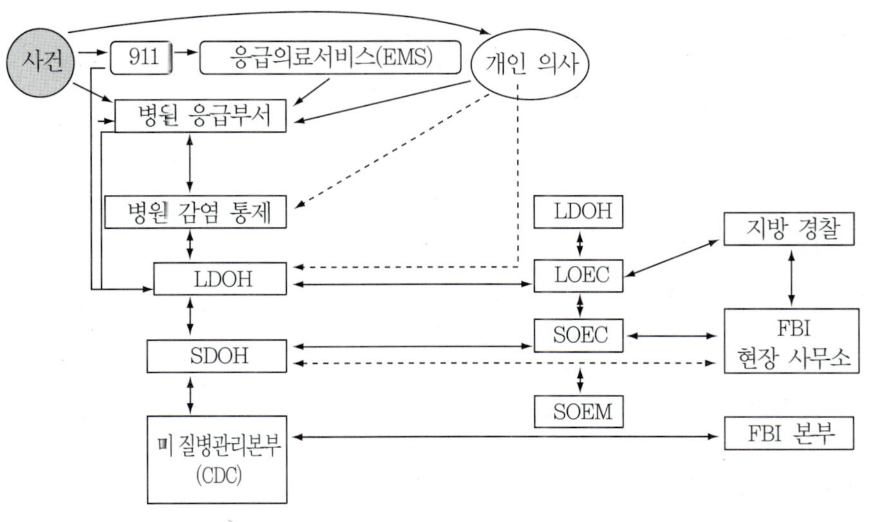

- 보건의료환경, 제공자 사무실, 연구소의 검사 순서, 학교 결석, 의사 처방 없이 살 수 있는 약품 판매, 흔치 않은 아픈 동물의 증가, 야생동물 죽음, 또는 상업적인 어류 산출량 감소와 관련한 강화된 증후군 감시
- 조직과 연방정부의 공중보건과 의학적 대응 자산의 잠재적인 배치(인력, 의료 및 수의사 공급물품, 전략적 국가비축, 국립수의사비축 national veterinary stockpile)

### 라. 감염병 통제

미 보건부는 영향을 미치는 지역에 역학 감시와 조정을 통해 공중보건과 의료당국에 도움을 줄 것이고 감시가 더 필요한지 아닌지 평가할 것이다. 필요하다면 미 보건부는 추가적인 관할구역의 공중보건 공무원에게 알릴 것이다.

미 보건부는 고립, 검역 또는 질병의 확산을 막기 위한 은신처에 관하여 권고를 한다. 주 정부와 지방의 법적 권한을 사용면서 영향이 미치는 주의 주지사는 격리, 검역, 사회적 거리두기를 수행한다. 합법적 정부 아래에 공식적 부족의 리더는 통행금지령, 격리, 사회적 거리두기, 검역을 요구할 것이다. 주간 interstate 의 확산을 막기 위한 연방정부의 활동은 미국 코드 title 42, 42 미연방규정집 70과 71 CFR, Code of federal regulations parts 70&71, 21 미연방규정집 1240 부문에서 권한을 보장한다.

비록 국토안보부는 생물학적 사고에 관한 공공 메시지를 조정하더라도 공중보건과 대중에 대한 의학적 메시지는 공인된 보건당국(예: 일반적인 미국 전문의)에 의해 전달되어야 한다. 표 11-4는 생물학적 사고에 대응하는 수많은 기관 리스트이다.

## 8. 지역계획

지역계획을 통해 질병의 확산을 방지하고자 하는 지역사회의 대응을 개선할 수 있다. 지역협정에서는 역할, 지휘계통, 배상, 부족한 자원의 배포, 정보관리전략, 대응장비의 유지, 재고관리 및 공급 등 어떻게 공조가 이루어지는지를 규정해야 한다.

생물테러 공격 이후, 지역사회는 다음을 필요로 한다.

- **비상관리계획** An emergency management program – 종합계획, 비상관리 및 보건부문과의 공조, 연수와 모의훈련

**표 11-4** 생물학적 사고 관련 협력기관

| |
|---|
| 농업부서 Department of agriculture |
| 상무부 Department of commerce |
| 국방부 Department of defense |
| 에너지부 Department of energy |
| 국토안보부 Department of homeland security |
| 내무부 Department of the interior |
| 법무부 Department of justice |
| 노동부 Department of labor |
| 국무부 Department of state |
| 교통부 Department of transportation |
| 퇴역군인부 Department of veterans affairs |
| 환경보호국 Environmental protection agency |
| 조달청 General services administration |
| 국제개발을 위한 미국 기관 U.S. agency for international development |
| 미국 우편 서비스 U.S. postal service |
| 적십자회 Red cross |

- **인력** Personnel – 임상의, 공중보건 공무원, 물류전문가, 약사
- **재료** Material – 의약품, 격리시설, 대규모 예방접종 장소, 개인보호장비 PPE, Personal protective equipment 와 오염제거 샤워용품, 대규모 간호를 위한 백업용품
- **정보 감시 및 제공** Monitoring and providing information – 예방 지침, 환자를 위한 재택간호 지침, 검역과 격리, 대피에 관한 결정에 도움이 되도록 감염제제의 특성에 관한 정보
- **통신시스템** Communication system – 정기적으로 검사한 중복 장비
- **보안** Security – 신분증, 판매자 제한 접근, 보안 순찰, 전체시설 출입통제, 우편물 처리절차 등
- 상기 내용 각각에 대한 재정지원 financial support

지방이나 지역 차원에서, 다수의 생물테러 제제가 독감유사증상을 유발하므로 생물테러에 대한 공중보건계획은 유행성 독감에 대한 계획모형을 따라도 된다. 보건, 비상관리 및 공공안전 부문의 주요 대표자들로 구성된 계획위원회를 먼저 조성해야 한다. 이 위원회는 전체 지휘와 통제 구조(제 3장 '사고지휘' 참조)를 확립하고, 예방, 계획,

대응, 복구 활동을 감독하며, 관할지역의 계획이 확립, 검토 및 수정되도록 한다. 생물테러대응에서는 광범위한 지역단체와의 공조가 필요하기 때문에 이해당사자가 누구인지를 확인하고 지원을 요청하는 것이 중요하다. 지역사회에서는 유행병과 예방접종에 대해 잘 알고 있는 인력, 병원, 연구실, 정보체계의 전문가, 언론, 시민밴드 라디오 그룹citizen band radio groups, 사회복지 기관, 미 적십자사, 법 집행관, 화재 및 응급의료 서비스, 의료단체, 법의관과 검시관, 장례지도사, 지방 공공시설, 피해동물들을 다룰 수 있는 지방 수의시설, 지방정부 공무원 등이 참여해야 한다. 계획위원회는 이해당사자의 전문인 분야에 대한 계획을 세우도록 요청한다.

"공중보건 준비사업project public health ready" 인증을 얻고자 하는 지방 공중보건부서는 종합적인 비상대비 및 대응계획을 세우고 인력을 훈련시켜야 한다. 지방 공중보건기관을 위한 계획 지침은 전미 군 및 시 단위 보건당국자협회NACCHO, National association of county and city health officials에서 볼 수 있다[10].

지역사회는 생물테러 사건에 대응하여 3단계의 계획을 세워야 한다. 그 예로, 피해자 100명 이하, 100명 이상 10,000명 이하, 10,000명 이상 등 피해자의 수에 따라 별도의 계획을 마련할 수도 있다. 각 계획에서 중요한 부분은 백신과 항생제를 구하고 제공하는 실행계획이다. 계획에서는 반드시 지방정부나 연방정부의 보관소 위치를 확인하고, 이를 제공하는 장소를 정하며, 제공받는 대상의 우선순위를 확립해야 한다. 비축품은 상업 공항으로 나르거나 민간 판매자를 통해 트럭으로 운반하게 된다. 항생제와 의료용품을 보급·보관하는 방법, 재료를 작은 단위로 다시 포장하기 위한 장소 등에 대해 프로토콜을 확립해야 한다. 또한, 항생제를 유통기한 이전에 사용하도록 체계를 확립하도록 한다. 사건을 예상해서 푸시팩push pack을 미리 배치한다면, 이를 열 때에는 허가를 받아야 한다.

확장능력surge capacity[11]에 대한 계획에서는 천연두나 폐렴성 흑사병과 같이 전염성이 큰 제제의 방출로 인한 사망률과 이환율을 높게 추정해야 한다(대응능력계획은 제7장에서 다루었다). 병원은 단시간 내에 업무량이 몰려 버거울 수 있으므로, 병원에서 떨어진 다른 장소로 환자를 보내도록 해야 한다. 적절하게 인력 배정을 하도록, 지방

10) http://www.naccho.org/topics/emergency/pphr/index.cfm

11) 질병통제예방센터는 생물테러 사건에 대한 계획에 적용할 수 있도록 대규모 독감 발병의 잠재적인 영향을 추정하는 지방 계획자들에게 도움이 되는 소프트웨어를 개발했다. 소프트웨어는 [http://www2.cdc.gov.od/fluaid/default.htm]에서 다운로드 할 수 있다.

정부기관 내 그다지 중요하지 않은 프로그램에서 인력을 재배치하거나 은퇴한 자 또는 관련 지식이 있는 민간 인력을 소집하여 필수 인력을 대체하는 비상계획을 마련한다. 접종이나 개인보호장비의 배포 등을 통해 발병 시 초기에 공중안전요원들을 보호할 수 있는 프로토콜을 확립한다. 더 나아가, 건강한 인력을 확실히 유지 및 관리하기 위해, 피해자로부터 묻은 오염을 제거하기 위해 개인보호장비를 입은 채로 같은 구역 내에 머물러 있어야 하고, 여러 팀이 훈련을 받아야 하며, 이들은 사전에 물을 충분히 마셔야 한다. 자신이 아프다고 생각하여 진료를 받으려는 사람들 때문에 환자 수의 추정은 크게 달라지므로 종합계획에서는 "건강염려증"인 상당수의 환자를 먼저 분류해야 한다. 대도시 지역에서, "건강염려증"인 사람의 수는 피해 환자보다 거의 30배 정도 많으며, 2001년에는 이 비율을 훨씬 웃돌아 전국적으로 30,000명 이상이 탄저병 예방주사를 맞았다. 잠재 환자의 상당수가 대체간호시설을 신속하게 세울 것을 원한다. 환자들은 정기적으로 치료를 받던 곳에서 치료를 받으려고 하기 때문에 가능한 한 의료시설과 근접하게 대체간호시설을 세워야 한다.

## 가. 생물테러 대응에 대한 공중보건 지역사회계획

신종인플루엔자 바이러스 또는 다른 신종 감염병과 생물테러 공격에 대한 대응활동은 유사하다. 일관된 지휘 및 통제, 관리 구조, 책임(비상관리부문과 보건부문의 활동을 조정하는 프로토콜 포함) 등에 대한 기술 외에 생물테러에 대한 공중보건 지역사회계획에는 다음 내용이 포함된다.

- 인력의 업무를 자세하게 기술한 대규모 발병 연구와 감염 통제에 대한 프로토콜
- 의심사례와 확진사례에 대한 통지 및 대응 프로토콜
- 현장 오염제거 및 병원이송에 대한 프로토콜
- 현장접근 outreach 기준, 작업자 안전 지침, 훈련 필요성 등 결근률이 높은 시기에 의료 및 지역사회 필수 기능의 유지여부와 인력공급을 평가
- 지방 공중보건부서가 연구실 보고서에 관심을 가져야 하는지의 여부 외에도 시료수집, 시료의 운반과 연구실 확인, 안전한 폐기, 라벨 표시, 의심되는 테러와 관련된 시료에 대한 적절한 증거보존체계 등 신속한 진단시험을 위한 연구실 시료 취급방법과 다른 연구실이나 국가 연구실로의 문의에 관한 프로토콜

- 시설 요구도/유형/이용가능성/의약품, 백신, 침대 및 장비의 위치 등을 진단
- 잠재적 제제에 대한 의약품을 비축하고 유효기간을 주시
- 대규모 의료서비스 제공을 위한 계획
- 법적 사안 해결
- 대중에게 전하는 외부적 통신과 대응 방안을 조정하는 사람들 간에 이루어지는 내부적 통신에 대한 프로토콜
- 환경오염물질 제거, 생물학적 안전성, 대규모 매장 준비, 영안실 관리 등에 대한 조치
- 정신보건문제 관리에 대한 프로토콜
- 시민 조직과 그 외 자원봉사자와 협력하여 집에 갇힌 사람에게 식량, 의료, 그 외 필수적인 지원 제공
- 다음 내용에 대한 기초자료
  - 병원입원
  - 급성질환 병상이용률
  - 중환자실 병상이용률
  - 감염환자 응급실 내원
  - 외래진료과 이용
  - 독감유사증상
  - 환자 청구서와 응급부서 내원자료에서 독감 사례
  - 예상치 못한 사망
  - 외래진료환자의 이상증상
  - 911 전화
  - 설사병
  - 지역 총판으로부터 매주 지사제antidiarrheal 구매
  - 연구실에 제출하는 일일 대변샘플 수
  - 요양원 인구의 위장질환 일일 발생률
  - 독극물통제센터 전화
  - 항생제 및 기타 의약용품
  - 전체 산소호흡기 수

표 11-5 잠재적 생물테러 제제에 대한 의약용품과 해독제

| 생물학적 제제 | 의약용품 및 해독제 |
|---|---|
| 세균제 | 시프로플록사신, 독시사이클린, 페니실린, 클로람페니콜, 아지쓰로마이신 |
| 보툴리늄 독소 | 기계적 산소호흡기 및 관련 용품 |
| 화상/발포제 | 멸균 붕대, 정맥주사액, 광범위 항생제 |
| 시안화물 | 아질산 아밀, 아질산 나트륨, 티오황산 나트륨이 들어있는 시안화물 해독제 키트 |
| 미란성 가스(루이사이트 lewisite) | 영국 항-루이사이트 BAL, British anti-lewisite<br>신경작용제: 아트로핀, 염산프라리독심, 다이아제팜 |
| 방사능 노출 | 요오드화 칼륨 |
| 전체 | 소생장비와 구급용품, 승압제 |

- 잦은 결근과 결석

감염성 질환 비상시 초기 업무는 다음을 포함한다.

- 대응계획, 공중보건 OEC 및 현장지휘체계 ICS, Incident command system 의 활성화
- 관련 주정부 및 연방정부 기관과 접촉
- 통신계획 활성화, 감염질환 비상사태, 예방 및 통제 등에 관한 정보 배부
- 병원과 의원에서의 감시 증가
- 해당되는 경우, 백신/의약품 배부 개시
- 인근 관할지역과 공조
- 주요 정부 공무원과 입법자에게 추가 자원의 필요성을 알림

## 9. 생물테러 사건의 정의, 감지 및 대응

가능한 생물테러 사건은 다음 중 하나이다.

- 자신의 질병에 대해 타당한 설명을 할 수 없는 환자에게 발생한 알려진 생물테러 제제로 유발된 질병의 확진사례 또는 강력히 의심되는 사례

- 명백한 병인론이나 설명 없이 독특한 특징(연령 분포)이나 비정상적으로 높은 이환율 또는 사망률을 보이며 임상증상이 유사한 무리의 환자들
- 계절 상 예상되는 수치 이상으로 일반 증상의 발생률이 예상치 못하게 증가

생물제제 사건이나 신종질환은 초기에는 지역 수준으로 발생하여 감지되면서, 위의 사례 중 하나로 나타날 가능성이 크다. 생물테러에 이용하는 대부분의 제제는 잠복기가 있기 때문에, 공격이 발생한 후에도 며칠, 심지어 몇 주가 지날 때까지 공격이 드러나지 않을 수가 있다. 질병초기에는 관련 질환 다수가 모호하고 비특이 증상을 보이므로 자연적으로 발생하는 수많은 질병과 구분하기가 어렵다. 주치의는 은밀한 공격으로 인한 이상 질병을 처음으로 알아챌 것이며, 지방정부와 주정부의 보건국이 지역사회 단위의 대응을 개시할 공산이 크다. 잠재적인 생물테러 사건에는 연령 분포와 같은 독특한 특징, 질병에 대한 뚜렷한 설명 없이 비정상적으로 높은 이환율 또는 사망률, 여러 지리적인 지역에서 동시에 발병하는 이례적인 상황, 해당 지역에서 전에 볼 수 없던 이례적인 질병, 흡입 탄저병이나 천연두의 사례, 또는 계절 상 예상되는 수치 이상으로 일반 증상 발생률의 예상치 못한 증가(즉, 바이러스가 없는 여름에 독감 유행, 하나의 원인을 찾을 수 없는 식중독) 등을 특징으로 하며 임상증상이 유사한 한 무리의 환자가 발생한다.

수의사는 자신이 돌보는 동물에게 발생한 의심스러운 질환을 보고해야 한다. 미국의 웨스트 나일 유행병 West Nile epidemic 은 뉴욕 브롱크스 동물원의 조류 수의사가 새들이 죽어가고 있음을 보고하면서 시작했고, 그 당시에 한 의사가 뉴욕시 보건 및 정신위생국으로 전화를 걸어 한 무리의 이례적인 수막염 사례에 대해 알렸다.

가장 가능성이 큰 생물테러 제제로 인한 질병은 초기에 독감유사증상을 보이고 연구실에서 양성판정을 확인하려면 며칠이 소요되어 정확하게 진단하기에는 시간이 많이 걸리므로, 공중보건 공무원은 수동적인 감시체계에 의존할 수밖에 없다. 독감유사증상으로 인해 독감이라고 진단이 되지만, 감염성 질환인 경우에는 어느 시점이 지나가면 독감 이외의 증상이 나타나게 되므로, '독감'이 '독감'이 아닌 것으로 판명해야 한다. "독감유사증상"은 보통 돌연히 발생하며, 다음 증상을 동반한다.

- 고열

- 두통
- 피로/무기력(극심해질 수 있음)
- 마른 기침
- 인후통
- 콧물
- 몸살 또는 근육통
- 설사와 구토도 일어날 수 있으나, 어린이에서 더 빈번하게 발생한다.

공중보건당국은 모든 노력을 기울이는 일환으로, 생물테러 제제를 신속하게 확인하도록 표준 연구실에 의심되는 표본을 보내고, 초기 노출원(예: 의심되는 환자의 차트를 검토)을 확인하도록 능동감시체계와 역학팀을 활성화한다. 적절한 격리대책과 보편적인 주의사항을 알려주며 사망률과 이환율을 낮추도록 치료 및 예방활동을 시작하고, 지리적 확산정도를 진단한다. 예상하지 못했던 발병과 관련된 특징을 확인하고, 많은 의료기관과 비상관리기관 간, 정부와 대중 간에 사전에 확립했던 통신 프로토콜을 활성화시킨다. 잠재적인 생물학적, 화학적, 방사능 사건에 대응하도록 공중보건팀을 편성해야 하며, 이 팀은 연구자, 비상관리, 응급의료기사와 구급대원, 환경보건 과학자, 역학자 epidemiologists, 유해물질 대응팀, 보건물리학자, 산업위생학자, 감염질환 전문가, 법의관, 산업보건의, 공중보건 연구실 피지명자 public health laboratory designees, 독성학자, 수의사 등 여러 분야의 전문가로 구성된다.

효과적인 감시체계에서는 신속하게 질병의 동향 변화를 추적하며, 임상적 증상을 토대로 계속 자료를 수집하고 이를 매일 검토한다. 이 체계에서 "경보"가 울리면, 발병이 있는지를 판단하고 잠재적인 미생물 오염과 감염원을 확인하도록 역학적 조사에 착수한다. 생물테러와 신종질환 emerging disease 의 자료 출처는 다음과 같다.

- 생물감시 biosurveillance
- 병원 소견서(예상치 못한 열로 건장한 사람이 중환자실에 입원)
- 감염질환과 연구실 보고서
- 동향 및 이례적인 양상을 이용한 응급부서의 진단 범주
- 시설에서의 발병(예: 요양원)

- 잦은 결근과 결석
- 전문의약품과 일반의약품 판매
- 동물의 발병과 사망
- 경찰과 응급의료서비스의 보고서
- 질병 증상에 따라 구분한 911 전화 내용의 지리적 분석(즉, 호흡곤란, 호흡부전, 기타 독감유사질환의 표시)

법의관의 보고서가 유용하긴 하지만, 사망시각과 사망진단서가 나오는 데까지는 보통 2~3일이 지체가 된다. 또한 사망진단서로 집단을 파악하기는 어렵다. 이에 정보를 보다 제시간에 받을 수 있도록 전자사망보고서를 도입할 수도 있다. 또한 역학자는 음식, 매개체의 존재(즉, 진드기, 벼룩, 파리, 설치류, 고양이, 모기, 박쥐 등), 동물군집과 식량작물의 동향 등 환경요소를 살펴보고자 한다.

집중적인 능동감시 focused active surveillance 와 연구실 진단시험이 포함된 자율탐지시스템 ADS, Autonomous detection system 을 통해 무단방출을 조기에 탐지할 수 있다. 이 시스템에는 "진공청소기" 모양의 기계인 생물시계 BioWatch 가 있어 실내와 실외에서 모두 작동이 가능하며, 공기시료를 계속 모으고 공중보건 연구실에서는 이를 일주일에 7일 동안 내내 시험한다. 더구나 임상감시는 사고를 배제 또는 확증하기 위해 강화된다. 확증되면 수많은 임상사례가 규명되기 전에 생물시계로 알려진 환경감시시스템을 통한 조기감지가 공중보건, 보건의료기관, 법 집행으로 결집된 대응을 즉각 촉발시킨다.

## 가. 능동감시와 역학조사

긴급감시 rapid surveillance 를 활성화하려면 필요한 재료를 사전에 준비해야 한다. 반드시 필요한 도구로는, 사례와 위험노출, 시료채취전략, 정해진 현장에 대한 중앙집중식 데이터베이스, 감시를 위해 하루 24시간/일주일 7일 동안 팀을 소집하고 배치하는 방법 등을 판단하기 위해 포괄적인 질문으로 구성된 사전 평가도구를 준비하면 된다. 이 평가도구에서는 거주자와 직장의 위치, 일상적인 통근 경로, 의심되는 제제의 잠복기 동안 환자의 상세한 활동 등을 질문한다.

생물테러임이 확인되면, 보건국은 사례를 추적하고 역학조사를 수행하여 노출원과 노출위치를 파악한다. 공중보건은 능동적인 병원기반 감시를 하고 접근하기 어려운 집단(예: 노숙자)의 경우에는 수동감시를 강화하며, 홍역이나 매독에서와 마찬가지로 접촉경로를 추적하고, 지역 독극물통제센터와 공조한다. 이 정보는 누가 또 노출되었는지를 판단하는데 반드시 필요하며, 노출된 사람은 예방을 해야 한다. 역학조사는 인간과 동물 집단에서의 질병결정인자, 분포 및 질병발생 빈도를 확인하는데 도움이 된다. 역학에서는 매개체-통제 요건과 이차 확산의 가능성을 감지한다. 이 조사를 할 때에는 각 주 연합 interstate 정부기관과 국제기관 외에도 인근지역의 보건국과 공조한다.

## 나. 대규모 의료 및 영안실 서비스

생물테러 제제에 노출된 환자를 돌볼 수 있는 지역사회의 역량에 관한 정보를 제공하는 기초 설문조사 외에, 노출된 환자를 간호하는데 지침이 필요하다. 사례를 확인하고 노출된 사람에 대한 의학적 관리를 하며, 훈련된 인력에 의한 부상자 분류와 확장능력 등 대규모 의료 서비스를 개시하고, 대피소나 학교를 병원으로 이용하며, 가정 등 여러 장소에 환자 격리실을 만들고, 사람들에게 의약품을 배부하며(예: 예방접종 또는 복용약 관리), 환자를 이송하고, 영안실 서비스를 제공하는 의료단체에 프로토콜과 질병특이적 정보를 배부하는 것이 지역사회 간호지침에 포함되어야 한다.

주민보호계획에서 언론을 관리하여 일반 대중에게 정확한 사실을 알려주는 것은 매우 중요하다. 통신은 건강경고네트워크 HAN, Health alert network, 방송 경보, 통신 상담전화 등을 통해 이루어진다. 의사, 배포지점 POD, Point of dispensing 에서 서비스를 받고자 하는 사람들, 질문에 대답하도록 사전에 대본을 준비한 직원과 통화하려는 일반 대중 등을 고려하여 별도로 세 개의 상담전화를 설치한다. 대중에게 경보를 발령하고, 노출을 예방하도록 공익광고를 내보내며, 증상, 통제조치, 항생제가 필요한 사람, 질병의 지역적인 영향[12] 등을 구별하는데 언론을 이용한다.

인구집단에 대한 대규모 항생제 예방 또는 예방접종 계획은 다음을 포함해야 한다.

- 대규모 예방접종에 착수하는 의사결정 과정에 대한 설명
- 피해인구를 확인하는 방법

12) 미 질병관리본부는 주정부와 지방정부 공중보건 공무원을 위한 통지 절차를 마련했으며, 웹사이트에서 볼 수 있다.

- 백신이 상당히 부족하거나, 어느 정도 부족하거나, 그 양이 충분할 경우 우선순위 대상자와 일반 대중에게 백신 또는 항생제를 제공하는 조절 가능한 분배계획
- 배포 지점으로 의약품 비축물을 운송하는 계획
- 백신과 항생제의 도착, 배포 및 지역적인 보급 등을 관리하는 인력을 지정하여 투여 대상자들이 원활히 배포지점으로 오도록 하고, 수화 등 필요한 경우 통역 수행
- 의약품의 보관, 운송 및 취급에 관한 계획, 한 대의 냉동 트랙터트레일러에는 1,200만 회분의 백신을 보관 가능
- 연령대별 예방접종 절차 등 각기 다른 예방조치에 대한 임상적 논리체계와 서면으로 된 지침서
- 연방백신투여지침에 따라 수령 및 배포한 백신의 제조사, 제조번호 lot number, 유통기한, 수량을 기록한 일지 등 기록유지와 엄격책임에 관한 절차
- 직원용 보호복 이용에 대한 계획
- 지역사회 참여를 보장하는 계획
- 모든 관련 언어로 작성한 정보지 개발(견본은 온라인[13]에서 확인)
- 제안된 의약품 배포 계획에 대한 지역적 조정
- 의료 프로토콜 준수여부, 백신으로 인한 증상이나 병증, 백신 실패로 인한 예방접종 후 병증, 부작용 등을 감시하는 절차

## 10. 병원

세계적 유행 인플루엔자 및 생물학적 병원체 전파에 있어서 병원은 응급실에 내원하거나 입원이 필요한 환자의 급진적 증가를 예방해야 한다. 심지어 미약한 세계적 유행도 입원, 중환자실, 산소호흡기 요구를 급격히 증가시킬 수 있다. 높은 발생률과 함께 직원의 결석률이 증가할 것이고 중요한 자원의 활용가능성에 제한을 가져올 수 있다. 병원의 대응은 다음을 포함해야 한다.

- 확장능력

13) http://www.dhss.mo.gov/InterventionMICA/Immunizations/CampaignsandPromotions/index_5.html; http://www.immunize.org

- 중증도 분류 triage, 자원봉사, 가정간호의 관리
- 질병 통제 가이드라인
- 자원 할당
- 대량 사망
- 직원 및 직원 가족 지원
- 병원 자원의 관리 및 추적

병원이 합동위원회 joint commission 에서 승인된 재난계획을 필수적으로 운영한다 하더라도 생물학적 사건에 대응하여 독립형 시설 계획의 절차를 지역사회가 준비한다는 것은 아니다. 지역사회에 위치하는 병원은 환자이송, 물품과 약품의 처방 및 비축, 사건에 대한 의사소통, 시체 처리, 그리고 그 밖의 중요 업무 등을 포함하는 활동을 조정해야 한다. 자원의 조정은 단지 정확한 시간에 물품 및 약품을 전달하는 병원 실무만큼 중요하다. 사전에 어떤 병원 서비스 전달에 대하여 지정하는 것과, 그리고 병원 전과 병원 케어 사이를 조정하는 프로토콜을 수립하는 것은 환자의 성과를 향상시키는데 기여하는 것으로 나타났다. 지역계획은 모든 병원이 복수의 병원 훈련에 참여하도록 해야 한다.

대규모 질병 발생에 대한 병원의 플랜은 응급실의 많은 환자의 중증도 분류 제공, 환자의 오염해제와 환자 범람, 병상 수용력 증가, 추가 직원 투입, 그리고 공기전파, 접촉, 일반적 주의사항이 포함된 경고와 함께 격리 부서 설정 등을 포함한다. 직원은 병원 사고지휘체계의 특정한 역할에 대하여 교육을 받아야 하고 병원의 사고지휘구조와 관련이 없다면 본인의 평상업무를 지속하도록 지시해야 한다. 병원 직원은 만약 그 직원이 사건을 처음 알게 되었다면 누구에게 알려하는지, 무엇을 질문해야하는지, 일반적 주의사항을 어떻게 활용하는지 알고 있어야 한다. 다양한 언어의 정보지와 동의서 형식이 구비되어야 한다. 아울러 백신 접종 방법에 대한 안내지가 활용될 수 있도록 구비되어야 한다.

병원 계획에는 다음과 같은 의료적 프로토콜이 수립된다. 약품과 백신의 재고 및 배포, 지역사회 중심 대규모 예방 클리닉이 설치되어 있는지가 수립내용이다. 환자가 감염성 질환에 걸린 것이 의심된다면 최소한의 응급실 프로토콜은 다음을 포함한다.

- 특정 환자의 진료과에 연락하기

- 대기실에서 신속하게 개인별 스크리닝 실시
- 격리 장비, 미립자 인공호흡기, 음압격리실 공급 확인
- 증례 또는 발열이나 의심되는 발적을 동반하는 접촉으로 알려진 사람을 위해 음압실에서의 중증도 분류 및 격리
- 병원 감염 통제와 질병 전문가 접촉
- N95 N100 마스크 적합도 검사를 포함하는 표준예방조치
- 모든 대기실에서 신속한 스크리닝과 접촉정보 수집

## 11. 배포지점

많은 사람들이 약물이나 백신으로 예방을 해야 할 때에는 배포지점을 설치해야 한다. 배포지점의 업무는 환자 등록, 환자 분류, 면봉 시료채취, 의학적 평가, 즉 선별검사, 항생제/백신 투약 및 조제, 건강염려증 환자를 안심시키기, 탄저병과 배포지점에 관하여 투여대상자에게 설명하기, 조사를 위해 정보 수집하기, 의료시설로 환자 보내기(필요한 경우), 상담, 투여대상자 흐름 관리, 보안 유지 등이 있다. 사건이 발생하면 의약품을 대량으로 배포해야 하므로 배포지점을 개설하기로 결정하고 그 운영에 착수할만한 시간이 많지 않으므로 반드시 사전에 계획을 해야 한다. 자격증명 발급, 의료-법적 책임, 배상 문제를 사전에 해결하도록 다른 지역사회 기관 및 의료 자원봉사자와 사전에 합의를 해야 한다.

뉴욕시 보건 및 정신위생국 등의 경험을 통해 사건의 종류와 범위에 따라 배포지점의 서비스 편성과 그 기능이 달라짐을 알 수 있다. 의료용품이 도착하고 배포지점을 운영하기 전에 훈련을 받은 인력이 준비가 되었는지 충분한 시간을 두고 확인한다. 담당의사, 연락담당자, 의료용품 조정자, 임상관리 책임자 등 적절하게 인력배치를 하는 것이 중요하다. 72시간 내에 10,000명에게 항생제를 투여하려면 12시간 교대로 각 교대시간마다 약 50~55명이 있어야 한다. 배포지점으로 적당한 장소는 이를 이용하는 사람이 접근하기에 편한 곳이어야 하며, 필요한 사람들에게 항생제나 백신을 배포하기에 충분할 만큼 커야 한다. 항생제를 72시간 동안 500명 내지 10,000명에게 투여하려면 최소한 약 230 $m^2$(2,500 $ft^2$)의 공간이 필요하다. 사고지휘센터에서 배포지점으로,

보건국에서 대중으로, 보건국에서 지역사회 의료 제공자에게로 이어지는 통신시스템을 잘 확립해두는 것이 중요하다. 인구의 상당 부분에 예방접종을 하거나 예방을 하지 않아도 되는 경우에는 "건강염려증" 환자를 분류하는 계획을 마련해야 한다. 그림 11-2와는 배포지점 배치도이다.

생물테러(범죄행위)가 발생한 경우, 기밀을 유지하기 위해 배포지점과 떨어진 곳에서 수사를 진행 할 수 있도록 법집행기관을 위한 별도의 공간이 필요하다. 연방수사국과 미 질병관리본부는 이러한 조사를 하기 위한 공중보건과 법집행기관의 역할을 기술한 지침을 마련하였다.

## 가. 배포지점 기능구역

전형적인 배포지점은 이러한 유형의 기능을 하는 공간을 포함한다.

- 선별검사 구역: 적격성 확인, 필기도구와 정보지, 역학면담 양식, 법집행기관 면담 양식, 의료기록 양식을 제공

그림 11-2 배포 지점 POD 평면도

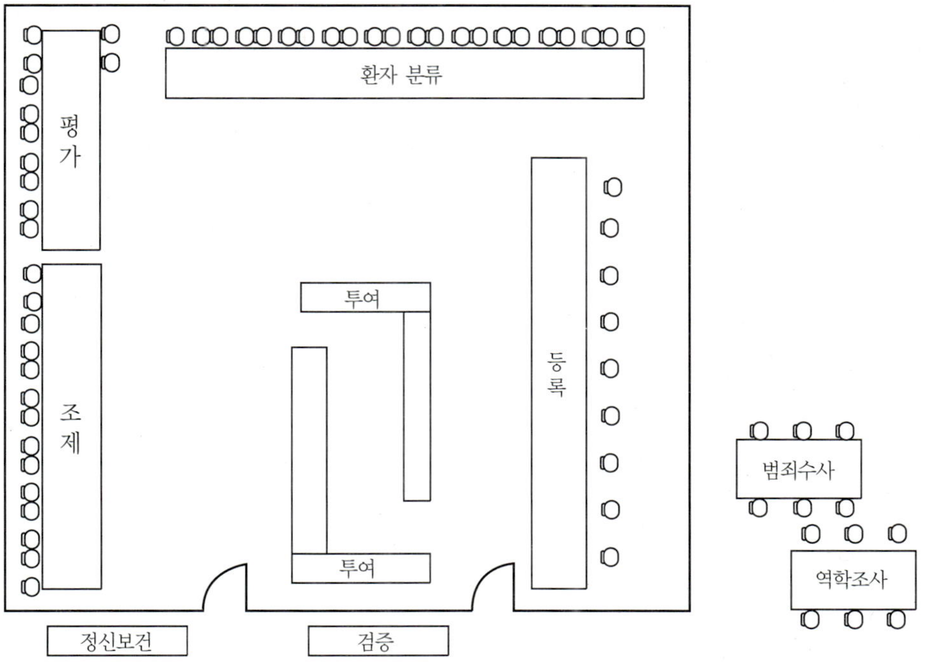

그림 11-3 **배포 지점POD 평면도**

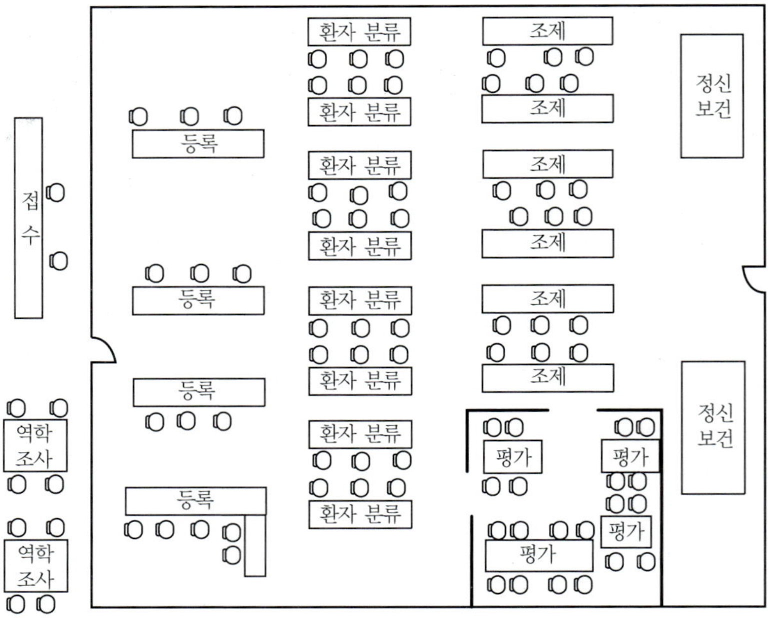


*출처: 블랑크 S, 모스킨 LC, 주커 JR의 동의 하에 인용. (2003) "AN OUNCE OF PREVENTION IS A TONE OF WORK: MASS ANTIBIOTIC PROPHYLAXIS FOR ANTHRAX: NEW YORK CITY, 2001" EMERGING INFECTIOUS DISEASES, VOL 9(6) 2003년 6월.

- 투여대상자 등록: 컴퓨터에 있는 일지나 스프레드 시트, 또는 데이터 입력 화면과 현장 서버로의 무선연결 프로그램
- 중증도 분류: 대상자가 조제실로 가야 하는지, 의학적 평가를 받아야 하는지, 심층검사를 받아야 하므로 의료시설로 이송해야 하는지를 진단, 인쇄물 제공(예: 약물복용 사실 보고서, 역학 면담), 중증도 분류 담당: 의사, 간호사 및 의사보조사
- 노출의 위험, 증상, 항생제의 부작용 등을 설명
- 필요한 경우 시료채취(예: 비강면봉)
- 항생제를 배포하는 조제실. 인력 - 간호사, 의사 및 약사
- 상담: 인력 - 투약조제 지점POD 입구나 출구 근처에서 정신보건, 의료 상담사, 공중보건 교육자가 근무. 상담전화와 웹사이트를 추천
- 입구, 출구 및 의약용품 보안
- 의무기록작성을 위한 사무업무구역
- 양식을 작성하고 면담을 할 공간

**배포지점 의무기록**

항생제를 신속하게 배포하기 위한 정보에 한하는 의무기록(소아과 의무기록과 유사)으로서 다음 내용을 포함하며, 양면으로 한 장에 인쇄된 자기관리 질문지를 이용한다.

연락정보:
주소, 전화번호, 비상연락처
시험 및 치료를 위한 동의서 양식에 서명

병력:
현재 증상의 존재여부, 관련 약물 알레르기, 항생제와 상호작용한다고 알려진 특정 약물의 복용(예: 탄저병에 독시사이클린 또는 시프로플록사신)여부와 임신 상태

평가결과:
시료채취, 항생제/백신 조제 및 수령(혹은 거부), 항생제/백신 로트번호

* 출처: 블랑크 S, 모스킨 LC, 주커 JR의 동의 하에 인용. (2003) "AN OUNCE OF PREVENTION IS A TONE OF WORK: MASS ANTIBIOTIC PROPHYLAXIS FOR ANTHRAX: NEW YORK CITY, 2001" EMERGING INFECTIOUS DISEASES, VOL 9(6) 2003년 6월.

## 12. 연구소 대응네트워크

미국이 생물테러와 화학테러에 대응하는데 도움이 되도록 공중보건실험실협회 APHL, Association of public health laboratories 와 미 질병관리본부가 1999년에 연구소 대응네트워크를 설립했다. 연구소 대응네트워크는 현재 생물테러와 신종감염병, 그 외 공중보건 위협 및 비상사태에 대응할 수 있는 약 120여 개의 생물학 및 화학 실험실을 갖춘 국가적인 통합네트워크이다. 연구소 대응네트워크에는 다음과 같은 연구소가 있다.

- 연방정부 – 미 질병관리본부, 국립보건원 NIH, 기타 연방정부가 운영하는 시설
- 주정부와 지방정부의 보건국
- 군대 – 미 감염질환연구센터 USAMRIID 를 포함한 국방부
- 식품 시험 – 식약청 FDA 과 미국 농무부
- 환경 – 물과 기타 환경시료 시험
- 임상 – 지방 병원
- 수의학 – USDA(동물시험)
- 국제연구실 – 캐나다, 영국, 호주, 멕시코의 연구실

연구소 대응네트워크는 질병을 확인하고, 지시 및 정보서비스를 제공하며, 환경시

험, 신속검사, 전문시험을 수행함으로 감시 및 역학 조사를 지원한다. 5가지의 주요 위협(즉, 보툴리늄 식중독, 흑사병, 탄저병, 야토병, 폭스바이러스 병증)은 미국에서 자연적으로 발생하며, 이들 질병에 대한 표본은 공중보건 연구실에서 검사할 수 있다. 또한 공중보건 연구실에서는 확정진단을 내리기 위한 세균성 제제를 검출하는 표준기술(즉, 그람 균주, 선택 배지에서의 배양, 시각적인 군집 모양, 열충격 후의 생장, 박테리오파지와 직접 면역형광분석법을 이용한 확증 방법)도 잘 알고 있다. 세포배양 시 균주 분리, 동물에의 접종, 직접 형광법, 전자현미경 등의 방법은 바이러스학에서 확정적 방법으로 간주한다.

공중보건 연구실에서 근무하는 직원은 이후에 설명할 복잡한 식별 알고리즘에 대해 잘 알고, 이에 대한 기술이 매우 좋다. 이 절차는 공공연한 위협 후나 표본 출처의 속성으로 인해 채취한 환경표본에도 쉽게 적용할 수 있다. 더 나아가, 이 연구실들은 적절한 품질보증과 품질조절절차를 따르므로 임상연구실 개선법에 의거하여 모두 인증을 받았다. 확정적 식별을 하려면 하루나 이틀 정도가 소요되지만, 예비결과는 몇 분 내지 몇 시간 내에 확인할 수 있다. 그러나 탄저병과 같이 빠르게 성장하는 개체는 확정적 음성 결과가 나타나는 최소 반응 시간이 16시간이다. 보다 느리게 성장하는 개체나 절차가 복잡한 경우 48시간 이상이 걸리기도 한다. 또한, 종래의 실험기술로 고정된 시설에서 해야 하는 방법이 대부분이므로 이를 현장에서 이용하기가 어렵다.

연구소 대응네트워크는 감시[sentinel], 표준[reference], 국가[national] 연구실 등 세 가지로 수행기능을 정한다. 이 수행기능은 연구실이 수행할 수 있는 시험의 종류, 연구자와 대중을 보호할 수 있도록 감염성 제제를 다루는 방법에 따라 정해진다. 연구소 대응네트워크의 구성원은 자동으로 결정되는 것이 아니다. 주립연구실 책임연구원은 기준을 확인하고, 그 주의 공중보건연구실이 이 네트워크에 속해야 하는지의 여부를 결정한다. 유망한 표준연구실에는 장비, 훈련된 인력, 제대로 설계된 시설을 갖추고 시험 정확도를 입증해야 한다.

감시연구실(前 레벨 A)은 수천 개의 병원 임상연구실로, 최전선에 위치한다. 공지되지 않았거나 은밀한 테러공격의 경우, 감시연구실은 처음으로 의심되는 표본을 확인하고 환자를 진료하는 동안 추정사례를 선별할 수 있다. 감시연구실에서는 의심되는 표본을 알아보거나 배제하거나 알맞은 표준연구실로 보낸다. 또한 에어로졸 제제의 위험을 진단할 수도 있다. 여기에서는 생물안전등급 2급[BSL, Bio safety level] 기술을 이용한다.

표준연구실(前 레벨 B와 C)은 위험제제를 검출하고 그 존재여부를 확인하도록 시험을 할 수 있다. 이 실험실은 '확증적 표준연구실'이라고도 하며, 테러나 기타 비상사태 발생 시, 제때에 지역대응을 할 수 있도록 해준다. 미 질병관리본부의 연구실에서 확인한 결과보다는 표준연구실의 결과가 더 믿을 만하다. 분자진단과 같은 직접형광분석법이나 박테리오파지 시험을 수행하는 군, 주 및 주요 주립 공중보건연구실이 표준연구실이 될 수 있다. 생물안전등급 3급 기술을 이용해서 표준연구실에서는 민감성 susceptibility 을 확인하고 그 특징을 확인하며, 독성원을 조사하고 종류를 알아내며 독성원 시험을 수행하기에 안전하며 이런 시험들을 능숙하게 해낼 수 있다.

국가연구실(前 레벨 D)은 미국 공중보건사무국, 국방부, 국가지정 연구실, 연구소 대응네트워크의 다른 구성원에게 보급하는 새로운 기술에 대해 연구를 하고 이를 개발할 수 있는 산업부문으로 구성된 연방정부와 민간 협력업체의 네트워크이다. 국가연구실은 매우 전염성이 강한 제제를 다룰 수 있는 자원을 보유하고 있으며, 특정 균주의 특징을 완벽하게 알아내거나(분자 키메라의 증거를 찾고) 이를 동정하도록 한다. 미 질병관리본부와 미 감염질환연구센터 USAMRIID 의 연구실은 생물안전등급 4급으로 가장 위험한 제제를 다룬다.

은밀한 사건이 발생하여 즉시 알아챌 수 없는 경우, 지역사회 내 질병이 발생하면 공중보건부서에서 시료를 연구실로 보내고 이를 감시네트워크에 보고한다. 공지된 위협이나 공공연한 사건의 경우, 그 상황을 연방수사국으로 보고하고, 연방수사국에서는 어떤 등급의 연구실에서 조사를 해야 할지 결정해서 시료를 가장 가까이에 있으면서 해당 등급에 속하는 연구실로 보낸다. 그림 11-4는 법집행관이 처음으로 사건을 알게 되었을 때의 체계를 나타낸다.

## 13. 법적 사안

주마다 합법적 권위가 다르므로 공중보건부서는 비상대비에 관한 특정 주법을 조사해야 한다. 비상사태 선포에 관한 보건장관의 권한에 대한 법적 의문은 모두 명확하게 밝혀야 하며, 그에 대한 내용은 다음과 같다.

- 의약품의 조제와 관련하여 법적 규제를 제거할 수 있는 능력

그림 11-4 **법집행관이 사건을 확인한 경우**

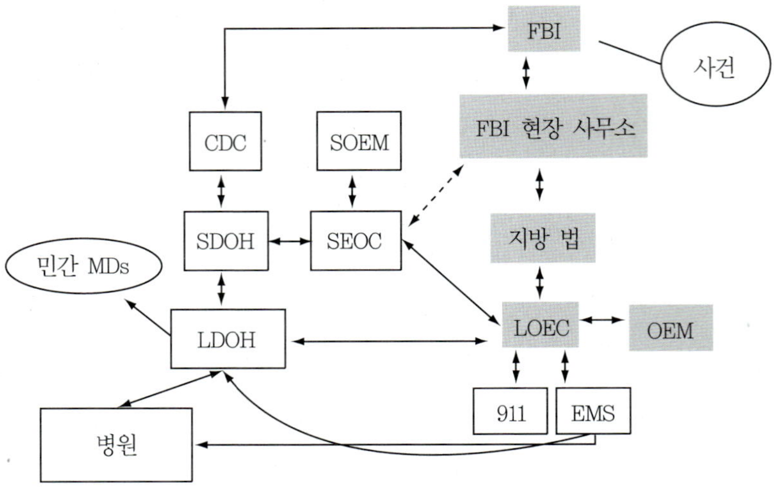


- 외부 의사와 간호사 면허 부여
- 비상 시 병원간 환자 이송
- 연방대응을 통하여 자격인증이 되지 않은 의료제공자에게 비상자격인증
- 격리, 예비격리, 차단, 구역 설정, 징발 requisitions, 통행금지, 통치, 제한구역, 다른 상황에서의 정당한 법 절차
- 공중보건에 위험하다고 간주되는 질병을 정의할 권한
- 통제와 예방
- 신고의무 질환
- 정보를 보고해야 하는 병원의 법적 책임
- 지역에 비상사태를 선포하는 과정

공중보건당국은 누가 권한을 가졌는지, 어떤 기준에 부합해야 하는지, 반드시 따라야 하는 법적 기전은 무엇인지, 법 집행 담당자는 누구인지 확인해야 한다. 법적 기전이 정해지면, 환자를 격리시키는 비상계획과 계획의 시행 및 집행에 대한 프로토콜을 확립해야 한다. 마지막으로, 연방의료통상책임법 프라이버시 규정에서는 적용대상기관 covered entity 이 "개인건강정보 PHI, Protected health information"를 이용하고 공개하는 방법을 규정하고 있으며, 법에서 허용하거나, 환자의 권한을 부여받았거나, 치료목적이거

나, 공중보건활동을 위해 법적으로 권한이 있는 공중보건 조직에게 제공하는 경우에는 환자의 허가 없이 개인건강정보를 공개할 수 있다. 공중보건활동에는 감시, 조사 및 중재가 있다.

**요약**

1. 세계보건기구에서는 인플루엔자 준비계획을 발표하였고, 이는 유행 단계별 영향의 최소화를 위한 전세계적 노력을 설명하는 것이다. 또한 미국 보건복지부에서는 인플루엔자 방지를 위한 전략으로 백신, 감염된 개인 치료와 인플루엔자 항바이러스제 노출된 개인의 예방, 그리고 감염통제의 시행과 사회적 거리 조치 등 세 가지를 제시하였다.
2. 생물테러에 대한 긴급감시를 위해 사전에 필요한 자료를 준비해야 하며, 생물테러임이 확인되면 보건당국은 역학조사를 수행하여 노출원과 노출위치를 확인한다. 또한 지역사회 간호지침에는 노출된 사람의 의학적 관리, 의료서비스 개시, 대피소나 학교를 병원으로 활용, 가정 등 환자 격리실 확보, 의약품 배부, 환자 이송, 영안실 서비스 제공 의료단체의 프로토콜과 질병 특이 정보 배부 등이 포함된다.
3. 생물테러 대응에 대한 공중보건의 지역사회계획에는 인력 업무를 상세히 기술한 감염통제 프로토콜, 의심 및 확진 사례 통지/대응 프로토콜, 현장오염제거 및 병원 이송 프로토콜, 현장접근 수준/작업자 안전지침/훈련 필요성, 신속한 진단시험을 위한 연구실 시료취급방법과 문의에 대한 프로토콜, 시설 요구도 및 장비 위치 등 진단, 잠재적 제제에 대한 의약품 비축 및 유효기간 주시, 법적 사안 해결, 내부적 통신에 대한 프로토콜, 환경오염물질 제거 등에 대한 조치, 정신보건문제 관리 프로토콜, 집에 갇힌 사람에 대한 필수적 지원 제공 등이 포함된다.
4. 연구소 대응네트워크는 생물테러와 신종감염병 등 비상사태에 대응할 수 있는 생물학 및 화학 실험실을 갖춘 국가적 통합 네트워크이며, 질병 확인, 정보 제공, 환경시험, 신속검사, 전문시험 수행하면서 감시 및 역학조사를 지원한다. 또한 감시, 표준, 국가 연구실 등의 세 가지 기능을 수행한다.

# 12장

# 복구 및 재건 시 공중보건 대응

학습목표

1. 복구 및 재건 시 공중보건의 역할을 설명할 수 있다.
2. 대피소 서비스에 대해 설명할 수 있다.
3. 의료 대피소에 대해 설명할 수 있다.

재난대비 계획을 세울 때는 장기적인 복구와 재건 과정도 반드시 고려해야 한다. 본 장에서는 재난후영향 post-impact 세 단계와 각 단계의 계획을 세울 때의 우선순위를 살펴보았다. 기능적이고 의료적인 지원이 필요한 사람을 위한 대피소 서비스를 중점적으로 검토하였다.

## 1. 공중보건의 역할

- 공중보건 및 보건의료기관을 복구한다.
- 보건의료와 공중보건서비스를 제공할 수 있는 의료 대피소 등의 지역사회 단위의 프로그램을 조직한다.
- 지역주민을 교육하여, 공공의 인식(예를 들어, 부상 관리 injury control)을 강화하고, 적응 adjustment 을 도우며, 향후 재난피해 경감을 위한 토대를 마련하고, 잠재적인 건강위험과 이에 대처하는 방법을 알게 한다.

• 지역사회의 건강요구도를 초기 평가하여, 재난 피해자의 신체적, 행위적 건강요구를 충족시키기 위해 장기적으로 필요한 서비스를 파악한다.

## 2. 재난복구와 재건원칙

연방정부는 1988 미 재난경감 및 긴급지원법 Robert T. stafford disaster relief and emergency assistance act of 1988(Stafford Act)에 따라 주정부와 지방정부를 지원해야 한다. 국가대응체계 national response framework의 부록에는 비상지원기능 14: 장기적 지역사회 복구 Emergency support function 14: long-term community recovery annex [1]에 http://www.fema.gov/pdf/emergency/nrf/nrf-esf-14.pdf선순위를 설정하고, 자원 활용을 지휘해야 한다.

복구계획과 정책에 영향을 미치는 요소로는 초기 요구도 평가의 정확성, 가능한 신속하게 재건하고자 하는 시민들의 강한 의지, 문제해결과 복구에 할당된 시간 및 자원, 피해집단의 선호도 충돌 등이 있다. 지역 주민이 자신의 요구와 문제를 가장 잘 알기 때문에 재난복구 및 재건 계획을 수립할 때 반드시 참여해야 한다. 지역주민이 재건 프로젝트의 직접적인 수혜자가 되어야 하므로, 지역주민은 구호인력이 떠난 뒤까지 이어지는 개발 프로젝트를 모니터링해야 한다.

원조기관과 지역사회는 각 활동을 계획할 때 장단기적으로 나타날 수 있는 긍정적, 부정적인 영향을 모두 고려해야 한다. 예를 들어, 사람들이 집에 거주할 수 있고(즉, 건물을 재배치한 캠프가 아니라) 정상적인 생활에 보다 가까이 갈수 있고 가능할 때에 그 외 정상활동을 재개할 수 있도록 도와야 한다. 통합복구프로그램에는 주민에게 잃어버린 재산 대신 현금을 지급하여 지역사회 시설을 복구하도록 하는 계획을 포함할 수도 있다. 자금이 투입되면 지역 시장이 자극을 받아 회복을 가속화하는데 도움이 된다. 중소기업은 대출이나 보조금을 이용해서 복구를 할 수도 있다.

### 가. 복구 및 재건단계

긴급 emergency, 이행 transition 또는 복구 recovery, 재건 reconstruction 등 세 단계는 재난 충

---

1) available at http://www.fema.gov/pdf/emergency/nrf/nrf-esf-14.pdf

격 후 수행하는 활동에 따라 분류할 수 있다. **긴급단계**에서는 수색과 구조를 통한 인명구조, 응급처치, 비상의료 지원, 전반적인 초기 평가 등에 초점을 맞춰 활동이 이루어진다. 그 뒤를 이어 바로 주요 시설을 수리하고, 통신망과 교통망을 복구하며, 필요한 경우 재난에 취약한 지역에서 주민을 대피시키는 활동도 시작한다.

**이행 또는 복구단계** transition or recovery phase 에서는 사람들이 직장으로 돌아가 일을 하고, 피해를 입은 건물과 기반시설을 보수하며, 지역사회가 가능한 조속히 정상으로 돌아올 수 있도록 조치한다. 피해자는 정서적으로 회복하기 시작하며, 우울증과 외상 후 스트레스 장애 post-traumatic stress disorder 를 겪을 수도 있다(제8장 참조). 현금과 신용거래의 형태로 외부 지원이 이루어진다. 건설 계획 및 다양한 일자리 창출이 가장 적절한 지원방법이다.

복구단계 recovery phase 동안에는 적절한 대피소, 의료 서비스, 기반시설, 생필품, 경제활동, 사회적 네트워크를 보장하는데 우선순위를 두어야 한다. 의회는 재난 후 주정부와 지방정부의 보상에 대한 상한액을 책정해야 한다. 이전의 예외적인 상황으로 상한액이 책정되어 있는 사건의 경우, 재난대응 및 복구단계에 참여한 기관이 재난으로 소실된 자원의 규모와 회복에 소요될 자금을 예측하는데 반드시 참여하는 것이 중요하다. 금액상의 차이가 미세하더라도 문서화해놓지 않으면, 나중에 보상받을 기회조차 잃어버릴 수 있기 때문이다.

**재건단계** reconstruction phase 에는 통신, 공공시설, 도로 등 전반적인 환경을 물리적으로 재정비한다. 주민들은 자신의 집을 수리 및 재건하고 농업활동을 재개한다. 재건에는 수 년이 걸릴 수도 있고, 특히 주택 등 건물의 복구는 더욱 그렇다.

각 단계 별 기간은 재난의 종류, 발생 위치, 지역사회의 복구 역량 등에 따라 다르다. 이 과정은 보통 네 단계로 구분된다. 이 네 단계가 반드시 순차적으로 진행되지는 않는다. 재난으로 인한 파괴 정도나 이용 가능한 자원에 따라 지역사회의 여러 분야가 각기 다른 속도로 문제를 해결해 나갈 수 있다. 단계들은 다음과 같다.

- 비상 대응: 잔해 제거, 임시 대피소 제공
- 공공 인프라 재건: 전기, 수도 및 전화 등
- 자본금의 대체와 재건

• 경제성장과 지역발전을 활성화시키는 시설 개량 및 재건의 착수

복구 기간에 영향을 미치는 요인으로는 환경(이차 재난의 위험, 통신 이용가능성, 전반적 경제상태), 경제(현금 흐름, 재료의 비용과 공급), 기술적 측면(기술적 지원의 활용 가능성, 재난현장에서 회수한 재료 salvaged materials 를 재사용할 수 있는 능력, 관련성이 낮은 지원을 활용하는 역량), 정치(주민들의 복구계획 반대, 정부와 기타 대응기관의 관료주의, 자신의 지역을 먼저 재건하고자 지원을 자신의 지역으로 돌리려는 이익집단의 노력), 지역사회의 동기 등 이다.

## 나. 재난 이후 초기 평가

재난 이후 요구도 초기 평가 post-disaster assessments 를 통해 복구를 시작하는데 필요한 정보를 파악한다. 긴급한 요구는 만성적인 요구에 비해 더욱 분명히 나타나며, 장기적인 요구는 시간이 흐르면서 바뀔 수도 있다. 관할 지방정부와 기관, 재난으로 영향을 받은 사람들이 재난 상황에 대해 의사소통하고, 다음 단계의 평가방향을 정해 가야 한다.

이러한 초기 평가의 첫 단계는 물리적 환경(예: 온전한 기반시설과 자원), 사회적 상황(예: 잔존 기관과 지원 네트워크), 지역주민의 복구에 대한 태도와 동기를 포함하여 지역사회의 역량과 취약성을 평가하는 것이다. 대표적인 피해지역을 답사하고, 피해 지역 사람들의 의견을 들어 보고, 약식 건강평가 rapid health assessments (제 5장 참조)를 통해 요구도를 판단한다. 가능하면, 요구도를 정량화하여야 하며(예: 수돗물이 나오지 않는 가정의 비율, 파괴된 약국에서 약을 받아가던 환자 수), 이 때 사용되는 수치는 대부분 외삽법 extrapolation [2]으로 도출된 추정치를 사용하는 한계가 있기는 하다. 공중보건 종사자 public health worker 는 지역사회 비상대응의 미비점을 조기 발견하여 여기에 더욱 신경을 써야 한다. 기본 역량과 취약성을 확인했으면, 기능이 회복되어 잘 유지될 때까지 지속적으로 정보를 수집하고 상태를 재평가해야 한다.

---

2) 역자 주. 외삽법 extrapolation : 과거의 추세가 미래에도 지속된다는 가정 하에 과거의 추세선을 연장하여 미래의 상황을 예측하는 기법. 투사법 projection 이라고도 함

## 다. 지역기업 재건 및 경제활동

지역사회가 파괴된 기반시설을 재건할 때에는 문제점을 보완하여 재난에 취약하지 않게 재건하는 기회로 삼아야 한다. 지역적인 노력 local efforts 은 재개발의 속도, 위치, 종류, 정도, 설계, 비용 등에 영향을 줄 수 있다. 재난에 강한 건축기술에 관한 지침 guidance on disaster-resistant building techniques 을 제공하는 것 이외에도, 지역사회 지도자들 community leaders 은 최선의 도시계획을 구상하고, 주민들이 취향과 소득에 맞춰 집을 재건하게 허가하고, 전기와 상하수도 공급에 자금을 지원할 수 있다.

대재난은 소득과 고용을 감소시키므로 지역주민은 자금이 가장 필요한 시기에 자금이 줄어들게 된다. 보다 많은 정부자원이 필요한 이 시기에 주민들의 소득감소로 정부의 조세수입이 감소한다. 주민들은 일자리와 경제활동을 통해 정상생활로 돌아왔다는 느낌을 받는다(학교에 다시 가는 것도 정상생활로 돌아왔다는 느낌을 준다). 재난구호 노력보다 일 자리 복귀와 경제 성장, 주택보수가 장기적인 복구에 더 큰 영향을 미친다.

## 라. 사회적 환경

지역사회 지도자들은 사회적 복구를 돕기 위해 재난이 발생하기 전의 기본적인 가족 구조, 경제 양상, 정부 구조, 종교적 소속, 관습과 관행, 지역사회 내 권력관계 등에 대해 잘 알고 있어야 한다. 모든 지역사회에는 어려운 시기에 개인과 가정을 돕는 다양한 사회조직이 있고, 개인, 가족, 지역사회 차원의 대처기전이 존재한다. 재난 이후 효과적으로 복구하기 위해서 이러한 대처기전 coping mechanism 을 이해해야 한다.

수평적 지역사회 연대 horizontal community ties 를 강화하는 것은 지역사회 재개발의 수단이며 향후 재난에 대한 대비조치가 되기도 한다. 재난이 지역사회가 이전에 없던 방식으로 협력하는 계기로 작용하기도 하며, 위기 전보다 보다 지역사회라는 유대감과 공동체 의식 sense of community 이 더 강해지기도 한다.

지역사회 재건에 중점을 둔다는 것은 지역사회 지도자들이 지역사회를 강화하거나 유지하는 방법을 선택한다는 것을 뜻한다. 예를 들어, 재난복구 계획에서는 빌딩캠프나 대형대피소를 제공하는 대신에 사람들이 집이나 이웃과 함께 머무르는 등 기존의 사회적 연계에 의존하여 일상생활을 재개하도록 도와야 한다.

### 마. 재난대비계획을 재난복구계획에 추가

취약성 평가 vulnerability assessments 에서는 재난 이후 요구도에 따라 토지용도를 검토할 필요가 있다. 취약성 평가는 예상되는 재난 충격을 반영한 재개발의 영향(긍정적인 영향과 부정적인 영향)을 예측하는데도 이용된다. 또한, 향후 재난이 발생했을 때 부정적인 결과가 나타나지 않도록 하는데도 취약성 평가를 이용해야 한다. 지역사회가 장기적으로 재난 복구에 전념하도록 하려면 투자를 유치하고, 재난이 다시 발생한다 하더라도 피해를 줄이는 방향으로 노력하고 있음을 입증해야 한다. 예를 들어, 홍수 이후에 주택이 필요하면, 공무원은 취약성 평가를 통해 향후 홍수피해의 위험이 적은 곳에 신축 위치를 정할 수 있다. 재건할 때에는 구조적 취약성을 낮춰주는 표준을 준수하여 설계를 개선해야 한다. 또한 재건 과정에서 사망률을 낮추는 허리케인 대피소, 재난을 사전에 감지할 수 있는 조기경보시스템 early warning systems 같은 구조물을 건립할 수도 있다.

## 3. 대피소

영구적인 거주지를 확보하는 것이 최우선이겠지만, 재난 후에는 긴급 혹은 임시대피소를 제공할 수 있다. 긴급 또는 임시 대피소 emergency or temporary shelters 는 통신 기능, 전력, 수도, 환자를 돌볼 수 있는 구역을 갖추고 재난을 견딜 수 있는 지역에 설치해야 한다. 일반 대피소 general population shelter 는 신체검사, 정신 및 행동 건강 치료, 보육, 식사, 수면, 휴게 공간으로 구분하는 것이 바람직하다. 모든 대피소는 국가 및 지역 법규 및 접근성에 관련된 모든 표준을 준수해야 한다. 대피소의 위치를 선택할 때 계획을 시행할 수 있도록 고려해야 한다.

미 적십자사 red cross 는 긴급 대피소를 설정할 때 1인당 72시간 이상 동안 3.7 $m^2$(40 $ft^2$)을 할당한다. 대피소와 그 주변은 휠체어, 목발, 보행기 사용자도 접근 가능해야 한다. 휠체어, 엘리베이터 시설, 보조동물 및 개인 비서를 사용하는 사용자는 최대 9.3 $m^2$(100 $ft^2$)를 요구할 수 있다. 간이침대를 제공해야 하고, 침대는 43.2~48.3 cm(17~19 inch) 높이에 68.6 cm(27 inch) 폭 이상이어야 한다. 또한 약 160 kg을 감당할 수 있고, 머리와 다리의 위치를 자유롭게 조정할 수 있어야 한다. 간이침대에 사이드 레일이 있는 경우, 휠체어 이용자가 침대에 접근할 수 있도록 사이드 레일을 조정할 수 있어야 한다. 미 적십자 대피소 red cross shelters 는 애완동물 출입을 허용하지 않지만, 시각장애인이나 청각장애인을 위한 장애인 보조견은 허용한다.

## 가. 기능적 요구 지원서비스

연방정부의 법[3]은 도움이 필요한 개인에게 서비스를 제공하고, 장애인이 재난대응 및 복구과정에서 일반 국민과 동등한 기회를 갖도록 규정하고 있다. 역사적으로, 대피소는 미 장애인법 Americans with disabilities act 의 접근성 기준 accessible design (28 CFR Part 36) 을 준수하지 못했고, 적절한 접근성과 기능적 요구를 충족시키는데도 어려움이 있었다.

미 연방재난관리청 FEMA, Federal emergency management agency 은 일반 대피소에서 접근이 어려운 사람의 기능적 요구를 지원하기 위한 가이드라인 FEMA guidance[4]을 발행하고 있다. 미 연방재난관리청 지침은 그동안 일반 대피소를 설치하고 운영한 방식을 변경하여 기능적 요구 지원서비스 FNSS, Functional needs support services 활동을 권장하고 있다.

기능 요구 지원서비스 FNSS 는 "일반 대피소 내에서 어린이와 성인이 그들의 일상적 독립성 수준을 유지할 수 있게 하는 서비스"로 정의된다. 이 서비스는 정책, 절차, 사례, 의료기기 DME, Durable medical equipment, 의료소모품 CMS, Consumable medical supplies, 개별지원서비스 PAS, Personal assistance services, 필요한 상품이나 서비스를 합리적으로 조율하는 것을 포함한다.

의료기기 DME, Durable medical equipment 는 삶의 질 향상을 돕기 위해 가정에서 사용되는 기기로 메디케어와 메디케이드 Medicade and Medicare 등 대부분의 보험에서 급여되는 장점이 있다. 의료소모품 CMS, Consumable medical supplies 은 영구적으로 사용하는 것은 아니지만, 일상생활을 가능하게 하는 품목이다. 개별지원서비스 PAS, Personal assistance services 는 어린이와 어른의 일상생활(예: 식사, 목욕, 화장실 사용)을 지원하기 위해 제공된다. 기능적 요구 지원서비스의 제도적 근간은 1990년 미 장애인법 Disabilities act, 1973년의

---

3) Stafford Act; Post-Katrina Emergency Reform Act, Section 689; and Title VIII of the Civil Rights Act of 1968 (Fair Housing Act) as amended.

4) FEMA. 2010. Guidance on Planning for Integration of Functional Needs Support Services in General Population Shelters. Washington, DC: FEMA. Available at: http://www.fema.gov/pdf/about/odic/fnss_guidance.pdf. This publication includes Guidance, Operational Tools, and Appendices.

미 재활법 Rehabilitation act, 1968년 미 공정주거법 Fair housing act과 함께 시작되었다. 새로운 미 연방재난관리청 과정 FEMA course(GS197)을 대체하여 "접근성과 기능적 요구를 통합적으로 고려한 긴급 계획, 대응, 복구 Integrating access and functional needs into emergency planning, response, and recovery"로 이름 붙여짐)은 2011년에 기능적 요구 지원서비스 FNSS 실행에 관한 세부사항을 제시하였다.

## 나. 대피소 계획

공중보건전문가 Public health professionals는 대피소 계획 수립과정에 반드시 참여하여야 하며, 지역사회의 광범위한 건강 요구에 대비하여 적절히 준비할 수 있도록 기술과 지식을 제공해야 한다. 재난 후 의료서비스를 제공할 수 있는 특수 대피소는 많지 않다. 가능하면, 일반 대피소에서 특수 서비스가 필요한 사람들에게도 기능적 요구 지원서비스를 통합하여 제공할 수 있도록 계획을 수립해야 한다. 계획을 잘 수립할수록 더 많은 주민들을 안전하게 대피소에 수용할 수 있다. 기능적 요구 지원서비스의 일부 요소는 이미 준비되어 있다. 현재는 적십자가 일반 대피소에서 약이나 그 외 품목을 채워 놓을 책임이 있는 보건의료팀을 조정한다.

일반 대피소에서 기능적 요구 지원서비스 FNSS를 통합 제공하더라도 의료 대피소에 대한 요구가 있을 수 있다. 주마다 재난 후 의료 대피소 설치에 대한 책임기관이 다르며, 어느 주는 지방정부의 보건부서에서 어느 주는 민간 기관에서 수행한다. 의료 대피소는 일반 대피소와 나란히 위치할 수도 있다. 대피소 기획자는 4장, 5장, 10장에 제시된 지역사회 주민의 의료와 기능적 요구 필요량 추정법을 활용할 수 있다. 해당 지역의 풍토병을 사전에 파악해두면 재난이 발생했을 때 대피소 환자의 중증도 평가 시스템 개발에 도움이 된다. 대피가 필요한 장소에 대한 계획이 있으면, 당국은 주민에게 긴급 경보를 통지하고 그들의 요구에 맞는 보급품과 자원을 제공하도록 지시할 수 있다.

## 다. 기능적 요구 지원서비스에 대한 계획

일반 대피소 General population shelters에서 기능적 요구 지원서비스 FNSS의 통합 제공을 계획할 때 지역사회는 다음을 포함함 이해 관계자 stakeholders와 협력해야 한다.

- 기능적 요구 지원서비스 FNSS 가 필요한 개인
- 기능적 요구 지원서비스 FNSS 제공기관과 단체
- 기능적 요구 지원서비스 FNSS 에 대한 대변인 advocates
- 의료기기 DME, Durable medical equipment, 의료소모품 CMS, Consumable medical supplies, 개별지원서비스 PAS, Personal assistance services, 통신서비스 제공자

이러한 이해 관계자는 긴급 교체해야 하는 의료기기 DME, Durable medical equipment 와 의료소모품 CMS, Consumable medical supplies 의 종류를 식별할 때 도움이 된다. 표 12-1은 일반적인 의료기기 DME, Durable medical equipment 및 의료소모품 CMS, Consumable medical supplies 목록이다.

미 연방재난관리청은 사람들이 대피소에 도착했을 때 이들의 요구를 평가하는 팀은 믿을 만한 팀으로 배치하라고 권장한다. 기능적 요구평가 서비스 팀 FAST, Functional assessment service team 은 보통의 일반 대피소에서 필요한 자원이 무엇인지를 결정하고 대피소가 독립적으로 운영될 수 있게 하는 캘리포니아에서 개발된 프로그램[5]이다. 기능적 요구평가 서비스 팀 FAST 의 팀원은 장애인과 일한 경험이 많은 정부조직이나 지

**표 12-1 일반적 의료기기와 의료소모품**

| 의료기기 | 의료소모품 |
|---|---|
| 혈당기 | 혈당측정 스트립 |
| 지속적 기도 양압기 CPAP, Continuous positive airway pressure | 붕대와 드레싱 |
| 목발 Crutches | 삽관용 관과 전극판 catheters and electrodes |
| 병원 침대 | 겸자 forceps |
| 무릎 보호대 knee braces | 장갑 |
| 보장구와 보장기기 orthotics and prosthetic devices | 반창고와 붕대 고정장치 plasters and bandage grips |
| 산소 텐트 | 소독용 면 swabs |
| 네뷸라이저 | 주사기와 바늘 |
| 보행 보조기 Walkers | 나무 설압자 |
| 휠체어 | |

5) FAST는 California-only model로 http://www.dss.cahwnet.gov/dis/res/pdf/AppendixB.pdf)에 보다 상세한 자료가 있음. 또 다른 Louisiana 자원봉사 활동 프로그램 LAVA, Louisiana Volunteers in Action 은 https://www.lava.dhh.louisiana.gov에 자료가 있음

역사회 기관에서 파견될 수 있다. 기능적 요구평가 서비스 팀 FAST 의 팀원은 서비스 요구와 인구집단의 요구를 신속하게 충족시켜 줄 수 있는 공급업체를 잘 알고 있어야 한다. 기능적 요구평가 서비스 팀 FAST 에 참여하는 개인이나 단체와 사전에 양해 각서 Memorandums of understanding 를 작성해 두어야 한다.

미 연방재난관리청의 지침에도 대피소에서의 인력활용 패턴이 변경되었다. 일반 대피소는 현재 개별 서비스, 청각 및 시각 장애인의 의사소통 지원, 통역 서비스를 제공한다. 대피소는 다음 서비스를 제공하기 위해 수많은 인력을 준비해야 한다.

- 통신서비스: 통역사, 컴퓨터 서비스, TTY Tele type writer
- 기능적 요구 지원서비스 FNSS 장비: 의료기기 DME, Durable medical equipment, 의료소모품 CMS, Consumable medical supplies
- 음식 제공: 특수 식이 포함
- 의학적 관리: 현장 간호, 치과, 약학
- 개별적 지원: 기본 개인위생, 일상생활 활동
- 자원 공급: 혈당검사, 투석, 산소 공급, 전원 power source
- 동물에 대한 서비스: 수의사
- 운송: 보조 교통수단 등

계획자는 의료기기 DME, Durable medical equipment 나 소모품 및 의약품이 없이 대피소에 도착한 사람들을 돌보기 위해 서비스 제공과 장비 및 소모품 공급 및 유지보수에 관한 사항을 관련 업체와의 양해 각서 memorandums of understanding 를 통해 준비해둬야 한다. 미 연방재난관리청 지침의 부록 3과 4에는 대피소에서 일주일 동안 100명을 관리하는데 필요한 의료기기 DME, Durable medical equipment 과 의료소모품 CMS, Consumable medical supplies 샘플 목록이 제시되어 있다. 국토안보부 지원프로그램 homeland security grant program 은 이러한 요구를 충족하는데 필요한 장비 구입비를 지원한다.

## 라. 의약품

주 및 지방정부 법률은 의약품의 보관, 준비, 관리, 기록, 폐기 관련 내용에 차이가 있다. 기획가는 주정부 및 지방정부 당국과 일반 대피소에서 약품을 구입, 보관, 배분

표 12-2 일반 대피소에 있는 의학적 고려사항

| 절차 또는 프로그램 | 고려사항 |
|---|---|
| 처방전 작성 | 제휴 약국Chain pharmacies은 재난지역에서 멀리 떨어진 본사에 지역주민의 투약에 대한 정보를 보유하고 있을 수도 있다. |
| 보관 | 주민은 자신의 약을 안전하게 보관하고, 투약할 책임이 있다. 냉장보관이 필요하거나 스스로 투약할 수 없는 경우, 응급처치장소에 잠금장치가 있는 보관함을 두고 처방약을 보관해야 한다. |
| 폐기 | 응급처지장소에 보관된 모든 약은 환자가 퇴원할 때 모두 돌려주어야 한다.<br>바늘과 피하주사기는 박스에 담아 처분해야 한다. |
| 미 연방재난관리청과 미 보건부의 연합 프로그램인 긴급상황대비 지원 프로그램Emergency preparedness assistance program | 재난으로 소실되었거나, 대피소로 오는 과정에서 손상된 의료기기와 30일치의 약을 제공한다.<br>대통령이 재난지역으로 선포한 지역 내 약사들이 보험 미가입자에게 처방된 약물과 제한된 의료기기를 공급할 수 있도록 허용한다. |

출처: Guidance on Planning for Integration of Functional Needs Support Services in General Population Shelters. p. 34. Washington, DC: FEMA. Available at: http://www.fema.gov/pdf/about/odic/fnss_guidance.pdf.

하는 방법에 대해 협의해야 한다. 대피소는 약국과 필요한 약품의 공급에 관한 협약을 체결하여 대피소 거주자가 약물을 활용할 수 있도록 해야 한다. 표 12-2는 일반 대피소의 의약품과 관련된 주요 고려사항에 대해 설명한다.

## 마. 의료 대피소

격리조치가 필요한 감염성질환자, 심각한 부상이나 수술 후 집중관리가 필요한 사람 등은 일반 대피소에서 수용하기 힘들다. 지역사회 계획에 따라 지역마다 다를 수 있지만, 의료 대피소에서는 주입 요법 infusion therapy, 복잡한 멸균 드레싱 교환, 영양요법, 집중 치료 또는 생명 유지장치가 필요한 사람들을 관리해야 한다. 의학적으로 복잡하고 불안정한 만성적 심폐소생술 금지 do not resuscitate 환자는 되도록 병원수준의 기관에서 치료해야 한다.

지역사회는 이런 환자들을 위해 의료 대피소로 일컬어지는 대안적인 보호시설을 마련하는 것을 반드시 고려해야 한다. 이러한 시설은 병원과 연계되어 있어 병원 수준의 치료가 필요한 사람을 안전하게 관리할 수 있기 때문이다.

침상에 누워만 있는 완전 의존적 환자는 의료 대피소에 간병인을 데려와야 하지만, 병원 침대를 요구할 수는 없다. 의료 대피소는 일반적으로 일정 기간 동안(보통 1~4일)만 운영된다. 추가 대피가 필요할 때 침상에 누워있는 환자를 어떻게 이송할지에 대한 상세한 계획이 있어야 한다(예를 들어, 침대 트럭 flatbed truck 활용 등).

공중보건 공무원은 의료 대피소 서비스가 필요한 환자의 관리를 위해 전체 지역사회 계획의 차원에서 의료서비스 제공자와 병원을 섭외해 두어야 한다. 허리케인이나 지진, 토네이도와 같은 자연재난이 발생하여 병원이 파괴되거나 중증 부상자 수가 갑자기 많아질 수도 있다. 이때는 안정기 환자를 퇴원시키고 급성 환자를 돌봐야 한다.

## 바. 프로토콜과 처치과정

지역사회는 환자 중증도 분류 triage, 지원 서비스 supportive care, 보편적 주의사항 universal precautions (예: 금연, 체액 및 의료폐기물 관리, 간병인에 의한 지속적 환자상태 감시)에 대한 절차와 인력지원 프로토콜을 확립해야 한다. 일상적인 부분은 환자와 간병인이 알아서 하지만, 의료 대피소에 있는 간호사와 그 외 직원이 지원 서비스를 제공할 수 있다. 간병인은 주로 일상생활 활동을 도와주고, 약물을 복용하게 하며, 산소를 공급하거나 그외 의료적 지원을 한다. 의료 대피소 medical shelters 간호사는 필요한 경우, 환자나 간병인이 하는 처치과정은 스스로 책임이라는 전제 하에 이들을 감독하고 지원한다.

지역사회 계획에서는 인력의 유형(예: 의료 지도자 medical director, 간호사, 응급의료기사, 사회복지사, 지원 인력), 자격증명 과정, 일정 관리, 현장 모집, 등록, 자원봉사자 감독 등 의료 대피소 인력관리 요건을 감안해야 한다. 의료 대피소 계획에는 다른 나라의 문화와 언어에 능통한 인력도 반드시 채용해야 한다. 환자를 입원시키고 환자와 간병인을 등록하며, 보급품의 인수 및 보관 프로토콜을 마련해야 한다. 직원들은 임산부의 출산, 폭력적인 상황, 사망 등 다양한 의료 및 간호 상황에 대처할 수 있어야 한다. 의료 대피소 medical shelters 를 폐쇄하고 환자를 이송하는 절차도 전체 계획의 일부로 반드시 다루어야 한다.

## 사. 투석 센터

투석이 필요한 사람은 응급상황에서 그들이 해야 할 일을 반드시 알고 있어야 하고, 투석센터는 각 환자를 위한 계획을 수립해야 한다. 이 계획에는 센터가 투석서비스를 제공하지는 못한다는 메시지와 당시 준비 정도를 알리는 안내문도 포함되어 있어야 한다. 센터는 이용 가능한 치료시설의 이름, 위치, 전화번호를 공개해야 한다. 투석센터를 이용할 수 없을 때, 다음 투석치료를 하기 전까지의 시간을 연장하기 위해 환자가 실천해야 하는 것에 대해 교육해야 한다.

요약

1. 공중보건은 복구 및 재건 시 주로 다음 세 가지 역할을 수행해야 한다.
   - 일반 대피소 및 의료 대피소의 의료서비스와 공중보건서비스를 제공할 수 있는 지역사회 단위의 프로그램을 편성하고 관리한다.
   - 지역주민의 재난 후 부상 관리에 대한 인식을 강화하고 적응을 도와 복구 및 재건을 위한 토대를 마련하고, 잠재적인 건강위험에 대처하는 방법을 교육한다.
   - 지역사회의 건강요구도를 평가한다.
2. 대피소에서는 다양한 인력을 확보하여 다음의 서비스를 제공해야 한다.
   - 수용자 관리
   - 청각이나 시각장애인 등에 대한 지원
   - 통신서비스: 통역사, 컴퓨터 서비스, TTY Tele type writer
   - 기능적 요구 지원서비스 FNSS 장비: 의료기기 DME, Durable medical equipment, 의료소모품 CMS, Consumable medical supplies
   - 음식 제공: 특수 식이 포함
   - 의학적 관리: 현장 간호, 치과, 약학
   - 개별적 지원: 기본 개인 위생, 일상생활 활동
   - 자원 공급: 혈당검사, 투석, 산소 공급, 전원 power source
   - 동물에 대한 서비스: 수의사
   - 운송: 보조 교통수단 등
3. 의료 대피소에서는 일반 대피소를 이용할 수 없는 감염성질환, 심각한 부상 또는 집중 수술 후 처치가 필요한 환자, 특수한 약품 및 투석이 필요한 환자를 관리해야 한다. 재난의 종류 및 특성에 따라 다를 수 있지만, 정맥주입 요법, 드레싱 교환, 영양요법, 집중 치료 또는 생명유지 장치 활용 등의 서비스를 제공한다. 또한, 임산부의 출산, 대피소 내 난동 등 폭력적 상황, 사망 등 다양한 상황에 대처할 수 있어야 한다.

13장

# 재난에 대한 공중보건 및 의료대응 평가방법

학습목표

1. 재난대비계획의 평가와 원칙을 설명할 수 있다.
2. 재난평가를 위한 정보수집 방법을 설명할 수 있다.
3. 재난에 대한 구조평가, 과정평가, 결과평가, 대응의 적절성 및 구호활동 비용 측정 등의 방법에 대해 설명할 수 있다.
4. 재난대비계획을 종합적이고 객관적으로 평가할 수 있다.

## 1. 공중보건의 역할

- 재난대응 중 보건 및 공중보건 분야를 체계적으로 검토하여 사망률과 이환율을 줄인다.
- 전문가가 인정한 과정에 따라 보건 및 공중보건 프로그램을 감시하고, 재난대응과 복구 시 자원을 지원한다.

## 2. 재난의 평가

응급관리는 전통적으로 반응 중심적이어서 보통 과학적으로 평가되지는 않는다. 응급준비와 대응은 사건보고, 기관에 대한 지식의 응용, 가이드라인과 프로토콜의 실행, "이것이 나에게 발생할 수 있다"고 생각하며, 스스로 시작하는 것으로 알려진 분석을 통해 향상된다.

대부분의 분야는 통합적이고 과학적 과정을 통해 발전된다. 응급대응에서는 일이 얼마나 잘 진행되었고, 환자-대조군 연구 같은 실행을 통해 향상된 영역을 어떻게 규명하는지 평가할 수 없다. 그러나 공중보건은 과학적 근거를 기반으로 하는 분야이며, 공중보건 원리를 재난준비와 대응을 평가하는데 응용할 수 있다.

대유행 및 재난대비법 Pandemic and all-hazards preparedness act of 2006 은 연구센터가 공중보건 준비와 대응을 향상시키기 위한 평가를 실행하는 것을 지시한다. 준비와 긴급대응 연구소 Preparedness and emergency response research centers 는 2008년도에 지정된 보건대학원에 설립되어질 수 있었다. 이 연구소에서는 재난에 대한 준비와 대응에 있어 공중보건체계의 실행과 역할, 조직을 향상시키는데 응용할 수 있는 경영 모델을 생성해야 한다.

## 3. 평가방법

평가의 목적은 여러 가지이며, 가장 근본적인 목적은 조직, 프로그램 또는 부서가 재난대응에 있어 그들에게 부여된 명확하게 진술되고 측정 가능한 목표를 어느 정도 달성했는지 판단하는 것이다. 또한, 평가는 재난계획을 조정하고, 모의훈련과 대비에 집중하기도 하며, 신속한 평가와 매일의 대응전략 관리를 위한 계획을 개선하는데 쓰이기도 한다. 이 외에도 효과측정 방법을 개선하거나 가설 지향적 연구를 위한 자료를 수집할 때 평가결과를 이용하기도 한다. 평가는 정보를 확보하기 위한 후향적 및 기술적 연구 설계를 통해 관리자가 정책을 만들고 수정할 수 있도록 객관적인 정보를 제공한다. 재난대응평가에서 자료를 수집하거나 분석하기 위해 항상 종래의 실험설계를 사용하는 것은 아니며, 다양한 정보원에서 체계적으로 정보를 추출하는 후향적 연구를 통해 행정가는 피해를 입은 보건의료시스템의 관리방법을 개선할 수 있다. 예를 들어, 확률표본추출 대신에 다양한 범주의 인력과 정보제공자로부터 수집한 자료를 이용할 수 있다.

재난평가연구에서는 다음과 같은 방법으로 향후 재난대비에 이용할 수 있는 정보를 파악해야 한다.

- 피해자 프로파일과 부상의 종류를 파악하여 현재의 재난계획을 수정하거나 보완하는데 필요한 정보를 파악한다(예: 재난 역학).
- 프로그램을 조정하여 장애를 줄이고 인명을 구할 수 있는지 평가한다(예: 지역사회 협력의 효과성).
- 구호활동에 자원을 이용하는 등 대응을 조직화하고 관리하는 더 좋은 방법이 있는지를 판단한다(즉, 재난관리시스템의 효과성, 재난 대비 모의훈련, 응급과 관련된 필수적인 정보를 가지고 있는 다양한 구성원의 참여 등).
- 가장 좋은 실무현장을 결정한다(예: 재난대비와 응급대응시스템의 효과성, 훈련의 향상).
- 지역사회와 주민에게 피해를 줄일 수 있도록 이행 가능한 조치를 확인한다(예: 취약계층을 위한 의사소통).
- 재난이 개인과 지역사회에 장기적으로 미치는 신체적 및 정신적 영향을 평가한다(예: 피해자와 대응요원들의 신체적 · 정신적 건강요구에 대비하고 대응할 수 있는 능력).

평가에서는 보건의료의 구조와 재난에 대응하는 보건의료체계의 반응, 의료와 공중보건 자원의 할당, 사건의 진행과정, 프로그램이 각 단계에 미치는 영향, 보건의료체계가 공중보건과 재난에 대응하는 동안 발생하는 문제, 대응의 한계, 정책적 시사점 등을 검토해야 한다.

평가계획을 개발하거나 향상시키기 위한 주요 단계는 다음과 같다.

- 평가목적 확인
- 평가방법 선택
- 자료수집 방법 결정
- 자료수집 및 검토

## 4. 평가 설계

구조화된 평가는 반드시 재난이 발생하기 전에 시작되어야 한다. 이는 재난대비 활동을 확인하고, 관련 인력들의 신속한 감시 활동 수행 능력과 수행과정을 확인하는 것이 필요하다. 재난대응을 평가하고자 한다면 장비의 필요성, 의료중재 및 공중보건 중재 전략, 대응조직 간의 지휘체계 등을 모두 평가해야 한다. 내부통신과 외부통신의 방법과 이와 관련된 인력들도 평가해야 한다. 재난대응에 참여했던 모든 인력은 현장에서 그들에게 할당된 임무와assignments, 실제 임무의 수행 여부와 관련하여 책임지고 임무를 수행했는지, 적절한 시간에 임무를 수행 했는지에 대해 평가되어야한다.

## 가. 평가목적 및 방법 규명

재난대응계획과 측정 가능한 목표를 검토하면서 평가를 시작한다. 측정가능한 목표가 없다면, 재난대응계획을 평가할 수 없다. 정확히 측정하기 위해서는 첫 번째 단계로 얻고자 하는 핵심 결과가 무엇인지 명확히 해야 한다. 예를 들어, 백신을 배분하는 센터를 평가할 때에는 효율성(시간당 얼마나 많은 사람들이 접종을 받을 수 있는지), 접종 수행 시의 의사소통(시각장애 혹은 청각장애가 있는 사람들과 어떤 의사소통 방법을 사용해야 하는지) 혹은 실제적인 배분 과정(준비, 접종, 퇴원 등의 절차에 필요한 행동) 등에 평가의 초점을 두어야 한다.

특정 목표가 정해지면 다음으로 중요한 단계는 어떻게 목표를 측정할 것인가를 결정하는 것이다. 앞의 예에서 시간당 얼마나 많은 사람이 백신접종을 받았는지 측정하기 위해서는 사람들이 각자 자신의 동의서에 타임-스탬프(발송, 접수, 날짜, 시간 등을 기록)를 찍어야 한다. 또한, 특정 목표를 설정하여 그 목표를 측정하려 한다면, 장비에 대한 정보 수집을 위해서는 사용자의 서명이 요구되며 혹은 시각 혹은 청각장애가 있는 사람들과 의사소통하기 위한 통역전문가를 활용 할 수도 있다. 백신의 배분과정은 각 단계에서 인터뷰를 통해 이루어질 수 있다. 중요한 것은 주어진 상황에서 연구방법의 원칙들을 가능한 한 엄격하게 준수하는 것이다.

## 나. 자료수집

재난 발생 시와 재난 이후에 기사나 사진, 비디오, 공식기록, 목격자의 회상, 그 외 보건의료사건, 환경사건 및 사회적인 사건에 대한 기자의 보도 기록이 남는다. 이러한 사건을 연구하기 위해, 다양한 정보제공자, 문서 및 기록을 통해 정보를 구해야 한다.

평가에서 타당한 결과를 얻기 위해서는 사전에 철저하게 계획을 세워야 한다. 다학제 팀이 연구를 설계하고, 자료를 모아 결과를 해석해야 한다. 일반적으로 재난사후관리팀은 의사, 응급의료전문가, 사회과학자나 행동과학자, 역학자, 재난관리 전문가로 구성된다. 이 연구팀은 매일 보고를 하며 평가 프로토콜과 관련된 사안 및 문제를 논의해야 한다.

재난 시에는 기록보유가 어렵고 흔히 시간적 공백이 발생하지만, 보통은 사례별로 정리된 기록을 이용할 수 있다. 공중보건 공무원은 병원의 의무기록, 병원 E-codes, 응급부서 기록, 현장일지, 검시보고서 autopsy reports 등의 자료를 살펴볼 수 있다. 환자의 치료과정은 열람 가능한 의무기록을 검토하고 면담자료를 보충해서 알 수 있다. 기자의 글과 부상자, 공중보건 및 의료 전문가, 수색인력과 구조인력, 구호인력, 현장목격자, 재난 관리자의 인터뷰도 평가자료로 쓸 수 있다.

인터뷰의 경우, 질문내용에 재난구호작업의 효과를 조사하기 위한 내용을 포함시킬 수 있다. 몇 개의 서술형 질문을 해서 중요한 정보를 얻을 수도 있지만, 질문지는 확고한 응답을 요구하기 위해 구조화해야 한다. 또한, 의무기록의 약식 형식을 이용해 병원과 검시자료를 수집할 수 있다. 수집된 자료는 각종 자료들과 비교하여 검토해야 한다.

## 5. 평가수행

평가 과정에서 구조, 과정, 결과, 대응의 적절성, 비용 등 5가지 활동분야를 평가할 수 있다. 다음 단락에서는 각 활동분야를 기술하고, 대규모의 사상자가 발생한 재난에 대한 대응을 평가하기 위해 필요한 질문을 예로 제시하였다.

### 가. 구조

구조평가에서는 의료 및 공중보건 대응이 어떻게 조직화되었는가, 어떤 자원이 필요했는가, 어떤 자원을 이용할 수 있었는가를 평가한다. 대규모 사상자가 발생한 사고에 대응하는 구조를 평가하기 위한 질문은 다음과 같다.

- 재난으로 인한 수요를 충족할 만큼 구급차, 병원 응급부서 및 집중치료병동의 장비와 자원 등이 충분했는가?
- 자원봉사자, 초동대응요원, 구급차 요원, 응급부서 간호사, 집중치료실 의사, 통신 인력 등 제대로 훈련된 인력 수가 충분했는가?
- 투입 인력들이 재난 발생 시 공중보건 및 의료서비스 제공 방법에 대한 사전교육을 받았는가?
- 재난 시 내부통신체계와 외부통신체계에서 용량, 융통성, 백업 용량 등이 충분했는가?
- 얼마나 많은 환자를 병원으로 이송했는가? 구급차 시스템은 어느 정도로 과부하가 되었는가? 어떤 장비가 부족했는가?
- 재원관리(즉, 파견, 응급의료서비스 및 공공서비스와의 공조), 의료진 관리감독, 병원과 이송기관 및 기타 서비스 간의 의사소통 등 재난 발생 단계와 이후 단계에서 이런 기능들이 원활하게 잘 이루어졌는가?

## 나. 과정

과정평가에서는 재난 발생 단계와 이후 단계에서 시스템(의료와 공중보건 모두)이 어떻게 기능했는지, 개개인은 얼마나 준비를 잘했는지, 어떤 문제가 있었는지를 평가한다. 과정에 관한 질문은 재난대응체계의 운영을 조사하는 질문과 환자치료과정을 평가하는 질문으로 구분해야 한다.

대규모 사상자가 발생한 재난에서 과정을 평가하는 질문은 다음과 같다.

- 환자를 수색 및 구조하는 동안 의료진이 있었는가? 대응활동에 착수하고 나서 얼마나 빨리 의료진이 도착했는가?
- 의료진이 재난 동안 발견과 구조 과정에서 자신의 기능을 수행하는데 필요한 기술과 지식을 훈련 받았는가?
- 수색과 구조에 대해 훈련을 받은 의료진이 재난 상황에서 자신의 의료지식을 적용할 수 있었는가? 수행능력을 방해하는 요인이 있었다면, 어떤 것이 있었는가?
- 부상자 분류가 얼마나 효과적이었는가? 방해 요인이 있었다면 무엇인가?

- 재난 이후 대응 시 자원의 관리와 배치가 제대로 관리되었는가? 의사결정의 책임소재가 분명한가? 환자 분류, 이송 및 치료 과정에 관련된 의사결정이 적절했는가?
- 사상자에게 어떤 응급처치를, 누가, 언제 했는가? 그 응급처치가 적절하고 효과적이었나?
- 재난현장에서 치료장소로 환자를 어떻게 이송했는가?
- 기관 간 공조와 통신이 효과적으로 이루어졌는가?
- 병원은 많은 수의 환자에 어떻게 대응했는가?
- 자원봉사자는 어떤 일을 했는가? 자원봉사자가 환자의 치료에 도움이 되었는가? 혹은 방해가 되었는가? 통제를 했다면, 어떤 통제방법을 사용했는가?
- 표준 의료에서 타협행위가 있었는가? 이러한 타협행위가 필요했으며 이를 수용할 수 있었는가?
- 재난이 발생했을 때 대중이 제대로 대응할 준비가 되어있었는가? 향후 공중보건 대응과 의료대응을 원활히 하려면 대중에 대한 교육과 정보 제공 계획을 변경해야 하는가?

## 다. 결과

결과평가에서는 의료대응과 공중보건대응의 결과로 무엇을 성취하고, 무엇을 성취하지 못했는가를 확인한다. 여기에서는 재난 발생 시에 환자에게 제공한 의료의 영향에 초점을 맞춘다. 명시적 또는 묵시적 기준에 근거하여 의무기록을 검토하여 결과를 평가할 수 있다. 묵시적 표준과 기준을 이용하는 경우에는 집중치료 인력과 응급치료 전문가가 의무기록 샘플을 검토하고 환자치료의 적합성 여부를 판단할 수 있다. 명시적인 표준과 기준을 적용하는 경우에는 검토자가 서면으로 된 지침을 이용해서 치료의 적합성 여부를 판단한다. 자료를 사용하기 전에 환자 치료와 결과에 관한 자료를 잘 요약 정리해야 하며, 재난대응을 평가하는데 있어 이 자료가 얼마나 완벽한지 평가해야 한다. 수집하는 자료에는 최소한 다음 내용이 포함되어야 한다.

- 환자의 인적사항(성별, 연령, 거주지 등)
- 부상을 입기 전 의학적 상태

- 주요 진단, 이차 진단, 부상의 종류
- 부상 위치(사지, 등, 가슴, 머리, 목, 복부)
- 병원 전 처치 여부와 의료 제공자
- 병원이송방법
- 환자가 받은 병원치료
- 퇴원 시 환자의 상태
- 해당되는 경우, 사망원인

## 6. 대응적절성

재난대응의 적절성을 평가하기 위해, 재난 시 대응체계가 지역사회의 요구를 어느 정도까지 충족시킬 수 있었는가를 검토한다. 대응 적절성 분석은 향후 재난에 대한 계획을 세울 때 상당히 유용하다. 주요 고려사항은 전체적으로 예방할 수 있었던 사망과 장애가 얼마나 발생했는가 하는 점이다. 대규모 사상자가 발생한 사고에서 대응의 이러한 측면을 평가하기 위해 다음 내용에 관한 정보를 수집한다.

- 병원 전 체계 prehospital system 가 계획했던 기능을 어느 정도까지 이행할 수 있었는가?
- 어떤 종류의 피해자를 병원 및 병원 전 체계에서 치료할 수 있었는가? 어떤 종류의 사상자를 치료할 수 없었는가? 그 이유는 무엇인가?
- 일반 병동과 집중치료병상, 의료용품 또는 인력의 한계로 인해 하나 이상의 병원으로 이송된 사상자의 수는 얼마나 되는가?
- 치료의 부담을 덜고 특수진료실 환자를 보낼 환자를 구분할 때 병원이 얼마나 효율적으로 협조했는가?

## 7. 비용

전체 구호활동 비용, 생존자 1인당 비용, 대응단계에서 운영하는 다양한 하위체계의 비용, 준비비용 등 여러 가지 방법으로 재난대응 비용을 계산할 수 있다. 관련 질문은 다음과 같다.

- 이전에 정한 비용은 각각 얼마였는가?
- 지역사회, 지방정부와 중앙정부의 지불 비율은 각각 어느 정도인가?
- 지역사회는 배상비용을 어떻게 확보했는가?
- 프로그램 비용이 지역사회의 이익과 관련이 있었는가?

## 요약

1. 평가방법에서 평가의 가장 근본적인 목적은 조직, 프로그램 또는 부서의 재난대응이 측정 가능한 목표를 어느 정도 달성했는지를 판단하는 것이다. 또한 평가는 재난계획의 조정, 모의훈련과 대비 및 신속한 평가와 매일의 대응전략 관리를 위한 계획을 개선하는데 사용된다. 재난대응평가에서 자료를 수집하거나 분석하기 위해 다양한 정보원에서 체계적으로 정보를 추출하는 후향적 연구를 통해 보건시스템의 관리방법을 개선할 수 있다. 즉 평가목적 및 방법 규명을 하기위해 측정 가능한 목표를 검토하고 재난대응계획을 평가할 수 있다.

2. 자료수집은 재난 발생 시와 재난 이후의 기사나 사진, 비디오, 공식기록, 목격자의 회상, 그 외 사건 기록이다. 자료는 다양한 정보제공자, 문서 및 기록, 인터뷰 등을 통해 구해야 하며, 수집된 자료는 각종 자료들과 대조하여 검토해야 한다.

3. 평가연구는 구조평가, 과정평가, 결과평가, 재난대응 적절성 및 비용에 대해 실시한다.
   가) 구조평가는 의료 및 공중보건 대응의 조직화, 자원의 필요성, 자원의 이용가능성을 평가한다.
   나) 과정평가는 재난 발생 단계와 이후 단계에서 의료와 공중보건의 기능, 개개인의 준비 정도, 어떤 문제가 있었는지를 평가한다.
   다) 결과평가에서는 공중보건과 의료대응으로 성취한 것과 성취하지 못한 것을 확인하며, 이는 재난 발생 시에 환자에게 제공한 의료가 미친 영향에 초점을 맞춘다.
   라) 재난대응의 적절성을 평가하기 위해, 재난 시 대응체계가 지역사회의 요구를 어느 정도까지 충족시킬 수 있었는가를 검토하며, 이는 향후 재난에 대한 계획을 세울 때 매우 유용하다.
   마) 비용은 구호활동의 전체 비용, 생존자 1인당 비용, 대응단계에서 운영하는 다양한 조직체계의 운용비용, 대비비용 등 여러 가지 방법으로 재난대응 비용을 계산할 수 있다.

14장

# 공중보건응급상황시 윤리적 고려

학습목표

1. 지역사회 재난 계획시 윤리적 원칙을 고려해야 하는 필요성을 설명할 수 있다.
2. 응급 시 공중보건인력의 윤리적 의사결정 지침을 설명할 수 있다.
3. 응급 시 공중보건인력의 의사결정과정에서 윤리적 고려가 요구되는 직무를 설명할 수 있다.
4. 재난계획 시의 의사결정과정을 설명할 수 있다.

응급 시에 왜 윤리적 문제가 중요한가? 응급이 발생하기 전에 윤리적 결정이 필요한 많은 사항을 미리 규명해 두지 않으면, 보건의료 서비스를 가장 적절하게 제공하는데 어려움을 겪게 된다. 공중보건 서비스를 어떻게 전달할 것인가에 대한 윤리적 논의에 대해 숙고하지 않을 경우 사회적으로 심각한 결과를 초래하게 된다. 응급 대비와 대응 절차를 수립할 때 윤리적 문제에 대해 충분히 고려하지 않으면 공공에 대한 신뢰 상실, 역할과 책임에 대한 혼란, 직원들의 사기 저하를 초래하게 된다. 허리케인 카트리나가 발생했을 때 많은 피해자들의 생명을 구하는데 실패했던 것이 윤리적 계획의 부재에 대한 예이다.

역사적으로, 재난은 사회기반 시설이 열악하거나 미비하고, 자원이 잘 조직화되지 않은 개발도상국에 더 치명적인 영향을 미쳤다. 이러한 나라들은 취약계층에 대한 지원을 위해 국제적인 대비가 필요한 것이 일반적이다. 미국은 허리케인 카트리나 여파와 그로 인한 홍수가 발생했을 때 윤리적 계획의 필요성에 직면하였다. 노인과 취약계층들은 이 비극적인 폭풍우에 의해 불균형적으로 더 많은 영향을 받았다. 지역별 대피

계획을 갖고 있었음에도 불구하고, 많은 노인과 취약 지역의 거주민들은 허리케인이 대륙을 강타하기 이전에 해안지역으로부터 대피하기 위한 자원이 부족하였다. 주로 허약하고 고립되어 있으며, 갖고 있는 모든 것을 두고 떠나야 하는 두려움이 있었던 노인들은 폭풍우와 그 여파로 인해 거의 절반 가까이 사망하였다.

다음의 유행성 pandemic 은 격리 isolation 와 검역 quarantine 과 같은 선택적 공중보건 전략이 대중에게는 이익이 되지만 개인의 자유를 제한하는 상황을 초래할 가능성이 있다. 공공지역 폐쇄는 질병의 확산속도를 늦출 수도 있지만 자유 연대, 자유 무역, 자유 여행 등의 원칙과 맞설 수도 있다. 비록 중앙정부가 비축물품을 관리하고 대량 사상자 발생에 대한 인력을 조직화하고 있다고 하더라도 의료인력, 장비, 물품에 대한 이용은 제한적일 것이다. 한정된 자원으로 인해 어떤 사람은 의료적 처치를 받을 수 있지만 어떤 이들은 조치를 받지 못하는 결과가 발생하게 될 것이다. 윤리적 문제에 대해 깊이 고려하여 계획을 세우지 않으면 공중보건 인력은 응급대응에 대한 지침이나 정책, 프로토콜 없이 환자에 대한 치료를 거부하는 상황에 놓이게 될 것이다. 고립된 의료기관에서 적절한 자원 없이 치료를 제공해야 하는 의료인력들이 직면하게 되는 윤리적 딜레마는 카트리나 발생 직후에 프로토콜 없이 상황을 대처하고자 노력했던 의료인들의 사례에서 적절한 예를 찾을 수 있다.

공중보건은 공중의 안전을 확보하기 위해서 개인에게 영향을 미치지만 공동체, 지역사회, 혹은 국가 차원에서는 이익이 되는 어려운 의사결정을 내리게 된다. 응급상황 발생 시에 중증도 분류 triage 에 의한 임상적 의사결정은 공공선 common good (가장 많은 수의 개인들에게 가장 도움이 되는 것)의 원칙에 따라 이루어진다. 공중보건 인력들이 이러한 윤리적 원칙하에 행동한다는 것을 대중들이 안다면 그들은 좀 더 협조적일 것이다. 만약 재난이 발생하기 전에 적절한 자원과 효과적인 자원의 배치가 이루어질 수 있도록 계획을 잘 수립한다면 어려운 선택을 해야 할 필요성이 좀 더 줄어들 것이다. 중증도 분류 과정에서 적용될 기준을 미리 결정하기 위해 윤리적 원칙을 사용하고, 그에 따른 프로토콜을 포함하는 적절한 계획이 수립되어 있다면 대응인력들이 의료서비스를 제공하면서 겪어야 하는 이러한 의사결정의 부담을 덜어 줄 수 있을 것이다.

지역사회의 응급대응 계획에서 윤리적 원칙을 개발함으로써 다음과 같은 효과를 얻을 수 있다.

- 대량사상자 발생 시에 의료의 질과 관리 향상
- 자원의 균일하고 적절한 할당
- 의료 제공자의 법적 책임 최소화
- 의료인력의 중증도 분류 프로토콜 이행율 향상

## 1. 응급상황에 적용할 수 있는 윤리적 원칙은 무엇인가?

재난 혹은 응급상황에 대한 대비는 본래적으로 생명보호와 피해를 입은 사람들의 건강을 포함하는 윤리적 목적을 갖게 된다. 재난 중에 이러한 목적을 달성하기 위해서는 개인의 자유를 제한할 필요가 있을지도 모른다. 공중보건 상 응급상황에 대한 대응에는 흔히 우선순위 선정, 자원과 처치 care 의 배분, 수행될 서비스의 분류 등이 요구된다. 이러한 사안들 중 어느 것이라도 개인의 자유와 재산권을 침해하는 강압적인 수단의 사용이 필요하게 될 것이다.

비정부기구 NGOs 에 의해 1997년에 처음 발기된 인권헌장 the humanity charter 과 국제 적십자 International red cross, 적신월사 Red crescent 는 재난 구호의 최소한의 표준을 설정하였는데, 이 지침은 국제 인도법, 국제 인권법, 국제 난민법, 재난구호에서의 국제 적십자사와 적신월사 The code of conduct for the international red cross and red crescent, NGOs의 행동원칙을 기초로 한다 (http://www.ifrc.org/Docs/idrl/I259EN.pdf). 핵심원칙은 재난의 영향을 받은 인구집단은 보호와 지원을 받을 권리를 갖고 있다는 것이다. 가장 취약한 집단이 불균형적으로 재난에 의해 영향을 받고 가장 열악한 지역사회가 자원이 거의 없기 때문에 도움을 가장 필요로 할 것이라는 점을 재난대비 계획수립자들이 이해하기 때문에 특히 재난대비계획에서 취약계층에 대한 특별한 고려를 포함하는 것이 매우 중요하다. 취약계층의 요구가 다르다는 것을 인지하고 그들이 어떻게 다른 방식으로 재난으로부터 영향을 받았는지를 이해하는 것이 중요하며 이에 따라 적절한 대응을 해주는 것이 중요하다.

공중보건 윤리는 응급상황 동안에 실리적인 방법을 적용하는 것이 필요할 때조차도 모든 개인들에게 공정성과 존중을 보장해 줄 것이라는 원칙에 기초한다. 재난 시의 윤리적 의사결정을 위한 가이드라인은 다음과 같다.

**합리성** Reasonability : 대응자는 지역사회의 공중보건 요구를 해결하기 위한 행동을 취할 때 과학, 근거, 실무, 경험, 원칙에 근거하여 합리적으로 서비스를 제공해야 한다.

**민감성** Responsiveness : 보건의료 인력은 자원이 부족하기 때문에 환자에게 가능한 한 해로움을 최소화해야 하고, 위기가 발생하면 다시 의사결정 해야 한다.

**공정성** Fairness : 피해 지역사회에 재난으로 인한 이익과 부담을 공평하게 공유할 수 있도록 보건의료자원은 타당하게 할당되어야 한다. 자원의 제한이 예상되기 때문에 공정한 자원의 분배는 개인보다는 지역사회의 입장에서 무엇이 최선인지를 고려하여 이루어져야 한다.

**인간에 대한 존중** Respect for person : 재난 피해자 모두는 치료받을 것이고 그들이 공정하게, 정당하게, 존엄성을 유지하면서 치료받을 것이라고 믿을 수 있어야 한다.

**연대** Solidarity : 사회구성원들이 서로를 돌볼 것이라고 확신하기 위해 개개인은 개인의 관심보다는 그들의 가족과 지역사회에게 더 유익한 것이 무엇인가를 고려해야 한다.

**개방과 투명성에 근거한 책임** Accountability based on openness and transparency : 재난 피해자들은 그들의 리더가 위기상황에서 윤리적 의사결정을 할 것이라고 확신하기를 원한다. 이러한 확신은 의사결정에 필요한 정보를 재난의 모든 이해관계자들이 공유하는 것에 달려 있다.

공중보건에서의 윤리적 원칙은 메사추세츠 보스톤에서 열린 2000년 미국 보건협회 연례 회의에 이어 2002년 공중보건 지도자협회 Public health leadership society 에 의해 성문화되었다. 다수의 중요한 가치들이 공중보건 윤리원칙 Principles of public health ethics 이라는 문서에 상술되었고 이러한 원칙들은 공중보건 응급상황에 적용할 수 있다. 표 14-1은 이러한 윤리적 원칙과 공중보건 응급상황에의 적용을 서술하고 있다.

## 2. 윤리적 원칙

자원의 배치와 할당을 결정하는 판단은 응급상황에 대한 대비와 대응 시에 이루어진다. 공중보건 인력은 지역사회의 피해를 줄이고 건강과 안전을 증진시키도록 훈련받고 윤리적 원칙이 응급상황에 대한 대비와 대응 시에 어떻게 적용되는지를 이해한다. 노스캐롤라이나 국제보건대학원University of north carolina gillings school of global public health 은 의사결정 과정에서 윤리적인 고려가 필요한 7가지 직무를 다음과 같이 제시하여 강조하고 있다.

**표 14-1 응급시의 윤리 적용**

| 윤리 원칙 | 응급시의 영향/행동 |
|---|---|
| 질병의 근본적인 원인을 다루어 다양한 건강문제health outcome를 예방하기 | 응급상황은 건강을 보호하는 방어적 장벽을 차단하거나 파괴할 수 있다. |
| 지역사회 주민 개개인의 권리를 존중하기 | 응급 시 공중보건 대응은 정당해야 한다. 규제는 필요에 의해 연관이 있을 때 비례적으로 이루어져야 한다. |
| 정책, 프로그램, 우선순위 개발 및 평가에 지역사회 구성원의 참여를 보장하기 | 지역사회와 응급 대응 계획을 검토하는 것과 같이 윤리적 대응에 연대와 신뢰는 필수적이다. 예를 들어 미 보건부는 백신 할당 지침을 개발할 때 시의회 회의를 개최했다. |
| 선거권이 주어지지 않은 지역사회 구성원을 포함한 주민 모두에게 건강에 필요한 기본적인 자원과 조건에 대한 접근가능성을 보장하기 | 재난에 영향을 받은 모든 이들에게 닿을 수 있는 대비와 대응 활동을 보장해 줌으로써 공정성의 원칙을 적용한다. |
| 정책 혹은 프로그램의 의사결정에 필요한 정보를 제공하기 | 명확히 설명할 수는 없지만 자유와 충돌하는 행위가 요구될 수도 있다. |
| 확보한 정보와 자원을 시기적절하게 사용하여 공중보건 활동 수행하기 | 추가적인 정보의 수집이 지연되어 더 큰 피해가 초래될 때 제한된 정보 내에서 윤리적 의사결정이 내려질 수 있다. |
| 지역사회의 다양한 가치와 신념, 문화에 맞는 다양한 접근방식들을 통합하기 | 응급 시에, 공중보건 기관은 피해 지역의 모든 거주민과의 의사소통이 필요하다. |
| 정보의 비밀 유지하기 | 응급 상황에서 개인적인 프라이버시가 위태로워질 수 있다. |
| 협력과 연합을 통해 공중의 신뢰와 기관의 효과성 달성하기 | 선택과정에 신뢰를 주기 위해서는 투명성과 세심한 의사소통이 필요하다. |

출처: Public Health Leadership Society. 2002. *Principles of the Ethical Practice of Public Health*. Version 2.2. Washington, DC:AmericanPublicHealthAssociation. Availableat: http://www.apha.org/NG/rdonlyres/1CED3CEA-287E-4185-9CBD-BD405FC60856/0/ethicsbrochure.pdf.

1) **조정과 협력** Coordination and Collaboration. 다양한 직업적 배경을 갖고 있는 대응자들은 동기부여와 과제에 대한 인식에 있어서 갈등을 야기할 수 있으므로 지역적 공조와 협력이 필요하다. 국가사고관리체계 national incident management system 의 활용은 서비스가 어떻게 조직화되고 전달될 것인가에 대한 상호간의 명확한 이해를 도와줌으로써 윤리적 차이를 경험할 기회를 줄여준다.
2) **의사결정** Decision-making. 어떤 대응활동은 계획이 된 반면 실시간 의사결정을 해야 하는 예측되지 못한 상황이나 일들이 초래되는 등 현실적으로 계획한대로 모든 것들이 이루어지지도 않는다. 결과적으로 가속화된 시간 속에서 우선순위나 정책, 프로토콜과 행동의 순서 등을 결정해야 하는 역할을 맡은 사람들은 가장 좋은 결정을 할 수도 있으나 많은 경우 필요한 정보가 없이 의사결정을 해야 하는 경우도 있다.
3) **응급대응자의 보호와 대응** Protection and response of emergency responders. 재난대응은 위험할 수 있다. 고용주들은 대응자들에게 신체적으로나 정신적으로 위험한 상황에 놓이지 않도록 해야 하는 윤리적 의무를 갖는다. 특히 의료인들은 감염성 질환이 유행하는 동안 환자들에게 보건의료서비스를 제공해야 하는 의무를 갖는 것과 동시에 자신의 가족에 대해서도 동일한 의무를 가져야 한다. 이러한 점은 그들이 조직에서 갖는 의무와 책임이 명확하더라도 윤리적으로 서로 상충되는 상황에 직면할 수 있다.
4) **정보제공** Informing the public. 가능하다면 공중보건은 충격전, 응급상황 동안, 혹은 충격후에 대중에게 예방적 행동과 정보를 제공해야 한다. 국민들은 피해를 완화하기 위해 적절한 시기에 적절한 정보를 제공받을 필요가 있다.
5) **자원 압박** Resource constraints. 많은 재난 상황에서 보건의료서비스가 요구되는 대량 환자들이 발생할 것이라는 예측은 자원을 압박하게 된다. 비축물품과 자원봉사자들을 배치한다고 해도 인공호흡기 등의 잠재적으로 제한된 자원이 이용가능한지 혹은 누구에게 제공해야 하는지 등과 같이 윤리적으로 결정하기 어려운 문제들에 직면하게 된다. 자원의 부족은 윤리적 의사결정의 긴급성을 가중시킨다.
6) **격리와 검역** Isolation and quarantine **에 대해 익숙히 준비되어있다.** 감염성 질환의 확산을 제한하기 위해 공중보건 인력은 개인 간에 거리 혹은 장벽을 설치하는 소위 사회적 거리두기 social distancing 라고 하는 전략을 사용하게 된다. 격리, 검역 등의

이동을 제한하는 사회적 거리두기 기법은 시민의 자유를 억압할 수 있다. 다른 예방적 전략은 마스크와 같은 개인 보호장비를 착용하도록 요구하는 등의 기계적인 방법이 있다. 때로는 대중의 건강을 보호하는 차원에서 자유를 제한하는 것이 필요하다. 다행히도 공중보건 인력은 감염의 확산을 줄이기 위한 사회적 거리두기전략에 대해 익숙히 준비되어있다.

7) **적시와 민감성** Timeliness and responsiveness. 공중보건학적 응급상황은 긴급한 시간 속에 신속한 행동을 요구하기 때문에 건강상의 부정적인 영향에 충분히 대처하지 못할 수도 있다.

## 3. 윤리적 프로세스의 사용방법

계획단계에서의 결정은 이전에 논의되었던 윤리적 가치를 기반으로 이루어져야 한다. 고려해야 할 가치는 다음을 포함한다.

- 보건의료서비스를 제공해야 할 전문직으로서의 책무
- 필요한 의료서비스를 동등하게 제공받을 환자 개개인의 권리
- 필요에 의해 개인의 자유를 제한하는 것은 어떠한 경우에도 대중의 이익을 보호하는 것과 관련해서 이루어져야 한다.
- 가능하면 개인의 프라이버시를 보호해야 한다.
- 필요에 의한 개인의 자유 제한도 지역사회의 이익과 비례하여 결정해야 한다.
- 질병 혹은 상해 위험에 처한 취약한 집단을 지지하기 위해 기관 간의 의사소통과 지역사회 체계의 연대, 협력이 이루어져야 한다.
- 자원의 할당은 윤리적 의사결정에 따라 이루어지고 실천되어야 한다.

재난 계획 단계에서 지역사회와 신뢰를 구축하는 것은 중요하며 필수적이다. 공중보건 인력이 공중보건 윤리주의를 알고 고수함으로써 필요한 의사결정을 지역사회가 더욱 잘 수용할 수 있도록 해준다. 투명한 의사소통과 의사결정에의 참여를 통해 지역사회 구성원들은 공중보건 관련 의사결정이 공정하게 이루어지고 있음을 확신하게 된다. 공중의 협력을 획득하는 것은 재난준비단계에서 매우 중요한 목적이다. 비록 공중

보건 관료들이 응급 시에 법에 입각하여 구호책을 사용하고 있다하더라도 그들의 활동은 대중의 수용을 통해 협력과 협조를 얻는 것이 보다 중요하다.

미 질병예방통제센터는 Public Health Law 101 course에 윤리적 의사결정 과정을 서술하였다. 이 과정은 윤리적 문제분석, 윤리적 영역 평가, 의사결정의 정당화 등의 3단계로 구성된다. 이 단계에 따라 사고함으로써 공중보건 인력은 윤리적 측면의 전문적인 안내를 받을 수 있다. 각각의 단계에 따른 작업은 표 14-2에서 확인할 수 있다.

**표 14-2 윤리적 의사결정에 따른 직무Task 분석**

| 윤리적 문제 분석 | 윤리적 영역 평가 | 의사결정의 정당화 |
|---|---|---|
| 이해관계자와 이들의 특정 관심 규명하기 | 도덕적 규범과 도덕적 고려 사항 규명하기 | 행위의 원인에 대한 충분한 이유 |
| 근본적인 보건학적 위험과 잠재적인 손상 이해하기 | 이로움과 해로움의 균형 유지하기 | 도덕적 규범, 윤리적 원칙, 전문가 규칙, 역사에 근거한 행위 |
| 공중보건의 목적 확인하기 | 이로움과 부담burden을 공정하게 배분하기 | 목적 성취를 위한 효율적 결정 |
| 명확하지 않은 법적 권한 확인하기 | 영향을 받은 집단은 의사결정 과정에 참여할 권리를 가짐 | 도덕적 위반하지 않는 범주에서 이익이 되는 의사결정 |
| 선례 혹은 역사적 상황 확인하기 | 개인의 자율성, 자유, 프라이버시 존중하기 | 행위는 최소한으로 제한 |
| 행위의 대안alternatives 확인하기 | 전문적 역할과 가치 존중하기 | 행위에 대한 공중의 정당화 혹은 가장 크게 영향을 받은 사람들이 수용할 만한 정책이 존재함 |
| 전문가 윤리규칙에 의해 지침제공하기 | 윤리적 원칙에 의한 지침 제시하기 | 윤리적 원칙을 준수함으로써 공정성 보장 |

## 요약

1. 응급대응 시 윤리적 원칙의 개발은 의료의 질과 관리 향상, 적절한 자원의 할당, 의료 제공자의 법적 책임 최소화, 의료 인력의 중증도 분류 프로토콜 이행에 도움을 준다.
2. 재난 시 공중보건인력의 윤리적 의사결정지침은 합리성, 민감성, 공정성, 인간에 대한 존중, 연대, 개방과 투명성에 근거해야 한다.
3. 재난 시 공중보건인력이 직무를 윤리적으로 수행하는데 영향을 받는 요인은 직무의 조정과 협력, 응급 대응자에 대한 보호여건, 정보의 제공, 자원 압박, 격리와 검역상황, 직무처리의 적시와 민감성 등이다.
4. 재난계획 시의 윤리적 의사결정과정은 문제 분석, 영역의 평가, 의사결정의 정당화 등의 3단계이다.

부록 A

# 재난대비 및 대응관련 용어

**가상사설통신망** virtual private network – 인터넷과 같은 공공의 전자 통신 기반 시설을 활용하는 전산망으로, 원거리 근무자나 개인 사용자에게 해당 조직의 전산망으로의 안정된 접근성을 제공함

**각종유해요소** all-hazards – 모든 비상사태의 종류를 분류하는 체계로, 비상사태 대응 및 대책을 세우는데 목적이 있음. 위험 요소의 종류로 자연 재난, 인재, 테러, 화학적, 생물학적, 방사선, 핵, 또는 폭발 사고를 꼽을 수 있음

**감시** surveillance – 공중보건의 계획, 시행 및 평가 시 반드시 필요한 보건자료들을 지속적, 체계적으로 수집, 분석 및 해석. 정보를 필요로 하는 사람들에게 적정 시기에 자료를 보급하는 것 또한 감시의 일부분으로서 자료 수집 및 질병 관찰 모두 감시 과업에 속함

**감시용 보고단위** reporting unit for surveillance – 병원, 의원, 보건진료소, 이동 진료소 등 감시체계에 정보를 제공하는 자료 출처로써 사례를 정의한 후에 결정한다.

**개별 공간** personal space – 개인이나 개인이 소유한 물품이 차지하는 영역

**개별 지지망** personal support network – 가정, 학교, 직장, 자원봉사 장소, 그 외에 장애인들이 많은 시간을 보내는 곳에서 장애인들을 돕는 사람들의 그룹. 룸메이트, 친척, 이웃, 친구 및 동료 등이 그 구성원이다. 각 개인의 역량 및 요구 수준이 무엇인지를 알아야 하며, 도움을 필요로 하는지를 확인할 수 있어야 하고, 또한 도움을 필요로 하는 경우 빠른 시간 이내에 도움을 제공할 수 있어야 함

**개별지원서비스** personal assistance services – 재난 후 대피소에 있는 사람들이 평상시와 같

은 독립심을 유지할 수 있도록 유급 인력, 개인 수발자, 친구, 가족, 자원봉사자 등을 통해 제공하는 공식 및 비공식 서비스

**개별평가** personal assessment – 재난 이후에 발생한 각 개인의 요구 및 그 요구를 충족시키기 위한 자원의 종류를 나열한 문서

**건강 염려자** worried well – 질병이 있는 것은 아니지만, 안심하기 위해 의학적 치료를 받고 싶어 하는 사람들

**검역** quarantine – 감염원에 노출되었으나 증상이 없는 사람을 일반 사람들로부터 분리시키는 것

**격리** isolation – 다른 사람들이 감염되는 것을 막기 위해, 증상이 있는 환자를 집이나 병원에 감금하는 것

**결과 감시** outcome surveillance – 질병, 부상, 사망 등 건강결과나 관심 사건에 대해 감시하는 것

**결과 변수** outcome variable – 건강사건으로 보통 질병, 부상 또는 사망을 포함한다. 반응변수 response variable, 종속 변수 dependent variable, 효과 변수 effect variable 라고도 함

**경감** mitigation – 인간의 건강과 경제적 기반시설에 미치는 충격을 제한하려 함으로써 재난의 유해한 영향을 줄이려고 하는 조치

**경고** warning – 심각한 기상 사건이 발생하고 있거나, 발상할 예정, 혹은 전파 탐지기를 통해 감지된 것을 알리는 것

**경보절차** alarm procedure – 이해 당사자에게 재난에 대해 경고하는 수단. 깃발, 조명, 사이렌, 라디오, 전화 등 다양한 시각적, 청각적 수단을 이용할 수 있음

**계획** planning – 예방과 대비를 위해 재난 발생 전에 다른 분야와 협력하여 일하는 것

**골든타임** golden hour – 부상을 당하거나 임종에 임박한 환자가 있을 때, 가능한 신속히 혹은 최대 한 시간 이내에 기도 airway, 호흡 breathing, 혈액 순환 circulation 의 문제를 해결하여 환자를 안정시켜야 한다는 원칙

**공개방출** overt release – 테러범 등에 의해 이루어진 생물학적 물질의 예고된 방출. 이러한 유형의 방출이 이루어진 경우, 질병이 발생하기 전에 물질을 처리할 수 있는 경우가 많음

**공급관리프로젝트** SUMA – 지원관리 프로그램 supply management program 이라고도 불린다. 범미국보건기구 Pan-american health organization 가 개발한 컴퓨터 기반 시스템으로, 재

난국가에 보낼 구호물품을 선별, 분류, 준비하는 기전이다.

**공중보건감시** public health surveillance – 공중보건 중재 및 프로그램을 계획, 시행 및 평가하는데 필요한 보건자료를 체계적으로 수집, 분석 및 해석하는 과정. 또한, 공중보건조치의 필요성을 결정하고 프로그램의 효과성을 평가하는데도 이용함

**과제 부여** mission assignment – 주요 재난이나 응급 사태에 대한 대통령의 선포를 대비하거나 혹은 선포 내용에 따라 특정 과업을 종료시키거나 서비스를 제공하도록 연방정부 기관에 업무 지시를 내리는 것

**관할 기관** jurisdictional agency – 특정 지역이나 기능에 대한 책임이나 관할권을 가진 기관

**관할권** jurisdiction – 기관의 법적 책임이나 권한

**구호** relief – 인명을 구하는데 중점을 두는 행위. 구호활동에는 수색과 구조, 응급처치, 응급통신체계와 비상교통체계의 회복, 식량이나 의복, 의료적 지원이나 정서적 지원 등 직접적인 보살핌과 생존자의 기본욕구를 배려하는 것 등이 포함된다.

**국가계획시나리오** National planning scenarios – 잠재적인 비상사태의 범위를 기술한 각본으로 연방 정부의 기획, 훈련, 연습을 조정할 때 기본서로 활용됨

**국가대응계획** National response framework – 재난 시 국가 대응의 조직 구조, 주요 원칙 및 역할을 기술한 문서. 또한 협력 기관이 준수해야 할 원칙을 기술하였으며, 연방정부가 많은 역할을 도맡아야 할 상황을 정의하였음

**국가작전센터** National operations center – 재난 대응 작업을 조정하기 위한 연방 정부처 내의 중추 기관. 국방부 및 다른 부처에서 국가 단위의 사고관리에 대한 결정을 내리는데 필요한 정보를 제공함

**국가재난대비비전** National preparedness vision – 미국의 주요 재난대비 목적을 기술한 간략한 진술문

**국가재난대비지침** National preparedness guidelines – 미국 내 재난 대비 시 우선순위 선정을 위한 체계적인 접근 방식을 제공하는 국가 수준의 재난 대비 지침서

**국가재난대응조정센터** National response coordination center – 국가 작전 센터 National operation center의 일부분으로 미국 내 사고대응 복구 및 자원조정에 대한 일차적인 책임을 지는 기관임

**국제원조** international assistance – 하나 혹은 그 이상의 국가들이나 국제 구호 단체들이 국가의 발전이나 응급사태 대응을 위해 도움이 필요한 국가에게 제공하는 도움.

주요한 4가지의 국제 원조 요소로 1) 유엔 United nations 이나 유럽연합 European union 같은 탈 정부 기관, 2) 비 정부 조직, 3) 국제 적십자, 4) 쌍무 협약이 있음

**급여기관** covered entity – 미국의 1996년 연방의료통상책임법 Health insurance portability and accountability act of 1996 내에 정의된 용어. 보험사나 보험급여 정산 업무기관 종사자 혹은 보건의료서비스 제공자처럼, 보건의료서비스 청구액이나 보험급여에 관한 미 보건부 U.S. department of health and human services 의 규정에 따라 환자의 건강정보를 전산망으로 전송할 수 있는 기관이나 사람을 지칭함

**기관간 조정 그룹** multiagency coordination group – 기관의 자원이나 기금 사용을 허용 받은 관리자들이나 기관 대표자들로 이루어진 팀. 의사 결정 및 자원 분배를 조정하며 재난의 우선순위를 선정하며, 사고 관리를 지원하기 위한 전략적 조언이나 지휘를 제공함

**기관간 조정시스템** multiagency coordination system – 재난이 발생했을 때, 우선순위, 주요 자원배분, 의사소통 체계 통합, 정보 공유 등의 업무를 조정함으로써 다른 기관이나 조직을 지원하는 체계

**기근 조기경보체계** Famine early warning system – 기근의 발생을 예측할 수 있도록 기후와 기상학, 시장에서 식량의 가용성, 영양 상태와 관련된 질병 이환율 morbidity 등을 관찰하는 미국 국제개발처 U.S. agency for international development 에서 확립한 체계

**기능모델단계** phases of the functional model – 6단계로 이루어진 모델로, 보건의료전문가가 재난에 대응하기 위해 하는 활동들과 상응함

**기능적 요구 지원서비스** functional needs support service – 각 개인이 사회복지시설 내에서 독립심을 유지하는 것을 돕는 서비스

**기능적 요구가 있는 집단** functional needs populations – 이전에는 "특수한 요구가 있는 집단 special needs population"이라고 불렸음. 응급사태 전, 중 혹은 후에 발생한 부가적인 요구가 있는 인구 집단. 부가적인 요구의 예로 독립적인 생활 유지, 의사소통, 이동, 지도 감독, 의료와 관련한 서비스 등이 필요한 경우를 꼽을 수 있음. 장애가 있는 사람, 시설에서 생활하는 사람, 노인, 아동, 이민자, 영어능력 제한자, 이동수단 미보유자 등을 기능적 요구가 있는 집단으로 간주함

**기본소생술** basic life support – 불안정한 환자의 생명을 보존하는데 사용하는 비침습적 조치(기도폐색 제거, 심폐소생술 실시, 출혈 억제, 상처치료, 골절 고정 등)

**기술적 유해성** technological hazard – 기술적 요인(즉, 화학물질 방출, 원자력 사고, 댐 붕괴)이 인류에게 가하는 잠재적인 위협. 자연재난이 기술재난을 촉발할 수 있다.

**내성** resistance – 지역사회 혹은 지역사회 구성원이 재난으로 인해 발생한 임상적 불편감, 손상, 기능 장애에 저항할 수 있는 능력

**노출감시** exposure surveillance – 위험요인 변수를 찾는 과정. 재난 발생 시, 재난의 물리적 또는 환경적 성질을 토대로 노출 정도를 판단할 수 있음

**노출변수** exposure variable – 대상 요인의 특성. 위험요인 또는 예측요인 변수라고도 함

**단기 복구** short-term recovery – 신속하게 이루어지는 복구 과정으로 대응의 개념과 중복된다. 필수적인 보건 및 안전 서비스를 제공하는 것, 파손된 시설을 복구하는 것, 대중교통을 복구하는 것, 재난민에게 식량 및 대피소를 제공하는 것 등의 활동이 단기 복구의 예이다. 단기라고 명명하였지만, 이 중 일부 활동들은 수 주에 걸쳐 일어날 수 있다.

**대량 사상사고** mass casualty incident – 짧은 기간 동안에 대개 한 번의 사건으로 많은 수의 사상자를 배출한 사고. 비행기 사고, 허리케인, 홍수, 지진처럼 지방 정부의 복구 능력을 넘어서는 사건을 지칭함

**대비** preparedness – 예방, 경감 및 준비를 하도록 사건이 발생하기 전에 취하는 모든 조치와 정책. 대비에는 경보체계 설계, 대피계획, 거주지 재배치(홍수에 대비), 식량과 물의 보관, 임시 대피소 구축, 관리전략 고안, 재난모의훈련과 훈련 등이 포함된다. 예방, 경감, 대비 등의 활동이 이에 포함됨

**대응** response – 구호 및 복구의 작업이 진행되는 재난 기간. 재난의 단기 및 직접적인 영향을 다룬다. 인명 구조, 재산 보호, 인간의 기본 욕구 충족을 위해 실시되는 즉각적인 활동도 이에 포함된다. 서비스를 제공하는 것과 여러 활동을 관리하는 것도 이에 속한다.

**대중접근시스템** public access system – 대중이 관계당국에게 응급비상사태가 있음을 알리는 비상전화시스템. 911을 통해 가능

**대표성** representativeness – 시간에 따라 발생하는 건강 사건을 측정한 자료 및 사람과 장소에 따른 건강 사건의 분포 정도를 측정한 자료의 정확성

**대피** evacuation – 위험하거나 위험 요소가 잠재한 지역으로부터 사람들을 조직적으로 피신시키는 것

**대피 보조장비** evacuation assistive equipment – 비상 시, 사람들을 건물로부터 대피시킬 때 사용하는 장비나 장치

**대형사고** catastrophic incident – 대량 사상자나 손상 혹은 혼란을 초래하는 자연 재난이나 인재

**독성 재난** toxicological disaster – 대기, 토양, 물, 인간, 동식물에 대량의 독성물질이 우발적으로 방출됨으로써 초래된 심각한 병이나 오염

**독소** toxin – 다른 개체에 유해한 효과를 야기할 수 있는 생명체로부터 분비된 물질

**동원** mobilization – 사고 현장 지원을 위해서나 사고에 대응할 목적으로 요청된 모든 자원을 활성화시키며 수집, 이동시키는 과정 및 절차

**동원해제** demobilization – 동원된 자원을 원래의 장소나 위치로 질서 있고 안전하며 효율적으로 돌려보내는 것

**라디오 밴드** radio bands – 인근 라디오 주파수의 총칭. 주파수는 각기 다른 밴드에 위치한다. 양방향 라디오의 각 주파수는 특정 밴드에 있으며, 하나의 밴드로 작동하도록 고안한 라디오는 다른 밴드에서는 작동하지 않음

**모니터링** monitoring – 정해진 목표에 대한 결과를 측정하여 대응복구프로그램의 성과를 평가하는 과정. 지연이나 재사정의 요구를 야기시킨 장애요소를 찾기 위해 모니터링을 할 수 있음

**모의훈련** drills – 재난 관리 계획의 일부 혹은 그 이상을 검증하기 위해 고안한 활동. 지도, 감독이 필요함. 모의훈련은 연습의 형태 또는 실제 현장 대응의 형태로 이루어질 수 있음

**무단방출** covert releases – 질병을 야기하는 생물학적 제재를 지역사회에 예고 없이 방출하는 것. 무단으로 방출된 물질을 발견하는 방법은 종래의 감시 방법에 의존할 수밖에 없으므로, 발견 전에 이 무단 방출 물질이 크게 확산될 확률이 매우 높음

**문자 메시지** text messaging – 이동 통신 기구 간에 교환되는 짧은 메시지

**물류담당자** logistician – 재난 대응의 일환으로 인력 및 물자를 제공하거나 이동시키는 것과 관련한 여러 업무를 계획하거나 조정하는데 소질이 있는 사람

**물리적 영향평가** measures of physical effects – 재난의 규모를 나타내기 위해 쓰임. 도구의 예로 1) 강의 범람 수위, 2) 삼림 화재 후 대기 내에 존재하는 오염 물질 수준, 3) 식수나 퇴적물에 있는 독성 화학물질의 농도를 꼽을 수 있음

**물자** stockpile – 재난 시 응급 구호를 위해 쓸 수 있도록 특정 장소에 보관되어 있는 재료, 약품 및 기타 보급품

**미국 대통령령** Presidential (decision) directives – 국가안전보장이사회 National security council 에 따른 외교정책과 국가안보에 관한 미국정부의 정책 결정. 사실을 수집하고, 분석을 수행하며, 대안을 마련하고, 정책을 대통령에게 제시하여 결정하도록 함

**방사선** radiation

- **감마선** gamma ray – 다수의 방사능 원소들이 붕괴하는 동안 방출되는 짧은 파장의 고에너지 방사선. X-선과 그 성질은 유사하지만, X-선은 궤도 전자의 여기 상태(외부 에너지로 인해 가장 바깥쪽의 전자가 높은 에너지 상태로 이동하는 현상)로 인해 발생하는 반면 감마선은 핵의 여기 상태로 인해 발생함
- **개별 감시** personal monitor – 방사선과 같은 환경에서의 물리적·화학적 물질에 개인이 노출된 정도를 측정하는 장치. 이온화방사선의 선량정보는 필름선량계, 이온챔버, 열형광선량계, 전신계측기, 생체시료분석 및 환경방사선 정보로 획득함. 개인선량계라고 함
- **고준위 방사선량** high-level radiation dose – 150-350 rem(1,500 mSv~3,500 mSv) 이상의 방사선량으로 미국국립방사선방호위원회 보고서 64호 NCRP 64 에서 정의되었음
- **국제방사선방호위원회** International commission on radiological protection – 1928년에 형성된 단체로, 방사선 방호에 대한 국제표준을 제시함
- **급성방사선증후군** acute radiation syndrome – 급성방사선피폭과 연관된 방사선 질환
- **급성방사선피폭** acute radiation exposure – 한 번의 높은 방사선량 또는 이보다는 적은 양이지만 단기간 내 여러 번으로 나눠 축적된 상당한 방사선량
- **동위원소** isotope – 원자번호는 동일하나(그러므로 동일한 화학적 특징을 지님), 원자의 질량이 다른 두 가지 이상의 원자 중 하나. 동위원소의 물리적 성질은 다름
- **라드** rad – 이온화 방사선의 흡수선량 absorbed dose 단위
- **렘** rem – "등가선량"으로 생물학적 효과를 고려해서 정한 이온화 방사선 흡수선량 단위. 렘 단위의 등가선량은 라드 단위의 흡수선량에 방사선가중치 modifying factor 를 곱한 값이다. 자연적으로 흔히 방출되는 유형의 방사선이나 간다한 방

사선은 라드나 뢴트겐과 같은 값을 지님

- **뢴트겐** Roentgen (R) – 방사선이 인체로 조사되기 전 혹은 대기 중에 있는 방사선에 노출된 정도를 측정하는 단위
- **미국국립방사선방호위원회** National council on radiation protection and measurements – 1964년 미국 상원 의회가 인가한 비영리 법인으로, 방사선 방호와 측정에 관한 정보 및 권장사항을 개발
- **밀봉선원** sealed source – 방사능원과의 접촉, 방출 또는 확산을 예방하기 위해 내구성이 있는 비침투성 포장으로 싸여있는 방사선원
- **방사성 핵종** radionuclide – 방사능 핵종
- **베타입자** beta particle – 원자의 핵에서 방출된 전하를 띤 입자로, 전자와 똑같은 질량과 전하를 띠고 있음
- **세포유전학적 선량평가** cytogenetic dosimetry – 방사선 노출에 의해 유발된 염색체 변이 정도를 토대로 방사선량을 추정하는 방법
- **알파입자** alpha particle – 두 개의 양성자와 두 개의 중성자로 구성된 양성을 띤 원자 구성입자로 헬륨 원자의 핵과 동일함. 가장 강력한 알파입자는 피부를 투과할 수 없음
- ALARA As low as reasonably achievable – 근로자의 방사선 노출을 "합리적으로 달성 가능한 한 낮게" 유지한다는 개념 및 행정상의 프로그램. 경제적 요인과 사회적 요인을 모두 고려하는 이 프로그램은 의료적 목적의 방사선량 및 직업적으로 얻는 방사선량을 감소시키는 것을 목표로 하는데, 대개 한 명의 근로자가 방사선 노출에 대한 미국 연방 정부 규정 10조 20항 10 code of federal regulation 20 에서 명시하는 제한량의 10% 미만의 수준으로 방사선에 노출되도록 유지함
- **열형광선량계** thermoluminescence dosimeter – 결정체가 이온화방사선에 노출됨으로써 망간 manganese 으로 활성화된 칼슘이나 플루오르화 리튬과 같은 결정체 안에 궤도 전자가 갇히게 되는데, 이때의 궤도 전자량을 측정하는 도구. 결정체에 특정 온도까지의 열이 가해졌을 때, 전자 재배치를 통해 생성된 에너지가 빛을 생성하는데, 이를 방사선량과 관련해 측정함
- **완충구역** buffer zone – 방사능 오염구역과 방사능으로부터 오염되지 않은 나머지 구역 사이에 있는 구역

- **이온화방사선** ionizing radiation – 중성원자나 분자가 궤도 전자를 얻거나 잃는데 영향을 미침으로써 순수 전하를 얻을 수 있는 형태의 방사선
- **자연 방사선** background radiation – 사람의 환경에서 자연스럽게 방출되는 이온화 방사선으로 주로 우주에서 방출하는 방사선 cosmic rays 과 자연 방사능 natural radio-activity 을 말함
- **저준위 방사선량** low-level radiation dose – 일반적으로 직업적 피폭으로서, 전신방사선량이 년간 5 rem(50 mSv) 미만이거나, 단일선량 20 rem(200 mSv) 미만인 경우
- **초우라늄 원소** transuranic elements – 원자번호가 92보다 큰, 우라늄보다 무거운 원소. 모두 방사성 원소이며 자연적으로 발생하지 않음(예: 아메리슘, 플루토늄)
- **필름선량계** film bandage – 감광필름을 이용하여 방사선 노출의 정도를 기록하는 개인 휴대용 방사선 모니터나 선량계

**방재계획** contingency plan – 주기적인 재난이나 예상되는 재난에 대해 작성한 예상 비상계획. 위험 사정, 인적 및 물적 자원의 가용성, 지역사회 대비책, 국가 및 국제적 대응역량 등의 정보를 토대로 비상계획서를 작성함

**방재계획수립** contingency planning – 언제든 재난이 발생할 수 있음을 고려한 지역 특화 비상 계획

**배포지점** point of distribution – 항생제나 백신을 대량으로 공급해야 할 때 설치하는 공간. 환자를 등록 및 분류하고 면봉으로 환자의 샘플을 채취하며, 환자를 의학적으로 사정하거나 환자에게 항생제나 백신을 제공하는 곳임

**베크렐** (Bq) Becquerel – 방사능 단위로, 종전에 쓰이던 큐리 curie 라는 단위를 대체하였음. 1 Bq는 일초에 붕괴되는 방사능 물질의 양을 말함

**병원이송** transportation to definitive medical care – 고난이도의 의료 처치를 위해서 구급차, 헬리콥터, 배, 설상차 등을 이용하여 환자를 (병원으로) 이송하는 것

**보고서 형식** report format – 감시자료를 보고하는 수단

**보안 디지털** Secure Digital – 이동식 도구에서 사용되는 기억장치 카드 형태

**보완통신장비** augmentative communication device – 음성으로 의사를 전달을 하는데 도움을 주는 장치

**보조 이동수단** paratransit – 이동 능력이 제한된 사람이나 교통수단이 없는 사람들이 사

용할 수 있는 이송 서비스. 택시, 카풀carpool, 밴풀vanpool, 소형 버스, 소형 합승차, 장애인 이송차량, 특수버스 등을 포함함

**복구** recovery – 지역사회와 정부의 응집력과 개입을 활발하게 하여 지역사회를 정상상태로 돌아오도록 도와주는 대응자, 정부 및 피해자의 행위. 기반시설, 파손된 빌딩, 주요 시설 등을 보수하는 것이 복구 활동의 하나이다. 비상사태의 개시 단계와 재건 단계의 사이에 복구 단계가 있음

**복합관할사고** multijurisdictional incident – 사고의 특정 부분을 관리할 관할권이 여럿인 사고. 사고 지휘 체계에 따르면, 통합 명령부처에서 이런 사고를 관할 처리해야 함

**분석-역학적 측정도구** analysis-epidemiologic measures – 기술통계, 특정 질환 및 사망률, 추이변화, 민감도 검증 및 양성 예측도 등을 포함함

**블로그** blogs – 자주 갱신되는 인터넷 웹 사이트로 시간적 순서에 따라 글이 배열됨. 140자 정도의 짧막한 글이 연재되는 블로그를 마이크로블로그microblog 라고 부름

**비상지원기능** Emergency support functions – 응급 사태에 대한 지원을 조직, 제공하기 위한 목적으로 미국 연방 정부가 사용하는 표준화된 자원관리안

- **비상지원기능 6: 주민보호** Emergency support function 6: mass care – 대피, 급식, 일차 응급의료 처치, 가족 재결합, 그리고 피해자에게 구호 물품을 분배하는데 필요한 과업 등을 지칭함. 미국의 경우 국가대응체계National response framework 에 의거해 미 적십자를 주민보호 주 책임기관으로 지정함
- **비상지원기능 8: 공공보건 및 의료서비스** Emergency support function 8: public health and medical services – 미국 연방정부가 재난 사상자들의 건강 요구와 관련하여 재난 대비, 대응, 복구활동을 펼치는 것을 허용하는 근간임. 차관보실Office of the assistant secretary for preparedness and response 에서 이를 관장함. 주 책임부서는 미 보건부Department of health and human services 임
- **비상지원기능 지침서** Emergency support function annexes – 비상 대처 시의 연방정부의 사명, 정책, 구조 및 책임에 대해 기술한 문서

**비정부기구** nongovernmental organization – 재난 피해자를 위한 구호 서비스를 제공하기 위해 정부 기관과 협력하여 일하는 기관. 장애자를 위한 특별 서비스 등을 제공함

**비품** cache – 정해진 장소에 미리 비축되어 있는 도구, 장비나 물품

**사고** incident – 자연 혹은 인류에 의해 발생하는 사건으로 생명이나 재산을 보호하기

위해 응급 대처 반응이 필요한 경우를 지칭함

- **대형사고** catastrophic incidents – 대통령이 지정하는 주요 재난

**사례 대상자** case – 관심 있는 건강 상태에 대해 조사 체계를 가동할 때의 기본 관찰 단위

**사례 정의** case definition – 잠재적인 사례 대상자가 특정 질환이나 증상을 보유하고 있는지를 비교 조사하는데 사용하는 표준화된 기준임. 재난으로 인해 발생한 특정 건강 상태에 대해 응급 정보 감시 체계를 가동하여 감시해야하는지를 판단하는데 기준이 됨

**사망률 감시** mortality surveillance – 재난으로 인해 발생한 사망자의 수 및 주요 사망 요인에 관한 정보를 얻는 과정. 영안실 팀, 의료진료팀, 부검팀, 병원, 요양원, 장례식장 등에서 위와 같은 정보를 얻을 수 있음

**사망률 자료** mortality data – 재난으로 인해 발생한 사망자의 수에 관한 정보. 재난의 규모를 진단하고, 재난 대응 효과성 및 경보체계 적합성을 평가하고, 고위험 집단을 확인하기 위해 사망률 자료를 쓸 수 있음

**사상자** casualty – 사망, 부상, 물질적 손실을 야기시킬 수 있는 외부 폭력에 의해서 신체적 혹은 정신적 피해를 입은 사람

**사전 배치 자원** prepositioned resources – 자원을 필요로 하는 예상 수요에 맞춰 예상되는 사고 현장 주변으로 자원을 재배치하는 것

**사전 임무 부여** pre-scripted mission assignment – 연방 자원을 활용하여 재난에 신속히 대응할 수 있도록 연방 정부 기관에서 사용하는 방법. 재난 대응 기간 동안 연방 정부처 및 기관에서 다양한 비상 지지 기능을 제공할 수 있도록 각 부처의 능력 및 자원을 나열하였음

**사태** avalanche – 거대한 양의 눈과 얼음이 흙, 바위, 나무, 그 외 잔해와 함께 갑자기 미끄러지는 것

**사피어-심슨 허리케인 척도** Saffir-Simpson hurricane wind scale – 대중에게 허리케인의 잠재적인 강도를 경보할 때 사용한다. 허리케인이 해안 가 주변 육지에 상륙했을 때 발생할 잠재적인 재산 파손 및 홍수 가능성의 정도에 따라 1부터 5까지의 값으로 허리케인의 강도를 분류한다. 일반적으로 한 등급이 올라갈 때마다 4인수의 값으로 피해의 정도가 증가한다.

**사회적 거리** social distancing – 지역사회 내에서의 전염병 확산을 막기 위해 쓰이는 방법. 격리를 지칭하는 용어는 아님. 폐교나 회동을 금지하는 등의 사람들 간의 접촉을 줄이는 데 쓰이는 방법이다.

**사회적 자본** social capital – 자원으로의 접근성을 제공하는 사회 망과의 연결성. 유익한 도움을 제공하는 인간관계가 한 예임

**사회적 취약성** social vulnerability – 개인이나 조직이 재난으로 인해 발생한 부정적 영향에 민감한 정도

**산사태** landslide – 막대한 양의 흙과 바위가 불안정한 경사로를 따라 다소 빠르게 떨어지거나 미끄러져 내려오면서 나타나는 가장 일반적이며 광범위한 유형의 지면붕괴

**상호지원양해각서** mutual aid and assistance agreement – 인력, 장비, 물자 및 다른 관련 서비스의 형태로 조속히 비상지원을 받을 수 있도록 기관, 조직, 관할권 간에 이뤄진 서면 혹은 구두 동의

**상호호환 통신** interoperable communications – 여러 종류의 장비를 이용하여 정보를 활용하거나 교환할 수 있는 능력

**상황 인지** situational awareness – 사고에 관한 주요 정보를 규명하고 처리하며 이해할 수 있는 능력

**생물테러** bioterrorism – 정치적 또는 사회적인 목적으로 정부나 시민을 위협하기 위해 인간, 동물 혹은 식물을 향해 생물학적 제제나 독소를 불법적으로 방출하는 것

**생물학적 영향평가** measures of biological effects – 재난의 영향을 나타내는 인간의 건강 상태. 연령 특이적 부상률과 사망률, 미생물 배양 검사, 유해 물질 노출을 검증하는 생화학적 검사, 그리고 신장 대 체중 비와 같은 인체계측학적 측정이 그 예임

**생체** antemortem – 신분 확인을 위해 이용되는 사망자 혹은 실종자에 대한 정보

**세계적 유행** pandemic – 여러 지리적 지역에 걸쳐 발생하거나 혹은 많은 세계 인구를 감염시킨 전염병의 유행

**손실** loss – 지역사회와 개인에게 충격을 주는 부정적 결과의 범위(즉, 피해, 경제적 가치의 손실, 기능의 손실, 천연자원의 손실, 생태계의 손실, 환경영향, 건강악화, 사망, 질병)

**스태포드 법** Stafford act – 이전에는 1988 로버트 스태포드 재난 구호 및 응급 지원안(보건법 93조 288항) Robert T. stafford disaster relief and emergency assistance act of 1988, P. L.

93-288이라고 불렸다. 연방 정부가 대재난이나 주요 비상사태라고 공포한 사건의 타격을 받은 주 정부 및 지역 정부, 권역 정부, 사립 비정부 기관 및 개인에게 재난 및 응급 지원을 제공하는 프로그램 및 과정을 기술한 법안이다. 이 법안은 자연재난에서부터 테러 사건까지의 모든 재난의 경우의 수를 포함하고 있다.

**스트레스** stress – 신체적, 정신적, 감정적 압력 또는 긴장

**시력상실/시각장애** blindness/visual disability – 사물을 보는 능력에 지장이 있는 시각 상태 혹은 전혀 볼 수 없는 상태

**식량 보호** food defense – 식량이 생물학적, 화학적, 물리적, 혹은 방사능 물질에 의해 고의적으로 변조되는 것으로 부터 보호하는 것

**식량 안전** food safety – 식량이 비의도적으로 오염되는 것으로부터 보호하는 것

**쓰나미** Tsunami – 지진이나 화산폭발 등 수중 대변동으로 인해 발생하는 대양의 파도. 쓰나미 파도는 사방으로 칠 수 있으며, 대량 파괴를 야기할 수 있음

**쓰나미 파고** tsunami run-up – 쓰나미 파도의 피크 peak (파도가 제일 먼저 무너지기 시작하는 곳)가 매우 강렬하고 빠르게 해안지대를 따라 도는 중에 물의 높이를 측정한 것

RSS **피드** Real simple syndication (RSS) feeds – 인터넷 웹사이트가 갱신되었을 때 사용자에게 이를 알려주는 메시지

**액상화** liquefaction – 액체에 젖은 흙이 액체의 행태를 보이면서 흙의 지반 강도를 일시적으로 잃는 상태. 지반운동에 의해 얕고, 단단하지 않으며, 물에 포화된 모래나 자갈 침전물에서 주로 발생

**약식요구도평가** rapid needs assessment – 재난 이후 피해지역에 관한 정보를 제공하도록 고안한 기술의 총칭(역학, 통계, 인류학)

**양성예측도** predictive value positive – 양성으로 추정되는 사람이 감시 중 실시한 사정의 결과에서 실제 양성으로 판명될 수 있는 정도

SAME Specific area message encoding – 미국 내 방송국이 비상경보 시스템을 부호화하기 위해 사용하는 절차

SNS Social networking sites – 사용자들이 정보를 활용하고 교환할 수 있는 온라인 커뮤니티

LTE long-term evolution – 고속 데이터 통신망을 제공함으로써 정보 교환 속도를 향상시

키는 차세대 무선 통신 기술

**역량** capabilities – 재난 예방, 경감, 대응, 복구를 위해 계획된 작업들을 수행할 수 있는 조직적 능력

**역량리스트** target capabilities list – 재난에 효율적으로 대처하기 위해 모든 수준의 정부가 가지고 있어야 할 구체적인 역량을 정의한 목록

**연방 지원** federal-to-federal support – 미국의 1933 경제 법 Economy Act of 1933 혹은 다른 권한에 따라 기관 간 혹은 기관 내 보상 합의를 지원하는 역할

**연방조정관** Federal coordinating officer – 미국 대통령이 연방 지원을 편성하기 위해 중대 재난 혹은 비상사태를 선포한 경우, 미연방재난관리청 Federal emergency management agency 이 연방조정관을 임명함. 연방조정관은 재난 선포, 재난 관련법이나 규정, 연방조정관 및 재난 발생 주 간의 합의 도달 등과 관련해 연방 정부 지원이 이루어지도록 즉각적인 조치를 취함. 연방조정관은 스태포드 조항 Stafford act 이라고도 불리는 미국 공중법93조 288항 Public Law 93-288 에 의해 임명된 최고 연방 공무원이기도 함. 연방조정관은 주요 재난관리 대응 및 복구활동을 조정하며, 대통령을 대신하여 지정된 재난 지역 내에서의 연방 정부의 복구 지원 활동을 총괄, 조정함. 또한 연방조정관은 미국 행정 지령 12148항 Executive Order 12148 에 명시된 바에 따라 미연방재난관리청장의 역할 및 책임을 수행하며 미국 연방 규정 44조 206항 Code of Federal Regulations, Title 44, Part 205 에 따라 미연방재난관리청지부장의 역할 및 책임을 수행하기도 함

**연방현장지휘관** Federal on-scene commander – 미국 합동 작전 본부 Joint Operation Center 가 임명한 자로, 연방정부, 주정부, 및 지방정부 기관이 총체적으로 재난에 대응할 수 있도록 미국 전부의 전반적인 대응을 조정하는 자

**연합정보센터** Joint information center – 사고에 관한 정보를 대중이나 언론매체에 제공하는 기관

**영상 전달** video relay – 청각 장애인이거나 난청의 문제가 있는 사람, 혹은 언어 장애가 있는 사람들 중 미국 수화어를 쓰는 사람들이 음성 전화 이용자들과 의사소통을 할 수 있도록 돕는 통신 서비스의 형태. 문자를 타자로 치는 대신 영상을 활용함

**예방** prevention – 비상사태를 방지하는데 도움이 되는 일차, 이차 및 삼차의 자원 투입. 비상관리모형에서 흔히 경감 mitigation 이라고 불리며 보건 용어로는 추가적인 인명

손실, 질병이나 장애 혹은 부상 발생을 예방하는 활동을 지칭함

- **삼차예방** tertiary prevention – 이미 재난의 영향을 받아 아픈 사람 중 질병 및 장애가 미칠 영향을 최소화하는 것. 기존 질환이 있었던 사람이나, 환자 중 재난에 의해 질병의 정도가 악화될 수 있는 사람들에게 적용됨. (예: 노인이나 어린 아이 중 호흡계 질환이 있는 환자나 그 질환에 취약한 사람들을 산불에서 나는 연기로부터 적절히 피신시키는 경우, 열과 관련된 질병에 취약한 노인을 기온이 급격하게 변하는 곳으로부터 피신시키는 경우)
- **이차예방** secondary prevention – 재난으로 인해 발생한 건강 문제를 경감시키는 것(예: 눈폭풍 후 전력이 공급되지 않아 가솔린으로 전력을 공급해야 하는 경우 일산화탄소 탐지기를 사용하는 것, 지진이 일어나고 있을 때 다층 건물에 있는 사람들을 적절히 피신시키는 것, 토네이도가 많은 지역 내 주택에 지하실 등과 같이 토네이도의 피해로부터 안전할 수 있는 방을 설치하도록 하는 것). 재난이 임박해 있을 때에는 즉시 이차 예방의 개념을 적용할 수 있음
- **일차예방** primary prevention – 재난사건과 관련된 사망, 부상 또는 질병의 발생을 예방(즉, 홍수다발지역에서 지역공동체의 대피, 토네이도와 폭풍에 대한 경보체계 가동)

**오염** contamination – 유해 화학 물질이나 핵 물질을 부차적으로 방출하는 것. 이를 통해 환경이 오염될 수 있으며 또한 사람들도 외적(피부나 점막), 내적(흡입 혹은 소화기) 혹은 내외적인 방식으로 오염 물질에 노출될 수 있음

**와이파이** WiFi – 와이파이 연합 Wi-Fi Alliance 의 상표로 인증된 무선인터넷 지역망을 가지고 있는 상품에 이 상표를 표기함

**외상성 스트레스** traumatic stress – 일상적인 경험의 영역을 넘어선 극도의 사건 및 상황으로부터 발생하는 다소 불분명하게 정의된 스트레스. 외상성 스트레스는 주로 위험하고 압도적이며 갑작스럽게 발생하는 사고로부터 야기된다. 외상성 스트레스가 있는 사람들은 두려움, 불안, 침잠, 회피 등의 증상을 보임

**원거리 지역** far-field – 원자력 발전소의 방사능 사고가 발생했을 때, 사고의 영향이 분명히 나타나는 사고 지역이나 사고 인접 지역으로부터 벗어난 지역

**위기 시 보건의료서비스 표준** crisis standards of care – 미국 주 정부의 공식적 선포에 의거해 대형사고로 인해 발생한 필요에 따라 보건의료서비스 제공 체계를 대대적으

로 변화시키는 것

**위젯** widgets – 특정 기능(예: 시계, 기념일 카운트다운, 경매 시세, 주식 시세, 비행 도착 정보, 날씨 경보)을 지닌 프로그램이나 인터넷 상의 소프트웨어 프로그램

**위험 관리** risk management – 위험 혹은 손실의 가능성이 존재한다는 위험 진단이 내려졌을 때 어떤 조치를 취할지 결정하는 과정. 위험 요소의 잠재 유해성이 증가하는 것을 막거나, 현존하는 위험 요소의 유해성을 감소시키고, 대재난에 대한 대응책 및 복구 계획을 지속적으로 세우는 등의 지역사회나 개인의 활동이 위험 관리에 속한다. 자연재난과 기술재난의 높은 위험성을 경감시키고, 기존의 위험 수위를 떨어뜨리며, 참사를 포함해 자연재난과 기술재난에 대응하는 계획을 마련하도록 고안한 기술의 범위(즉, 예방, 경감, 대비, 복구) 또한 위험 관리에 포함된다.

**위험 지표** risk indicator – 재난을 야기할 수 있는 위험을 명료하게 나타내는 기술어

**위험성 평가** risk assessment – 특정 유해요소에 노출된 집단에서 부정적인 건강 문제가 나타날 확률을 판단하는 체계적인 과정. 위험 종료 시점이나 결과는 위험 요소의 유해성에 따라 달리 결정되지만 대개 파손, 경제적 손실, 기능 손실, 천연 자원 손실, 생태계 파손, 환경적 피해, 건강 악화, 이환 및 사망이라는 결과를 기점으로 본다. 위험 사정의 주 요소로는 위험 요인 규명 및 분석, 취약성 분석, 그리고 아래의 질문에 대한 답을 찾는 것이다: 어떤 현상이 일어날 수 있는가? 각 경우가 발생할 수 있는 확률은 얼마인가? 이 경우에 발생할 수 있는 결과 및 손실은 무엇인가? 흔히 추정된 확률 값으로 위험의 정도를 나타낸다. 위험의 정도는 보통 다음의 공식으로 산출된다: 위험 = 유해성 × 취약성. 하지만 이 관계가 반드시 숫자적으로 정확히 일치하는 것은 아니다.

**유해성** hazard – 자연적인 현상(즉, 지진, 열대성 사이클론)이나 인간이 만든 에너지원의 문제(즉, 핵반응기, 산업에서의 폭발), 통제되지 않는 인간의 활동(즉, 무력충돌, 과방목) 등에 의해 재난이 발생할 확률

**유해성 감시** hazard surveillance – 재난이나 손상을 야기하는 각기 여러 수준의 유해성(예: 촉성 화학물질, 물리적 제제, 생물역학적인 스트레스원, 생물학적 제제)에 대해 그 유해성의 수준, 분포 및 추이를 사정하는 것

**유해성 규명/분석** hazard identification/analysis – 특정 지역이나 환경에 존재하는 위험 요인 및 사건 발생을 높일만한 위험성을 밝히는 과정(예: 지진, 홍수, 산업재난)

**유행** epidemic – 장소와 시기에 비해 비정상적이거나 혹은 예상치 못한 수준으로 특정 질병 사례가 많이 발생하는 경우. 대개 밝혀진 혹은 추정되는 감염원이 존재함. 특정 질환이 기이한 수준으로 많이 발생하는 경우에는 위협적인 유행 threatened epidemic 이 발생했다고 할 수 있음

**응급** emergencies – 유행병, 기술적 참사, 분쟁 또는 자연 재난이나 인재 등으로 발생하는 사건으로 즉각적인 대응을 요함

**응급관리지원협정** Emergency management assistance compact – 주 정부 간의 상호 지원을 가능하게 하는 미국 의회 비준 기관으로, 법적 책임이나 보상에 대한 합의서를 작성함

**응급구조사 1급** paramedic – 재난이나 응급 상황에서 피해자에게 전문 소생술을 제공할 수 있는 매우 숙련된 응급의료종사자

**응급구조사** emergency medical technicians – 보편적인 의료 응급 사태와 상해에 대해 현장에서 사정 및 처치를 시행하며, 피해자를 병원으로 이송하는 도중에 의료적 지지를 제공하도록 훈련받은 응급의료대응요원임

**응급의료서비스체계** Emergency medical service system – 의료적 처치를 요하는 응급 피해자를 지원하기 하기 위한 병원 전(대중 접근, 응급 전화 상담, 응급구조사, 구급차 서비스) 및 병원 내(응급실, 입원실, 종합 의료 기관이나 의료 서비스 제공자) 지지를 일컫는 조직적 구조

**응급전화상담체계** dispatch communications system – 도움을 필요로 하는 사람에게 구급요원 및 그 외 초동대응요원을 배정하는 체계

**의료기기** durable medical equipment – 보행 보조 장치, 휠체어, 전동 이동차, 도뇨관처럼 가정에서 쓰일 수 있는 특정 의료 장비

**의료협력** medical coordination – 병원 전 단계와 병원 단계 간의 협력. 사용하는 재료와 방법을 간소화하거나 표준화하는 것을 특징으로 함

**의사소통장애** communication disability – 음성을 이용해 의사소통을 하는 능력을 방해하는 의학적 상태 또는 손상

**의연함** hardiness – 인간이 사건을 통제할 수 있다고 믿거나, 스트레스 상황을 극복할 수 있는 도전의 기회라고 간주하는 사람들의 심리학적 상태. 대개 확실한 목적이나 책무를 지닌 경우가 많음

**이동식 웹 사이트** Mobile Web sites – 스마트 폰과 같은 이동식 전화나 통신 기구에서 사

용할 수 있도록 고안된 웹 사이트로, 인터넷 접속을 가능하게 함

**이동장애** mobility disability – 걷거나 이동하는 능력을 방해하는 의학적 상태 또는 부상

**인적 혹은 기술재난** man-made or technological disasters – 화재, 화학물질 유출 및 폭발, 무기 사고 등처럼 인류에 의해 발생한 기술적 사고. 자연 내 위험 요소로 발생한 사건이 아님

**인지장애** cognitive impairment – 들은 정보나 적혀있는 정보를 이해하는 능력에 영향을 주는 의학적인 상태 또는 손상

**자기효능감** self-efficacy – 자신이 목표를 달성하기 위해 필요한 과업들을 조직하고 수행할 수 있다고 믿는 심리학적 상태

**자료수집** data collection – 이메일, 팩스, 우편, 파견원 등의 다양한 매체를 활용하여 정보를 축적하는 과정

**자립생활지원센터** centers for independent living – 장애가 있는 사람들을 돕는 지역 사회 단위의 조직

**자연-기술재난** natural-technological disaster – 지진동 seismic motion 으로 인한 도시 화재, 또는 홍수로 인한 화학물질 유출 등과 같이 기술적 비상사태를 야기하는 자연 재난

**자연재난** natural disasters – 지진, 홍수, 열대성 사이클론, 토네이도 등 급성으로 시작하여 그 영향이 막대한 자연현상

**자원기관** voluntary agency – 비상사태와 재난 시 도움을 주는, 자발적인 기부로 유지 및 후원되는 비영리, 비정부, 민간단체

**자원기술구조** resource description framework – 인터넷 상에서 정보를 교환하는 것에 대한 표준화된 모델

**자원봉사자** volunteer – 보상 없이 서비스를 제공할 수 있도록 허용된 사람들

**장기 복구** long-term recovery – 재난의 심각성 및 피해 정도에 따라 수개월 혹은 수년에 걸쳐 복구가 진행되는 과정

**장애** disability – 한 개인의 주요한 일상생활을 제한하는 신체적 혹은 정신적 손상

**장애 보조동물** service animal – 장애인의 일상생활을 돕도록 특별히 훈련을 받은 동물. 이 동물은 법에 의해 주인이 가는 어느 곳이든 같이 들어갈 수 있다.

**재난** disaster – 피해, 생태학적 혼란, 인명 손실, 건강과 보건서비스의 악화 등을 초래하는 사건으로, 사건의 손실이 재난 지역의 재난 복구 역량을 넘어서기 때문에 외

부 지원이 필수적임. 재난의 예로 지진, 홍수, 화재, 허리케인, 태풍, 폭풍, 화산 분출, 유출, 비행기 사고, 가뭄, 유행병, 식량 부족, 주민 폭동을 들 수 있음

**재난 시 공중보건대응 기능모델** functional model of public health response in disasters – 재난 관련 활동을 나타내는 패러다임으로, 재난 상황 시 주요 보건부서가 지닐 책임을 명시함. 예를 들어, 보건 의료 서비스의 상시 주요 기능 및 응급 사태 관리 시 필요한 기능 간의 교차점을 제시하며, 보건 의료 활동 및 응급 의료 활동 간의 상관성에 대해서도 명시하였음

**재난 정보학** disaster informatics – 재난 의사소통 및 정보 처리에 대한 이론 및 실습. 재난 현장에서 제공되었던 보건 의료 서비스에 대한 지식과 경험을 토대로 개설되었음

**재난 취약도** disaster-prone – 재난, 재난 요인이나 유해 요소에 대해 개인, 지역사회, 인구집단 혹은 특정 지역이 직면한 위험 정도. 과거에 있었던 재난의 유래나 새로운 재난의 위험성을 토대로 판단함. 위험도라고도 함

**재난 취약성** disaster vulnerability – 극도의 사건이나 상황이 끼친 영향을 흡수하고 복구할 수 있는 능력. 사회나 장소마다 취약성이 다름

**재난강도척도** Disaster severity scale – 재난지역의 반경, 사망자 수, 부상자 수, 부상의 평균 중증도, 재난의 지속시간, 구조 시간의 지표들로 재난을 분류하는 체계. 각 지표에 대해 0(심각하지 않음), 1, 2(가장 심각함)점으로 점수를 매겨 재난을 분류함. 각 변수에 0, 1, 2점으로 점수를 매겨, 0~18점의 범위를 지닌다. 척도 상 18점은 가장 심각한 재난을 의미함

**재난구호센터** disaster recovery center – 재난 지역 내 혹은 근교에 중심부를 두고 있는 시설. 이 시설에서 재난 피해자들이 재난 조달을 요청할 수 있음

**재난대책자원봉사기구** National voluntary organizations active in disaster – 30여 개 이상의 재난 구호 조직들의 합의체로 재난 관리 및 대응을 위한 지원을 제공함. 주요 재난이 발생했을 경우, 조직 대표자들을 국가 재난 대비 조정 센터 National response coordination center 로 파송함으로써 재난 대응 및 복구를 지원할 수 있는 봉사 기관들을 대변함

**재난역학** disaster epidemiology – 재난과 관련된 인간의 사망, 질병, 부상이나 이에 영향을 미친 요인 등을 연구. 재난의 위험 요인을 규명하거나, 재난 피해자 및 피해를 받지 않은 사람을 비교하기도 함. 역학 조사 결과를 토대로, 재난으로 인해 발생할

수 있는 건강 문제에 대한 정보를 제공할 수 있음

**재난연속성** disaster continuum – 재난 사고의 주기. 응급 관리 주기 emergency management cycle 라고도 불림

**재난후 감시** postdisaster surveillance – 재난 이후 보건 당국이 수행하는 관찰로 1) 건강 사건을 모니터링하며, 2) 질병 발생 여부의 급격한 변화를 감지하고, 3) 특정 질병의 장기적인 추이를 조사하며, 4) 대상 질병의 병인과 숙주 요인의 변화를 확인하고, 5) 관련 질병을 치료하는 실무를 관찰함

**재래식 변소** latrines – 배설물을 담는 구덩이. 보통은 그 구멍을 막는 발판과, 사생활 보호를 위한 벽이 있다. 도랑을 판 후 그 위에 여러 개의 발판을 놓아 여러 사람이 이용할 수 있는 변소를 만들 수도 있고, 하나의 구덩이 주변에 벽을 설치하여 한 사람이 사용할 수 있는 변소를 만들 수도 있음

**재활 또는 재건** rehabilitation or reconstruction – 장기적인 개발을 통해 시스템이나 기반시설을 비상사태 전의 상황으로 재건하려는 노력. 기존 시스템을 단순하게 "복구"하기 보다는 과거의 문제를 개선하고 향상시키는 접근을 해야 한다.

**적시** timeliness – 정보(감시자료)를 이용 가능한 형태로 신속하게 만드는 것

**적십자** Red Cross – 인도주의적인 일을 하는 세계적인 조직의 하나 또는 모든 기구에 사용하는 일반적인 용어. 정식 명칭은 국제 적십자·적신월 운동 International red cross and red crescent movement 으로 이 기관에는 세 가지 요소가 있음

- **각국 적십자사** individual national red cross or red crescent society of every country
- **국제적십자위원회** International committee of the red cross – 교전 시 중립적 중재자로서 전쟁 피해자를 보호하는 역할을 한다.
- **적십자연맹** League of the red cross and red crescent societies – 각국 적십자사의 세계적 연합체로, 비충돌 상황이나 자연 참사 발생 시 활동한다.

**적응장비** adaptive equipment – 이동 보장구, 몸단장 보조장치, 식사 보조장치 및 그 외 기능적 한계를 상쇄시키기 위해 쓰이는 장치 등처럼 독립적인 이동, 몸단장, 식사를 보조하는 장비

**전동장비** power-dependent equipment – 작동하는데 전기가 필요한 장비

**전문심폐 소생술** advanced life support – 응급구조사가 제공하는 의료절차로, 병원에서의 최종적인 치료를 필요로 하는 환자의 상태에 대해 현장에서 지침에 따라 정밀하

게 진단, 초기 치료하는 것

**전화교환서비스** Telecommunication relay service – 청각이나 구두 장애가 있는 사람이 전화 통화를 할 수 있도록 전화 교환원을 사용하는 서비스

**접근가능성** accessible – 다양한 종류의 장애가 있는 사람들이 시설, 프로그램, 서비스를 이용하거나 활동에 참여할 수 있도록 법적으로 규제한 사항들을 모두 충족시킨 상황

**정부대표** Governor's authorized representative – 미국 주 지사가 권한을 허용한 사람으로, 주를 대표하여 재난 지원을 위한 문서를 작성하며, 통합 조정 집단 Unified coordination group 에서 주지사를 대변하고, 자치 주 내 재난 지원 프로그램을 조정할 뿐만 아니라 주 내에서 필요로 하는 주요 정보를 찾는 것을 도움

**제염** decontamination – 유해한 화학물질이나 핵물질이 피부나 점막에 닿았을 때 물, 샤워, 멸균액으로 제거하는 것

**제한된 영어능력** limited English proficiency – 영어를 읽고 말하고 쓰는 능력이나 영어를 이해하는 능력이 제한된 사람들의 분류. 특정 서비스나 혜택을 이용할 수 있도록 언어지원서비스를 받을 자격이 주어짐

**종합대비가이드 101: 비상계획수립** Comprehensive preparedness guide 101: producing emergency plans – 미국 연방 정부, 주 정부, 권역 및 지역의 비상대비 계획을 기술한 미국의 지침서

**종합비상대응관리** comprehensive emergency management – 여러 응급 프로그램 및 활동들을 조직화하는 통합적 접근 방법. 종합비상대응관리는 경감 mitigation, 대비 preparedness, 대응 response, 복구 recovery 의 네 단계로 이루어짐

**주 조정관리관** State coordinating officer – 주지사가 임명한 자로 주 정부의 재난 지원 및 연방 정부의 재난 지원을 조정하는 역할을 수행한다. 주정부 조정 사무관은 스태포드 법안에 따라 주 정부의 재난 대응 및 복구 활동을 관리해야 하는 매우 중요한 역할을 지닌다.

**주요 재난** major disaster – 1988 로버트 스태포드 재난 구호 및 응급 지원법 Robert T. stafford disaster relief and emergency assistance act of 1988 에 따라, 화재, 홍수, 폭발 등 어떤 원인이로 인해서든 미국 내에서 발생한 자연 대재난 중 심각한 수준 및 규모의 피해를 수반하는 사건으로 이 경우 대통령령에 의해 재난 복구 지원을 위해 주 정부

및 지방 정부 내 가용 자원이나 인력을 충당하여 사용할 수 있음

**주의보** watch – 심각한 기상 사건이 위협적이거나 혹은 특정 지역에서 발생할 확률이 있다는 것을 알리는 것. 주의보가 내려진 경우, 시민들은 기상 사건에 대한 정보나 대피 조언을 얻기 위해 라디오를 듣거나 텔레비전을 시청하여야 함

**준비** readiness – 대비가 구호로 이어지게 하는 활동. 준비 상태를 진단하게 되면 구호 활동에 연루된 조직의 현재 능력과 용량을 알 수 있음

**중앙집결지역** central holding area – 구급차가 집결하는 장소. 응급 처치소나 인근 병원에 있는 피해자들을 이송하기 위해 이곳에서 피해자 분배 계획에 따라 구급차를 파송함

**중증도 분류** triage – 재난 피해자가 적절한 치료를 받을 수 있도록 그들의 병증 및 부상의 중증도와 의료 및 이송 시설의 이용가능성에 따라 재난 피해자를 선별하고 분류

**지리정보시스템** Geographic information system – 지리와 관련된 모든 형태의 정보를 포착, 저장, 업데이트, 조작, 분석 및 전시하는 컴퓨터 하드웨어, 소프트웨어, 지리적 자료의 총칭

- **계층형 데이터베이스** Hierarchical database – 루트 기록 root record 을 추적할 수 있도록 모기록 parent records 을 추적하는, 나무와 같이 구조적으로 관련정보를 저장하는 데이터베이스
- **고도** altitude – 지표면 또는 대기에서 해수면 등 참고기준점 위로 올라간 정도 혹은 3차원 좌표계에서 z-값
- **공간분석** spatial analysis – 지리적 특성의 위치와 모양, 이들 간의 관계를 연구이며, 오버레이와 인접성 분석, 표면분석, 선형분석, 래스터 분석이 이에 포함됨
- **관계형 데이터베이스** relational database – 공통적인 속성에 대해 연관된 표에 저장한 자료로, 다른 조합으로 정렬할 수 있음
- **관리 자료** managed data – 각 주소의 위치를 정확하게 파악할 수 있도록 미국 우편주소 자료를 토대로 검증, 수정, 표준화한 자료
- **글로벌위치결정시스템** Global positioning system – 미국 국방부가 개발한 24개의 위성으로 20,200 km의 고도에서 지구를 돌고 있음. 이들 위성은 지구상에 있는 GPS 수신기가 신호를 받아 그 위치를 계산하도록 신호를 전송함. GPS는 내비

게이션, 지도 제작, 측량, 기타 정확한 위치가 필요한 분야에 이용됨

- **기본도** basemap – 위치 참조값에 사용될 지리적 특성을 묘사하는 지도로, 측지망 geodetic control network 을 포함함
- **기초자료** base data – 그 외 정보가 있는 지도 자료
- **데이터베이스** database – 점, 선, 지역, 픽셀, 격자 셀 및 이들의 속성이 기록된 지형적 특징 및 공간적 위치에 대한 정보를 포함하고 있음
- **래스터** raster – 셀의 열과 행으로 구성된 공간자료모형. 셀 그룹은 동일한 지리적 특성을 나타냄
- **벡터** vector – 선형 지리적 특성을 나타내는데 이용하는 자료구조. 지리적 특성을 x, y 좌표계로 정렬하고, 점, 선, 다각형으로 나타냄. 점이 모여 선이 되고, 선이 모여 다각형이 됨. 속성은 각각의 특성과 연관되어 있음(격자 셀이 속성을 나타내는 래스터 자료구조와는 대조적)
- **비관리자료** unmanaged data – 주택 주소 정보를 제공하는 데이터로 보통 상용적인 용도로 쓰임. 다만, 물리적 주소와 동일한지에 대해서 면밀하게 검증되지는 않았음
- **셀** cell – 격자 내 가장 작은 사각형 단위. 각 셀은 보통 그 와 관련된 속성값을 가지고 있음
- **속성** attribute – 지리정보시스템 GIS 내에 포함되어 있는 지리적 특성에 관한 정보로 보통 표에 저장되어 있으며 고유 식별자 정보와도 연결되어 있음
- **순람 표** lookup table – 속성 표 attribute table 에 저장된 기록에 대한 부가적인 특징 정보를 담고 있는 표 형식의 자료파일
- **쉐이프파일** shapefile – 위치, 모양, 지리적 특성의 속성 등을 저장하는 벡터파일 형식. 일련의 관련 파일을 저장하며, 하나의 주요 분과를 가지고 있음
- **연결성** connectivity – 통신망 내 여러 선들이 서로 기능적 공간적으로 연결되어 있는 정도
- **영역형 차트** area chart – 두 가지 이상의 자료 간의 차이를 강조하는 차트. 예를 들어, 한 해와 그 다음 해 간의 인구 변화를 나타낼 수 있으며, 대상영역에 음영을 넣어 다른 색으로 표시할 수 있음
- **오버레이** overlay – 동일한 지리적 공간에 적용되는 특성간의 관계를 보기 위해

공통 좌표계에 디지털 형식으로 혹은 투명하게 두 개 이상의 지도를 겹쳐 놓음

- **자료사전** data dictionary – 속성의 전체 이름, 코드의 의미, 원자료의 척도, 위치의 정확성, 지도 투영 등 지리정보시스템 데이터베이스에 저장된 자료의 정보를 담고 있는 표임. 메타데이터라고도 불림
- **접근권(컴퓨터 사용)** access rights – 디스크에 있는 파일이나 데이터베이스에 있는 표를 읽고, 쓰고, 삭제하고, 업데이트할 수 있도록 사용자에게 주어지는 권한. 접근권은 "접근권한 없음", "읽기만 가능", "읽기/쓰기 가능"으로 표시됨
- **주소** address – 고유 식별자 unique identifier 를 참조하여 지리자료 층에서 x, y 위치로 저장된 지점
- **주소 좌표 부여** address geocoding – 지도상에 위치를 나타내기 위해 거리주소나 우편번호 등의 x, y 좌표를 표 형식의 자료에 할당하는 것
- **지오코드** geocode – 주소, 인구조사 표준지역, 우편번호 또는 x, y 좌표 등 대상의 위치를 나타낸 코드
- **클린 데이터** clean data – 오류가 없는 자료

**지역대응조정센터** Regional response coordination center – 미연방재난관리청 FEMA 지부에 개설된 다기관 조정 센터로, 해당 지역 내 발생할 수 있는 심각한 사태나 곧 발생한 사태에 대비하여 고용된 응급 지원 인력이 상주하는 곳이다. 미연방재난관리청 지부장의 지휘 하에 운영되며 연방 정부, 주 정부 및 지방 정부의 재난 대응 활동을 조정할 책임이 있다.

**지역사회 프로파일** community profile – 자연 재난 혹은 기술적 사고에 취약한 지역 환경 특징. 인구밀도, 연령분포, 도로, 철로, 수로, 주택 및 건물 유형, 지역 구호기관 등을 포함함

**지원 지침서** support annexes – 정부 부처 및 기관, 사립 기관, 봉사 기관, 비정부 기관들이 사고 기간 동안 필요로 하는 일반적인 행정 업무나 지원 처리를 수행하고 조정하는 방법을 기술한 문서

**지진측정도구** earthquake measures – 지진의 강도나 규모를 측정하는데 쓰이는 도구. 리히터 척도 Richter scale 나 수정 메르칼리 진도 척도 Modified mercalli intensity scale 을 가장 많이 씀. 메르칼리 도구는 지진 강도를 주관적으로 측정하는 도구인 반면 리히터 척도는 지진계의 측정 결과를 토대로 지진의 규모에 점수를 부여함으로써 지진 규

모를 객관적으로 측정함. 리히터 척도와 메르칼리 도구의 상관관계를 토대로 지진 강도 및 규모의 상관관계를 알 수 있음

- **강도** intensity – 메르칼리 도구를 사용하여 주관적으로 지진을 정도를 수량화한 것. 특정 장소, 인명 혹은 건축 구조물에 미친 지진의 물리적 영향을 나타냄
- **규모** magnitude – 진앙 거리와 진폭의 차이에 의해 나타나는 지진파의 총에너지 크기를 토대로 지진을 수량화하는 척도. 지진의 규모는 기계적 기록을 토대로 측정되지만, 강도는 피해에 대한 주관적인 관측을 토대로 측정됨
- **리히터 규모 척도** Richter scale – 찰스 리히터 Charles F. Richter 에 고안되었음. 리히터 척도는 지진계의 결과를 토대로 지진의 범위 크기를 계산하는 로그 공식을 사용하여 척도값을 계산함. 척도 값의 범위는 0부터 10까지임. 경미한 지진은 0~4.9, 중도의 지진은 5~5.9, 강한 지진은 6~6.9, 매우 파괴적인 강도의 지진은 7 이상으로 표시됨. 규모가 1.0 증가할 때마다 에너지는 기하급수적으로 늘어남. 예를 들어, 규모 6의 지진은 규모 5의 지진보다 31.5배, 규모 4의 지진보다 약 1,000배 많은 에너지를 방출함
- **수정 메르칼리 진도 척도** Modified mercalli intensity scale – 지진의 강도를 나타내는 주관적 지진 측정 체계. 특정 지역의 피해 정도를 토대로 계급을 측정한다. 1부터 12까지의 진도 계급이 있다. 진도 6은 지반이 액화됨으로 인해 와해될 가능성이 있는 상태를 지칭함. 진도 7은 건축물에 피해가 갈 수 있는 상태이다. 진도 8은 견고한 구조물에 피해를 입힐 수 있는 정도의 지진을 말하며, 진도 9는 견고한 건물에 심한 피해를 준 상황임. 진도 10부터 12는 전체 지반 파손의 경우까지를 포함하여 다양한 수준의 파손을 지칭함
- **여진** aftershocks – 대규모의 지진이 발생한 후 나타나는 작은 규모의 지진으로, 수개월에서 수년 동안 발생할 수 있으며 이로 인해 피해가 더 커질 수 있음

**책임 연방 공무원** Principal federal official – 국가 대재난이나 매우 복합적인 사고가 발생한 경우 국방부의 주요 대표자로 활동할 수 있도록 임명된 직급

**청력손상/청력장애** deafness/hearing disability – 소리를 듣는 능력을 방해하는 의학적 상태나 손상

**초동대응요원** first responder – 사고 현장에 처음으로 도착해서 인명을 구하고, 재산을 보호하며 인간기본욕구를 충족시키는 현지 경찰, 소방대원, 응급의료인력

**충격 전 단계** preimpact phase – 경감 mitigation 또는 예방 prevention 활동이 실시되고 있는 재난이 강타하기 이전의 기간

**충격단계** impact phase – 재난이 발생했을 때, 경보 및 대비 활동이 일어나는 시기

**충격후 단계** postimpact phase – 대응 및 복구활동이 발생하는 재난 사건 이후의 기간

**취약성** vulnerability – 특정 강도의 부정적 사건에 대한 주어진 요소의 민감성. 취약성에 영향을 주는 요인으로는 인구학적 특성, 연령, 주어진 환경의 회복력, 기술, 사회적 차이 및 다양성, 지역 및 세계 경제, 정치적 합의 등이 있음

**취약성 분석** vulnerability analysis – 재난에 노출된 인구 집단이 건강과 관련한 재난의 부정적 영향에 얼마나 민감한지를 사정하는 것

**크래커** cracker – 컴퓨터 프로그래밍을 통해서 다른 컴퓨터의 전산망이나 파일에 무단 혹은 비합법적으로 접근하는 사람

**타이거 팀** tiger team – 고쳐질 수 있는 약점을 찾음으로써 보안 상태를 점검하는 집단을 가리키는 군대 용어

**통합복구프로그램** Integrated recovery programs – 다양한 지역사회의 요구에 대응하는 균형 잡힌 복구 프로그램. 통합복구프로그램은 다양한 부문에서 활동을 고무시키고, 각 활동을 적절한 시기에 배열하며, 직간접적인 방법을 모두 이용한다는 특징이 있음

**통합조정그룹** Unified coordination group – 지정된 관할 지역을 대표하는 특정 고위 간부들로 구성된 집단으로, 합동 현장 부처 Joint field office 내에서 지도력을 발휘한다. 최고 연방 사무관 Principal federal official, 연방 조정 사무관 Federal coordinating officer, 주 조정 사무관 State coordinating officer 및 그 외 사고와 관련해 주요 관할 책임이 있는 기관의 고위 대표들로 구성됨

**팟캐스트** podcast – 이용자가 이동식 청취 도구에 음성이나 비디오 파일을 내려 받아 청취할 수 있는 인터넷 라디오

**평가** assessment – 재난 사태에 대한 단기 및 장기적 상황 판단 과정으로, 의사 결정을 도우며 재난 상황 감시 정도를 향상시킴. 체계의 대응을 재조정하기 위해 재난 사태에 대한 정보를 신속하게 전하는 것이 사정을 실시하는 목적임

**평가** evaluation – 프로그램을 자세하게 검토하는 과정으로, 그 목표를 달성했는지를 판단하고, 지역사회에 미친 영향을 사정하며, 향후 프로젝트를 계획하는데 있어 교

훈을 얻는 과정임. 대개 프로그램을 진행하는 중에, 주요한 과정을 마친 시점에, 혹은 특정 기간이 지났을 때 평가를 시행함

**평가연구** evaluation research – 건강을 증진시키거나 질병을 예방하도록 고안한 프로그램이나 서비스 또는 조직의 효과성을 사정하기 위해 과학적 방법을 적용하는 것

**평균직송처리시간** average throughput time – 재난 시, 피해자가 구호 물품 조달 지역에 들어와서 나갈 때까지 걸린 시간

**폐쇄 자막** closed captions – 영상 내 담겨 있는 시각 문자 정보로, 청각 손상이나 장애가 있는 사람들에게 정보를 시각적으로 보여 줌. 텔레비전TV 리모컨이나 화면 상의 메뉴, 특수 해독기를 통해 폐쇄 자막을 볼 수 있음. 1993년 이후에 제조된 13인치 이상의 모든 TV에는 자막 해독 회로caption decoder circuitry가 설치되어 있음. 개방자막open captions은 영화 자막처럼, 영상의 일부분이므로 화면에서 없앨 수가 없음. 화면의 아랫부분에서 아주 천천히 영상 정보(대사)에 따라 나오는 자막은 크롤crawl이라고 하며, 문자나 그래픽이 화면의 위아래로 움직이는 것은 스크롤scroll이라 함

**폭풍파** blast wave – 고에너지 폭발물이 폭발하면서 만드는 강렬한 과압 충격. 폭풍파를 통한 직접 또는 반사 과압으로 인체 표면에 충격을 주어 해부학적 및 생리학적 변화를 일으킨다. 폭풍풍blast wind의 과열 기류와는 다른 것임

**PHIN 메시징 시스템** PHIN messaging system – 인터넷을 통해 안전하게 데이터를 전송할 수 있는 메시지 전송 시스템

**피해자** victim – 재난에 의해 피해를 입은 사람들. 세 종류의 피해자가 있음

- **삼차 피해자** tertiary victims – 간접적으로 영향을 받은 사람들. 같은 나라지만 피해지역이 아닌 곳에 사는 사람들
- **이차 피해자** secondary victims – 피해지역 또는 그 경계지역에 거주하며, 재난이나 구호조치로 인해 경제적 손실을 입은 사람들
- **일차 피해자** primary victims – 재난의 물리적인 충격에 피해를 입은 사람들

**피해자 배분** victim distribution – 인근 병원들이 각 병원의 치료역량에 따라 피해자 이송 및 배정에 대해 세운 계획. 보통, 이 계획에 피해자들이 걸어서 갈 수 있는 재난 현장에서 가까운 병원을 추가하지 않음. 피해자들이 그 병원으로 한꺼번에 몰려들 수 있기 때문임

**합동현장사무소** Joint field office – 재난 대응 및 복구를 위해 연방 정부, 주 정부, 권역 정부, 주 정부, 사립 기관 및 비정부기관을 중개하는 중심 부처의 역할을 맡는 임시 연방 정부 시설

**합리적 수용/수정** reasonable accommodation/modification – 장애가 있는 개인이 참여할 수 있도록 규정, 정책, 절차 혹은 환경을 개선하는 것. 프로그램이나 서비스의 근본적 개선을 필요로 하거나 지나친 경영 부담 혹은 재정 부담을 야기하는 조정 요청은 비합리적임

**항원** antigen – 독소나 효소처럼, 신체 내 항체를 생성시키는 등의 면역 반응을 자극하는 물질

**항원 대변이** antigenic shift – 인플루엔자 A형 바이러스 단백질이 갑작스럽게 변이하는 현상. 바이러스 내 두 균주의 유전체를 재결합시킴으로써 새로운 바이러스를 생성함. 항원 대변이는 국가적 혹은 세계적 규모의 유행 전염병을 발생시키는 원인임

**항원 소변이** antigenic drift – 바이러스 항원 변이의 일종. 항원소변이를 통해 변이 전의 항원에 대한 신체 면역 반응 효과를 상쇄시킴으로써, 부분적인 면역이 이루어진 집단에 다시 바이러스를 감염시킬 수 있음. 인플루엔자 A 및 B형 바이러스 모두에서 항원소변이가 일어날 수 있음

**현장관리** incident management – 사고 예방, 보호, 대응, 복구 등을 포함하여 미국 국방부 내 사고와 관련한 모든 활동을 조정하는 방법

**현장관리지원팀** Incident management assistant team – 연방 부서 및 기관에 소속되어 있는 사건 내용에 대한 전문가 및 사고 관리 전문가로 구성되어 있는 국가 수준 혹은 지역 수준의 기관

**현장응급진료소** casualty clearing station – 사상자 집합소로, 보통 재난 현장 바로 옆에 위치하며 사상자 분류, 기본소생술 및 전문소생술이 실시되는 장소임

**현장조정계획** Incident coordination plan – 사고 대응 기능을 지원하기 위해 응급 관리 집단 Emergency management group에 의해 승인되고 공포된 계획

**현장조치계획** Incident action plan – 사고지휘관 Incident commander 이나 사고지휘체계 Incident command system 의 기획부에서 작성하는 문서로, 사고에 대응하여 사고지휘체계 ICS를 통해 수행할 조치를 자세히 기록. 사고조치계획 IAP 은 운영기간 operational periods 이라고 하는 특정 기간에 작성하며, 사고에서 필요한 내용을 토대로 한다. 사고지휘

관은 사고조치계획을 감독하고 이행함

**현장지휘소** Incident command post – 주요한 사고 대책 기능이 수행되는 현장 지역

**현장지휘체계** Incident command system – 각 개별 기관의 노력을 조정하기 위해 사고 대응에 대한 지시, 통제, 조정 수단을 제공함

- **관리범위** span of control – 한 명의 관리자가 관리하는 사람의 수. 한 명의 관리자가 관리할 수 있는 관리의 범위는 3명 내지 7명으로, 5명이 가장 적당함
- **그룹** group – 사고 시, 특정 기능을 배정하는 조직단계(즉, 주변 통제, 대피, 화재 진압 등). 그룹 감독자가 집단을 관리함
- **기능** function – 사고 지휘 체계에서 수행하는 주요한 5가지 활동 중 하나. 명령, 수행, 기획, 실행계획, 재정 및 관리를 포함함
- **기동대** strike team – 동일한 규모와 유형의 자원 집단
- **단일지휘체계** unity of command – 조직 내 각 구성원이 한 명의 지정된 자에게만 보고한다는 개념
- **명령** command – 법령, 행정령 혹은 위임 받은 권한에 따라 지휘, 지시 혹은 통제를 하는 행위
- **명령체계** chain of command – 명령, 통제, 집행, 관리 지위 서열. 이 서열은 권한에 따라 정해짐
- **부문** section – 사고의 주요 기능분야를 담당하는 조직단계. 부문은 조직적으로 지점과 사고지휘자 사이에 존재함
- **분과** division – 정해진 지리적 지역 내에서 운영을 맡는 조직단계로 단일 팀, 전담 부서, 지점 사이에 위치한 조직 단계를 말함
- **비상대책본부** Emergency operations center – 부서장, 정부 공무원, 자원봉사기관들이 비상사태에 대응하여 협력하는 곳
- **상의하달** top-down – 현장에 최초로 도착한 사고지휘자가 지시하는 명령
- **자원관리** resource management – 자원의 사용을 극대화하고, 통제를 강화하며, 의사소통장애 요인을 줄이고, 책임을 지며, 인력의 안전을 보장함
- **전담반** task force – 한 명의 리더를 주축으로 의사소통을 공유하는 단일팀의 조합으로 대개 특별한 목적을 위해 생성함
- **지역 명령** Area command – 사고가 복합적이어서 여러 사고관리팀들이 사고 관련

감독을 수행해야 하는 경우에 활성화되는 명령

- **지점** branch – 사고의 주요부분이나 사고 발생과 관련하여 기능적 혹은 지리적 책임을 지닌 조직. 사고지휘관은 지리적 지점 geographic branches 을 세워 관리의 한계를 해결하고, 기능적 지점 functional branches 을 세워 특정기능(즉, 법 집행, 소방, 응급의료 등)을 관리할 수 있음
- **집결지** staging area – 자원을 배치하기 전에 보관하는 곳
- **초동평가** sizeup – 문제를 규명하고 문제로 인해 발생할 수 있는 결과를 사정한다. 현장에 최초로 도착한 공무원이 사고 현장에 대한 초동 평가를 실시함. 사고에 대응하는 기간 동안에도 사고 특성, 위험 요인 존재 여부, 피해 지역 크기, 피해 지역의 격리 가능성, 집결지 설치 필요 여부 및 최적 위치, 집결지로의 인력 및 장비 유입/유출 경로에 대한 정보를 지속적으로 갱신함
- **통합 통신** Integrated communications – 공통 통신계획, 표준운영절차, 평문 clear text, 공통 주파수, 공통 용어를 이용하는 체계
- **통합사령부** Unified command – 사고 지휘 체계 내에 속한 것으로, 한 개 이상의 기관이 사고 관할권을 행사할 수 있거나, 사고가 정치적 관할권에 속할 때 작동한다. 기관들은 지정된 통합 명령 부서원과 협력하여 공통의 목표와 전략 및 사고 활동 계획을 세움
- **통합지역사령부** Unified area command – 사고가 여러 지역의 명령 관할에 걸쳐서 발생했을 때 작동하는 통합된 명령 체계
- **현장지휘관** Incident commander – 사고 작전 수행 및 관리에 대한 전적인 권한과 책임이 있는 사람

**화이트햇툴** white hat tools – 시스템을 보호하기 위해 사용하는 보안 도구를 지칭함

**확장능력** surge capacity – 정상적인 진료 시 필요한 의료 체계의 역량을 넘어서 의료서비스를 신속하게 확장하고 전달하는 능력

**환경유해성 평가** measuring environmental hazards – 질병과 부상의 원인인 유해 물질(독성 화학물질, 물리적 제제, 생역학적 스트레스원, 생물학적 제제)의 발생, 분포 및 추이 평가

**회복력** resilience – 지역사회 혹은 지역사회 구성원이 심리학적 혹은 행태학적으로 불안정한 사건으로부터 신속하고 효과적으로 벗어날 수 있는 능력

**후지타 척도** Fujita scale – 토네이도의 세기를 측정하는데 이용하는 척도. 토네이도가 인간이 만든 구조물에 입힌 피해를 측정할 때 사용할 수 있음. 이 척도는 F0(40~72 mph의 속도의 바람으로 인해 나무 가지가 부러짐)부터 F5(261~318 mph의 속도의 바람으로 인해 철골 콘크리트 구조물이 심하게 파손됨)까지의 등급 범위가 있음. 사실 F6 등급도 존재하지만 이는 대략 319~379 mph의 속도의 바람으로 인해 상상할 수 없는 범위의 피해를 입었을 경우에만 쓰임

부록 B

# 재난대비, 대응, 복구 관련 약어

| | | |
|---|---|---|
| AAR/IP | After Action Report/ Improvement plan | 사후조치보고서 / 개선계획 |
| ACIP | Advisory Committee on Immunization Practices | 예방접종자문위원회 |
| ACPHP | Academic Center for Public Health Preparedness | 공중보건대비학술센터 |
| ADA | Americans With Disabilities Act | 미 장애인법 |
| ADS | Automatic Detection System | 자동탐지시스템 |
| AED | Automated External Defibrillator | 자동심실제세동기 |
| AHRQ | Agency for Healthcare Research and Quality | 미 보건의료연구품질관리청 |
| ALS | Advanced Life Support | 전문심장소생술 |
| AMA | American Medical Association | 미 의사협회 |
| APHL | Association of Public Health Laboratories | 공중보건실험실협회 |
| ARC | American Red Cross | 미 적십자사 |
| ASPR | Assistant Secretary for Preparedness and Response | 비상대응대비국 차관보 |
| ASTHO | Association of State and Territorial Health Officials | 미 지역보건담당자 협회 |
| ATSDR | Agency for Toxic Substances and Disease Registry | 미 독성물질 및 질병등록기관 |
| AVA | Anthrax Vaccine Adsorbed | 탄저백신 |
| AVRP | Anthrax Vaccine Research Program | 탄저백신연구프로그램 |
| BARDA | Biomedical Advanced Research and Development Authority | 생의학연구개발청 |
| BLS | Basic Life Support | 기본소생술 |
| BSL | Biosafety Level | 생물안전도 |
| CAP | Common Alerting Protocol | 상시경보프로토콜 |
| CAT | Crisis Action Team | 위기조치팀 |
| CBO | Community-Based Organization | 지역사회기반조직 |

| | | |
|---|---|---|
| CBRN | Chemical, Biological, Radiological/Nuclear | 화생방(생물, 화학, 방사선) |
| CCP | Casualty Collection Point | 사상자 집합지 |
| CCRF | Commissioned Corps Readiness Force | 의료파병부대 |
| CDC | Centers for Disease Control and Prevention | 미 질병관리본부 |
| CDRG | Catastrophic Disaster Response Group | 대형재난대응그룹 |
| CEPPO | Chemical Emergency Preparedness and Prevention Office | 화학비상대비 및 예방국 |
| CERCLA | Comprehensive Environmental Response, Compensation, and Liability Act | 종합환경대응비상책임법 |
| CFR | Code of Federal Regulations | 미 연방규정집 |
| CHI | Consolidated Health Informatics | 통합건강정보 |
| CINC | Commander-in-Chief | 최고사령부 |
| CLIA | Clinical Laboratory Improvement Act | 임상실험실개선법 |
| CMAS | Commercial Mobile Alert System | 재난문자시스템 |
| CMHS | Center for Mental Health Services | 정신보건서비스센터 |
| CMS | Consumable Medical Supplies | 의료용소모품 |
| CMT | Crisis Management Team | 위기관리팀 |
| CONPLAN | Concept of Operations Plan | 작전계획 개념 |
| COOP | Continuity of Operations (Plan) | 작전계획 연속성 |
| CPHP | Centers for Public Health Preparedness | 공중보건대비센터 |
| CPR | Cardiopulmonary Resuscitation | 심폐소생술 |
| CRC | Crisis Response Cell | 위기대응요원 |
| CSG | Counterterrorism Security Group | 대테러안보그룹 |
| CSTE | Council of State and Territorial Epidemiologists | 미 주 역학자문위원회 |
| CWA | Clean Water Act | 수질오염방지법 |
| DAE | Disaster Assistance Employee | 재난지원직원 |
| DCO | Defense Coordinating Officer | 방위조정관 |
| DFO | Disaster Field Office | 재난현장사무소 |
| DFSG | Disaster Financial Services Group | 재난예산지원그룹 |
| DHS | U.S. Department of Homeland Security | 미 국토안보부 |
| DMAT | Disaster Medical Assistance Team | 재난의료지원팀 |
| DME | Durable Medical Equipment | 의료기기 |
| DMORT | Disaster Mortuary Response Team, National Disaster Medical System | 재난응급의료체계<br>재난사망자 대응팀 |
| DPO | Disaster Psychiatry Outreach | 재난심리현장지원 |

| | | |
|---|---|---|
| DRC | Disaster Recovery Center | 재난복구센터 |
| DRM | Disaster Recovery Manager | 재난복구관리자 |
| DWI | Disaster Welfare Inquiry | 재난복지조사 |
| EAP | Emergency Action Plan | 비상조치계획 |
| EAS | Emergency Alert System | 비상경보시스템 |
| EBS | Emergency Broadcast System | 비상방송시스템 |
| EC | Emergency Coordinator | 비상조정관 |
| ECS | Emergency Communications Staff/System | 비상통신요원/시스템 |
| EEI | Essential Elements of Information | 기본 정보요소 |
| EICC | Emergency Information and Coordination Center | 비상정보조정센터 |
| EIS | Epidemic Intelligence Service | 감염병정보국 |
| EISO | Epidemic Intelligence Service Officer | 감염병정보국 담당관 |
| ELR | Electronic Laboratory-Based Reporting | 전산실험실 기반 보도 |
| EMAC | Emergency Management Assistance Compact | 상호지원협정 |
| EMG | Emergency Management Group | 비상관리그룹 |
| EMS | Emergency Medical Services | 응급의료서비스 |
| EMT | Emergency Medical Technician | 응급구조사 |
| EOC | Emergency Operations Center | 비상대책본부 |
| EPA | Environmental Protection Agency | 미 환경보호청 |
| EPAP | Emergency Prescription Assistance Program | 응급처방지원프로그램 |
| EPI-x | Epidemic Information Exchange | 감염병 정보교류 |
| EPO | Epidemiology Program Office | 역학프로그램국 |
| ERC | Emergency Response Coordinator | 비상대응조정관 |
| ERCG | Emergency Response Coordination Group | 비상대응조정그룹 |
| ERT | Emergency Response Team | 비상대응팀 |
| ERT-A | Emergency Response Team . Advance Element | 비상대응팀-선발진 |
| ESAR-VHP | Emergency Service Advanced Registration of Volunteer Healthcare Providers | 비상대비 자발적 보건의료등록 |
| ESF | Emergency Support Function | 비상지원기능 |
| EST | Emergency Support Team | 비상지원팀 |
| FAA | Federal Aviation Administration | 연방항공청 |
| FACT | Family Assistance Center Team | 가족지원센터팀 |
| FAST | Functional Assessment Service Team | 기능적평가지원팀 |
| FBI | Federal Bureau of Investigation | 연방수사국 |
| FCC | Federal Communications Commission/Federal | 연방통신위원회 |

| | | |
|---|---|---|
| | Coordinating Center | |
| FCO | Federal Coordinating Officer | 연방조정관 |
| FDA | Food and Drug Administration | 식품의약국 |
| FECC | Federal Emergency Communications Coordinator | 연방비상통신조정관 |
| FEMA | Federal Emergency Management Agency | 연방재난관리청 |
| FERC | FEMA Emergency Response Capability | 연방재난관리청 방재역량 |
| FESC | Federal Emergency Support Coordinator | 연방비상지원조정관 |
| FHWA | Federal Highway Administration | 연방고속도로관리청 |
| FMO | Financial Management Office | 재무관리국 |
| FMS | Federal Medical Station | 연방의료국 |
| FNS | Food and Nutrition Service | 식품과 영양서비스 |
| FNSS | Functional Needs Support Services | 기능적요구지원서비스 |
| FRCM | FEMA Regional Communications Manager | 미 연방재난관리청-지역통신 관리자 |
| FRERP | Federal Radiological Emergency Response Plan | 연방방사선비상대응계획 |
| FRP | Federal Response Plan | 연방대응계획 |
| GAR | Governor' s Authorized Representative | 정부대표 |
| GIS | Geographic Information System | 지리정보시스템 |
| GMPCS | Global Mobile Personal Communication System | 글로벌모바일개인통신시스템 |
| GPMRC | Global Patient Movement Requirements Center | 글로벌환자이송요구센터 |
| GSA | General Services Administration | 조달청 |
| HAN | Health Alert Network | 건강경고네트워크 |
| HAZMAT | Hazardous Material | 유해물질 |
| HAZWOPER | Hazardous Waste Operations and Emergency Response Standard | 유해폐기물처리 및 비상대응 규정 |
| HET-ESF | Headquarters Emergency Transportation –Emergency Support Function | 비상지원기능-수송 |
| HHS | U.S. Department of Health and Human Services | 미 보건부 |
| HICPAC | Healthcare Infection Control Practices Advisory Committee | 의료감염관리 자문위원회 |
| HICS | Hospital Incident Command System | 병원사고지휘체계 |
| HIFI | High Frequency | 고빈도 |
| HIPAA | Health Insurance Portability and Accountability Act | 연방의료통상책임법 |
| HIRA | Hazard Identification and Risk Assessment | 유해요소확인과 위험평가 |
| HLT | Hurricane Liaison Team | 허리케인 연락팀 |

| | | |
|---|---|---|
| HPP | Hospital Preparedness Program | 병원대비프로그램 |
| HQUSACE | Headquarters, U.S. Army Corps of Engineers | 육군공병대본부 |
| HRSA | Health Resources and Services Administration | 의료지원 및 서비스국 |
| HSAS | Homeland Security Advisory System | 국토안보부 자문시스템 |
| HSPD | Homeland Security Presidential Directive | 국토안보대통령령 |
| HUD | U.S. Department of Housing and Urban Development | 미 주택도시개발부 |
| HWC | Health and Welfare Canada | 캐나다 보건후생성 |
| IAEA | International Atomic Energy Agency | 국제원자력기구 |
| IAP | Incident Action Plan | 사고현장활동계획 |
| ICC | Interagency Coordinating Committee on Emergency Preparedness and Individuals with Disabilities | 비상대비 및 장애인에 대한 부처간 조정위원회 |
| ICP | Incident Command Post | 현장지휘소 |
| ICPAE | Interagency Committee on Public Affairs in Emergencies | 비상시 기관간 공무협의위원회 |
| ICRC | International Committee of the Red Cross | 국제적십자위원회 |
| ICS | Incident Command System | 현장지휘체계 |
| IMAT | Incident Management Assistance Team | 현장지원팀 |
| IMS | Incident Management System | 현장관리체계 |
| IMSurT | International Medical Surgical Team | 국제외과대응팀 |
| IPAWS | Integrated Public Alert and Warning System | 통합재난경보시스템 |
| IRAT | Immediate Response Assessment Team | 신속대응평가팀 |
| IRCT | Incident Response Coordination Team | 사고대응조정팀 |
| IT | Information Technology | 정보기술 |
| JCAHO | Joint Committee on Accreditation of Health Care Organizations | 합동보건의료기관신임기구 |
| JFO | Joint Field Office | 합동현장사무소 |
| JIC | Joint Information Center | 연합정보센터 |
| JIS | Joint Information System | 연합정보시스템 |
| JOC | Joint Operations Center | 연합대책본부 |
| JPAKS | Joint Patient Assessment Tracking System | 합동환자평가 및 추적시스템 |
| LRAT | Logistical Response Assistance Team | 물류배송대응지원팀 |
| LRN | Laboratory Response Network | 연구소대응네트워크 |
| LTE | Long-Term Evolution | 3.9세대 무선통신규격 |
| MAC | Multi-Agency Coordination | 기관간조정 |
| MACS | Multi-Agency Coordination System | 기관간조정체계 |

| | | |
|---|---|---|
| MANETS | Mobile Ad Hoc Network | 무선네트워크의 한 종류 |
| MARS | U.S. Army Military Affiliate Radio System | 미 국방성아마추어무선기구 |
| MASF | Mobile Aeromedical Staging Facility | 이동형 항공의료시설 |
| MERC | Mobile Emergency Response Support | 이동형 비상대응지원 |
| MMWR | Morbidity and Mortality Weekly Report | 주간 이환 및 사망률 보고서 |
| MOA | Memorandum of Agreement | 합의서 |
| MOU | Memorandum of Understanding | 양해각서 |
| MRC | Medical Reserve Corps | 예비군의무대 |
| MRE | Meals Ready to Eat | 비상식량 |
| MSEHPA | Model State Emergency Health Powers Act | 보건비상사태대응능력모델법 |
| NACCHO | National Association for City and County Health Officials | 지역 및 도시보건당국협회 |
| NBC | Nuclear, Biological, Chemical | 원자력, 생물, 화학 |
| NCBDDD | National Center on Birth Defects and Developmental Disease | 국립 선천성결손 및 발달장애센터 |
| NCC | National Coordinating Center | 국가조정센터 |
| NCCDPHP | National Center for Chronic Disease Prevention and Health Promotion | 국립만성병예방 및 건강증진센터 |
| NCEH | National Center for Environmental Health | 국립환경보건센터 |
| NCHS | National Center for Health Statistics | 국립보건통계센터 |
| NCHSTP | National Center for HIV, STD, and TB Prevention | 국립 HIV, 성감염증, 결핵예방센터 |
| NCID | National Center for Infectious Disease | 국립감염병센터 |
| NCIPC | National Center for Injury Prevention and Control | 국립손상예방통제센터 |
| NCP | National Contingency Plan (National Oil and Hazardous Substances Pollution Contingency Plan) | 국가방제계획 |
| NCS | National Communications System | 국가통신시스템 |
| NCS/DCA-OC | National Communications System/Defense Communication Agency. Operations Center | 국가통신시스템/ 미 국방성 통신운영본부 |
| NDMOC | National Disaster Medical Operations Center | 국가재난의료운영본부 |
| NDMS | National Disaster Medical System | 국가재난의료시스템 |
| NDMSOSC | National Disaster Medical System Operations Support Center | 국가재난의료시스템운영지원센터 |
| NECC | National Emergency Coordination Center | 국가비상조정센터 |
| NEDSS | National Electronic Disease Surveillance System | 국가전산질병감시시스템 |
| NEIS | National Earthquake Information Service | 국가지진정보서비스 |

| | | |
|---|---|---|
| NEMP | National Emergency Management Plan | 국가비상관리계획 |
| NFDA | National Funeral Directors Association | 국가장례지도사협회 |
| NGO | Nongovernmental organization | 비정부기구 |
| NHPP | Division of National Healthcare Preparedness Program | 국가보건의료대비본부 |
| NHSN | National Healthcare Safety Network | 국립보건안전네트워크 |
| NHSS | National Health Security Strategy | 국가보건안보전략 |
| NIC | NIMS Integration Center | 국가통합센터 |
| NICC | National Infrastructure Coordinating Center | 국가기반시설조정센터 |
| NIFCC | National Interagency Fire Coordination Center | 합동화재진압센터 |
| NIH | National Institutes of Health | 미 국립보건원 |
| NIMH | National Institutes of Mental Health | 미 국립정신보건원 |
| NIMS | National Incident Management System | 국가사고관리체계 |
| NIOSH | National Institute for Occupational Safety and Health | 미 국립산업안전보건원 |
| NIP | National Immunization Program | 국가예방접종사업 |
| NLTN | National Laboratory Training Network | 국가실험실훈련네트워크 |
| NNRT | National Nurse Response Team | 국가간호사대응팀 |
| NOAA | National Oceanic and Atmospheric Administration | 미 해양대기청 |
| NOC | National Operations Center | 국가작전센터(DHS 산하) |
| NPD | National Preparedness Directorate | 국가재난대비국(DHS 산하) |
| NPLT | National Pharmacy Logistics Teams | 국가약제물류지원팀 |
| NPPTL | National Personal Protective Technology Laboratory | 국립개인보호구기술연구소 |
| NPRT | National Pharmacy Response Team | 국가약제대응팀 |
| NRC | Nuclear Regulatory Commission | 미 원자력규제위원회 |
| NRCC | National Response Coordinating Center | 국가재난대응조정센터 |
| NRF | National Response Framework | 국가대응계획 |
| NRT | National Response Team | 국가대응팀 |
| NSEP | National Security Emergency Preparedness | 국가안보비상대비 |
| NSF | National Strike Force | 국가기동대 |
| NTIA | National Telecommunications and Information Administration | 국가통신정보관리청 |
| NTSP | National Telecommunications Support Plan | 국가통신지원계획 |
| NTU | Nephelometric Turbidity Units | 탁도의 단위 |
| NVOAD | National Voluntary Organizations Active in Disaster | 재난대책자원봉사기구 |

| | | |
|---|---|---|
| NVRT | National Veterinary Response Team | 국가수의사대응팀 |
| NWR | National Oceanic and Atmospheric Administration Weather Radio | 미 해양기상청 재난방송 |
| NWS | National Weather Service | 기상청 |
| OAMCG | Office of Acquisition Management, Contracts and Grants | 조달, 계약 및 보조금 관리국 |
| OCHAMPUS | Office of Civilian Health and Medical Program of the Uniformed Services | 군인가족건강보험국 |
| OCR | Office of Civil Rights | 인권담당국 |
| OEP | Office of Emergency Preparedness | 비상대비국 |
| OET | Office of Emergency Transportation | 비상운송국 |
| OFDA | Office of U.S. Foreign Disaster Assistance | 해외재난지원국 |
| OFPA | Office of Financial Planning and Analysis | 재정계획 및 분석국 |
| OFRD | Office of Force Readiness and Deployment | 대비태세국 |
| OHS | Office of Health and Safety | 보건안전국 |
| OIG | Office of Inspector General | 감사국 |
| OPEO | Office of Preparedness and Emergency Operations | 대비대응운영국 |
| OPHPR | Office of Public Health Preparedness and Response | 공중보건 대비대응국 |
| OPLAN | Operations Plan | 작전계획 |
| OPP | Office of Policy and Planning | 정책기획국 |
| OSC | On-Scene Coordinator | 현장조정자 |
| OSEP | Office of Security and Emergency Preparedness | 안보 및 비상대비국 |
| OSG | Office of the Surgeon General | 공중보건국 |
| OSHA | Occupational Safety and Health Administration | 산업안전보건청 |
| OTPER | Office of Terrorism Preparedness and Emergency Response | 테러대비대응국 |
| OVAG | Organic Vapor/Acid Gas | 유기증기/산성가스 |
| PAHO | Pan-American Health Organization | 범미보건기구 |
| PAHPA | Pandemic and All-Hazards Preparedness Act | 대유행 및 재난대비법 |
| PAS | Personal Assistance Services | 활동보조서비스 |
| PDA | Preliminary Damage Assessment | 예비피해평가 |
| PFO | Principal Federal Official | 연방지원책임관 |
| PHA | Public Health Advisor | 공중보건자문가 |
| PHEMCE | Public Health Emergency Countermeasure Enterprise | 공중보건비상사태대책기업 |
| PHEP | Public Health Emergency Preparedness | 공중보건비상대비 |

| | | |
|---|---|---|
| PHI | Protected Health Information | 보호대상건강정보 |
| PHICS | Public Health Incident Command System | 공중보건사고지휘체계 |
| PHIN | Public Health Information Network | 공중보건정보네트워크 |
| PHPPO | Public Health Practice Program Office | 공중보건실무프로그램국 |
| PIO | Public Information Officer | 공보담당관 |
| PKEMRA | Post-Katrina Emergency Management Reform Act | 카트리나후 방재개혁법 |
| POD | Point of Distribution | 배포지점 |
| PPACA | Patient Protection and Affordable Care Act | 환자보호 및 의료비용합리화법 |
| PPE | Personal Protective Equipment | 개인보호장비 |
| PSAP | Public Safety Answering Points | 공공안전응답지점 |
| PTSD | Post-Traumatic Stress Disorder | 외상 후 스트레스 장애 |
| PVO | Private Voluntary Organization | 민간자원봉사기구 |
| PVS | Pre-Event Vaccination System | 유행전예방접종체계 |
| RACES | Radio Amateur Civil Emergency Services | 아마추어무선비상통신서비스 |
| RD | Regional Director | 지역담당관 |
| RDC | Office of Research and Development Coordination | 연구개발조정국 |
| RDF | Resource Description Framework | 자원기술구조 |
| REACT | Radio Emergency Associated Communication Team | 비상무선통신팀 |
| REC | Regional Emergency Coordinator | 지역비상조정관 |
| RECC | Regional Emergency Communications Coordinator | 지역비상통신조정관 |
| RECP | Regional Emergency Communications Plan | 지역비상통신계획 |
| REP | Regional Evacuation Point | 지역대피지점 |
| RET | Regional Emergency Transportation | 지역비상운송 |
| RETCO | Regional Emergency Transportation Coordinator | 지역비상운송조정관 |
| RFA | Request for Assistance | 지원요청 |
| RHA | Regional Health Administrator | 지역보건국 |
| RISC | Regional Inter-Agency Steering Committee | 지역기관간자문위원회 |
| RRC | Ready Reserve Corps | 예비군 |
| RRCC | Regional Response Coordinating Center | 지역대응조정센터 |
| RSS | Really Simple Syndication | 초간편 정보배급 |
| SAME | Specific Area Message Encoding | SAME(메시지 인코딩방식) |
| SAMHSA | Substance Abuse and Mental Health Services Administration | 약물남용 및 정신보건서비스국 |
| SAP | Select Agent Program | 물질선별프로그램 |

| | | |
|---|---|---|
| SAR | Search and Rescue (National Urban) | 수색 및 구조 |
| SARA | Superfund Amendments and Reauthorization Act | 수퍼펀드법 |
| SCBA | Self-Contained Breathing Apparatus | 자급식공기호흡기 |
| SCC | Secretary' s Command Center | 장관지휘본부 |
| SCO | State Coordinating Officer | 주 조정관리관 |
| SD | Secure Digital | 보안디지털(안전메모리) |
| SEMO | State Emergency Management Office | 주 비상관리국 |
| SFLEO | Senior Federal Law Enforcement Officer | 선임연방 법집행관 |
| SHO | Senior Health Official | 선임보건담당관 |
| SO | Senior Official | 선임담당관 |
| SLPP | State and Local Preparedness Program | 주 · 지방 대비프로그램 |
| SLPS | State and Local Programs and Support Directorate | 주 · 지방 프로그램 지원 부서 |
| SNS | Strategic National Stockpile | 전략적 국가비축 |
| SOC | Secretary' s Operations Center | 장관대책본부 |
| SOP | Standard Operating Procedure | 표준작업지침 |
| SUMA | Supply Management System | 공급관리시스템 |
| SVP | Smallpox Vaccination Program | 천연두백신프로그램 |
| TARU | Technical Advisory Response Unit | 기술자문대응팀 |
| TCL | Target Capabilities List | 역량리스트 |
| TED | Training, Education, and Demonstration Package | 교육, 훈련, 실습 패키지 |
| TOPOFF | Top officials | 미 비상대비훈련 |
| TRPLT | Terrorism Response and Preparation Leadership Team | 테러대비대응 리더십팀 |
| TTY | Text Telephone | 문자메시지 전화기 |
| UC | Unified Command | 통합사령부 |
| UCG | Unified Coordination Group | 통합조정그룹 |
| UNDRO | United Nations Disaster Relief Organization | 유엔재난구호조직 |
| UNHCR | United Nations High Commission for Refugees | 유엔난민기구 |
| UNICEF | United Nations International Children' s Education Fund | 유니세프 |
| USACE | U.S. Army Corps of Engineers | 미 육군공병대 |
| USAID | U.S. Agency for International Development | 미 국제개발청 |
| USCG | U.S. Coast Guard | 미 해안경비대 |
| USDA | U.S. Department of Agriculture | 미 농무부 |
| USGS | U.S. Geological Survey | 미 지질조사국 |

| | | |
|---|---|---|
| USPHS | U.S. Public Health Service | 미 공중보건국 |
| US&R | Urban Search and Rescue | 수색구조팀 |
| VA | U.S. Department of Veterans Affairs | 미 재향군인회 |
| VAERS | Vaccine Adverse Effects Reporting System | 백신부작용 보고체계 |
| VANET | Vehicular Ad-Hoc Network | 차량네트워크 |
| VHA | Veterans Health Administration | 재향군인보건관리국 |
| VIG | Vaccinia Immune Globulin | 백시니아면역글로불린<br>(천연두 접종 부작용시 사용) |
| VMAT | Veterinary Medical Assistance Team | 수의사의료지원팀 |
| VMI | Vendor Managed Inventory | 공급자재고관리 |
| VOAD | Voluntary Organizations Active in Disaster | 재난자원봉사기구 |
| VPA | Volunteer Protection Act | 자원봉사자 보호법 |
| VPN | Virtual private network | 가상사설네트워크 |
| VRS | Video relay service | 비디오중계서비스 |
| WHO | World Health Organization | 세계보건기구 |
| WISER | Wireless Information for Emergency Responders | 비상요원용무선정보시스템 |
| XML | Extensible Markup Language | 다목적마크업언어 |
| 24-7 | Twenty-four hours a day/seven days a week | 24시간 항시 |

부록 C

# 재난 Disaters, 응급 emergency, 유해 hazards, 사고 incident 용어

재난을 표현하는 다양한 용어들이 있다. 이러한 용어는 '국내재난 domestic disaster', '자연재난 natural disaster', '주요재난 major disaster', '사고 incidnet', '대형재난 catastrophic incident'을 포함한다. 이러한 용어들은 스태포드법 Stafford Act (주요재난, 자연재난, 국내재난)과 국가대응계획 NRF (사고, 대형재난)에서 유래된 용어이다. 추가로 "응급 emergency"이란 용어를 사용하고 있으며, 이 용어는 국가대응계획 NRF 자원센터에서는 아래와 같이 정의하고 있다.

> 자연적이든 인위적이든 건강이나 재산을 보호하기 위한 어떠한 대응적 행위가 요구되는 사고. 스태포드법에서는 응급이란 주와 지역의 공중보건 및 재산보호 노력이나 미국내 재난위협을 줄이기 위해 대통령과 연방의 지원이 필요한 경우로 정의한다.

스태포드법에서의 용어는 2001년 9.11 테러이전에 개발되었으나, 국가대응계획 NRF 에서의 용어는 9.11이후 개발되었다.

## 재난 disaters 과 유해 hazards

스태포드법에서 사용된 재난 disaster 의 의미는 이미 발생했으며 심각한 손상을 주는 것으로 사용되었다. 국가대응계획 NRF 에서의 유해 hazard 의 의미는 "잠재적으로 위험하거나, 원하지 않는 결과를 야기할 수 있는 어떤 것"으로 정의한다. 지진은 일반적으로 유해 hazard 임에도, 2011년 3월 11일 일본에서 발생한 지진은 재난 disaster 이었다.

주요재난 major disaster 은 아래와 같이 정의한다.

> 재난으로 인해 야기되는 손해, 손실, 부족 등을 경감시키기 위해 스태포드법에 의해 주지역정부·재난구호기구의 가능한 노력 및 자원들을 지원할 수 있는 대통령의 결정요소가 될 수 있는 미국 내 대형자연재난, 또는 화재, 홍수, 폭발 등이다.

## 사고 incident

국가대응계획 NRF 에서는 "사고 incident"라는 용어는 재난 disaster 및 응급 emergency 보다는 더욱 광범위한 용어로 이용된다. 국가대응계획 NRF 에서 사고 incident 는 생명과 재산을 보호하기 위한 비상대응을 필요로 하는 자연적-인적 원인의 사건발생으로 정의하고 있다. 정의에서 보는 바와 같이, 매년 미국 내에서 수천 건의 사고가 발생하며, 대부분의 사고는 초동대응요원으로 처리되며, 공중보건에 위해를 가하지는 않는다. 대형사고를 포함해 연방의 지원이 요구되는 규모의 사고는 소수이다.

대형사고 Catastrophic incident 는 대통령이 선언하는 주요재난과 유사하며 아래와 같이 정의된다.

> 광범위한 사상자, 손실 및 주민, 국가기반체계, 환경, 경제, 국가사기와 (또는) 정부기능에 심각한 영향을 초래하는 파괴를 야기하는 테러를 포함한 자연재난 및 인적재난이다.

국가대응계획 NRF 은 국토안보부의 비서관이나 지명자만이 수행할 수 있는 대형사고부록 Catastrophic incident annex 을 포함하고 있으며, 이 부록은 주정부나 지역의 능력을 벗어나는 심각한 위해를 야기하는 자연재난 및 인적재난을 포함하고 있다.

| 문서 상세사항 | | |
|---|---|---|
| 문서명 | Robert T. Stafford Relief and Emergency Act of 1988 | National Response Framework |
| 약칭 | 스태포드법Stafford Act, 42USC§§ 5121-5206 | 국가대응계획NRF |
| 제정일 | 1988 (1989발효) | 2008년 1월 |
| 제정기관 | 미국의회 | 미국 국토안보부 |
| 목적 | 재난으로 야기된 손해를 경감시키기 위해 그들의 책임을 수행하는데 있어서, 주정부 및 지역정부에게 연방정부의 질서 있고 지속적인 지원을 제공하기 위함. | 예방, 대비, 대응 및 복구단계를 포함하는 활동의 전영역에 걸쳐 국내에 포괄적인 모든 재난에 대한 접근법을 수립하기 위함 |
| 주관기관 | 미연방재난관리청FEMA | 미국 국토안보부 |

| ※ 재난 및 안전관리기본법[4] | |
|---|---|
| 법명 | 재난 및 안전관리기본법 |
| 약칭 | 재난관리법 |
| 제정일 | 2004년 |
| 목적 | 각종 재난으로부터 국토를 보존하고 국민의 생명 · 신체 및 재산을 보호하기 위하여 국가와 지방자치단체의 재난 및 안전관리체제를 확립하고, 재난의 예방 · 대비 · 대응 · 복구와 안전문화활동, 그 밖에 재난 및 안전관리에 필요한 사항을 규정 |
| 주관기관 | 안전행정부 |
| 용어정의<br>(재난) | "재난"이란 국민의 생명 · 신체 · 재산과 국가에 피해를 주거나 줄 수 있는 것으로서 다음의 것을 말한다.<br>– 자연재난: 태풍, 홍수, 호우, 강풍, 풍랑, 해일 대설, 낙뢰, 가뭄, 지진, 황사, 조류 대발생, 조수, 그 밖에 이에 준하는 자연현상으로 인하여 발생하는 재난<br>– 사회재난: 화재 · 붕괴 · 폭발 · 교통사고 · 화생방사고 · 환경오염사고 등으로 인하여 발생하는 대통령령으로 정하는 규모 이상의 피해와 에너지 · 통신 · 교통 · 금융 · 의료 · 수도 등 국가기반체계의 마비, 「감염병의 예방 및 관리에 관한 법률」에 따른 감염병 또는 「가축전염병예방법」에 따른 가축전염병의 확산 등으로 인한 피해 |

4) 역자주: 우리나라의 재난관리 기본법안인 재난 및 안전관리기본법을 간단히 소개하였다.

부록 D

# 공중보건 대비프로그램 주요 구성요소

## 시스템 특성

- 활동의 연속성을 유지하기 위한 역량, 회복성 resiliency
- 재난대응을 효과적으로 관리하는 능력
- 가능한 조기에 정상상태로 복구시킬 수 있는 능력

## 사전 대비

- 계획을 알리기 위해 위험과 취약점을 규명한다.
- 비상을 대비한 전문계획을 수립하고, 조정되고 효과적인 대응을 위해 필요한 역량을 쌓는다.
- 비상관리 및 공중보건의 지역, 주, 연방 파트너들이 재난대응동안 함께 기능하는 방법을 알도록 계획을 통합한다.
    - 지역사회는 지역자원의 격차를 규명한다.
    - 계획은 요구사항에 맞는 활용 가능한 자원을 비교한다.
    - 지역사회, 주, 연방 파트너들은 주나 연방의 자원으로 충족 가능한 차이를 규명한다.
    - 모든 대응기구들의 통합, 책임과 역할을 확인하기 위해 주기적으로 훈련한다.

- 의사결정과 대응역량을 위해 통합된 사고현장지휘체계를 개발한다. 이는 모든 분야, 모든 수준의 정부, 모든 개인 수준에서 명확하게 개인 및 기관의 역할과 책임을 명시해두어야 한다.
- 필수서비스를 전달하기 위한 역량을 개발한다.
  - 주민보건비상대응을 위해 중요자원을 규명하며, 이러한 자원이 공급체인을 통해 전달될 수 있도록 한다.
- 신뢰 있는 의사소통시스템을 확보한다.
  - 문화적 특성에 맞추어 주민에게 정확하고 신뢰 있는 정보를 제공하기위한 역량을 확보한다.
  - 보건정보 인프라의 역량과 신뢰도를 확보한다.
- 건강위험을 조기에 탐지하고 규명할 수 있는 역량을 개발한다.
  - 잠재적 위험(환경, 방사선, 독성, 감염)을 모니터, 탐지, 조사하기위한 시스템을 유지하고 발전시킨다.
  - 실험실 능력을 확보한다.
- 지역사회 경감정책(예: 격리, 검역, 사회적 거리두기)과 분배대책을 개발한다.
- 공중보건 비상시에 감시, 예방, 대응에 있어 법적 권한 및 법적 책임소재에 대하여 규명한다.

## 조정된 신속한 대응 능력

- 의사결정과 대응을 위해 통합된 사고현장지휘체계를 활용한다.
- 정보수집, 역학조사, 실험실진단을 통해 재난의 속성과 공중보건의 문제점을 규명한다.
- 재난지역에 필수 서비스(대규모 건강관리)를 전달한다.
- 예방과 억제정책을 수행한다.
  - 지역사회 경감정책을 수행하고 적절한 대책을 배포한다.
  - 문화적 특성에 맞추어 신속하고 정확하고 신뢰 있는 정보를 주민에게 제공하여, 주민을 교육시키고 대피시킨다.

## 훈련된 인력

- 공중보건 비상상황에서 필요한 기술과 능력을 갖춘 공중보건 및 보건의료인력을 양성하고 유지시킨다.
- 자원을 동원하고, 지역사회를 참여시키며, 기관간 관계를 발전시키고, 주민과 소통할 수 있는 공중보건 지도자를 교육하고 양성한다.

## 책임과 품질개선

- 실제 공중보건 사건, 연습, 훈련을 통해 운영능력을 시험한다.
- 적절한 배상을 적시에 전달할 수 있는 서비스와 사용자원을 추적할 수 있는 재정 시스템을 개발한다.

부록 E

# 공중보건대비역량: 주·지방정부 계획수립 관련 국가표준

## 역량 정의, 기능 및 관련 성과측정

### 역량 1: 지역사회 대비

#### 정의

지역사회 대비는 공중보건 사고들로부터 단기 또는 장기간 준비하고, 견뎌내고, 회복하는 지역사회의 능력이다. 의료기관들(민간과 지역사회 기반의); 정신적/행동적 의료서비스 제공자; 지역사회와 종교단체들; 그리고 주정부, 지방정부, 그리고 지역 정부가 비상대응관리에 참여, 협조함으로써, 지역사회 대비를 위한 공중보건의 역할은 다음과 같다.

- 회복을 지원해주는 공중보건 및 의료, 정신적/행동적 의료체계의 개발을 후원
- 지역사회와 종교단체들은 공중 보건 사고로부터의 예방, 대응, 회복의 중요성에 대한 인식 교육에 참여
- 지역사회의 건강을 보호하고 위험에 처한 개개인의 기능적인 요구(소통, 의료관리, 자립, 관리, 교통)를 지지하는 의료 및 정신적/행동적 의료자원에 대한 인식과 접근을 촉진
- 위험에 처한 개개인의 기능적인 요구뿐만 아니라 지역사회의 문화적, 사회경제적, 인구학적 요소를 대변하는 공공 및 민간 기구의 대비 활동에 참여

- 부정적인 건강결과에 노출될 가능성이 높은 인구를 식별
- 해당 지역사회나 타 지역사회로부터 발생된 사고의 결과로 추방된 사람들의 건강적인 요구를 수용하고 통합(예: 즉흥적인 핵폭탄이나 허리케인)

### 기능과 관련 성과 측정

이러한 역량은 아래에 열거된 기능들을 수행하는 능력으로 이루어진다. 현재, 미 질병관리본부 CDC 에는 이러한 기능을 규정한 성과측정은 없다.

**기능 1:** 관할지역의 건강 위험 요소들을 결정

**기능 2:** 건강 대비를 지원하기 위해 지역사회의 협력관계를 구축

**기능 3:** 공중보건, 의료, 정신적/행동적 의료 소셜 네트워크를 조성하기 위해서 지역사회 기관과 협력

**기능 4:** 지역사회가 대비활동을 수행할 수 있는 교육 또한 지침의 조정

## 역량 2: 지역사회 복구

### 정의

지역사회 복구는 사전 사고 수준에 버금가는 기능 수준에 가능한 도달하도록 공중보건, 의료, 정신적/행동적 의료시스템의 재건을 계획하고 옹호하기 위해 지역사회 파트너들과 협력할 수 있는 능력(예: 의료 기관, 비즈니스, 교육, 비상관리)이다.

이 역량은 국민보건안보전략 목표 8: 사후사고 건강복구를 계획 및 대응에 포함한다를 지지한다. 관할지역 안에 공중보건, 의료, 정신적/행동적 의료 서비스와 체계의 사후사고 회복은 보건안보에 대단히 중요하며, 공중보건, 의료, 정신적/행동적 의료 서비스 영역 내의 서비스, 제공자, 시설, 그리고 사회기반시설의 복구를 위해 공중보건 기관들과의 협력과 옹호가 필요하다. 공중보건, 의료, 정신적/행동적 의료 사회기반시설은 중요한 공중보건서비스이다.

### 기능 및 관련 성과 측정

이러한 역량은 아래에 열거된 기능들을 수행하는 능력이다. 현재, 미 질병관리본부에는 이러한 기능을 규정한 성과측정은 없다.

**기능 1:** 공중보건, 의료, 정신적/행동적 의료 체계 복구 요구를 파악하고 감시

**기능 2:** 지역사회 공중보건, 의료, 정신적/행동적 의료 체계 복구 운영을 조정

**기능 3:** 미래 사고로부터 피해를 경감하기 위한 시정 조치를 시행

### 역량 3: 비상 대책 조정

#### 정의

비상 대책 조정은 국가사고관리체계와 관할지역의 기준과 실행에 일관되게 관리, 조직, 감독을 수행하는 표준화되고 측정가능한 체계를 수립함으로써 공중보건 또는 의료 영향(결과)에 관련한 사건이나 사고를 지시하고 지지하는 능력이다.

## 역량 정의, 기능 및 관련 성과 측정

#### 기능과 관련 성과 측정

이러한 역량은 아래에 열거된 기능들을 수행하는 능력이다. 미 질병관리본부가 규정한 관련 성과 지표는 또한 아래와 같다.

**기능 1:** 공중 활성화 요구를 결정하기 위해 사전 평가를 수행

**기능 2:** 공중보건 비상 대책 활성화

측정 1: 사전 규정된 활성화된 공중보건기관 사고 관리 주역(또는 주역과 동등한 위치) 직원이 즉각적인 직무를 보고하는 시간. 성과목표: 60분 이내

**기능 3:** 사고 대응 전략을 개발

측정 1: 제2의 대책 기간이 시작되기 전에 승인된 사고현장활동계획 제작

**기능 4:** 공중보건 대응을 관리하고 유지

**기능 5:** 공중보건 대책 운영을 복원 및 평가

측정 1: 사후조치보고서와 개선계획 초안을 완료하는 시간

## 역량 4: 비상 공공 정보 및 경고

### 정의

비상 공공 정보와 경고는 공중 및 사고 관리 대응요원들에게 정보, 경계, 경고, 통고를 개발하고, 조정하며, 전파하는 능력이다.

### 기능과 관련 성과 측정

이러한 역량은 아래에 열거된 기능들을 수행하는 능력이다. 미 질병관리본부가 규정한 관련 성과 지표는 또한 아래와 같다.

**기능 1:** 비상 공공 정보 체계를 활성화
**기능 2:** 공동 공공 정보 체계의 필요성을 결정
**기능 3:** 정보 체계 운영의 수립과 참여
**기능 4:** 공공의 상호 작용과 정보 교환을 위한 방안을 수립
**기능 5:** 공공 정보, 경계, 경고, 통고를 실행
측정 1: 대중에게 위험 통신 메시지를 전파하는 시간

## 역량 5: 사망자 관리

### 정의

사망자 관리는 인간의 유해와 개인 유물을 적절히 회수, 처리, 확인, 운송, 추적, 저장, 처리하기 위해, 그리고 사고 가족들, 대응요원들, 그리고 생존자들이 정신적/행동적 의료 서비스를 사용할 수 있도록 다른 단체들(예: 법률 진행, 의료, 비상대응관리, 검시관)과 협력하는 능력이다.

### 기능과 관련 성과 측정

이러한 역량은 아래에 열거된 기능들을 수행하는 능력이다. 현재, 미 질병관리본부에는 이러한 기능을 규정한 성과측정은 없다.

**기능 1:** 사망자 관리에 대한 공중보건의 역할을 결정
**기능 2:** 공중보건 사망자 관리 대책을 활성화

**기능 3:** 죽기 전 정보를 수집하고 보급하는데 도움

**기능 4:** 생존자를 정신적/행위적 의료 서비스에 참여

**기능 5:** 사망자 처리 및 보관 대책에 참여

### 역량 6: 정보 공유

#### 정의

정보 공유란 연방정부, 주정부, 지방정부, 지역정부, 그리고 종족 수준의 정부와 민간 부문간 의료 관련 정보와 상황인식 자료를 여러 관할 지역과 다학제에 걸쳐 교환하는 능력이다. 이 역량은 연방정부, 주정부, 지방정부, 지역정부, 그리고 종족 수준의 정부와 민간 부문이 공중보건과 관련한 사건이나 사고에 준비하고 대응하기 위한 정보의 공유와 공중보건 경계를 발하는 것을 포함한다.

## 역량 정의, 기능 및 관련 성과 측정

#### 기능과 관련 성과 측정

이러한 역량은 아래에 열거된 기능들을 수행하는 능력이다. 현재, 미 질병관리본부에는 이러한 기능을 규정한 성과측정은 없다.

**기능 1:** 정보 흐름에 포함된 이해 당사자를 확인

**기능 2:** 공유를 위한 규칙 및 자료를 확인 및 개발

**기능 3:** 공통 작전 상황을 결정짓기 위한 정보 교환

### 역량 7: 집단 관리

#### 정의

집단 관리는 공동 장소에서 일어난 사고로 영향을 입은 사람들의 공중보건, 의료, 그리고 정신적/행위 의료 필요성들을 확인하기 위해 파트너 기관들과 협력 하는 능력이다. 이 역량은 사고의 진전에 따른 의료 요구를 지속적으로 충족하기 위한 지속적인 감시와 평가의 조정을 포함한다.

### 기능과 관련 성과 측정

이러한 역량은 아래에 열거된 기능들을 수행하는 능력이다. 현재, 미 질병관리본부에는 이러한 기능을 규정한 성과측정은 없다.

**기능 1:** 집단 관리 대책에 공중보건의 역할을 결정
**기능 2:** 영향을 받은 인구에 대한 집단 관리 필요성을 결정
**기능 3:** 공중보건, 의료, 정신적/행동 의료 서비스를 조정
**기능 4:** 집단 관리 인구의 건강을 감시

## 역량 8: 의료 대책 분배

### 정의

의료 대책 분배는 공중 보건 지침과 권고에 따라 특정 인구에게 치료 또는 예방(경구, 예방접종) 의료 대책(백신, 항 바이러스제, 항생제, 항독소 포함)을 제공하기 위한 능력이다.

### 기능과 관련 성과 측정

이러한 역량은 아래에 열거된 기능들을 수행하는 능력이다. 미 질병관리본부가 규정한 관련 성과 지표는 또한 아래와 같다.

**기능 1:** 의료 대책 분배 전략을 확인하고 착수(시작)
**기능 2:** 의료 대책을 수신
**기능 3:** 분배 양식을 활성화
  측정 1: 미 질병관리본부의 공중보건 대비대응국 하에 전략적 국가비축부에서 성과 지표를 구성
**기능 4:** 확인된 인구에게 의료 대책을 분배
  측정 1: 미 질병관리본부의 공중보건 대비대응국 하에 전략적 국가비축부에서 성과 지표를 구성
**기능 5:** 부작용 보고

### 역량 9: 의료 물자 관리 및 배포

#### 정의

의료 물자 관리 및 배포는 사고 중 의료 물자(예: 의약품, 장갑, 마스크, 통풍기)를 획득, 유지(예: 저온유통체계 저장 또는 기타 저장 절차), 전송, 배포, 그리고 추적하고 필요시 사고 후 미사용 의료물자의 소재 확인 및 복구하기 위한 능력이다.

## 역량 정의, 기능 및 관련 성과 측정

#### 기능과 관련 성과 측정

이러한 역량은 아래에 열거된 기능들을 수행하는 능력이다. 미 질병관리본부가 규정한 관련 성과 지표는 또한 아래와 같다.

**기능 1:** 의료 물자 관리 및 배포의 지시와 활성화

측정 1: 미 질병관리본부의 공중보건 대비대응국 하에 전략적 국가비축부에서 성과 지표를 구성

**기능 2:** 의료 물자 획득

측정 1: 미 질병관리본부의 공중보건 대비대응국 하에 전략적 국가비축부에서 성과 지표를 구성

**기능 3:** 최신의 재고 관리 및 보고 시스템 유지

측정 1: 미 질병관리본부의 공중보건 대비대응국 하에 전략적 국가비축부에서 성과 지표를 구성

**기능 4:** 보안 구축 및 유지

측정 1: 미 질병관리본부의 공중보건 대비대응국 하에 전략적 국가비축부에서 성과 지표를 구성

**기능 5:** 의료 물자 배포

측정 1: 미 질병관리본부의 공중보건 대비대응국 하에 전략적 국가비축부에서 성과 지표를 구성

**기능 6:** 의료 물자 복구 및 배포 대책 해제

측정 1: 미 질병관리본부의 공중보건 대비대응국 하에 전략적 국가비축부에서 성과 지표를 구성

## 역량 10: 의료 확장

### 정의

의료 확장은 영향을 받은 지역사회에서 일반적인 의료 기반시설의 한계를 초과하는 사건에 대해 적절한 의료 평가와 관리를 제공해주는 능력이다. 이것은 위험한 영향으로부터 생존하고 절충한 대책을 유지 또한 빠르게 회복하기 위한 의료 관리 체계의 능력을 포함한다.

### 기능과 관련 성과 측정

이러한 역량은 아래에 열거된 기능들을 수행하는 능력이다. 현재, 미 질병관리본부에는 이러한 기능을 규정한 성과측정은 없다.

**기능 1:** 사건의 유형과 범위를 평가

**기능 2:** 의료 확장 활성화 지원

**기능 3:** 관할지역 의료 확장 대책을 지지

**기능 4:** 의료 확장 대책의 해제를 지지

## 역량 11: 비약물적 중재

### 정의

비약물적 중재는 해당 주요 기관(공중 보건 기관이 아닌 경우)에게 질병, 손상, 노출 조절에 대한 전략을 제안하고, 해당되는 경우, 수행할 수 있는 능력이다. 전략은 다음을 포함한다.

- 격리 및 검역
- 이동 및 여행 경보/경고
- 사회적 거리 두기

- 외부 제염
- 위생
- 예방차원의 보호 행동

## 역량 정의, 기능 및 관련 성과 측정

### 기능과 관련 성과 측정

이러한 역량은 아래에 열거된 기능들을 수행하는 능력이다. 현재, 미 질병관리본부에는 이러한 기능을 규정한 성과측정은 없다.

**기능 1:** 파트너 참여 및 비약물적 중재에 영향을 미칠 요인을 파악

**기능 2:** 비약물적 중재를 결정

**기능 3:** 비약물적 중재 수행

**기능 4:** 비약물적 중재 감시

### 역량 12: 공중보건 실험실 검사

### 정의

공중보건 실험실 검사는 각종 유해요소로부터의 실제적 또는 잠재적 노출을 확인하기 위해서 신속하고 표준적인 탐지, 특성, 확증 실험, 데이터 보고, 조사 지원, 그리고 실험실 네트워킹을 실행하는 능력이다. 유해요소는 임상 표본, 식품, 그리고 환경 표본(예: 물, 공기, 흙) 등 여러 모체의 화생방 물질을 포함한다. 이 역량은 사건 또는 사고 이전과 노출 이후 활동을 포함한 일상적인 감시를 지지한다.

### 기능과 관련 성과 측정

이러한 역량은 아래에 열거된 기능들을 수행하는 능력이다. 미 질병관리본부가 규정한 관련 성과 지표는 또한 아래와 같다.

**기능 1:** 실험실 활동을 관리

측정 1: 임상 실험실이 미 질병관리본부의 공중보건비상대비 PHEP 가 예산지원

하는 연구소대응네트워크 LRN – 생물학적 실험실로부터 긴급 메시지를 수신하는 시간

측정 2: 초기 실험실이 미 질병관리본부의 공중보건비상대비가 예산지원하는 실험실에 업무 보고하는 시간

**기능 2:** 샘플 관리를 수행

측정 1: 미 질병관리본부의 공중보건비상대비가 예산지원하는 연구소대응네트워크– 생물학적 실험실로부터에서 유해가 없다는 확인이 되었거나 임상 실험실로부터 시험이 배제 된 연구소대응네트워크의 임상 샘플의 백분율

측정 2: 미 질병관리본부의 공중보건비상대비가 예산지원하는 연구소대응네트워크– 생물학적 실험실로부터에서 유해가 없다는 확인이 되었거나 임상 실험실로부터 시험이 배제 된 연구소대응네트워크의 비임상 샘플의 백분율

측정 3: 미 질병관리본부의 공중보건비상대비가 예산지원하는 연구소대응네트워크– 화학적 실험실이 임상 화학 분석, 포장, 그리고 발송하는데 관련 샘플을 수집하는 능력

**기능 3:** 검사 및 기본 절차와 확장 능력 분석을 시행

측정 1: 미 질병관리본부의 공중보건비상대비가 예산지원하는 실험실들에 의해 통과한 연구소대응네트워크– 화학적 실험실 능숙도 검사(핵심 방법) 비율

측정 2: 미 질병관리본부의 공중보건비상대비가 예산지원하는 실험실들에 의해 통과한 연구소대응네트워크– 화학적 실험실 능숙도 검사(추가 방법) 비율

측정 3: 미 질병관리본부의 공중보건비상대비가 예산지원하는 실험실들에 의해 통과한 연구소대응네트워크– 생물학적 실험실 능숙도 검사 비율

**기능 4:** 공중보건 조사를 지지

측정 1: 미 질병관리본부, 당직 실험실 작업자와 당직 역학자 간에 통지가 완료되는 시간

측정 2: 미 질병관리본부, 당직 역학자와 당직 실험실 작업자 간에 통지가 완

료되는 시간

**기능 5:** 결과를 보고

측정 1: 펄스장겔전기영동[PFGE] 실험실에서 4일 이내에 분리하여 PulseNet 국가 데이터베이스에 제출한 대장균 O157:H7에 관한 펄스장겔전기영동 데이터 결과 백분율

측정 2: 펄스장겔전기영동 실험실에서 4일 이내에 분리하여 PulseNet 국가 데이터베이스에 제출한 식중독균에 관한 펄스장겔전기영동 데이터 결과 백분율

측정 3: 펄스장겔전기영동 실험실에서 4일 이내에 분리하여 PulseNet 국가 데이터베이스에 제출한 살모넬라균에 관한 펄스장겔전기영동 데이터 결과 백분율

측정 4: 미 질병관리본부의 공중보건비상대비가 예산지원하는 실험실들이 중요한 실험실 결과를 공중보건 파트너에게 발표하는 시간

## 역량 13: 공중보건 감시 및 역학 조사

### 정의

공중보건 감시 및 역학 조사는 일상적인 감시 및 탐지 체계와 역학조사 과정을 생성, 유지, 지지, 강화하고, 공중보건관련 사건에 대응하여 이러한 체계와 과정을 확대하는 능력이다.

### 기능과 관련 성과 측정

이러한 역량은 아래에 열거된 기능들을 수행하는 능력이다. 미 질병관리본부가 규정한 관련 성과 지표는 또한 아래와 같다.

**기능 1:** 공중보건 감시 및 탐지를 실시

측정 1: 관할지역이 요구하는 시간 프레임 안에서 공중보건 기관이 선별한 신고의무가 있는 질병에 대한 보고 비율

**기능 2:** 공중보건 및 역학 조사를 수행

측정 1: 보고한 감염병 발병 조사 비율

측정 2: 모든 최소 요소를 포함한 감염병 발병 조사 비율

측정 3: 보고한 급성 환경 노출 조사 비율

측정4: 모든 최소의 요소를 포함한 급성 환경 노출 조사 비율

**기능 3:** 경감 조치를 조언, 감시, 분석

측정 1: 적절한 시간 내에 초기 공중보건 관리 방안이 개시된 신고의무가 있는 질병에 대한 보고 비율

**기능 4:** 공중보건 감시 및 역학 조사 체계 개선

## 역량 14: 대응요원 안전과 건강

### 정의

대응요원 안전과 건강 역량은 사고에 대응하는 공중보건 기관의 직원을 보호하며, 요구시 병원과 의료시설 직원의 건강과 안전 요구를 지지하는 능력을 서술한다.

### 기능과 관련 성과 측정

이러한 역량은 아래에 열거된 기능들을 수행하는 능력이다. 현재, 미 질병관리본부에는 이러한 기능을 규정한 성과측정은 없다.

**기능 1:** 대응요원의 안전과 건강위험 확인

**기능 2:** 안전과 개인의 보호 요구 확인

**기능 3:** 위험별 안전과 건강 교육을 용이하게 하기 위해 파트너와 협력

**기능 4:** 대응요원의 안전과 건강 조치 감시

## 역량 15: 자원봉사자 관리

### 정의

자원봉사자 관리는 공중보건관련 사건에 대응하는 관할지역 공중보건 기관을 지지하기 위한 것으로 자원봉사자를 규명, 모집, 등록, 자격 검증, 교육, 참여를 조정하는 능력이다.

### 기능과 관련 성과 측정

이러한 역량은 아래에 열거된 기능들을 수행하는 능력이다. 현재, 미 질병관리본부에는 이러한 기능을 규정한 성과측정은 없다.

**기능 1:** 자원봉사자를 조정

**기능 2:** 자원봉사자에게 통보

**기능 3:** 자원봉사자를 구성, 집합, 파견

**기능 4:** 자원봉사자 해산

출처: Office of Public Health Preparedness and Response. 2011. Public Health Preparedness Capabilities: National Standards for State and Local Planning. Atlanta, GA: Centers for Disease Control and Prevention. Available at: http://www.cdc.gov/phpr/capabilities/Capabilities_March_2011.pdf.

부록 F

# 비상지원기능 8: 공중보건과 의료서비스

## 목적

비상지원기능 8 – 공중보건과 의료서비스는 주정부와 지방정부의 지원을 조정하는 기전을 제공한다. 공중보건, 의료적 재난, 잠재적 혹은 실제적 사건 발생 시에는 의료비상사태 및 잠재적 건강문제에 대해 조정된 연방정부의 대응이 필요하다.

이 부록은 사상자와 대응인력과 관련된 정신건강, 행동건강, 물질남용에 대한 의학적 요구를 포함하고 있다.

대유행 및 모든 위험요인에 대한 대유행 및 재난대비법 PAHPA, Pandemic and all-hazards preparedness act 과 국가대응계획 NRF, National response framework 에서 서비스는 '위험' 혹은 '특별한 도움'이 필요로 되는 집단의 의료요구를 포함하고 있다. 사고 발생 전 · 중 · 후의 집단을 대상으로 의료와 이외의 필요한 요구를 포함한다.

## 역량

공중보건과 의료서비스는 대응인력과 사고 피해자와 관련된 약물남용과 정신건강뿐만 아니라 행동건강을 포함하고 있다.

비상지원기능 8은 주정부, 부족, 지방정부 지원을 위한 다음의 핵심기능을 포함하고 있다.

- 공중보건/의료요구 평가 Assessment of public health/medical needs

- 건강 감시 Health surveillance
- 의료 인력 Medical care personnel
- 건강/의학/수의학 장비 및 소모품 Health/medical/veterinary equipment and supplies
- 환자 대피 Patient evacuation
- 환자 치료 Patient care
- 약품, 생의약품, 의료기기 안전성과 보안 Safety and security of drugs, biologics, and medical devices
- 식품 안전과 보안 Food safety and security
- 농업 안전과 보안 Agriculture safety and security
- 공중보건의 모든 위험요소에 대한 의학적 상담, 기술적 지원과 지지 All-hazard public health and medical consultation, technical assistance, and support
- 정신건강관리 Behavioral health care
- 공중보건 및 의료 정보 Public health and medical information
- 질병을 기계적으로 또는 생물학적으로(한 생물에서 다른 생물로) 전파시키는 곤충 통제 Vector control
- 음용수/폐수 및 고형 폐기물 처리 Potable water/wastewater and solid waste disposal
- 집단 사망자 관리, 피해자 식별, 유해 제거 Mass fatality management, victim identification, and decontaminating remains
- 수의사 의료지원 Veterinary medical support

## 구성

비상지원 주무기관 : 미 보건부

주관기관 미 보건부

지원기관 농무부 Department of agriculture
국방부 Department of defense
에너지부 Department of energy

국토안보부 Department of homeland security

내무부 Department of the interior

법무부 Department of justice

노동부 Department of labor

국무부 Department of state

교통부 Department of transportation

보훈처 Department of veterans affairs

환경보호청 Environmental protection agency

조달청 General services administration

미 국제개발청 U.S agency for international development

미 우정공사 U.S. postal service

미 적십자사 American red cross

## 운영 검토

보건부는 긴급지원기능-8 대응의 주관부서이다. 미 보건부의 비상대응대비국 차관보 ASPR, Assistant secretary for preparedness and response 에서 조정한다. 긴급지원기능-8은 차관 운영센터의 재난관리팀 EMG, Emergency management group 에 의해 조정된다. 초기 대응시, 보건부는 긴급지원기능-8을 지원하기 위해 지원부서와 기관, 연방정부, 민족, 지방정부의 공중보건 및 의료 대표자와 비디오, 오디오 혹은 전화회의를 통해 상황에 대해 논의하고 적절한 대응전략을 결정한다. 보건부는 연락을 위해 재난관리팀의 대표를 지원조직에 요청한다. 보건부는 합동현장사무소 JFO, Joint field office 에서 연방정부의 보건을 담당할 수석 의료담당관 Senior health officer 을 선정한다.

지역 긴급지원기능-8 직원은 사고로 영향 받은 지역의 긴급지원기능-8을 제공하기 위해 사고대응조정팀 IRCT-A, Incident response coordination team advance 으로 신속히 배치된다. 상황이 진전됨에 따라, 사고대응조정팀 IRCT-A 은 의료적 지휘와 통제를 포함한 긴급지원기능-8을 전체 영역에서 제공함으로 보건부와 파트너 기관으로 확대될 수 있다.

지역 긴급지원기능-8 직원은 사고가 발생한 동안 24시간을 기준으로 지역대응조정센터 RRCC, Regional response coordination center 와 합동현장사무소 JFO 의 직원을 대표한다.

출처: Federal Emergency Management Agency (FEMA). 2008. Overview ESF and Supporting Annexes Coordinating Federal Assistance In Support of the National Response Framework. Washington, DC: FEMA. Available at: http://www.fema.gov/pdf/emergency/nrf/nrf-overview.pdf.

부록 G

# 목표역량 리스트

## 공통 업무역량 Common capabilities

계획수립 Planning

커뮤니케이션 Communications

지역사회 대비와 참여 Community preparedness and participation

위험관리 Risk management

정보 공유와 배포 Intelligence and information sharing and dissemination

## 예방 역량 Prevention capabilities

정보수집 및 위험지표와 경고에 대한 인식 Information gathering and recognition of indicators and warning

정보분석과 산출 Intelligence analysis and production

대테러 조사와 법집행 Counter-terror investigation and law enforcement

화생방과 고성능 폭발물 탐지 Chemical, biological, radiological, nuclear, and explosives detection

## 보호 역량 Protection capabilities

핵심 기반시설 Critical infrastructure protection

식량 및 농산물에 대한 안전 및 방어 Food and agriculture safety and defense

감염병 감시와 조사 Epidemiological surveillance and investigation

임상검사 Laboratory testing

## 대응 역량 Response capabilities

사고현장 관리 On-site incident management

긴급운영센터 관리 Emergency operations center management

핵심자원에 대한 운송과 분배 Critical resource logistics and distribution

자원봉사자 관리와 기부 Volunteer management and donations

대응요원의 안전과 건강 Responder safety and health

긴급 공중 안전과 보호 Emergency public safety and security

동물질병 긴급 지원 Animal disease emergency support

환경보건 Environmental health

폭발물 대응 운영 Explosive device response operations

화재사고 대응 지원 Fire incident response support

대량살상무기와 유해물질 Weapons of mass destruction and hazardous materials

대응과 오염제거 Response and decontamination

시민대피와 대피소 Citizen evacuation and shelter-in-place

격리과 검역 Isolation and quarantine

지상 탐색과 구조 Search and rescue (land-based)

응급 공중 정보와 경고 Emergency public information and warning

중증도분류와 응급조치 Emergency triage and prehospital treatment

의학적 서지(의학적 평가와 치료를 제공할 수 있는 능력) Medical surge

의료자원 관리와 분배 Medical supplies management and distribution

질병 예방 Mass prophylaxis

공중 의료 구호 Mass care (sheltering, feeding and related services)

사망자 관리 Fatality management

## 복구 역량 Recovery capabilities

구조물 위험 평가 Structural damage assessment

필수 생활시설에 대한 복구 Restoration of lifelines

경제와 지역사회 복구 Economic and community recovery

부록 H

# 2010년 의료평가위원회의 병원 비상 관리 기준

2010년, 의료기관평가위원회는 건강관리 조직의 비상 대책을 위한 중요한 인증 요건을 지정하였다. 병원의 기준은 다음과 같다.

**장:** 비상 대책 EM, Emergency management

**기준:** EM.01.01.01: 병원의 서면 비상대책계획 Emergency operations plan 수립에 앞서 종사자의 활동 계획이 수립되어야 한다. 참고: 비상은 예기치 않은 혹은 갑자기 조직의 간호 제공 역량 혹은 간호 환경의 방해로 서비스 요구가 증가되거나 변화되는 것을 의미한다. 비상은 자연에 의해(토네이도 혹은 전기 시스템 고장 등) 혹은 인간에 의해 혹은 둘 다의 원인에 의해 발생되며, 비상의 심각성은 연속성상에 있다. 재난은 복잡성, 영역, 기간, 위협된 조직의 역량과 환자 치료, 안전, 보안 기능을 위해 외부에 요구되는 도움에 따른 비상사태의 한 가지 유형이다.

**근거:** 건강관리조직의 비상대책은 서비스 제공역량 혹은 서비스 요구에 중요한 영향을 미칠 수 있다. 그러므로, 조직은 비상대책계획 수립 전 종사자들의 활동 계획이 필요로 된다. 이러한 활동은 준비된 전략을 개발하기 위해 잠재적 비상사태를 고려하고, 가능한 비상 상황을 완화하도록 하며, 위험을 식별하고 우선순위를 선정하는 것을 포함한다. 조직에 영향을 미치는 어떠한 비상사태는 지역사회에서 발생함에 따라, 조직은 지역사회와 관련된 영역을 협력하기 위한 기회를 활용해야 한다.

**수행요소** EP, Elements of performance :

1. 비상대책계획 수립 전에 의료진의 지도자를 포함한 병원 지도자는 활동 계획에 참여한다.
2. 병원은 유해의 취약성을 분석하여 HVA, Hazard vulnerability analysis, 사건의 발생에 따른 병원의 서비스 제공 역량 혹은 서비스 수요에 영향을 미칠 수 있는 잠재적 비상사태를 확인한다. 이러한 분석 결과는 문서화한다(EM.03.01.01, EP 1;IC.01.06.01, EP 4 기술됨). 참고 1: 병원은 병원의 모든 부서를 정확히 반영한 한 개의 HVA 혹은 다양한 HVA를 수행할 수 있다. 일부 원격 장소는 주요 장소와 매우 상의할 수 있어(예: 유해적 관점, 위치 등), 이러한 상황에서는 별도의 HVA가 적절하다. 참고 2: 병원이 잠재적 비상사태로 감염 환자를 확인하였다면, 이는 "감염 예방과 관리" 장의 내용에 따른다.
3. 지역사회 파트너와 함께 병원은 HVA로 확인된 잠재적 비상사태의 우선순위를 선정하고 문서화한다. 참고: 병원은 지역사회 파트너와 HVA의 우선순위 선정을 논의한다. 지역사회 파트너는 다른 건강관리조직, 공중보건 부서, 공급업체, 지역사회 단체, 공공 안전 및 공공관리, 지방자치단체 대표 및 기타 정부기관을 포함할 수 있다.
4. 병원은 지역사회 비상대응기관의 취약성과 요구에 대해 의사소통하고, 지역기관의 역량을 확인한다. 기관의 요구 혹은 취약성 변경시 비상대응계획 지침서를 확인하고 의사소통한다(EM.03.01.01, EP 1 기술됨).
5. HVA는 완화 활동(비상사태의 잠재적 위험과 손상을 감소시키기 위한 활동)에 기반을 둔다. 참고: 비상대책은 완화, 준비, 대응, 회복 4단계로 구성되어 있다. 시간의 흐름에 따라, 완화와 준비는 비상사태 전에 발생하고, 대응과 회복은 비상사태 기간 동안, 후에 발생한다.
6. HVA는 준비활동으로 필수적 자원을 활성화하고 구성하는데 있다(IM.01.01.03, EPs 1-4 기술).
7. 병원의 사건 지휘체계는 지역사회 지취 체계와 일관성을 유지하고 통합화한다. 참고: 사건 지휘 체계는 비상사태의 다른 형태에 대응할 수 있도록 한다(국가사고관리체계 NIMS, The national incident management system 는 건강관리 조직의 사건 지휘 체계의 많은 모델 중 하나이다. NIMS는 비상상황에 효과적으로 협력하고 의사소통할 수

있도록 용어와 일반적인 기능을 안내해 준다. NIMS는 비상사태 준비를 위해 병원에 필요로 되는 지원금은 연방에 요구한다).

8. 비상사태시 필요로 되는 개인보호구, 물, 연료, 내과, 외과, 의약품과 관련된 자원과 자산 목록을 문서화한다(EM.02.02.03, EP 6 기술).

**기준:** EM.02.01.01: 병원은 비상대책계획을 가지고 있다. 참고: 병원의 비상대책계획 EOP, Emergency operations plan 은 비상사태 동안의 의사소통, 자원, 자산, 안전, 보안, 직원 책무, 환자의 임상적 지원 활동 등을 포함하고 있다(관련기준 EM.02.02.01, EM.02.02.03, EM.02.02.05, EM.02.02.07, EM.02.02.09, EM.02.02.11).

비상사태는 여러 가지 원인이 있지만, 대응 방법 및 대처 효과는 비슷할 수 있다. "모든 유해성" 접근은 비상사태의 다른 기간, 규모, 원인이지만 일반적인 대응 방법으로 접근한다. 이는 대응 절차가 비상사태의 우선순위에 따라 결정되기 때문이다.

**근거:** 성공적 대응 노력은 비상사태의 변화와 비상사태 발생에 따른 의사결정을 안내해주는 비상대책계획의 포괄성과 유연성에 달려있다. 비상대책계획은 다양한 방법으로 구성되어있지만, 병원의 비상사태에 적용하고 다른 비상사태 원인에 의해 영향 받을 수 있는 주요 분야(의사소통과 환자 간호 등)를 지원해 줄 수 있는 대응 절차를 포함해야 한다.

**필수 요소:**

1. 비상대책계획 수립시 의료진의 지도자를 포함한 병원 지도자가 참여한다.
2. 비상사태 발생에 따른 대응 절차를 기술하고 있는 문서화된 비상대책계획을 병원은 유지하고 개발한다(EM.03.01.03, EP 5 기술). 참고: 대응 절차는 우서순위 비상사태를 해결할 뿐만 아니라 병원에서 나타날 수 있는 다른 비상사태에도 적용할 수 있어야 한다. 대응 절차는 서비스를 확대하거나 유지; 자원 절약; 서비스 삭감; 지역사회 외부로부터 자원 보충; 새로운 환자 발생을 예방하기 위한 병원 폐쇄; 단계적 피난, 총 대피 등을 포함한다.
3. 비상대책계획은 지역사회에서 지원받을 수 없을 때, 병원이 제공해야할 통신, 자원, 자산, 보안, 안전, 인력, 지원프로그램, 최소한 96시간 동안 환자를 돌볼 수 있

는 대응 절차를 수립하고 있다.

4. 병원은 비상사태 후 제공할 수 있는 간호, 치료, 서비스 체계를 가지고 회복 전략과 활동 계획을 문서화된 비상대책계획에 유지하고 개발한다.
5. 비상대책계획은 비상사태를 개시하고 비상사태 단계별 환경을 고려하여 병원의 대응과 회복 단계의 종결상황을 기술한다. 참고: 완화, 준비, 대응, 회복은 비상대책의 4단계이다. 시간의 흐름에 따라 비상사태 발생 전을 완화, 준비라고 하며, 비상사태 기간 중, 후는 대응과 대처가 나타난다.
6. 비상대책계획은 비상대응 단계의 대응과 회복을 활성화할 지휘자를 확인할 수 있다.
7. 비상대책계획은 비상사태 기간 동안 병원 환자의 요구를 충족시키고 간호, 치료, 서비스 제공을 위한 대안 장소를 확인할 수 있다.
8. 병원이 실제 비상사태를 경험한다면, 병원은 환자를 위한 서비스, 간호, 치료와 관련된 대응절차를 수행한다.

**기준:** EM.02.02.01: 병원이 비상사태동안 어떻게 의사소통할 것인지에 대한 준비로 비상대책계획의 일부이다.

**근거:** 병원은 직원, 환자, 외부 조직과 통신 대응 목적으로 의사소통할 수 있는 역량을 유지한다. 병원은 주 통신 시스템이 안될 경우, 필수적인 정보를 통신하기 위한 백업 통신 프로세스와 기술(예를 들어, 휴대전화, 일반전화, 게시판, 팩스, 위성 전화, 아마추어 무선 통신)을 가지고 있다.

**필수 요소:**

1. 비상대책계획은 비상대응절차가 개시되었는지를 어떻게 직원에게 알릴 것인지를 기술한다.
2. 비상대책계획은 비상사태동안 자격을 갖춘 실무자와 직원에게 병원이 어떻게 정보를 제공하고 지휘할 것인지를 기술한다.
3. 비상대책계획은 비상사태 대응이 개시되었는지를 외부기관에 병원이 어떻게 알릴 것인지를 기술한다.
4. 비상대책계획은 비상사태 동안 외부기관과 병원이 어떻게 통신할 것인지를 기술한다.

5. 비상대책계획은 환자가 다른 치료 장소로 재배치되었을 때 어떻게 가족에게 알릴 것인지를 포함하여 환자와 가족간의 의사소통 방법을 기술한다.
6. 비상대책계획은 비상사태 동안 방송 혹은 지역사회와 병원이 어떻게 의사소통할 것인지를 기술한다.
7. 비상대책계획은 비상사태 동안 필수 서비스, 장비, 소모품 공급을 위해 병원이 어떻게 의사소통할 것인지를 기술한다.
8. 비상대책계획은 지리적으로 근접해 있는 다른 건강관리조직과 통신하기 위해, 지휘체계와 지휘 센터 전화번호 등을 포함한 필수 요소를 고려한 지휘 구조를 기술한다.
9. 비상대책계획은 지리적으로 근접해 있는 다른 건강관리조직과 병원이 어떻게 비상사태 대응을 위한 지휘 센터의 필수 요소를 고려하여 의사소통 할 것인지를 기술한다.
10. 비상대책계획은 지리적으로 근접해 있는 다른 건강관리조직과 비상사태 대응을 공유할 수 있는 자원과 자산을 고려하여 어떻게 의사소통할 것인지를 기술한다.
11. 비상대책계획은 지리적으로 근접해 있는 다른 건강관리조직과 어떠한 상황에서 환자와 사망한 자의 이름을 어떻게 통신할지를 기술한다.
12. 비상대책계획은 어떠한 상황에서 환자에 대한 정보를 제3자 기관(다른 건강관리조직, 주보건부서, 경찰, FBI 등)에 어떻게 전달할 것인지를 기술한다.
13. 비상대책계획은 병원이 대체 치료 장소를 어떻게 확인할 것인지를 기술한다.
14. 병원은 EM.02.02.01, EPs 1-13을 확인하여 통신 백업시스템과 기술을 활용한다.
17. 병원은 비상사태동안 통신을 지원하기 위한 준비사항을 비상대책계획에 포함한다.

**기준:** EM.02.02.03: 병원이 비상사태 동안 자원과 자산 관리를 어떻게 할 것인지에 대한 준비로 비상대책계획의 일부이다.

**근거:** 병원은 비상사태 기간 동안 지속적으로 환자를 간호, 치료, 서비스를 제공하기 위한 자원과 자산(물품, 장비, 시설)을 내부적으로 관리하고, 언제 인접 보건의료 인력, 다른 지역단체, 주 계열사, 지역 본사의 외부 자원으로부터 공급받을 것인지를 결정하는 것이 필요로 된다. 병원은 비상사태의 장기간 혹은 넓은 지역 범위로 계획된 자원을 사용할 수 없을 위험을 인식하고 필수적 물품을 공급할 수 있는 계획 수립이 필요하다. 이러한 상황은 여러 병원에서 동일한 업체가 제한된 공급으로 경쟁할 때 발

생할 수 있다.

**필수 요소:**

1. 비상대책계획은 병원이 비상사태 대응과 회복 단계에서 의약품과 소모품을 병원, 계열사, 지역, 주, 연방 자원에 의해 비축할 수 있는 방안을 포함한 획득 방법을 기술한다.
2. 비상대책계획은 병원이 비상사태 대응과 회복단계에서 의학적 소모품 개인 보호구를 포함하여 어떻게 획득할 것인지를 기술한다.
3. 비상대책계획은 비상사태의 대응과 회복단계에서 비-의료소모품을 어떻게 획득할 것인지를 기술한다.
4. 비상대책계획은 필요한 경우 병원이 지역사회 내에서 다른 건강관리조직과 자원과 자산을 어떻게 공유할 것인지를 기술한다. 참고: 자원과 자산의 예로 침대, 운송, 린넨, 연료, 개인보호구, 의료적 소모품, 물품을 포함한 공유 방법을 기술한다.
5. 비상대책계획은 필요한 경우 병원이 지역 또는 장기간 재난이 발생한 경우, 지역사회 외부 다른 건강관리 조직과 어떻게 자원과 자산을 공유할 것인지를 기술한다. 참고: 자원과 자산의 예로 침대, 운송, 린넨, 연료, 개인보호구, 의료적 소모품, 물품을 포함한 공유 방법을 기술한다.
6. 비상대책계획은 비상사태 동안 병원이 자원과 자산의 수량을 어떻게 모니터링할 것인지 기술한다.
9. 비상대책계획은 병원이 지지적 간호와 치료, 서비스를 제공할 수 없을 때, 다른 치료 장소로 일부 혹은 전체 환자, 이들의 약물, 소모품, 장비, 직원 수송을 위한 준비를 기술한다(EM.02.02.11, EP 3 기술).
10. 비상대책계획은 병원이 대체 치료 장소로 환자를 이송할 때, 필수적 임상적 약물 관련 정보를 포함한 준비에 대해 기술한다(EM.02.02.11, EP 3 기술).
12. 비상대책계획은 병원이 비상사태 동안 자원과 자산을 제공하기 위해 필요로 되는 준비로 수행할 수 있도록 구성한다.

**기준:** EM.02.02.05. 비상사태 동안 병원에서 어떻게 보안과 안전을 관리할 것인지 준비하는 것으로 비상대책계획의 일부이다.

**근거:** 없음

**필수 요소:**

1. 비상대책계획은 병원이 내부적 보안과 안전을 어떻게 관리할 것인지 기술한다.
2. 비상대책계획은 비상사태 발생시 지역사회 안전 기관의 역할을 기술한다.
3. 비상대책계획은 지역사회 보안기관과 함께 어떻게 보완 활동을 할 것인지 기술한다.
4. 비상대책계획은 유해 물질과 쓰레기를 어떻게 관리할 것인지 기술한다.
5. 비상대책계획은 병원이 어떻게 방사선, 생물학적, 화학적 오염을 제거하고 분리할 것인지 기술한다.
7. 비상대책계획은 비상사태 동안 병원이 어떻게 병원시설에 들어오고 나가는 입구를 통제할 것인지를 기술한다.
8. 비상대책계획은 비상사태 동안 의료시설 내에서 개인의 이동을 어떻게 통제할 것인지 기술한다.
9. 비상대책계획은 비상사태 동안 의료시설 접근 차량을 어떻게 통제할 것인지 기술한다.
10. 병원은 비상사태 동안 보안과 안전을 지원하기 위한 사전준비를 통해 비상대책계획으로 수행한다.

**기준:** EM.02.02.07: 비상사태 동안 병원에서 어떻게 직원을 관리할 것인지 준비하는 것으로 비상대책계획의 일부이다.

**근거:** 비상사태 동안 환자에게 효과적인 간호를 제공하고 안전을 제공하기 위해 직원들은 책무를 인지하고 역할을 수행한다. 직원 역할과 책무는 다양한 형태로 계획에 기술되어 있다(예를 들어, 직업 행동 시트, 체크리스트, 흐름도). 비상사태의 동적 특성으로, 병원 내부와 외부의 대응 파트너와 함께 직원들은 환자 수, 작업 절차, 조건 변화에 적응하기 위한 효율적인 훈련이 필요하다.

**필수 요소:**

2. 비상대책계획은 비상사태 동안 환자를 관리하고, 자원과 자산, 안전과 보안, 지원

프로그램, 통신을 위한 직원 역할과 책무를 기술한다.

3. 비상대책계획은 직원의 모든 필수 기능을 할당하기 위한 과정을 기술한다.
4. 비상대책계획은 병원의 사건 지휘 구조에서 누구에게 보고할 것인지 확인할 수 있다.
5. 비상대책계획은 병원이 어떻게 직원의 욕구(예를 들면, 집, 교통수단, 사고스트레스 디브리핑)를 충족할 것인지 기술한다.
6. 비상대책계획은 병원이 직원의 욕구(예를 들면, 자녀 돌봄, 노인 돌봄, 애완견 돌봄, 의사소통)를 충족하기 위해 가족을 어떻게 관리할 것인지 기술한다.
7. 병원은 직원의 할당된 비상 대응 역할을 위해 훈련한다.
8. 병원은 비상사태 동안 보고자와 비상 대응과 관련된 자격을 갖춘 실무자를 문서화하여 의사소통한다.
9. 비상대책계획은 비상사태 동안 병원은 자격을 갖춘 실무자, 직원, 권한이 부여된 자원봉사자를 어떻게 확인할 것인지를 기술한다(EM.02.02.13, EP 3; EM.02.02.15, EP 3 기술). 참고: 식별 카드, 팔찌, 조끼, 모자, 배지를 포함하여 확인할 수 있다.
10. 비상대책계획은 병원이 비상사태 동안 직원을 관리하기 위해 필요로 되는 준비로 수행할 수 있도록 구성한다.

**기준:** EM.02.02.09: 비상사태 동안 병원에서 어떻게 지원프로그램을 관리할 것인지 준비하는 것으로 비상대책계획의 일부이다.

**근거:** 다른 형태의 비상사태는 조직의 지원프로그램에 동일한 해로운 영향을 미친다. 예를 들면, 소규모 화재, 착빙성 폭풍우, 산업재난은 간호, 치료, 서비스, 운영 부서에 요구되는 지원프로그램의 손실할 수 있다. 그러므로 조직은 필수적 지원프로그램 지원을 위한 대체 수단을 제공해야 한다(예를 들면, 병원의 대체 장비; 주 공급자와의 협력 관계; 본사 규정; 지역사회의 다른 기관과 함께 양해각서 작성). 병원은 얼마나 오랫동안 환자 간호를 개방하고 지원프로그램을 위한 계획을 수립해야 한다. 어떤 비상사태는 장기간 혹은 지역적 영역에서 조직이 지역사회 내 1개 공급체에 의존해서는 안 된다. 가능한, 병원은 지역사회 인프라가 병원을 지지할 수 없을 때 지역사회 외부의 공급체를 확인해야 한다.

**필수 요소:**

2. 비상대책계획으로, 병원은 전기와 같은 대체 수단을 확인해야 한다.
3. 비상대책계획으로, 병원은 필수 치료활동과 소비에 필요한 물의 대체 수단을 확인해야 한다.
4. 비상대책계획으로, 병원은 위생과 장비에 필요한 물의 대체 수단을 확인해야 한다.
5. 비상대책계획으로, 병원은 발전기, 필수 이송 서비스, 빌딩 운영을 위한 연료에 필요한 대체 수단을 확인해야 한다.
6. 비상대책계획으로, 병원은 의학적 가스/진공 시스템의 대체 수단을 확인해야 한다.
7. 비상대책계획으로 병원은 지원프로그램 체계(예를 들면, 수직 및 수평 이송, 냉난방 시스템, 증기)의 대체 수단을 확인해야 한다.
8. 비상대책계획은 병원이 비상사태 동안 지원프로그램을 관리하기 위해 필요로 되는 준비로 수행할 수 있도록 구성한다.

**기준:** EM.02.02.11: 비상사태 동안 병원에서 어떻게 환자를 관리할 것인지 준비하는 것으로 비상대책계획의 일부이다.

**근거:** 비상관리계획의 근본 목적은 장애 예방과 생명을 보호하는 것이다. 간호, 치료, 서비스의 관리자는 비상사태의 형태에 따라 다를 수 있다. 그러나, 환자 안전(환자 이송, 의뢰, 서비스 중단, 수정 결정) 활동에 있어, 기관은 수행할 수 있는 적극적인 접근 방법을 취해야 한다.

응급환자 분류과정에서 환자 간호를 위해 더욱더 적절한 이송, 장기간 입원, 신속한 치료와 퇴원 등을 포함한다. 재난은 모든 환자의 안전을 유지하고, 시설이 안전하지 않을 경우 대피시켜야 한다. 임상서비스 계획은 잠재적 환자 상태와 사건 확대에 따른 상황을 반영하여야 한다.

**필수 요소:**

2. 비상대책계획은 병원이 환자 일정, 우선순위, 사정, 치료, 입원, 이송, 퇴원과 같은 활동 관리를 어떻게 할 것인지를 기술한다.
3. 비상대책계획은 환자경이 지지적 간호, 치료, 서비스를 제공할 수 없을 때, 병원이

어떻게 대피시킬 것인지를 기술한다(EM.02.02.03, EPs 9 and 10 기술).

4. 비상대책계획은 소아, 노인, 장애인, 심각한 만성질환자 등 취약 집단의 증가된 요구를 어떻게 임상적으로 충족시킬 것인지를 기술한다.
5. 비상대책계획은 병원이 환자의 위생요구와 개인위생을 어떻게 관리할 것인지를 기술한다.
6. 비상대책계획은 비상사태동안 환자의 정신건강서비스 요구를 어떻게 관리할 것인지를 기술한다.
7. 비상대책계획은 병원이 영안실 서비스를 어떻게 관리할 것인지를 기술한다.
8. 비상대책계획은 병원은 환자의 임상적 정보를 추적하고 문서화를 어떻게 할 것인지를 기술한다.
11. 비상대책계획은 병원이 비상사태 동안 환자를 관리하기 위해 필요로 되는 준비로 수행할 수 있도록 구성한다.

**기준:** EM.02.02.13: 재난기간 동안, 병원은 자격을 갖춘 실무 자원봉사에게 재난의 권한을 부여할 수 있다. 참고: 재난은 조직 역량의 위협, 기간, 규모, 복잡성으로 환자 간호, 안전, 보안 기능을 유지하기 위해 외부의 도움이 필요로 된다.

**근거:** 없음

**필수 요소:**

1. 비상대책계획으로 병원이 환자의 요구를 충족시킬 수 없고, 재난에 대응할 때 자격을 갖춘 실무 봉사자에게 권한을 부여한다.
2. 조례에 의해, 의료진은 자격을 갖춘 실무 자원봉사자의 재난에 대한 권한을 부여할 책임을 확인한다.
3. 병원은 자격을 갖춘 실무 자원봉사자와 이외 자격을 갖춘 실무자들을 어떻게 구별할 것인지를 결정한다(EM.02.02.07, EP 9 기술).
4. 의료진은 재난에 부여된 권한을 가진 자격을 갖춘 실무 봉사자의 수행능력을 어떻게 감독할 것인지를 서면으로 기술한다.
5. 자원봉사 실무자가 자격을 갖춘 실무 봉사자로 자격이 부여되기 전에, 병원은 본인

확인을 위해 정부의 유효한 신분증을 확인해야 한다(예를 들면, 운전면허 및 여권); 건강관리조직은 현재 사진 신분증을 전문 지정 기관에서 확인한다; 병원에 의해 현재 부여된 권한의 자격을 갖춘 실무자를 확인하거나, 재난 기간 동안 자격을 갖춘 실무자가 실무 자원 봉사자의 능력에 대한 개인적 지식을 가진 직원들에 의해 확인한다.

6. 재난 기간 동안, 의료진은 자격을 갖춘 실무 봉사자의 수행능력을 감독한다.
7. 자격을 갖춘 실무 봉사자의 감독을 바탕으로, 병원은 재난시 부여된 권한이 지속된다면 72시간 이내에 결정해야 한다.
8. 자격의 검증은 자격을 갖춘 실무 봉사자가 72시간 이내 재난 발생시 신속하게 이루어져야 한다. 만약 72시간 이내에 자격을 갖춘 실무 봉사자의 자격 검증 절차가 이루어지지 않는다면, 실무자는 수행할 수 없다; 자격을 갖춘 실무 봉사자는 적정한 간호, 치료, 서비스를 지속적으로 제공할 수 있도록 한다; 병원은 가능한 자격 검증 수행 절차를 진행한다.
9. 특별한 사정으로, 자격을 갖춘 실무 봉사자의 자격 검증 절차를 72시간 이내에 완료할 수 없다면, 가능한 한 빨리 수행한다. 참고: 재난시 부여된 권한이 간호, 치료, 서비스를 제공하지 않는 자격을 갖춘 실무 봉사자라면 자격 검증이 필요하지 않다.

**기준:** EM.02.02.15. 재난 동안, 병원은 자격을 갖춘 실무자가 없을 때 실무 자원봉사자에게 재난시 책임을 부여할 수 있으나, 법적으로 자격, 인증, 등록 절차가 충족되어야 한다. 참고: 반면, 재난 기간 동안 부적절한 간호에 대해 보호하기 위해, 수행 요건, 등록절차, 인증, 자격, 검증 절차를 간소화한다.

**근거:** 없음

**필수 요소:**

1. 병원은 재난에 대응하기 위해 비상대책계획이 개시될 때, 즉각적으로 환자의 요구를 충족시킬 수 없을 때, 자격을 갖춘 실무자가 없는 경우 실무 자원 봉사자에게 재난에 대한 책임을 부여할 수 있다.

2. 병원은 자격을 갖추지 않은 실무 봉사자에게 부여되는 재난시 책임을 문서화한다.
3. 병원은 직원과 자격을 갖추지 않은 실무 봉사자를 어떻게 구분할 것인지 결정한다 (EM.02.02.07, EP 9).
4. 병원은 자격을 갖추지 않은 실무 자원봉사자에게 부여된 재난시 책임을 어떻게 감독할 것인지를 문서화한다. 예를 들어, 의료기록지 검토, 모니터링, 관찰 등을 포함한 수행 감독 방법.
5. 자격을 갖추지 않은 실무 자원봉사자가 실무자의 기능을 위한 자격을 부여하기 전에, 병원은 정부의 유효한 신분증을 통해 확인해야 한다; 건강관리 조직은 현재 사진이 부탁된 신분증을 전문적 지정 기관에서 확인한다; 현재 자격, 인증, 등록절차; 자격, 인증, 등록절차를 검증; 재난시 환자 간호, 처치, 서비스를 제공하기 위해 정보에 의해 부여된 권한을 확인한다.
6. 재난 기간 동안, 병원은 자격을 갖추지 않은 실무 봉사자의 수행을 감독한다.
7. 자격을 갖추지 않은 실무 봉사자를 감독하기 위해 실무자가 도착한 후 72시간 이내 재난시 책임을 부여한다.
8. 자격을 갖추지 않은 실무 봉사자의 자격, 인증, 등록절차 검증은 72시간 이내 수행되도록 한다. 만약 자격, 인증, 등록절차 검증이 72시간 이내 수행되지 않는다면, 72시간 이내 수행될 수 없는 이유를 문서화 한다. 실무 자원 봉사자는 적절한 간호, 처치, 서비스를 지속적으로 제공하여야 한다. 병원은 가능한 검증절차를 수행한다.
9. 특별한 상황에서, 72시간 이내 실무 자언봉사자의 자격을 검증을 완료할 수 없다면, 가능한 빨리 수행한다. 참고: 자격, 인증, 등록절차 검증은 간호, 처치, 서비스를 제공하지 않는 실무 자원봉사자라면 요구되지 않는다.

**기준:** EM.03.01.01. 병원은 비상관리계획 활동의 효과성을 평가한다.

**근거:** 조직 또는 조직의 영역이 직면하고 있는 위험과 유해성은 시간이 지남에 따라 변경 될 수 있다. 병원 활동계획의 목표 또는 범위는 환자 집단, 지역사회 계획의 파트너 또는 다른 요인에 의해 조직의 변화에 대응하여 발전할 수 있다. 이러한 변화는 비상사태 기간 동안 필요한 자원과 자산에 대한 결정을 포함하여 병원의 대응 역량에

영향을 미친다. 병원은 이러한 변화를 확인하여 활동 계획을 매년 검토하고, 비상사태에 병원이 어떻게 대응할지를 결정한다.

**필수 요소:**

1. 병원은 유해의 취약성 분석으로 위험, 유해, 잠재적 비상사태를 매년 검토한다. 이러한 결과는 문서화한다(EM.01.01.01, EPs 2 and 4 기술).
2. 병원은 비상대책계획의 목표와 범위를 매년 검토한다. 이 결과는 문서화한다.
3. 병원은 재산목록을 매년 검토한다. 이 결과는 문서화한다.

**기준:** EM.03.01.03: 병원은 비상대책계획의 효과성을 평가한다.

**근거:** 조직은 비상대책계획의 적절성; 적합성; 물류의 적절성, 인적 자원, 교육, 정책, 절차, 프로토콜의 효과를 사정한다. 연습은 조직의 준비 및 수행능력의 평가를 지원하기 위해 계획의 제한을 강조한다. 연습 설계는 재난을 반영해야하나 간호, 처치, 서비스 제공 역량이 비상사태 대응에 미치는 영향을 조사해야 한다.

**필수 요소:**

1. 비상사태 대응 연습으로, 병원은 계획에 포함된 각 장소에서 일 년에 두 번 비상대책계획을 실시한다. 참고 1; 하나 혹은 다수의 실제 비상사태의 대응으로 비상대책계획을 실시한다면, 이러한 비상사태는 비상대응 연습 장소를 제공할 수 있다.
2. 비상 서비스를 제공하거나 지역사회 재난 수신국으로 지정된 병원은, 비상 대응 훈련시 모의 환자의 유입을 포함한다.
3. 비상 서비스를 제공하는 병원 또는 지역사회 재난 수신국으로 지정된 병원은 지역사회에서 병원을 지원할 수 없는 확대된 사건을 포함하여 비상 대응 훈련을 실시한다.
4. 지역사회 대응계획 내의 병원의 역할은 지역사회 차원의 훈련에 참여하는 것을 포함하여 비상 대응 훈련을 실시한다.
5. 비상대응 훈련은 병원의 환자, 지원프로그램, 인력, 보안, 자산과 자원, 통신을 처리할 수 있는 능력을 평가 할 수 있는 재난 시나리오를 포함한다(EM.02.01.01, EP 2).
6. 병원은 비상대응훈련 기간 동안 책임자를 지정하고 개선을 위한 활동과 수행을 모

니터링한다.

7. 비상대응훈련 기간 동안, 병원은 다른 건강관리 조직과 공공 보건 기관, 경찰, 소방, 지방 정부 지도자와 같은 외부 기관과의 의사소통의 효과성과 내부 의사소통의 효과를 모니터링한다.
8. 비상대응훈련 기간 동안, 병원은 운송, 개인보호장비, 소모품, 장비를 포함한 자산 배분과 자원 배분을 모니터링 한다.
9. 비상대응훈련 기간 동안, 병원은 안전과 보안 관리를 모니터링 한다.
10. 비상대응훈련 기간 동안, 병원은 직원의 역할과 책무를 모니터링 한다.
11. 비상대응훈련 기간 동안, 병원은 지원프로그램 체계 관리를 모니터링 한다.
12. 비상대응훈련 기간 동안, 병원은 환자의 임상적, 지지적 간호 활동 관리를 모니터링 한다.
13. 모든 활동과 관찰을 모니터링하여, 병원은 다분야의 절차를 통해 실제 비상사태에 대한 모든 대응과 모든 비상대응 훈련을 평가한다.
14. 모든 비상 대응 훈련과 모든 실제 비상 대응은 개선을 위한 기회와 약점을 확인하여 평가한다. 이러한 평가는 문서화한다.
15. 모든 비상대응훈련과 실제 모든 비상 대응 평가는 개선을 위한 약점과 기회를 확인하여 처치 환경 모니터링에 책임을 지고 있는 질 향상팀과 의사소통한다(EC.04.01.05, EP 3 기술).
16. 병원은 실제 비상 대응과 비상대응훈련 평가를 기초로 비상대책계획을 수정한다.
17. 이후 비상대응훈련은 수정된 비상대책계획에 기술된 대로 임시적으로 수정된 내용을 반영한다.

부록 I

# 위험도 평가 필수 요소

미국 소방방재협회 NFPA, National fire protection association 는 재난/응급상황 관리와 지속 프로그램(2010 판) Standard of disaster/emergency management and business continuity programs 에 수록된 1,600가지 표준에서 위험도 평가 필수요소를 정의하고 있다.

표준 5.4에서 위험도 평가는 "예방 및 경감전략을 파악하고", "연이어 발생할 수 있는 지역적, 국가적, 전세계적 영향을 평가하고", "대응, 지속, 회복을 위한 계획을 세우는데 필요한 정보를 수집해야 한다"고 명시하고 있다.

모든 사건이 아래 제시된 재난의 정의에 모두 해당하지는 않지만, 미국 소방방재협회 표준 1600에 있는 모든 항목은 다음과 같다. 위험도를 평가할 때는 다음과 관련된 취약성을 파악하고, 평가하고, 모니터링해야 한다.

- 사고 당시 해당 지역에 있던 사람들의 건강과 안전(부상과 죽음)
- 사고 대처 인력의 건강과 안전
- 수색구명 작업의 연속성
- 재산, 시설, 주요 시설물
- 기관의 서비스 제공
- 물자의 공급과정
- 환경
- 경제적, 재정적 상태
- 법적, 계약상의 의무
- 기관의 명성과 신뢰도

위험도를 평가할 때는 다음 위험요소에 대해 평가해야 한다.

| 자연재해 | | | 인공적 사건 | | |
|---|---|---|---|---|---|
| 지질학 | 기상학 | 생물학 | 사 건 | 의도적 | 기술적 |
| 지진 | 홍수, 갑자기 불어난 물, 수면의 진동, 밀물과 썰물 | 최근 출현질환(전염병, 천연두, 탄저병, 웨스트나일바이러스, 발과 입 질환, 중증급성호흡기증후군, 광우병) | 위험물질을 흘리거나 방출 | 폭발, 화학, 생물학, 방사성물질, 원자력, 사이버에 의한 테러 | 중앙컴퓨터, 본체, 서버, 소프트웨어, 응용프로그램 오류 |
| 쓰나미 | 가뭄 | 동물, 곤충에 의한 감염 및 상처 | 폭발, 화재 | 사보타주[1] | 보조장비 |
| 화산 | 불 | | 운송업 | 민간인 소요사태, 집단 히스테리, 폭동 | 통신 불량 |
| 산사태, 진흙사태, 지반 침하 | 눈, 얼음, 우박, 진눈깨비, 눈사태, 산사태 | | 빌딩, 구조물 붕괴 | 적의 공격, 전쟁 | 에너지/전력/공익사업 실패 |
| 빙하, 빙산의 이동 | 극단적 기온 | | 에너지/전력/공익사업 실패 | 반란, 내란사태 | |
| | 번개 | | 연료나 자원 부족 | 파업 또는 노동 쟁의 | |
| | 기근 | | | 허위정보 | |
| | 지자기 폭풍[2] | | 대기오염, 수질오염, 그 외 오염 | 공공기물 파손, 방화, 절도, 사기, 횡령, 정보 절도 등의 범죄 | |
| | | | 물 관리 구조물 파손 | 전자기 펄스[3] | |
| | | | 경제침체, 인플레이션, 금융시스템 붕괴 | 물리적 보안붕괴, 정보보안 붕괴 | |
| | | | 의사소통 시스템 중단 | 직장, 학교, 대학 폭력 | |
| | | | 잘못된 정보 | 제품결함, 오염 | |
| | | | | 괴롭힘, 차별 | |

1) 역자 주. 사보타주 Sabotage : 적이 사용하지 못하도록 혹은 무엇에 대한 항의의 표시로 장비, 운송 시설, 기계 등을 고의로 파괴하는 것

2) 역자 주. 지자기폭풍 geomagnetic storm : 지구 자기권의 일시적인 혼란으로 코로나 질량 방출, 코로나 구멍 등이 발생하고 나서 24~36시간 후에 태양풍의 충격파가 지구 자기장을 강타하여 지자기 폭풍을 유발한다. 이러한 현상은 충격파가 지구를 향해 다가올 경우에만 발생하며, 태양풍의 자기권에 대한 압력은 태양의 활동에 따라 증가하기도 하고, 감소하기도 한다. 대개 24~48시간 계속되지만 며칠간 지속되기도 한다.

3) 역자 주: 전자기 펄스 electromagnetic pulse : 핵무기에서 발생하는 파동의 일종으로 이 파동은 전자기기에 과전류를 일으켜 시계, 자동차, 휴대전화, 컴퓨터 등 전자기 소자 등을 가진 모든 전자제품을 망가트린다. 전자기 펄스를 비핵무기로부터 발생시키려는 기술 개발이 진행 중이며, 이것은 인체에 무해하여 21세기 첨단무기시대의 주목을 이끌 무기가 될 것으로 예측되고 있다.

위험도 평가를 위한 방법론과 기술은 다음과 같다.

| 방법과 기술 | 기 능 |
|---|---|
| 가상상황 예측<br>What-if | · 바람직하지 않은 결과를 유발할 만한 재난이나 위험상황을 가정해 본다.<br>· 해당 지역과 재난시 대응에 익숙하고, 박식한 주민에게 정보를 구한다.<br>· 팀을 평가하고, 그들의 질문을 평가한다. |
| 체크리스트<br>checklist | · 위험 및 위험상황을 식별하는 데 사용되는 목록을 체크한다.<br>· 현재 또는 예측되는 상황과 허용 기준을 비교한다.<br>· 체크리스트와 평가자의 경험과 자격 등을 평가한다. |
| 가상상황 예측/<br>체크리스트<br>What-if/checklist | · 가상상황 예측법과 체크리스트법을 병행한다.<br>· 두 가지 기술의 장점을 활용한다.<br>· 가상상황 예측 질문을 개발하고, 체크리스트에 표시한다.<br>· 체크리스트와 평가자의 경험과 자격 등을 평가한다. |
| 위험 및 운용성 연구<br>Hazard and operability study | · 해당 지역, 운영 및 프로세스에 대해 매우 잘 알고 있는 다학제 팀이 필요하다.<br>· 철저히 수행하려면, 시간과 비용이 많이 든다.<br>· 팀의 자격과 경험, 이용 가능한 자료의 질, 하나의 팀으로 기능할 수 있는 팀의 능력, 강하고 긍정적인 리더십 등을 평가한다. |
| 실패 유형 및<br>영향 분석<br>Failure mode and effects analysis | · 시스템의 개별적, 집단적 요소를 확인한다.<br>· 하나 이상의 요소가 실패할 때의 영향을 평가한다.<br>· 상향식 접근: 모든 요소를 확인하고, 전체 시스템이 고장났을 때의 결과를 예측한다.<br>· 예상되는 장비 고장을 평가하기 위해 소규모 학제 팀이 필요하다.<br>· 팀에 대한 신뢰도와 시스템의 범위를 평가한다. |
| 결함 트리 분석<br>Fault-tree analysis | 하향식 접근 방식: 바람직하지 않은 사건과 잠재적 원인을 확인한다.<br>결함 트리 분석, 팀의 자격 및 팀에 대한 심층분석을 활용하여 능숙도를 평가한다. |

출처: National Fire Protection Association (NFPA). 2009. NFPA 1600 Standard of Disaster/Emergency Management and Business Continuity Programs, 2010 Edition. Section 5.4 and Annex A. Quincy, MA: NFPA. http://www.nfpa.org/assets/files/PDF/NFPA16002010.pdf.

부록 J

# 박테리아성 주요 식품매개질환

다음 표는 공중보건 전문가가 박테리아로 인해 발생하는 식품유래 질환을 빨리 비교 검토하는데 도움이 된다. 전문가는 박테리아로 인해 발생하는 식품유래 질환의 임상증상, 각 질환과 관련 있는 음식들, 예방 및 관리법 등을 검토하여 상담해야 한다.

| 질 병 (원인 물질) | 주요 증상 | 일반적 음식물 | 예방과 관리법 |
|---|---|---|---|
| 식중독Food poisoning (*Bacillus cereus*) | 설사, 경련, 가끔 구토 | 육가공품, 스프, 소스, 채소 | 모든 식재료를 완벽히 조리할 것, 적정한 온도에서 대접, 음식을 빨리 식힐 것 |
| 식중독Food poisoning, 구토성emetic(B. cereus) | 오심과 구토, 가끔 설사와 경련 | 조리된 쌀, 파스타 | 빨리 식힐 것 |
| 보툴리즘 식중독 (이열성 독소heat-labile toxin of C. botulinum) | 피로, 허약, 복시, 어눌한 말투, 호흡부전, 가끔 사망 | Type A and B: 채소, 과일, 고기, 생선, 가금류, 조미료<br>Type E: 어류 및 어류 가공식품 | 상품화된 식품 구입, 기름에 튀기거나 기름을 넣은 음식 제공, 남은 음식은 즉각 폐기 |
| 보툴리즘 식중독: 영아 감염(이열성 독소 heat-labile toxin of C. botulinum) | 변비, 허약, 호흡부전, 가끔 사망 | 꿀, 흙 | 영아에게는 꿀을 먹이지 말 것 |
| 캄필로박테리아증 Campylobacteriosis (*Campylobacter jejuni*) | 설사, 복통, 고열, 오심과 구토 | 감염된 음식과 동물 | 육류는 완벽히 조리하고, 빨리 식히고, 교차오염 방지, 파스퇴르 처리된 우유 사용 |
| 식중독 Clostridium perfringens | 설사, 경련, 드물게 오심, 구토 | 요리된 고기, 가금류 | 동물성식품은 철저히 조리, 빨리 냉장보관, 교차오염 방지 |

| | | | |
|---|---|---|---|
| 식중독 감염, 장출혈성 Escherichia coli | 묽고 피 섞인 설사 | 생 쇠고기 혹은 요리 안 된 쇠고기, 원유 | 동물성식품은 철저히 요리, 빨리 냉장보관, 교차오염 방지 |
| 식중독 감염, 장침입성 enteroinvasive (*E. coli*) | 복통, 설사, 발열, 이질 | 날 음식 | 조리자에게 올바른 위생습관 교육, 식품 취급자의 장갑 착용, 조리시간 단축 |
| 식중독 감염, 장독성enterotoxigenic (*E. coli*) | 묽은 설사, 가끔 경련, 구토 | 날 음식 | 조리자에게 올바른 위생습관 교육, 식품 취급자의 장갑 착용, 조리시간 단축 |
| 리스테리아증Listeriosis (*Listeria monocytogenes*) | 뇌수막염, 사산, 패혈증 또는 신생아 수막염 | 원유, 치즈, 야채 | 저온 살균 우유 사용, 철저히 조리 |
| 살모넬라증Salmonellosis (살모넬라 종) | 설사, 복부 통증, 오한, 발열, 구토, 탈수 | 날것 또는 덜 익은 계란, 원유, 육류 및 가금류 | 동물성식품은 철저히 조리, 빨리 식히고 조리시간 단축, 교차오염 방지 |
| 세균성 이질Shigella | 설사, 발열, 오심과 구토, 경련 | 날 음식 | 동물성식품은 철저히 조리, 빨리 냉장보관, 교차오염 방지 |
| 포도상구균성 식중독 Staphylococcal food poisoning (황색포도상구균의 열안정성 장 독소) | 오심, 구토, 설사, 경련 | 햄, 고기, 가금류, 크림 속을 넣은 페이스트리, 거품을 낸 버터, 치즈 | 조리자가 피부질환이나 호흡기 질환이 있는 경우, 조리를 금함 |
| 연쇄상구균성 식품 감염 Streptococal foodborne infection (*Streptococcus pyogenes*) | 인후통, 단독erysipela5), 성홍열scarlet fever | 생 우유, 데빌드에그deviled eggs6) | 파스퇴르 처리된 우유 사용, 조리자에게 위생습관 교육, 음식을 빨리 식힘 |
| 식품유래 감염(*Vibrio parahaemolyticus*) | 설사, 경련, 가끔 오심과 구토, 열, 두통 | 어류와 해산물 | 어류와 해산물은 완벽히 조리, 빨리 식힐 것 |

재인용: Owen AL, Splett PL, Owen GM. 1999. Nutrition in the Community: The Art and Science of Delivery Services, 4th ed. Boston, MA: WCB McGraw Hill.

5) 역자 주. 단독erysipelas, 丹毒: 화농성 연쇄상구균 감염으로 인한 접촉전염성의 피부 및 피하조직 질환. 유아, 고연령자, 면역력이 저하된 사람에게, 고열, 오한, 두통, 전신적 권태감, 피부에 경계가 뚜렷한 부종성 홍반, 국부 찰과통 등이 나타남 (생명과학대사전, 2008.2.5, 아카데미서적)

6) 역자 주. 데빌드에그deviled egg: 주로 칵테일 파티 등에 많이 쓰이는 계란 요리의 하나. 완숙한 달걀을 2등분하고, 노른자를 머스터드, 마요네즈소스, 파슬리 등과 섞어 흰자 속에 짜 넣고, 위에 2~3 mm 두께의 올리브를 장식함 (두산백과)

부록 K

# 재난피해지역 주민의 발생가능 질환

| 질 병 | 주요 증상 | 환경적 위험인자 | 발생가능한 건강위험 |
|---|---|---|---|
| 급성 상기도 감염증 | 감기의 증상; 폐렴, 가슴 통증과 어깨 뼈 간 통증 | 인구 과밀, 열악한 위생상태 | 인플루엔자, 폐렴 위험군에게 심각한 합병증이 발생함 |
| 콜레라 | 발열, 심한 액체 설사, 복부 경련, 구토, 급격한 체중 손실, 탈수 | 오염된 식수나 음식, 열악한 위생상태 | 특히 어린이의 탈수; 소변의 어두운 색, 마른 혀, 가죽 같은 피부 |
| 설사 | 적어도 하루 세 번의 설사; 발열, 구역질, 구토 | 오염된 식수나 음식, 열악한 위생상태 | 특히 어린이 탈수; 진한 색깔 소변, 혀 건조, 가죽 같은 피부 |
| 디프테리아 | 목의 염증과 통증, 기침 | 인구 과밀, 열악한 위생상태 | 호흡기 분비물로 질식될 수 있음 |
| 열 스트레스 | 고체온, 메스꺼움, 구토, 두통 | 고온 | 혼수상태 |
| (바이러스성) A형 간염 | 메스꺼움, 미열, 옅은 색 변, 진한 색깔 소변, 황달 눈과 피부 | 열악한 위생 | 장기간 동안 무능력 상태 |
| 말라리아 | 근육 및 관절통, 오한과 고열, 두통, 설사와 구토 | 정체된 수역에서 얼룩날개 모기 서식 | 발병 48시간 이내에 의료적 처치를 받지 않으면 급격히 악화될 수 있음 |
| 홍역 | 구진성 발진 후 발열 및 감기 | 인구 과밀, 열악한 위생상태 | 높은 치사율 |
| 수막구균성 수막염 | 감염 후에도 상당 시간 동안 증상이 없을 수 있음; 증상이 유행할 때 두통, 발열, 전신권태감 진단을 제안 | 인구 과밀 | 초기에 치료하지 않으면 치명적임; 생존자에게 신경학적 문제 |
| 광견병 | 피로, 두통, 방향 감각 상실, 마비, 과잉 행동 | 감염동물에게 물림 | 치료하지 않으면 치명적 |

| 이질 | 대변에 피와 설사, 발열, 구토, 복통 | 오염된 식수나 음식, 위생상태 불량 | 치명적인 케이스가 많을 수 있음 |
|---|---|---|---|
| 파상풍 | 턱에서 시작하여 며칠 내 다른 신체부분까지 근육경련 확대 | 위생상태 불량, 부상 | 치명적 |
| 장티푸스 | 초기 증상은 말라리아와 유사함; 설사, 장기간의 발열, 드물게 섬망 | 오염된 식수나 음식, 위생상태 불량 | 적절한 치료가 없을 경우 수 주 내 치명적인 합병증을 초래할 수 있음 |
| 유행성 티푸스 Louse-borne typhus | 장기간 발열, 두통, 신체 통증 | 머릿니 감염, 위생상태 불량 | 치료하지 않으면 치명적임 |

출처: Wisner B, Adams J, eds. 2002. Environmental Health in Emergencies and Disasters. Table 11.1. Control measures for ensuring food safety. p. 170. Geneva, Switzerland: World Health Organization.

부록 L

# 응급처치와 필수 응급물품

응급상황에서의 기본적 물품인 물, 음식, 응급구조키트, 도구 및 물품, 특정 약물이나 기타 응급 시 제시된 물품 등은 준비돼야 만 한다. 응급처치물품은 이동이 용이하고 방화, 방수 상자에 보관되어야 한다. 또한 응급처치물품은 주기적으로 검사해야 하고, 유효기간이 지난 것은 다시 보완해야 한다. 중요한 의학적 정보와 처방은 냉장고에 부쳐놓고 매 6개월마다 확인한다. 중요한 정보가 포함된 것, 즉 계약정보, 최근 사회보장 관련 서류, 운전면허증, 보험정책, 의료관련 카드, 의사의 이름과 전화번호, 개인전화번호부 등은 안전한 곳에 보관되도록 해야 한다.

## 물 Water

하루에 1인당 3.8리터의 물을 플라스틱 용기에 준비하고 7일간 지낼 수 있는 물을 유지하며 이는 6개월마다 새로 대체해야 한다.

## 음식 Food

1인당 7일간 먹을 수 있는 상하지 않은 음식물을 준비하고 6개월마다 새로 대체해야 한다.

- 아기 이유식, 음식 Baby formula, food
- 고에너지 음식- 영양바, 땅콩버터, 적정량의 당분과 지방을 공급하는 식품 High energy foods–nutrition bars, nuts, peanut butter, trail mix
- 쥬스: 통조림, 박스, 가루 등 Juices: canned, boxed, powdered or crystallized
- 우유: 박스, 가루, 통조림 등 Milk: boxed, powdered or canned
- 통조림이나 건조시킨 육류, 과일 및 채소 Ready–to–eat canned or dried meats, fruits, and vegetables
- 스프, 부용큐브(녹여서 스프로 만들어 먹는 고형스프), 건조스프 Soups, bouillon cubes, or dried soups
- 비타민 Vitamins

## 응급처치키트 First aid kit

- 에이스 붕대 Ace bandages : 손목 · 무릎 등의 염좌 탈구용의 신축성 있는 붕대
- 접착테이프 Adhesive tape roll
- 알코올 솜(개별포장) Alcohol swabs (individually wrapped)
- 제산제 Antacid
- 항생제연고 Antibiotic ointment
- 지사제 Antidiarrheal medicine
- 소독제 Antiseptic or hydrogen peroxide
- 아스피린과 비아스피린계 알약 Aspirin and nonaspirin tablets
- 안전핀, 옷핀 Assorted sizes of safety pins
- 세정제, 비누 Cleansing agent or soap
- 냉찜질 팩 Cold packs
- 면봉 Cotton–tipped swabs
- 드레싱 Dressings
- 구토제 Emetic (to induce vomiting)
- 점안액 Eye drops or eye wash
- 반창고 Hyperallergenic adhesive tape

- 소독장갑 Latex gloves
- 완화제, 설사제 Laxative
- 타올 Moist towelettes
- 바늘 Needle
- 처방된 약 Prescriptions and any long-term medications
- 거즈 Rolled gauze
- 소독용알코올 Rubbing alcohol
- 안전면도칼 Safety razor blade
- 뱀에 물린 경우 사용하는 키트 Snake bite kit
- 소독붕대 Sterile adhesive bandages (assorted sizes)
- 체온계 Thermometer
- 핀셋 Tweezers

## 기타 응급처치물품 Other first aid supplies

- 비누 Bar soap
- 응급처치 책 First aid book
- 바늘과 실 Needle and thread
- 종이컵 Paper cups
- 포켓용 칼 Pocket knife
- 가위 Scissors
- 작은 비닐백 Small plastic bags
- 스프린트 Splinting materials
- 자외선차단제 Sunscreen

## 위생도구 Sanitation kit

- 소독약 Disinfectant

- 화장지 Facial tissues
- 가정용표백제 Household bleach
- 개인위생용품 Personal hygiene items (e.g. sanitary napkins)
- 비닐쓰레기 백 Plastic garbage bags, ties
- 비누 Soap, liquid detergent
- 화장지 Toilet paper, moist towelettes

## 가정 생존 기구와 물품 Home survival tools and supplies

- 접착식 라벨 Adhesive labels
- 알루미늄 호일 Aluminum foil
- 도끼 Ax
- 라디오 Battery-operated radio
- 다양한 종류의 배터리 Batteries in various sizes
- 담요와 슬립핑 백 Blankets or sleeping bags
- 빗자루 Broom
- 양초 Candles
- 현금, 여행자수표, 동전 등 Cash or traveler' s checks, coins
- 옷 Change of clothing
- 나침반 Compass
- 일회용 방진마스크 Disposable dust masks
- 화장지 Facial tissues
- 소화기 Fire extinguisher (multipurpose, dry chemical type))
- 손전등 Flashlight
- 애완동물을 위한 음식과 물 Food and water for pets
- 가정용호스(for siphoning and fire fighting)
- 망치 Hammer
- 칼 Knife

- 캔오프너 Manual can opener
- 지도 Map of the area
- 점적기 Medicine dropper
- 휴대용 식기 세트 Mess kits or disposable plates, cups, and utensils
- 바늘과 실 Needles, thread
- 나일론 끈 Nylon cord
- 종이와 연필 Paper, pencil
- 패치키트: 타이어 구멍을 일시적으로 접착을 통해 메우는 키트
- 유사시 화장실 대신할 수 있는 뚜껑 있는 플라스틱 양동이 Plastic bucket with tight lid (for indoor toilet)
- 비닐시트 Plastic sheeting
- 플라스틱 저장용 가방과 컨테이너 Plastic storage bags and containers
- 펜치 Pliers
- 어린이와 어른을 위한 레크레이션 물품 Recreational supplies for children and adults
- 구조 시 사용한 끈 Rope for towing or rescue
- 안전고글 Safety goggles
- 가위 Scissors
- 드라이버 Screwdriver
- 삽 Shovel
- 신호탄 Signal flare
- 스프레이식 페인트 Spray paint
- 튼튼한 신발 Sturdy shoes
- 테이프 Tape, such as duct tape
- 텐트 Tent
- 일할 때 사용하는 두꺼운 장갑 Thick work gloves
- 화장지 Toilet paper
- 도구: 쇠지렛대, 망치, 못, 펜치, 드라이버, 나사못, 조절가능 스패너 Tools e.g., crowbar, hammer, nails, pliers, screwdriver, wood screws, adjustable wrench
- 만능칼 Utility knife

- 방수된 성냥 Water-proof matches or in a waterproof container
- 호루라기 Whistle

## 자동차 생존키트 Car survival kit

- 담요 Blankets
- 병에 담긴 물 Bottled water
- 여분의 옷 Change of clothes
- 공중전화 걸기 위한 동전 Coins for telephone calls
- 강력접착 테이프 Duct tape
- 응급신호 도구: 쿨빛막대, 점멸등, 반사장치 Emergency signal device (light sticks, battery-type flasher, reflector)
- 소화기 Fire extinguisher (multipurpose, dry chemical type)
- 응급처치 키트 First aid kit and manual
- 손전등과 배터리 Flashlight and batteries
- 음식 Food (nonperishable items such as nutrition bars, trail mix)
- 장갑 Heavy work gloves
- 점프 케이블 Jumper cables
- 지도와 나침판 Local map and compass
- 젖은 수건 Moist towelettes
- 종이와 연필 Paper and pencils
- 구조를 위한 노끈 Rope for towing and rescue
- 물건을 옮기기 위한 작은 가방이나 백팩 Small bag or backpack to carry items
- 작은거울 Small mirror
- 신발과 부츠 Sturdy shoes or work boots
- 화장지 Toilet paper
- 공구: 펜치, 드라이버, 조절가능 스패너 Tools (e.g., pliers, adjustable wrench, screwdriver)
- 호루라기 Whistle

## 작업장 생존키트 Workplace survival kit

- 담요 Blanket
- 생수 Bottled water
- 필수의약품 Essential medications
- 여분의 안경이나 콘택트렌즈 용액 Extra pair of eyeglasses or contact lens solution
- 손전등 Flashlight
- 음식: 영양바 같은 상하지 않는 음식 nonperishable items such as nutrition bars, trail mix
- 자켓이나 스웨터 Jacket or sweatshirt
- 이동식배터리 Portable battery-operated radio and batteries
- 작은 응급구조키트 Small first aid kit
- 작은 거울 Small mirror
- 신발 Sturdy shoes
- 호루라기 Whistle

## 장애자와 관련된 물품과 특수 장비 목록 Disability-related supplies and special equipment list

- 깡통 Cane(s)
- 목발 Crutches
- 틀니 Dentures
- 투석기구 Dialysis equipment
- 드레싱기구 Dressing device
- 안경 Eyeglasses
- 식기 Eating utensils
- 유량조절장치 Flow rate regulator
- 털 손질 기구 Grooming utensils
- 보청기 Hearing device
- 모니터 Monitors

- 인공항문성형술 물품 Ostomy supplies
- 산소 Oxygen
- 위생도구 Sanitary supplies
- 흡입장비 Suction equipment
- 배뇨관련 물품 Urinary supplies
- 보행기 Walker
- 휠체어 Wheelchair
- 휠체어 수리기구 Wheelchair repair kit
- 필기도구 Writing device

부록 M

# 고위험인구집단 지역사회 재난계획 네트워크[7)]

고위험인구집단을 위한 재난대비 계획을 세울 때 반드시 다음 기관, 조직, 기구를 포함해야 한다.

- 긴급대응기관 Emergency management agencies
- 시민봉사단이사회 Citizen corps council 와 프로그램 협력자(지역사회 긴급대응팀 Community emergency response teams, 의료봉사단 Medical reserve corps, 소방대 fire corps, 자원봉사경찰단 Volunteers in police service, 마을방범대 Neighborhood watch groups)
- 지역응급계획위원회 Local emergency planning committees
- 일차 대응자: 경찰, 소방과 구조, 응급의료팀 Emergency medical services
- 대도시응급대응시스템 Metropolitan medical response system
- 정부 및 비정부 장애인기구 Government and nongovernment disability agencies
- 발달장애네트워크 Developmental disabilities networks 와 서비스 제공자
- 보호 및 옹호기관 Protection and advocacy agencies
- 노인 및 사회서비스과 Departments of aging and social services
- 병원과 호스피스기관
- 문화 혹은 언어기반 지역사회 그룹

---

7) 출처: Federal Emergency Management Agency (FEMA). 2010. Developing and Maintaining Emergency Operations Plans. Comprehensive Preparedness Guide (CPG) 101. Version 2.0. WDC: FEMA. Available at: http://www.fema.gov/pdf/about/divisions/npd/CPG_101_V2.pdf.

- 재난상황에서 활발히 활동하는 적십자사 Red cross, 구세군 Salvation army 같은 자원봉사기구
- 보건부서 Health departments
- 교육부서 Departments of education
- 아동복지를 포함한 보건 및 대민서비스기관 Health and human services agencies
- 대민서비스 안내 및 연계서비스 Human services information and referral services
- 주거 및 도시개발 HUD, Housing and urban development 혹은 임대보조금 지원 다가구주택 other rent-subsidized multifamily complexes
- 주거 및 도시개발 HUD, Housing and urban development 혹은 보조금지원 지도감독대상 미인가주거시설
- 너싱홈
- 대중매체 media
- 가정간호기관 home health care organizations
- 보건의료서비스 및 의료기기 공급업체
- 약품 공급업체 pharmaceutical providers
- 약물 및 알코올중독관련 기관
- 일자리 및 가족서비스 기관
- 직업재활기관
- 독립생활지원센터 Independent living centers
- 행동 및 정신건강기관 Behavioral health and mental health agencies
- 시각청각장애위원회 Commissions on the deaf and hard of hearing and the blind and visually impaired
- 기능적 요구 및 장애인 지원 책임자위원회 Governor's committees on individuals with functional needs and disabilities
- 번역, 통역 서비스기관
- 교통서비스업체(이용 가능한 교통수단 포함)
- 보급품 공급업체 utility providers
- 대학 및 전문대학
- 종교기관
- 학교

- 아동 보육시설(가정기반, 센터기반)
- 가축병치료 관련 자원
- 기능적 요구가 있는 개인

부록 N

# 자연재난 후 안전한 약품사용과 의료기구 관리

다음은 자연재난 후에 의료기구가 사용가능하도록 보존하기 위한 가이드라인이다.

## 일반적인 안전수칙 General safety guidelines

- 기구와 물품을 깨끗하고 건조하게 유지한다.
- 지방보건 관련 공공기관은 문제가 되는 기후가 발생하기 이전에 탈출할 것을 알려야 한다.
- 전기회로와 전기도구가 물에 젖었다면 전원을 내려야 한다.
- 조명이 있는 곳에 장비(인슐린 펌프 등)를 보존하라.
- 가능한 깨끗하고 안전한 장소에 기구를 두어야 한다.
- 사용하기 전에 해충 등에 의한 영향으로 부터 도구를 항상 점검하여야 한다.

## 정전 Power outage

- 전기회사와 소방서에 전기가 필요한 의료기구(호흡기구 등)를 쓰는 사람은 등록하라.
- 기구가 배터리나 발전기로 사용되어지는 것인지 아닌지를 명확히 하라.
- 가능하면 발전기를 비치하라.

- 전기코드나 기구가 젖으면 전선에 연결하지 마라.
- 전기가 재충전될 때 의료장비의 셋팅이 변하거나 초기 상태로 되돌아갔는지 점검하라.

## 수질오염 Water contamination

투석기나 정맥주사용 펌프 등의 의료기구나 장비가 사용되기 위해서는 안전한 물이 요구된다. 허리케인이나 홍수 등의 재난은 수돗물을 오염시킬 수 있고, 응급상황에서 의료기구 사용을 위한 물이 안전하게 하기 위하여 시 차원에서 물 공급의 안전에 대해 공적인 공지가 있어야 한다.

- 물 공급이 안전하다고 테스트 되기 전에는 병에 든 물, 끓인 물 만을 사용하라.
- 가용 가능한 물이 안전한 수원이라고 확인될 수 없다면, 반드시 끓이거나 적절한 조치를 취한 뒤 사용하라
- 끓인 물 사용은 위해한 세균과 기생충 사멸에 적절한 방법이다. 1분 동안 끓는 물은 대부분 유기물을 사멸 시킬 것이다.
- 물을 끓이는 것이 어려울 때는 염소정제, 요오드정제 혹은 냄새 없는 가정용 염소표백제(5.25% sodium hypochlorite)를 사용할 수 있다.
- 가정용표백제가 사용되어질 경우 확인되지 않은 물이 깨끗하다면, 물 약 4리터(1갤런) 당 1/8 teaspoon(0.75 mL)을 넣고, 물이 다소 흐릿하면 물 약 4리터(1갤런) 당 1/4 teaspoon(1.50mL)을 사용할 수 있다. 이들을 잘 섞어 30분가량 둔 후 사용할 수 있다. 유의할 점은 가정용표백제나 염소정제나 요오드정제는 기생충을 사멸시키지는 못한다.
- 그 물을 재사용하기 전에 물 담는 용기를 씻기 위하여 표백제를 사용하라.
- 사용하던 물 저장탱크나 용기는 미생물이나 화학물질로 오염될 수도 있으므로 주의를 기울여야 한다.

## 살균 Sterility

- 의료처치(카테터 갈기, 드레싱, 흡입)를 시행할 때 주변환경을 표백제나, 알코올,

혹은 소독약을 사용하여 깨끗한 환경을 유지하라.

- 소독된 팩키지가 건조하고 원 상태로 유지되었는지(예: 멸균거즈) 점검하고 만약 소독된 팩키지가 젖거나 손상되었다면, 사용하지 말아야 한다.
- 물품을 구입할 때, 물품이 손상되지 않았는지를 항상 점검하여야 한다.

## 의료기구의 재사용 Reuse of medical devices

- 의료기구는 재사용하지 말아야 한다. 만약 주사기 등을 여러 번 사용해야 할 필요가 있으면, 그 기구는 반드시 제조회사의 지침에 따라 소독되거나 멸균되어야 한다. 기구에 대해 지침에서 명백히 기술되지 않은 경우는 끓이지 말아야 한다.
- 의료기구를 깨끗하게 하거나, 소독 혹은 멸균하기 위하여, 우선적으로 물이 안전한 것인지 확인해야 한다.

## 열과 습기 Heat and humidity

- 열과 습기는 가정용 진단테스트 키트에 영향을 줄 수 있고, 결과를 부정확하게 만들 수도 있다.
- 혈당측정기 사용 전 기계와 테스트 스트립이 열이나 습기에 노출되었는지 체크하라. 이는 측정기의 정확도에 영향을 줄 수 있다.
- 측정기를 열이나 습기로부터 보호하기 위하여
  - 그 기구를 규칙적으로 마른 수건으로 청소하라.
  - 직접적 태양 빛이 들지 않는 곳에 기구를 두라.
  - 기구를 건조하게 유지하기 위하여 플라스틱용기에 보관하라.
  - 기구를 시원하게 유지하기 위하여 드라이아이스나 차가운 팩을 사용하라.
  - 일회용 기구가 젖으면 사용하지마라.

출처: Food and Drug Administration (FDA). 2011. FDA Offers Tips about Medical Devices and Hurricane Disasters. Washington, DC: FDA.
Available at: http://www.fda.gov/medicaldevices/safety/emergencysituations/ucm055987.htm.

## 의료기구의 오염 확인 Checking medical devices for contamination

의료기구를 폐기해야만 하는 경우 각 기구의 현 상태와 가능한 안전을 위해하는 요소를 평가해야 한다. 추가정보는 FDA Food and Drug Administration 권고안으로 특이한 수준의 열과 습기에 노출되었는가에 대해 다음의 주소에서 확인할 수 있다(available at http://www.fda.gov/MedicalDevices/Safety/EmergencySituations/ucm056086.htm).

- 전기나 전자제품(혈압측정기, 당뇨측정기, 전자체온계)
  - 물에 잠긴 것이 아닌지 점검하라. 만약 패키지가 젖었다면, 그 기구내부는 손상되거나 오염되었을 수 있다. 기구가 물에 젖은 부분이나 변색이 있으면 그 기구는 버려야 한다.
- 패키지형 기구, 물품, 테스트 키트 Packaged devices, supplies, and test kits
  - 패키지 봉합부분이나 틀이 깨어졌거나 곰팡이가 있는지를 살펴보고 물에 의한 손상 등을 점검하라. 만약 패키지가 젖었다면 내부가 오염되었을 수 있으므로 폐기하라. 기구가 물에 젖은 흔적이나 변색 등이 있으면 곰팡이가 있을 수도 있고, 패키지 봉합부위가 찢어지거나 했으면 사용하지 말아야 한다.
  - 오랫동안 패키지가 고온에 노출되었는지 확인하라. 많은 테스트 키트는 온도에 민감하며 고온에 노출된 기간에 따라 정확하게 작동하지 않을 수도 있다. 그 기구가 24시간 이상 고온에 있었다면 패키지형 테스트 기구는 사용하지 말아야 한다.
  - 예: 붕대와 거즈, 여성위생용품, 요실금패드, 콘택트렌즈 물품, 눈에 넣는 약, 안압측정기와 테스트 스트립, 임신테스트기, 생식예측테스트, 헤모글로빈 테스트기, 당뇨소변테스트기, 약물남용테스트기, PH측정기, 정자탐지테스트기, 프로트롬빈시간 측정 위한 기구, HIV와 간염 표본수집키트
- 냉장물품(실험시약, 멸균제, 소독약)
  - 물품이 들어 있는 냉장고가 전기에 연결되었는지 확인하라. 냉장이 필요한 기구와 물품이 특이한 고온에 노출되어 졌다면, 냉장고가 8시간 이상 전기가 연결되지 않았다면, 냉장된 기구와 물품을 폐기하라.

출처: Food and Drug Administration (FDA). 2011. Emergency Situations (Medical Devices): Disposal of Contaminated Devices. Washington, DC: FDA.
Available at: http://www.fda.gov/ MedicalDevices/Safety/EmergencySituations/ucm055974.htm.

## 약품의 보호 Protection of drugs

특정 약품의 효용성과 안전에 대한 것은 약사, 보건의료요원, 제조회사나 소비자 보호 서비스 부서에서 반드시 기술해야 만 한다. 아래 가이드라인은 약품 보호를 위한 일반적 한계에 대한 것이다.

- 구명용 약품이 불과 같은 과도한 열에 노출된 경우
  - 구명용 의약품이 본래의 박스에 있고 정상으로 보일 때는, 대체 약품이 구할 수 있을 때 까지 사용될 수 있다.
  - 본래의 박스에 있는 약물이라도 모든 약물들이 홍수나 오염된 물에 접해 졌으면 폐기해야 한다.
- 구명용 약품이 물에 노출된 경우
  - 구명용 약품이 대체 되지 않았을 때, 그 용기가 오염되었으나 내용물에 영향을 주지 않았고 알약이 젖지 않았다면 대체 약품이 있을 때까지 사용되어질 수 있다. 그러나 알약이 젖거나 오염되었다면 폐기되어야 한다.
- 재구성된 약물 Reconstituted drugs
  - 어린이들의 약물이 재구성되기 위해 물이 필요로 한 경우, 순순한 물이나 병에 들어 있는 물로 재구성되어야 만 한다. 물이 아닌 다른 액체는 재구성되는 약물을 만드는데 사용되지 말아야 한다.
- 냉장보관이 필요한 약물
  - 냉장보관이 요구되는 약물들이(인슐린 등) 전기가 오랫동안 공급되지 않았다면 약물 들은 폐기되어야 한다.
  - 온도에 민감한 약품은 가능한 빨리 새로운 약품으로 대체되어져야만 한다. 예로 인슐린은 냉장고에서 보관하지 않으면 약품에 표기된 날짜보다 유효기간이 짧을 수 있다.
  - 만약 오염된 물품이 의학적 처치에 필요하고, 빨리 대체되는 것이 어렵다면 보건의료제공자(의사, 독극물 통제팀, 보건부서)에게 지도를 위해 접촉해야 할 것이다.

출처: Food and Drug Administration (FDA). 2011. Emergency Preparedness: Safe Drug Use After a Disaster. Washington, DC: FDA.
Available at: http://www.fda.gov/Drugs/EmergencyPreparedness/ ucm085200.htm.

부록 O

# 응급 시 전력 계획: 전원 필요 장비 사용자

아래의 응급 시 전력 계획 체크리스트는 전기 또는 건전지에 의존하는 보조과학기술과 의료기기를 사용하는 사람을 위한 것이다. 전기와 건전지에 의존하는 기계에는 호흡 장치(예: 인공호흡기), 전동 휠체어, 소형 오토바이, 산소, 흡입기, 가정용 투석 장치가 포함된다. 이 장치들 중 일부는 사용자의 독립성에 필수적이고, 다른 장치는 생명을 유지하는 데에 필수적이다. 전기나 건전지로 작동하는 장치에 의존적인 사람들(그리고 이들을 돌볼 책임이 있는 사람들)은 전력 예비 계획을 위하여 아래에 나오는 체크리스트를 사용하여야 한다. 체크리스트는 6개월마다 점검되고 갱신되어야 한다.

더 많은 정보를 얻을 수 있는 인터넷 주소는 아래와 같다.

| 제 목 | 웹 주소 |
|---|---|
| 장애인, 장애 관련 기구와 응급 상황 관리 인력을 위한 대 재난 자원 | June Isaacson Kailes, 장애 정책 컨설턴트 홈페이지<br>(http://www.jik.com/disaster.html) |
| 활동에 제한이 있거나 장애가 있는 사람들을 위한 지침 | 응급 시 생존 프로그램 홈페이지<br>(http://www.espfocus.org) |
| 장애인을 위한 전반적인 위기 대비 지침 | 장애인을 위한 재난 대비 웹 페이지<br>(http://www.redcross.org/www-files/documents/pdf/Preparedness/Fast%20facts/Disaster_Preparedness_for_PwD-English.pdf) |
| 발전기 구매를 위한 조언 | 발전기 구매를 위한 조언 동영상 페이지<br>(http://www.consumerreports.org/cro/video-hub/home-garden/tools-power-equipment/generator-buyingadvice/17037617001/5030179001) |
| 휴대용 발전기의 위험성 | 제품 안정성에 대한 소비자 단체, 휴대용 발전기 위험성 페이지<br>(http://www.cpsc.gov/cpscpub/pubs/portgen.html) |

출처: Kailes JI. 2009. Emergency Safety Tips for People Who Use Electricity and Battery-Dependent Devices. Available at: http://www.jik.com.

| 실행일 | 해당 없음 | 기본 계획 |
|---|---|---|
| | | 추가 전력원에 대한 계획 수립. |
| | | 장치 사용설명서 확인 및 예비 전력 확보 수단에 대하여 장치 공급자와 상담. |
| | | 예비 전력 수급 계획에 대하여 한국 전력공사의 지침 확인. |
| | | 응급 상황에 확실히 작동하도록 정기적으로 예비/추가 전력 점검. |
| | | 타인에게 기계 작동법과 예비 전력 체계를 알림(아래처럼 지원팀을 꾸림). |
| | | 추가 전력 공급자 목록을 확보. |
| | | 개인의 예비 전력 체계가 실패할 경우에 경찰서, 소방서, 병원을 이용할 수 있는 지에 대하여 확인. |
| | | 각 장치에 이름, 주소, 전화번호 부착. 간단명료한 사용설명서 부착. |
| | | 구명장비에 있는 방수 용기에 기계의 제품번호와 주요 사용설명서 사본을 보관. |
| 실행일 | 해당 없음 | 생명 유지 장치 사용자 |
| | | 재난에 앞서 생명 유지 장치에 의존하고 있음을 전력공사, 수도사업소에 알림. |
| | | 가능하면 기계 장치를 우선적으로 재연결하는 서비스를 받을 수 있을 지를 제조사에 확인. |
| | | 우선 재연결 서비스 대상이 되었더라도 재난 이후 수 일 간은 전력 공급이 불가능할 수 있으므로 예비 전력 확보에 대한 대안 마련. |
| | | 지역 소방서에 생명 유지 장치에 의존하고 있다는 것을 알림. |
| | | 모든 인공호흡기 사용자는 수동 호흡기를 사용하기 편한 곳에 준비해 두어야 함. |
| | | 투석이나 다른 치료를 받는 경우, 응급 상황에 어떻게 대처해야 하는 지를 확인. |

2000~2500 와트 휴대용 휘발유 발전기는 냉장고와 등 여러 개를 유지할 수 있는 전력을 공급한다. (냉장고는 문을 닫은 상태에서는 한 시간에 15분 작동하면 냉장을 유지할 수 있다. 따라서 다른 장치를 작동하도록 전력을 차단해 놓을 수 있다)

| 실행일 | 해당 없음 | 산소 사용자 |
|---|---|---|
| | | 응급 상황에서 기계의 작동 시간을 연장시키기 위하여 산소 유량을 줄여서 사용할 수 있을 지를 의료 공급자에게 확인. 감소 가능한 산소 유량을 추후 쉽게 확인할 수 있도록 기계 장치에 기입. |
| | | 안전한 산소 사용을 숙지:<br>• 가스가 새거나 화염이 있는 곳에서는 사용하지 말 것.<br>• "산소 사용 중"이라는 표식을 부착.<br>• 산소 사용 중에는 촛불이나 가스등이 아닌 건전지로 작동하는 손전등을 이용.<br>• 응급 상황에 대비하여 산소 차단 스위치를 가까운 곳에 둠. |
| **실행일** | **해당 없음** | **발전기 사용자** |
| | | 발전기의 사용이 적절하고 현실적인가를 결정. |
| | | 환기가 잘 되도록 개방된 장소에서 발전기를 작동. |
| | | 연료와 연료관을 안전하게 보관(아파트 거주자는 문제가 될 수 있음). |
| | | 필요 시 작동할 수 있도록 가끔씩 점검. |
| | | 일부 발전기는 기존의 전선 배치에 연결할 수 있음; 항상 사용 시 주의 사항과 안전 문제를 제조사에 문의. |
| **실행일** | **해당 없음** | **재충전 가능 건전지** |
| | | 건전지를 충전하는 추가 방법을 공급자에게 확인(예: 점퍼 케이블로 차량 건전지에 연결, 차량 담배 라이터에 연결되는 변환기 사용). |
| | | 소형 오토바이나 자동 휠체어가 주 이동 수단인 경우, 가벼운 수동 휠체어를 비상 시에 대비하여 구비. |
| | | 생존 전략이 건전지를 얼마나 저장하는가에 달려있다면, 평소 재충전을 엄격하게 할 것. |
| | | 장치에 필요한 개별 건전지의 작동 시간을 숙지. |
| | | 가능하다면, 가까운 곳에서 쉽게 구입 가능한 건전지를 사용하는 장치를 선택. |
| **실행일** | **해당 없음** | **기타 예비 계획** |
| | | 전력이 돌아오면, 의료 기기의 설정이 바뀐 것이 없는지를 확인. |

부록 P

# 문화 역량 체크리스트

| 역 량 | 과 제 |
|---|---|
| 문화의 중요성 인식과 다양성 존중 | 문화에 대한 자신의 믿음을 파악하기 위하여 자가 평가를 완성<br>재난 생존자의 가치, 관습, 언어, 대인관계 성향을 이해하고 존중하는 상담 전문가의 능력을 평가<br>다양한 문화 내에 존재하는 언어적, 비언어적 의사소통, 공간, 사회 조직, 시간, 환경 통제의 중요성에 대한 개인적으로 존중하는 지에 대한 증거를 찾음 |
| 지역사회의 문화적 구성에 대한 현재 프로필을 유지 관리 | 인종, 민족, 연령, 성, 종교, 이민 여부, 주거 상태, 수입 및 빈곤 수준, 도시 및 농촌 거주 비율, 실업률, 언어와 방언, 문맹률, 학교와 사업체 수를 설명하는 지역사회 프로필을 개발하고 주기적으로 갱신<br>가치, 믿음, 사회 및 가족 내의 규범, 전통, 풍습, 정치, 역사적 인종적 연관성, 도덕 문제에 대한 정보를 포함<br>지역 문화 집단을 이해하고 대표하는 지역사회 문화 지도자들과의 접촉을 통하여 정보 수집 |
| 지역사회나 서비스 해당 지역을 대표하는 재난 활동가를 모집 | 자원봉사자를 모집할 때 지역사회 프로필을 참고하여 재난이 닥친 민족이나 문화 집단에서 사람을 구함<br>해당 집단에서 활동가를 찾을 수 없을 때, 유사한 배경과 언어를 가진 사람을 구함<br>활동가의 특성, 지식, 기술을 평가 |
| 실무진과 자원봉사자들에게 문화적 역량 훈련을 제공 | 통역사나 임시직도 포함 |
| 서비스가 접근가능하고 적절하며 공평하도록 보장 | 서비스 사용에 대한 저항을 극복할 수 있는 방법을 찾아 단계적으로 밟아 나감<br>서비스 이용의 장해물을 제거하는 방법을 찾아 단계적으로 밟아 나감<br>프로그램 위원회, 계획 회의, 정책 수립, 의사 결정에 다양한 문화 집단을 대변하는 사람들을 포함시킴 |

| | |
|---|---|
| 도움을 추구하는 행동, 관습, 전통 및 자연적 지지 체계의 역할을 인지 | 도움을 추구하는 행동에 영향을 주는 문화적 양식을 밝힘<br>재난 생존자들과 상호 신뢰 관계를 수립<br>생존자들에게 응급 처치나 전통적인 위안을 얻는 과정이 혼란스럽고 어려울 수 있다는 것을 인지<br>치유, 외상, 상실에 대한 관습과 전통을 인지하고 이것이 어떻게 한 개인의 도움에 대한 필요와 수용에 영향을 미치는 지 파악함<br>치유에 대한 문화적 믿음을 인정하고 그것이 재난 생존자들에게 중요함을 인지<br>생존자들이 의식을 정착시키고 문화적으로 적절한 기념행사 조직하도록 도움<br>개인에게 중점을 둔 시도는 가족이나 지역사회 중심의 문화에서는 유효하지 않을 수 있음을 인지<br>생존자의 가족이나 사회 연결망에서 주된 역할을 하는 사람을 결정 |
| 다양한 문화 집단을 대표하는 지역사회 지도자와 조직을 참여시킴 | 신뢰받는 지도자들과 협력(예: 영적 지도자, 사제, 교사)<br>문화 집단을 대표하는 조직을 프로그램 계획과 서비스 제공에 참여하도록 초청<br>문화 집단을 대표하는 지역사회기반 조직과 협력<br>비공식적인 특이 문화 집단과 일할 수 있는 방법을 찾음<br>문화적 구제활동이 가능한 다른 공적, 사적 단체와 조율 |
| 서비스와 정보가 문화적 및 언어적으로 능숙하게 제공되도록 보장 | 생존자들의 언어가 가능한 원주민 활동가를 찾아내고 꼭 필요할 때만 통역을 사용<br>생존자와 배경을 공유하는 통역사를 찾음<br>통역사를 요청하기 전에 생존자의 언어부터 확인<br>생존자들과 관련하여 통역사가 얼마나 문화적으로 적응되었는지를 평가<br>해당 집단의 문맹률 수준에 맞추어 적절한 언어로 된 활자 정보를 제공하는 계획을 수립<br>청력이 없거나 떨어지는 사람들과 접촉할 수 있는 수단을 제공<br>가장 효과적인 구제활동 방법을 결정하기 위하여 문화 집단과 상의<br>구제활동을 향상시키기 위하여 기존의 자원(다문화 방송국)을 활용 |
| 프로그램의 문화적 역량 수준을 평가 | 지속적인 프로그램 평가<br>평가에 다양한 문화 집단의 대표자를 참여시킴<br>프로그램에 참여한 주 정보 제공자와 문화 집단에 평가 결과를 전달 |

출처: Substance Abuse and Mental Health Services Administration, U.S. Department of Health and Human Services (HHS). 2003. Developing Cultural Competence in Disaster Mental Health Programs. Washington, DC: HHS. Available at: http://www.hhs.gov/od/documents/CulturalCompetence_FINALwithcovers.pdf.

부록 Q

# 아동 재난대피소와 임시 위탁돌봄 기준

아래 지침은 재난 발생 시 및 이후에 아동에게 안전한 환경을 보장하기 위한 것이다:

- 전형적으로는 부모, 후견인, 보호자가 18세 이하의 아동을 위한 우선적 자원이 된다.
- 아동이 부모나 후견인과 함께 있지 않을 경우, 지역 사법 당국이나 아동 보호 빛 복지 관계자에 연락하여 가족을 찾도록 도와주어야 한다.
- 아동은 가족이나 보호자와 함께 수용되어야 한다.
- 가족은 일반 대피 인구와 떨어져서 지정된 공간이 제공되어야 한다.
- 가족 공간은 화장실에 대한 직접적 접근이 가능하여야 한다.
- 부모, 후견인, 보호자에게 아동이 화장실을 사용할 때 꼭 동반하도록 고지해야 한다.
- 공간은 가족 내 상호작용을 위해 확보되어 다음이 가능해야 한다.
  - 재난 뉴스에 반복적으로 아동이 노출되는 것을 줄인다.
  - 연령에 적합한 장난감을 부모, 후견인, 보호자의 지도 하에 가지고 놀 수 있다.
- 기저귀 교체 장소, 공용 장난감, 화장실, 문 손잡이, 싱크대, 바다 등 공용 환경 접촉면을 표백제나 유사 제품을 사용한 정기적인 청소와 소독. 지역 보건 당국은 감염 관리에 대한 정보를 제공하여야 한다.
- 실무진은 질병의 징후를 보이는 아동을 현장 혹은 지역 의료 기관에 평가를 위해

연결시켜야 한다. 부모의 동의가 필요하다.

- 실무진은 정서적 고통의 징후를 보이는 아동을 현자 혹은 지역 의료 기관에 평가를 위해 연결시켜야 한다. 부모의 동의가 필요하다.
- 연령에 적합하고 영양가 있는 음식(유아식 포함)이 간식이 제공되어야 한다.
- 영유아를 위하여 기저귀가 제공되어야 한다. 영유아는 하루에 12개의 기저귀까지 필요할 수 있다.
- 연령에 적합한 담요가 제공되어야 한다.
- 개인적이고 안전한 수유 장소가 제공되어야 한다(예: 커튼이 쳐진 장소나 가릴 수 있는 담요의 제공).
- 유아의 목욕을 위해 필요한 통이나 용품이 마련되어야 한다.

아동을 돌보는 사람들은 임시로 의무에서 해방되는 시간을 가짐으로 도움을 얻기도 한다. 이런 임시 위탁 돌봄은 안전하고 지지적인, 지도가 이루어지는 장소에서 아동이 놀이를 하는 경험으로 이루어져야 한다. 이는 재난 회복 센터, 원조 센터, 대피소, 기타 서비스 제공 장소에 위치해야 한다. 부모, 후견인, 보호자는 그 장소에 머무르거나 그 장소에 머물러 책임을 질 사람을 지정해야 한다. 다음의 기준과 지표가 임시 위탁 돌봄에 적용되어야 한다:

- 아동을 위한 임시 위탁 돌봄은 재난 이후에 안전한 환경에서 이루어져야 한다.
- 아동을 위한 임시 위탁 돌봄의 장소, 시간, 기타 정보는 부모, 후견인, 보호자에게 이해하기 쉽게 제공되어야 한다.
- 해당 장소는 모든 지역 및 중앙 정부의 법과 규정을 따라야 한다.
- 해당 장소는 모든 아동에게 접근이 가능해야 한다.
- 아동이 안전한 환경에서 지도 받도록 위험 요소로부터 보호하는 분리 시설이나 울타리가 필요하다.
- 해당 장소는 화장실 가까이에 위치해야 하고 물을 마시거나 손을 씻을 수 있는 시설이 제공되어야 한다.
- 들어오고 나가는 절차를 마련하여 등록이 되어있는 어른에게만 아동이 인도될 수 있도록 보장한다.

- 참여 기록과 등록 서식, 부상 혹은 사건 보고 양식에는 신원 정보, 부모, 후견인, 보호자의 이름과 연락 방법, 알레르기에 대한 정보 및 기타 특이 사항을 포함하여야 한다; 이 정보는 항상 실무진에게 제공되고 유지되며 확인 가능하여야 한다.
- 해당 장소의 장난감과 물품들은 안전하고 연령에 적합하여야 한다.
- 대피소에 근무하는 모든 실무진은 일하기 전에 일반 범죄나 성범죄에 대한 경력을 충분히 조사받아야 하고 훈련과 예비 교육을 받는다. 즉흥적인 자원봉사는 허용되지 않는다. 근무 중에는 항상 적절한 명찰을 보이도록 한다.
- 항상 최소한 둘 이상의 어른이 있어야 한다. 부모, 후견인, 보호자가 아닌 경우에는 아동이 한 어른과만 남겨져서는 절대 안 된다.
- 모든 실무진은 18세 이상이어야 하고, 관리자는 21세 이상이어야 한다.
- 센터 외부에서 만날 장소를 지정하여 대피 계획을 세운다. 아동을 등록할 때 부모, 후견인, 보호자에게 대피 계획을 설명하고 고지하여야 한다.
- 아동–실무진 비율은 이용 가능한 공간과 해당 시점의 아동의 요구와 연령에 따른다.

출처: National Commission on Children and Disasters. 2010. 2010 Report to the President and Congress. Appendix B: Standards and Indicators for Disaster Shelter Care for Children. AHRQ Publication No. 10-M037. Rockville, MD: Agency for Healthcare Research and Quality.

부록 R

# 비사대피 기구 및 비상용품 제조사

**AOK Global Products, Ltd.**
940 Grand Blvd., Unit D
Deer Park, NY 11729
Toll free: (800) 649-4265
Direct: (631) 242-1642
Web site: http://www.rescuechair.com

**Concept Development Associates, Inc.**
PO Box 6772
Santa Rosa, CA 95406
Toll free: (877) 760-0868
E-mail: info@cda-designs.com
Web site: http://www.safetychairs.net

**Evac+Chair**
3000 Marcus Ave., Suite #3E6
Lake Success, NY 11042
Direct: (516) 502-4240
E-mail: sales@evac-chair.com
Web site: http://www.evac-chair.com

**Ferno-Washington, Inc.**
70 Weil Way
Wilmington, OH 45177
Toll free: (800) 733-3766
Web site: http://www.ferno.com

**Frank Mobility Systems, Inc.**
1003 International Drive
Oakdale, PA 15071
Toll free: (888) 426-8581
Fax: (724) 695-3710
E-mail: info@frankmobility.com
Web site: http://www.frankmobility.com

**Garaventa Accessibility**
P.O. Box 1769
Blaine, WA 98231
Toll free: (800) 663-6556
E-mail: productinfo@evacu-trac.com
Web site: http://www.garaventalift.com

**LifeSlider, Inc.**
25553 61st Road
Arkansas City, KS 67005
Toll free: (888) 442-4543
Fax: (620) 442-2320
E-mail: aaron@lifeslider.com
Web site: http://www.lifeslider.com

**MAX-Ability, Inc.**
1275 Fourth Street, Suite 304
Santa Rosa, CA 95404
Toll free: (800) 577-1555
Direct: (707) 575-5558
Web site: http://www.max-ability.com/evac.html

**Stryker EMS**
3800 E. Centre St.
Portage, MI 49002
Toll free: (800) 784-4336
Direct: (269) 324-6566
Web site: http://www.ems.stryker.com

부록 S

# 백신 저온유통체계 유지 및 관리

**표 1** 백신 저장 온도 및 관리지침

| 온 도 | 지 침 | 백 신 |
|---|---|---|
| 영상 2~8도 | 동결시키거나 동결 가능한 온도에 노출시키지 말 것<br>중간 온도 대에 유지할 것(섭씨 5도)<br>냉장고 내의 온도 변화가 가시적으로 표시되는 지속적 온도 조절 방법을 선택<br>권장 온도를 벗어나 높거나 낮은 온도에 노출되는 경우 지역 보건 당국이나 제조사와 상의할 것 | 디프테리아, 파상풍, 백일해 포함 백신<br>헤모필루스 결합체 백신<br>A현 간염 및 B형 간염 백신<br>비활성화 소아마비 백신<br>홍역, 볼거리, 풍진MMR 동결 건조 백신<br>뇌수막구균 다당체 백신<br>폐렴구균 결합체 백신<br>폐렴구균 다당체 백신<br>삼가 비활성화 인플루엔자 백신<br>천연두 백신<br>탄저균 백신 |
| 영하 15도 이하 | 동결/해동 주기 없이 지속적으로 동결 상태에서 보존<br>권장 온도보다 높은 온도에 노출되는 경우 지역 보건 당국이나 제조사와 상의할 것 | 생약화 인플루엔자 백신<br>수두 백신 |

출처: 미 질병관리본부 백신 저온 유통 체계 유지 및 관리 지침(2003)

**표 2 백신 온도 측정에 사용되는 온도계**

| 온도계 유형 | 장 점 | 단 점 |
|---|---|---|
| 표준 액체 온도계 | 저렴하고 사용하기 간편<br>인체 무해한 액체로 온도계가 둘러싸여 백신 온도를 더 정확하게 반영 | 정확성 떨어짐(+/- 1도)<br>특정 온도 노출 기간에 대한 정보 없음<br>최고/최저 온도 정보 없음<br>재표준화 불가능<br>저렴한 기기의 성능 저하 가능성 |
| 최고/최저 온도계 | 저렴<br>온도 영역을 측정 | 정확성 떨어짐(+/- 1도)<br>특정 온도 노출 기간에 대한 정보 없음<br>재표준화 불가능 |
| 지속적 온도 기록 장치 | 가장 정확<br>24시간 온도 영역과 시간의 지속적 측정<br>정기적으로 재표준화 가능 | 비용이 가장 많이 듬<br>훈련과 유지를 위한 노력 필요 |

출처: 미 질병관리본부 백신 저온 유통 체계 유지 및 관리 지침(2003)

부록 T

# 효과적인 생물학적 대응 핵심요소

- 생물학적 물질의 확산이나 존재의 신속한 탐지
- 주요 안전정보, 적절한 개인보호장비, 필요한 의학적 주의사항의 신속한 확산
- 생물학적 물질의 신속한 규명 및 확인
- 위험 인구집단의 규명
- 물질이 어떻게 전파되고 얼마나 유효한지 결정
- 예방과 치료에 대한 감수성 결정
- 공중보건과 의료서비스, 휴먼서비스 및 정신건강의 함축적 의미에 대한 정의
- 가능한 상황에서의 감염 전파에 대한 통제와 봉쇄 및 불가능한 상황에서의(예: 인플루엔자 대유행) 완화전략 사용
- 법 집행의 영향 규명과 위험 평가
- 지역 공중보건과 의료자원의 확대
- 적절한 공중보건과 의료행위를 통한 인구집단 보호
- 대중의 지지를 모으고 리스크커뮤니케이션 지원을 제공하기 위한 책임 당국의 정보 확산
- 환경오염과 정화cleanup, 오염제거, 환경 속에서 지속적으로 남아있는 생물학적 물질의 적절한 폐기에 대한 평가
- 직접적 또는 환경적으로 노출된 식수와 식품의 안전에 관한 상담
- 이차적 질병 확산 추적과 예방
- 적절한 때 대책 마련

출처: National Response Framework. 2008. Biological Incident Annex. Washington, DC: Federal Emergency Management Agency.
Available at: http://www.fema.gov/pdf/emergency/nrf/nrf_BiologicalIncidentAnnex.pdf.

부록 U

# 화생방 사고시 현장지휘관 고려사항

| 지휘(명령) 요소 | 운영 고려사항 | 대 응 |
|---|---|---|
| 현장 안전 | 응답자 보호<br>보조장치<br>대피소 대 피난 | 대응요원 순환 |
| 명령, 통제, 의사소통 | 초기 경고<br>사고 지휘본부 위치<br>증거 보존 및 수집<br>영공 제한 | 장치 접근<br>통신 성능 관리<br>통합된 명령의 전환 |
| 의료적 지원 | 통제 환자의 공포와 정숙<br>사상자 이송 | 통제 환자의 이동<br>사고현장 치료 |
| 오염제거 | 사상자 오염제거<br>오염제거 위한 용수 공급 | 현장 오염제거<br>현장에서 퍼진 오염제거 |
| 미디어 및 홍보 | 격한 반응 | 정보 통제 |
| 자원 관리 | 활용 가능한 자원 | 추가 자원 |

부록 V

# 국제 원자력 사고 · 고장 등급

국제 원자력 사고·고장 등급 INES, International nuclear and radiological event scale 은 언론과 대중에게 원자력 관련 시설의 사고 및 고장에 대한 안전의 중요성을 전달하는데 사용되는 도구이다. 본 도구는 방사성 물질과 방사선원의 운송, 보관, 이용 뿐 아니라 원자력 시설과 관련된 어떠한 사건에도 적용할 수 있다. INES는 라돈과 같은 자연적으로 발생하는 현상에 적용하기 위한 도구는 아니다.

| 수준 Level | 설 명 |
|---|---|
| 1(일탈) | 안전과 관련된 사소한 문제; 오염확산이나 주민의 과다피폭은 포함되지 않음. |
| 2(이상) | 법적 선량한도 초과의 근로자 피폭, 10 mSv를 초과하는 주민피폭. 또는 방사성물질에 의한 시설내 상당한 오염. 시정조치 필요 |
| 3(중대한 이상현상) | 근로자의 법적 연간 기준 10배 초과 노출, 비치명적 건강 영향(예: 화상) 또는 방사성 물질의 시설내 중대오염 및 극소량 외부유출 |
| 4(시설내부의 위험사고) | 식품 통제 외에 비상계획 실행확률이 낮은 수준의 방사성물질 소량 외부유출<br>방사선으로 최소 한 명 사망가능 |
| 5(시설외부로의 위험사고) | 비상계획실행이 요구될 확률이 높은 방사성 물질의 한정적 외부유출,<br>원자로 노심의 심각한 손상, 사고 또는 화재가 원인이 될 수 있음<br>방사선으로 여러 명의 사망자가 발생할 수 있음(예: 1979년 Three Mile Island 사고) |
| 6(심각한 사고) | 비상계획의 전면적 실행이 요구될 확률이 높은 방사성 물질의 상당량 외부유출(예: 1957년 소련의 Kyshtym 사고) |
| 7(대형 사고) | 비상계획의 실행이 요구되는 건강과 환경의 광범위한 영향을 미치는 방사성 물질의 대량 외부유출(예: 1986년 체르노빌 사고와 2011년 일본 후쿠시마 원전사고) |

부록 W

# 현장 안전 체크리스트

- 현장 안전에 대하여 책임이 있는 핵심인력 및 대체자 지정
- 진행된 각 작업과 관련된 위험 설명
- 인력이 적절하게 작업을 수행할 수 있도록 훈련되어 있는지 확인
- 자원봉사자 통제하는 핵심 인력 할당
- 현장작업 동안 사람들이 착용하는 보호복 및 보호장비 설명
- 현장 특성에 따른 의학적 감시 요구사항 설명
- 필요한 공기 모니터링, 직원 모니터링, 환경 샘플링을 설명
- 작업환경을 덜 유해하게 하기 위해 기존의 위험을 완화하는데(예: 봉쇄) 취해야 할 행동 설명
- 현장 통제대책(예: 사고지역 보호) 정의 및 현장 지도 포함
- 인력 및 장비의 오염제거 절차 수립
- 현장 출입통제 요구사항 수립
- 현장의 음식, 물, 쉼터, 위생 요구사항 수립
- 현장 전기안전 요구사항 수립
- 대응기간 동안 건강에 대한 부정적 결과와 노출과 관련된 출구조사 또는 설문조사 수행
- 노출이나 신체적 또는 정서적 불건강의 징후 및 증상에 대한 사항을 토대로 의학적 의뢰 및 장기적 의료 감시 프로그램에 가능한 등록해야 하는 응답자를 규명

출처: National Institute for Occupational Safety and Health. 2010. Suggested Guidance for Supervisors at Disaster Rescue Sites. Atlanta, GA: Centers for Disease Control and Prevention. Available at: http://www.cdc.gov/niosh/topics/emres/emhaz.html.

부록 X

# 정보기술보안 체크리스트

아래 리스트는 2002년도 2월 정부 기술 잡지에 의해 처음 출판되었다. 오늘날, 많은 자원들이 조직의 정보기술 인프라에 지침을 제공할 수 있다. 그 중, 미국 보안 인식U.S. security awareness은 IT 보안에 대한 정보를 수집하고 공개하는 비영리조직이다. 보안감사 프로그램과 자료에 대한 다양한 정보를 링크하면 웹사이트를 찾을 수 있다(at http://www.ussecurityawareness.org/highres/infosec-auditing.html). 이 사이트의 자료는 IT 보안에 대해 무엇이 검토되어야 하는지에 대한 최신의 생각을 제공한다. 제공된 이 견해는 다양하기 때문에, 기본 토대로 원래의 목록이 제시된다.

## 정책 및 조직

- 행정적 감독 및 지원을 동반한 전반적인 정보보안정책 설정
- 모든 이해관계자를 포함하는 계획에 대한 기업 전체 접근방식 개발
- 권한, 독립, 예산권을 갖는 기업정보 보안책임자 지명
- 수립된 정보보안 정책과 프로그램 목적을 준수하기 위해 외부 보안 감사를 지명하거나 선정
- 기업정보 보안책임자가 보고하는 기관이나 부서 수준에서 정보 보안 관리자 지명
- 모두가 알아야 할 필요가 있는 정보를 담은 정보보안 핸드북 작성
- 인력 훈련 및 인식 절차 개발과 이들이 수행되도록 보장
- 적절한 정보의 분류 및 보존 계획에 의해 민감한 기밀 데이터를 처리하기 위한 정책 수립

## 예방과 발견

### 물리적 보안 절차

- 적절한 잠금장치, 암호 제어, 사용자 및 방문자 로그인 시스템으로 전산실 안전보장
- 적절한 환경 감시 시스템 또는 메커니즘으로 하드웨어 및 네트워크 배선을 보호하기 위해 천장과 상층부 바닥에 배치
- 화재 감지 및 억제 장비를 설치하고 안전 및 평가 절차를 수립. 금연 정책 채택
- 별도로 분리된 공간에서 네트워크 장비의 안전 확인
- 필요한 경우 지진 보호장비에 대한 규제 설치
- 홍수, 폭풍 또는 지역별 날씨 위협으로부터 장비보호

### 직원 보안 절차

- 신입직원 조회 확인 및 개인의 신원 검사
- 직원들에게 새로운 보안규정 및 시행 역할 통보
- 공급 업체와 직원의 배경을 확인하기 위한 동의 설정
- 의심스러운 행동을 관찰하고 적절한 보고 절차를 제공하기 위해 직원 훈련 실시
- 발생할 수 있는 직원 관련 문제를 관찰하기 위해 감독자를 훈련하고 시정조치 계획이 잘 준비되어 있도록 보장

### 전반적 정보 보안 통제

- 위험평가를 이해하고 완화 컨트롤 구현을 보장하는 시스템 제공
- 보안조치들이 알려지고 시행되도록 하기 위해 네트워크 인프라에 원격접근이 가능한 직원과 계약자를 포함하는 모든 장비와 네트워크 접근 지점의 목록화
- 허가된 소프트웨어 프로그램이 구현되고 일관된 변화 제어과정이 가동 준비가 되어있도록 보장
- 감지하지 않고 독립적으로 업무를 수행할 수 있는 개인의 능력 제한, 업무 분리 확인
- 특히 여러 응용프로그램을 지원하고 있을 때 부당한 변경 및 오용으로부터 민감

한 프로그램을 보호하고 위반 통지에 대한 경보장치 마련

- 컴퓨터에 의존하는 재난 복구절차는 준비가 되어 있고 필요에 따라 자주 테스트하여 확인

## 소프트웨어 통제

- 새로운 소프트웨어 개발, 테스트, 생산 실행을 위한 정보보안 정책 채택
- 새로운 시스템 개발의 보안지침에 대한 정보 설정
- 정보보안과 감사 기준을 포함하는 생활주기 시스템 사용
- 소프트웨어 개발자로부터 보안패치를 획득하기 위한 기준 절차의 채택과 접근과 타당성 확보를 위한 집중지역 게시
- 테스트와 생산 환경 모두에 시스템 도구 사용의 제한

## 전반적인 행정사항 및 작업 정보보안의 통제

- 재난복구 및 비즈니스 연속성 계획에 대한 하드웨어와 소프트웨어의 최신 목록 유지
- 정보 소유자의 사용자 권한 정기적 검토
- 권한 부여되도록 전화 접속 계정 설정
- 모든 이해관계자와의 포괄적인 재난복구와 사업 지속성 계획의 수립 및 유지
- 올바른 사용자 도구를 활용하는 무작위 정보보안 검사 실시
- 법의학적 증거 가치에 대한 정보처리를 포함하는 컴퓨터 범죄를 다루는 절차 수립

## 침해와 감지 계획수립

- 시스템과 네트워크 취약점의 위치와 악용하는 방법에 대하여 훈련된 '타이거 팀' 활용하여 침투 감사 수행
- 사업요구에 따라 자원이 회복 가능하도록 사업 영향 분석 실시
- 적절한 직원을 감지하고 확인하는 침입 탐지 시스템 배치
- 적절한 바이러스 감지 소프트웨어 설치
- 적절한 화재경보장비 배치

- 비밀번호 강력하게 확보; 일회용 비밀번호 사용, 토큰이나 필요한 경우 생체인증 배치
- 불필요한 네트워크 서비스 해제

## 복구와 지속성

- 강력한 사업 지속성 계획의 개발 및 검사
- 지속적인 계획수립과 사고대응팀이 의도치 않은 중단이나 위반 시스템의 경우 활성화되어 있는지 확인
- 복구작업에 참여하는 직원들이 잘 훈련되어 있고 보조 직원의 활용가능성 확인
- 정당한 사업이 투자에 환원되는 일정하지 않은 복구 현장에서의 작동가능성
- 주기적으로 복구와 지속성 계획 실천
- 위험의 변화에 따라 최신 계획 유지

재인용: The Center for Digital Government. General technology information on best practices is available at http://www.centerdigitalgov.com.

부록 Y

# 공중보건 윤리원칙

1. 공중보건은 원칙적으로 건강에 해로운 결과를 예방하면서 질병의 근본적인 원인과 건강을 위한 요구사항들을 다뤄야 한다.
2. 공중보건은 지역사회에서 개인의 권리를 존중하는 방식으로 지역사회의 건강을 달성해야 한다.
3. 지역사회 구성원에게 참여의 기회를 보장하는 과정을 통해 공중보건정책, 프로그램, 우선순위를 개발하고 평가해야 한다.
4. 건강을 위해 필요한 기본적인 자원과 조건이 모든 사람들에게 접근 가능하도록 보장하면서 공중보건은 권리를 박탈당한 지역사회 구성원의 권한부여를 위해 옹호하고 실행해야 한다.
5. 공중보건은 건강을 보호하고 증진하는 효과적인 정책과 프로그램을 수행하는데 필요한 정보를 탐색해야 한다.
6. 공중보건기관은 정책이나 프로그램을 결정하는데 필요한 그 기관이 갖고 있는 정보를 지역사회에 제공해야 하고 수행을 위해 지역사회 동의를 얻어야 한다.
7. 공중보건기관은 대중이 기관에게 제공한 자원과 의무 안에서 기관이 가지고 있는 정보를 토대로 시기적절하게 행동해야 한다.
8. 공중보건 프로그램과 정책은 지역사회의 다양한 가치, 신념, 문화를 예측하고 존중하는 다양한 접근방식을 포함해야 한다.
9. 공중보건 프로그램과 정책은 물리적 사회적 환경을 향상시키는 방식으로 구현되어야 한다.

10. 공중보건기관은 공개할 경우 개인이나 지역사회에 해를 가져올 수 있는 정보의 비밀을 보호해야 한다. 예외는 개인이나 타인에게 심각한 해를 끼칠 확률이 높은 것을 기준으로 판단해야 한다.
11. 공중보건기관 및 직원들은 대중의 신뢰와 기관의 효과성을 구축하는 방식으로 협력과 제휴에 참여해야 한다.

출처: Public Health Leadership Society. 2002. Principles of the Ethical Practice of Public Health. Version 2.2. Washington, DC: APHA. Available at: http://www.apha.org/NR/rdonlyres/1CED3CEA-287E-4185-9CBD-BD405FC60856/0/ethicsbrochure.pdf.

부록 Z

# 비사대피 기구 및 비상용품 제조사

**Region 1:** Connecticut, Maine, Massachusetts, New Hampshire, Rhode Island, Vermont
J.W. McCormack Post Office and Court House, Room 442
Boston, MA 02109-4595
(617) 223-9450

**Region 2:** New Jersey, New York, Puerto Rico, Virgin Islands
26 Federal Plaza, Room 1337
New York, NY 10278-0002
(212) 225-7209

**Region 3:** Delaware, District of Columbia, Maryland, Pennsylvania, Virginia, West Virginia
One Independence Mall, 6th Floor
615 Chestnut Street
Philadelphia, PA 19106-4404
(215) 931-5608

**Region 4:** Alabama, Florida, Georgia, Kentucky, Mississippi, North Carolina, South Carolina, Tennessee
3003 Chamblee-Tucker Road
Atlanta, GA 30341
(770) 220-5200

**Region 5:** Illinois, Indiana, Michigan, Minnesota, Ohio, Wisconsin
536 South Clark Street, 6th Floor
Chicago, IL 60605
(312) 408-5501

**Region 6:** Arkansas, Louisiana, New Mexico, Oklahoma, Texas
Federal Regional Center
800 N. Loop 288
Denton, TX 76201-3698
(817) 898-5104

**Region 7:** Iowa, Kansas, Missouri, Nebraska
2322 Grand Blvd, Suite 900
Kansas City, MO 64108-2670
(816) 283-7061

**Region 8:** Colorado, Montana, North Dakota, South Dakota, Utah, Wyoming
Denver Federal Center
Building 710, Box 25267
Denver, CO 80225-0267
(303) 235-4812

**Region 9:** American Samoa, Arizona, California, Guam, Hawaii, Nevada, Commonwealth of the Northern Mariana Islands, Federated States of Micronesia, Republic of the Marshall Islands
1111 Broadway
Suite 1200
Oakland, CA 94607-4052
(510) 627-7100

**Region 10:** Alaska, Idaho, Oregon, Washington
Federal Regional Center
130 228th Street, S.W.
Bothell, WA 98021-9796
(206) 487-4604

부록 AA

# 주요 관련 기관 홈페이지

## General

Agency for Healthcare Research and Quality Development of Models for Emergency Preparedness, Personal Protective Equipment, Decontamination, Isolation/ Quarantine, and Laboratory Capacity
• http://www.ahrq.gov/research/devmodels

Disaster Response Tools and Resources
• http://www.ahrq.gov/path/katrina.htm

Hospital Preparedness Exercises Resources
• http://www.ahrq.gov/prep/hospex.htm

Public Health Emergency Preparedness
• http://www.ahrq.gov/prep

Surge Capacity
• http://www.ahrq.gov/prep

Agency for Toxic Substances and Disease Registry
• http://www.atsdr.cdc.gov
• http://www.atsdr.cdc.gov/HEC/primer.html

ToxFAQs, Toxic Substances Portal
• http://www.atsdr.cdc.gov/toxfaqs/index.asp

Medical Management Guidelines for Acute Chemical Exposures
• http://www.atsdr.cdc.gov/MMG/index.asp

American Academy of Child and Adolescent Psychiatry
• http://www.aacap.org

American Academy of Experts in Traumatic Stress
• http://www.aaets.org

American Hospital Association
- http://www.aha.org/aha_app/issues/Emergency-Readiness/index.j

American Medical Association Disaster Medicine Journal
- http://www.ama-assn.org/ama/pub/news/news/new-publisher-dmphp.shtml

American Public Health Association
- http://www.apha.org

  Get Ready
  - http://www.getreadyforflu.org/newsite.htm

American Psychiatric Association
- http://www.psych.org/search.aspx?SearchPhrase=disaster

American Radio Relay League, HAM Radio Association and Resources
- http://www.arrl.org/www.arrl.org

  Radio Amateur Civil Emergency Service Regulations
  - http://www.usraces.org
  - http://edocket.access.gpo.gov/cfr_2002/octqtr/47cfr97.407.htm

American Red Cross
- http://www.redcross.org

  Disaster Online Newsroom
  - http://newsroom.redcross.org

  National Blog
  - http://www.facebook.com/redcross

  Shelter Map (Web version)
  - http://app.redcross.org/nss-app

  Shelter App (iPhone)
  - http://itunes.apple.com/us/app/american-red-cross-shelter/id419258261?mt=8

  Social Media Handbook
  - http://sites.google.com/site/wharman/social-media-strategy-handbook

  Twitter
  - http://twitter.com/redcross

American Veterinary Medical Association Disaster Preparedness
- http://www.avma.org/disaster/default.asp
- http://www.avma.org/disaster/vmat/default.asp

Anthrax Vaccine Information
- http://www.anthrax.osd.mil

Armed Forces Institute of Pathology
- http://www.afip.org

Armed Forces Radiobiology Research Institute
- http://www.afrri.usuhs.mil

Army Bibliography
- http://www.carlisle.army.mil/usawc/dclm/family/fac6bib.doc

Association for Infection Control Practitioners
- http://www.apic.org

Association of State and Territorial Health Officials
- http://www.statepublichealth.org

Bioterrorism Resources
- http://www.usuhs.mil/med/milmedgoalsbio.htm
- http://www.moxietraining.com

California Emergency Management Agency
- http://www.oes.ca.gov

Caltech Earthquake Engineering Research Library Technical Reports
- http://caltecheerl.library.caltech.edu

Canadian Centre for Emergency Preparedness
- http://www.ccep.ca

CANUTEC (HAZMAT Transport Canada)
- http://www.tc.gc.ca/eng/canutec/menu.htm

Centers for Disease Control and Prevention
- http://emergency.cdc.gov

Biosafety
- http://www.cdc.gov/biosafety
- http://www.cdc.gov/od/ohs/biosfty/bmbl4/bmbl4toc.htm

Bioterrorism Agents
- http://www.bt.cdc.gov/agent/agentlist.asp

Emergency Preparedness and Response
- http://www.bt.cdc.gov

Emerging Infectious Disease Journal
• http://www.cdc.gov/ncidod/EID/index.htm

Environmental Health Shelter Assessment Tool
• http://www.bt.cdc.gov/shelterassessment

Morbidity and Mortality Weekly
• http://www.cdc.gov/mmwr

National Center for Infectious Diseases Publications Online
• http://www.cdc.gov/ncidod/publicat.htm

Preparation and Planning
• http://www.bt.cdc.gov/planning/index.asp

Strategic National Stockpile
• http://www.bt.cdc.gov/stockpile

Center for Earthquake Research and Information at University of Memphis
• http://www.ceri.memphis.edu

Center for Food Safety and Applied Nutrition, US Food and Drug Administration
• http://www.fda.gov/Food/default.htm

"Bad Bug Book," Foodborne Pathogenic Microorganisms and Natural Toxins Handbook, FDA
• http://www.fda.gov/Food/FoodSafety/FoodborneIllness/FoodborneIllnessFoodbornePathogensNaturalToxins/BadBugBook/default.htm

(James Martin) Center for Nonproliferation Studies
• http://cns.miis.edu

Chemical and Biological Weapons Resource Page
• http://cns.miis.edu/cbw

CBS News Disaster Links
• http://www.cbsnews.com/digitaldan/disaster/disasters.shtml

Centre for Research on the Epidemiology of Disasters
• http://www.cred.be

Coast Guard Command Center
• http://www.uscg.mil/hq/commandcenter/opcen.asp

Counterterrorism Training and Resources for Law Enforcement
• http://www.counterterrorismtraining.gov

Crisis Commons
- http://crisiscommons.org

Defense Threat Reduction Agency
- http://www.dtra.mil

DisasterAssistance.gov (portal for disaster victims)
- http://www.disasterassistance.gov/daip_en.portal

Disaster Center
- http://www.disastercenter.com

  Bibliography on Terrorism
  - http://www.disastercenter.com/terror.htm

Disaster News Network
- http://www.disasternews.net

Disaster Recovery Yellow Pages
- http://www.rothstein.com/data/dr119.htm

Disaster Research Center, University of Delaware
- http://www.udel.edu/DRC

Disasters Roundtable of the National Academies
- http://dels-old.nas.edu/dr

Earthquakes
- http://earthquake.usgs.gov

Emergency Management Assistance Compact Operations
- http://www.emacweb.org/?305

Emergency Management Forum
- http://www.emforum.org

Emergency Nutrition Network
- http://www.ennonline.net

Emergency System for Advance Registration of Volunteer Health Professionals
- http://www.phe.gov/esarvhp/Pages/about.aspx

Environmental Protection Agency, Emergency Management
- http://www.epa.gov/emergencies/index.htm

Federal Emergency Management Agency (FEMA)
- http://www.fema.gov

Bibliography for Emergency Management
- http://training.fema.gov/EMIWeb/edu/docs/Wayne's%20Bibliography.doc

Comprehensive Preparedness Guide 101
- http://www.fema.gov/about/divisions/cpg.shtm

Declaration Process Fact Sheet
- http://www.fema.gov/media/fact_sheets/declaration_process.shtm

Emergency Management Competencies and Curriculum
- http://training.fema.gov/EMIWeb/edu/EMCompetencies.asp

Federal Response Framework, Emergency Support Function #8 Public Health and Medical Services Annex
- http://www.fema.gov/pdf/emergency/nrf/nrf-esf-08.pdf

FEMA for Kids
- http://www.fema.gov/kids

Flood Insurance Manual
- http://www.fema.gov/nfip/manual.htm

Library of Reference Documents
- http://www.fema.gov/library

National Incident Management System
- http://www.fema.gov/pdf/emergency/nims/NIMS_core.pdf

National Response Framework Resource Center
- http://www.fema.gov/emergency/nrf
- http://www.fema.gov/emergency/nrf/index.htm
- http://www.fema.gov/emergency/nrf/responsepartnerguides.htm

Public Assistance Grant Program
- http://www.fema.gov/government/grant/pa/index.shtm

State Offices and Agencies of Emergency Management
- http://www.fema.gov/about/contact/statedr.shtm

Target Capabilities List
  Original
  - http://www.fema.gov/pdf/government/training/tcl.pdf

Updated User's Guide
- http://www.iaem.com/committees/governmentaffairs/documents/TargetCapabilitiesUserGuide_17February2009.pdf

Terrorism Training
- http://www.fema.gov/pdf/government/grant/bulletins/info249a.pdf

What is Disaster Assistance
- http://www.fema.gov/assistance/process/individual_assistance.shtm

Field Operations Guide, Coast Guard
- http://www.ecy.wa.gov/programs/spills/response/oilspillfog.pdf

Fire Administration
- http://www.usfa.dhs.gov

Fire and Explosion Planning Matrix
- http://www.osha.gov/dep/fire-expmatrix/index.html

First Responders in the Field
- http://www.remm.nlm.gov/remm_FirstResponder.htm

FloodSmart.Gov
- http://www.earthsat.com/wx/flooding/index.html
- http://www.floodsmart.gov

Food and Drug Administration Disaster Procedures
- http://www.fda.gov/ICECI/Inspections/IOM/ucm122554.htm

FoodSafety.Gov
- http://www.foodsafety.gov

Gender and Disasters Network
- http://www.gdnonline.org

Geological Survey
- http://www.usgs.gov

Global Emerging Infections Surveillance and Response System
- http://www.geis.fhp.osd.mil
- http://www.first-search.com/geis.fhp.osd.mil.htm
- http://www.afhsc.mil/geis

Government Emergency Telecommunications Service
- http://gets.ncs.gov

Hazardous Materials Training and Links
- http://www.usfa.dhs.gov/fireservice/subjects/hazmat

Health Library for Disasters
- http://helid.desastres.net

Hospital Incident Command System
- http://www.emsa.ca.gov/hics/default.asp
- http://www.emsa.ca.gov/HICS/files/Guidebook_Glossary.doc

Hurricane Watch Net
- http://www.hwn.org

Infectious Disease Society of America
- http://www.idsociety.org

International Association of Emergency Managers
- http://www.iaem.com

International Critical Incident Stress Foundation
- http://www.icisf.org

International Federation of the Red Cross and Red Crescent Societies
- http://www.ifrc.org

International Network of Crisis Mappers
- http://www.crisismappers.net

International Rescue Committee
- http://www.theirc.org

International Society for Traumatic Stress Studies
- http://www.istss.org/Home.htm

Inventory and Assessment of Databases Relevant for Social Science Research of Terrorism
- http://www.loc.gov/rr/frd/pdf-files/inventory_04.pdf

Johns Hopkins Office of Critical Event Preparedness and Response
- http://www.hopkinsmedicine.org/emergencymedicine/divisions/CEPAR.html

Joint Electronic Library (military search engine for federal laws, regulations, and documents relating to emergency management)
- http://www.dtic.mil

Lawrence Livermore National Laboratory Global Security Principal Directorate
• http://www.llnl.gov/nai/rdiv/rdiv.html

Lessons Learned Information Sharing System
• https://www.llis.dhs.gov/index.do

Medical Reserve Corps
• http://www.medicalreservecorps.gov/HomePage

Mental Health Field Manual
• http://disaster.efpa.eu/ddl.php/d875ea9eef038e5cb683f0eaae2a62b4/?dkey=d875ea9eef038e5cb683f0eaae2a62b4

Medical Management of Radiology Casualties Handbook, U.S. Army
• http://www.afrri.usuhs.mil/www/outreach/pdf/2edmmrchandbook.pdf

Medical Management of Biological Casualties Handbook, U.S. Army Medical Research Institute of Infectious Diseases (USAMRIID)
• http://www.usamriid.army.mil/education/bluebookpdf/USAMRIID%20BlueBook%206th%20Edition%20-%20Sep%202006.pdf

Medical Management of Chemical Casualties Handbook, USAMRIID
• https://www.rke.vaems.org/wvems/Libraryfiles/Dis/E_04.pdf

National Association of Community Health Centers, Developing and Implementing an Emergency Management Plan for Your Health Center
• http://www.nachc.org/client/documents/publications-resources/rm_11_05.pdf

National Association of County and City Health Officials, Preparedness
• http://www.naccho.org/search/index.cfm?q=Preparedness&site=naccho&searchbutton.x=4&searchbutton

Public Health Preparedness
• http://www.naccho.org/topics/emergency

Toolbox
• http://www.naccho.org/toolbox/index.cfm?v=4&id=116&topicname=Surveillance

National Association of School Psychologists
• http://www.nasponline.org

National Association of Social Workers
• http://www.socialworkers.org/pressroom/events/911/disasters.asp

National Environmental Health Association
- http://www.neha.org/index.shtml

National Fire Protection Association
- http://www.nfpa.org/assets/files/PDF/NFPA16002010.pdf

National Center for Post-Traumatic Stress Disorder
- http://www.ptsd.va.gov

National Emergency Management Association
- http://www.nemaweb.org/home.aspx?CFID=416185&CFTOKEN=187804

National Emergency Response and Rescue Training Center
- http://teexweb.tamu.edu/nerrtc

National Hurricane Center
- http://www.nhc.noaa.gov

National Institutes of Health
- http://www.nih.gov

  Library
  - http://nihlibrary.nih.gov/Pages/default.aspx

National Institute on Mental Health
- http://www.nimh.nih.gov

National Institute for Occupational Safety and Health
- http://www.cdc.gov/niosh

  Disaster Site Management
  - http://www.cdc.gov/niosh/topics/emres/sitemgt.html

  Pocket Guide to Chemical Hazards
  - http://www.cdc.gov/niosh/npg

  Publications and Products
  - http://www.cdc.gov/niosh/pubs/all_date_desc_nopubnumbers.html

National Library of Medicine
- http://www.nlm.nih.gov

  PUBMED
  - http://www.ncbi.nlm.nih.gov/pubmed

TOXNET, Toxicology Data Network
• http://toxnet.nlm.nih.gov

National Oceanic and Atmospheric Administration
• http://www.cpc.noaa.gov

Hydrologic Services
• http://www.nws.noaa.gov/os/water/tadd

National Weather Service
• http://www.nws.noaa.gov
• http://www.weather.gov/view/nationalwarnings.php

Real-Time Monitoring of Hurricane Potential for Atlantic Ocean
• http://www.cpc.noaa.gov/products/hurricane

Real-Time Monitoring of Hurricane Potential for Tropical East Pacific Ocean
• http://www.cpc.noaa.gov/products/Epac_hurr/index.shtml

Real-Time Tracking of Tornado Touch Downs
• http://www.tornadopaths.org

Weather Radio
• http://www.nws.noaa.gov/nwr

Winter Storms: The Deceptive Killers
• http://www.nws.noaa.gov/om/brochures/winterstorm.pdf

National Organization for Victim Assistance
• http://www.trynova.org

National Response Center, U.S. Coast Guard
• http://www.nrc.uscg.mil/nrchp.html
• http://www.nrc.uscg.mil/index.html

National Response Team
• http://www.nrt.org

National Safety Council
• http://www.nsc.org/Pages/Home.aspx

National Technical Information Service
• http://www.ntis.gov

National Voluntary Organizations Active in Disaster
• http://www.nvoad.org

Natural Hazards Center, University of Colorado
• http://www.colorado.edu/hazards

Quick Response Research Program
• http://www.colorado.edu/hazards/research/qr

Office of Foreign Disaster Assistance
• http://www.usaid.gov/our_work/humanitarian_assistance/disaster_assistance
• http://www.globalcorps.com/ofda.html

Field Operations Guide, Version 4
• http://www.usaid.gov/our_work/humanitarian_assistance/disaster_assistance/resources/pdf/fog_v4.pdf

Mitigation Practitioner's Handbook
• http://www.usaid.gov/policy/ads/200/hbkoct18.pdf

Overview of Stafford Act Support to States
• http://www.fema.gov/pdf/emergency/nrf/nrf-stafford.pdf

Pan-American Health Organization (PAHO)
• http://new.paho.org
• http://new.paho.org/disasters/newsletter

PAHO Humanitarian Supply Management System
• http://www.disaster-info.net/SUMA

Presidential Decision Directives
• http://www.fas.org/irp/offdocs/direct.htm

Refugee Health Information Network
• http://rhin.org/search/search_results.asp?zoom_query=Disaster%20Planning

Regional Disaster Information Center Latin American and the Caribbean (CRID)
• http://www.crid.or.cr/crid/ing/index_ing.html

ReliefWeb
• http://www.reliefweb.int/rw/dbc.nsf/doc100?OpenForm

Rural EMS and Trauma Technical Assistance Center
• http://www.remsttac.org

State Emergency Management Listing
• http://www.emergencymanagement.org/stat

State Health Department Listing
• http://www2a.cdc.gov/phtn/sites.asp

Southern California Earthquake Center
• http://www.scec.org

Stimson Center, Pragmatic Steps for Global Security
• http://www.stimson.org

Substance Abuse and Mental Health Services Administration
• http://www.mentalhealth.samhsa.gov/cmhs

Surge Capacity
• http://www.dtic.mil/ndia/2003terrorism/barb.pdf

United Nations High Commissioner for Refugees
• http://www.unhcr.org/cgi-bin/texis/vtx/home

U.S. Army Medicine
• http://www.armymedicine.army.mil

Medical Research Institute of Chemical Defense
• https://ccc.apgea.army.mil/links.htm

Medical Research Institute of Infectious Diseases
• http://www.usamriid.army.mil/index.htm
• http://www.usamriid.army.mil/biodefenselinks.htm

Public Health Command
• http://phc.amedd.army.mil/Pages/default.aspx

U.S. Department of Defense, Chemical and Biological Defense Programs
• http://www.acq.osd.mil/cp

Dictionary of Military and Associated Terms
• http://www.dtic.mil/doctrine

U.S. Department of Health and Human Services
• http://www.hhs.gov

HHS Archive
• http://archive.hhs.gov/drugs

Disaster Information Management Research Center
• http://phpreparedness.nlm.nih.gov/tools.php

U.S. Department of Health and Human Services, Public Health Emergency Responders, Clinicians, and Practitioners
• http://www.phe.gov/preparedness/responders/Pages/default.aspx

National Disaster Medical System
• http://www.phe.gov/Preparedness/responders/ndms/Pages/default.asp

Public Health and Medical Services Support
• http://www.phe.gov/Preparedness/support/medicalresponse/Pages/default.aspx

Public Health Emergency, Hospital Preparedness Program
• http://www.phe.gov/SearchCenter/Pages/Results.aspx?k=hospitals
• http://www.phe.gov/preparedness/planning/hpp/Pages/default.aspx

Public Health Emergency, Medical Surge Capacity Capability
• http://www.phe.gov/Preparedness/support/mscc/Pages/default.aspx

Public Health Service Act, Legal Authority and Related Guidance
• http://www.phe.gov/Preparedness/planning/authority/Pages/default.aspx

Public Health Services Commissioned Corps
• http://www.usphs.gov

Public Health Services Commissioned Corps, Emergency Response
• http://www.usphs.gov/aboutus/emergencyresponse.aspx

U.S. Department of Homeland Security, Preparedness, Response and Recovery
• http://www.dhs.gov/files/prepresprecovery.shtm

Computer Emergency Readiness Team
• http://www.us-cert.gov

Preparedness, Response, and Recovery
• http://www.dhs.gov/files/prepresprecovery.shtm

State Contracts and Grant Award Information
• http://www.dhs.gov/xgovt/grants/index.shtm

U.S. Department of Transportation, Emergency Response Guidebook (First Responder's Guide for HAZMAT Operations)
• http://www.phmsa.dot.gov/hazmat/library/erg

Developing a Hazardous Materials Exercise Program: A Handbook for State and Local Officials
- http://ntl.bts.gov/DOCS/254.html

HazMat Safety Community
- http://phmsa.dot.gov/hazmat

University of Wisconsin Disaster Management Center
- http://dmc.engr.wisc.edu

World Health Organization (WHO)
- http://www.who.int/en

Weekly Epidemiological Record
- http://www.who.int/wer/en

## Electronic Newsletters, Periodicals, and Publications

Air University Index to Military Periodicals
- http://www.dtic.mil/dtic/aulimp

*Chemical and Biological Information Analysis Center Newsletter*
- https://www.cbrniac.apgea.army.mil/Pages/default.aspx

*CDC Public Health Law News*
- http://www2a.cdc.gov/phlp/cphln.asp

*Clinical Infectious Disease*
- http://www.journals.uchicago.edu/toc/cid/current

*Digital Communities*
- http://www.govtech.com

*Disaster Medicine*
- http://www.ama-assn.org/ama/pub/physician-resources/public-health/center-public-health-preparedness-disaster-response/journal-disaster-medicine-public-health-preparedness.shtml

*Disaster Medicine and Public Health Preparedness*
- http://www.dmphp.org

*Disaster Prevention and Management*
- http://www.emeraldinsight.com/products/journals/journals.htm?id=dpm

*Disaster Recovery Journal*
• http://www.drj.com

*Disasters*
• http://pdm.medicine.wisc.edu

*Dispatch, The Chemical and Biological Arms Control Institute*
• http://www.cbaci.org/dispatch.htm

Electronic Journals for Disaster Studies
• http://www2.lib.udel.edu/subj/disasters/ej.htm

*Emerging Infectious Diseases*, CDC, National Center for Infectious Diseases
• http://www.cdc.gov/ncidod/EID/index.htm

*Emergency Information Infrastructure Partnership* Newsletter
• http://www.emforum.org

*Emergency Management*
• http://www.emergencymgmt.com

*Emergency Medical Services World*
• http://www.emsworld.com

Emergency Preparedness Information Exchange (EPIX)
• http://www.osh.net/directory/emerg_mang/index.htm

*Environmental Hazards*
• http://www.sciencedirect.com/science/journal/17477891

*FEMA HAZUS News*
• http://www.fema.gov/plan/prevent/hazus/hz_news.shtm

*Government Technology*
• http://www.govtech.com

*HealthNet News*
• http://www.healthnet.org/e-newsletters

*Homeland Defense Journal*
• http://old.library.georgetown.edu/newjour/h/msg02773.html

*International Journal of Mass Emergencies and Disasters*
• http://www.ijmed.org

*The Journal of Homeland Defense*
• http://www.homelanddefense.org

*The Journal of Homeland Security*
• http://www.homelandsecurity.org/journal/index.cfm

*Medicine and Global Survival Magazine*
• http://www.healthnet.org

*Morbidity and Mortality Weekly Report,* CDC
• http://www.cdc.gov/mmwr

*National Fire and Rescue Magazine*
• http://www.mondotimes.com/2/topics/5/society/36/4684

*Natural Hazards*
• http://www.springerlink.com/content/102967

*Natural Hazards Observer*
• http://www.colorado.edu/hazards/o

*The Nonproliferation Review*
• http://cns.miis.edu/npr

OSHA *Job Safety and Health Quarterly Magazine*:
• http://www.osha.gov/html/jshq-index.html

*Prehospital and Disaster Medicine*
• http://pdm.medicine.wisc.edu

*ProMED Digest*
• promed-digest-Owner@promed.isid.harvard.edu

*Risk Analysis*
• http://www.springerlink.com/content/112113
• http://onlinelibrary.wiley.com/journal/10.1111/(ISSN)1539-6924

## GIS Web Sites

Community Vulnerability Assessment Tool
• http://www.csc.noaa.gov/products/nchaz/startup.htm

Data Sources on the Internet
• http://geo.arc.nasa.gov/sge/health/links/links.html

Duke University Library, Sites With a Variety of GIS Data
- http://library.duke.edu/research/subject/guides/gis/data.html

ESRI, Inc.
- http://www.esri.com
- http://training.esri.com/gateway/index.cfm

FEMA Mapping and Analysis Center
- http://www.gismaps.fema.gov

Geographic Information Systems, CDC
- http://www.cdc.gov/gis
- http://www.cdc.gov/gis/training.htm

Geoplace.com
- http://www.geoplace.com/ME2/Default.asp

GIS Data Depot
- http://data.geocomm.com

Special Population Planner
- http://sourceforge.net/projects/spc-pop-planner

WHO HealthMapper
- http://www.who.int/health_mapping/tools/healthmapper/en/index.html

## Procedures, Protocols, and Response Resources

All the Virology on the Web
- http://www.virology.net/garryfavwebbw.html

Decontamination, Commercial Resources
- http://www.nbcindustrygroup.com/index03.htm

EPA, National Response System
- http://www.epa.gov/ceppo/web/content/nrs

Hazardous Materials Information Resource System
- http://www.dscr.dla.mil/ExternalWeb/UserWeb/aviationengineering/HMIRS

Incident Command System, U.S. Coast Guard
- http://www.uscg.mil/auxiliary/training/ics100.asp

Joint Information Center Guide
• http://www.fbcoem.org/external/content/document/1528/257624/1/JICBestPractices.pdf

Medline Plus: Disaster Preparation and Recovery
• http://www.nlm.nih.gov/medlineplus/disasterpreparationandrecovery.html

Public Health Image Library
• http://phil.cdc.gov/phil/home.asp

Wildland Fire Links
• http://www.wildlandfire.com/links.htm

## Vulnerable Populations References and Resources

### *Children*

AHRQ—Pediatric Terrorism and Disaster Preparedness
• http://www.ahrq.gov/research/pedprep/pedchap10.htm

Children and Disasters, American Academy of Pediatrics
• http://www.aap.org/disasters/pediatricians.cfm
Emergency Information Form, American Academy of Pediatrics
• http://www.aap.org/advocacy/epquesansw.htm

National Commission on Children and Disasters
• http://www.childrenanddisasters.acf.hhs.gov

Pediatric Disaster Tool Kit, New York City Department of Health and Mental Hygiene
• http://www.nyc.gov/html/doh/html/bhpp/bhpp-focus-ped-toolkit.shtml

### *Elderly*

AARP
• http://www.aarp.org

Administration on Aging, Emergency Preparedness, and Response
• http://www.aoa.gov/AoARoot/Preparedness/index.aspx

Disaster Assistance
• http://www.aoa.gov/aoaroot/Preparedness/Resources_Network/manual/disaster_assist_manual.aspx

Disaster Preparedness for Seniors by Seniors
- http://www.redcross.org/services/disaster/0,1082,0_9_,00.html

Disaster Preparedness Guide for Elders
- http://elderaffairs.state.fl.us/english/pubs/EU/EU2010/Disaster%20Guide%202010_WEB%20.pdf

Disaster Supply Kit
- http://elderaffairs.state.fl.us/english/disaster.php

Emergency Preparedness Checklist
- http://www.fema.gov/pdf/library/epc.pdf

Emergency Preparedness Tips for Older Adults
- http://www.healthinaging.org/public_education/emergency_tips.php

(A) Health Guide for the Public in Disaster Planning and Recovery
- http://www.wvdhhr.org/oehs/disaster-readiness-response-folder/DisasterPlanning_HealthGuide_%20large%20print.pdf

Just in Case: Emergency Readiness for Older Adult and Caregivers
- http://www.aoa.gov/AoA_Programs/HCLTC/Caregiver/docs/Just_in_Case030706_links.pdf

Maintaining a Healthy State of Mind for Seniors
- http://www.redcross.org/preparedness/cdc_english/mentalhealth-6.asp

Mental Health: A Guide for Older Adults
- http://health.nashville.gov/PDFs/MHandAgingdirectoryA.pdf

Nursing Homes Emergency Preparedness: Questions Consumers Should Ask
- http://www.theconsumervoice.org/sites/default/files/advocate/Emergency-Preparedness.pdf

Preparing Makes Sense for Older Americans
- http://www.ready.gov/america/_downloads/older_americans.pdf

Ready America, Older Americans
- http://www.ready.gov/america/getakit/seniors.html

Tips for Seniors and People With Disabilities: Establish a Personal Support Network
- http://www.redcross.org/services/disaster/beprepared/mobileprogs.html

The Role of Long-Term Care Ombudsmen in Nursing Home Closures and Natural Disasters
• http://www.ltcombudsman.org/issues/emergency-preparedness

***General***

Access Board
• http://www.access-board.gov

Accommodating Individuals With Disabilities in the Provision of Disaster Mass Care, Housing, and Human Services Reference Guide, FEMA
• http://www.fema.gov/oer/reference/index.shtm

American Association of People With Disabilities
• http://www.aapd-dc.org

Americans With Disabilities Act (ADA)
• http://www.ada.gov/pubs/ada.htm

An ADA Guide for Local Governments: Making Community Emergency Preparedness and Response Programs Accessible to People With Disabilities
• http://www.ada.gov/emergencyprepguide.htm

At-Risk Populations and Pandemic Influenza, Planning Guidance for State, Territorial, Tribal, and Local Health Departments, Association of Territorial and Health Officials
• http://cms.calema.ca.gov/WorkArea/DownloadAsset.aspx?id=737

Braille and ADA Signage
• http://askjan.org/cgi-win/OrgQuery.exe?Sol231

Center for an Accessible Society
• http://www.accessiblesociety.org

Center for Disability and Special Needs Preparedness
• http://www.disabilitypreparedness.org

Center for Disability Issues and the Health Professions
• http://www.cdihp.org/products.html#eeguide

Closed caption video clips using American Sign Language
• http://www.bt.cdc.gov/disasters/hurricanes/psa/prescription_asl.asp

Community Emergency Preparedness Information Network
• http://www.cepintdi.org

Coping With Disaster: A Guide for Families and Others who Support Adults With Cognitive Disabilities
- http://www.temple.edu/cprep/Library/Disabilities_resource_06.06.doc
- http://www.qualitymall.org/directory/dept1.asp?deptid=72

Cross-Agency Government Web Site Devoted to Disaster Preparedness
- http://www.disasterhelp.gov

Disability Disaster Information
- http://www.floridadisaster.org/disabilities.htm

Disability Preparedness Resource Center
- http://disabilitypreparedness.gov

Disaster Preparedness for People With Disabilities
- http://www.disability911.com

Easter Seals S.a.f.e.t.y. First Evacuation Program
- http://www.easterseals.com/site/PageServer?pagename=ntl_safety_first%20_evacuation

Emergency Access Rules, Federal Communications Commission (FCC)
- http://hraunfoss.fcc.gov/edocs_public/attachmatch/DA-02-1852A1.pdf

Emergency Evacuation Planning Guide for People With Disabilities, National Fire Protection Association
- http://www.nfpa.org/assets/files//PDF/Forms/EvacuationGuide.pdf

Emergency Evacuation Plans
- http://askjan.org/media/emergency.html

Emergency Planning and Special Needs Populations, FEMA Emergency Management Institute
- http://training.fema.gov/index.asp

Emergency Power Planning for People Who Use Electricity and Battery Dependent Assistive Technology and Medical Devices
- http://www.jik.com/disaster-individ.html#Guides

Emergency Preparedness and People With Disabilities. U.S. Department of Labor, Office of Disability Employment Policy
- http://www.dol.gov/odep/programs/emergency.htm

Emergency Preparedness, National Association of the Deaf
- http://www.nad.org/issues/emergency-preparedness

Emergency Procedures for Employees With Disabilities in Office Occupancies
- http://www.usfa.dhs.gov/downloads/pdf/publications/fa-154.pdf
- http://askjan.org/media/emergency.html
- http://www.usfa.dhs.gov/downloads/txt/publications/fa-154.txt

Emergency Warnings: Notification of Deaf or Hard of Hearing People
• http://tap.gallaudet.edu/emergency/nov05conference/EmergencyReports/NADEmergency.doc

Employers' Guide to Including People With Disabilities in Emergency Evacuation Plans, Job Accommodation Network
• http://askjan.org/media/evacchecklist.html

Equal Employment Opportunity Commission (EEOC), Fact Sheet on Obtaining and Using Employee Medical Information as Part of Emergency Evacuation Procedures
• http://www.eeoc.gov/facts/evacuation.html

Evacuation Preparedness Guide, Center for Disability Issues in the Health Professions
• http://www.cdihp.org/evacuation/toc.html

Evacuee Support Planning Guide, FEMA P-760/Catalog No. 09049-2 July 2009
• http://www.fema.gov/pdf/government/evacuee_support_guide.pdf

Guidance on Planning for Integration of Functional Needs Support Services in General Population Shelters, FEMA
• http://www.fema.gov/pdf/about/odic/fnss_guidance.pdf

Guidance on Planning and Responding to the Needs of People With Access and Functional Needs
• http://www.oes.ca.gov/WebPage/oeswebsite.nsf/Content/CF550341643F892B8825749B0080867F?OpenDocument

Guide to Disaster Preparedness for People With Disabilities, American Red Cross/FEMA
• http://www.redcross.org/images/pdfs/preparedness/A4497.pdf

Health Care Language Services Guide
• https://hclsig.thinkculturalhealth.hhs.gov/default.asp

Inclusive Preparedness Center
• http://inclusivepreparedness.org

June Kailes
• http://www.jik.com/disaster.html

Lift and Carry
• http://www.cert-la.com/liftcarry/Liftcarry.pdf

Lighthouse International
• http://www.lighthouse.org

Limited English Proficiency Resources
• http://www.lep.gov/resources/resources.html

Mass Care and Shelter Plan: Functional Needs Annex, City of Oakland, California
• http://www.dralegal.org/downloads/cases/CFILC/Draft_MassCareandShelterPlan.pdf

National Council on Disability
• http://www.ncd.gov

National Institute on Disability and Rehabilitation Research
• http://www.ed.gov/about/offices/list/osers/nidrr/about.html

OK WARN: Weather Alert Remote Notification for the Deaf and Hard of Hearing. NOAA National Severe Storms Laboratory
• http://www.nssl.noaa.gov/edu/safety/pagers.html

Other Languages, CDC
• http://www.cdc.gov/other/languages

People With Disabilities and Other Access and Functional Needs, FEMA
• http://www.fema.gov/plan/prepare/specialplans.shtm

Persons With Disabilities, Federal Communications Commission
• http://www.fcc.gov/pshs/special-needs.html

Prepare Now
• http://www.preparenow.org

Preparedness Information for Seniors, American Red Cross
• http://www.redcross.org/museum/prepare_org/seniors/srsforsrs.htm

Preparing for Disaster for People With Disabilities and Other Special Needs
• http://www.fema.gov/pdf/library/pfd_all.pdf

Public Health Workbook to Define, Locate and Reach Special, Vulnerable, and At-Risk Populations in an Emergency, CDC
• http://www.bt.cdc.gov/workbook/pdf/ph_workbookFINAL.pdf

Ready Campaign, DHS
• http://www.ready.gov

Ready New York for Seniors and People With Disabilities, New York City Office of Emergency Management
• http://www.nyc.gov/html/oem/html/ready/seniors_guide.shtml

Resources on Emergency Evacuation and Disaster Preparedness
• http://www.access-board.gov/evac.htm

Saving Lives: Including People With Disabilities in Emergency Planning, National Council on Disability
• http://www.ncd.gov/newsroom/publications/2005/saving_lives.htm

Tactile Graphics and Maps
• http://askjan.org/cgi-win/OrgQuery.exe?Sol401

Telecommunications Relay Services
• http://www.nidcd.nih.gov/health/hearing/telecomm.asp

The Pediatrician and Disaster Preparedness, Policy Paper, American Academy of Pediatrics
• http://aappolicy.aappublications.org/cgi/reprint/pediatrics;117/2/560.pdf

ThisAbled
• http://www.thisabled.com
• http://www.thisabled.com/health-and-wellness/142-you-can-survive-a-disaster-seriously

Visual and Tactile Alerting Devices
• http://www.ilr.cornell.edu/edi/hr_tips/article_1.cfm?b_id=2&view_all=true

United Spinal Association
• http://www.unitedspinal.org

Why and How to Include People With Disabilities in Your Planning Process, Nobody Left Behind
• http://www.nobodyleftbehind2.org/findings/why_and_how_to_include_all.shtml

Web Accessibility Initiative Resources, W3C
• http://www.w3.org/WAI/Resources/#gl

부록 BB

# 주요 참고 자료

## Bioterrorism and Emerging Diseases


Blank S, Moskin LC, Zucker JR. 2003. An ounce of prevention is a ton of work: mass antibiotic prophylaxis for anthrax: New York City, 2001. *Emerg Infect Dis.* 9:615–622.

Bravata DM, McDonald KM, Owens DK, et al. 2004. Regionalization of bioterrorism preparedness and response. Evidence Report/Technology Assessment: Number 96. Rockville, MD: Agency for Healthcare Research and Quality.

Centers for Disease Control and Prevention (CDC). 2005. *Preparation and Planning for Bioterrorism Emergencies.* Atlanta, GA: CDC.

Centers for Disease Control and Prevention. 2001. Considerations for distinguishing influenza-like illness from inhalational anthrax. *MMWR Morbid Mortal Wkly Rep.* 5044:985–986.

Centers for Disease Control and Prevention. 2003. Notice to readers: guidelines for maintaining and managing the vaccine cold chain. *MMWR Morbid Mortal Wkly Rep.* 5242:1023–1025.

Fenner F, Henderson DA, Arita I, et al. 1988. *Smallpox and Its Eradication.* Geneva, Switzerland: World Health Organization:1–276.

Henderson DA, Inglesby TV, Bartlett JG, et al. 1999. Smallpox as a biological weapon: medical and public health management. *JAMA.* 281:1735–1745.

Henderson DA, Inglesby TV, Bartlett JG, et al. 1999. Smallpox as a biological weapon. *JAMA.* 281:2127–2137.

Henderson DA, Inglesby TV, O'Toole TO. 2002. *Bioterrorism: Guidelines for Medical and Public Health Management.* Chicago, IL: American Medical Association.

Henderson DA. 1999. Smallpox: clinical and epidemiologic features. *Emerg Infect Dis.* 5:537–539. Available at: http://www.bt.cdc.gov/bioterrorism/prep.asp. Accessed February 28, 2011.

Meehan PJ, Rosenstein NE, Gillen M, et al. 2004. Responding to detection of aerosolized *Bacillus anthracis* by autonomous detection systems in the workplace. *MMWR Recomm Rep.* 53:1–12.

Mina B, Dym J, Kuepper F, et al. 2002. Fatal inhalational anthrax with unknown source of exposure in a 61-year-old woman in New York City. *JAMA.* 2877:858–862.

Murray V, editor. 1990. *Major Chemical Disasters: Medical Aspects of Management (International Congress and Symposium Series).* New York, NY: Royal Society of Medicine Services Limited.

Novick LF, Marr JS, editors. 2001. *Public Health Issues in Disaster Preparedness: Focus on Bioterrorism.* Sudbury, MA: Jones & Bartlett Learning:1–150.

O'Toole T. 1999. Smallpox: an attack scenario. *Emerg Infect Dis.* 5:540–560.

Occupational Safety and Health Administration. 2005. OSHA Best Practices for Hospital–Based First Receivers of Victims From Mass Casualty Incidents Involving the Release of Hazardous Substances. Washington, DC: U.S. Department of Labor. Available at: http://www.osha.gov/dts/osta/bestpractices/html/hospital_firstreceivers.html. Accessed February 28, 2011.

Pepe PE, Rinnert KJ. 2002. Bioterrorism and medical risk management. *Int Lawyer.* 36:9–20.

U.S. Department of Justice; Federal Bureau of Investigation; U.S. Army Soldier Biological Chemical Command. 2003. Criminal and Epidemiological Investigation Handbook. Available at: http://www.ecbc.army.mil/downloads/mirp/ECBC_ceih.pdf. Accessed February 28, 2011.

Wagner MM, Moore AW, Aryel RM, editors. 2006. *Handbook of Biosurveillance.* New York, NY: Elsevier.

Weinstein RS, Alibek K. 2003. *Biological and Chemical Terrorism: A Guide for Healthcare Providers and First Responders.* New York, NY: Thieme Medical.

### Pandemic Influenza

Agency for Healthcare Research and Quality (AHRQ). 2004. Community-Based Mass Prophylaxis: A Planning Guide for Public Health Preparedness. Rockville, MD: AHRQ. Available at: http://www.ahrq.gov/research/cbmprophyl/cbmpro.htm. Accessed February 28, 2011.

American College of Emergency Physicians. 2009. National Strategic Plan for Emergency Department Management of Outbreaks of Novel H1N1 Influenza. Washington, DC: U.S. Department of Health and Human Services. Available at: http://www.flu.gov/professional/hospital/nspemergencydept.html.html. Accessed February 28, 2011.

Association of Public Health Laboratories (APHL). 2010. Public Health Laboratories: Diminishing Resources in an Era of Evolving Threats. Silver Spring, MD: APHL. Available at: http://www.aphl.org/aphlprograms/phpr/ahr/Documents/DiminishingResourcesEvolvingThreats.pdf. Accessed February 28, 2011.

Association of State and Territorial Health Officers. 2008. At-Risk Populations in Emergencies: A Review of State and Local Stories, Tools and Practices. Falls Church, VA: International Association of Emergency Managers. Available at: http://www.iaem.com/committees/SpecialNeeds/documents/ASTHOBestPractices.pdf. Accessed February 28, 2011.

Centers for Disease Control and Prevention (CDC). 2009. Abbreviated Pandemic Influenza Plan Template for Primary Care Provider Offices: Guidance From Stakeholders. Atlanta, GA: CDC. Available at: http://www.cdc.gov/h1n1flu/guidance/pdf/abb_pandemic_influenza_plan.pdf. Accessed February 28, 2011.

Centers for Disease Control and Prevention (CDC). 2009. Interim biosafety guidance for all individuals handling clinical specimens or isolates containing 2009–H1N1 influenza A virus novel H1N1, including vaccine strains. Atlanta, GA: CDC.

Available at: http://www.cdc.gov/h1n1flu/guidelines_labworkers.htm. Accessed March 2, 2011.

Centers for Disease Control and Prevention (CDC). 2009. Interim Guidance on Specimen Collection, Processing, and Testing for Patients With Suspected Novel Influenza A H1N1 Virus Infection. Atlanta, GA: CDC. Available at: http://www.cdc.gov/h1n1flu/specimencollection.htm. Accessed March 2, 2011.

Centers for Disease Control and Prevention (CDC). 2010. Interim Guidance on Infection Control Measures for 2009 H1N1 Influenza in Healthcare Settings, Including Protection of Healthcare Personnel. Atlanta, GA: CDC. Available at: http://www.cdc.gov/h1n1flu/guidelines_infection_control.htm. Accessed March 1, 2011.

ESRI. 2009. Geographic Information Systems and Pandemic Influenza Planning and Response. Redlands, CA: ESRI. Available at: http://www.esri.com/library/white-papers/pdfs/gis-and-pandemic-planning.pdf. Accessed March 1, 2011.

Knebel A, Phillips S. 2008. Home Health Care During an Influenza Pandemic: Issues and Resources. Rockville, MD: Agency for Healthcare Research and Quality. Available at: http://www.flu.gov/professional/hospital/homehealth.html. Accessed March 2, 2011.

Lister SA, Redhead CS. 2009. *The 2009 Influenza Pandemic: An Overview*. Washington, DC: Congressional Research Service. Available at: http://assets.opencrs.com/rpts/R40554_20091116.pdf. Accessed March 1, 2011.

Missouri Department of Health and Human Services. 2008. Missouri Strategic National Stockpile H1N1 Response After Action Report. Atlanta, GA: Centers for Disease Control and Prevention. Available at: https://www.llis.dhs.gov/docdetails/details.do?contentID=33191. Accessed March 2, 2011.

Occupational Safety and Health Administration. 2009. Pandemic Influenza Preparedness and Response Guidance for Healthcare Workers. Washington, DC: U.S. Department of Labor. Available at: http://www.osha.gov/Publications/OSHA_pandemic_health.pdf. Accessed March 2, 2011.

Public Health Emergency, Office of the Assistant Secretary for Preparedness and Response. 2007. *Public Health Emergency Response: A Guide for Leaders and Responders*. Chapter 7. Legal and policy considerations. Washington, DC: U.S. Department of Health and Human Services. Available at: http://www.phe.gov/emergency/communication/guides/leaders/Documents/freo_section07.pdf. Accessed March 2, 2011.

U.S. Department of Health and Human Services (HHS). 2008. Federal Guidance To Assist States In Improving State-Level Pandemic Influenza Operating Plans. Washington, DC: HHS. Available at: http://www.flu.gov/professional/states/index.html. Accessed March 1, 2011.

U.S. Department of Health and Human Services (HHS). 2007. Community Strategy for Pandemic Influenza Mitigation. Washington, DC: HHS. Available at: http://www.pandemicflu.gov/professional/community/commitigation.html. Accessed February 28, 2011.

U.S. Department of Health and Human Services (HHS). 2011. Pandemic Influenza Planning Checklist. Washington, DC: HHS. Available at: http://www.cdc.gov/flu/pandemic/pdf/pandemicfluchecklist.pdf. Accessed March 2, 2011.

World Health Organization (WHO). 2005. *Avian Influenza: Assessing the Pandemic Threat.* Geneva, Switzerland: WHO. Available at: http://www.who.int/csr/disease/influenza/H5N1-9reduit.pdf. Accessed February 28, 2011.

World Health Organization (WHO). 2008. *Outbreak Communication Planning Guide.* Geneva, Switzerland: WHO. Available at: http://www.searo.who.int/LinkFiles/CDS_WHO_Outbreak_Comm_Planning_Guide.pdf. Accessed March 2, 2011.

World Health Organization (WHO). 2009. Interim planning considerations for mass gatherings in the context of pandemic H1N1 2009 influenza. Geneva, Switzerland: WHO. Available at: http://www.who.int/csr/resources/publications/swineflu/cp002_2009-0511_planning_considerations_for_mass_gatherings.pdf. Accessed March 2, 2011.

World Health Organization (WHO). 2009. *Pandemic Influenza Preparedness and Response: WHO Guidance Document.* Geneva, Switzerland: WHO. Available at: http://www.who.int/csr/disease/influenza/pipguidance2009/en/index.html. Accessed March 2, 2011.

## Care Guidelines and Standards

Brandt M, Brown C, Burkhart J, et al. 2006. Mold prevention strategies and possible health effects in the aftermath of hurricanes and major floods. *MMWR Recomm Rep.* 55:1–27.

Center for Health Policy, Columbia University School of Nursing. 2008. Adapting Standards of Care Under Extreme Conditions: Guidance For Professionals During Disasters, Pandemics and Other Extreme Emergencies. Silver Spring, MD: American Nurses Association. Available at: http://www.nursingworld.org/MainMenuCategories/HealthcareandPolicyIssues/DPR/TheLawEthicsofDisasterResponse/AdaptingStandardsofCare.aspx. Accessed March 1, 2011.

Centers for Medicare and Medicaid Services. 2007. Preparing for Emergencies: A Guide for People on Dialysis. Available at: http://www.rsnhope.org/resources/PreparingforEmergenices.pdf. Washington, DC: U.S. Department of Health and Human Services. Accessed March 2, 2011.

Institute of Medicine. 2009. Guidance For Establishing Crisis Standards of Care for Use In Disaster Situations. Washington, DC: Institute of Medicine. Available at: http://www.iom.edu/Reports/2009/DisasterCareStandards.aspx. Accessed March 2, 2011.

Nolte KB, Hanzlick RL, Payne DC, et al. 2004. Medical examiners, coroners, and biologic terrorism: a guidebook for surveillance and case management. *MMWR Recomm Rep.* 53:1–27.

Occupational Safety and Health Administration (OSHA). 2005. OSHA Best Practices for Hospital–Based First Receivers of Victims From Mass Casualty Incidents Involving the Release of Hazardous Substances. Washington, DC: U.S. Department of Labor. Available at: http://www.osha.gov/dts/osta/bestpractices/html/hospital_-firstreceivers.html. Accessed March 2, 2011.

Phillips S, Knebel A. 2007. Mass Medical Care With Scarce Resources: A Community Planning Guide. Rockville, MD: Agency for Healthcare Research and Quality. Publication No. 07–0001. Available at: http://www.ahrq.gov/research/mce/mceguide.pdf. Accessed March 2, 2011.

Sasser SM, Hunt RC, Sullivent EE, et al. 2009. Guidelines for field triage of injured patients recommendations of the national expert panel on field triage. *MMWR Recomm Rep.* 58:1–35.

The Joint Commission. 2005. Surge Hospitals: Providing Safe Care in Emergencies. Available at: http://ec.europa.eu/echo/files/policies/sectoral/health_2005_providing_safe_care_in_emergencies_jchao.pdf. Accessed March 2, 2011.

U.S. Food and Drug Administration (FDA). 2009. Disposal of Contaminated Devices. Washington, DC: FDA. Available at: http://www.fda.gov/MedicalDevices/Safety/EmergencySituations/ucm055974.htm. Accessed March 2, 2011.

U.S. Food and Drug Administration (FDA). 2009. Medical Devices Requiring Refrigeration. Washington, DC: FDA. Available at: http://www.fda.gov/MedicalDevices/Safety/EmergencySituations/ucm056075.htm. Accessed March 2, 2011.

U.S. Food and Drug Administration (FDA). 2009. Medical Devices that Have Been Exposed to Heat and Humidity. Washington, DC: FDA. Available at: http://www.fda.gov/MedicalDevices/Safety/EmergencySituations/ucm056086.htm. Accessed March 2, 2011.

U.S. Food and Drug Administration (FDA). 2009. Natural Disasters - Effects on Mammography Facilities. Washington, DC: FDA. Available at: http://www.fda.gov/Radiation-EmittingProducts/MammographyQualityStandardsActandProgram/FacilityCertificationandInspection/ucm127723.htm. Accessed March 2, 2011.

U.S. Food and Drug Administration (FDA). 2010. Safe Drug Use After a Natural Disaster. Washington, DC: FDA. Available at: http://www.fda.gov/Drugs/EmergencyPreparedness/ucm085200.htm. Accessed March 2, 2011.

## Case Studies

Alson R, Alexander D, Leonard RB, Stringer LW. 1993. Analysis of medical treatment at a field hospital following Hurricane Andrew, 1992. *Ann Emerg Med.* 22:1721–1728.

Bel N. 1993. Triumph over tragedy: emergency response to Hurricane Andrew. *Emergency.* 25:28–31, 66.

Bernstein RS, Baxter PJ, Falk H, et al. 1986. Immediate public health concerns and actions in volcanic eruptions: lessons from Mount St. Helens eruptions, May 18–October 18, 1980. *Am J Public Health.* 76:25–37.

Brandt M, Brown C, Burkhart J, et al. 2006. Mold prevention strategies and possible health effects in the aftermath of hurricanes and major floods. *MMWR Recomm Rep.* 55:1–27.

Brewer RD, Morris PD, Cole TB. 1994. Hurricane-related emergency department visits in an inland area: an analysis of the public health impact of Hurricane Hugo in North Carolina. *Ann Emerg Med.* 23:731–736.

Carr SJ, Leahy SM, London S, et al. 1996. The public health response to the Los Angeles, 1994 earthquake. *Am J Public Health.* 86:589–590.

Centers for Disease Control and Prevention. 1991. Tornado disaster—Illinois, 1990. *MMWR Morb Mortal Wkly Rep.* 40:33–36.

Centers for Disease Control and Prevention. 1992. Rapid health needs assessment following Hurricane Andrew—Florida and Louisiana, 1992. *MMWR Morb Mortal Wkly Rep.* 41:685–688.

Centers for Disease Control and Prevention. 1992. Tornado disaster—Kansas 1991. *MMWR Morb Mortal Wkly Rep.* 41:181–183.

Centers for Disease Control and Prevention. 1993. Comprehensive assessment of health needs 2 months after Hurricane Andrew—Dade County, Florida. *MMWR Morb Mortal Wkly Rep.* 42:434–437.

Centers for Disease Control and Prevention. 1993. Injuries and illnesses related to Hurricane Andrew—Louisiana, 1992. *MMWR Morb Mortal Wkly Rep.* 42:242–244, 249–251.

Centers for Disease Control and Prevention. 1993. Morbidity surveillance following the Midwest flood—Missouri, 1993. *MMWR Morb Mortal Wkly Rep.* 42:797-8.

Centers for Disease Control and Prevention. 1993. Public health consequences of a flood disaster—Iowa, 1993. *MMWR Morb Mortal Wkly Rep.* 42:653–656.

Centers for Disease Control and Prevention. 1994. Rapid assessment of vectorborne diseases during the Midwest flood, United States, 1993. *MMWR Morb Mortal Wkly Rep.* 43:481–483.

Centers for Disease Control and Prevention. 1996. Surveillance for injuries and illnesses and rapid health needs assessment following Hurricanes Marilyn and Opal, September–October 1995. *MMWR Morb Mortal Wkly Rep.* 45:81–85.

Centers for Disease Control and Prevention. 1997. Fatal human plague—Arizona and Colorado, 1996. *MMWR Morb Mortal Wkly Rep.* 46:617–620.

Centers for Disease Control and Prevention. 1998. Community needs assessment and morbidity surveillance following an ice storm—Maine, January 1998. *MMWR Morb Mortal Wkly Rep.* 47:351–354.

Centers for Disease Control and Prevention. 2001. Injury and illness among New York City Fire Department rescue workers after responding to the World Trade Center attacks. *MMWR Morb Mortal Wkly Rep Special Issue.* 51:1–5.

Centers for Disease Control and Prevention. 2002. Community needs assessment of Lower Manhattan residents following the World Trade Center attacks—Manhattan, New York City, 2001. *MMWR Morb Mortal Wkly Rep.* 51:10–13.

Centers for Disease Control and Prevention. 2002. Impact of September 11 attacks on workers in the vicinity of the World Trade Center—New York City. *MMWR Morb Mortal Wkly Rep.* 51:8–10.

Centers for Disease Control and Prevention. 2002. Morbidity and mortality associated with Hurricane Floyd—North Carolina, September-October 1999. *MMWR Morb Mortal Wkly Rep.* 49:369–372.

Centers for Disease Control and Prevention. 2002. Needs assessment following Hurricane Georges—Dominican Republic, 1998. *MMWR Morb Mortal Wkly Rep.* 48:93–95.

Centers for Disease Control and Prevention. 2002. Notice to readers: New York City Department of Health response to terrorist attack, September 11, 2001. *MMWR Morb Mortal Wkly Rep.* 50:821.

Centers for Disease Control and Prevention. 2002. Psychological and emotional effects of the September 11 attacks on the World Trade Center—Connecticut, New Jersey, and New York 2001. *MMWR Morb Mortal Wkly Rep.* 51:784–786.

Centers for Disease Control and Prevention. 2002. Rapid assessment of injuries among survivors of the terrorist attack on the World Trade Center—New York City, September 2001. *MMWR Morb Mortal Wkly Rep.* 51:1–5.

Centers for Disease Control and Prevention. 2002. Tropical Storm Allison rapid needs assessment—Houston, Texas, June 2001. *MMWR Morb Mortal Wkly Rep.* 51:365–369.

Centers for Disease Control and Prevention. 2002. Use of respiratory protection among responders at the World Trade Center site—New York City, September 2001. *MMWR Morb Mortal Wkly Rep.* 51:6–8.

Centers for Disease Control and Prevention. 2003. Cholera epidemic after increased civil conflict—Monrovia, Liberia. June-September 2003. *MMWR Morb Mortal Wkly Rep.* 52:1093–1095.

Centers for Disease Control and Prevention. 2004. Brief report: acute illness from dry ice exposure during Hurricane Ivan—Alabama, 2004. *MMWR Morb Mortal Wkly Rep.* 53:1182–1183.

Centers for Disease Control and Prevention. 2004. Preliminary results from the World Trade Center Evacuation Study—New York City, 2003. *MMWR Morb Mortal Wkly Rep.* 53:815–817.

Centers for Disease Control and Prevention. 2004. Rapid assessment of the needs and health status of older adults after Hurricane Charley—Charlotte, DeSoto, and Hardee Counties, Florida, August 27–31, 2004. *MMWR Morb Mortal Wkly Rep.* 53:837–840.

Centers for Disease Control and Prevention. 2004. Rapid community health and needs assessments after Hurricanes Isabel and Charley—North Carolina, 2003–2004. *MMWR Morb Mortal Wkly Rep.* 53:840–842.

Centers for Disease Control and Prevention. 2005. Carbon monoxide poisoning after Hurricane Katrina—Alabama, Louisiana, and Mississippi, August-September 2005. *MMWR Morb Mortal Wkly Rep.* 54:996–998.

Centers for Disease Control and Prevention. 2005. Health concerns associated with disaster victim identification after a tsunami—Thailand, December 26, 2004–March 31, 2005. *MMWR Morb Mortal Wkly Rep.* 54:349–352.

Centers for Disease Control and Prevention. 2005. Hurricane Katrina response and guidance for health-care providers, relief workers, and shelter operators. *MMWR Morb Mortal Wkly Rep.* 54:877.

Centers for Disease Control and Prevention. 2005. Infectious disease and dermatologic conditions in evacuees and rescue workers after Hurricane Katrina—multiple states, August–September 2005. *MMWR Morb Mortal Wkly Rep.* 54:961–964.

Centers for Disease Control and Prevention. 2005. Rapid health response, assessment, and surveillance after a tsunami—Thailand, 2004–2005. *MMWR Morb Mortal Wkly Rep.* 54:61–64.

Centers for Disease Control and Prevention. 2005. *Vibrio* illnesses after Hurricane Katrina—multiple states, August–September 2005. *MMWR Morb Mortal Wkly Rep.* 54:928–931.

Centers for Disease Control and Prevention. 2006. Assessment of health-related needs after Hurricanes Katrina and Rita—Orleans and Jefferson Parishes, New Orleans Area, Louisiana, October 17–22, 2005. *MMWR Morb Mortal Wkly Rep.* 55: 38–41.

Centers for Disease Control and Prevention. 2006. Brief report: Leptospirosis after flooding of a university campus—Hawaii, 2004. *MMWR Morb Mortal Wkly Rep.* 55:125–127.

Centers for Disease Control and Prevention. 2006. Health concerns associated with mold in water-damaged homes after Hurricanes Katrina and Rita—New Orleans Area, Louisiana, October 2005. *MMWR Morb Mortal Wkly Rep.* 55: 41–44.

Centers for Disease Control and Prevention. 2006. Health hazard evaluation of police officers and firefighters after Hurricane Katrina—New Orleans, Louisiana, October 17–28 and November 30–December 5, 2005. *MMWR Morb Mortal Wkly Rep.* 55:456–458.

Centers for Disease Control and Prevention. 2006. Heat-related deaths—United States, 1999–2003. *MMWR Morb Mortal Wkly Rep.* 55:796–798.

Centers for Disease Control and Prevention. 2006. Monitoring poison control center data to detect health hazards during hurricane season—Florida, 2003–2005. *MMWR Morb Mortal Wkly Rep.* 55:426–428.

Centers for Disease Control and Prevention. 2006. Morbidity surveillance after Hurricane Katrina—Arkansas, Louisiana, Mississippi, and Texas, September 2005. *MMWR Morb Mortal Wkly Rep.* 55:727–731.

Centers for Disease Control and Prevention. 2006. Mortality associated with Hurricane Katrina—Florida and Alabama, August–October 2005. *MMWR Morb Mortal Wkly Rep.* 55:239–242.

Centers for Disease Control and Prevention. 2006. Public health response to Hurricanes Katrina and Rita—Louisiana, 2005. *MMWR Morb Mortal Wkly Rep.* 55:29–30.

Centers for Disease Control and Prevention. 2006. Rapid assessment of health needs and resettlement plans among Hurricane Katrina evacuees—San Antonio, Texas, September 2005. *MMWR Morb Mortal Wkly Rep.* 55:242–244.

Centers for Disease Control and Prevention. 2006. Rapid community needs assessment after Hurricane Katrina—Hancock County, Mississippi, September 14–15, 2005. *MMWR Morb Mortal Wkly Rep.* 55:234–236.

Centers for Disease Control and Prevention. 2006. Rapid needs assessment of two rural communities after Hurricane Wilma—Hendry County, Florida, November 1–2, 2005. *MMWR Morb Mortal Wkly Rep.* 55:429–431.

Centers for Disease Control and Prevention. 2006. Surveillance for early detection of disease outbreaks at an outdoor mass gathering—Virginia, 2005. *MMWR Morb Mortal Wkly Rep.* 55:71–74.

Centers for Disease Control and Prevention. 2006. Surveillance for illness and injury after Hurricane Katrina—three counties, Mississippi, September 5–October 11, 2005. *MMWR Morb Mortal Wkly Rep.* 55:231–234.

Centers for Disease Control and Prevention. 2006. Surveillance in hurricane evacuation centers—Louisiana, September–October 2005 55:32–35.

Centers for Disease Control and Prevention. 2006. Tuberculosis control activities after Hurricane Katrina—New Orleans, Louisiana, 2005. *MMWR Morb Mortal Wkly Rep.* 55:332–335.

Centers for Disease Control and Prevention. 2007. Wildfire-related deaths—Texas, March 12–20, 2006. *MMWR Morb Mortal Wkly Rep.* 56:757–760.

Centers for Disease Control and Prevention. 2008. Carbon monoxide exposures after Hurricane Ike—Texas, September 2008. *MMWR Morb Mortal Wkly Rep.* 58:845–849.

Centers for Disease Control and Prevention. 2008. Monitoring health effects of wildfires using the biosense system—San Diego County, California, October 2007. *MMWR Morb Mortal Wkly Rep.* 57:741–747.

Centers for Disease Control and Prevention. 2009. Guidelines for field triage of injured patients recommendations of the national expert panel on field triage. *MMWR Recomm Rep.* 58:1–35.

Centers for Disease Control and Prevention. 2009. Hurricane Ike rapid needs assessment—Houston, Texas, September 2008. *MMWR Morb Mortal Wkly Rep.* 58:1066–1071.

Centers for Disease Control and Prevention. 2009. Underground coal mining disasters and fatalities—United States, 1900–2006. *MMWR Morb Mortal Wkly Rep.* 57:1379–1382.

Centers for Disease Control and Prevention. 2010. Rapid establishment of an internally displaced persons disease surveillance system after an earthquake—Haiti, 2010. *MMWR Morb Mortal Wkly Rep.* 59;939–945.

Chapman LE, Sullivent EE, Grohskopf LA. 2008. Recommendations for postexposure interventions to prevent infection with Hepatitis B virus, Hepatitis C virus, or human immunodeficiency virus, and tetanus in persons wounded during bombings and other mass-casualty events—United States, 2008. *MMWR Recomm Rep.* 57:1–19.

Clinton JJ, Hagebak BR, Sirmons JG, Brennan JA, et al. 1995. Lessons from the Georgia floods. *Public Health Rep.* 110:684–689.

Combs DL, Parrish RG, McNabb SJ, Davis JH. 1996. Deaths related to Hurricane Andrew in Florida and Louisiana, 1992. *Intl J Epidemiol.* 25:537–544.

Durkin ME, Thiel Jr CC, Schneider JE, de Vriend T. 1991. Injuries and emergency medical response in the Loma Prieta earthquake. *Bull Seismological Soc Am.* 81:2143–2166.

Erikson K. 1976. *Everything in Its Path: Destruction of Community in the Buffalo Creek Flood.* New York, NY: Simon & Schuster.

Federal Communications Commission (FCC). 2008. Emergency Communications During the Minneapolis Bridge Disaster: A Technical Case Study. Washington, DC: FCC. Available at: http://www.fcc.gov/pshs/docs/clearinghouse/references/minneapolis-bridge-report.pdf. Accessed March 2, 2011.

Gautam K. 1998. Organizational problems faced by the Missouri DOH in providing disaster relief during the 1993 floods. *J Public Health Manage Pract.* 44:79–86.

Grace MC, Green BL, Lindy JD, Leonard AC. 1993. The Buffalo Creek Disaster: a 14-year follow-up. In: Wilson JP, Raphael B, editors. *The International Handbook of Traumatic Stress Syndromes.* New York, NY: Plenum Press:441–449.

Green BL, Grace MC, Lindy JD, et al. 1990. Buffalo Creek survivors in the second decade: comparison with unexposed and non-litigant groups. *J Appl Soc Psychol.* 20:1033–1050.

Haynes BE, Freeman C, Rubin JL, et al. 1992. Medical response to catastrophic events: California's planning and the Loma Prieta earthquake. *Ann Emerg Med.* 21:368–374.

Hogan DE, Waeckerle JF, Dire DJ, Lillibridge SR. 1999. Emergency department impact of the Oklahoma City terrorist bombing. *Ann Emerg Med.* 34:160–167.

Johnson WP, Lanza CV. 1993. After Hurricane Andrew: an EMS perspective. *Prehosp Disaster Med.* 82:169–171.

Kerns DE, Anderson PB. 1990. EMS response to a major aircraft incident: Sioux City, Iowa. *Prehosp Disaster Med.* 52:159–166.

Landesman LY. 2001. A department of health learns about its role in emergency public health. In: Rowitz L, editor. *Public Health Leadership: Putting Principles Into Practice*. Gaithersburg, MD: Aspen Publishers: 150–153.

McNabb SJ, Kelso KY, Wilson SA, et al. 1995. Hurricane Andrew–related injuries and illnesses, Louisiana, 1992. *South Med J*. 88:615–618.

Noji EK, Kelen GD, Armenian HK, et al. 1990. The 1988 earthquake in Armenia: a case study. *Ann Emerg Med*. 19:891–897.

Nolte KB, Hanzlick RL, Payne DC, et al. 2004. Medical examiners, coroners, and biologic terrorism: a guidebook for surveillance and case management. *MMWR Recomm Rep*. 53:1–27.

Siders C, Jacobson R. 1998. Flood disaster preparedness: a retrospective from Grand Forks, South Dakota. *J Healthcare Risk Manage*. 18:33–40.

Whitman S, Good G, Donoghue ER, et al. 1997. Mortality in Chicago attributed to the July 1995 heat wave. *Am J Public Health*. 879:1515–1518.

## Chemical Accidents

World Health Organization (WHO). 2009. *Manual for the Public Health Management of Chemical Accidents*. Geneva, Switzerland: WHO. Available at: http://www.who.int/environmental_health_emergencies/publications/FINAL-PHM-Chemical-Incidents_web.pdf. Accessed March 1, 2011.

## Children

Centers for Bioterrorism Preparedness Planning Pediatric Task Force; New York City Department of Health and Mental Health Pediatric Disaster Advisory Group. 2006. Hospital Guidelines for Pediatrics in Disasters. 2nd ed. Available at: http://www.nyc.gov/html/doh/downloads/word/bhpp/bhpp-focus-ped-toolkit.doc. Accessed March 1, 2011.

Markenson D, Redlener I. 2003. Pediatric Preparedness for Disasters and Terrorism: A National Consensus Conference. Executive Summary. New York, NY: National Center for Disaster Preparedness. Available at: http://www.bt.cdc.gov/children/pdf/working/execsumm03.pdf. Accessed March 1, 2011.

McKennna C. 2010. More states complete disaster planning for children. *Emerg Manage*. August 20. Available at: http://www.emergencymgmt.com/disaster/Disaster-Planning-Children.html. Accessed March 1, 2011.

Norris FH, Friedman MJ, Watson PJ, et al. 2002. 60,000 disaster victims speak: part I: an empirical review of the empirical literature, 1981–2001. *Psychiatry*. 653:207–239.

Weiner DL. 2009. Lessons learned from disasters affecting children. *Ped Emerg Med*. 103:149–152.

## Communication

Alcatel-Lucent. 2010. A How-To Guide for LTE in Public Safety. Government Technology. Available at: http://www.cmu.edu/silicon-valley/dmi/files/howto_guide.pdf. Accessed March 1, 2011.

American Medical Association. 1999. Health literacy: report of the Council of Scientific Affairs. *JAMA*. 281:552–557.

Baron G. 2009. Five ways social media is changing emergency management. *Emerg Manage*. October 19. Available at: http://www.emergencymgmt.com/emergency-blogs/crisis-comm/Five-Ways-Social-Media.html. Accessed March 2, 2011.

Bennett P. 1999. Understanding responses to risk: some basic findings. In: Bennett P, Calman K, editors. *Risk Communication and Public Health*. Oxford, England: Oxford University Press:319.

Centers for Disease Control and Prevention (CDC). 2008. Social Media and Your Emergency Communication Efforts. Atlanta, GA, CDC. Available at: http://www.bt.cdc.gov/ercn/01/RiskCommunicatorIssue1article04.asp. Accessed March 2, 2011.

Chess C, Hance BJ, Sandman PM. 1988. *Improving Dialogue With Communities: A Short Guide to Government Risk Communication*. Newark: New Jersey Department of Environmental Protection.

Churchill RE. 1997. Effective media relations. In: Noji EK, editor. *The Public Health Consequences of Disasters*. New York, NY: Oxford University.

Collins H. 2009. Emergency managers and first responders use Twitter and Facebook to update communities. *Emerg Manage*. July 27. Available at: http://www.emergencymgmt.com/safety/Emergency-Managers-and-First.html. Accessed March 2, 2011.

Covello V. 1992. Risk communication, trust, and credibility. *Health Environ Digest*. 61:1–4.

Covello V. 2003. Best practices in public health risk and crisis communication. *J Health Commun*. 8:5–8.

Currie D. 2009. Expert Round Table on Social Media and Risk Communication During Times of Crisis: Strategic Challenges and Opportunities. Washington, DC: American Public Health Association, Booz/Allen/Hamilton, George Washington School of Public Health and Health Services, International Association of Emergency Managers and NAGC.

Federal Communications Commission (FCC). 2010. Amendment of Part 97 of the Commission's Rules Regarding Amateur Radio Service Communications During Government Disaster Drills. Washington, DC: FCC. Available at: http://www.fcc.gov/pshs/eas. Acessed March 2, 2011.

Federal Emergency Management Agency (FEMA). 2009. FEMA and the FCC announce adoption of standards for wireless carriers to receive and deliver emergency alerts via mobile devices [press release]. Washington, DC: FEMA. Available at: http://www.fema.gov/news/newsrelease.fema?id=50056. Accessed March 2, 2011.

Federal Emergency Management Agency (FEMA). 2011. Integrated Public Alert and Warning Systems. Washington, DC: FEMA. Available at: http://www.fema.gov/emergency/ipaws. Accessed March 2, 2011.

Ferguson EW, Sarkisian A, Young F, de Ville de Goyet C. 1995. Telemedicine for national and international disaster response. *J Med Sys*. 19:121–123.

Fischhoff B, Lichtenstein S, Slovic P, Keeney D. 1981. *Acceptable Risk*. Cambridge, Massachusetts: Cambridge University Press.

Koplan J. 2003. Communication during public health emergencies. *J Health Comm*. 8:144–145.

Martchenke J, Rusteen J, Pointer JE. 1995. Prehospital communications during the Loma Prieta earthquake. *Prehosp Disaster Med.* 10:225–231.

McKenna C. 2009. Technology's role in disaster mitigation. *Emerg Manage.* May 22. Available at: http://www.emergencymgmt.com/disaster/Technologys-Role-in-Disaster.html. Accessed March 2, 2011.

Mebane F, Temin S, Parvanta C. 2001. Communicating anthrax in 2001: a comparison of CDC information and print media accounts. *J Health Commun.* 8:50–82.

Moore L. 2010. *The Emergency Alert System EAS and All–Hazard Warnings.* Washington, DC: Congressional Research Service. Available at: http://www.fas.org/sgp/crs/homesec/RL32527.pdf. Accessed March 2, 2011.

Morrisey G, Sechrest T. 1987. *Effective Business and Technical Presentation,* 3rd ed. New York, NY: Addison-Wesley Publishing.

Mullin S. 2002. Communicating risk: closing the gap between perception and reality. *J Urban Health.* 793:296–297.

National Oceanic and Atmospheric Administration (NOAA). 2010. Weather Radio All Hazards home page. Silver Spring, MD: NOAA. Available at: http://www.weather.gov/nwr. Accessed March 2, 2011.

Nichols R. 2010. California to deploy nation's first mass mobile alert system. Government Technology. August 24. Available at: http://www.govtech.com/gt/articles/768874. Accessed March 2, 2011.

Parrott R. 1995. *Designing Health Messages: Approaches From Communication Theory and Public Health Practice.* Thousand Oaks, CA: Sage Publications.

Payne J, Schulte S. 2003. Mass media, public health, and achieving health literacy. *J Health Commun.* 8:124–125.

Pidgeon N, Henwood K, Maguire B. 1999. Public health communication and the social amplification of risks: present knowledge and future prospects. In: Bennett P, Calman K, editors. *Risk Communication and Public Health.* Oxford, England: Oxford University Press.

Pittman E. 2010. Disasters 2.0 conference addresses social media use. *Emerg Manage.* January 28. Available at: http://www.emergencymgmt.com/disaster/Disasters-20-Conference-Social-Media-Use.html. Accessed March 2, 2011.

Pollard W. 2003. Public perceptions of information sources concerning bioterrorism before and after anthrax attacks: an analysis of national survey data. *J Health Commun.* 8:93–103.

Prue C, Lackey C, Swenarski L, Gantt J. 2003. Communication monitoring: shaping CDC's emergency risk communication efforts. *J Health Commun.* 8:35–49.

Public Health Emergency, Office of the Assistant Secretary for Preparedness and Response. 2007. *Public Health Emergency Response: A Guide for Leaders and Responders.* Washington, DC: U.S. Department of Health and Human Services. Available at: http://www.phe.gov/emergency/communication/guides/leaders/Documents/freo-full-print.pdf. Accessed March 2, 2011.

Renn O. 1991. Risk communication the amplification of risk. In: Kasperson R, Stallen P, editors. *Communicating Risks to the Public.* Dordrecht, the Netherlands: Kluwer.

Sutton J. 2009. The public uses social networking during disasters to verify facts, coordinate information analysis, social; media package part 1 of 2. *Emerg Manage.* July 30. Available at: http://www.emergencymgmt.com/safety/The-Public-Uses-Social-Networking.html. Accessed March 2, 2011.

U.S. Department of Homeland Security (DHS). 2005. The System of Systems Approach for Interoperable Communications. Washington, DC: DHS. Available at: http://www.safecomprogram.gov/NR/rdonlyres/FD22B528-18B7-4CB1-AF49-F9626C608290/0/SOSApproachforInteroperableCommunications_02.pdf. Accessed March 2, 2011.

Vander M. 2010. HOW TO: Prepare for Disasters Using Social Media. Mashable. March 9. Available at: http://mashable.com/2010/03/09/prepare-disaster-social-media. Accessed March 2, 2011.

White C, Plotnick L, Kushma J, et al. 2010. An Online Social Network for Emergency Management. Proceedings of the 6th International ISCRAM Conference, Gothenberg, Sweden, May 2009.

Wimberly R. 2010. Getting the word out through notifications, alerts, and warnings. *Emerg Manage.* April 6. Available at: http://www.emergencymgmt.com/safety/Notifications-Alerts-Warnings.html. Accessed March 2, 2011.

Wray RJ, Kreuter MW, Jacobsen J, et al. 2004. Theoretical perspectives on public communication preparedness for terrorist attacks. *Fam Commun Health.* 273:232–241.

Yasin R. 2010. 5 ways social media improves emergency management. *Government Computer News.* 18–23.

## Cultural Considerations

Athey J, Moody-Williams J. 2003. Developing Cultural Competence in Disaster Mental Health Programs. Washington, DC: U.S. Department of Health and Human Services, Substance Abuse and Mental Health Service Administration. Available at: http://www.hhs.gov/od/documents/CulturalCompetence_FINALwithcovers.pdf. Accessed March 2, 2011.

Betancourt JR, Green AR, Carrillo JE, Ananeh-Firempong O. 2003. Defining cultural competence: a practical framework for addressing racial/ethnic disparities in health and healthcare. *Public Health Rep.* 1184:293–302.

Montgomery County Advanced Practice Center. 2008. Emergency Preparedness Training Curriculum for Latino Health Promoters. Rockville, MD: Department of Health and Human Services. Available at: http://www.montgomerycountymd.gov/content/hhs/phs/apc/LatinoHealthInitiative/emerg_curriculum_english_0710.pdf. Accessed March 1, 2011.

National Mental Health Information Center. 2008. Tips for Teachers: The Role of Culture in Helping Children Recover From a Disaster. OneStorm. Available at: http://www.onestorm.org/prepare/children/AfterTheStorm/ChildRoleOfCulture.aspx. Accessed March 2, 2011.

Nunez A, Robertson C. 2006. Cultural competence. In: Satcher D, Primes RJ, editors. *Multicultural Medicine and Health Disparities.* New York, NY: McGraw Hill.

Shiu-Thornton ST, Balabis J, Tamayo A, Oberle M. 2007. Disaster preparedness for Limited English Proficient (LEP) communities: medical interpreters as cultural brokers and gatekeepers. *Public Health Rep.* 1224:466–471.

## Curriculum

Gebbie KM. 1999. The public health workforce: key to public health infrastructure. *Am J Public Health.* 895:660–661.

Landesman LY. 1993. The availability of disaster preparation courses at US schools of public health. *Am J Public Health.* 8310:1494–1495.

Landesman LY, editor. 2001. *Disaster Preparedness in Schools of Public Health: A Curriculum for the New Century.* Washington, DC: Association of Schools of Public Health.

Qureshi KA, Gershon RRM, Merrill JA, et al. 2004. Effectiveness of an emergency preparedness training program for public health nurses in New York City. *Fam Commun Health.* 273:242–249.

## Cyclone

Friedman E. 1994. Coping with calamity: how well does health care disaster planning work? *JAMA.* 27223:1875–1879.

Malilay J. 1997. Tropical cyclones. In: Noji EK, editor. *The Public Health Consequences of Disasters.* New York, NY: Oxford University Press:287–301.

## General Disasters

Dynes RR, Tierney KJ, editors. 1994. *Disasters, Collective Behavior, and Social Organization.* Newark: University of Delaware Press.

## Earthquake

Alexander D. 1996. The health effects of earthquakes in the mid-1990s. *Disasters.* 203:231–247.

Bissell RA, Pinet P, Nelson M, Levy M. 2004. Evidence of the effectiveness of health sector preparedness in disaster response: the example of four earthquakes. *Fam Commun Health.* 273:193–203.

Frankel DH. 1994. Public health assessment after earthquake. *Lancet.* 343:347–348.

Freeman C. 1990. Casualty estimation and state medical/health response to disasters. In: California Emergency Medical Services Authority, editor. *Workshop on Modeling Earthquake Casualties for Planning and Response Model Definition and User Output Requirements.* Sacramento: California Emergency Medical Services Authority:18–36.

Guha-Sapir D. 1991. Rapid assessment of health needs in mass emergencies: review of current concepts and methods. *World Health Stat Q.* 443:171–181.

Guha-Sapir D. 1993. Health effects of earthquakes and volcanoes: epidemiological and policy issues. *Disasters.* 173:255–262.

Noji EK. 1997. Earthquakes. In: Noji EK, editor. *The Public Health Consequences of Disasters.* New York, NY: Oxford University:135–178.

## Environmental Control

Boyce JM, Pittet D, editor. 2002. Guideline for Hand Hygiene in Health Care Settings: Recommendations of the Healthcare Infection Control Practice Advisory Committee of the HICPA/SHEA/APIC/ Hand Hygiene Task Force. Atlanta, GA: Centers for Disease Control and Prevention.

California Conference of Directors of Environmental Health. 2010. *Disaster Field Manual for Environmental Health Specialists.* Cameron Park, CA: California Association of Environmental Health Administrators. Available at: http://www.ccdeh.com/products/24-disasterman/18-disasterman. Accessed March 2, 2011.

Claudio L, Garg A, Landrigan PJ. 2003. Addressing environmental health concerns. In: *Terrorism and Public Health.* Levy BS, Sidel VW, editors. New York, NY: Oxford University Press.

Diaz JH. 2004. The public health impact of global climate change. *Fam Commun Health.* 27:218–229.

Disaster Preparedness Technical Advisory Committee, Community Health Technical Advisory Committee. 2006. *Environmental Health Disaster Preparedness Model Planning Guide.* California Conference of Directors of Environmental Health. Available at: http://www.ccdeh.com/documents/doc_view/67-ccdeh-environmental-health-disaster-preparedness-model-planning-guide-2006. Accessed March 2, 2011.

Esrey SA, Potash JB, Roberts L, Shiff C. 1991. Effects of improved water supply and sanitation on ascariasis, diarrhoea, dracunculiasis, hookworm infection, schistosomiasis, and trachoma. *Bull WHO.* 69:609–621.

Golob BR. 2007. Environmental Health Emergency Response Guide. Hopkins, MN: Twin Cities Metro Advanced Practice Center. Available at: http://www.cdc.gov/nceh/ehs/Docs/EH_Emergency_Response_Guide.pdf. Accessed March 2, 2011.

Hatch D, Waldman RJ, Lungu GW, Piri C. 1994. Epidemic cholera during refugee resettlement in Malawi. *Int J Epidemiol.* 23:1292–1329.

National Fire Protection Association (NFPA). 2009. NFPA 1600 Standard on Disaster/Emergency Management and Business Continuity Programs, 2010 Edition. Quincy, MA: NFPA. Available at: http://www.nfpa.org/assets/files/PDF/NFPA16002010.pdf. Accessed March 2, 2011.

National Institute for Occupational Safety and Health. 2003. Filtration and Air-Cleaning Systems to Protect Building Environments From Airborne Chemical, Biological, or Radiological Attacks. Washington, DC: Department of Health and Human Services.

National Institute for Occupational Safety and Health. 2003. Guidance for Protecting Building Environments From Airborne Chemical, Biological, or Radiological Attacks. Atlanta, GA: Centers for Disease Control and Prevention. Available at: http://www.cdc.gov/niosh/docs/2003-136/default.html. Accessed March 2, 2011.

Occupational Safety and Health Administration. 2002. Emergency action plans. Washington, DC: U.S. Department of Labor. Available at: http://www.osha.gov/pls/oshaweb/owadisp.show_document?p_id=9726&p_table=STANDARDS. Accessed March 2, 2011.

Occupational Safety and Health Administration. 2006. Hazardous Waste Operations and Emergency Response Standard. Washington, DC: U.S. Department of Labor. Available at: http://www.osha.gov/pls/oshaweb/owadisp.show_document?p_table=standards&p_id=9765. Accessed March 2, 2011.

Peterson AE, Roberts L, Toole M, Peterson DE. 1998. Soap use effect on diarrhea: Nyamithuthu refugee camp. *Int J Epidemiol.* 27: 520–524.

Spears MC, Gregoire M, Spears M. 2007. *Foodservice Organizations: A Managerial and Systems Approach.* 6th ed. New York, NY: Pearson Education.

U.S. Environmental Protection Agency (EPA). 2009. Drinking Water Standards and Health Advisories. Washington, DC: EPA. Available at: http://water.epa.gov/action/advisories/drinking/drinking_index.cfm. Accessed March 2, 2011.

Westphal RG. 2004. Commentary on the public health impact of global climate change. *Fam Comm Health*. 27:230–231.

Wisner B, Adams J, editors. 2002. Control Measures for Ensuring Food Safety From Environmental Health in Emergencies and Disasters. Geneva, Switzerland: World Health Organization.

## Epidemic

Manderson L, Aaby P. 1992. An epidemic in the field? Rapid assessment procedures and health research. *Soc Sci Med.* 357:839–850.

Mohamed J. 1999. Epidemics and public health in early colonial Somaliland. *Soc Sci Med.* 48:507–521.

Perrin P. 1996. *War and Public Health: Handbook on War and Public Health*. Geneva, Switzerland: International Committee of the Red Cross.

Toole MJ. 1994. The rapid assessment of health problems in refugee and displaced populations. *Med Global Survey.* 14:200–207.

Toole MJ. 1997. Communicable diseases and disease control. In: Noji EK, editor. *The Public Health Consequences of Disasters.* New York, NY: Oxford University Press: 79–100.

Toole MJ, Waldman R. 1993. Refugees and displaced persons: war, hunger, and public health. *JAMA.* 2705:600–605.

World Health Organization (WHO). 1999. *Rapid Health Assessment Protocols for Emergencies.* Geneva, Switzerland: WHO.

## Ethics

Bayer R, Gostin LO, Jennings B, Steinbock B, editors. 2007. *Public Health Ethics: Theory, Policy and Practice.* New York, NY: Oxford University Press.

Centers for Disease Control and Prevention (CDC). Public Health Law 101: A CDC Foundational Course for Public Health Practitioners. Atlanta, GA: CDC. Available at: http://www2a.cdc.gov/phlp/phl101. Accessed March 2, 2011.

Gostin L. 2006. Public health strategies for pandemic influenza: ethics and the law. *JAMA.* 14:1700–1704.

Jennings B. 2008. *Disaster Planning and Public Health.* Garrison, New York: The Hastings Center.

Martin DK. 2007. Making hard choices: the key to health system sustainability. *Practical Bioethics.* 2,3:1,5–8. Available at: http://www.practicalbioethics.org/FileUploads/PB_Rationing.053107.pdf. Accessed March 2, 2011.

Pandemic Influenza Working Group. 2005. Stand on Guard for Thee: Ethical Considerations in Preparedness Planning for Pandemic Influenza. Toronto, Ontario: University of Toronto Joint Centre for Bioethics. Available at: http://www.jointcentreforbioethics.ca/people/documents/upshur_stand_guard.pdf. Accessed April 12, 2011.

Program in Public Health Ethics, Gillings School of Global Public Health. 2010. Public Health Ethics in Disaster Home Page. Chapel Hill, NC: University of North Carolina at Chapel Hill. Available at: http://www.sph.unc.edu/ethics/public_health_ethics_in_disasters. Accessed March 2, 2011.

Roberts M, Renzo E. Ethical considerations in community disaster planning. In: Agency for Healthcare Research and Quality (AHRQ). *Mass Medical Care With Scarce Resources.* Rockville, MD: AHRQ. Available at: http://www.ahrq.gov/research/mce/mce2.htm. Accessed March 2, 2011.

Stokowski LA. 2009. Ethical Dilemmas for Healthcare Professionals: Can We Avoid Influenza? Medscape. Available at: http://www.medscape.com/viewarticle/702371. Accessed March 2, 2011.

The Sphere Project. 2011. Humanitarian Charter and Minimum Standards in Disaster Response. Available at: http://www.sphereproject.org. Accessed March 2, 2011.

Thompson AK, Faith K, Gibson JL, Upshu RE. 2006. Pandemic influenza preparedness: an ethical framework to guide decision-making. *BMC Med Ethics.* 7:12.

Wisconsin State Expert Panel on the Ethics of Disaster Preparedness. 2009. Executive Summary: Allocation of Scarce Resources Project. Available at: http://www.wha.org/disasterPreparedness/scarceResources/ExecSummaryTheAllocationofScarceResourcesProject.pdf. Accessed March 2, 2011.

## Evaluation Methods Applied to Emergencies and Disasters

Bissell R, Pretto E, Angus D, et al. 1994. Post-preparedness medical disaster response in Costa Rica. *Prehosp Disaster Med.* 9:96–106.

Cayton C, Herrmann N, Cole L, et al. 1978. Assessing the validity of EMS data. *J Am Coll Emerg Physicians.* 7:11.

Cayton C, Murphy J. 1986. Evaluation. In: Schwartz G, Safar P, Stone I, et al, editors. *Principles and Practices of Emergency Medicine,* 2nd ed. Philadelphia, PA: WB Saunders:634.

De Boer J. 1997. Tools for evaluating disasters: preliminary results of some hundreds of disasters. *Eur J Emerg Med.* 4:107–110.

Donabedian A. 1980. *The Definition of Quality and Approaches to Its Assessment.* Ann Arbor, MI: Health Administration Press.

Eisenberg M, Bergner J. 1979. Paramedic programs and cardiac mortality: description of a controlled experiment. *Public Health Rep.* 941:80–84.

Gibson G. 1974. Guidelines for research and evaluation of emergency medical services. *Health Serv Rep.* 89:99–111.

Klain M, Ricci E, Safar P, et al. 1989. Disaster reanimatology potentials: a structured interview study in Armenia, I: methodology and preliminary results. *Prehosp Disaster Med.* 42:135–154.

Manni C, Magalini S. 1989. Disaster medicine: a new discipline or a new approach? *Prehosp Disaster Med.* 42:167–70.

McAuliffe W. 1979. Measuring the quality of medical care: process versus outcome. *Mill Mem Fund Q.* 57:119.

Noji EK. 1987. Evaluation of the efficacy of disaster response. *United Natl Disaster Relief Organ News.* July/August:11–13.

Quarantelli EL, Taylor V. 1977. *Delivery of Emergency Medical Services Disasters.* Columbus, OH: Disaster Research Center, Ohio State University:18.

Ricci E. 1985. A model for evaluation of disaster management. *Prehosp Disaster Med.* Suppl 1.

Roy A, Looney G, Anderson G. 1979. Prospective vs. retrospective data for evaluating emergency care: a research methodology. *JACEP.* 8:141.

Succo W, Champion H, Stega M. 1984. *Trauma Care Evaluation.* Baltimore, MD: University Park Press.

## Flood

Ali HM, Homeida MMA. 1991. Flood disaster impact on health and nutritional status of the population—Khartoum, Sudan. In: Abu Sin ME. *Disaster Prevention and Management in Sudan.* Khartoum, Sudan: University of Khartoum:82–104.

Malilay J. 1997. Floods. In: Noji EK, editor. *The Public Health Consequences of Disasters.* New York, NY: Oxford University Press:287–301.

## Geographic Information Systems

Amdahl G. 2001. *Disaster Response: GIS for Public Safety.* ESRI Press: Redlands, CA.

Cromley EK, McLafferty SL. 2002. *GIS and Public Health.* New York, NY: The Guilford Press.

Enders A, Brandt Z. 2007. Using Geographic Information System technology to improve emergency management and disaster response for people with disabilities. *J Disability Policy Stud.* 17:223–229.

ESRI. 2008. Geographic Information Systems Providing the Platform for Comprehensive Emergency Management. Redlands, CA: ESRI. Available at: http://www.esri.com/library/whitepapers/pdfs/gis-platform-emergency-management.pdf. Accessed March 1, 2011.

Greene RW. 2002. *Confronting Catastrophe: A GIS Handbook.* Redlands, CA: ESRI Press.

Kennedy H, editor. 2001. *Dictionary of GIS Terminology.* Redlands, CA: ESRI Press.

Lang L. 2000. *GIS for Health Organizations.* Redlands, CA: ESRI Press.

McLeod J. 2010. A Risk Too Great: Using Unmanaged GIS Data For Emergency Notification. Nashville, TN: Infocode. Available at: http://www.infocode.com/whitepaper.php. Accessed March 1, 2011.

Skinner R. 2011. Integrating location into hospital and healthcare facility emergency management. *J Healthcare Protection Manage.* 27(1):31–35. Available at: http://www.iahss.org/JOURNALS/iahss_v27i1.pdf.

## Handling Dead Bodies

Centers for Disease Control and Prevention. 2005. Guidelines for preventing the transmission of Mycobacterium tuberculosis in health care facilities. *MMWR Morb Mortal Wkly Rep.* 54:RR-17. Available at: http://www.cdc.gov/mmwr/pdf/rr/rr5417.pdf. Accessed March 1, 2011.

Demiryurek D, Bayramoglu A, Ustacelebi S. 2002. Infective agents in fixed human cadavers: a brief review and suggested guidelines. *Anat Rec.* 196.

Gershon RR, Vlahov D, Escamilla JA, et al. 1998. Tuberculosis risk in funeral home employees. *J Occup Environ Med.* 40:497–503.

Healing TD, Hoffman PN, Young SEE. 1995. The infectious hazards of human cadavers. *Commun Dis Rep CDR Rev.* 5:61–68.

Pan American Health Organization (PAHO). 2004. Management of Dead Bodies in Disaster Situations. Washington, DC: PAHO. Available at: http://www.paho.org/English/dd/ped/ManejoCadaveres.htm. Accessed March 1, 2011.

## Hospital Preparedness

Delaney KA. 2002. Impact of the threat of biological and chemical terrorism on public safety-net hospitals. *Int Lawyer.* 361:21–28.

Joint Commission on Accreditation of Healthcare Organizations. 2003. Health Care at the Crossroads: Strategies for Creating and Sustaining Community-Wide Emergency Preparedness Systems. Oakbrook Terrace, IL: The Joint Commission. Available at: http://www.jointcommission.org/assets/1/18/emergency_preparedness.pdf. Accessed March 2, 2011.

Landesman LY, editor. 1997. *Emergency Preparedness in the Healthcare Environment.* Oakbrook, IL: Joint Commission of Healthcare Organizations.

Landesman LY, Leonard R. 1993. SARA three years later: physician knowledge and actions in hospital preparedness. *Int J Prehosp Disaster Med.* Jan-Mar:39–44.

Landesman LY, Markowitz SB, Rosenberg SN. 1994. Hospital preparedness for chemical accidents: the effect of environmental legislation on health care services. *Prehosp Disaster Med.* 93:154–159.

Landesman LY. 1994. *Hospital Preparedness for Chemical Accidents: Plant, Technology and Safety Management Series.* Oakbrook, IL: Joint Commission on Accreditation of Healthcare Organizations.

Lewis CP, Aghababiam R. 1996. Disaster planning, part 1: overview of hospital and emergency department planning for internal and external disasters. *Emerg Med Clin North Am.* 14:439–452.

Peters MS. 1996. Hospitals respond to water loss during the Midwest floods of 1993: preparedness and improvisation. *J Emerg Med.* 143:34–50.

Salinas C, Salinas C, Kurata J. 1998. The effects of the Northridge earthquake on the pattern of emergency department care. *Am J Emerg Med.* 163:254–6.

Simon HK, Stegelman M, Button T. 1998. A prospective evaluation of pediatric emergency care during the 1996 Summer Olympic Games in Atlanta, Georgia. *Ped Emerg Care,* 141:1–3.

## Information Systems

Butler DL, Anderson PS. 1992. The use of wide area computer networks in disaster management and the implications for hospital/medical networks. *Ann N Y Acad Sci.* 670:20210.

Federal Communications Commission (FCC). [n.d.] Disaster Information Reporting System (DIRS). Washington, DC: FCC. Available at: http://www.fcc.gov/pshs/services/cip/dirs/dirs.html. Accessed March 1, 2011.

O'Carroll PW, Friede A, Noji EK, et al. 1995. The rapid implementation of a statewide emergency health information system during the 1993 Iowa flood. *Am J Public Health.* 854:564–567.

van Bemmel JH, Musen MA, editors. 1997. *Handbook of Medical Informatics.* Houten, the Netherlands: Bohn Stafleu Van Loghum.

## Legal

ABA Center on Children and the Law. 2008. *Children, Law, and Disasters: What We Learned From Katrina and the Hurricanes of 2005.* Houston, TX: University of Houston's Center for Children, Law and Policy.

Farber D, Chen J. 2006. *Disasters and the Law: Katrina and Beyond.* New York, NY: Aspen Publishers.

Federal Emergency Management Agency (FEMA). 2007. *Public Assistance Guide.* 2007. Washington, DC: FEMA. Available at: http://www.fema.gov/government/grant/pa/pag07_t.shtm. Accessed March 2, 2011.

Federal Emergency Management Agency (FEMA). 2007. *Public Assistance Policy Reference Manual.* Washington, DC: FEMA. Available at: http://www.fema.gov/pdf/government/grant/pa/policy.pdf. Accessed March 2, 2011.

Federal Emergency Management Agency (FEMA). 2010. *Public Assistance Applicant Handbook.* Washington, DC: FEMA. Available at: http://www.fema.gov/pdf/government/grant/pa/fema323_app_handbk.pdf. Accessed March 2, 2011.

Gostin LO. 2000. *Public Health Law: Power, Duty, Restraint.* Berkeley: University of California Press.

Gostin LO. 2002. Public health law in an age of terrorism: rethinking individual rights and common goods. *Health Aff.* Nov/Dec:216.

Martin W. 2004. Legal and public policy responses of states to bioterrorism. *Am J Public Health.* 947:1093–1095.

McCormick E, editor. 2009. Frequently Asked Questions About Federal Public Health Emergency Law. Atlanta, GA: Centers for Disease Control and Prevention. Available at: http://www2.cdc.gov/phlp/docs/FAQs%20Fed%20PHE%20laws%20101409.pdf. Accessed March 2, 2011.

Misrahi JJ, Foster JA, Shaw FE, Cetron MS. 2004. HHS/CDC legal response to SARS outbreak. *Emerg Infect Dis.* 10:353–355. Available at: http://www.cdc.gov/ncidod/eid/vol10no2/pdfs/03-0721.pdf. Accessed March 2, 2011.

## Management

de Ville de Goyet C. 1993. Post disaster relief: the supply-management challenge. *Disasters.* 172:169–176.

Heath SE, Dorn R, Linnabary RD, et al. 1997. Integration of veterinarians into the official response to disasters. *J Am Vet Med Assoc.* 210:349–352.

Henderson AK, Lillibridge SR, Salinas C, et al. 1994. Disaster medical assistance teams: providing health care to a community struck by Hurricane Iniki. *Ann Emerg Med.* 23:726–730.

Landesman LY, Morrow CB. 2008. Roles and responsibilities of public health in disaster preparedness and response. In: Novick LF, Morrow CB, Mays GP, editors. *Public Health Administration: Principles for Population-Based Management,* 2nd ed. Sudbury, MA: Jones and Bartlett Publishers:657–714.

Leaning J, Briggs SM, Chen LC, editors. 1999. *Humanitarian Crises: The Medical and Public Health Response.* Cambridge, MA: Harvard University Press.

Leviton LC, Needleman CE, Shapiro MA. 1998. *Confronting Public Health Risks: A Decision Maker's Guide.* Thousand Oaks, CA: Sage Publications.

Logue JN. 1996. Disasters, the environment, and public health: improving our response. *Am J Public Health.* 869:1207–1210.

Noji EK. 1995. Natural disaster management. In: Auerbach PS, editor. *Management of Wilderness and Environmental Emergencies.* St. Louis, MO: Mosby-Yearbook:644–663.

Pan American Health Organization (PAHO). 2000. *Natural Disasters: Protecting the Public's Health.* Washington, DC: PAHO.

Phreaner D, Jacoby I, Dreier S, McCoy N. 1994. Disaster preparedness of home health care agencies in San Diego County. *J Emerg Med.* 12:811–818.

Sadler A, Sadler B, Webb J. 1997. *Emergency Medical Care: The Neglected Public Service.* Cambridge, MA: Ballinger Publishing Co.

Schultz CH, Koenig KL, Noji EK. 1996. A medical disaster response to reduce immediate mortality after an earthquake. *N Engl J Med.* 334:438–444.

### Mental Health

American Psychiatric Association. 2000. *Diagnostic and Statistical Manual of Mental Disorders.* 4th ed. Washington, DC: American Psychiatric Association.

Armenian HK. 2002. Risk factors for depression in the survivors of the 1988 earthquake in Armenia. *J Urban Health.* 793:373–382.

Austin LS, editor. 1992. *Responding to Disaster: A Guide for Mental Health Professionals.* Washington, DC: American Psychiatric Press.

Baum A, Fleming R, Davidson LM. 1983. Natural disaster and technological catastrophe. *Environ Behav.* 153:333–354.

Black D, Newman M, Harris-Hendriks J, Mezey G, editors. 1997. *Psychological Trauma: A Developmental Approach.* London, England: Royal College of Psychiatrists.

Bracht N, editor. 1990. *Health Promotion at the Community Level.* Newbury Park, CA: Sage.

Breslau N, Davis GC, Andreski P, et al. 1991. Traumatic events and posttraumatic stress disorder in an urban population of young adults. *Arch Gen Psychiatry.* 48:216–222.

Carll EK, editor. 1996. *Developing a Comprehensive Disaster and Crisis Response Program for Mental Health: Guidelines and Procedures.* Albany, NY: New York State Psychological Association Disaster/Crisis Network.

DeWolfe D. 2000. *Field Manual for Mental Health and Human Service Workers in Major Disasters.* Washington, DC: U.S. Department of Health and Human Services, Substance Abuse and Mental Health Services Administration.

DeWolfe D. 2000. *Training Manual for Mental Health and Human Service Workers in Major Disasters.* 2nd ed. Washington, DC: Substance Abuse and Mental Health Services Administration. Available at: http://www.kenyoninternational.com/useful_info/US%20Gov%20Training%20Manual%20Mental%20Health%20and%20Human%20Service%20Workers.pdf. Accessed March 2, 2011.

Ehring T, Ehlers A, Cleare AJ, Glucksman E. 2008. Do acute psychological and psychobiological responses to trauma predict subsequent symptom severities of PTSD and depression? *Psychiatry Res.* 161:67–75.

Emergency Services and Disaster Relief Branch, Center for Mental Health Services. 1996. *Responding to the Needs of People With Serious and Persistent Mental Illness in Times of Disaster.* Washington, DC: Substance Abuse and Mental Health Services Administration.

Erikson K. 1995. *A New Species of Trouble: The Human Experience of Modern Disasters.* New York, NY: W.W. Norton.

Everly Jr GS, Mitchell JT. 1997. *Critical Incident Stress Management: A New Era and Standard of Care in Crisis Intervention.* Ellicott City, MD: Chevron Publishing Corporation.

Foa EB, Davidson JR, Frances A, et al. 1999. The expert consensus guidelines series: treatment of posttraumatic stress disorder. *J Clin Psychiatry.* 60:1–76.

Freedy JR, Hobfoll SE, editors. *Traumatic Stress: From Theory to Practice.* New York, NY: Plenum Press.

Fritz CE. 1996. *Disasters and Mental Health: Therapeutic Principles Drawn From Disaster Studies: Historical and Comparative Disaster Series #10.* Newark, DE: Disaster Research Center, University of Delaware.

Fullerton CS, Ursano RJ, editors. 1997. *Post-Traumatic Stress Disorder: Acute and Long-Term Responses to Trauma and Disaster.* Washington, DC: American Psychiatric Press.

Galea S, Ahern J, Resnick H, et al. 2002. Psychological sequelae of the September 11 terrorist attacks in New York City. *N Engl J Med.* 346:982–987.

Galea S, Resnick H, Ahern J, et al. 2002. Posttraumatic stress disorder in Manhattan, New York City, after the September 11th terrorist attacks. *J Urban Health.* 793:340–353.

Gerrity ET, Flynn BW. 1997. Mental Health Consequences of Disasters. In: Noji EK, editor. *Public Health Consequences of Disasters.* Oxford, England: Oxford University Press:101–121.

Ghodse H, Galea S. 2006. Tsunami: understanding mental health consequences and the unprecedented response. *Int Rev Psychiatry.* 18:289–297.

Hartsough DM, Myers DG. 1995. *Disaster Work and Mental Health: Prevention and Control of Stress Among Workers.* Washington, DC: Center for Mental Health Services, Substance Abuse and Mental Health Services Administration, U.S. Public Health Service.

Havenaar JM, Cwikel JG, Bromet EJ, editors. 2002. *Toxic Turmoil: Psychological and Societal Consequences of Ecological Disasters.* New York, NY: Kluwer Academic/Plenum Publishers.

Herman D, Felton C, Susser E. 2002. Mental health needs in New York State following the September 11th attacks. *J Urban Health.* 793:322–331.

Hodgkinson PE, Stewart M. 1998. *Coping With Catastrophe: A Handbook of Post-Disaster Psychosocial Aftercare,* 2nd ed. London, England: Routledge.

Jack K, Glied S. 2002. The public costs of mental health response: lessons from the New York City post-9/11 needs assessment. *J Urban Health.* 793:332–339.

Kasperson RE, Kasperson JX. 1996. The social amplification and attenuation of risk. *Ann Am Acad Political Soc Sci.* 545:95–105.

Kleber RJ, Brom D. 1992. *Coping With Trauma: Theory, Prevention and Treatment.* Amsterdam, the Netherlands: Swets & Zeitlinger.

Kliman J, Kern R, Kliman A. 1982. Natural and human-made disasters: some therapeutic and epidemiological implications for crisis intervention. In: Reuveni U, Speck RV, Speck JL, editors. *Therapeutic Intervention: Healing Strategies for Human Systems.* New York, NY: Human Sciences Press.

Lystad M, editor. 1988. *Mental Health Response to Mass Emergencies: Theory and Practice.* New York, NY: Brunner/Mazel Publishers.

Marsella AJ, Friedman MJ, Gerrity ET, Scurfield RM, editors. 1996. *Ethnocultural Aspects of Post-Traumatic Stress Disorder: Issues, Research, and Clinical Applications.* Washington, DC: American Psychological Association.

McKnight JL, Kretzmann JP. 1990. *Mapping Community Capacity.* Evanston, IL: Center for Urban Affairs and Policy Research, Northwestern University.

Mitchell JT, Everly Jr GS. 1997. *Critical Incident Stress Debriefing: An Operations Manual for the Prevention of Traumatic Stress Among Emergency Service and Disaster Workers Second Edition, Revised.* Ellicott City, MD: Chevron Publishing Corporation.

Myers D. 1994. *Disaster Response and Recovery: A Handbook for Mental Health Professionals.* Rockville, MD: U.S. Department of Health and Human Services, Public Health Service, Substance Abuse and Mental Health Services Administration, Center for Mental Health Services.

National Center for Post–Traumatic Stress Disorders. 2003. Mental-health intervention for disasters. Washington, DC: VA. Available at: http://www.georgiadisaster.info/Healthcare/HC14%20FacititatingResiliency/Link%201%20--%20NCPTSD%20Fact%20Sheet%20on%20MH%20Intervention.pdf. Accessed March 2, 2011.

Neria Y, Galea S, Norris FH, editors. 2009. *Mental Health and Disasters.* New York, NY: Cambridge University Press.

O'Brien LS. 1998. *Traumatic Events and Mental Health.* Cambridge, England: Cambridge University Press.

Pfefferbaum B, Seale TW, McDonald NB, et al. 2000. Posttraumatic stress two years after the Oklahoma City bombing in youths geographically distant from the explosion. *Psychiatry.* 63:358–370.

Quarantelli EL, editor. 1998. *What is a Disaster? Perspectives on the Question.* London, England: Routledge.

Raphael B, Wilson JP. 1993. Theoretical and intervention considerations in working with victims of disaster. In: Wilson JP, Raphael B, editors. *International Handbook of Traumatic Stress Syndromes.* New York, NY: Plenum Press.

Schlenger WE, Caddell JM, Ebert L, et al. 2002. Psychological reactions to terrorist attacks: findings from the national study of Americans' reactions to September 11. *JAMA*. 288:581–588.

Streeter CL, Murty SA, editors. 1996. *Research on Social Work and Disasters*. New York, NY: The Haworth Press.

Stuber J, Fairbrother G, Galea S, et al. 2002. Determinants of counseling for children in Manhattan after the September 11 attacks. *Psychiatric Serv*. 53:815–822.

Substance Abuse and Mental Health Services Administration (SAMHSA). 2003. Mental Health All-Hazards Disaster Planning Guidance. Washington, DC: SAMHSA. Available at: http://www.eird.org/isdr-biblio/PDF/Mental%20health%20all-hazards.pdf. Accessed March 2, 2011.

Taniellan T, Stein B. 2006. Understanding and preparing for the psychological consequences of terrorism. In: Kamien D, editor. *The McGraw-Hill Homeland Security Handbook*. New York, NY: McGraw-Hill. Available at: http://www.rand.org/pubs/reprints/2006/RAND_RP1217.pdf. Accessed March 2, 2011.

Terr LC. 1992. Large-group preventive techniques for use after disaster. In: Austin LS, editor. *Responding to Disaster: A Guide for Mental Health Professionals*. Washington, DC: American Psychiatric Press:81–99.

Ursano RJ, McCaughey BG, Fullerton CS, editors. 1994. *Individual and Community Responses to Trauma and Disaster: The Structure of Human Chaos*. Cambridge, England: Cambridge University Press.

Van der Kolk BA, McFarlane AC, Weisaeth L, editors. 1996. *Traumatic Stress: The Effects of Overwhelming Experience on Mind, Body, and Society*. New York, NY: The Guilford Press.

Van Ommeren M, Saxena S. 2004. *Mental Health of Populations Exposed to Biological and Chemical Weapons*. Geneva, Switzerland: World Health Organization.

Weisaeth L. 1993. Disasters: psychological and psychiatric Aspects. In: Goldberger L, Breznitz S, editors. *Handbook of Stress: Theoretical and Clinical Aspects*, 2nd ed. New York, NY: The Free Press.

Yehuda R, editor. 1998. *Psychological Trauma*. Washington, DC: American Psychiatric Press.

Young BH, Ford JD, Ruzek JI, et al. 1998. *Disaster Mental Health Services: A Guidebook for Clinicians and Administrators*. Menlo Park, CA: National Center for Post–Traumatic Stress Disorders.

## Medical Care Delivery

Koenig KL, Schultz CH, editors. 2009. *Koenig and Schultz's Disaster Medicine: Comprehensive Principles and Practices*. New York, NY: Cambridge University Press.

Pointer JE, Michaelis J, Saunders C, et al. 1992. The 1989 Loma Prieta earthquake: impact on hospital patient care. *Ann Emerg Med*. 2110:1228–1233.

Quinn B, Baker R, Pratt J. 1994. Hurricane Andrew and a pediatric emergency department. *Ann Emerg Med*. 234:737–741.

Sabatino F. 1992. Stories of survival. Hurricane Andrew. South Florida hospitals shared resources and energy to cope with the storm's devastation. *Hospitals*. 66:26–30.

Scott S, Constantine LM. 1990. When natural disaster strikes: with careful planning pharmacists can continue to provide essential services to survivors in the aftermath of a disaster. *Am Pharm.* NS3011:27–31.

## Morbidity and Mortality

Burkle FM, editor. 1984. *Disaster Medicine.* New Hyde Park, NY: Medical Examination.
McNabb SJ, Kelso KY, Wilson SA, et al. 1995. Hurricane Andrew–related injuries and illnesses, Louisiana 1992. *South Med J.* 886:615–618.
Noji EK, Armenian HK, Oganessian A. 1993. Issues of rescue and medical care following the 1988 Armenian earthquake. *Int J Epidemiol.* 226:1070–1076.
Noji EK. 1993. Analysis of medical needs during disasters caused by tropical cyclones: anticipated injury patterns. *J Trop Med Hyg.* 96:370–376.
Saylor LF, Gordon JE. 1957. The medical component of natural disasters. *Am J Med Sci.* 234:342–362.

## Natural Hazards

White GF, Haas JE. 1975. *Assessment of Research on Natural Hazards.* Cambridge, MA: The MIT Press.
White GF. 1974. *Natural Hazards: Local, National, Global.* New York, NY: Oxford University Press.
Zebrowski Jr E. 1997. *Perils of a Restless Planet: Scientific Perspectives on Natural Disasters.* Cambridge, England: Cambridge University Press.

## Nutrition

National Voluntary Organizations Active in Disaster (NVOAD). 2010. Multi-Agency Feeding Plan Template. Arlington, VA: NVOAD. Available at: http://www.nvoa-d.org/index.php/resource-library/documents/doc_details/8-multi-agency-feeding-plan.html. Accessed April 13, 2011.
World Health Organization (WHO). 2000. *The Management of Nutrition in Major Emergencies.* Geneva, Switzerland: International Federation of Red Cross and Red Crescent Societies, United Nations High Commissioner for Refugees, WHO.

## Organization of Response

Agency for Healthcare Research and Quality (AHRQ). 2005. Development of Models for Emergency Preparedness, Personal Protective Equipment, Decontamination, Isolation/Quarantine, and Laboratory Capacity. Rockville, MD: AHRQ. Available at: http://www.ahrq.gov/research/devmodels. Accessed March 2, 2011.
Agency for Healthcare Research and Quality (AHRQ). 2007. Disaster Response Tools and Resources. Rockville, MD: AHRQ. Available at: http://www.ahrq.gov/path/katrina.htm. Accessed March 2, 2011.
Assistant Secretary for Preparedness and Response. 2007. Pandemic and All-Hazards Preparedness Act, Progress Report. Washington, DC: U.S. Department of Health

and Human Services. Available at: http://healthyamericans.org/reports/bioterror07/PAHPAProgressReport.pdf. Accessed March 2, 2011.

Centers for Disease Control and Prevention (CDC). [n.d.] Emergency Preparedness and Response. Atlanta, GA: CDC. Available at: http://www.bt.cdc.gov/cdcpreparedness/cphp/index.asp. Accessed March 2, 2011.

Centers for Disease Control and Prevention (CDC). [n.d.] Emergency Preparedness and Response, Strategic National Stockpile. Atlanta, GA: CDC. Available at: http://www.bt.cdc.gov/stockpile. Accessed March 2, 2011.

Federal Emergency Management Agency (FEMA). [n.d.] Public Assistance Grant Program. Washington, DC: FEMA. Available at: http://www.fema.gov/government/grant/pa/index.shtm. Accessed March 2, 2011.

Federal Emergency Management Agency (FEMA). 2005. Emergency Management Assistance Compact Operations, Pre–Course Assignment. Washington, DC: FEMA. Available at: http://www.emacweb.org/?305. Accessed March 2, 2011.

Federal Emergency Management Agency (FEMA). 2010. Developing and Maintaining Emergency Operations Plans Comprehensive Preparedness Guide (CPG) 101. Version 2.0. Washington, DC: FEMA. Available at: http://www.fema.gov/pdf/about/divisions/npd/CPG_101_V2.pdf. Accessed March 2, 2011.

Federal Emergency Management Agency (FEMA). 2008. National Incident Management System. Washington, DC: FEMA. Available at: http://www.fema.gov/pdf/emergency/nims/NIMS_core.pdf. Accessed March 2, 2011.

Federal Emergency Management Agency (FEMA). 2008. NIMS Resource Center. Washington, DC: FEMA. Available at: http://www.fema.gov/emergency/nims/index.shtm. Accessed March 2, 2011.

Federal Emergency Management Agency (FEMA). 2008. Overview of Stafford Act Support to States. Washington, DC: FEMA. Available at: http://www.fema.gov/pdf/emergency/nrf/nrf-stafford.pdf. Accessed March 2, 2011.

Federal Emergency Management Agency (FEMA). 2010. Declaration Process Fact Sheet. Washington, DC: FEMA. Available at: http://www.fema.gov/media/fact_sheets/declaration_process.shtm. Accessed March 2, 2011.

Federal Emergency Management Agency (FEMA). 2010. National Response Framework Resource Center, Response Partner Guides. Washington, DC: FEMA. Available at: http://www.fema.gov/emergency/nrf/responsepartnerguides.htm. Accessed March 2, 2011.

Federal Emergency Management Agency (FEMA). 2011. What is Disaster Assistance? Washington, DC: FEMA. Available at: http://www.fema.gov/assistance/process/individual_assistance.shtm. Accessed March 2, 2011.

HEICS IV National Work Group. 2006. *Hospital Incident Command System Guidebook.* California State Emergency Medical Services Authority. Available at: http://www.emsa.ca.gov/HICS/files/Guidebook_Glossary.doc. Accessed March 2, 2011.

Hodge JG, Goskin LO, Vernick JS. 2007. The Pandemic and All–Hazards Preparedness Act. *JAMA.* 29:1708–1711. Available at: http://jama.ama-assn.org/content/297/15/1708.full. Accessed March 2, 2011.

Lister S. 2008. Public Health and Medical Preparedness and Response: Issues in the 110th Congress. Washington, DC: Congressional Research Service.

National Fire Protection Association (NFPA). 2009. NFPA 1600 Standard on Disaster/Emergency Management and Business Continuity Programs, 2010 Edition. Quincy,

MA: NFPA. Available at: http://www.nfpa.org/assets/files/PDF/NFPA16002010.pdf. Accessed March 2, 2011.

Office of the Assistant Secretary for Preparedness and Response. 2011. National Health Security Strategy. Washington, DC: U.S. Department of Health and Human Services. Available at: http://www.phe.gov/Preparedness/planning/authority/nhss/Pages/default.aspx. Accessed March 2, 2011.

Office of the Assistant Secretary for Preparedness and Response. 2011. The Hospital Preparedness Program. Washington, DC: U.S. Department of Health and Human Services. Available at: http://www.phe.gov/preparedness/planning/hpp/pages/default.aspx. Accessed March 2, 2011.

Office of the Civilian Volunteer Medical Reserve Corps. 2010. How to Start an MRC. Washington, DC: U.S. Department of Health and Human Services. Available at: http://www.medicalreservecorps.gov/QuestionsAnswers/ContactingStarting.

Office of the Civilian Volunteer Medical Reserve Corps. 2010. Office of the Civilian Volunteer Medical Reserve Corps Strategic Plan. Washington, DC: U.S. Department of Health and Human Services. Available at: http://www.medicalreservecorps.gov/About/StrategicPlan0910. Accessed March 2, 2011.

Public Health Emergency, Emergency System for Advance Registration of Volunteer Health Professionals (ESAR-VHP). 2011. About ESAR-VHP. Washington, DC: U.S. Department of Health and Human Services. Available at: http://www.phe.gov/esarvhp/Pages/about.aspx. Accessed March 2, 2011.

Public Health Emergency. 2010. Legal Authority and Related Guidance. Washington, DC: U.S. Department of Health and Human Services. Available at: http://www.phe.gov/Preparedness/planning/authority/Pages/default.aspx. Accessed March 2, 2011.

Public Health Emergency. 2010. Medical Surge Capacity Capability. Washington, DC: U.S. Department of Health and Human Services. Available at: http://www.phe.gov/Preparedness/support/mscc/Pages/default.aspx. Accessed March 2, 2011.

Public Health Emergency. 2010. National Health Security Strategy. Washington, DC: U.S. Department of Health and Human Services. Available at: http://www.phe.gov/Preparedness/planning/authority/nhss/Pages/default.asp. Accessed March 2, 2011.

Public Health Emergency. 2010. Pandemic and All Hazards Preparedness Act. Washington, DC: U.S. Department of Health and Human Services. Available at: http://www.phe.gov/Preparedness/legal/pahpa/Pages/default.aspx. Accessed March 2, 2011.

Public Health Emergency. 2010. Public Health and Medical Services Support. Washington, DC: U.S. Department of Health and Human Services.

Public Health Emergency. 2010. Responders, Clinicians and Practitioners. Washington, DC: U.S. Department of Health and Human Services. Available at: http://www.phe.gov/preparedness/responders/Pages/default.aspx. Accessed March 2, 2011.

Trust for America's Health (TFAH). 2002. The Pandemic and All–Hazards Preparedness Act S3678. Washington, DC: TFAH. Available at: http://healthyamericans.org/reports/bioterror06/S3678summary.pdf. Accessed March 2, 2011.

U.S. Department of Health and Human Services. 2010. About the Commissioned Corps Emergency Response. Washington, DC: U.S. Department of Health and Human Services. Available at: http://www.usphs.gov/aboutus/emergencyresponse.aspx. Accessed March 2, 2011.

U.S. Department of Health and Human Services. 2010. U.S. Public Health Service Commissioned Corps home page. Washington, DC: U.S. Department of Health and Human Services. Available at: http://www.usphs.gov. Accessed March 2, 2011.

U.S. Department of Homeland Security (DHS). 2003. National Preparedness Guidelines. Washington, DC: DHS. Available at: http://www.dhs.gov/files/publications/gc_1189788256647.shtm. Accessed March 2, 2011.

U.S. Department of Homeland Security (DHS). 2007. Target Capabilities List: A Companion to National Preparedness Guidelines. Washington, DC: DHS. Available at: http://www.fema.gov/pdf/government/training/tcl.pdf. Accessed March 2, 2011.

## Planning

Auf der Heide E. 1996. *Community Medical Disaster Planning and Evaluation Guide.* Dallas, TX: American College of Emergency Physicians.

Auf der Heide E. 1996. Disaster planning, part II: disaster problems, issues, and challenges identified in the research literature. *Emerg Med Clin North Am.* 14:453–480.

Auf der Heide E. 2004. Common misconceptions about disasters: panic, the disaster syndrome, and looting. In: O'Leary M, editor. *The First 72 Hours: A Community Approach to Disaster Preparedness.* Lincoln, Nebraska: iUniverse Publishing.

Auf der Heide E. 2006. The importance of evidence-based disaster planning. *Ann Emerg Med.* 47:34–49.

Dynes RR. 1994. Community emergency planning: false assumptions and inappropriate analogies. *Int J Mass Emerg Disasters.* 12:141–158.

Fong F, Schrader DC. 1996. Radiation disasters and emergency department preparedness. *Emerg Med Clin North Am.* 14:349–370.

Gibbs M, Lachenmeyer JR, et al. 1996. Effects of the AVIANCA aircrash on disaster workers. *Int J Mass Emerg Disasters.* 141:23–32.

Landesman LY. 2004. Forward: does preparedness make a difference? *Fam Commun Health.* 273:186.

Lindell MK, Perry RW. 1992. *Behavioral Foundations of Community Emergency Planning.* Philadelphia, PA: Hemisphere Publishing.

Public Health Emergency, Office of the Assistant Secretary for Preparedness and Response. 2007. *Public Health Emergency Response: A Guide for Leaders and Responders.* Chapter 9. Conducting exercises for preparedness. Washington, DC: U.S. Department of Health and Human Services. Available at: http://www.phe.gov/emergency/communication/guides/leaders/Documents/freo_section09.pdf. Accessed March 2, 2011.

Quarantelli EL. 1991. *Converting Disaster Scholarship Into Effective Disaster Planning and Managing: Possibilities and Limitations.* Newark: Disaster Research Center, University of Delaware.

U.S. Department of Homeland Security (DHS). [n.d.] Homeland Security Exercise and Evaluation Program (HSEEP). Washington, DC: DHS. Available at: http://www.globalsecurity.org/security/systems/hseep.htm. Accessed March 2, 2011.

Waeckerle JF. 1991. Review article: disaster planning and response. *N Engl J Med.* 32:815–821.

## Public Health

Lechat MF. 1979. Disasters and public health. *Bull WHO.* 571:11–17.
Noji E, editor. 1997. *The Public Health Consequences of Disaster.* New York, NY: Oxford University Press.
Rosen G. 1993. *A History of Public Health.* Baltimore, MD: Johns Hopkins University Press.
Sidel VW, Onel E, Geiger HJ, et al. 1992. Public health responses to natural and human-made disasters. In: Last JM, Wallace RB, editors. *Maxcy-Rosenau-Last: Public Health and Preventive Medicine.* Stamford, CT: Appleton & Lange:1173–1186.

## Radiation

American College of Radiology (ACR). 2011. Radiation Disasters: Preparedness and Response for Radiology. Philadelphia. PA: ACR. Available at: http://www.acr.org/SecondaryMainMenuCategories/BusinessPracticeIssues/DisasterPreparedness/ACRsDisasterPreparednessPrimer/RadiationDisastersPreparednessandResponseforRadiologyDoc2.aspx. Accessed March 2, 2011.
Armed Forces Radiobiology Research Institute. 2011. Web site. Available at: http://www.usuhs.mil/afrri. Accessed March 2, 2011.
Centers for Disease Control and Prevention (CDC). 2005. Acute Radiation Syndrome: A Fact Sheet for Physicians. Atlanta, GA: CDC. Available at: http://emergency.cdc.gov/radiation/arsphysicianfactsheet.asp. Accessed March 2, 2011.
Centers for Disease Control and Prevention (CDC). 2005. Radio Emergencies Fact Sheet: Acute Radiation Syndrome. Atlanta, GA: CDC. Available at: http://www.bt.cdc.gov/radiation/pdf/ars.pdf. Accessed March 2, 2011.
Chemical Casualty Care Division, U.S. Army Medical Research Institute of Chemical Defense. 2000. *Medical Management of Chemical Casualties Handbook.* 3rd ed. Aberdeen Proving Ground, MD. Available at: http://www.gmha.org/bioterrorism/usamricd/Yellow_Book_2000.pdf. Accessed April 25, 2011.
New York State Department of Health. 2011. Potassium Iodide (KI) and Radiation Emergencies: Fact Sheet. Available at: http://www.health.state.ny.us/environmental/radiological/potassium_iodide/fact_sheet.htm. Accessed March 2, 2011.
Oak Ridge Institute for Science and Education. 2011. Radiation Emergency Assistance Center/Training Site (REAC/TS). Washington, DC: U.S. Department of Energy. Available at: http://www.orau.gov/reacts. Accessed March 2, 2011.
U.S. Food and Drug Administration (FDA). 2001. Guidance: Potassium Iodide as a Thyroid Blocking Agent in Radiation Emergencies. Rockville, MD: FDA. Available at: http://www.fda.gov/downloads/Drugs/GuidanceComplianceRegulatoryInformation/Guidances/ucm080542.pdf. Accessed March 2, 2011.

## Rapid Needs Assessment

Brown V, Jacquier G, Coulombier D, et al. 2001. Rapid assessment of population size by area sampling in disaster situations. *Disasters.* 252:164–71.

Guha-Sapir D. 1991. Rapid assessment of health needs in mass emergencies: review of current concepts and methods. *World Health Stat Q.* 44:171–181.

Hlady WG, Quenemoen LE, Armenia-Cope RR, et al. 1994. Use of a modified cluster sampling method to perform rapid needs assessment after Hurricane Andrew. *Ann Emerg Med.* 23:719–725.

International Federation of the Red Cross and Red Crescent Societies. 1993. *Vulnerability and Capacity Assessment.* Geneva, Switzerland: International Federation of Red Cross and Red Crescent Societies.

Lillibridge SR, Noji EK, Burkle Jr FM. 1993. Disaster assessment: the emergency health evaluation of a population affected by a disaster. *Ann Emerg Med.* 22:1715–1720.

Malilay J, Flanders WD, Brogan D. 1996. A modified cluster-sampling method for post-disaster rapid assessment of needs. *Bull World Health Org.* 74:399–406.

World Health Organization (WHO). 1999. *Rapid Health Assessment Protocols for Emergencies.* Geneva, Switzerland: WHO.

World Health Organization (WHO). 2001. *Rapid Assessment of Mental Health Needs of Refugees, Displaced and Other Populations Affected by Conflict and Post-Conflict Situations.* Geneva, Switzerland: WHO.

Yahmed SB, Koob P. 1996. Health sector approach to vulnerability reduction and emergency preparedness. *World Health Stat Q.* 49:172–178.

## Recovery

Ball N. 1997. Demobilizing and reintegrating soldiers: lessons from Africa. In: Kumar K, editor. *Rebuilding Societies After Civil War. Critical Roles for International Assistance.* Boulder, CO: Lynne Rienner:85–105.

Berke PR, Kartez J, Wenger D. 1993. Recovery after disaster: achieving sustainable development, mitigation and equity. *Disasters.* 173:93–109.

Cohen R. 1995. *Refugee and Internally Displaced Women: A Development Perspective.* Washington, DC: Brookings Institution.

Cuny F. 1983. *Disasters and Development.* New York, NY: Oxford University Press.

Felton C. 2002. Project Liberty: a public health response to New Yorkers' mental health needs arising from the World Trade Center terrorist attacks. *J Urban Health.* 79:429–433.

Krug EG, Kresnow MJ, Peddicord JP, et al. 1998. Suicide after natural disasters. *N Engl J Med.* 33:373–378.

McDonnell S, Troiano RP, Barker N, et al. 1995. Evaluation of long-term community recovery from Hurricane Andrew: sources of assistance received by population sub-groups. *Disasters.* 19:338–347.

Moore S, Daniel M, Linnan L, et al. 2004. After Hurricane Floyd passed: investigating the social determinants of disaster preparedness and recovery. *Fam Commun Health.* 273: 204–217.

Shrivastava P. 1996. Long-term recovery from the Bhopal Crisis. In: Mitchell JK, editor. *The Long Road to Recovery: Community Responses to Industrial Disaster.* Tokyo, Japan: United Nations University Press:121–147.

Wickramanayake E, Shook GA. 1995. Rehabilitation planning for flood affected areas of Thailand: experience from Phipun District. *Disasters,* 194:348–355.

## Resilience

Bach R, Doran R, Gibb L, et al. 2010. Policy challenges in supporting community resilience. Presented at the London Workshop of the Multinational Community Resilience Policy Group. November 4–5, London, England.

Kaminsky M, McCabe OL, Langlieb AM, Everly Jr GS. 2007. An evidence-informed model of human resistance, resilience, and recovery: the Johns Hopkins' outcome-driven paradigm for disaster mental health services. *Brief Treatment Crisis Intervent.* 7:1–11.

Madrid PA, Grant R, Reilly MJ, Redlener NB. 2006. Challenges in meeting immediate emotional needs: short-term impact of a major disaster on children's mental health: building resiliency in the aftermath of Hurricane Katrina. *Pediatrics.* 11:S448–S453.

Masten AS, Obradovic J. 2007. Disaster preparation and recovery: lessons from research on resilience in human development. *Ecology Soc.* 131:9.

Norris FH, Stevens SP. 2007. Community resilience and the principles of mass trauma intervention. *Psychiatry.* Winter:704.

Norris FH, Stevens SP, Pfefferbaum B, et al. 2008. Community resilience as a metaphor, theory, set of capacities, and strategy for disaster readiness. *Am J Commun Psychol.* 411–412:127–150.

Paton D. 2005. Community resilience: integrating hazard management and community engagement. Presented at the International Conference on Engaging Communities. August 14–17, Brisbane, Queensland. Available at: http://www.engagingcommunities 2005.org/abstracts/Paton-Douglas-final.pdf. Accessed April 23, 2011.

## Risk Assessment

Centers for Disease Control and Prevention (CDC). 2009. Community Assessment for Public Health Emergency Response (CASPER) Toolkit. Atlanta, GA: CDC.

Malilay J, Henderson A, McGeehin M, Flanders WD. 1997. Estimating health risks from natural hazards using risk assessment and epidemiology. *Risk Analysis.* 17:363–368.

## Surveillance

### *Disaster Surveillance*

Glass RI, Noji EK. 1992. Epidemiologic surveillance following disasters. In: Halperin W, Baker EL, editors. *Public Health Surveillance.* New York, NY: Van Nostrand Reinhold:195–205.

Heffernan R, Mostashari F, Das D, et al. 2004. Syndromic surveillance in public health practice, New York City. *Emerg Infect Dis.* 10:858–864.

Lechat MF. 1993. Accident and disaster epidemiology. *Public Health Rev.* 213:243–253.

Lee LE, Fonseca V, Brett KM, et al. 1993. Active morbidity surveillance after Hurricane Andrew, Florida, 1992. *JAMA.* 270:591–594.

Legome E, Robbins A, Rund A. 1995. Injuries associated with floods: the need for an international reporting scheme. *Disasters.* 19:50–54.

Lore EL, Fonseca V, Brett KM. 1993. Active morbidity surveillance after Hurricane Andrew–Florida, 1992. *JAMA.* 270:591–594.

Noji EK. 1997. The use of epidemiologic methods in disasters. In: Noji EK, editor. *The Public Health Consequences of Disasters.* New York, NY: Oxford University Press: 21–36.

O'Connell EK, Zhang G, Legeun F, et al. 2010. Innovative uses for syndromic surveillance. *Emerg Infect Dis.* 16:669–671.

Public Health Emergency, Office of the Assistant Secretary for Preparedness and Response. 2007. *Public Health Emergency Response: A Guide for Leaders and Responders.* Chapter 2. Public health response. Available at: http://www.phe.gov/emergency/communication/guides/leaders/Documents/freo_section02.pdf. Accessed March 2, 2011.

Western KA.1982. *Epidemiologic Surveillance after Natural Disasters.* Washington, DC: Pan American Health Organization.

Wetterhall SF, Noji EK. 1997. Surveillance and Epidemiology. In: Noji EK, editor. *The Public Health Consequences of Disasters.* New York, NY: Oxford University Press: 37–64.

#### General Surveillance

Halperin W, Baker Jr EL, Monson RR, editors. 1992. *Public Health Surveillance.* New York, NY: Van Nostrand Reinhold.

Klauke DN, Buehler JW, Thacker SB, et al. 1988. Guidelines for Evaluating Surveillance Systems. *MMWR Morbid Mortal Wkly Rep.* 5:1–18.

Langmuir AD. 1971. Evolution of the concept of surveillance in the United States. *Proc Roy Soc Med.* 64:9–12.

Thacker SB, Berkelman RL. 1988. Public health surveillance in the United States. *Epidemiol Rev.* 10:164–190.

Thacker SB, Berkelman RL, Stroup DF. 1989. The science of public health surveillance. *J Public Health Policy.* 10:187–203.

Thacker SB, Choi K, Brachman PS. 1983. The surveillance of infectious diseases. *JAMA.* 249:1181–1185.

#### Environmental Public Health Surveillance

Deutsch PV, Adler J, Richter ED. 1992. Sentinel markers for industrial disasters. *Israel J Med Sci.* 288-9:526–533.

Thacker SB, Stroup DF. 1994. Future directions of comprehensive public health surveillance and health information systems in the United States. *Am J Epidemiol.* 140:1–15.

Thacker SB, Stroup DF, Parrish RG, Anderson HA.1996. Surveillance in environmental public health: issues, systems, and sources. *Am J Public Health.* 86:633–638.

#### Surveillance After Specific Disasters

Centers for Disease Control and Prevention. 1990. Surveillance of shelters after Hurricane Hugo. *MMWR Morb Mortal Wkly Rep.* 39:41–47.

Centers for Disease Control and Prevention. 1992. Rapid assessment following Hurricane Andrew—Florida and Louisiana, 1992. *MMWR Morb Mortal Wkly Rep.* 41:685–688.

Centers for Disease Control and Prevention. 1993. Rapid assessment of vector-borne diseases during the Midwest flood—United States. *MMWR Morb Mortal Wkly Rep.* 43:481–483.

Centers for Disease Control and Prevention. 1994. Coccidioidomycosis following the Northridge earthquake, California, 1994. *MMWR Morb Mortal Wkly Rep.* 43:194–195.

Centers for Disease Control and Prevention. 1996. Deaths associated with Hurricanes Marilyn and Opal—United States, September–October 1995. *MMWR Morb Mortal Wkly Rep.* 45:32–38.

Centers for Disease Control and Prevention. 1996. Surveillance for injuries and illnesses and rapid health–needs assessment following Hurricanes Marilyn and Opal, September–October 1995. *MMWR Morb Mortal Wkly Rep.* 45:81–85.

Centers for Disease Control and Prevention. 1997. Tornado–associated fatalities in Arkansas, 1997. *MMWR Morb Mortal Wkly Rep.* 46:412–416.

Centers for Disease Control and Prevention. 1998. Community needs assessment and morbidity surveillance following an ice storm, Maine, January 1998. *MMWR Morb Mortal Wkly Rep.* 47:351–354.

Malilay J, Guido MR, Ramirez AV, et al. 1996. Public health surveillance after a volcanic eruption: lessons from Cerro Negro, Nicaragua, 1992. *Bulletin PAHO.* 303:218–226.

O'Carroll PW, Friede A, Noji EK, et al. 1995. The rapid implementation of a statewide emergency health information system during the 1993 Iowa flood. *Am J Public Health.* 85:564–567.

## Technological Disasters

Baum A. 1987. Toxins, technology, disasters. In: VandenBos GR, Bryant BK, eds, *Cataclysms, Crises, and Catastrophes: Psychology in Action.* Washington, DC: American Psychological Association.

Becker SM. 1997. Psychosocial assistance after environmental accidents: a policy perspective. *Environ Health Perspect.* 105:1557–1563.

Bromet EJ, Parkinson DK, Dunn LO. 1990. Long-term mental health consequences of the accident at Three Mile Island. *Int J Mental Health.* 19:48–60.

Cuthbertson BH, Nigg JM. 1987. Technological disaster and the nontherapeutic community: a question of true victimization. *Environ Behav.* 19:462–483.

Edelstein MR, Wandersman A. 1987. Community dynamics in coping with toxic contaminants. In: Altman I, Wandersman A, editors. *Neighborhood and Community Environments.* Vol 9, Series Human Behavior and Environment: Advances in Theory and Research. New York, NY: Plenum Press.

Edelstein MR. 1988. *Contaminated Communities: The Social and Psychological Impacts of Residential Toxic Exposure.* Boulder, CO: Westview.

Haavenaar JM, Rumyantzeva GM, van den Brink W, et al. 1997. Long-term mental health effects of the Chernobyl disaster: an epidemiologic survey of two former Soviet regions. *Am J Psychiatry.* 154:1605–1607.

International Federation of Red Cross and Red Crescent Societies. 1996. Annex III: The role of the Red Cross and Red Crescent Societies in response to technological disasters. *Int Rev Red Cross.* 310:55–130.

Kroll-Smith JS, Couch SR. 1993. Technological Hazards: Social Responses as Traumatic Stressors. In: Wilson JP, Raphael B, editors. *The International Handbook of Traumatic Stress Syndromes.* New York, NY: Plenum Press:79–91.

Leonard RB. 1993. Hazardous materials accidents: initial scene assessment and patient care. *Aviat Space Environ Med.* June:646–661.

Levitin HW, Siegelson HJ. 1996. Hazardous materials: disaster medical planning and response. *Emerg Med Clinics North Am.* 142:327–348.

Levy K, Hirsch, EF, Aghababian RV, et al. 1999. Radiation accident preparedness: report of a training program involving the United States, Eastern Europe, and the newly independent states. *Am J Public Health.* 89:115–116.

Lillibridge SR. 1997. Industrial disasters. In: Noji EK, editor. *The Public Health Consequences of Disasters.* New York, NY: Oxford University Press:354–372.

Quarantelli EL. 1993. The environmental disasters of the future will be more and worse but the prospect is not hopeless. *Disaster Prev Manage.* 2:11–25.

## Volcanic Eruption

Annenberg Media. 2010. Volcanoes: Can We Predict Volcanic Eruptions? Available at: http://www.learner.org/exhibits/volcanoes/entry.html. Accessed March 1, 2011.

Baxter PJ. 1997. Volcanoes. In: Noji EK, editor. *The Public Health Consequences of Disasters.* New York, NY: Oxford University Press.

U.S. Geological Service. 1997. *The Nature of Volcanoes.* Available at: http://pubs.usgs.gov/gip/volc/cover2.html. Accessed March 1, 2011.

U.S. Geological Service. 2011. *Volcano Hazards Program.* Available at: http://volcanoes.usgs.gov. Accessed March 1, 2011.

## Vulnerable Populations

### *At-Risk*

Association of Schools of Public Health (ASPH)/Centers for Disease Control and Prevention (CDC). 2007. 2006–2007 ASPH/CDC Vulnerable Populations Collaboration Group Preparedness Resource Kit. Atlanta, GA: CDC. Available at: http://preparedness.asph.org/perlc/documents/VulnerablePopulations.pdf. Accessed April 23, 2011.

Centers for Disease Control and Prevention (CDC). [2010.] Public Health Workbook to Define, Locate, and Reach Special, Vulnerable, and At-Risk Populations in an Emergency. Atlanta, GA: CDC. Available at: http://www.bt.cdc.gov/workbook/pdf/ph_workbookFINAL.pdf. Accessed April 23, 2011.

Cutter SL, Boruff BJ, Shirley WL. 2003. Social vulnerability to environmental hazards. *Soc Sci Q.* 84:242–261.

Federal Emergency Management Agency (FEMA). 2008. Comprehensive Preparedness Guide 301: Special Needs Planning. Interim Emergency Management Planning Guide for Special Needs Populations. Washington, DC: FEMA. Available at: http://serve.mt.gov/wp-content/uploads/2010/10/CPG-301.pdf. Accessed April 23, 2011.

Federal Emergency Management Agency (FEMA). 2011. Preparedness Resources. Washington, DC: FEMA. Available at: http://www.fema.gov/about/odic/preparedness.shtm#1. Accessed March 2, 2011.

Jones NL. 2010. The American With Disabilities Act and Emergency Preparedness and Response. Washington, DC: Congressional Research Service. Available at: http://assets.opencrs.com/rpts/RS22254_20100105.pdf. Accessed March 2, 2011.

Ringel JS, Chandra A, Williams M, et al. 2009. Enhancing Public Health Emergency Preparedness for Special Needs Populations: A Toolkit for State and Local Planning and Response. Technical Reports. Santa Monica, CA: RAND. Available at: http://www.rand.org/pubs/technical_reports/TR681. Accessed March 2, 2011.

### *Dementia*

Alzheimer's Association, RTI International. [n.d.] Disaster Preparedness: Home and Community-Based Services for People With Dementia and Their Caregivers. Research Triangle Park, NC: RT International. Available at: http://www.aoa.gov/AoARoot/Preparedness/Resources_Network/pdf/Toolkit_2_Disaster_Preparedness.pdf. Accessed March 1, 2011.

### *Dialysis*

Centers for Medicare and Medicaid Services. 2007. Preparing for Emergencies: A Guide for People on Dialysis. Available at: http://www.kcercoalition.com/pdf/101501.pdf. Accessed March 1, 2011.

### *Disabilities*

Disability Rights Section, Civil Rights Division. 2007. Americans With Disabilities Act: ADA Checklist for Emergency Shelters. Washington, DC: U.S. Department of Justice. Available at: http://www.ada.gov/pcatoolkit/chap7shelterchk.htm. Accessed March 2, 2011.

Emergency Preparedness Initiative. 2005. Guide on the Special Needs of People With Disabilities for Emergency Managers, Planners and Responders, Revised Edition. New York, NY: National Organization on Disability. Available at: http://www.eadassociates.com/epiguide2005.pdf. Accessed March 2, 2011.

Federal Emergency Management Agency (FEMA). 2010. People With Disabilities and Other Access and Functional Needs. Washington, DC: FEMA. Available at: http://www.fema.gov/plan/prepare/specialplans.shtm. Accessed March 2, 2011.

Fernandez LS, Byard D, Lin CC. 2002. Frail elderly as disaster victims: emergency management strategies. *Prehosp Disaster Med.* 17:67–74.

Kailes JI, Enders A. 2007. Moving beyond special needs: a function–based framework for emergency management and planning. *J Disability Policy Stud.* 17:230–237.

Kailes JI. 2010. Disaster Preparedness for People With Disabilities, Disability-Related Organizations, and Emergency Managers and Planners. Playa del Rey, CA: June

Isaacson Kailes. Available at: http://www.jik.com/disaster.html. Accessed March 2, 2011.

Kailes JI. 2002. Emergency Evacuation Preparedness: Taking Responsibility for Your Safety: A Guide for People With Disabilities and Other Activity Limitations. Pomona, CA: Center for Disability Issues and the Health Professions, Western University of Health Sciences. Available at: http://www.wvdhsem.gov/other_docs/emergency_evacuation.pdf. Accessed March 2, 2011.

National Organization on Disability (NOD). 2009. Functional Needs of People With Disabilities: A Guide for Emergency Managers, Planners and Responders. New York, NY: NOD. Available at: http://nod.org/assets/downloads/Guide-Emergency-Planners.html. Accessed March 2, 2011.

U.S. Access Board. [n.d.] Resources on emergency evacuation and disaster preparedness. Available at: http://www.access-board.gov/evac.htm. Accessed March 2, 2011.

### Ethnic Communities

Andrulis DP, Siddiqui NJ, Gantner JL. 2007. Preparing racially and ethnically diverse communities for public health emergencies, *Health Aff.* 265:1269–1279.

Carter-Pokras O, Zambrana RE, Mora SE, Aaby KA. 2007. Emergency preparedness: knowledge and perceptions of Latin American immigrants. *J Health Care Poor Underserved.* 182:465–481.

### Evacuation

Kailes JI. 2002. Emergency Evacuation Preparedness: Taking Responsibility for Your Safety: A Guide for People With Disabilities and Other Activity Limitations. Pomona, CA: Center for Disability Issues and the Health Professions, Western University of Health Sciences. Available at: http://www.wvdhsem.gov/other_docs/emergency_evacuation.pdf.

### Home Health Agencies

National Association for Home Care and Hospice (NAHCH). 2008. Emergency Preparedness Packet for Home Health Agencies. Washington, DC: NAHCH. Available at: http://www.nahc.org/regulatory/EP_Binder.pdf. Accessed March 1, 2011.

### Medical

Kailes JI. [n.d.] Earthquake tips for people who use life support systems. San Francisco, CA: Independent Living Resource Center. Available at: http://www.preparenow.org/eqtlsups.html. Accessed March 1, 2011.

Kailes JI. [n.d.] Earthquake tips for the hearing impaired. San Francisco, CA: Independent Living Resource Center. Available at: http://www.preparenow.org/deaf.html. Accessed March 1, 2011.

Planetree Health Library. [n.d.] People with special medical needs [brochure]. San Jose, CA: Planetree Health Library. Available at: http://www.preparenow.org/pwsmn.html. Accessed March 1, 2011.

#### Older Adults

Aldrich N, Benson W. 2008. Disaster preparedness and the chronic disease needs of vulnerable older adults. *Preventing Chronic Dis.* 5:A27.

Centers for Disease Control and Prevention (CDC) Healthy Aging Program. [2006.] Disaster Planning Tips for Older Adults and Their Families. Atlanta, GA: CDC. Available at: http://www.cdc.gov/aging/pdf/disaster_planning_tips.pdf. Accessed March 2, 2011.

Fernandez LS, Byard D, Lin CC, et al. 2002. Frail elderly as disaster victims: emergency management strategies. *Prehosp Disaster Med.* 17:67–74.

Gibson MJ. 2006. We Can Do Better: Lessons Learned for Protecting Older Persons in Disasters. Washington, DC: AARP. Available at: http://assets.aarp.org/rgcenter/il/better.pdf. Accessed March 2, 2011.

National Organization on Disability (NOD). [n.d.] Assisting people with disabilities in a disaster. Washington, DC: NOD. Available at: http://www.infinitec.org/live/safety/disaster.htm. Accessed March 2, 2011.

Wilken CS. 2009. Preparing for a Disaster: Strategies for Older Adults. University of Florida Institute of Food and Agricultural Sciences Extension Electronic Data Information Source. Available at: http://edis.ifas.ufl.edu/fy750. Accessed March 2, 2011.

#### Pandemics

Bouye K, Truman B, Hutchins S, et al. 2009. Pandemic influenza preparedness and response among public-housing residents, single parent families, and low-income populations. *Am J Public Health.* 99:S287–S293.

Groom A, Jim C, LaRoque M, et al. 2009. Pandemic influenza preparedness and vulnerable populations in tribal communities. *Am J Public Health.* 99:S271–S278.

Hutchins S, Truman B, Merlin T, Redd S. 2009. Protecting vulnerable populations from pandemic influenza in the United States: a strategic imperative. *Am J Public Health.* 99:S243–S248.

Truman B, Tinker T, Vaughn E, et al. 2009. Pandemic influenza preparedness and response among immigrants and refugees. *Am J Public Health.* 99:S278–S286.

Vaughn E, Tinker T. 2009. Effective health risk communication about pandemic influenza for vulnerable populations. *Am J Public Health.* 99:S324–S332.

#### Planning

National Council on Disability (NCD). 2005. Saving Lives: Including People With Disabilities in Emergency Planning. Washington, DC: NCD. Available at: http://www.ncd.gov/newsroom/publications/2005/saving_lives.htm. Accessed March 1, 2011.

### Worker Safety

Centers for Disease Control and Prevention (CDC). 2008. Interim Health Recommendations for Workers Who Handle Human Remains After a Disaster.

Atlanta, GA: CDC. Available at: http://www.bt.cdc.gov/disasters/handleremains.asp. Accessed March 2, 2011.

Centers for Disease Control and Prevention (CDC). 2011. Health Recommendations for Relief Workers Responding to Disasters. Atlanta, GA: CDC. Available at: http://wwwnc.cdc.gov/travel/content/relief-workers.aspx. Accessed March 2, 2011.

Golob BR. 2007. Environmental Health Emergency Response Guide. Hopkins, MN: Twin Cities Metro Advanced Practice Center. Available at: http://www.cdc.gov/nceh/ehs/Docs/EH_Emergency_Response_Guide.pdf. Accessed March 2, 2011.

Jackson BA, Peterson DJ, Bartis JT, et al. 2002. Protecting Emergency Responders: Lessons Learned From Terrorist Attacks. Santa Monica, CA: RAND Science and Technology Policy Institute. Available at: http://www.rand.org/pubs/conf_proceedings/2006/CF176.pdf. Accessed March 2, 2011.

Lippy B. 2003. Protecting the health and safety of rescue and recovery workers. In: Levy BS, Sidel VW, editors. *Terrorism and Public Health: A Balanced Approach to Strengthening Systems and Protecting People.* New York, NY: Oxford University Press.

National Institute for Occupational Safety and Health. 2004. *Protecting Emergency Responders,* Vol 3. Safety Management in Disaster and Terrorism Response. Washington, DC: U.S. Department of Health and Human Services. Available at: http://www.cdc.gov/niosh/npptl/guidancedocs/rand.html. Accessed March 2, 2011.

National Institute for Occupational Safety and Health. 2010. Suggested guidance for supervisors at disaster sites. Washington, DC: U.S. Department of Health and Human Services. Available at: http://www.cdc.gov/niosh/topics/emres/emhaz.html. Accessed March 2, 2011.

Occupational Safety and Health Administration. 2003. Personal Protective Equipment. Washington, DC: U.S. Department of Labor. Available at: http://63.234.227.130/Publications/osha3151.pdf. Accessed March 2, 2011.

Occupational Safety and Health Administration. 2004. Principal Emergency Response and Preparedness Requirements and Guidance. Washington, DC: U.S. Department of Labor. Available at: http://www.osha.gov/Publications/osha3122.html. Accessed March 2, 2011.

Occupational Safety and Health Administration. 2005. Workplace Safety and Health Considerations for Hearing-Impaired Workers, Innovative Workplace Safety Accommodations for Hearing-Impaired Workers. Washington, DC: U.S. Department of Labor. Available at: http://www.osha.gov/dts/shib/shib072205.html. Accessed March 2, 2011.

Occupational Safety and Health Administration. 2007. *Emergency Preparedness and Response.* Washington, DC: U.S. Department of Labor. Available at: http://www.osha.gov/SLTC/emergencypreparedness/index.html. Accessed March 2, 2011.

INDEX

# 찾아보기

(ㄱ)

(ㄴ)

(ㅅ)

(ㅇ)

(ㅈ)

(ㅊ)

(ㅋ)



(ㅌ)



(ㅍ)



(ㅎ)

# 재난과 공중보건 관리

## 실무 가이드

2015년 3월 2일 초판 발행

저　자 / Linda Young Landesman
역　자 / 이인숙·강경희·공하정·고　영·김현숙·문현정·
임은실·진영란·현혜순·소은선·이지우
발행인 / 윤　진　영
발행처 / 도서출판 대학서림

등　록 / 1965년 1월 20일 (번호 1-88)
주　소 / 서울특별시 종로구 혜화로2길 8
전　화 / 02) 763-1220, 745-1220
팩　스 / 02) 744-1210
www.daihaks.com

**정가 30,000원**

ISBN 978 - 89 - 6940 - 066 - 6 93510